ポスト
ハーベスト
工学事典

農業食料工学会編

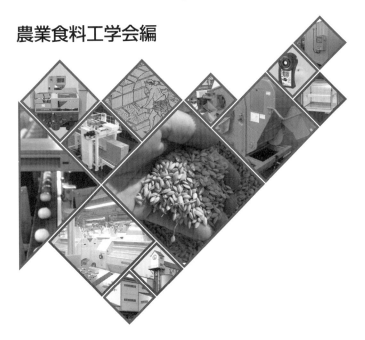

朝倉書店

序

　我が国のポストハーベスト工学に関わる分野は，1937年に「農業機械学会」が設立された時に端を発すると考えてよい．以来，2013年に学会名が「農業食料工学会」に改称されて以降も80年を越える長きにわたって，収穫の現場と消費者をつなぐ技術として深化を続けている．それに加えて範囲も広がり，当初は圃場あるいは圃場に近い場所での穀粒の脱穀や選別が技術の中心をなしていたのが，現在では消費者に近いところでの鮮度や栄養という観点から評価技術にまでわたっている．こうした幅広い分野をカバーし，かつ，技術の深さにも触れることができるものを目指して農業食料工学会により編纂されたのが本書である．

　きっかけは朝倉書店編集部からの企画提案にあった．取り持ってくださったのは安永円理子先生（東京大学）である．2013年7月下旬であるので，じつに5年前になる．この年の9月1日から学会名が農業食料工学会に改称されるという時であり，それに向けて様々な仕事が山積していた．一方で，学会では3つの部会を立ち上げることになっており，その1つが食料・食品工学部会であった．真っ先に相談したのが，初代部会長に就任される九州大学教授だった内野敏剛先生である．ちょうど『農産食品プロセス工学』という教科書を取りまとめていらっしゃったところで，懸念はあったが快諾していただけた．

　その後，編集委員になる先生方にも相談をし，食料・食品工学部会の活動の1つとして『ポストハーベスト工学事典』を位置づけることで農業食料工学会編とする合意を得るなどをしながら，内野先生と私に朝倉書店を加えて第1回の編集会議を持った．このときに内野先生と私が監修し，5～6名の先生方に編集委員をお願いする骨子が固まった．さらに，これは，教科書タイプではなく，ポストハーベスト工学に必須と思われる項目を集め，項目毎に1頁，あるいは2頁でまとめることにした．また，対象読者は，農業食料工学会員に限らず，ポストハーベスト工学に関係する大学や企業の研究者までを視野に入れることとした．

その後第2回編集会議を開催し，700に近い項目候補の中から286項目の素案作成を行った．こうした中で編集委員を川村周三先生（北海道大学），北村豊先生（筑波大学），近藤直先生（京都大学），豊田淨彦先生（神戸大学），中野和弘先生（新潟大学）にお願いし，第3回編集会議にて全10章からなることと，各章の責任者となる編集委員を決定し，執筆候補者やキーワードなどの原形を整えていった．ポストハーベスト工学の分野は多岐にわたるため，項目の選定や章へのとりまとめの議論に時間が必要となったが，編集委員のご努力を得て，最終的には全10章，215項目とし，ようやく執筆依頼状を執筆候補者にお送りすることができた．執筆は学会内外を問わず第一人者の方と，この分野を担う若い方にお願いした．

　その間，食料・食品工学部会長は内野先生，豊田先生を経て，現在川村先生が務めておられ，朝倉書店の編集担当者も数名新たに加わるなど異動があった．関係各位に心からお礼を申し上げたい．この書がポストハーベスト工学分野の多くの研究者，技術者，学生の方が手にしてくださるものとなることを願う．

　2018年12月

　　　　　　　　　　　　　　　　　　　　　　　　　　　大下誠一

編 集

農業食料工学会

編集委員

〔代表〕 大下 誠一　東京大学大学院農学生命科学研究科 食の安全研究センター 特任教授

内野 敏剛　九州大学大学院農学研究院 特任教授

川村 周三　北海道大学大学院農学研究院 特任教授	豊田 浄彦　神戸大学名誉教授
北村 豊　筑波大学生命環境系 教授	中野 和弘　新潟大学大学院自然科学研究科 教授
近藤 直　京都大学大学院農学研究科 教授	

執筆者 (五十音順)

秋永 孝義　琉球大学名誉教授	小川 幸春　千葉大学大学院園芸学研究科
秋元 浩一　名古屋学院大学名誉教授	小折 笠貴寛　岩手大学農学部
安藤 泰雅　農業・食品産業技術総合研究機構 野菜花き研究部門	金井 源太　農業・食品産業技術総合研究機構 東北農業研究センター
池本 徹　株式会社デンソー	紙谷 喜則　鹿児島大学農学部
石川 勝美　高知大学名誉教授	亀岡 孝治　三重大学大学院生物資源学研究科
五十部 誠一郎　日本大学生産工学部	川越 義則　日本大学生物資源科学部
一色 賢司　日本食品分析センター	川村 周三　北海道大学大学院農学研究院
稲野 一郎　北海道立総合研究機構 農業研究本部	北村 豊　筑波大学生命環境系
井原 一高　神戸大学大学院農学研究科	黒木 信一郎　神戸大学大学院農学研究科
岩角 隆久　日本製粉株式会社	槐島 芳徳　宮崎大学農学部
岩渕 和則　北海道大学大学院農学研究院	小出 章二　岩手大学農学部
内野 敏剛　九州大学大学院農学研究院	古賀 信光　株式会社前川製作所
梅津 一孝　帯広畜産大学環境農学研究部門	小関 成樹　北海道大学大学院農学研究院
大下 誠一　東京大学大学院農学生命科学研究科 食の安全研究センター	後藤 清和　岐阜大学名誉教授
大嶋 孝之　群馬大学大学院理工学府	小山 繁　九州大学名誉教授
岡留 博司　農業・食品産業技術総合研究機構 食品研究部門	小綿 寿志　農業・食品産業技術総合研究機構 東北農業研究センター
小川 雄一　京都大学大学院農学研究科	小近藤 直　京都大学大学院農学研究科

氏名	所属	氏名	所属
坂口 栄一郎	東京農業大学地域環境科学部	濱中 大介	鹿児島大学農学部
椎名 武夫	千葉大学大学院園芸学研究科	濱本 芳徳	九州大学大学院工学研究院
下田 満哉	九州大学大学院農学研究院	日髙 靖之	農業・食品産業技術総合研究機構 農業技術革新工学研究センター
庄司 浩一	神戸大学大学院農学研究科	樋元 淳一	酪農学園大学農食環境学群
杉山 純一	米ゲル技術研究所	廣瀬 修	株式会社イシダ
鈴木 徹	東京海洋大学食品生産科学部門	弘中 和憲	前 琉球大学
五月女 格	東京大学大学院農学生命科学研究科	胡 立志	前 神戸大学
田川 彰男	千葉大学名誉教授	星 岳彦	近畿大学生物理工学部
竹倉 憲弘	農業・食品産業技術総合研究機構 中央農業研究センター	牧野 義雄	東京大学大学院農学生命科学研究科
武田 法久	一般財団法人日本精米工業会	水野 英則	株式会社サタケ
竹中 秀行	北海道農業機械工業会	宮尾 宗央	東洋食品工業短期大学
田中 史彦	九州大学大学院農学研究院	宮崎 隆彦	九州大学大学院総合理工学研究院
東城 清秀	東京農工大学大学院農学研究院	宮崎 秀雄	佐賀県茶業試験場
都甲 潔	九州大学高等研究院，味覚・嗅覚センサ研究開発センター	宮本 敬久	九州大学大学院農学研究院
豊田 淨彦	神戸大学名誉教授	村松 良樹	東京農業大学地域環境科学部
中谷 誠	株式会社イシダ	森松 和也	愛媛大学大学院農学研究科
中野 浩平	岐阜大学大学院連合農学研究科	安永 円理子	東京大学大学院農学生命科学研究科
夏賀 元康	山形大学名誉教授	山之上 稔	神戸大学大学院農学研究科
鍋谷 浩志	農業・食品産業技術総合研究機構 食品研究部門	横江 未央	静岡製機株式会社
西津 貴久	岐阜大学応用生物科学部	吉田 滋樹	筑波大学生命環境系
二宮 和則	シブヤ精機株式会社	渡辺 栄喜	農業・食品産業技術総合研究機構 農業環境変動研究センター
野口 良造	筑波大学生命環境系	渡辺 学	東京海洋大学食品生産科学部門
橋本 篤	三重大学大学院生物資源学研究科		

目　次

第1章 基　礎

1.1　ポストハーベスト技術 〔大下誠一〕… 2
1.2　農産物の力学的性質 〔西津貴久〕… 4
1.3　農産物の熱的性質 〔大下誠一〕… 6
1.4　農産物の光学物性 〔橋本　篤〕… 8
1.5　呼　吸 〔内野敏剛〕… 10
1.6　呼吸速度測定法 〔川越義則〕… 12
1.7　呼吸速度予測 〔安永円理子〕… 14
1.8　蒸　散 〔大下誠一〕… 16
1.9　低温障害 〔黒木信一郎〕… 18
1.10　炭酸ガス障害 〔中野浩平〕… 20
1.11　クライマクテリック 〔牧野義雄〕… 21
1.12　腐　敗 〔中野浩平〕… 22
1.13　酵　素 〔北村　豊〕… 24
1.14　エチレン 〔樋元淳一〕… 26
1.15　香気成分 〔下田満哉〕… 28
1.16　色　素 〔北村　豊〕… 30
1.17　細胞膜機能 〔五月女格〕… 32
1.18　反応速度論 〔井原一高〕… 34
1.19　Arrhenius 式 〔内野敏剛〕… 36
1.20　化学ポテンシャル 〔大下誠一〕… 38
1.21　吸　着 〔大下誠一〕… 40
1.22　水分活性 〔大下誠一〕… 42
1.23　水　和 〔大下誠一〕… 44
1.24　凝固点降下 〔鈴木　徹〕… 46
1.25　結合水 〔鈴木　徹〕… 48
1.26　水の構造化 〔大下誠一〕… 50
1.27　熱物質収支 〔西津貴久〕… 52
1.28　アクアガス 〔五月女格〕… 54
1.29　マイクロ波 〔折笠貴寛〕… 56
1.30　数値流体力学 〔田中史彦〕… 58
1.31　レオロジー 〔村松良樹〕… 60
1.32　密　度 〔後藤清和〕… 62
1.33　粘　度 〔西津貴久〕… 64

1.34	加熱法		〔五月女格〕	66
1.35	ろ 過		〔鍋谷浩志〕	68
1.36	固液分離		〔五十部誠一郎〕	70
1.37	粒子径		〔小川幸春〕	72
1.38	粒度分布		〔小川幸春〕	74
1.39	深層水		〔石川勝美〕	76
1.40	ナノバブル		〔大下誠一〕	78
1.41	ICT		〔星　岳彦〕	80

第2章　計　　測

2.1	電子はかり		〔中谷　誠〕	84
2.2	力・圧力センサ		〔野口良造〕	86
2.3	変位センサ		〔野口良造〕	88
2.4	体積センサ		〔西津貴久〕	90
2.5	粒度測定法		〔小川幸春〕	92
2.6	温度センサ		〔小川雄一〕	94
2.7	湿度センサ		〔川越義則〕	96
2.8	流速センサ		〔村松良樹〕	98
2.9	流量センサ		〔村松良樹〕	100
2.10	水分計		〔夏賀元康〕	102
2.11	溶存酸素計		〔星　岳彦〕	104
2.12	電気伝導度計		〔星　岳彦〕	106
2.13	pHセンサ		〔小川雄一〕	108
2.14	光　源		〔小川雄一〕	110
2.15	光センサ		〔小川雄一〕	112
2.16	マシンビジョン		〔近藤　直〕	114
2.17	画像処理		〔近藤　直〕	116
2.18	表　色		〔近藤　直〕	118
2.19	蛍光指紋		〔杉山純一〕	120
2.20	クロマトグラフィー		〔小川雄一〕	122
2.21	成分分析		〔川村周三〕	124
2.22	分光分析		〔黒木信一郎〕	126
2.23	非破壊評価		〔杉山純一〕	128
2.24	組成分析		〔夏賀元康〕	130
2.25	糖センサ・内部品質センサ		〔二宮和則〕	132
2.26	官能評価		〔川村周三〕	134
2.27	テクスチャー		〔西津貴久〕	136
2.28	味覚センサ		〔都甲　潔〕	138
2.29	匂いセンサ		〔下田満哉〕	140

2.30	バイオケミカルセンサ	〔宮本敬久〕… 142
2.31	ガスセンサ	〔川越義則〕… 144
2.32	PCR	〔濱中大介〕… 146

第3章 選別

3.1	選別	〔金井源太〕… 150
3.2	分級	〔金井源太〕… 152
3.3	階級選別	〔近藤 直〕… 154
3.4	等級選別	〔近藤 直〕… 156
3.5	選別機	〔金井源太〕… 158
3.6	粗選別	〔稲野一郎〕… 160
3.7	籾精選別	〔川村周三〕… 162
3.8	揺動選別	〔竹倉憲弘〕… 164
3.9	粒厚選別	〔竹倉憲弘〕… 165
3.10	比重選別	〔竹倉憲弘〕… 166
3.11	色彩選別	〔竹倉憲弘〕… 167
3.12	低アミロ小麦選別	〔竹中秀行〕… 168
3.13	形状選別	〔槐島芳徳〕… 170
3.14	重量選別	〔槐島芳徳〕… 172
3.15	選果行程	〔近藤 直〕… 174
3.16	選果ロボット	〔近藤 直〕… 176
3.17	情報化	〔近藤 直〕… 178

第4章 貯蔵・鮮度保持

4.1	穀物ハンドリング	〔坂口栄一郎〕… 182
4.2	穀物貯蔵・貯留	〔後藤清和〕… 183
4.3	燻蒸	〔椎名武夫〕… 185
4.4	予措	〔弘中和憲〕… 186
4.5	低温貯蔵	〔中野浩平〕… 188
4.6	自然冷熱利用	〔小綿寿志〕… 190
4.7	高湿度貯蔵	〔内野敏剛〕… 191
4.8	CA貯蔵	〔椎名武夫〕… 192
4.9	減圧貯蔵	〔小出章二〕… 194
4.10	MAP	〔牧野義雄〕… 195
4.11	機能性包装材料	〔牧野義雄〕… 197
4.12	鮮度保持材	〔安永円理子〕… 198

第5章 加　　工

- 5.1　籾　摺 …………………………………………………〔庄司浩一〕… 200
- 5.2　精　米 …………………………………………………〔坂口栄一郎〕… 202
- 5.3　精米工場 ………………………………………………〔武田法久〕… 204
- 5.4　無洗化処理 ……………………………………………〔横江未央〕… 206
- 5.5　炊　飯 …………………………………………………〔武田法久〕… 208
- 5.6　製粉（米粉） …………………………………………〔岡留博司〕… 210
- 5.7　製粉（小麦粉） ………………………………………〔岩角隆久〕… 212
- 5.8　調製機 …………………………………………………〔近藤　直〕… 214
- 5.9　農産物洗浄・ワックス処理 …………………………〔二宮和則〕… 216
- 5.10　カット野菜 ……………………………………………〔小関成樹〕… 218
- 5.11　緑茶加工 ………………………………………………〔宮崎秀雄〕… 220
- 5.12　食肉加工 ………………………………………………〔山之上稔〕… 222
- 5.13　蒸　留 …………………………………………………〔東城清秀〕… 226
- 5.14　抽　出 …………………………………………………〔鍋谷浩志〕… 228
- 5.15　高圧加工 ………………………………………………〔森松和也〕… 230
- 5.16　エクストルーダー ……………………………………〔五十部誠一郎〕… 232
- 5.17　レトルト ………………………………………………〔鍋谷浩志〕… 234
- 5.18　缶詰・瓶詰 ……………………………………………〔樋元淳一〕… 235
- 5.19　製　油 ………………………………………〔胡　立志・豊田淨彦〕… 237

第6章 冷　　凍

- 6.1　冷　媒 ……………………………………〔小山　繁・宮崎隆彦〕… 240
- 6.2　冷凍能力 ………………………………………………〔田中史彦〕… 241
- 6.3　冷凍サイクル …………………………………………〔田中史彦〕… 242
- 6.4　圧縮式冷凍機 …………………………………………〔濱本芳徳〕… 244
- 6.5　その他の冷凍機 ………………………………………〔濱本芳徳〕… 246
- 6.6　凍結装置 ………………………………………………〔古賀信光〕… 248
- 6.7　凍結曲線 ………………………………………………〔渡辺　学〕… 250
- 6.8　凍結濃縮 ………………………………………………〔田中史彦〕… 251
- 6.9　冷凍食品 ………………………………………………〔宮尾宗央〕… 252
- 6.10　フリーズドライ ………………………………………〔田川彰男〕… 253
- 6.11　解　凍 …………………………………………………〔渡辺　学〕… 254
- 6.12　ブランチング …………………………………………〔田川彰男〕… 256
- 6.13　流通温度帯 ……………………………………………〔渡辺　学〕… 257

第7章 乾　　燥

- 7.1 乾燥特性 ……………………………………………………〔亀岡孝治〕… 260
- 7.2 乾燥理論 ……………………………………………………〔亀岡孝治〕… 262
- 7.3 湿り空気線図 ………………………………………………〔小出章二〕… 264
- 7.4 空気調和 ……………………………………………………〔小出章二〕… 266
- 7.5 含水率・水分 ………………………………………………〔小出章二〕… 268
- 7.6 胴割れ ………………………………………………………〔日髙靖之〕… 270
- 7.7 水分吸着等温線 ……………………………………………〔小出章二〕… 271
- 7.8 混合乾燥 ……………………………………………………〔日髙靖之〕… 273
- 7.9 除湿乾燥 ……………………………………………………〔日髙靖之〕… 274
- 7.10 貯留乾燥 ……………………………………………………〔日髙靖之〕… 276
- 7.11 乾燥機の分類 ………………………………………………〔水野英則〕… 278
- 7.12 通風乾燥 ……………………………………………………〔豊田淨彦〕… 280
- 7.13 テンパリング乾燥 …………………………………………〔豊田淨彦〕… 282
- 7.14 乾燥（穀物） ………………………………………………〔日髙靖之〕… 284
- 7.15 乾燥（穀物以外の農産物） ………………………………〔折笠貴寛〕… 286
- 7.16 乾燥（食品） ………………………………………………〔安藤泰雅〕… 288
- 7.17 ラック乾燥システム ………………………………………〔水野英則〕… 290
- 7.18 加熱装置 ……………………………………………………〔小出章二〕… 292
- 7.19 送風機 ………………………………………………………〔小出章二〕… 294
- 7.20 風　量 ………………………………………………………〔後藤清和〕… 296
- 7.21 デシカント空調 ……………………………………………〔田中史彦〕… 298
- 7.22 凍結乾燥 ……………………………………………………〔田中史彦〕… 300

第8章　輸送・流通

- 8.1 POSシステム ………………………………………………〔杉山純一〕… 304
- 8.2 果実搬送装置 ………………………………………………〔二宮和則〕… 305
- 8.3 穀物共同乾燥施設 …………………………………………〔後藤清和〕… 307
- 8.4 航空コンテナ ………………………………………………〔秋永孝義〕… 309
- 8.5 コールドチェーン ………………………………………〔五十部誠一郎〕… 311
- 8.6 搬　送 ………………………………………………………〔川村周三〕… 313
- 8.7 施設の運営 …………………………………………………〔二宮和則〕… 314
- 8.8 自動倉庫 ……………………………………………………〔椎名武夫〕… 316
- 8.9 自動箱詰め装置 ……………………………………………〔椎名武夫〕… 317
- 8.10 青果物卸売市場 ……………………………………………〔椎名武夫〕… 319
- 8.11 青果物用プラスチック容器 ………………………………〔椎名武夫〕… 321
- 8.12 製函機・封函機 ……………………………………………〔二宮和則〕… 322

8.13	選果包装施設	〔二宮和則〕	324
8.14	段ボール	〔椎名武夫〕	326
8.15	貯蔵輸送容器	〔椎名武夫〕	328
8.16	パレタイザ・デパレタイザ・パレット包装	〔椎名武夫〕	330
8.17	品質検査（コメ）	〔川村周三〕	331
8.18	フードチェーン	〔田中史彦〕	332
8.19	プラスチック包装材料	〔牧野義雄〕	334
8.20	包　装	〔牧野義雄〕	336
8.21	無菌充填包装	〔鍋谷浩志〕	338
8.22	予　冷	〔椎名武夫〕	340
8.23	リーファコンテナ	〔池本　徹〕	344
8.24	冷凍車・保冷車	〔池本　徹〕	346
8.25	ロジスティクス	〔秋元浩一〕	348

第9章　食品・栄養

9.1	栄　養	〔北村　豊〕	352
9.2	ビタミン	〔北村　豊〕	354
9.3	DHA，EPA	〔豊田淨彦〕	356
9.4	コメ	〔川村周三〕	358
9.5	小　麦	〔竹中秀行〕	360
9.6	豆　類	〔竹中秀行〕	362
9.7	発芽玄米	〔水野英則〕	364
9.8	発酵食品	〔吉田滋樹〕	366
9.9	マイクロカプセル化	〔北村　豊〕	368
9.10	機能性食品	〔北村　豊〕	370
9.11	食品廃棄物	〔井原一高〕	372
9.12	メタン発酵	〔梅津一孝〕	373
9.13	堆肥化	〔岩渕和則〕	375
9.14	バイオリアクタ	〔井原一高〕	377

第10章　安全・衛生

10.1	HACCPとGMP	〔一色賢司〕	380
10.2	食品安全基本法と食品安全委員会	〔一色賢司〕	382
10.3	食品表示法・食品表示基準	〔豊田淨彦〕	383
10.4	農業生産における認証制度	〔一色賢司〕	384
10.5	リスクとハザード	〔一色賢司〕	385
10.6	かび毒	〔杉山純一〕	386

10.7	微生物活性と予測モデル	〔小関成樹〕	387
10.8	細菌検査法（公定法）	〔濱中大介〕	388
10.9	残留農薬分析	〔渡辺栄喜〕	389
10.10	異物検出	〔廣瀬　修〕	390
10.11	温湯処理・蒸熱処理	〔折笠貴寛〕	391
10.12	加熱殺菌	〔小関成樹〕	392
10.13	非加熱殺菌	〔小関成樹〕	393
10.14	高圧殺菌	〔濱中大介〕	394
10.15	パルス高電界殺菌・高電圧プラズマ殺菌	〔大嶋孝之〕	395
10.16	電解水	〔紙谷喜則〕	397
10.17	光学的殺菌法	〔日髙靖之〕	398
10.18	薬剤耐性菌	〔井原一高〕	400
10.19	品種・産地偽装検査	〔豊田淨彦〕	401
10.20	遺伝子組み換え検査	〔豊田淨彦〕	402

索　　引 ……… 403

資 料 編 ……… 415

第 1 章　基　礎

1.1 ポストハーベスト技術

ポストハーベスト工学, 収穫後処理, 乾燥, 貯蔵, 輸送, 冷蔵

● ポストハーベスト技術という言葉

ポストハーベスト（postharvest）とは"収穫後の"という意味で，英語表記の専門用語としてはpostharvestあるいはpost-harvestとして使われている．例えば，postharvest losses, postharvest quality, postharvest treatments, postharvest handling, post-harvest processingなどである．しかしpostharvest単独では成語になっていないようで，数ある辞書の中でわずかに"Merriam-Webster's Collegiate Dictionary Eleventh Edition"（2014）[1]では，接頭辞のように使われて意味が自明である語を示すundefined wordsの中に記載がある．同様に，"収穫前の"を意味するpreharvestもundefined wordsの1つである．

さて，pre-harvestとpost-harvestの境を収穫作業とするのが農業食料工学会（旧農業機械学会）における通常の理解であった．したがって，ポストハーベスト技術（postharvest technology）とは，農産物が収穫されてから食料または加工品として，人に消費・利用されるまでに受ける一連の処理技術を意味するものとする[2]．ただし，現在ではポストハーベスト技術の適用範囲が広がっており，preharvestとの境が曖昧になっている．例えば，園地における収穫前時点での果実品質評価など，作業の流れからすればプレハーベストとすべき領域にもポストハーベスト技術として培われた技術が利用されている．

● ポストハーベスト技術が取り扱う分野

この分野は，対象となる農産物によって多少異なるが，収穫（harvesting），処理（handling），乾燥（drying），貯蔵（storage），冷蔵（cold storage），分級（sorting），包装（packaging），輸送（transport），温湿度調節のような貯蔵環境制御（storage environment control），病害虫防除（disease and insect control），品質・検査規格（quality and inspection standards）などに係る技術に関係する．さらに，動植物細胞の貯蔵生理や遺伝形質などの基礎研究，栄養価値の保持法や残留農薬検査のような食品安全面，流通，貯蔵庫，加工処理機械のような工学面，副産物利用，廃棄物処理のような環境対策など，取り扱う分野は多岐にわたる[2]．

● ポストハーベスト技術と工学

先にポストハーベスト技術とは，農産物が収穫されてから食料または加工品として，人に消費・利用されるまでに受ける一連の処理技術であると記した．これは22年前の書物で細川明先生が述べておられるが，最近ではポストハーベスト工学という表現も見受けられる．例えばUC Davisの学科であるBiological and Agricultural Engineeringのresearchの中にPostharvest Engineering[3]があり（2017年時点），その内容は本項に記したものとほぼ重なっている．

さて，技術と工学に科学を交えて，それらの違いを平易に論じた解説がある[4]．それによると，ある対象に対して入力と出力があるとき，科学は入力と出力の間にある必要条件と十分条件の両者を追究する．工学は科学よりは実用の学問であるから，必要条件または十分条件のどちらかがわかれば満足する．技術は工学よりもさらに先を急ぐので，必要条件でも十分条件でもないがとにかく入力-出力間の関係づけをしようとする．このように考えると，ポストハーベスト技術として発展してきた中にはポストハーベスト工学と呼んでよいものがありそうである．

例えば，圃場で収穫された籾が脱穀されて玄米になり，さらに精米されて白米になる一連の加工工程がある．選別工程もその1つで

あるが，現在は，従来イメージされる選別を越える技術が使われている．その1つは光選別である．これは，シュートを流れてきた米粒の1粒1粒をカメラでとらえ，異物や不良品を圧縮空気の噴射により除去するもので，処理能力は白米で $1.7\,\mathrm{t\cdot h^{-1}}$ に上るものもある．白米の千粒重を22gとすると，1秒間に21000粒程度の米粒を検査できる．これが大型精米工場向けの装置になると約58000粒・$\mathrm{s^{-1}}$ まで処理能力が上がる．全粒検査が可能な技術である．個々の技術が高度化し，それらが組み合わされたシステムであり，入力と出力との関係を予測・制御することができるという意味で，ポストハーベスト工学に分類してもよいだろう．

このようにポストハーベスト技術とポストハーベスト工学は重なる領域を広げながら発展しているものと思われる．

● 国際誌における "postharvest" の使用例

既述の "postharvest" は単独で使われることは稀で，著名な国際誌 Biosystems Engineering（前身は Journal of Agricultural Engineering Reserch），Postharvest Biology and Technology，Food Chemistry，HortScience，さらには FAO などでは "postharvest technology"，"postharvest quality"，"postharvest browning" のように，冒頭で述べた接頭辞に類した使われ方が多い．

● 日本におけるポストハーベストという言葉の用法

英語ではポストハーベストという表記が単独では定義されていない．その一方，『広辞苑（第六版）』では「ポスト-ハーベスト【postharvest】（収穫後の意）収穫したあとの農産物の農薬処理．防虫・防カビ・防腐などのために行い，残留農薬の危険性が指摘されている．」とある[5]．英語表現のpostharvestがもつ含意とは異なり，"農薬処理" という特定の作業・行為を意味する日本語表現となっている．すなわち，『広辞苑』のいう「ポストハーベスト」は postharvest chemical treatment を意味しており，この点において，英語とは異なる意味をもつ日本語が作られたと考えるべきであろう．日本のテレビ，新聞などでも，ポストハーベストという言葉を，例えば収穫後の農産物に，日本では使用許可になっていない人体に有害な（発がん性のある）薬品を生産地で噴霧することというような，負のイメージを伴って使っている場合がある．

日本語辞書における「ポストハーベスト」という言葉と「ポストハーベスト技術」という専門用語は，互いに独立してまったく異なる意味を有する表現であり，"ポストハーベスト技術" が用語として正しく認識されることが望まれる． 〔大下誠一〕

◆ 参考文献
1) Merriam-Webster INC., 2014. *Merriam-Webster's Collegiate Dictionary, 11th ed.*
2) 細川明監，穀物の収穫後処理技術協力高度化研究会編，1995．米のポスト・ハーベスト技術．日本穀物検定協会．
3) http://bae.engineering.ucdavis.edu/research/postharvest-engineering/（2017年10月5日閲覧）
4) 矢野俊正，1984．*New Food Industry*, **26**(10), 33-48.
5) 新村出編，2008．広辞苑（第六版）．岩波書店．

1.2 農産物の力学的性質

弾性体，弾性率，準静的測定，動的測定

● 農産物の力学的性質

力学的性質とは，力，変位，速度，加速度などを対象に与えたときの反力，変形，破壊などの応答を記述するための特性量やそれらの関係のことをいう．農産物の力学的性質は，収穫・加工・流通などのポストハーベストにおける加工用機械の設計や機械的損傷の防止の観点から研究され始め，現在では熟度や食べ頃を推定するための指標にもなってきている．農産物は植物の根，茎，葉，花，果実，種子といった器官であり，いずれも細胞からなる組織構造を有している．種子を除く農産物組織の力学的性質は，主成分である水が細胞の膨圧という形でいくらか関与するものの，主として細胞壁およびそのネットワーク構造が担っている．水が主成分であることから，農産物組織は粘弾性体として扱うべきであるが，細胞壁ネットワークの弾性的な性質が粘性的な性質よりも強く，近似的に弾性体として扱われることが多い．

● 力学的性質の測定法

力学的性質の測定では，対象に力あるいは変位を与えたときの応答を測定し，その入力・出力データを弾性の関係式に適用して，その係数である弾性率を算出するという方法が取られる．入力物理量の与え方は，一定静荷重・一定変位を負荷する準静的方法と振動的な変位・外力を作用させる動的方法に大きく分類できる．

● 準静的方法

整形試料の弾性率測定は，[2.27 テクスチャー]に記載のテクスチャー測定法により得られる．全姿での測定法としては，圧縮法，air-puff 法，衝撃荷重法などがある．

圧縮法は農研機構農業技術革新工学研究センターによって HIT カウンタの名称で開発された方法[1]で，損傷を与えない程度の一定反力に達するまでの時間をカウントする方法である．カウント値が大きいほど，弾性率が低い．

air-puff 法は圧縮ガスを試料表面に吹きつけたときに生ずるくぼみの深さをレーザー式変位計で計測[2]し，見かけの弾性率は

$$E = \frac{P\pi(1-\mu^2)\alpha}{2D}$$

で求める[3]ことができる．ここで，E は見かけの弾性率，P はガス圧力，μ はポアソン比，α は気流の等価ダイ径，D はレーザー変位計で計測した変位量である．

衝撃荷重法は図1に示すように，剛体平面上に農産物を落下衝突させたときの衝突荷重からヤング率に対応する指標を計算する方法である．図1の衝突荷重波形に示すように，応力は瞬間的に発生し，すぐに消滅するため，農産物へのダメージが少ない．農産物を球体としたとき，最大荷重 F_p と最大荷重に至るまでの時間 t_p はそれぞれ次式で表される．

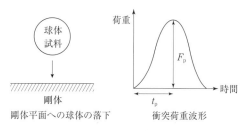

図1　衝撃荷重法

$$F_\mathrm{p} = \left(\frac{125}{36}\right)^{\frac{1}{5}} \cdot (m^3 R)^{\frac{1}{5}} \cdot V^{\frac{6}{5}} \cdot \left(\frac{E}{1-\nu^2}\right)^{\frac{2}{5}}$$

$$t_\mathrm{p} = 1.47 \cdot \left(\frac{15}{16}\right)^{\frac{2}{5}} \cdot \left(\frac{m}{\sqrt{VR}}\right)^{\frac{2}{5}} \cdot \left(\frac{1-\nu^2}{E}\right)^{\frac{2}{5}}$$

図2 強制振動法

図3 打撃法

ここで，m は球体質量，R は球体半径，ν はポアソン比，E はヤング率，V は衝突直前の球体速度である．質量，衝突速度がいつもほぼ一定であるとみなせれば F_p をヤング率（弾性率）に関連する指標とすることができる．また Delwiche[4] は質量の影響を小さくするために $F_\mathrm{p}/t_\mathrm{p}$ または $F_\mathrm{p}/t_\mathrm{p}^2$ を指標とすることを主張している．

● 動的方法

強制振動法および打撃法が全姿試料を対象とした代表的な動的測定法である．

強制振動法は，さらに非共振型と共振型の測定法に分類される．非共振強制振動法は共振を起こさない数十 Hz 以下の正弦波状の変位または応力を試料に入力したときの応答をもとに複素弾性率を推定する方法である．いわゆる動的弾性率測定と呼ばれる方法で，貯蔵弾性率，損失弾性率を求めることができる．一方，共振型の測定法は，試料を共振させ，固有周波数と弾性率，質量との関係を表す理論式から弾性率情報を引き出す方法である．図2に示すように，加振器の駆動周波数を掃引しながら試料を加振し，その応答を加速度計で測定する．応答信号の周波数解析により共振周波数を同定する．振動モードの違いにより複数の共振ピークが存在するが，Cooke[5] により報告された伸び縮み振動の最低振動数のモードである $_0S_2$ モードの共振周波数 f と試料質量 m から求められる $f^2 \cdot m^{2/3}$ が，果実のヤング率と相関が高い指標[6] であることが知られている．Yamamoto ら[7] によ
り密度 ρ を考慮した $m^{2/3} \cdot \rho^{1/3} \cdot f^2$ という指標も提案されている．

打撃法では，図3に示すように打撃子によってインパルス性の衝撃を試料に加え，その応答を加速度計で測定する．解析方法と指標については非共振強制振動法と同一である．連続加振でないため，S/N 比では不利であるが，試料へのダメージが少なく，短時間で測定できるという利点がある．

〔西津貴久〕

◆ 参考文献

1) 大森定夫ほか．1994．農業機械学会誌，**56**，49-57．
2) Gunasekaran, S. *et al.*, 2001. *Nondestructive food evaluation : techniques to analyze properties and quality*. Marcel Dekker, 259-269.
3) McGlone, V. A. *et al.*, 2000. *Postharvest Biology and Technology*, **19**, 47-54.
4) Delwiche, M. J., 1987. *Transactions of the ASAE*, **30**, 1160-1166.
5) Cooke, J. R., 1972. *Transactions of the ASAE*, **15**, 1075-1080.
6) Abbott, J. A. *et al.*, 1995. *Transactions of the ASAE*, **38**, 1461-1466.
7) Yamamoto, H. *et al.*, 1984. *Report of National Food Research Institute*, **44**, 20-25.

1.3 農産物の熱的性質

熱伝導率, 熱拡散率, 比熱

食品は生物材料を素材とした不均質混合系であるため, 成分組成の構造を反映した物性値として, 熱伝導率は有効熱伝導率, 熱拡散率 (熱拡散係数または温度伝導率ともいう) は有効熱拡散率, 比熱は成分組成の平均の比熱と考えるのが実際的である. これらの熱物性値は, 食品の温度や時間の経過により変化する. さらに, 青果物などの生きた材料では, 呼吸作用による損耗や蒸散による水分損失が生じると, 熱物性値の変化がいっそう顕著になる.

● 熱伝導率

フーリエの熱伝導の法則により, 熱流速が温度勾配に比例するとしたときの, 比例定数を熱伝導率という[1]. 農産物・食品は組成が不均質であるため, 均質な工業材料のような取り扱いが難しい. 穀物の貯蔵庫内の温度分布を考える場合は穀粒と空気の混合物が対象となるし, リンゴ果実が対象であれば, 果肉と果芯に分けた取り扱いが必要となる. しかし, 境界条件および農産物・食品の形状を数学的に取り扱うことができ, これらが見かけ上均質な材料であると仮定できる場合には, フーリエの熱伝導法則が適用できる. 図1に示す x 軸方向の1次元の熱伝導を考えると, 次式が成り立つ.

$$q = -\lambda A \frac{d\theta}{dx} \quad (1)$$

すなわち, x 軸に垂直な断面積 A [m²] を通って x 軸方向に流れる単位時間当たりの熱量 q [W] は, θ を温度 [K] としたときの温度勾配 $d\theta/dx$ に比例するという経験則であり, この比例定数 [W·m⁻¹·K⁻¹] を熱伝導率と呼ぶ. なお, また, $q' = q/A = -\lambda(d\theta/dx)$ とすれば, 左辺は単位時間に単位面積を通過する熱量 [W·m²] となり, q' は熱流速 (熱フラックス) と呼ばれる.

● 熱伝導率推算モデル

水の熱伝導率は農産物や食品成分に比べて大きいので, 水分により熱伝導率は大きく変化する. 個々の農産物の値は文献[3]を参照することとし, ここでは2成分の有効熱伝導率のモデルを記す.

① 水溶液 (糖液, 果汁) : 実験式
$$\lambda_e = (0.565 + 0.00180t - 0.581 \times 10^{-5}t^2) \times (1 - 0.54X_s) \quad (2)$$

② ゲル状食品 (豆腐, タンパク質・炭水化物ゲル, ひき肉) : 直列モデル式
$$\lambda_e = \frac{1}{\frac{\varepsilon_1}{\lambda_1} + \frac{\varepsilon_2}{\lambda_2}} \quad (3)$$

③ 粒子・液滴・気泡の分散系 (分散相が希薄な場合) : Maxwell モデル
$$\lambda_e = \lambda_c \frac{\lambda_d + 2\lambda_c - 2\varepsilon_d(\lambda_c - \lambda_d)}{\lambda_d + 2\lambda_c + \varepsilon_d(\lambda_c - \lambda_d)} \quad (4)$$

ここで, λ_e は有効熱伝導率, t は温度 (0～80℃), X_s は固形分の質量分率, ε は成分の体積割合, 添字1および2は成分1および2, cおよびdは連続相および分散相を表す. た

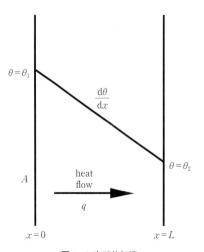

図1 1次元熱伝導

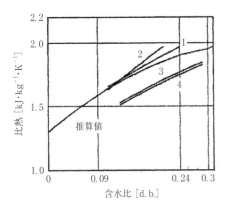

図2 玄米（コシヒカリ）の比熱
実測値と推算値の比較[5]

表1 食品成分の熱伝導率と比熱

材料	温度 [℃]	密度 [kg·m^{-3}]	熱伝導率 [W·m^{-1} ·K^{-1}]	比熱 [kJ·kg^{-1} ·K^{-1}]	文献
水	27	999	0.594	4.174	1
	0	1000	0.562	4.227	1
氷	0	917	2.22	2.067	1
	-23	920	2.47	1.908	1
タンパク 質	20	1320	0.204	2.03	2
	0	1330	0.179	2.01	2
脂質	20	917	0.125	2.01	2
	0	926	0.181	1.98	2
炭水 化物	20	1593	0.227	1.59	2
	0	1599	0.201	1.55	2
繊維	20	1304	0.207	1.88	2
	0	1312	0.183	1.85	2
灰分	20	2418	0.356	1.13	2
	0	2424	0.330	1.09	2

だし，成分 i の体積割合は X_i および ρ_i を質量分率および密度として，以下の式に基づく．

$$\varepsilon_i = \frac{X_i}{\rho_i}\rho_a \quad (5)$$

$$\varepsilon_c + \varepsilon_d = 1 \quad (6)$$

なお，水の熱伝導率，密度，比熱（添字 w）には，(7)(8)(9) 式[2]が利用できる．

$$\lambda_w = 5.7109 \times 10^{-1} + 1.7625 \times 10^{-3}\theta \\ - 6.7036 \times 10^{-6}\theta^2 \quad (7)$$

$$\rho_w = 997.18 - 3.1439 \times 10^{-3}\theta \\ - 3.7574 \times 10^{-3}\theta^2 \quad (8)$$

$$c_w = 4176.2 - 9.0864 \times 10^{-5}\theta \\ + 5.4731 \times 10^{-6}\theta^2 \quad (9)$$

上式の θ は (1) 式と異なり，温度 [℃] である．

● 比　熱

比熱は，多くの場合，構造の影響が無視でき，成分間の加成性が成立する．果実や野菜は水分が多く，水の比熱は他の成分に比べて大きいため，比熱は水分に大きく依存して決まる．凍結点以上では，Siebel の式[4]で概算できる．M_w を湿量基準の水分比（少数），c_p を [kJ·kg^{-1}·K^{-1}] とすると，次式になる．

$$c_p = 3.350 M_w + 0.837 \quad (10)$$

また，凍結点以下では (11) 式が用いられる．

$$c_p = 1.256 M_w + 0.837 \quad (11)$$

一方，水分が少ない籾や玄米では，(10) 式の誤差は大きくなる．水分を 15%w.b. とすると (10) 式では 1.340 kJ·kg^{-1}·K^{-1} となり，絶乾玄米の比熱 1.30 kJ·kg^{-1}·K^{-1} と大差がない[5]．一方，水の比熱を 4.186 kJ·kg^{-1}·K^{-1} (10~20℃)[5] とし，絶乾玄米と水の割合に応じた比熱を求めると $c_p = 1.30 \times 0.85 + 4.186 \times 0.15 = 1.733$ [kJ·kg^{-1}·K^{-1}] ($=0.414$ [cal·g^{-1}·K^{-1}]) となり，実験式 (1.825 kJ·kg^{-1}·K^{-1} ($=0.436$ cal·g^{-1}·K^{-1}) や精密な推算式[5] (1.791 kJ·kg^{-1}·K^{-1} ($=0.428$ cal·g^{-1}·K^{-1})) より小さいものの，実測値に近い値となる．なお，食品の主要な成分の密度，熱伝導率および比熱を表1に示す．〔大下誠一〕

◆ 参考文献

1) 日本熱物性学会編，2008. 新編 熱物性ハンドブック．養賢堂．
2) Choi, Y., Okos, M. R., 1986. *Food Engineering and Process Applications, Vol. 1*. Elsevier ASP, 93-101.
3) 渋川祥子編，1996. 食品加熱の科学．朝倉書店．
4) Siebel, J. E. 1982. *Ice and Refrigeration*. **2**, 256.
5) 大下誠一ほか，1992. 農業機械学会誌，**54**(2), 67-74.

1.4 農産物の光学物性

屈折, 吸収, 透過, 反射, ATR, 蛍光, 顕微

　光は農業と深く関わるきわめて重要な役割を果たしている. 農業の主役である植物の生命活動を支えるエネルギーは, 基本的に太陽から供給される光エネルギーである. また, 植物などの生物は, さまざまな光情報処理機能を備えていて, それに基づいて外界の環境変化に対応している. しかし, このような重要な役割は光によって単独で演じられているわけではなく, 光と分子との相互作用によって初めてさまざまな機能が発現する.

　光は電磁波の一種であり, 電磁波は波と粒子の性質をもち, 周波数（波長）の違いによりさまざまな呼称や性質を有する. 電磁波は周波数の高い（波長の短い）ほうから順にγ線, X線, 紫外線, 可視光線, 赤外線, THz波, マイクロ波, 電波と呼ばれている. 狭い意味での光は可視光を意味し, その波長はおおよそ350 nm（紫）から750 nm（赤）の範囲にある. 一方, 広い意味での光は, 可視光に加えて紫外線と赤外線を含む. また, 赤外線は, 近赤外光（波長750 nm～2.5 μm）,（中）赤外線（波長2.5～25 μm, 波数4000～400 cm^{-1}）, 遠赤外光（波長25 μm～1 mm, 波数400～10 cm^{-1}）に分けられる. さらに, 近年, 周波数1 THz（波長300 μm, 波数33.3 cm^{-1}）前後の電磁波をTHz波と呼ぶようになった. ただし, これらの名称や区分は慣習的なものであって, その境界となる周波数や波長などは単なる目安である. また, 電磁波の名称に対応して周波数, 波長, 波数, エネルギーなどの単位を用いて電磁波を特定しているが, 真空中を伝播する電磁波を対象とした場合にはいずれの単位を用いても物理的に同義であり, それぞれの学問分野の特性を考慮した単位が用いられている.

　光が物質に入射した際に生じる物理現象を対象とし, 物質中の原子・分子や電子の集団と電磁波との相互作用をミクロな観点から取り扱うための物性が光学物性である. 例えば, 可視光線などの光を物質に照射, その光が反射, 透過, 吸収する際, 波の強さが変化したり, あるいは別の電磁波を発したりする. このような光の伝播に関する物性値が屈折率であり, 真空中の光速を物質中の光速（より正確には位相速度）で割った値となる. また, 光速は媒体となる物質によって異なる. そのため, 屈折率は物質によって異なり, 同じ物質であっても周波数（波長）によって異なる. 物質による光の吸収がある場合は, 屈折率nを実数部, 消光係数κを虚数部とする複素屈折率$N=n+i\kappa$に置き換える. また, 物質による光の吸収の強さを表すのが吸収係数αであり, 吸収係数は入射光の強度が1/eになるまでに光が進む距離の逆数である. そして, 吸収係数と消光係数の関係は, $\alpha=4\pi\kappa/\lambda$（$\lambda$: 波長）となる.

　ところで, 電磁波は, その周波数（波長）ごとの性質を生かし, きわめて多岐の分野で利用されており[1], 特に農業分野への展開が期待されている[2]. 近年話題を呼んでいる農産物や食品の非破壊計測法の多くは, 光計測に基づく技術であり, 農産物の光学物性に基づいた光（電磁波）の利用である. 光センシングにより得られる情報は, センシングに利用する光（電磁波）の周波数（波長）と農産物の光学物性によって異なる[3,4].

　図1に農業分野に関連する代表的な光センシング手法と, そのセンシング手法によって取得される主な情報を示す.

　例えば, 蛍光X線の波長は元素ごとに固有である内殻と外殻のエネルギー差に対応し, 測定試料を構成する元素の分析を行うことができるので, 農産物内の元素バランスの計測法として注目されている. 紫外線に関しては, 農業に密接に関連するレーザー誘起植

```
波長
 ┌─→ 1. X線
 │     蛍光X線分光計測 → 葉 など → K・Ca・P・
 │     Mg・Fe・Zn・Cu・S などの同時計測
 │   2. 紫外線（UV）
 │     蛍光分光計測 → 葉, 樹体 など → 糖類, 色素,
 │     有機酸 など
 │   3. 可視光（VIS）
 │     分光計測, 色彩計測, 形状計測 → 葉, 果実,
 │     樹体 など → 色素, 形状, 樹勢 など
 │   4. 近赤外線（NIR）
 │     分光計測（拡散反射法, 透過法）→ 果実 な
 │     ど → 水分量, 糖度 など
 │   5. 中赤外線（MIR）
 │     分光計測（ATR法 など）→ 葉, 果実 など →
 │     糖類, タンパク質, 様態の異なる窒素 など
 │   6. テラヘルツ波（THz）
 │     新しい計測手法（分光計測, イメージング）
 │     → 新領域
 ↓   7. 誘電分光
      農産物中の水分状態 → 新たな貯蔵法
```

図1　光センシング手法と取得可能な主な計測情報

物蛍光法や蛍光指紋分光法などのさまざまな応用が期待されている．古来より可視光を利用した目視による植物育成状態評価が日常的に行われており，近年のデジタルカメラの急激な高性能化と低価格化によりその利用はきわめて広範囲にわたっている．農業分野における赤外線利用では，（中）赤外線の利用例はきわめて少なく，近赤外線が多用されてきた．これは，（中）赤外領域における水による強い吸収が他成分の計測において妨げとなるためである．しかし，ATR (attenuated total reflection) アクセサリーの普及により，中赤外分光法が農業現場で応用される機会が増えつつある．また，近年のTHz波発生デバイスの著しい進歩により，生体関連物質のTHz周波数領域における誘電分散，格子振動，分子の骨格振動，ねじれ振動，回転などの動的挙動に関する情報取得が可能となり，

農業への応用においてもこれまでにない役割をはたすテクノロジーとなる可能性を有している．さらに，誘電分光による農産物中の水の状態理解や，その情報に基づいた新たな貯蔵法の開発などが期待されている．

　これらの光センシング情報は，農産物中の成分の光学物性値のみに依存しているのではなく，農産物のマクロな幾何学的構造とミクロな成分間の相互作用の影響を受けたものである．また，農産物中の成分と幾何学的構造は，プレハーベストおよびポストハーベストにおいて経時的に変化する．さらに，農産物の加工においては，それらの変化がきわめてダイナミックとなる．したがって，農産物の光学物性を評価するうえでは，農産物に含まれる成分とそれらの相互作用，および幾何学的構造の影響を含んだ見かけの光学物性値を定量的に理解することが重要となる．さらに，近年，顕微分光法が進歩し，さまざまな波数（波長）領域におけるミクロな分光情報の取得が可能となってきた．農産物などのように化学的・物理的に複雑な構造を有する試料の光学的物性の評価には，マクロ・ミクロな分光情報，複数の計測法の併用，ならびに複数の周波数帯（波長帯）の情報を合わせて解析することが有効と考えられる．このような解析が進むことにより，農産物の品質評価法や加工法の高度化に寄与するものと思われる．

〔橋本　篤〕

◆　参考文献

1) 文部科学省，2008．「一家に1枚光マップ」の製作について．（2016年1月10日閲覧）
2) 関根征士，2011．照明学会誌．**95**(12), 768-773.
3) 近藤直ほか編，2010．農産物性科学2．コロナ社，57-136.
4) 橋本篤，亀岡孝治，2013．計測と制御．**52**(8), 702-707.

1.5 呼 吸

解糖系,クエン酸回路,電子伝達系,無気呼吸,
呼吸熱,呼吸商

● 呼吸代謝

呼吸（内呼吸）とは呼吸基質を分解し,高エネルギーリン酸化合物である ATP (adenosine triphosphate) を大量に生産する代謝生理である. ATP が加水分解して ADP (adenosine diphosphate) と Pi（リン酸）になるときの標準 Gibbs 自由エネルギー変化は $-30.6\ \mathrm{kJ \cdot mol^{-1}}$ で,生体はこの遊離エネルギーを核酸の合成,イオンポンプの駆動,共役反応などに使用する.

真核細胞をもつ高等生物の呼吸代謝は細胞質とミトコンドリアによって行われる.これは大別して解糖系（EMP 経路）,クエン酸回路（TCA 回路,クレブス回路）,電子伝達系（水素伝達系,呼吸鎖）からなる（図1）.クエン酸回路の手前には解糖系以外にタンパク質,脂肪を基質とする経路も存在する.

解糖系　解糖系は細胞質基質にあり,グルコースをピルビン酸に分解する代謝経路である.グルコースは6炭糖,ピルビン酸は3炭糖であるため,前者1分子から後者2分子が生じる.この間に図1の2ケ所で ADP が Pi を受け取り,それぞれグルコース1分子当たり2分子,合計4分子の ATP を生じる.

$$\mathrm{ADP + Pi \longrightarrow ATP + H_2O} \qquad (1)$$

また,解糖系内で2分子の ATP が消費され（この間6炭糖）,上記の4分子から差し引いた2分子が解糖系の ATP 生産量となる.

この経路内では2分子の NADH を生じるが, NADH はミトコンドリア膜を通過できないため,他の物質に電子を供与して通過させ, $\mathrm{FAD^+}$ を $\mathrm{FADH_2}$ に還元して最終的に電子伝達系に渡す.原核細胞では電子伝達系が細胞膜に点在するため, NADH は NADH のまま ATP の生産に貢献できる.

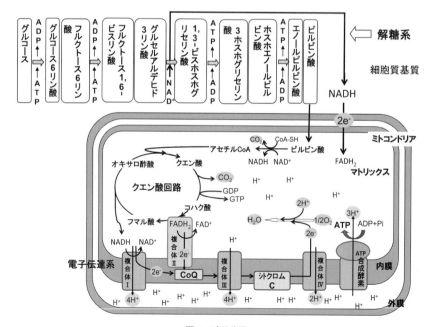

図1 呼吸代謝

クエン酸回路　解糖系で生産されたピルビン酸は有機呼吸の場合，真核細胞ではピルビン酸-H^+共輸送系を通ってミトコンドリア内に入り，CO_2 1分子を放出するとともに，CoAと結合してアセチルCoAとなり，クエン酸回路に渡される．アセチルCoAは回路内のオキサロ酢酸と結合してクエン酸となり，コハク酸，フマル酸などを経て，オキサロ酢酸に戻り回路を形成する．回路を1周する間に3個のNADHと1個の$FADH_2$，1個のGTPを生じる．GTPはすぐにADPをATPにすることができる．この間にCO_2は2分子発生し，アセチルCoA生産時と合わせて，グルコース1分子当たり6分子が得られ，これが(2)式のCO_2の係数である．

　クエン酸回路の最も重要な役割は高エネルギー電子のキャリアであるNADHと$FADH_2$を産生し，電子伝達系に受け渡すことである．

電子伝達系　電子伝達系はミトコンドリア内膜（原核細胞では細胞膜に点在）にある呼吸鎖複合体（複合体I〜IV）と呼ばれる4つのタンパク質とATP合成酵素で構成される．NADHと$FADH_2$により水素がミトコンドリア内膜に運ばれ，プロトン（H^+）と高エネルギー電子（e^-）に分離する．電子はエネルギーレベルを下げながら順次複合体間を受け渡されていき，最終的に複合体IVからマトリックスに排出され，分子状酸素に渡されてH_2Oを生成する．電子の移動により複合体I，III，IVがマトリックスからH^+を汲み上げ，内膜とマトリックス間に電気化学的H^+勾配を形成する．この勾配はH^+駆動力を生じ，H^+はATP合成酵素を通ってマトリックスに流下し，このエネルギーでADPとPiからATPが合成される．これを酸化的リン酸化といい，グルコース1分子当たり32分子（原核細胞では34分子）のATPが生産される．これに解糖系，クエン酸回路の分を加えると，呼吸代謝全体では，36分子（原核細胞では38分子）のATPが生産されることになる．真核と原核細胞の数値の差は，前者が解糖系で生産したNADHを$FADH_2$として使用する（前述）ためである．

無気呼吸　酸素が極端に不足する場合，酸化的リン酸化を行えなくなるため，解糖系で生産される2分子のATPを使おうとするが，反応を継続的に行うにはNAD^+が必要である．有機呼吸ではNADHが電子伝達系に水素を受け渡しNAD^+が得られるが，これが不可能となるため，ピルビン酸から乳酸またはエタノールを作る過程でNAD^+を得ることで解糖系を継続して動かす．これを無気呼吸といい，発酵とまったく同じ経路であるため，発酵と呼ばれることもある．

● **呼吸熱と呼吸商**

　呼吸は総括して以下の反応式で表される．

$$C_6H_{12}O_6 + 6O_2 \longrightarrow 6H_2O + 6CO_2 \quad (2)$$

この標準反応エンタルピーは-2803 kJ・mol^{-1}（高位発熱量）で，呼吸熱と呼ばれる．収穫後の農産物は生命機能を維持するため，呼吸を続けるが，基質を損耗するとともに呼吸熱は品温の上昇を招き品質低下の原因となるので，呼吸を抑制する必要がある．このため，低温流通，CA貯蔵，MA包装などの技術が開発・利用されている．CA貯蔵やMA包装で酸素濃度を下げすぎると，無気呼吸が起こり，結果として品質の劣化を招くので注意を要する．

　呼吸速度には温度依存性があり，Arrhenius式で表すことができる．実用的にはセ氏温度と呼吸速度との関係を記したGoreの式のほうが使い勝手がよい．また，10℃温度が上昇したときの呼吸速度の増加割合を示す温度係数Q_{10}は温度の呼吸への影響を知る目安として用いられる．Q_{10}は多くの農産物でおおよそ2を示す．CO_2の排出とO_2の吸収速度の比であるRQ（respiratory quotient，呼吸商）は，使用される呼吸基質の推測や無気呼吸の検知に用いられる．グルコースを基質とする場合，RQは1となる．

〔**内野敏剛**〕

1.6 呼吸速度測定法

密閉法，通気法，二酸化炭素放出速度，
酸素吸収速度，呼吸商，エチレン生成速度

農産物の代謝により二酸化炭素が排出され，酸素が消費される．これらがそれぞれ二酸化炭素放出（排出）速度，酸素吸収（消費）速度として測定され，呼吸速度とはこれらのいずれか一方あるいは両方をいう．二酸化炭素，酸素は農産物の細胞内や細胞間隙にも存在する．そのため，個体の呼吸速度とは，農産物1kg当たり，1h当たり農産物表面を通過する二酸化炭素，酸素の気体量とされる．気体量の単位は，体積や質量が用いられてきたが，測定温度による換算を必要とせず呼吸商も直接計算できる物質量（mol）が望ましい．

農産物個体の呼吸速度測定法には，密閉法，通気法がある．いずれの方法も農産物を囲む境界を定め，境界内あるいは境界内外の各気体の物質収支から呼吸速度が求められる．また，エチレンは農産物の呼吸代謝に影響を及ぼすだけでなく農産物自体からも生成される．そのためエチレンについてもその物質収支からエチレン生成速度が求められる．

農産物を囲む境界としてチャンバが用いられる．ここで，配管などの測定系を含むチャンバ容積 V [L]，農産物の質量 M [kg] とその密度 ρ [kg·L^{-1}]，チャンバ内自由空間容積 V_f ($=V-M/\rho$) [L]，チャンバ内の全圧 P_g [Pa] と水蒸気分圧 P_v [Pa]，チャンバ内乾燥気体の圧力 P_a ($=P_\mathrm{g}-P_\mathrm{v}$) [Pa]，チャンバ内温度 T_g [℃]，気体定数 G [J·K^{-1}·mol^{-1}] により，チャンバ内の乾燥気体量 v_a [mmol] は次式で表される．

$$v_\mathrm{a} = \frac{P_\mathrm{a} V_\mathrm{f}}{G(T_\mathrm{g}+273.15)} = \frac{(P_\mathrm{g}-P_\mathrm{v})(V-M/\rho)}{G(T_\mathrm{g}+273.15)} \tag{1}$$

チャンバ内で農産物が生成あるいは消費する気体の気体量変化速度を r_i [mmol·h^{-1}] とする．ここで，添字記号 i がついた記号は，i を C, O, E と置き換えることで主記号の対象気体がそれぞれ二酸化炭素，酸素，エチレンとなる．二酸化炭素放出速度 R_C [mmol·kg^{-1}·h^{-1}]，酸素吸収速度 R_O [mmol·kg^{-1}·h^{-1}]，エチレン生成速度 R_E [mmol·kg^{-1}·h^{-1}] は，r_i から次式により求められる．

$$R_\mathrm{C} = \frac{r_\mathrm{C}}{M}, \quad R_\mathrm{O} = -\frac{r_\mathrm{O}}{M}, \quad R_\mathrm{E} = \frac{r_\mathrm{E}}{M} \tag{2}$$

● 通 気 法

通気法は，農産物を入れたチャンバに気体を流入・流出させ，チャンバを境界とする気体の物質収支から R_i を求める方法である．気体濃度が農産物の呼吸代謝に及ぼす影響を検討する際によく用いられる．チャンバ内が十分に攪拌されて濃度分布がないとき，チャンバからの流出気体濃度がチャンバ内気体濃度，すなわち農産物周囲の気体濃度となる．従来の通気法は定常状態での測定法とされてきたが，ここでは非定常状態にも対応した方法を紹介する．

チャンバに対し流入，流出する気体の乾燥気体基準の体積濃度をそれぞれ C_i^in [-]，C_i^out [-] とし，同様に窒素の各体積濃度を C_N^in [-]，$C_\mathrm{N}^\mathrm{out}$ [-] とする．チャンバへ流入する乾燥気体の流量を F_a^in [mmol·h^{-1}] とする．C_i^in，C_N^in，F_a^in，v_a が一定でチャンバ内に濃度分布がないとき，次式から r_i が得られ，(2) 式から R_i が求まる．

$$r_i = F_\mathrm{a}^\mathrm{in}\left(C_i^\mathrm{out}\frac{C_\mathrm{N}^\mathrm{in}}{C_\mathrm{N}^\mathrm{out}} - C_i^\mathrm{in}\right) + v_\mathrm{a} C_\mathrm{N}^\mathrm{out}\frac{\mathrm{d}}{\mathrm{d}t}\left(\frac{C_i^\mathrm{out}}{C_\mathrm{N}^\mathrm{out}}\right) \tag{3}$$

例えば R_C を求めるとき，(3) 式の i をすべてCとし，右辺第2項の微分は差分近似すればよい．

呼吸速度変化に伴うチャンバ内の二酸化炭素，酸素の濃度変化が呼吸速度に影響を及ぼす可能性がある．また，流入気体とチャンバ内気体の濃度差が大きくなると，チャンバ内

に濃度分布が生じる可能性がある．よって，チャンバ内の二酸化炭素，酸素の濃度の違いが呼吸速度に影響を及ぼさず，かつチャンバ内に濃度分布が生じないとする流入気体とチャンバ内気体（流出気体）との許容濃度差 ΔC^{ac} [-] を定め，その範囲内で測定する必要がある．一方で濃度差が小さくなれば高精度な濃度測定が必要となるため，最小濃度差も存在する．流入気体流量は，呼吸速度が変化してもこの ΔC^{ac} と最小濃度差の範囲になるように測定前に設定しなければならない．流入気体流量，チャンバに入れる農産物の質量，測定開始時間の決定方法などが文献[1]に示されている．

（3）式に含まれる C_N^{in}，C_N^{out} は，チャンバ内で農産物が生成する二酸化炭素とエチレンの総量と消費する酸素量が異なるとき，チャンバからの流出気体流量を補正するために必要とされる．補正を行わない場合，（3）式において $C_N^{out} = C_N^{in} =$ const. とすると次式が得られる．

$$r_i = F_a^{in}(C_i^{out} - C_i^{in}) + v_a \frac{dC_i^{out}}{dt} \quad (4)$$

例えば，チャンバ内酸素濃度が21%，エチレン生成がなく呼吸速度一定で呼吸商（ $= R_C/R_O$ ）が0.76以下あるいは1.3以上を示す農産物に対して（4）式により R_O を求めた場合，含まれる相対誤差は5%を超える．しかし，測定条件や対象農産物によっては（4）式が利用できる場合もある．呼吸商，流出気体濃度（チャンバ内気体濃度），エチレン生成比（ $= R_E/R_C$ ），R_i の相対誤差との関係が文献[2]に示されている．ただし，（4）式にはエチレン生成がゼロのとき呼吸商が1になる方向に偏る系統誤差が含まれているため，呼吸商を測定する場合は（3）式を利用したほうがよい．

● 密　閉　法

密閉法は，チャンバに農産物を入れて密閉後，チャンバ内の二酸化炭素，酸素，エチレンの各気体量の経時変化から R_i を求める方法である．通気法とは異なり，温度変動を与えることも可能である．また，定期的な換気を組み合わせて密閉中の濃度変化を0.5%以下とし，換気時に気体組成が任意に変更できる環境制御型密閉法が提案されている[3]．

チャンバ内にある各気体の気体量 v_i [mmol] は，チャンバ内が十分に攪拌されて濃度分布がないとき，各気体の乾燥気体基準の体積濃度 C_i^{inside} [-] により次式で表される．

$$v_i = C_i^{inside} v_a \quad (5)$$

密閉中の時刻 t_k における $v_i(t_k)$ から，次式により r_i が得られ，（2）式から R_i が求まる．

$$r_i = \left(\frac{t_k + t_{k+1}}{2}\right) = \frac{v_i(t_{k+1}) - v_i(t_k)}{t_{k+1} - t_k} \quad (6)$$

通気法とは異なり，密閉法で得られる R_i は時刻 t_k から t_{k+1} の平均値である．また，密閉中の濃度変化が呼吸速度に影響している可能性があるため，密閉法による呼吸速度値を示す場合，どの濃度範囲で測定したのかを明示したほうがよい．

チャンバ内の湿度を高める目的で測定系内に水を置く場合がある．二酸化炭素は水によく溶解するため，農産物から排出された二酸化炭素の一部が水に溶解するとチャンバ内自由空間容積 V_f のみから計算された R_C は実際の値よりも小さくなる．例えば，0℃における R_C の場合，測定系内にある自由水の質量を W [kg] としたとき，W/V_f が0.031 kg·L^{-1} を超えると R_C に含まれる相対誤差が5%を超える．W/V_f と気体の溶解量を無視した場合の R_i の相対誤差との関係および気体の溶解量を考慮した場合の計算方法が文献[1]に示されている．

〔川越義則〕

◆　参考文献

1) 川越義則，2015．農業食料工学会誌，**77**(6), 420-425.
2) 川越義則ほか，2010．農業機械学会誌，**72**(3), 251-261.
3) 川越義則ほか，2005．農業機械学会誌，**67**(3), 80-89.

1.7 呼吸速度予測

温度，ガス濃度，時間経過，Michaelis-Menten 式

呼吸速度は，収穫後の代謝反応の総計としてとらえられ，呼吸速度を抑制することが鮮度保持につながるため，多くの研究者が呼吸速度のモデリングを行ってきた．呼吸速度のモデリングに関しては，Fonseca ら[1]がまとめているレビューがあるので，興味のある方はまずこのレビューを読んで勉強することをお勧めする．このレビューでは，約80報の既報論文を引用し，主に最適 MA（modified atmosphere）包装設計のための呼吸予測モデルとし，種々の青果物を対象とした呼吸速度の温度依存性やガス環境依存性が詳細にまとめられている．ここでは，代表的なモデルをいくつか紹介する．

● **温度依存性を表す Arrhenius 型モデル**

Arrhenius 式は温度と化学反応速度との関係を表すのによく用いられ，農産物の呼吸速度を表現する場合には (1) 式で示される[2]．

$$R_C = R_a \cdot \exp\left(\frac{-\alpha}{T}\right) \quad (1)$$

ここに，R_C：CO_2 排出速度 [mmol·kg^{-1}·h^{-1}]，R_a：農産物固有の係数，α：農産物固有の温度係数，T：絶対温度 [K]．一般に，Arrhenius 式を用いて呼吸速度を表現した場合，呼吸速度は温度とともに指数関数的に増大することになる．Arrhenius 式の適用が可能かどうかの判定は，$\log R_C$ を $1/T$ に対してプロットした Arrhenius プロットにおいて，直線関係が得られるかどうかで行われる．

● **ガス環境依存性（Michaelis-Menten 型モデル）**

Yang ら[3]は青果物の呼吸をモデル化するには酵素反応速度の原理の適用が適切であることを提唱し，この考えをもとに Lee ら[4]は呼吸速度と O_2，CO_2 濃度の関係が Michaelis-Menten 式で記述可能であり，O_2 濃度のみが呼吸に影響を及ぼしている場合には，呼吸速度は (2) 式で記述され，

$$R_C = \frac{V_{max}[O_2]}{K_m + [O_2]} \quad (2)$$

さらに，CO_2 濃度が不拮抗阻害要因として作用する場合には，(3) 式で記述されることを報告した．

$$R_C = \frac{V_{max}[O_2]}{K_m(1 + [CO_2]/K_i[O_2])} \quad (3)$$

ここに，R_C：CO_2 排出速度 [mmol·kg^{-1}·h^{-1}]，V_{max}：最大速度 [mmol·kg^{-1}·h^{-1}]，K_m：Michaelis-Menten 定数 [%]，K_i：CO_2 による阻害剤定数 [%]，$[O_2]$：O_2 濃度 [%]，$[CO_2]$：CO_2 濃度 [%] である．V_{max}，K_m，K_i は見かけの反応動力学定数であり，理論上では K_m 値は最大速度 V_{max} を 1/2 にするときの O_2 濃度と定義されるパラメータである．また，モデルの適用が可能かどうかは，Lineweaver-Burk プロットあるいは Hanes プロットなどを用い，直線性を確認する必要がある．

Lineweaver-Burk プロットでは，(2) 式の逆数をとって (4) 式を得，

$$\frac{1}{R_C} = \frac{1}{V_{max}} + \frac{K_m}{V_{max}} \cdot \frac{1}{[O_2]} \quad (4)$$

この式に基づき，縦軸に $1/R_C$，横軸に $1/[O_2]$ をプロットすると，実測値に対する回帰直線の傾きが K_m/V_{max} を，切片が $1/V_{max}$ を与える．

Hanes プロットでは，(2) 式の両辺に $[O_2]$ をかけて，(5) 式を得，

$$\frac{[O_2]}{R_C} = \frac{1}{V_{max}}[O_2] + \frac{K_m}{V_{max}} \quad (5)$$

この式に基づき，縦軸に $[O_2]/R_C$，横軸に $[O_2]$ をプロットすると，実測値に対する回帰直線の傾きが $1/V_{max}$ を，切片が K_m/V_{max} を与える．

● **経過時間依存性モデル**

一定の温度における収穫からの経過時間を

考慮した呼吸速度モデルは，酵素反応速度式を展開することにより（6）式で表される[5]．

$$R_C = k\frac{k_s}{k_d} + k\left(C_{E0} - \frac{k_s}{k_d}\right)\exp(-k_d t) \quad (6)$$

ここに，k：反応速度係数 [h^{-1}]，k_s：酵素合成速度定数 [mmol·kg^{-1}·h^{-1}]，k_d：酵素分解速度定数 [h^{-1}]，C_{E0}：細胞内に存在する初期有効酵素濃度 [mmol·kg^{-1}]，t：時間 [h]．

● 温度および時間経過依存性モデル

一定温度下で算出される（6）式中のパラメータ k について，Arrhenius 式を適用し，温度依存性を考慮することにより，（6）式は変温環境の呼吸予測モデルとして次式のように展開される[6]．

$$R_C = K_1 \exp\left(\frac{-E_a}{RT}\right)\{1 + K_2 \exp(-k_d t)\} \quad (7)$$

ここに，K_1：パラメータ [mmol·kg^{-1}·h^{-1}]，K_2：パラメータ [-]，E_a：活性化エネルギー [J·mol^{-1}]，R：気体定数 [J·mol^{-1}·K^{-1}]．

（7）式で表される呼吸予測モデルは，実験室レベルで行われる周期的な変温環境のみならず，実際の流通環境のような非周期的な変温環境下の呼吸速度も予測可能である（図1）[7]．

● 時間経過，温度および酸素濃度依存性モデル

Lee ら[4]が提唱した（2）式で示される Michaelis-Menten 式内の V_{max} を（7）式で表現できることから，時間経過，温度ならびに酸素濃度を考慮したモデルに拡張したものが，（8）式で表現される[8]．

$$R_C = K_1 \exp\left(\frac{-E_a}{RT}\right)\{1 + K_2 \exp(-k_d t)\}\frac{[O_2]}{K_m + [O_2]} \quad (8)$$

ここで，本モデルでは大気中濃度に相当する

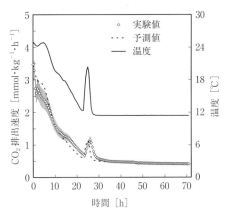

図1 流通温度環境下におけるシュンギクの呼吸速度の実測値ならびに（7）式で計算した予測値の経時変化[7]

$[O_2] = 20\%$ における呼吸速度を飽和値 V_{max} と仮定した．なお，酸素濃度依存性があるかどうかは，事前に Michaelis-Menten 型の呼吸速度モデルが適用可能かを判定するために，$[O_2]$ を横軸に，$[O_2]/R_C$ を縦軸にプロットした Hanes-Woolf プロットにより高い直線性が得られることを確認する必要がある．

〔安永円理子〕

◆ 参考文献

1) Fonseca, S. C. et al. 2002. *J. Food Engineering*, **52**, 99-119.
2) 樽谷隆之，北川博敏編．1992．園芸食品の流通・貯蔵・加工．養賢堂．
3) Yang, C. C., Chinnan, M. S. 1988. *Trans. ASAE*, **31**, 920-925.
4) Lee, D. S. et al. 1991. *J. Food Sci.*, **56**, 1580-1585.
5) 安永円理子．2003．気象利用研究，**16**, 18-23.
6) Uchino, T. et al. 2004. *Postharvest Biol. Technol.*, **34**, 285-293.
7) 安永円理子ほか．2009．植物環境工学，**21**, 143-148.
8) 花田祐介ほか．2011．植物環境工学，**23**, 66-74.

1.8 蒸散

気孔，クチクラ，目減り，萎凋，蒸散抑制，温度，湿度

植物は，光の下で光合成が行われていると気孔が開いてCO_2を取り込み，同時に気孔蒸散が生じる．CO_2の濃度が低下するとO_2を消費してCO_2を発生させる光呼吸系が作動する．光強度により異なるが，通常は光合成と光呼吸が同時に行われており，いずれにしてもガス交換が気孔を通して行われる．

一方，収穫後の農産物は，一般に太陽光や蛍光灯の光の下で店頭に置かれている．この場合，光合成が行われていても光呼吸系が作動していても気孔を通したガス交換が生じており，同時に水分も通過すると考えられる．この状態では，特に葉菜類の場合，蒸散による水分損失が問題となる．葉菜類は収穫後，選別，出荷されるまでは低湿度環境など，蒸散を防ぐ対策がとられない水ストレス環境条件に置かれる．蒸散抑制は葉菜類の鮮度保持に対して重要であり，湿度・ガス環境・光に応答する気孔は蒸散に深く関わっている．しかし，収穫後の気孔の開度およびその分布に関する詳しい報告は少ない．

● 蒸散

蒸散は，農産物，特に葉菜の劣化要因である水分の損耗を招く．蒸散には，気孔蒸散とクチクラ蒸散がある．クチクラは気孔以外の葉の表面を覆う薄いろう層であり，表面の細胞の細胞壁から水が無制限に蒸発することを防いでいる[1]．クチクラを通って失われる水は，全体の約5%しかないと推定されており[2]，ほとんどが気孔蒸散である．蒸散で失われる水は，気孔の直下にあり孔辺細胞と表皮細胞および柔細胞で囲まれた空間である呼吸腔に面した細胞の細胞壁表面から蒸発する．細胞と細胞の間に空間があり，水はこの細胞壁の表面からも蒸発する．呼吸腔の中の湿度は大気中の湿度より高く，気孔が開いていても約98～99%である．これ以下になると気孔は閉じる．これ以下で気孔が開いていると植物は萎れてしまう（萎凋）[1]．このように，収穫後の呼吸に伴う水分の消失よりも，葉の大気側と気孔腔の内側の水蒸気圧差に起因して気孔を通じて蒸散する量が多い．このように，葉菜類では気孔蒸散が品質に大きく影響する．新鮮野菜の重量が5%減少すると萎れが目立ち始めるといわれている[3]．

● 気孔

気孔は，一般には1 mm当たり50～300個の範囲にある．また，気孔の開孔面積は，葉の全表面積の1%以下とされる[4]．気孔の拡散抵抗が光合成速度を支配するのは，光合成速度がCO_2濃度に制限されているためである．気孔は暗黒条件で閉じるとされているが，暗黒下では葉緑体が黄化（etiolation）し，緑色を消失するので，緑色野菜では緑色の消失が懸念される．気孔は，図1に示すように，2つの孔辺細胞からなり，孔辺細胞には他の表皮細胞にはみられない葉緑体が存在する[4]．

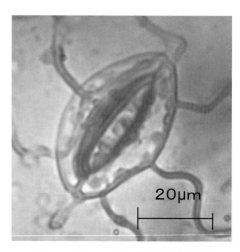

図1 ホウレンソウ葉の孔辺細胞と葉緑体[5]

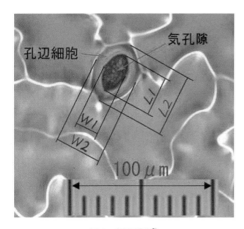

図2 気孔開度[5]

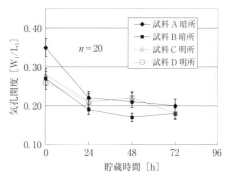

図3 気孔開度の経時変化[5]

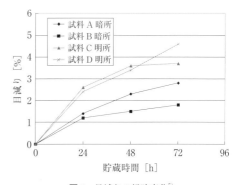

図4 目減りの経時変化[5]

● 気孔開度と目減り

図2はホウレンソウ葉向軸側の気孔のレプリカ像である．気孔の分布密度は背軸側が向軸側より高く，背軸側が66～105個·mm^{-2}，向軸側は36～64個·mm^{-2}である．また，背軸側と向軸側の気孔サイズの平均値は26.2 (W_2)×38.7 (L_2) μm および27.5 (W_2)×40.0 (L_2) μm である．W_1/L_1，W_2/L_2の値を算出した結果，暗期収穫と明期収穫のいずれにおいてもW/Lの差が大きいW_1/L_1を気孔開度の指標とするのが適切であった．

この指標を用いて暗所貯蔵と明所貯蔵（蛍光灯下で光合成有効光量子束密度5 $\mu mol·s^{-1}·m^{-2}$）における気孔開度を検討した結果が図3である．いずれの試料も気孔開度の経時変化は同じ傾向を示し，W_1/L_1の値は貯蔵開始24時間後には0.2に低下した．このように気孔が貯蔵開始の早い段階で閉じた原因は，収穫後のホウレンソウには水分供給が絶たれるため体内水分が不足し，アブシジン酸が生成して気孔の閉鎖が促進されたと考えられる．その後も水分供給がないので水ストレスは回復できず，気孔はその後も最小開度を維持したまま変化しなかった．

図4は目減りの経時変化であるが，暗所貯蔵に比べ，明所貯蔵で目減りが大きい結果になった． 〔大下誠一〕

◆ 参考文献
1) 桜井直樹ほか，1991．植物細胞壁と多糖類．培風館．
2) L·テイツ，E·ザイガー編，西谷和彦，島崎研一郎監訳，2004．植物生理学．培風館．
3) 樽谷隆之，北川博，1995．園芸食品の流通·貯蔵·加工．養賢堂．
4) 宮地重遠ほか，1980．葉緑体．理工学社．
5) Liwen, H., 2007．収穫後のホウレンソウ葉面の気孔開度に関する研究．東京大学修士論文．

1.9 低温障害

膜脂質,抗酸化能,低温障害の軽減化

　低温は呼吸活性やエチレン生成,微生物の繁殖および蒸散作用を抑制するため,青果物の品質保持法として最も有効な手段の1つであるが,凍結点以下の温度では組織内に生じた氷結晶によって細胞が破れ,解凍後に組織液が漏出したり組織が軟化したりしてしまう凍結障害が起こる.そのため,生鮮青果物として品質を保持するには,凍結点以上の低温で貯蔵・流通する必要がある.しかしながら,青果物の中には0〜15℃の温度下に置かれることにより生理的な障害が引き起こされるものがある.この障害を低温障害と呼ぶ.

● **低温障害の症状**

　低温障害の症状には,ピッティング(表皮の小陥没),変色,水浸状の軟化,内部褐変,追熟不良,オフフレーバー,腐敗などがある.症状の程度は,低温に置かれる時間が長くなるほど大きくなる傾向がある.また,低温から常温へ移した後に,急速に症状が発現・観察されるようになる場合が多い.

　生理・生化学的にもさまざまな変化が生じることが知られている.低温感受性の野菜・果実の呼吸速度は,低温でむしろ増加することがある.また一定期間経過後に常温に移した場合は,低温を経験しなかったものと比較して有意に高い呼吸速度を示す.内生エチレンの生成が誘導され,軟化・老化が進行することも多くの果実・果菜類で認められている.膜透過性の増大は,低温障害の典型的な症状の1つであり,障害発生に伴って電解質の漏出割合や漏出速度が急増する.pHの上昇も膜透過性の増大と同時に認められる.また,原形質流動速度が停止あるいは抑制される現象も観察される.アスコルビン酸などの抗酸化物質の減少が認められる一方,ピルビン酸やα-ケトグルタル酸,およびそれらの誘導物質であるアルデヒド類,フェノール物質が生体内へ蓄積することが報告されている.

● **低温感受性に影響する要因**

　低温感受性は,青果物の種類や品種,遺伝的構造,成長や成熟の段階,組織の代謝状態などのさまざまな要因によって異なる.表1には青果物の種類と低温障害の発生温度,および症状を示した.ウリ科,ナス科,マメ科,ヒルガオ科,ミカン科に属する青果物をあげているが,同一の科に属するものでも低温耐性にはかなりの違いがある.また,パイナップル科のパイナップル,ウルシ科のマンゴー,バショウ科のバナナなども低温感受性果実である.そのため,低温障害は植物の分類学上の近縁関係というよりむしろ,熱帯・亜熱帯地域原産の青果物に生じる障害であると考えられている.ただし,バラ科のウメやリンゴ

表1　低温障害発生期間と症状　(文献[1]から抜粋し改変)

青果物	科名	原産地	℃	期間	症状
キュウリ	ウリ	中近東	5	5〜8日	ピッティング,萎凋,水浸腐敗
カボチャ	ウリ	北中米	5	5〜6週	ピッティング,果肉褐変
ピーマン	ナス	南米	5	7〜8日	ピッティング,萼・種子褐変
トマト	ナス	南米	2	4〜6日	ピッティング,オフフレーバー
インゲン	マメ	南米	5	7〜8日	ピッティング,水浸状斑点
サツマイモ	ヒルガオ	南洋	5	2〜3週	内部褐変,水浸状腐敗
グレープフルーツ	ミカン	西インド諸島	2	4〜5週	ピッティング
ハッサク	ミカン	日本	5	1〜4月	コハン症

など，温帯原産の青果物にも低温障害が認められるものがある．

低温障害の発生は，成長や成熟の段階によっても異なる．例えば，アボカド，メロン，マンゴー，パパイヤ，レモン，トマトなどで未熟な果実は低温感受性が非常に大きいが，成熟すると鈍感になり，低温障害を生じにくくなる，すなわち低温耐性が増加する．組織の代謝状態や含有成分も低温感受性に影響するとされる．低温耐性が高い青果物では膜脂質を構成する脂肪酸の不飽和度が高いものが多い．また還元糖，プロリンを多く含むほど低温耐性が高いという報告もある．

● 低温障害の発生機構

Singer-Nicolsonの流動モザイクモデルによれば，生体膜の構造は極性脂質が作る脂質二重層が基本となり，そこにタンパク質が埋もれたり，膜を貫いたり，表層に結合したりしているとされる．脂質分子の疎水基である炭化水素鎖が液状のときは，個々の脂質分子は膜面内を平行に移動でき，膜タンパク質も膜面を動き回ることができる．しかし，臨界温度以下になると，炭化水素鎖が固体状になり，液晶構造を取っていた膜が固相に相転移して，膜機能が劣化し細胞が正常な活動を行えなくなる．これが低温障害の発生メカニズムの説明で最も有力な，Lyons[2]の提唱した生体膜の相転移説である．低温障害を生じる青果物は不飽和脂肪酸の割合が小さい傾向があることや，遺伝子組換えによって脂肪酸不飽和化酵素を過剰発現させた低温感受性植物が低温耐性を獲得すること，低温障害発生時に膜透過性が急増することなど，相転移説を支持する報告は数多い．

一方，活性酸素種による生体膜の酸化的損傷が低温障害の原因であるとする説も近年有力である．低温条件下では，ホスホリパーゼDやリポキシゲナーゼの活性が増大することや，抗酸化物質と抗酸化酵素とによる活性酸素除去機構のバランス崩壊に伴う抗酸化能の低下・消失などが観察されること，およびマロンジアルデヒド当量の増加が認められることから，膜脂質の過酸化の進行が低温障害の発生と関係していると考えられている．

これらの説が立脚している膜の健全性の喪失を起点とすれば，低温障害発生時に観察される一連の現象（調節酵素の基質特異性や反応速度の変化，細胞骨格構造の変化，細胞質カルシウムの増大，溶質の漏出，細胞内区画の破壊，ミトコンドリア活性の低下，膜結合型酵素の活性化エネルギーの増大，原形質流動速度の低下，エネルギー供給と利用の減少，細胞や細胞内構造の秩序破壊，代謝の機能不全や不均衡，毒性物質の蓄積，エチレン生成の誘導，呼吸速度の増大）に一定の解釈を与えられるが，低温障害の発生機構はまだ不明点が多く，さらなる研究が待たれる．

● 低温障害の軽減化技術

低温下で光が照射されると，光化学系Ⅰの初期電子受容体が損傷して障害が促進される[3]．そのため暗所での貯蔵・流通が望まれる．あらかじめ臨界温度よりわずかに高い温度の低温で馴化させる方法や，短時間高温にさらすことでヒートショックタンパクを発現させて低温耐性を獲得させる方法はプレコンディショニングと呼ばれる．また，低湿度では障害の症状が激化するため，フィルム包装で高湿度を維持するとよい．低酸素環境も発生を軽減する効果がある．一時加温は有効であるが，障害が可逆的である時期に限られ，不可逆的な状態まで進行している場合は逆効果となる．ジベレリン，ABA，サリチル酸，一酸化窒素，カルシウム，ポリアミンなどは，抗酸化能の強化や膜の安定性への寄与を通じて，障害発生を低下できるとされる[4]．

〔黒木信一郎〕

◆ 参考文献
1) 邨田卓夫，1980．日食工誌，**27**，411-418．
2) Lyons, J. M., 1973. *Ann. Rev. Plant Physiol.*, **24**, 445-466.
3) Terashima, I. *et al.*, 1994. *Planta*, **193**, 300-306.
4) Wang, C. Y., 2010. *Acta Hort.*, **864**, 267-273.

1.10 炭酸ガス障害

果肉褐変，空洞，ヤケ症状

二酸化炭素は，老化ホルモンであるエチレンの作用阻害や呼吸抑制効果を有するため，長期貯蔵を目的としたCA（controlled atmosphere）貯蔵における調整対象ガスとして利用されている．同時に，殺虫効果を有するため，臭化メチルなどの化学製剤に替わる燻蒸ガスとして，その利用が検討されている．一方で，過剰な二酸化炭素は，炭酸ガス障害（CO_2 injury）と呼ばれる生理障害を誘発させる．そのため，貯蔵・防疫対象となる青果物の二酸化炭素に対する耐性を加味したうえで，利用しなければならない．

● 炭酸ガス障害の症状

炭酸ガス障害は，リンゴ，ニホンナシ，セイヨウナシ，柑橘類などに認められるが，特に，リンゴはCA貯蔵に好適であるため，炭酸ガス障害に関する研究例も多い．リンゴでみられる炭酸ガス障害は，果肉褐変や空洞果といった内部障害や，ヤケ症状といった外部障害が代表的であるが，品種によって障害の様相やその程度が異なる．例えば，"紅玉"における炭酸ガス障害では，果心部に輪郭がきわめて明瞭な褐変が起こり，障害の進行に従って果肉部のほうに拡大し，さらにその一部が空洞化する．またそれとは別に，果肉部に独立した輪郭の不明瞭な褐変と空洞化が起こる一方で，外果皮の直下にも褐変が現れる．"ふじ"においても，内部褐変と空洞化が主な症状であるが，"紅玉"よりも果肉部への侵入が多く，さらに内部で独立した褐変・空洞が認められる．一方，"スターキング・デリシャス"では，蜜褐変症が促進された様相を呈する[1]．二酸化炭素に対する抵抗性は，品種によっても異なり"スターキング・デリシャス"は比較的強い．また，障害は，収穫時期の遅い高熟度の果実に発生しやすいといわれるが，品種や収穫熟度のほか，収穫年度や圃場によっても二酸化炭素に対する感受性が異なるためリスク要因として考慮する必要がある．

● 炭酸ガス障害の原因と防止

炭酸ガス障害の発生機構について，高二酸化炭素は，呼吸に関わるクエン酸回路や電子伝達系での代謝に重要なコハク酸脱水素酵素の活性を抑制し，植物組織にとって有毒なコハク酸の蓄積が生じることを原因とする説[2]や，高二酸化炭素環境下で生じるアセトアルデヒドやエタノールといった嫌気代謝物との関連性が古くから示唆されてきた[3]．しかし，近年，抗酸化剤であるジフェニルアミン（DPA）を高二酸化炭素の曝露前に処理すると障害が抑制されることを主要な根拠に，炭酸ガス障害は抗酸化システムの失調や酸化プロセスの増大を伴う酸化ストレスが主要な原因であるという考え方が強まっている[4]．

現在，リンゴのCA貯蔵では，適正なガス組成（O_2：1.8～2.5%，CO_2：1.5～2.5%）が明らかにされ，炭酸ガス障害が発生することはほとんどない．一方で，輸出向けのリンゴに炭酸ガス障害が発生する事案が発生したが，気密性の高い発泡スチロール梱包内で二酸化炭素濃度が上昇したのが原因であった．その解決策として，消石灰を同梱して梱包内の二酸化炭素を吸着する方法や，細孔によって通気性を確保した容器に梱包する方法が提案され，安定的な輸出が可能となっている．

〔中野浩平〕

◆ 参考文献
1) 村岡信雄ほか，1985．食総研報，**46**, 35-39．
2) Hulme, A. C., 1956. *Nature*, **178**, 218-219.
3) 緒方邦安ほか，1959．園芸学会雑誌，**28**, 12-17．
4) Argenta, L. *et al*., 2002. *Postharvest Biol. Technol.*, **24**, 13-24.

1.11 クライマクテリック

エチレン, クライマクテリックマキシマム, プレクライマクテリック, ポストクライマクテリック, 非クライマクテリック型, 追熟, 呼吸速度

　青果物の呼吸型は収穫後における呼吸速度の経時変化に基づいて3種類に分類される. 漸減型は収穫後に呼吸速度が漸減するもので, 多くの野菜類がこれに該当する. 一時上昇型は収穫後一時的に呼吸速度が高くなるものであり, 末期上昇型は貯蔵末期に呼吸が著しく上昇するものを指す. これらの中で, 一時上昇型をクライマクテリック型とも呼び, ある種の果実類が該当する. さらに, 呼吸速度上昇前の時期をプレクライマクテリック, 速度が最も速い時期をクライマクテリックマキシマム, 上昇後をポストクライマクテリックと呼ぶ (図1).

　クライマクテリック型果実の例としてはバナナ, マンゴー, アボカド, セイヨウナシ, トマト, リンゴなどがあげられ, いずれも収穫後にエチレン生成速度が著しく増大することでも知られている. すなわち, 当該生理現象には, 植物ホルモンの一種である, エチレンが関与する. これは, 葉緑素の分解や開花を促進するなどの作用を有することで知られる老化ホルモンである. 呼吸作用も促進し, クライマクテリック型果実を常温付近の温度で貯蔵した際, まずエチレン生成速度が100～1000倍に上昇し, その作用によって呼吸速度が遅れて上昇し, クライマクテリックとして観察される.

　また, クライマクテリックは果実の追熟に必要な生理現象である. バナナ, トマトなどの果実は, 鮮度保持期間を長期に確保することを目的として緑熟の段階で収穫する場合が多い. しかしその時点では, 低い糖度, 高い酸度, 濃い緑色といった, 果実として消費するには適さない外観, 内部品質を有する. しかし, 収穫後に生成するエチレンの作用によって, 多種の酵素活性が促進され老化は進行するものの, 果実品質は向上する. 具体的にはアミラーゼやホスホリラーゼの活性が上昇し, デンプンが分解され, グルコース, フルクトース, スクロースといった遊離の糖濃度が上昇することにより, 甘味が増す. クエン酸, 酒石酸, リンゴ酸などの有機酸は酸味の原因物質であるが, クライマクテリックにより呼吸速度が上昇することで, 呼吸基質として消費され, 酸味が低下する. さらに, クロロフィル分解酵素が誘導され, 葉緑素の分解が促進される. その結果緑色が退色し, 外観品質が向上する.

　クライマクテリックマキシマムが観察される時期は貯蔵環境条件によって変化し, 低酸素, 高二酸化炭素といった代謝抑制に有効な環境条件下では遅れる傾向がみられる. ただし, 当該時期における呼吸速度はほとんど変わらない.

　一方, クライマクテリックがみられない非クライマクテリック型の果実も存在し, 主として柑橘類が該当する. これらの果実は常温で貯蔵しても, エチレン生成量の著しい増加は観察されない. そのため, 呼吸速度の一時上昇もみられない. このことから, 収穫後に甘味増強, 酸味抑制, 葉緑素分解といった外観, 内部品質向上を図る追熟やカラーリング処理の際には常温貯蔵したうえで, 人為的なエチレン供給が必要となる.　〔牧野義雄〕

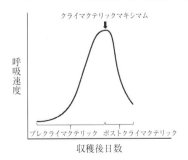

図1　収穫後クライマクテリック型果実の呼吸速度の経時変化

1.12 腐敗

一般生菌数，揮発性塩基窒素，微生物制御，ポストハーベスト病害，キュアリング

● 腐敗とは

腐敗とは，細菌やかびなどの微生物の作用により味やテクスチャー，外観が大きく変化して食品としての可食性が失われた状態をいう。悪臭を放つと同時に，組織の水浸化や粘性物質の産生などがみられるようになる。腐敗の過程では，動物性食品においては，その成分の主体をなすタンパク質がプロテアーゼ活性を有する微生物によりペプチドに分解され，続いて，ペプチダーゼ活性を有する微生物によってアミノ酸にまで分解される。さらに，脱炭酸，脱アミノ反応作用を有する微生物によって硫化水素やアンモニア，腐敗アミンが産生され，悪臭や毒性物質を生じる。特に，腐敗アミンの中でもヒスタミンは，アレルギー様食中毒の原因物質となることで知られている。マグロやイワシなどの赤身魚に多く含まれるアミノ酸であるヒスチジンがモルガン菌（*Morganella morganii*）などの細菌によって脱炭酸されることで生じる。

植物性食品の腐敗では，デンプンやセルロースなどの炭水化物が，ギ酸，酪酸，酢酸などの有機酸やアルコールにまで分解され，これらが鼻をつくような悪臭や酸味の原因となる。

このように，腐敗の過程では微生物叢が変化しながら，成分の分解が進んでいく。

● 腐敗の評価方法

腐敗の進行程度を正しく評価することは，食品の鮮度管理や安全管理状態を把握するうえで重要となる。官能検査は，味や匂い，外観などを数人のパネラーによって点数化する簡便な方法であるが，客観性に欠けるという問題点を有する。一般生菌数は，広く一般に用いられている指標で，定量的な評価方法である。測定対象の食品を滅菌水とともにストマッカーなどで破砕し，その懸濁液を段階希釈のうえ，標準寒天培地中に混釈する。35℃で48時間培養後に生じるコロニーを計数して一般生菌数とする。1gの食品中に10^7〜10^8個 [$CFU \cdot g^{-1}$] にまで菌数が達すると初期腐敗とされる。その他，動物性食品においては，アンモニアやトリエチルアミンなどの揮発性塩基窒素含量（VBN）によっても腐敗の進行を評価できる。一般にVBNが，$30 \, mg \cdot 100 \, g^{-1}$になると初期腐敗とされている。

● 腐敗の防止

さて，生鮮野菜や果実は水分が90％以上含まれ，きわめて水分活性が高い食品であるため，微生物の増殖には好適である。したがって，畜肉や鮮魚と同様に，常に腐敗に対する危険と隣り合わせにあることを認識しなければならない。腐敗の防止には微生物制御が必要で，食中毒の防止と同様に「つけない」「ふやさない」「やっつける」の3原則が重要となる。

ポストハーベスト病害（市場病害，貯蔵病害とも呼ばれる）は，収穫から食卓に至る流通過程において病徴が顕在化する病害であり，強い腐敗を伴うものが多い。病徴は現れないまでも生育過程においてすでに病原微生物による侵入を受けること（潜在感染），あるいは，流通過程でのハンドリング中に侵入（二次感染）することが原因となる。病原微生物の感染力は非常に高く，連鎖的な腐敗を引き起こすため，ひとたび感染が確認されれば，そのロットはすべて廃棄処分とする取引条件の市場も多く，きわめて甚大な経済的損失を与える。例えば，「ニラ腐敗病」は，出荷時に健全であったニラが，市場着荷時に，切り口や結束によって傷害を受けた部分から悪臭を伴って水浸状に腐敗するもので，いわゆる「とろけ症」が発症する。本症の原因菌として *Pseudomonas marginalis* が同定され

ている．伸長した葉の中央部に黄褐色条斑が縦に入る症状を呈するニラは，同菌に感染しているため，調製時にはこのような葉が混入しないように留意しなければならない[1]．その他，腐敗を伴うポストハーベスト病害として，軟腐病，炭疽病，灰色かび病，黒かび病，青かび病などがあり，これらは圃場で原因菌に潜在感染した産物が流通することによって起こる．こうした，ポストハーベスト病害を防止するためには，適切な圃場管理によって原因菌の侵入を許さないことや，調製・選別時の検品によりその後の流通過程にもちこまないことが肝要となる．

収穫によって生じた切り口や，カット野菜の切断面など，組織が露出した部位では，水分のみならず内容成分も流出するため微生物増殖の格好の場となる．したがって，流通・貯蔵中の腐敗防止のためには，微生物を増やさないための適切な処置が施されなければならない．イモ類におけるキュアリングは，収穫後に高温多湿環境に所定期間保管し，切り口にコルク層を形成させ，切り口からの腐敗を防止する．前述の「ニラ腐敗病」に対しては，原因菌を増やさないためにも，通気のよい包装形態を用いて切り口を乾燥させることや，商品を圧迫しない梱包形態を採用し，擦り傷や押し傷が起こらないよう工夫することが，防止対策として提案されている．その他，ホウレンソウなどの葉菜類野菜では，下葉（子葉）や傷がついた葉の腐敗を契機として腐敗が全体に広がることが多いため，出荷前の調製作業でそれらを完全に除去するよう奨励されている．腐敗の原因菌を増やさないという観点から，低温は基本的に有効である．ただし，腐敗の原因菌の代表である*Pseudomonas*属菌は，おおむね10〜20℃の範囲に増殖至適温度があり4℃でも増殖可能な好冷菌である．したがって，低温に保持したからといって腐敗の危険を回避できるわけではない．また，高湿度環境は，微生物の増殖に好適である．特に，日本の青果物取引の現場では，水に濡れた商品の取り扱いを好まない傾向があるが，付着水に起因して腐敗が助長されるのを懸念するためである．そのような理由から，冷水浸漬や散布による水冷却方式は，空気冷却方式と比較して伝熱効率の点で有利であるにもかかわらず，わが国では予冷方式として採用している産地はない．

腐敗防止のために，原因菌の殺菌も有効な手立てとなる．微生物の増殖は，誘導期といわれる菌数が増加しない期間を経てから，指数関数的な増加が起こる対数増殖期を迎える．誘導期は，初発の付着菌数が少ないほど延長されるため，カット野菜の加工工程における次亜塩素酸ナトリウム溶液などによる洗浄・殺菌は，食品安全の確保のみならず，棚持ち期間の延長にも寄与する．また，ジフェニル，オルトフェニルフェノール，チアベンダゾール，イマザリル，フルジオキソニル，アゾキシストロビンなどの防かび剤は，輸入柑橘類を中心に食品添加物としての使用が認められている．しかしながら，消費者の食の安全・安心意識の高まりから，こうした化学物質に頼らない腐敗防止技術の開発が求められている．近年，赤外線と紫外線の併用による表面殺菌が果実の腐敗防止に有効であることに基づき，青果物用光殺菌装置が開発・上市された．特に，イチジクにおいては，流通中に果頂部の割れた部分にかびが発生し，商品価値を喪失することが問題となっていたが，同装置の利用により，安定的な長期・長距離流通が可能となることが実証されている．

〔中野浩平〕

◆ **参考文献**

1) 平子喜一ほか，2000．北日本病虫研報，**51**，47-50．

1.13 酵素

酸化還元酵素，加水分解酵素，
Michaelis-Menten 式，阻害

酵素は，動物，植物または微生物中の細胞によって生産される，触媒作用を有する有機性高分子である．酵素は一般的に，基質や酵素作用の名の後に（アーゼ）をつけて呼ばれる．前者の例としてはアミラーゼ，プロテナーゼ，カルボヒドラーゼなどが，後者ではヒドロラーゼ，オキシダーゼなどがある．

人体では数千種類の酵素が作られており，体内の化学反応を制御している．摂取した食物が体内で取り込まれるように分解する消化酵素には，口腔の唾液中に含まれデンプンをマルトースに分解するアミラーゼ，胃の胃液に含まれタンパク質をポリペプチドに分解するペプシン，小腸の膵液に含まれポリペプチドをアミノ酸ペプチドに分解するトリプシン，脂肪をグリセリンと脂肪酸に分解するリパーゼ，ペプチドをアミノ酸に分解するペプチターゼやアミラーゼ，小腸の腸液に含まれマルトースをグルコースに分解するマルターゼ，スクロースをグルコースやフルクトースに分解するスクラーゼやペプチターゼなどがあげられる．

一方，野菜や果実には，収穫後食用に供するまでの貯蔵中あるいは加工調理の過程で，各種の酵素作用によりその成分に変化の生じるものがある．これら酵素による栄養素の変化や消失，変色はいずれも酵素作用によるものであり，食品の品質に大きな影響を与えている．野菜や果実に含まれる酵素は大きく酸化還元酵素と加水分解酵素に分けられる．

酸化還元酵素として，複数のフェノール性ヒドロキシ基から成るポリフェノール化合物を酸化させるポリフェノールオキシダーゼ，モノフェノールに作用してやはり食品を酸化するカテコラーゼ，アスコルビン酸（ビタミンC）をデヒドロアスコルビン酸に酸化するアスコルビン酸オキシダーゼ，リノール酸やリノレン酸といった脂質構成成分やビタミンA・カロテノイド色素からヒドロペルオキシドを生成するリポキシゲナーゼなどがある．ジャガイモやヤマイモ，ゴボウやナスなどの切り口が褐変化する現象，カボチャやキュウリ，ニンジン，キャベツにおけるビタミンCの分解などは，これらの酵素による反応の結果である．

これに対して生鮮野菜を沸騰水に短時間浸漬した後，冷水で急冷するブランチング処理は，野菜のもつ酸化酵素を加熱によって失活させ，その後の酵素反応による変質や変色を防ぐだけでなく，ペクチンの加熱分解を促し野菜を軟化させる効果もある．これによりエダマメなどの豆類・イモ類・トウモロコシ・カボチャ・ホウレンソウなど一部の葉もの野菜については，冷凍耐性が高められ，冷凍による細胞破壊を抑えた長期保蔵が可能となる．

加水分解酵素には，デンプンの炭素結合を任意の位置で切断して低分子化するα-アミラーゼ，アミロースデンプンの非還元性末端に作用してβ-マルトースを生成するβ-アミラーゼ，不溶性プロトペクチンを溶解してペクチンを生成し，組織を軟化するプロトペクチナーゼ，ペクチンのメチルエステル結合を分解するペクチンエステラーゼ，ペクチンのガラクチュロン酸結合を分解するポリガラクチュロナーゼ，シニグリンからアリルイソチオシアネートを生成するミロシナーゼ，尿素をアンモニアと二酸化炭素に分解するウレアーゼなどがあげられる．

タンパク質の一般的性質を有する酵素は，熱や紫外線といった物理的作用や強酸・強アルカリといった化学的作用に対してきわめて不安定である．これらの作用によって酵素の高次構造が失われると，その触媒作用も失われる．これを酵素の失活という．酵素にはタ

ンパク質のみからなるもののほか，タンパク質と低分子の活性部分とが結合して酵素作用を営むものがある．タンパク質と活性部分の結合が緩く可逆的な場合，その活性部分を補酵素と呼ぶ．補酵素の例として，フラビンヌクレオチド，ピリジンヌクレオチド，コカルボキシラーゼなどがあげられる．

　無機触媒の作用とは異なり，多くの酵素は一定の反応にしか働かない顕著な特異性を有している．例えば糖化酵素のように多糖類にのみ作用し，ほかの物質には反応しない性質を基質特異性という．またある温度範囲内では，温度を増すと，酵素による反応は速度が増大する．しかし熱による酵素の破壊が起こるようになると反応速度は減少する．このように酵素反応は温度依存性があり，その最適反応温度が存在するが，反応の時間やその他の反応条件によってそれぞれ異なることがあり，一元的に酵素の最適温度を決めることは困難である．酵素反応に適したpH域についてもまったく同様である．

　酵素反応の速度論的評価は，酵素を用いた食品などの生産速度や生産量，あるいは生産方式などを検討するのに必要不可欠である．酵素反応速度は，基質濃度が低いときは，その濃度に比例するが，ある濃度にまで高まると一定値に近づくことが知られている．その一定値すなわち最大反応速度を V_{max}，基質濃度を S，V_{max} の 1/2 の値を得る基質濃度すなわち基質飽和定数を K_m とおけば，反応速度 v は以下の Michaelis-Menten 式と呼ばれるモデルで表される．

$$v = \frac{V_{max} + [S]}{K_m + [S]}$$

　酵素は前駆物質の形で存在し，酸あるいは活性化する酵素の作用を受けて初めて酵素に変わることがある．例えばトリプシンは，最初トリプシノーゲンの形で分泌され，これがエンテロキナーゼやトリプシンの作用を受けた後初めてトリプシンになる．トリプシノーゲンをトリプシンの酵素源という．

　酵素作用に影響を与える物質の中で，酵素作用を強めるものを賦活剤という．一方，酵素作用を害するものを阻害物質と呼ぶ．可逆的な阻害作用であれば透析などの方法により阻害物質を除去すれば再びもとの作用を回復する．破壊物質は，酵素を破壊するもので不可逆的に阻害するものである．過酸化水素・オゾンなどの強力な酸化剤がその例であり，この作用が微生物の殺菌に応用されている．

　酵素は食品加工分野でもさまざまな分野で利用されており，製パンや日本酒醸造におけるデンプンの分解，味噌醸造におけるタンパク質の分解，チーズ加工における脂肪の分解，果汁の混濁物質や苦味成分の分解などに種々の食品工業用酵素が利用され，加工製造に欠かせない操作となっている．表1に食品工業用酸素の一例を示す．

　なお，体外から食品の形態で摂取される酵素によって保健機能が得られるとする健康食品を多く見聞するが，現在のところトクホあるいは機能性表示食品として発売されているものは見当たらないようである．〔北村　豊〕

表1　食品工業用酵素の例（洛東化成工業株式会社ウェブページ*より）

用途	製品名	主成分	特徴
デンプン用	ラクターゼ THR-100	耐熱型α-アミラーゼ	食品用デンプン分解酵素．デンプンからデキストリンやオリゴ糖を生成．
焼酎用	ラクターゼ 400P	α-アミラーゼ/プロテアーゼ	米，麦，芋などの高濃度デンプン溶液を液化糖化を促進する．高力価．
清酒用	マグナックス JW-101	α-アミラーゼ/グルコアミラーゼ	清酒4段掛用．ブドウ糖を生成．酒化率，生産性の向上．
	マグナックス JW-201	グルコアミラーゼ	もろみ用の麹代用，または麹の補強用．
食肉軟化剤	エンチロン NBS-100	プロテアーゼ	タンパク質分解酵素

*：http://www.rakuto-kasei.co.jp/products/microl.htm

1.14 エチレン

植物ホルモン，老化，成熟，離層形成促進，
エチレン感受性，1-MCP，
ジャガイモの萌芽伸長抑制，バナナ

● エチレンとは

エチレン（C_2H_4）は，炭素の二重結合を1つもつ最も単純なアルケンである．常温常圧では無色の気体であり，高濃度ではかすかに甘い臭気がある．石油化学工業において，ナフサを原料として大量に生産され，各種の化合物の原料に利用されている．

また，オーキシンやジベレリンとともに植物ホルモンといわれる物質の1つである．一般的によく知られている老化や成熟の促進，離層形成促進のほか，伸長成長の促進と抑制など非常に多くの生理作用をもつ．特に老化や成熟の促進は，青果物の品質に大きく影響を及ぼすため，注意が必要である．一方これらの生理作用を巧みに利用した品質向上技術も種々利用されている．

さらに，他の植物ホルモンと比較して特徴的な性質として，常温で気体であることから，植物体内で生成されたものが拡散によって雰囲気中にも放出され，そのため他の個体にもその生理作用が発現することがあげられ，これを他感作用（アレロパシー）という．

● 青果物のエチレン生成要因

青果物におけるエチレンの生成は内的な要因と外的な要因とに分けられる．内的な要因の代表的な例として果実の成熟があげられる．

リンゴ，バナナ，トマトなどは，成長した後に一時的に呼吸速度が増大するクライマクテリック型果実と呼ばれ，その成熟開始前に果実体内でエチレンが生成され，これによる呼吸速度の上昇，エチレン生成の急激な増加が起き，果実の軟化，クロロフィルの退色，香気成分の生成などが促進される．これを追熟といい，食味や嗜好性の向上のために重要な生理作用である．

外的な要因としては，青果物に対する振動や衝撃などによる機械的なストレス，病原菌やかびのような生物的ストレスがあげられ，いずれも生体防御反応として知られている．

● エチレンによる品質劣化の防止

青果物の貯蔵や流通過程において，一般的にエチレンは老化による品質劣化を促進する原因となるため，エチレンを発生させない，発生したエチレンを取り除く，エチレンの作用を阻害することで品質劣化を防止しなければならない．

エチレンを発生させないためには，機械的なストレスや生物的なストレスを極力抑えることが重要である．さらに呼吸速度を低下させるための低温やCA貯蔵，MAPなどによる低酸素，高二酸化炭素環境を構築することがエチレン生成の抑制につながる．また，トラックやコンテナで青果物を輸送する際，エチレンを生成しやすい青果物と，その他の青果物の混載は避けるべきである．

発生したエチレンを取り除く手段として，光触媒によるエチレンの分解，エチレン分解剤による分解，多孔質物質による吸着などがあげられる．貯蔵庫や小型の冷蔵庫では光触媒を用いた分解が適用され，一般家庭用冷蔵庫においても同様の機能を付加した製品も販売されている．エチレン分解剤としては，過マンガン酸カリウム，臭素塩，パラジウム・鉄触媒などが販売されている．過マンガン酸カリウムは安全性の面から，他の天然ゼオライトや活性炭など多孔質物質に加えて用いられることが多い．

エチレン吸着剤としては，活性炭，ゼオライトなどの多孔質物質が用いられるが，これらは物理的な吸着剤であり，周辺のエチレン濃度と吸着剤の吸着量によっては，逆に周辺にエチレンを放出することにもなるため注意が必要である．これらの多孔質物質を包装用フィルムに練り込んだ，鮮度保持フィルムと

いわれるものも市販されている．

エチレン作用を阻害する物質として，1-MCP（1-methylcyclopropene）があげられる．エチレンと同様炭素の二重結合を1つもつ化合物で，エチレン受容体に優先的，不可逆的に結合して，エチレン作用を阻害するものである．現在，わが国ではリンゴ，ナシ，カキに使用が認められている農薬（植物生長調節剤）の一種である．エチレン作用の阻害効果は非常に大きいが，逆に追熟前に適用してエチレンをブロックしてしまうことによる追熟不良が起こる場合があり，注意が必要である．

● **品質向上技術**

エチレンの生理作用を利用して青果物の品質向上に用いる事例も各種存在する．追熟促進効果を利用したものと，伸長成長の抑制効果を利用したものに大別される．

バナナはチチュウカイミバエなどの害虫が国内に侵入することを防ぐため，植物防疫法によって，黄熟状態では輸入できない．したがって緑熟状態で輸入し，国内で追熟させて流通している．この追熟時にエチレンが利用されている．またキウイフルーツの追熟や柑橘類の脱緑，色づけにも利用されている．

伸長成長の抑制効果を利用した技術として，加工用ジャガイモの萌芽伸長抑制があげられる．ジャガイモは2℃程度以下の低温で貯蔵することで休眠を促し，萌芽を抑制することが可能であり，生食用ジャガイモはそのように貯蔵される．しかしこのような温度では塊茎中のデンプンが分解されて還元糖が多く生成する．油加工用のジャガイモにおいては加工時の褐変の原因となり，褐変の程度が著しいものは製品として不適である．したがって，還元糖の生成を極力抑制するため，加工用ジャガイモは10℃前後の温度で貯蔵される．その結果，内生休眠が開けると萌芽が開始され，貯蔵末期には著しく芽の伸長したジャガイモを原料として用いざるをえない

図1　無処理のジャガイモ

図2　エチレン処理のジャガイモ

（図1）．これが，芽取り工程，廃棄物処理量の増加，歩留り低下を引き起こす．これを解決する手段の1つとしてエチレンによる芽の伸長抑制が行われている（図2）．

この場合，貯蔵庫に対して大きな改造は必要なく，庫内エチレン濃度測定用のガスサンプリング口とエチレン供給口を設置し，制御装置と接続するのみで実現できる．エチレンによる貯蔵開始直後は一時的に還元糖含量が増加するが，数か月後には回復するので，使用することができる．またエチレン感受性の高い品種は還元糖の増加が激しく，利用に適さない場合もある．

また，モヤシを製造する際，モヤシを太くするためにエチレンが利用されている．これも伸長成長を抑制し，茎を太くする効果を利用している．

〔樋元淳一〕

1.15 香気成分

テルペン,脂肪酸エステル,緑の香り,メタボローム解析

● 香りの化学成分

野菜や果物の香りは重要な品質因子であるが,どのような化学成分が関与しているのであろうか.大きく分類すると,①テルペン,②鎖状アルコールおよびアルデヒド,③エステルとなる.

テルペンはイソプレンを構造単位とする一連の化合物群であり,植物界には膨大な数のテルペン化合物が存在する.モノテルペン(C_{10}化合物)とセスキテルペン(C_{15}化合物)は植物系の香りを有する.柑橘の香りの主体はテルペンであるが,各柑橘の香りの違いはテルペンの組成の違いに起因する.香味野菜の香りにおいてもテルペンは重要である.

柑橘以外の果物のフルーティな香りは,脂肪酸エステルに起因する.脂肪酸エステルの一方の前駆物質である脂肪酸のうち偶数炭素数の直鎖状脂肪酸はパルミチン酸やステアリン酸のβ酸化により生合成される.直鎖状アルコールは対応するカルボン酸の還元により生成する.分枝構造のカルボン酸やアルコールは,対応するアミノ酸から生合成される.例えば,L-バリンの酸化的脱炭酸によりイソ酪酸が,その還元によりイソブチルアルコールが生成する.L-ロイシンからイソ吉草酸とイソアミルアルコールが生成する.

野菜や果物の新鮮な香りは,揮発性の直鎖アルコールおよび直鎖アルデヒドに起因し,特に不飽和結合をもつ化合物は閾値が低く,みずみずしい新鮮な香りに寄与する成分として重要である.しかしながら,この香りが強すぎると青臭い香りとして敬遠される場合がある.この香り(緑の香り)に関与する成分はオキシリピン代謝におけるヒドロペルオキシドリアーゼ経路により生合成される.代表的成分は,(Z)-2-ヘキセナール,(Z)-2-ヘキセノール,(Z)-2-ヘキセニルアセテート,(E)-2-ヘキセナール,(E)-2-ヘキセノール,(E)-2-ヘキセニルアセテート,2-ヘキサナール,2-ヘキサノール,2-ヘキサニルアセテートである.

ポストハーベストにおける品質変化を考えるうえで,クライマクテリック型果実か,非クライマクテリック型果実であるかは,非常に重要である.しかしながら,この件に関しては別に詳しく取り上げられる[⇨1.11 クライマクテリック].

モモ,アンズ,ザクロおよびウメには,不飽和脂肪酸からの代謝物と考えられる種々のラクトン類が含まれており,特有の甘いフルーティ香を呈する.

パパイヤ,パッションフルーツおよびパイナップルには,3-メチルチオプロピオン酸エチルのような含硫エステルが含まれており,特徴的な深みのある風味に寄与している.

ピーマンは独特の香り(土臭い香りと表現される)を呈するが,これは 2-イソプロピル-3-メトキシピラジンあるいは 2-イソプロピル-3-メトキシピラジンの匂いであり,バリン,イソロイシンおよびグリシンから生合成されると考えられている.干しシイタケの香りに特徴的なレンチオニン(環状ポリスルフィド)はシイタケに含まれる特異的アミノ酸であるレンチオニン酸から生成することが知られている.

ニンニクやタマネギなどユリ科の植物に特徴的なアリルジスルフィドは,アイリンがアリシンに変換され,さらにこれが還元されて生成する.ワサビやダイコンなどアブラナ科の植物に特徴的な刺激臭成分であるアリルイソチオシアナートは,配糖体シニグリンの酵素分解により生成する.

香り米に特徴的な香気成分は 2-アセチルピロリンであり,プロリンから生合成される.

以上のように,野菜や果物に含まれる香気

成分は多様性に富み系統的に分類，整理するのが難しいが，含まれる主要香気成分によってテルペン系，エステル系，それ以外に分類することができる．以下に，代表的な例をあげる．

【テルペン系】

ユズ：含有量の多いものでは，リモネン，γ-テルピネン，α-ピネン，β-フェランドレン，リナロール，香りの強い成分では，6-メチル-5-ヘプテン-2-オール，メチルトリサルファイド，カルバクロールなど．

ミツバ：β-ピネン，β-ミルセン，β-エレメン，カリオフィレン，γ-エレメン，ファルネセン，ゲルマクレンD，α-セリネンなど．

ショウガ：β-ビサボーレン，クルクメン，カンフェン，α-ピネン，ボルネオール，α-テルピネオール，ファルネソール，ゲラニアール，ネラール，1,8-シネオールなど．

【エステル系】

イチゴ：メチルブチレート，エチルブチレート，メチル 2-メチルブチレート，(Z)-2-ヘキセナール，4-ヒドロキシ-2,5-ジメチル-3(2H)-フラノン，酢酸，酪酸など．

リンゴ：エチルアセテート，プロピルアセテート，2-メチルブタノール，2-メチルプロピルアセテート，3-メチルブチルアセテート，ヘキサノール，ヘキサナールなど．

マスクメロン：2-メチルブタノール，エチルイソブチレート，ブチルアセテート，エチル 2-メチルブチレート，(Z)-3-ヘキセン-1-オール，ペンチルアセテートなど．

ウメ：エチルアセテート，ブチルアセテート，ヘキシルアセテート，ベンジルアセテート，シス-3-ヘキセノール，γ-デカラクトン，γ-ノナラクトン，γ-ドデカラクトンなど．

● メタボローム解析

色，味，香りに関する成分のうち二次的に代謝生産される成分はいずれも低分子化合物であるが，近年これらの成分を網羅的に解析するメタボロミクスが注目されている．すなわち，野菜や果実に含まれる香気成分は多種多様であり，品種間の香気成分組成の違いとそれに起因する嗜好性の違いを究明することは，農作物の品種開発・改良の方向性を示すものと考えられる．品種間メタボロミクスである．この手法は品種ごとの特性を明瞭に示すことができるので，ブランド化に役立つ手法と考える．他方では，収穫後の熟度の変化を糖度，酸度，色，テクスチャー，香気成分の動態と関連づける研究も行われてきた．ポストハーベストにおける香気成分のメタボロミクスは，適熟期判定の客観的指標を与える．ポストハーベスト・メタボロミクスである．

香気成分に関してメタボロミクスを行うためには，簡易迅速な試料の前処理と汎用機器による分析が行われることが大切である．まず，香気成分の前処理は固相マイクロ抽出法（soil phase micro extraction：SPME）が適している．SPME法で使用するSPMEファイバーは一見通常のシリンジと似ているが，シリンジの針に該当する部分に揮発性成分を捕集するフィルムがコーティングされたミクロファイバーとそれを収納するための細管からできている．香気成分の捕集はミクロファイバーをヘッドスペース中に一定時間露出させることにより行う．次に，ファイバーを収納管に引き込んだ状態でGC気化室に挿入し，キャリアガスの流れにファイバーを露出して，香気成分を脱着させGC分析をスタートする．本法によると，特別な熟練なしに高い再現性で香気成分分析を行うことができる．

〔下田満哉〕

1.16 色素

クロロフィル，カロテノイド，アントシアニン，フラボノイド，リコピン，β-クリプトキサンチン，レスベラトロール，カロテン

野菜や果実，豆類などの植物体を発色させる非栄養性のファイトケミカル（天然の植物化学物質）を指す．近年，人体の生命活動維持に必要とされない植物体の色素に注目が集まっているのは，これらががんや老化，生活習慣病などの予防に効果的であることが知られてきたためである．これらの色素は，植物が自身を紫外線から守るために生産されると考えられている．

色素によって人体への効能は異なるが，共通しているのは抗酸化力の強さである．異なる色の野菜や果実を同時に摂取することにより，種々の色素が有する健康機能を得られる可能性がある．一般野菜の抗酸化特性をDPPHラジカル消去活性（人工的ラジカルの酸化能力を消失させる活性）で示したものを図1に示す．

一方色素は，新鮮な果物や野菜のほうが缶詰または冷凍よりも多く含むとは必ずしもいえない．例えば，野菜や果物中のカロテノイド（黄・橙・赤・紫色を示す天然色素の総称）は，ジュース，醤油，ペースト，ケチャップのような加工食品でより効率的に吸収することができる．例えばトマトが加工されるとき，ピューレ化や混合などは，カロテノイドをより容易に体内に吸収させる操作であるといわれている．しかし，3〜4分間蒸したブロッコリーは，イソチオシアネート（辛味成分）を失うことが知られている．

果物や野菜の色は，それが含まれている素材のファイトケミカルあるいはその含有量のよい指標であり，上述したように多くのファイトケミカルは，植物に色を与える色素であるが，それらのいくつかは無色である．また

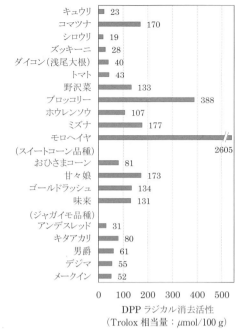

図1　一般野菜の抗酸化活性
（山梨県工業技術センター研究報告 No.20, 2006）

いくつかのファイトケミカルは，味に影響を与えているものもある．時には，1つの色が別の色をマスクすることもある．多くの野菜や果実には，複数のファイトケミカルが多種多様に含まれている．

一般にファイトケミカルは，果物や野菜のすべての食用部分で発見されている．しかし，果物や野菜のどのような部分にファイトケミカルが含まれているかといえば，それらは多くの場合，果皮に集中していることが多い．したがって体の健康にプラスになるためには果皮を食べることが勧められるが，十分に洗浄して農薬や微生物を除去することが必要不可欠である．

1万を超えるとされる既知のファイトケミカルの中で，よく知られる色素を以下に示す．

アントシアニン（紫）はフェノール性ヒドロキシ基を複数有するポリフェノール系の色素である．赤キャベツ，赤シソ，赤カブ，ナ

ス，サツマイモ，黒マメ，ブルーベリー，ブドウ，パッションフルーツ，プラム，プルーン，レーズンなど数多くの野菜・果実に含まれる．水溶・耐熱性を有するとともに強い抗酸化作用があり，がんや動脈硬化などの生活習慣病の予防に役立つほか，目の疲労回復・視力低下防止，抗アレルギー効果，老化防止などの効果が報告されている．

クルクミン（黄）は，ポリフェノール系の色素であり，ターメリックに多く含まれている．胆汁の分泌促進，肝機能強化などの作用があり，食品用色素としても広く利用されている．

フラボノイド（黄・白）は，トウモロコシ，ダイズ，タマネギ，ニンニク，レタス，ハクサイ，ダイコン，セロリ，カリフラワーなどに含まれる．毛細血管を保護し丈夫にすることから，心臓病の予防，血圧の低下作用，血行の促進，中性脂肪の低減などに効果があるとされているが，熱に弱いので加熱・調理では工夫が必要である．ガーリックやタマネギ，エゾネギ，ニラネギなどは着色していないが，同様の色素効果を有している．

リコピン（赤）は，カロテノイド系の色素であり，トマト，スイカ，ビートルート，チェリー，グァバ，レッド/ピンクグレープフルーツ，イチゴなどに含まれている脂溶性の色素である．完熟しているほど高い抗酸化作用のあることが報告されており，がん・動脈硬化の予防，老化防止，しみとそばかすの除去などに有効である．

カロテン（橙，黄）は，カボチャ，アプリコット，ニンジン，マンゴー，メロン，オレンジ，パパイヤ，パイナップル，サツマイモ，黄色トウモロコシなどに含まれる色素である．体内に入ると，必要な分だけがビタミンAに変換される．抗酸化作用が強く，免疫力を高める，目や皮膚・粘膜を守る，抗アレルギー効果・コレステロール低減の働きがあるなどが知られている．老化防止やがん，動脈硬化の予防といった効果も期待されている．

また，ミカン類に含まれる橙色の色素であるβ-クリプトキサンチン（赤）もカロテノイド系色素の1つである．この色素は骨粗鬆症の予防や糖尿病の進行抑制，免疫力の向上，美肌効果などがあるとされている．

クロロフィル（緑）は，ホウレンソウ，ピーマン，コマツナ，モロヘイヤ，ヨモギ，アマランス，アボカド，チンゲンサイ，ブロッコリー，キュウリ，キウイフルーツ，エンドウマメなど多くの野菜の緑色を作っている色素である．またクロロフィルが多くなると緑色が濃くなるが，野菜の緑が濃いほどビタミンCやカロテン類も多く含まれることがわかっている．体内に取り込まれた葉緑素は抗酸化作用があり，がん・貧血の予防や整腸効果があるとされている．さらには体臭・口臭・歯周病の予防，抗アレルギー作用，アンチエイジング，肌トラブルの解消などにも有効であることが知られている．しかし熱に弱いのでサラダで摂取するか，短時間ゆでてお浸しにするなど調理に工夫が必要である．

レスベラトロール（赤）は，ポリフェノールの一種であり，抗酸化特性を有すると考えられている．がんおよび心疾患などのリスク増につながるダメージに対して身体を保護する．赤ブドウの皮に含有されていることが有名であるが，ピーナッツやベリー類にも含まれている．サプリメントの原料としてはタデ植物イタドリからの抽出物や赤ワイン・赤ブドウ抽出物から作られている．

その他として，緑黄色野菜や卵黄の黄色い色素成分となっており目の健康によいとされるルテイン，カニやエビなどの甲羅，鮭の肉の赤い色素成分となっているアスタキサンチンなどがある．

〔北村　豊〕

1.17 細胞膜機能

能動輸送，受動輸送，チャネル

青果物内外における水やその他の物質移動には，青果物の表皮，細胞間隙，細胞壁，細胞膜，液胞膜などが関わっており，生体内部に着目すると細胞膜や液胞膜が物質移動に大きな影響を与えている．細胞膜をはじめとする生体膜の構造については，GorterとGrendelによりリン脂質二重層モデルが提唱され，その後DanielliとDavsonによりタンパク質が脂質膜に吸着している生体膜モデルが発表され，またその後SingerとNicolsonにより現在知られている流動モザイクモデルが提案された（図1）．

リン脂質はリン酸などからなる親水性の頭部と，炭化水素からなる疎水性の尾部から構成される．水などの極性をもつ液体中では，頭部を外側とし尾部を内側とした二重膜を形成する．リン脂質二重層は温度やその他の要因によって固相（ゲル相）や流動相（液晶相）をとり，細胞の老化などによりリン脂質が減少し，リン脂質の分解産物が蓄積されると固相が形成さる．また固相にはチャネルやポンプとなるタンパク質が含まれておらず，固相が増大すると膜の機能が低下し，選択透過性や細胞内物質の局在性の喪失をもたらす．

リン脂質二重層は酸素や二酸化炭素などの低分子は透過するが，水に対する透過性は比較的低く，また大きな分子やイオンは透過しないとされる．リン脂質二重層の疎水鎖部分には水分子が入り込む空隙が存在し，リン脂質二重層が流動することによりこの空隙の位置が変化し，生体膜中の水分子の拡散が起こるとされる．この水分子の拡散は生体膜が液晶状態のときのみ起こる．

細胞膜にはリン脂質二重層を貫通するタンパク質や表面に結合した糖脂質などが存在し，物質交換や情報伝達などさまざまな機能を担っている．細胞膜を通した細胞内外の物質交換は，ポテンシャル勾配に逆らって能動的に物質を輸送するポンプや受動的な物質移動をゲートの開閉によって制御するチャネルなどの膜輸送体を通して行われることが知られている．ポンプやチャネルには，プロトンポンプ，イオンチャネルやアクアポリン（水チャネル）などが知られており，イオンや水，低分子などを選択的に輸送するものや複数種の物質を輸送するものが知られている．これらの膜輸送体は脂質膜中を流動しているが，細胞中の骨格タンパク質と結合している膜輸送体は一定領域に流動が制限され，脂質ラフトと呼ばれる領域を形成しているとされる．

収穫後の農産物の萎れや目減りには，青果物内部の液胞膜や細胞膜を通した水移動が深く関わっているとされる．細胞膜などの生体膜を通した水移動の起こりやすさを表す指標として，水伝導係数 L_p（hydraulic conductivity coefficient），浸透透水係数 P_o（osmotic water permeability coefficient），および拡散透水係数 P_d（diffusional water permeability coefficient）などが知られている[1,2]．

水伝導係数は細胞に対して浸透圧ストレスを与えた際の細胞の体積応答を通して測定さ

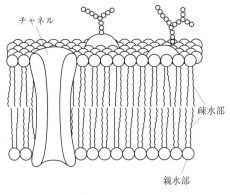

図1 リン脂質二重層と膜タンパク質

れ，次のように定義される．

$$\frac{dV}{dt} = -L_p A (\pi_e - \pi_i)$$

V は細胞体積，t は時間，A は細胞表面積，π_e および π_i はそれぞれ細胞内外の浸透圧である．細胞に浸透圧ストレスを与えながらその体積を測定する方法としては，マイクロピペットなどで保持された細胞を低張液あるいは高張液に浸漬して，光学顕微鏡とビデオレコーダで記録された細胞の映像から体積変化を算出する方法や，マイクロチャネル中に固定された細胞周囲に低張液あるいは高張液を流しながら同様に顕微鏡などを通して体積を測定する方法が用いられている．また細胞懸濁液に溶質を添加して細胞に浸透圧変化を与え，懸濁液の誘電率変化を通して細胞の体積変化を測定する方法なども用いられている．植物細胞の水伝導係数を測定する際には，酵素によって細胞壁を取り除かれたプロトプラストを用いる．

浸透透水係数は水伝導係数と同様に，細胞に浸透圧ストレスを与えた際の細胞膜を通した水透過の起こりやすさとされ，水伝導係数との関係は以下の通りとなる．

$$P_o = \frac{L_p RT}{\bar{V}_w}$$

R は一般気体定数，T は温度，$\bar{V}_w$ は水の部分モル体積である．

拡散透水係数は細胞内外に浸透圧差がない状況において，拡散による細胞膜を通した水透過の起こりやすさを表し，以下のように定義される．

$$P_d = \frac{V}{A\lambda}$$

ここで λ は細胞内外の水の交換時間であり，核磁気共鳴（NMR）を用いた方法により次のように求められる．まず測定対象となる細胞から作製したプロトプラスト懸濁液のプロトン緩和時間 T_1 あるいは T_2 を測定すると，緩和時間の違いから細胞内外それぞれの水からのシグナルが区別できる．このとき，Mn^{2+} などの常磁性イオンを緩和剤として懸濁液に添加すると，Mn^{2+} は数十分の時間スケールでは細胞内には進入しないが，細胞内外の水交換により細胞内水のプロトン緩和時間が短くなる．緩和剤の濃度を高めると細胞内水のプロトン緩和時間は短くなっていくが，ある一定値に収束する．このとき，細胞内水のプロトン緩和時間と水交換時間の間には次の関係が成り立つ．

$$\frac{1}{T_{1s}} = \frac{1}{T_{1f}} + 1/\lambda$$

ここで T_{1s} および T_{1f} はそれぞれ緩和剤添加時および無添加時の細胞内水のプロトン緩和時間である．

細胞膜を通した水移動の経路には，リン脂質二重層部分を拡散によって透過する経路と，アクアポリンなどの水チャネルを通過する経路があるとされ，それぞれが寄与する割合は生物の種や器官によって異なる．収穫後1日程度経過した葉菜では細胞膜の水透過性が急激に低下する現象がみられるが，細胞が水ストレスを受けることによって水チャネルの構造を変化させる，あるいは水チャネルとなるタンパク質の合成を減らすなどの方法でストレスに対応しているとされる．

一方で収穫後数日が経過すると葉菜の細胞膜水透過性は増加に転じる現象がみられる．リン脂質膜においてはリン脂質の分解と再生産を常に繰り返すことにより液晶状態を維持しているが，細胞の機能低下によりリン脂質の分解産物が膜に蓄積してくるとゲル相が形成される．ゲル相は水を透過しないが，膜上に液晶相とゲル相が混在すると，膜のパッキングが不完全になり漏れが増大することがこの理由とされている．　〔五月女格〕

◆ 参考文献
1) Leibo, S. P., 1980. *J. Membr. Biol.*, **53**, 179-188.
2) Zhang, W. H., Jones, G. P., 1996. *Plant Sci.*, **118**, 97-106.

1.18 反応速度論

0次反応, 1次反応, Michaelis-Menten 式

バイオプロセスでは,酵素の働きによってさまざまな生成物を得ることができる.食品や薬品といった工業的な生産プロセスにおいて,時間当たりに消費される原料(基質)と得られる生成物の量を把握することは,プロセスを設計するための基本である.

酵素 E は一般的にタンパク質であり,基質 S を取り込み反応する活性部位をもつ.生成物 P が得られる酵素反応の速度は,基質濃度や酵素濃度に支配される.基質濃度が一定の場合,反応速度すなわち酵素反応による生成物の生成速度 v は酵素濃度 C_E に比例する(図1).

L. Michaelis と M. Menten は,酵母由来の酵素であるインベルターゼを用いてスクロース(ショ糖)の加水分解反応の速度を測定した[1].酵素濃度および基質濃度 C_S の影響を考察し,図2に示すような反応モデルを提案した.酵素濃度が一定の場合,基質濃度が低い条件下では反応速度は基質濃度に比例する.すなわち,1次反応とみなすことができる.さらに基質濃度が増加すると,反応速度

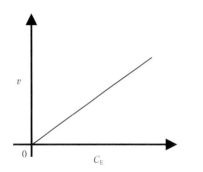

図1 酵素濃度と反応速度の関係

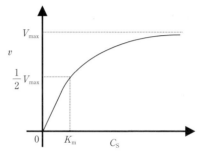

図2 基質濃度と反応速度との関係

は飽和し,一定値に近づく.この場合,反応速度は基質濃度に依存しないことから,0次反応と考えることができる[2].

このモデルは,酵素反応によって基質から中間生成物を経て生成物に変換されると仮定する.まず,酵素の触媒作用によって基質が取り込まれ,中間生成物である酵素-基質複合体 ES が形成される.さらにこの複合体は,酵素の触媒作用によって生成物を産出する.生成物から離れた酵素は,再び使用することができる.すなわち

$$\text{E} + \text{S} \Longleftrightarrow \text{ES} \Longleftrightarrow \text{E} + \text{P} \tag{1}$$

と表すことができる.酵素による反応速度は,酵素濃度や基質濃度に依存する.酵素と基質を反応させると,複合体が生成する.複合体の濃度に比例し複合体の分解速度も増加し,複合体の生成と分解が平衡になる定常状態となる.

すなわち,酵素 E と基質 S は反応によって不安定な酵素-基質複合体 ES を形成し,この複合体から生成物が離れて酵素が利用可能な状態に戻る2段階の反応は,次式で説明される.

$$\text{E} + \text{S} \underset{k_{-1}}{\overset{k_{+1}}{\rightleftarrows}} \text{ES} \xrightarrow{k_2} \text{E} + \text{P} \tag{2}$$

ここで,k_{+1}, k_{-1} および k_2 は各酵素反応における反応速度定数である.(2)式から反応速度式を導くことができる.酵素反応に必要な基質の濃度が十分に高い場合,酵素と基質を反応させると複合体濃度 C_{ES} は数秒程度で最

大値に到達する．すなわち，最初の数秒間を除き複合体濃度 C_{ES} は時間によって変化しないとみなせば，擬定常状態と考えることができる．したがって (2) 式から，

$$\frac{dC_{ES}}{dt} = k_{+1}C_E C_S - k_{-1}C_{ES} - k_2 C_{ES} = 0 \quad (3)$$

と書ける．ここで，C_{ES} は酵素-基質複合体，C_P は生成物の各濃度である．生成物の生成速度 v は，複合体濃度に比例するので，

$$v = \frac{dC_P}{dt} = k_2 C_{ES} \quad (4)$$

反応初期における溶液内の全酵素濃度を C_{E0} とすると，

$$C_{E0} = C_E + C_{ES} \quad (5)$$

となる．(5) 式を (3) 式に代入し変形すると，

$$C_{ES} = \frac{k_{+1} C_{E0} C_S}{k_{-1} + k_2 + k_{+1} C_S} \quad (6)$$

となる．これを (4) 式に代入すると

$$v = \frac{dC_P}{dt} = k_2 C_{ES} = \frac{C_{E0} k_2 C_S}{\frac{k_{-1}+k_2}{k_{+1}} + C_S} \quad (7)$$

となる．ここで，

$V_{\max} = k_2 C_{E0}$, $K_m = \dfrac{k_{-1}+k_2}{k_{+1}}$ とすると，

$$v = \frac{k_2 C_{E0} C_S}{k_m + C_S} = \frac{V_{\max} C_S}{k_m + C_S} \quad (8)$$

の関係式を導くことができる．すなわち，酵素反応による生成物の生成速度は，基質濃度の関数である．(8) 式は，Michaelis-Menten 式と呼ばれる．$V_{\max}$ は基質濃度が十分に高い場合における酵素反応による生成物の最大生成速度である．K_m は Michaelis 定数であり，反応速度が $V_{\max}$ の 50% の反応速度に対応する基質濃度である．K_m が大きい場合は，酵素を基質で飽和させるために高い基質濃度が必要となり，酵素は基質への親和性が低いことを意味する．

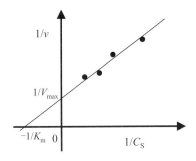

図3　Lineweaver-Burk プロット

実験データからパラメータ $V_{\max}$ と K_m を求める方法として，(8) 式を変形しデータを線形にプロットしてから最小二乗法によって求める図解法と，非線形最小二乗法によって求める直接法がある．前者の代表例として Lineweaver-Burk プロットがある．(8) 式の両辺の対数をとると

$$\frac{1}{v} = \frac{K_m + C_S}{V_{\max} C_S} = \frac{K_m}{V_{\max} C_S} + \frac{1}{V_{\max}} \quad (9)$$

となり，線形近似によって $V_{\max}$ と K_m を求めることができる（図3）．

この方法は，基質濃度が低い条件のデータを用いると誤差が大きくなる欠点をもつ．一方，表計算ソフトウェアである Excel や数値計算ソフトウェアである MATLAB などを用いると，非線形最小二乗フィッティングは容易であり，精度も高い．したがって，上述のパラメータの精度を確保するためには，非線形最小二乗法によって計算することが適切である．

〔井原一高〕

◆　**参考文献**

1) Johnson K. A., Goody, R. S., 2011. *Biochemistry*, 50(39), 8264-8269.
2) 川瀬義矩, 1993. 生物反応工学の基礎. 化学工業社, 28.

1.19
Arrhenius 式

反応速度, 活性化エネルギー, 頻度因子,
衝突理論, 遷移状態理論, Arrhenius プロット

(1) 式の化学反応が起こるとき, 反応速度 v [mol·L^{-1}·s^{-1}] は (2) 式のように表される.

$$A + B \longrightarrow P \quad (1)$$

$$v = -\frac{d[A]}{dt} = -\frac{d[B]}{dt} = \frac{d[P]}{dt} = k[A][B] \quad (2)$$

[A], [B], [P] はそれぞれ物質 A, B, P の濃度 [mol·L^{-1}] で, k を反応速度定数と呼ぶ. (2) 式は 2 次反応速度を表しており, k の単位は L·mol^{-1}·s^{-1} であるが, 反応次数により k の単位は変化し, 例えば, 1 次反応では s^{-1} となる. 速度定数 k は温度の関数として (3) 式で表すことができ, これを Arrhenius 式と呼ぶ.

$$k = A \exp\left(\frac{-E_a}{RT}\right) \quad (3)$$

ここに, A は頻度因子 (単位は k と同じ), E_a は活性化エネルギー [J·mol^{-1}], R は一般気体定数 (8.314 [J·K^{-1}·mol^{-1}]), T は絶対温度 [K] である. A および E_a は Arrhenius パラメータと呼ばれ, 反応条件により固有の定数である. Arrhenius 式は 1889 年, スウェーデンの化学者 Svante August Arrhenius (1859-1927) により経験的に示されたが, 反応条件が非常に単純な場合は以下の衝突理論, 活性錯合体理論[1] から導かれる.

(1) 式のような 2 分子反応を例に取ると, 分子 A と B が衝突すれば, すべて生成物 P を生じるということはなく, P を生じるためには両分子が十分な相対運動エネルギー E_{t0} を有すること, また, 生成物を生じるに必要な位置関係を有することが必要とされる. ある閾値 E_{t0} を超える相対エネルギーをもつ分子の割合 f は Boltzmann 分布から

$$f = \exp\left(\frac{-E_{t0}}{RT}\right) \quad (4)$$

と表される. 単位時間, 単位面積当たりの A, B の衝突密度 Z_{AB} と f との積は A, B または P の分子数の変化速度を表し, これをアボガドロ数 N_A で除したものが (1) 式の反応速度 v となる. Z_{AB} は Maxwell 分布から求めた平均速度と衝突断面積 σ から次式で得られる.

$$Z_{AB} = \sigma \left(\frac{8k_B T}{\pi \mu}\right)^{1/2} N_A^2 [A][B] \quad (5)$$

ここに, k_B は Boltzmann 定数, μ は換算質量. これにより, 反応速度は

$$v = \sigma \left(\frac{8k_B T}{\pi \mu}\right)^{1/2} N_A \exp\left(\frac{-E_{t0}}{RT}\right) [A][B] \quad (6)$$

となり, (2) 式と比較すると,

$$k = \sigma \left(\frac{8k_B T}{\pi \mu}\right)^{1/2} N_A \exp\left(\frac{-E_{t0}}{RT}\right) \quad (7)$$

が得られ, k は (3) 式と同様の形となる. 2 原子分子の衝突のような場合は, Arrhenius 式はこのように求めることができ, これを衝突理論という. この理論によれば, 活性化エネルギーは反応を引き起こすのに必要な最低限度の分子の相対運動エネルギーということになる. また, 頻度因子は反応物質が単位濃度であるときの単位体積当たり衝突回数である.

これに対し活性錯合体理論 (遷移状態理論とも呼ばれる) では, (1) 式の反応は (8) 式のように 2 段階に分かれて進み, 第一段階で活性錯合体と呼ばれる中間体が生じ (ここでは反応が平衡していると考える), 一部の錯合体が第二段階に進んで, 生成物になるとする.

$$A + B \rightleftharpoons AB^* \longrightarrow P \quad (8)$$

反応のポテンシャルエネルギーを図示すると, 図 1 のようになり, エネルギーは反応原系から生成系へ進む間にいったんピークを迎え, これを超えれば生成系へと移行する. A, B の分子が遠いときは, ポテンシャルエネルギーは両者の和であるが, 接近すると両者の

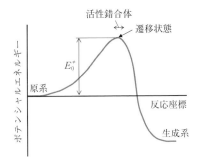

図1 反応のポテンシャルエネルギー

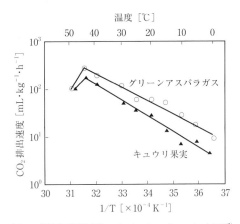

図2 青果物呼吸速度のArrheniusプロット（文献[2]を改変）

結合状態が変わり，活性錯合体の段階に達する．活性錯合体は極大のポテンシャルエネルギーをもつが，この状態は遷移的で瞬時にしか存在しえない．そのため，このポテンシャルエネルギーの極大状態を遷移状態という．

活性錯合体理論により反応速度定数 k を導出すると (10) 式が得られる．

$$k = \frac{k_B T}{h} \frac{Q_M^{\ddagger}}{Q_A Q_B} \exp\left(\frac{-E_0^{\ddagger}}{RT}\right) \quad (10)$$

ここに，h はプランク定数，Q_A，Q_B，$Q_M^{\ddagger}$ はそれぞれ反応物質，活性錯合体の分子分配関数，$E_0^{\ddagger}$ はエネルギー障壁．すなわち，活性錯合体理論から，活性化エネルギーは遷移状態のエネルギー障壁といえる．また，頻度因子は分配関数に温度依存性があることから，個々の反応に特有の温度依存性を示し，(8) 式のような反応では T の 1/2 乗に比例することになる．

Arrhenius 式 ((3) 式) の両辺の対数を取ると

$$\ln k = \ln A - \frac{E_a}{RT} \quad (11)$$

が得られ，横軸を $1/T$，縦軸を $\ln k$ とすると (11) 式は直線を示し，実験データから線形回帰により，直ちに E_a と A を求めることができる．このように図示したグラフは Arrhenius プロットと呼ばれる．

また，化学反応速度ばかりでなく，熱電子放射や拡散，粘性などの物理現象の温度依存性も Arrhenius 式で表すことができる．生体現象も例外でなく，微生物の最大増殖速度，ホタルの点滅速度，食用ガメの脈拍なども Arrhenius 式に従うとされる．ポストハーベスト工学の分野では青果物の呼吸速度が Arrhenius 型の温度依存性を有することはよく知られ，図2に示すように，ある温度までは直線的に呼吸速度は増加し，さらに温度が上がると折れ曲がる．これは呼吸に関する酵素の熱変性によると考えられている．青果物の品質保持のための低温流通は，(3) 式によれば T を小さくすることにより，呼吸反応を進めるのに十分なエネルギーをもつ分子の割合を小さくしていることになる．また，CA 貯蔵における酸素分圧の減少は (2) 式の分子の濃度を小さくしていることになろう．Arrhenius 式は呼吸速度の温度依存性を表すことから，温度が動的に変化する流通環境での青果物呼吸速度変化予測モデルに用いられる．

〔内野敏剛〕

◆ **参考文献**

1) 廣伊富長, 小野嘉夫, 1993. 活性化エネルギー, 共立出版.
2) Yasunaga, E. *et al.*, 2002. *J. Fac. Agr. Kyushu Univ.*, **56**(1), 59-66.

1.20 化学ポテンシャル

Gibbs 自由エネルギー，標準状態，吸着ポテンシャル

化学ポテンシャル μ は，系が平衡状態にないとき，どの成分も化学ポテンシャルの高いところから低いところに移動する傾向にあることへの定量的な尺度である．定義は (1) 式で表される．

$$\mu_i = \left(\frac{\partial G}{\partial n_i}\right)_{p,T,n_j} \quad (1)$$

添字 n_j は，成分 i 以外の全成分量が一定であり，成分 i を含む全成分量が変化量 dn_i に対して十分に大きいので，成分 i の変化は一定組成の下で行われるとみなす．

● 単一の純物質の場合

純物質が理想気体の状態にあるとき，その物質（気体）の化学ポテンシャルは，その圧力および温度におけるモル Gibbs 自由エネルギー（物質 1 モル当たりの Gibbs 自由エネルギー）に等しい．Gibbs 自由エネルギー G は，以下の式で表される．

$$G = H - TS$$
$$\begin{aligned}dG &= dH - (TdS + SdT)\\ &= d(E + PV) - (TdS + SdT)\\ &= dE + PdV + VdP - (TdS + SdT)\\ &= d(Q_{可逆} + W) + PdV + VdP - (TdS + SdT)\end{aligned} \quad (2)$$

ここで，H はエンタルピー，T は絶対温度，S はエントロピー，E は内部エネルギー，P は圧力，V は体積，Q は系が吸収した熱量，W は周囲から系になされた仕事である．

(1) 式変形においては，熱力学の第一法則 (3)，エンタルピーの定義 (4) およびエントロピーの熱力学的定義 (5) を用いている．

$$dE = \delta Q + \delta W = \delta Q - PdV \quad (3)$$
$$H = E + PV \quad (4)$$
$$dS = \frac{\delta Q_{可逆}}{T} \quad (5)$$

なお，δQ や δW は状態関数でないが，例えば圧力が一定で P と考えれば，(3) 式の右辺で

$$\delta W = -PdV \quad (3')$$

の関係が使える．これと (5) 式を書き直した

$$\delta Q_{可逆} = TdS \quad (5')$$

を (2) 式に代入して整理すると

$$\begin{aligned}dG &= (TdS - PdV) + PdV + VdP\\ &\quad - (TdS + SdT)\\ &= VdP - SdT\end{aligned} \quad (6)$$

Gibbs 自由エネルギーは容量的・示量的変数であって，加成性を有することに留意が必要である．ここでモル当たりの G を G_m で表し，$G_m = \mu$ と書くと，これが化学ポテンシャルである．(6) 式を書き直すと

$$\mu = V_m dP - S_m dT \quad (6')$$

この定義により，化学ポテンシャルは，Gibbs 自由エネルギーと違って，温度や圧力と同様に系の示強的性質をもつことになる．ここまで単一の成分からなる系について考えてきたが，多成分系においても，いずれの成分の化学ポテンシャルも系の大きさには関係なく，圧力，温度，成分組成のみに依存して決まる．(6) 式は，温度と圧力の微少な変化が化学ポテンシャルにどのような変化をもたらすかを示している．

(6') を温度一定および圧力一定の下で，それぞれ圧力および温度で偏微分すると次式になる．

$$\left(\frac{\partial \mu}{\partial P}\right)_T = V_m, \quad \left(\frac{\partial \mu}{\partial T}\right)_P = -S_m \quad (7)$$

これより，系の化学ポテンシャルは，定温では圧力の上昇とともに増大し，定圧では温度の上昇とともに必ず減少することがわかる．(7) 式から

$$\left(\frac{\partial \mu}{\partial P}\right)_T = V_m = \frac{RT}{P} \quad (8)$$

であるから，圧力を P_0 から P まで変化させ

るときの化学ポテンシャル変化は以下の式で表される．

$$\mu - \mu_0 = \int_{P_0}^{P} V_m dP = \int_{P_0}^{P} \frac{RT}{P} dP = RT \ln\left(\frac{P}{P_0}\right) \quad (9)$$

さて，ある状態における化学ポテンシャルの値を得るには，標準状態を決めなければならない．標準状態は自由に選ぶことができるが，通常は0℃（273.15 K）における標準気圧（1 atm = 101.325 kPa）とする．なお，IUPACは1981年，それまで慣習的に使われてきたSSP（標準状態圧力，standard state pressure）の値101.325 kPa（標準大気圧）を100 kPa = 1 barに変えることを推奨したが，今なお慣習値101.325 kPaも使われ続けている．

● **精米中の水の化学ポテンシャル**

大気圧下で，温度20℃，相対湿度66.0%の環境における精米（コシヒカリ）平衡水分は15.81%w.b.である．このとき，精米の内部表面に吸着された水の化学ポテンシャルは（9）式より求められる．

$$\mu = \mu_{T=293.15} + RT \ln(0.660)$$
$$= \mu_{T=293.15} - 1012.7 \, [\text{J·K}^{-1}\text{·mol}^{-1}]$$

すなわち，精米中の水の化学ポテンシャルは，自由水より上記の数値だけ低い．

● **溶液の化学ポテンシャル**

N個の溶媒分子とn個の溶質分子からなる溶液のGibbs自由エネルギーをGとする．Gを分子数で微分すると分子1個当たりの化学ポテンシャルが得られる．したがって，

$$\mu_{溶媒} = \left(\frac{\partial G}{\partial N}\right)_{p,T,n}, \quad \mu_{溶質} = \left(\frac{\partial G}{\partial n}\right)_{p,T,N} \quad (10)$$

ここで

$G = $（1分子当たりの化学ポテンシャル）×分子数であるから，

溶媒のみでは　　$G = \mu^0_{溶媒} N$
溶質のみでは　　$G = \mu^0_{溶質} n$

となる．$\mu^0_{溶媒}$ および $\mu^0_{溶質}$ は，それぞれ純物質の化学ポテンシャルである．溶液は溶媒と溶質の混合になるので（11）式で表される．

$$G = \mu^0_{溶媒} N + \mu^0_{溶質} n - TS \quad (11)$$

理想溶液では混合によるエンタルピー変化はないので，（11）式の右辺は混合のエントロピー由来の項のみでよい．一方，（11）式において

$$S = k \ln \Omega \quad (12)$$

であり，kはボルツマン定数，ΩはN個の溶媒分子とn個の溶質分子の配置の数である．すなわち

$$\Omega = {}_{N+n}C_n = \frac{(N+n)!}{N! n!} \quad (13)$$

したがって

$$S = k[\ln(N+n)! - \ln N! - \ln n!] \quad (14)$$

ここで

$\ln N! = N \ln N - N$（スターリングの公式）

を用いると

$$S = k[(N+n)\ln(N+n) - N \ln N - n \ln n] \quad (15)$$

これを（11）式に代入すると

$$G = \mu^0_{溶媒} N + \mu^0_{溶質} n - kT[(N+n)\ln(N+n) - N \ln N - n \ln n] \quad (16)$$

Gをnで偏微分して溶質の化学ポテンシャルを得る．

$$\mu_{溶質} = \mu^0_{溶質} + kT \ln \frac{n}{N+n} = \mu^0_{溶質} + kT \ln X \quad (17)$$

ここで，Xは溶質のモル分率である．溶質1モル当たりの化学ポテンシャルはkをR（気体定数）に置き換えればよい．

$$\mu_{溶質} = \mu^0_{溶質} + RT \ln X \quad (18)$$

同様に溶媒では次式となる．

$$\mu_{溶媒} = \mu^0_{溶媒} + RT \ln(1-X) \quad (19)$$

以上，溶質の化学ポテンシャルはモル分率が大きいほど高く，濃度の低いところ，すなわち化学ポテンシャルの低いところに向かって溶質分子が移動する[1]．〔大下誠一〕

◆ **参考文献**

1) 近藤保ほか，1992．生物物理化学．三共出版．

1.21 吸着

吸着，吸収，脱着，収着，吸着式，平衡水分，化学吸着，物理吸着，ヒステリシス

農産物をある環境下に置くと，農産物から水が放出されるか，周囲から吸湿する．この水分の変化は，農産物に起因する水蒸気圧が周囲の湿度（水蒸気圧）と同じになるまで（農産物の水の化学ポテンシャルが周囲の水の化学ポテンシャルと等しくなるまで）続き，最終的に，与えられた温度に対して材料に特有の水分になって安定する．このときの水分を平衡水分（%w.b.）または平衡含水率（%d.b.）と呼び，英語表記は equilibrium moisture content となる．この，周囲から吸湿する現象が表面に限定される場合を固体に対する気体の吸着（adsorption）という．ただし，農産物では表面における吸着と同時に吸収が生じるので，収着と呼ぶのが正しい（後述）．

● 吸着，吸収，収着，脱着

吸着とは，2つの相（固相，液相，気相）の界面で，いずれかの相の物質またはその相の中に溶解している溶質の，界面における濃度がバルクのそれよりも大きい場合を指す．吸着される物質を吸着質（adsorbate），吸着する物質を吸着媒または吸着剤（adsorbent）という[1]．また，界面にとどまる現象ではなく，界面を透過して相手の相に溶け込む現象を吸収（absorption）という．先にあげた農産物や食品が水分を吸湿するときのように，吸着と吸収が同時に起こる場合を収着（sorption）という[2,3]．収着の逆の現象が脱着（desorption）である．

● 物理吸着，化学吸着

吸着質が吸着剤表面に吸着すると，両者間の相互作用の結果として熱が発生する．相互作用が van der Waals 力，水素結合，静電引力などのみの場合は $0 \sim 20 \mathrm{~kJ \cdot mol^{-1}}$ 程度の熱が発生する．これを物理吸着と呼ぶ．一方，吸着の際に化学結合が形成されると発生する熱は $80 \sim 400 \mathrm{~kJ \cdot mol^{-1}}$ 程度で強い吸着となり，これを化学吸着と呼ぶ[4]．

● 収着・脱着等温線

図1に籾の水分収着・脱着等温線を示す[5]．原典の破線の説明は Adsorption となっているが，籾では吸着と吸収が同時に生じていると考えられるので，本項では収着とする．

図1の横軸は相対湿度であるが，平衡水分に達したときの相対湿度の1/100の数値は水分活性に等しい．同じ水分活性では，温度が高いほど収着が抑制される方向に平衡が移動する．実際，10℃の収着量（平衡含水率）よりも30℃の値が低いことがわかる．

収着が生じると吸着質が界面や吸着剤の内部に束縛されて，系のエントロピーが低下する（$\Delta S < 0$）．収着が自発的に進行するとき系の自由エネルギーの変化は負である．したがって，$\Delta G = \Delta H - T\Delta S < 0$ となる．右辺第2項は正であるので，収着のエンタルピー変化は負となる（$\Delta H < 0$）．すなわち，収着は発熱を伴う[6]．

また，同一温度では，収着（破線）と脱着（実線）の両曲線が一致しない履歴現象（ヒステリシス，hysteresis）がみられる．籾や玄米，精米は細孔（pore）をもつ多孔体（porous material）である．細孔とは，深さが凹部の

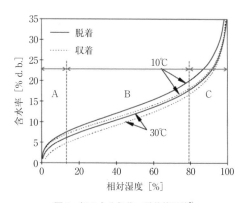

図1 籾の水分収着・脱着等温線[5]

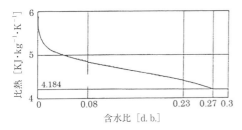

図2 籾中の水の比熱[7]

直径より大きいものをいい,細孔の直径が分子直径の10倍程度では細孔径の局部的な大小によって,収着または吸着と脱着の曲線が,飽和蒸気圧より低いところで一致しない[1].

● 穀物中の水の状態

穀物や多くの食品の水分収着等温線は,図1のように逆S字型の形状を示す.図1の領域Aでは,水分含量に対して水蒸気圧がきわめて低い.この領域の水は単分子吸着で,強い結合水であると考えられる.領域Bでは,水分含量の増加とともに水蒸気圧が大きく変化する.この領域の水は多重吸着で個体との結合が弱い.領域Cでは,水分含量が大きく変化しても水蒸気圧の変化は緩慢である.この領域の水は固体との相互作用がほとんどないと考えられる[6].

図2に,籾に吸着された水の比熱を推算した結果を示した.推算にあたって含水比→0のときの微分収着熱を求めたところ$28.9 kJ \cdot mol^{-1}$であり,物理吸着に伴う$0 \sim 20 kJ \cdot mol^{-1}$に近い値であった[7].この結果は,図1の領域A, BおよびCによく対応している.すなわち,籾中の水は,物理吸着・収着による収着水と自由水から成っている.含水比0〜0.08の領域は強く束縛された結合水であるため自由水よりも比熱が大きく,含水比0.27以上の領域ではほとんど相互作用がな

図3 酸素バブル表面への異物の吸着[8]

いので自由水の比熱に等しい.中間の含水比0.08〜0.27の領域では,水は緩く束縛された状態にある.

● 物理吸着の可視画像

図3は,$0.5 \mu m$程度の酸素バブル表面に高密度で$20 nm$程度の微粒子が吸着した画像である.凍結割断レプリカ法により観察された,物理吸着の例として示した[8].

なお,吸着現象のモデルについては成書[2,7]を参照されたい.　〔大下誠一〕

◆ 参考文献

1) 近藤精一ほか,1991. 吸着の科学. 丸善.
2) 松野隆一,矢野俊正編,1996. 食品物理化学. 文永堂出版.
3) 高分子学会編,1995. 高分子と水. 共立出版.
4) 近藤保,1984. 界面化学(第2版). 三共出版.
5) Da-Wen, S., 1999. *J. of Stored Products Research*, **35**, 249-264.
6) 日本食品工学会編,2012. 食品工学. 朝倉書店.
7) 大下誠一ほか,1992. 農業機械学会誌, **54**(2), 67-74.
8) Uchida, T. et al., 2011. *Nanoscale Research Letters*, **6**, 295.
http://www.nanoscalereslett.com/content/6/1/295

1.22 水分活性

平衡水分, 化学ポテンシャル, モル分率, 活量, 自由水, 結合水

生きた食品（農産物）の代謝による消耗や微生物の増殖と食品の腐敗には水分（含量）や水分活性が深く関与している．例えば籾の水分が高いまま長時間（数日）放置するとかびの発生による品質劣化を招く．これを物理化学的に理解するうえで，平衡水分 (equilibrium moisture content) および水分活性（water activity）が重要になる．

● 平衡水分と水分活性

図1（右図）に示すように，穀物などの水を含む物質や水溶液（含水系）を一定の温度に置くと，熱運動によって水分子が系外に飛び出す．このため，狭い空間において，含水系の水蒸気圧が周囲の水蒸気圧（湿度に反映）より高い場合には含水系から水が放出され，逆の場合には周囲から吸湿して，含水系から水分が減少したり増加したりする．この水分の変化は，含水系に起因した水蒸気圧が周囲の水蒸気圧と同じになるまで（含水系の水の化学ポテンシャルが周囲の水のそれと等しくなるまで）続き，最終的に，与えられた温度に対して一定の水蒸気圧 P および水分に至って安定する．このときの水分（含量）を含水系の平衡水分という．この P は温度，水分，さらには水と構成成分との引き合う強さ（相互作用）によって支配され，同じ温度におけ

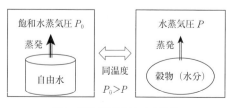

図1 平衡水蒸気圧と水分活性

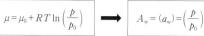

図2 化学ポテンシャルと水分活性

る自由水の水蒸気圧 P_0 より小さい．

P/P_0 を水分活性（water activity）と呼び，物理化学でいうところの活量（activity）を示す．水分活性は単位をもたない無次元量であり，食品や農産物の品質管理においては，水分（含量）より有効な指標である．

$$A_w = a_w = \frac{P}{P_0}$$

● 水分活性と化学ポテンシャル

水分活性は，平衡水分にある含水系内の水が熱運動などにより系から周囲に飛び出す傾向を示している．したがって，平衡状態を定義する化学ポテンシャルと密接な関係を有する．これを図2に示した．μ は含水系内の水の化学ポテンシャル，μ_0 は同温度の自由水の化学ポテンシャル，R は気体定数，T は絶対温度である．

● 活量と活量係数

化学ポテンシャルの式（図2：左）において，$a = P/P_0$ とおいて，a を活量と呼ぶ（食品やポストハーベスト工学分野における水分活性：a_w）．活量は濃度に比例することが多いので，モル分率 x を用いて $a = \gamma x$ とおく．ここで γ は活量係数である．例えば水溶液で水のモル分率が 0.95 のとき，これが理想溶液の場合，水の活量は 0.95，$\gamma = 1$ である（活量は水のモル分率に等しい）．溶媒と溶質に引力が主体の相互作用が働く場合には $\gamma < 1$ になる[1]．すなわち，γ は，実在気体（溶液）の理想気体（溶液）からのずれを表す．

● 自由水

含水系内において，構成成分の影響を受けずに，通常の水と同様の挙動を示すと考えられる水（free water, bulk water）を指す．図1（左図）の自由水はその温度における最大の水蒸気圧（飽和水蒸気圧）P_0 を示す．

● 結合水（なぜ $P_0 > P$ か？）

含水系内の水は物質の表面において，吸着，分極などにより，引きつけられたり，反発したりして，通常の水とは異なる構造をもつ．この影響である程度運動の自由度を束縛された水を結合水（bound water）という．

穀物中の水は，それが存在する表面（穀物内の細孔表面）と相互作用（主に引力）を生じるので，水分子が表面に束縛されている．したがって，蒸発しにくい状態にある．このため，図1（左図）の容器内の自由水よりも蒸発量が少なく，水蒸気圧は低くなる．一方，自由水は水分子以外に物質が存在しないので，水分子が相互作用を起こす相手が存在せず，蒸発が妨げられない．このため，常に $P_0 > P$ となる．

● 精米の平衡水分と水分活性

白米（精米）の水分活性と平衡水分に関するデータを表1に例示する[2]．表中コメ（原文では Ordinary rice）の水分は，筆者が乾量基準から湿量基準に変換した．また，表2は水分活性とかびの発生との関係を示している．

● 水分活性と食品の保存性

水分活性の高い食品：生物体としての組織をもつ食品：0.98以上の水分活性値をもち，変質や腐敗しやすいので冷凍あるいは冷蔵が必要．果実，野菜，食肉，卵など．

水分活性の低い食品：水分活性が0.6～0.65以下の食品は，冷凍や冷蔵することなく長期保存が可能．コメ，小麦粉，豆類，クラッカー，ビスケットなど．

中間水分食品：水分活性が0.65～0.85の食品を中間水分食品と呼ぶ．冷蔵しなくても長期保存が可能．味噌，醤油，ハチミツ，マーマレード，ジャム類，パルメザンチーズ，シロップ，乾燥果実，魚貝干物など[3]．

● 微生物の増殖と水分活性

微生物は特定の水分活性値以上の環境でないと増殖できない．増殖限界は，病原細菌では $a_w = 0.93 \sim 0.94$，一般細菌は $a_w = 0.90$，一般酵母は $a_w = 0.88 \sim 0.90$，一般糸状菌（かび）は $a_w = 0.82 \sim 0.88$ とされる[4]．

〔大下誠一〕

表1 精米の平衡水分と水分活性[2]

水分活性	平衡水分	
a_w	コメ [%w. b.]	もち米 [%w. b.]
0.98	18.0	20.4
0.95	17.2	19.4
0.85	14.1	14.5
0.75	12.4	12.4
0.65	11.5	11.4
0.50	10.5	10.2
0.35	9.4	9.0
0.20	7.9	7.4
0.10	6.6	6.0

表2 水分活性とかび発生までの日数[2]

a_w	コメ	もち米
0.98	7±2	7±2
0.95	9±1	9±2
0.90	10±2	10±3
0.85	10±2	10±0
0.80	13±1	17±1
0.75	20±1	19±1
0.65	57±2	73±1

◆ 参考文献

1) グットフロイント著，高橋克忠，深田はるみ訳，1984．生化熱力学の基礎．ワイリー・ジャパン．
2) Noorlidah, A. *et al.*, 2000. *Journal of Stored Products Research*, **36**, 47-54.
3) 野口駿，1992．食品と水の科学．幸書房．
4) 岩田隆ほか，1988．食品加工学．理工学社．

1.23

水 和

相互作用，親水性物質，疎水性物質，イオン，
疎水性水和

電解質や親水性物質，疎水性物質が溶けるとき，溶質と水分子との相互作用を水和と呼ぶ．水分子は強い双極子モーメントをもち，水素結合に関与する水素原子2個（正電荷を帯びている）とL殻の$2s$軌道に1組（$2s^2$），$2p$軌道に1組の（$2p_x^2$）孤立電子対（負電荷を帯びている）をもつ酸素原子から成るので，イオンや極性基と相互作用を生じる．また疎水性（無極性）物質とも特有の仕方で相互作用を生じる．このとき，疎水性物質は水溶液中で会合する傾向を示し，これを疎水性相互作用と呼ぶ[1]．

一般に希薄な水溶液（イオンが水分子のみに取り囲まれている）では，その物理化学的な性質を決定するのは溶質の水和であり，濃度が高くなるにつれて，溶質-溶質間の相互作用が加わる[1]．

● イオンの水和

イオンが水に溶けるとクーロンの引力と反発力が生じ，静電的相互作用により，イオンの周りに水分子が配向する．

水溶液中のイオンの並進運動（自己拡散係数D_iで代表）は，水分子を伴わない自由なイオンと，水和した水分子とイオンのコンプレックスとの2つの並進運動から成る．自由なイオンの活性化エネルギーE_iは，コンプレックスの活性化エネルギーを水の自己拡散係数Eと等しいとみなすと次式になる．

$$E_i = E + \Delta E_i$$

ΔE_iは，イオンに接している水分子が，イオンに隣接しない別の平衡位置に飛躍するときの活性化エネルギーである．イオンに接している水分子，純水中の水分子の平衡位置における滞在時間を，それぞれ，τ_i, τ_0とすると

表1 イオンの水和の特性[2,5]

イオン	イオン半径 [nm]	τ_i/τ_0	ΔE_i [cal·mol^{-1}]
Li$^+$	0.068	1.9	390
Na$^+$	0.095	1.3	170
K$^+$	0.133	0.71	-200
NH$_4^+$	0.148	0.69	-220
Cs$^+$	0.169	0.56	-340
Mg^{2+}	0.065	3.94	800
Ca^{2+}	0.099	1.62	280
Cl$^-$	0.181	0.84	-100
I$^-$	0.216	0.77	-150

$$\frac{\tau_i}{\tau_0} = \exp\left(\frac{\Delta E_i}{RT}\right)$$

ここで，

$\Delta E_i > 0$ なら $\tau_i/\tau_0 > 1$

$\Delta E_i < 0$ なら $\tau_i/\tau_0 < 1$

$\Delta E_i > 0$の場合は，イオンに接している水分子は純水中よりも，その熱運動が束縛されている．すなわち，イオン-水分子間のクーロン力が水-水間相互作用よりも強く，水分子の双極子の負または正の極が，陽イオンまたは陰イオンのほうに優先的に配向していることを示す．これを，正の水和（構造形成イオンに対応）と呼ぶ[2]．

イオンと水分子間の相互作用はイオン半径が大きくなるほど減少するので，相互作用が等しくなるイオン半径r_0が存在する．1価の陽イオンでは$r_0 = 0.180$ nmである．したがって，$r > r_0$の半径をもつイオンは，水分子間の水素結合を切りバルク水の規則的構造を破壊するが，自由になった水分子をその熱運動に逆らってある程度の時間，イオンの周囲に配向させるほど，静電的相互作用は強くない[2,3]．したがって，水分子は純水中よりも動きやすい状態となり，イオンの周りで乱雑に配列する．このときは$\Delta E_i < 0$となり，これを負の水和（構造破壊イオンに対応）という．

● 疎水性水和

無極性（疎水性）ガスの水への溶解を考える．無極性ガス分子の周りでは，水分子が水素結合で結ばれ，水がある秩序だった構造

(氷Ⅰに類似の構造)を形成する．この構造形成のために，無極性ガスの溶解に伴うエントロピー変化は負になる．これは熱力学的には不利なので，水溶液中の無極性ガス分子は会合(無極性ガス分子が寄り集まる)する傾向を示す．会合により疎水面(無極性ガス分子と水分子の接する面)が減少し，その結果，系のエントロピーが減少する．このようにして熱力学的に不利な過程をバランスさせるように水分子集団の構造(無極性ガス分子と水分子の相互の秩序だった位置関係)が決定される[1,2]．この現象を疎水性相互作用といい，疎水性相互作用により水の構造化が生じる．また，水が構造化すると水素結合した水分子数が増加するので水の粘度上昇を伴い，溶質の拡散速度が低下する．このため，酵素反応における基質の拡散速度が低下し，代謝抑制効果が期待される．

図1に，無極性であるキセノンガスを溶解させたときの気体水和物形成過程を示す．多くの場合は2次元的に結晶が全表面に広がっていく様子が観察されたが(図1(a))，まれには，観察した顕微鏡視野内の各所にキセノン水和物の結晶核が出現し，これらが互いに接合して全水面に広がっていく様子が観察された(図1(b))．この核形成は，ゲスト分子であるキセノン分子の局所的濃集によるものと考えられている[6]．このような形成過程の違いは，次のように推察される．キセノンガスは水-キセノンガス界面を介して水中に溶解するが，局所的濃集が優位に生じて界面近傍の水中における溶存キセノンガス濃度が2次元水平面上で均一にならない場合には，各所に独立した結晶核が形成される．これらが成長・接合を経て水の全表面に水和物が広がる(図1(a))．局所的濃集が生じた部分で結晶核が発生し水和物が形成されると，周囲に溶存したキセノン分子が水和物に向かって移動すると同時に，濃集が生じていない部分の

図1 キセノン水和物生成初期の像[4]
(a) 結晶が2次元的に成長する場合，(b) 複数の結晶核が生成する場合．

界面を通してキセノンガスが溶解し，これが繰り返されてキセノン水和物が成長すると考えられる．一方，局所的濃集が優位でない場合には，界面近傍の水中における溶存キセノンガス濃度が比較的均一になるため，一部に結晶核が形成されるとそれを中心にキセノン水和物結晶が成長し，これが水表面を覆うように2次元的に広がると考えられる(図1(b))．

〔大下誠一〕

◆ **参考文献**
1) 上平恒，逢坂昭．1989．生体系の水．講談社サイエンティフィク．
2) 上平恒．1998．水の分子工学．講談社サイエンティフィク．
3) 野口駿．1992．食品と水の科学．幸書房．
4) 王蕾ほか，2011．日本冷凍空調学会論文集，28(4), 385-392.
5) J.N.イスラエルアチヴィリ著，近藤保，大島広行訳．1991．分子間力と表面力．マグロウヒル．
6) Uchida, T. et al., 2018. *Nanomaterials*, 8, 152; doi:10.3390/nano8030152.

1.24 凝固点降下

モル分率，凝固点，溶質，溶媒，純物質

凝固点降下とは，不揮発性の溶媒に溶質を溶解した場合，溶媒の凝固点（結晶が析出する温度）が純粋な溶媒の凝固点よりも低くなる現象をいう．純水，また溶質を含む水溶液を冷却していくと，図1のような温度降下曲線が得られる．純水の凝固点はA点で0℃であるが冷却の場合，凝固点A 0℃に到達しても過冷却液体状態が続き液体のままマイナス温度となる場合が多い（A点⇒B点），さらに冷却が続くとB点で過冷却が解消されはじめて凝固が開始する．この温度は過冷却解消温度であり氷核発生温度に相当する．この凝固開始温度は容器界面，不純物の存在の有無，外部からの刺激などに影響されるため，確率的に決定され一義に決定されない．すなわち凝固開始温度は必ずしも平衡凝固点温度ではない．溶質を含む水溶液の場合は，A′まで凝固点は降下する．この現象が凝固点降下である．ただし，溶液の場合も冷却過程では，純水の場合と同じく平衡凝固点に達しても過冷却状態が続き，液体のまま，平衡凝固点以下に冷却される．平衡凝固点温度は熱力学的には融点と同じであり，結晶析出温度とは異なる．この性質は基本的に束一的性質と呼ばれ，溶質の種類に依存せずモル濃度にのみ依存する．溶液の沸点上昇，蒸気圧降下，浸透圧に対する効果と同じである．

凝固点降下の熱力学的意味は図2に示すように，溶質の存在によって液体（水）のモル当たりのギブス自由エネルギーすなわちケミカルポテンシャルが減少することによる．ある温度での水分子の集合状態，すなわち液体状態であるか，結晶（氷）であるかは，その温度での集合状態のケミカルポテンシャルの高低で決まる．0℃より高い温度域ではケミカルポテンシャルは氷状態よりも液体状態の水のケミカルポテンシャルのほうが低くエネルギー的に安定である．よって0℃以上では水分子の集合状態は液体状態をとる．0℃以下になると集合状態のケミカルポテンシャルの高低は逆転し氷（結晶）であるほうが安定となる．そのため，ケミカルポテンシャルの交差温度が融点，凝固点となる．しかし，液体としての水分子の集合に溶質が混合すると，点線のように水分子集合のケミカルポテンシャルが減少する．一方で，氷（結晶）のケミカルポテンシャルの温度依存性は変

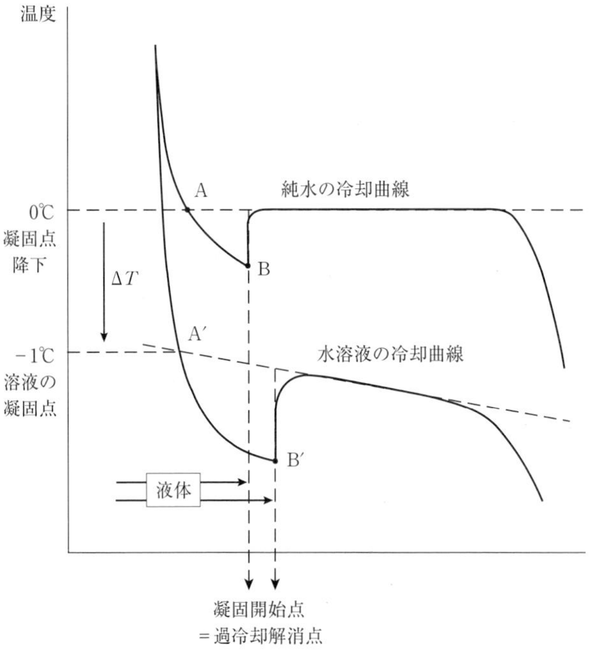

図1 温度降下曲線

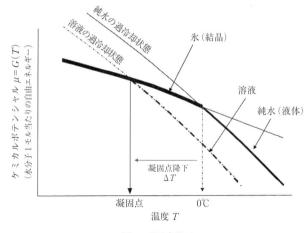

図2 凝固点降下

わらない。よって交差する温度,すなわち凝固点は低温側にシフトすることになる。このシフト温度が凝固点降下 ΔT となる。ただし純水あるいは水溶液でも凝固点以下になっても液体状態である場合を過冷却状態といい,自由エネルギーは高い不安定状態にある.

すなわち,水の純水結晶固体と,溶質を含む水溶液が平衡にある系を考える。平衡であるため,

$$\mu^s = \mu^l \tag{1}$$

μ^s と μ^l はそれぞれ氷結晶と水溶液中の水のケミカルポテンシャルである。このとき溶液中の水のケミカルポテンシャル μ^l は

$$\mu^l = \mu^{l0} + RT \ln X \tag{2}$$

である。μ^{l0} は溶質を含まない純水のケミカルポテンシャルである。R は気体定数,T は絶対温度,X は水のモル分率であり,溶質のモル分率を X_m とすれば $X = 1 - X_m$ である.

したがって,

$$\mu^s = \mu^{l0} + RT \ln X \tag{3}$$

ケミカルポテンシャルはモル当たりの自由エネルギーであるからギブス自由エネルギー G で表すと

$$\frac{G^s - G^{l0}}{RT} = \ln(1 - X_m) \tag{4}$$

ここで熱力学的にエンタルピーを H とすれば $\partial(G/T)/\partial T = -H/T^2$ であることから (4) 式を T で微分すると,

$$\frac{H^{l0} - H^s}{RT^2} = \frac{\Delta H_f}{RT^2} = \frac{d \ln(1 - X_m)}{dT} \tag{5}$$

が得られる。H^{l0} と H^s は純水の液体状態と結晶すなわち氷のエンタルピーである。また ΔH_f は氷の融解エンタルピーである。(5) 式を純水の凝固点 T_f^0 から溶質を含む水溶液の凝固点 T_f まで積分することで

$$\int_{T_f^0}^{T_f} \frac{\Delta H_f}{RT^2} dT = -\frac{\Delta H_f}{R}\left(\frac{1}{T_f} - \frac{1}{T_f^0}\right)$$
$$= \ln(1 - X_m) \tag{6}$$

となる。変形すると次式

$$T_f - T_f^0 = \frac{RT_f T_f^0}{\Delta H_f} \ln(1 - X_m) \tag{7}$$

が得られる。ただし,ここで示されたのは理想溶液の場合である.

さらに,希薄溶液系では $\ln(1 - X_m) \cong -X_m$ であり,$T_f T_f^0 \cong (T_f^0)^2$ と近似できることから,平衡凝固点降下温度は熱力学的に下記の式に従って降下する.

$$T_f - T_f^0 = -\frac{R(T_f^0)^2}{\Delta H_f} X_m \tag{8}$$

ここで溶質の質量モル濃度 C [mol·kg^{-1}],溶媒である水の分子量を M とすればよく知られている凝固点降下の (9) 式となる.

$$\Delta T = T_f^0 - T_f = k_f C \tag{9}$$
$$k_f = \frac{MR(T_f^0)^2}{\Delta H_f}$$

k_f はモル凝固点降下 [K·kg·mol^{-1}] と呼ばれ溶質によらない定数となる。すなわち,凝固点降下 ΔT は溶質の種類によらず質量モル濃度 C に比例する。そのため,凝固点降下を測定することで逆にモル濃度 C を推定することができる.

〔鈴木 徹〕

1.25 結合水

自由水,構造水,束縛水,不凍水

水は多様な場に存在し,場に応じてさまざまな性質を示す.生体や食品の内部に存在する水は一様な性質をもたないため,結合水,自由水,束縛水,不凍水,水和水などさまざまな表現が用いられる.また近年では,動的な要素も組み入れた動的水和水などの表現もある.これらは,概念的なものから,測定手法によって異なる使われ方をされることがあり,混同されることが多々ある.

● 結合水と自由水

結合水の定義は古くから議論されてきたが,広義には水を含む水溶液,ゲル,生体組織,土壌,結晶などの系において,図1の概念図に示すように水以外の成分に何らかの結合をした水を結合水と呼んでいる.その結合の程度はともかく,何らかの相互作用のあるものが結合水である.これに対して水を含む系で水以外の成分と結合していない水を自由水と呼ぶ.沸騰石中に含まれる沸石水や,結晶構造の層の間隙,シリカなどの酸化物に含まれる水など,入り込んだだけで結合していない水も自由水である.この結合水,自由水という言葉は,概念的な定義であり,定性的な性質の違いを反映する.すなわち,相互作用の影響で結合水のほうが自由水より凍りにくいとか,蒸発しにくい,あるいは乾燥しにくいといった相違が生じる.これは,水が結合水となり通常の水とは異なる物理的性質を示すことや,自由水と異なる熱力学的性質を示すことに起因する.物理的性質には分子配位構造,密度,圧縮率といった静的,平衡物性と,自己拡散係数,誘電緩和時間,粘性など動的物性が含まれる.また熱力学的物性は平衡物性としての水分活性,沸点,凝固点降下度,蒸気圧,熱容量などが自由水と結合水では異なってくる.

しかし,結合水という語は他の成分との相互作用の強さから限定して使われる場合も多い.その場合,結合水とは,単分子層吸着している化学的水和水,イオンに水和している水,双極子に強く結合している水和水などを指し,活性は非常に低く水分活性にして $A_w < 0.25$ の領域の水分を指す場合が多い.こういった水は,極低温域でも氷結晶に組み込まれないため不凍水でもある.

この限定した定義に従えば,結合水の量の測定法は水分吸着平衡を測定することで単分子層吸着量から決定可能である.同様に水分吸着平衡から多分子層吸着量を求め,弱い相互作用まで含めた結合水量を決定できる.また結合水としてDSC,DTAなどの熱分析から氷結晶融解ピークから凍結水含量を求め,

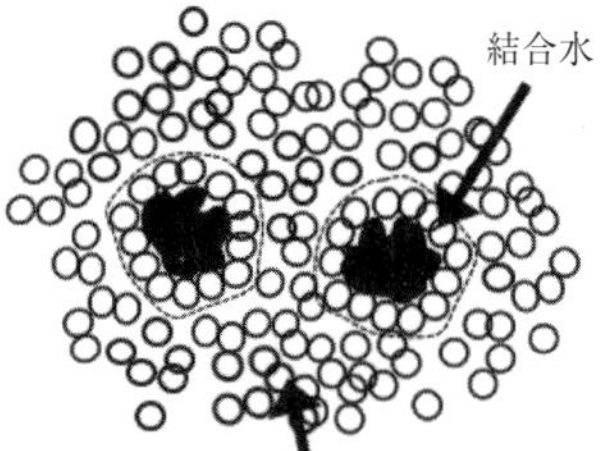

図1 結合水

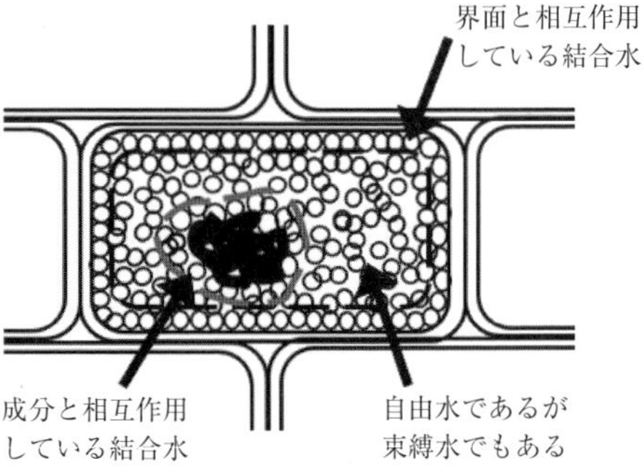

図2 束縛水

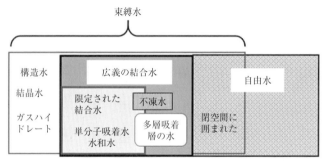

図3 水の呼称分類

あらかじめ別の手法で求めた全水分量から凍結水分量を差し引くことで不凍水量として決定する手法、さらにはNMRなどの緩和時間から決定する手法が知られている.

● 束　縛　水

束縛水という表現がある．これは，しばしば結合水と同義語に用いられることがあるが，結合水よりも広義に用いられる場合もある．すなわち，図2のように細胞組織や構造体の内部に閉じ込められてはいるものの，その内部の成分，あるいは界面と相互作用せず，局所的には自由水として振る舞うような水のことである．しかし，構造体に囲まれているため，大きなスケールでみると動きが制限されたような振る舞いをする．このような水も束縛水でもある．

● 構　造　水

構造水という語も用いられることがある．構造水の定義は明確ではないが，他の水分子と一緒に結晶を構成する結晶水は構造水と呼んでよいであろう．また，ガスハイドレート形成による構造化した水分子も構造水と呼んでもよいであろう．ガスハイドレートはメタンなどの疎水性ガスの周りに水分子が水素結合ネットワークを作り籠構造となる．この構造は氷の構造とは異なるが，分子としては束縛されているため自由水ではない．

以上，束縛水，自由水，結合水，構造水など水の呼び方について概説してきたが，それらの関係を整理すると図3のように表せる．しかし，これらすべては，当然，温度・圧力・電場，磁場などの外的条件によって影響される．また，おおよそ，平衡の概念の上に成立しているものであることも言及しておきたい．　　　　　　　　　　　〔鈴木　徹〕

◆　参考文献
1)　永嶋信也, 1980. 化学と生物, **18**(9), 593-600.

1.26 水の構造化

水の構造，疎水性水和，無極性気体，水素結合，粘度

水分子の相対的な位置と運動を観察する時間スケールに応じて3つの構造がある．すなわち，①I構造：きわめて瞬間的な構造（$t<\tau_V$），②V構造：振動によって平均化された構造（$\tau_V>t<\tau_D$）および③D構造：分子配向について平均化された構造（$\tau_D<t$）である[1,2)]．ここで，τ_Vは平均位置における分子の振動の平均周期（$\approx 2\times 10^{-13}$s），τ_Dは並進的な移動の平均的な時間（$\approx 10^{-5}$s），tは観測時間である．

水の多くの性質，例えば熱力学的性質はD構造に関係している．ここで，疎水性水和は，疎水基ができるだけ水を避けながらかつ水の構造化を促進するものとして知られている．ここでは，ポストハーベスト工学の観点から水の構造化と代謝抑制について記す．

● 水の構造化

無極性分子であるキセノンが水に溶解すると，キセノンガス分子の周囲で水分子が秩序だった構造を形成する．この現象は水素結合した水分子集団の増加を伴う水の構造化[2)]である．キセノンが多量に溶解すると，すべての水分子が水素結合で結ばれた結晶構造が形成される．図1はその例で，8℃で蒸留水にキセノンガスを0.7 MPaの分圧で溶解させた場合のキセノン水和物（クラスレート水和物）である[3)]．この例ほどにキセノンの溶解量が多くない場合には，溶液状態が維持される．この場合でも，水素結合した水分子の増加により水の粘度が増大する．粘度増大にはプロトンNMR緩和時間T_1（縦緩和時間：spin-lattice relaxation time）を目安とすることができる．T_1はηに関係づけられる．

$$T_1 \propto T/\eta \propto \exp(-E/RT)$$

図1 キセノン水和物
Xe 0.7 MPa, 8℃, 24時間．

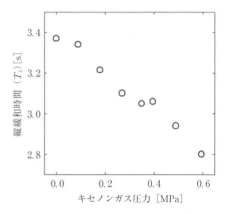

図2 構造化した水の^{1}H縦緩和時間[5)]

上式は動的過程の活性化エネルギーEをもつ実験式であるが，273～313 Kの範囲で満足される[4)]．これにより，ηの増加はT_1の減少から推察できる．図2は，キセノンガスの溶解で構造化した水（キセノン水溶液）の緩和時間T_1を示す[5)]．横軸のキセノンガス分圧が高いほどキセノン溶解量が増し，構造化が進み，緩和時間は短くなる．すなわち，水の粘度が増大したことがわかる．

● 水の粘度と代謝

代謝抑制の基本は低温環境にあるが，低温の下限は凍結温度より上でなくてはならないという制限が伴う．一方，温度の低下を伴わずに代謝が抑制される場合がある．一般に生

体反応は，細胞内で生起する酵素反応および物質移動が基礎になっている．ここで，酵素反応は基質が酵素分子の活性部位まで拡散する速さに律速される．拡散の速さは，球形溶質分子の自己拡散係数 D を示す Stokes-Einstein の式で代表される．

$$D = \frac{kT}{6\pi\eta r}$$

ここで，D は基質の自己拡散係数，k はボルツマン定数，T は絶対温度，η は水の粘度，r は基質の半径である．温度が低く，粘度が増大すれば，基質の拡散係数が小さくなる．例えば 1 bar の下で，水の粘度は 30℃ で 0.801 mPa·s ($=$ cP)，10℃ では 1.31 mPa·s ($=$ cP) である．温度が 30℃ から 10℃ に低下すると D は 30℃ における値の 93% の値に低下するが，粘度の変化で D は 61% まで低下し，全体として 10℃ における拡散係数は 30℃ の値の約 57% になる．

● 水の粘度と水素結合

液体の水は水素結合が発達している．この水分子の水素結合エネルギーは，水の粘度と次のように関係づけられる[4]．

$$\eta = A \exp\left(\frac{\Delta E_{vis}}{RT}\right) \fallingdotseq A \exp\left(\frac{\Delta E_{vap}}{3RT}\right)$$

ここで A は定数，ΔE_{vis} は水分子が近隣に移動するときの活性化エネルギー，ΔE_{vap} は蒸発エネルギーである．蒸発エネルギーには水素結合エネルギーが含まれる．すなわち，水素結合エネルギーが粘度に影響を及ぼすことになる．

● 水の構造化と原形質流動

水の構造化が代謝に与える影響について細胞レベルで検討した結果を示す．図3は，オオムギ子葉鞘細胞の原形質流動速度の変化である[6]．原形質流動速度は，顆粒 20～50 の移動距離と移動に要した時間から全顆粒の速度の平均値として求めた．初めにキセノンガス分圧 0.5 MPa の下で子葉鞘細胞内にキセノンガスを溶解させた．その後，徐々にガス分圧を低下させて構造化の程度を下げ，最後

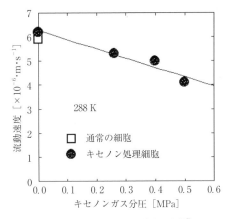

図3 細胞の原形質流動速度の変化[5]

には大気条件に戻した．キセノンガス分圧が高いほど，すなわち，水の構造化の程度が高いほど原形質流動速度が遅いことがわかる．また，キセノンガス分圧を下げて構造化の程度を軽減すると速度が速くなり，最終的に水の構造化の解除により原形質流動速度が回復した．原形質流動は，アクチンとミオシンの相互作用により細胞内のゾル・ゲル界面を顆粒が動く現象であり，流動には ATP を必要とする[7]．したがって，原形質流動は一種の生体内反応を反映した現象であり，流動速度が遅くなったのは，反応が抑制された結果であると解釈される．　〔大下誠一〕

◆ 参考文献

1) W. J. カウズマン，D. アイゼンバーグ著，関集三，松尾隆祐訳，1983．水の構造と物性．みすず書房．
2) 上平恒，逢坂昭，1989．生体系の水．講談社サイエンティフィク．
3) Purwanto, Y. et al., 2001. J. of Food Engineering, **47**, 133-138.
4) Hindman, J. C., 1974. J. of Chemical Physics, **60**, 4488-4496.
5) Oshita, S. et al., 1999. CIGR Electronic Journal, **I**, October.
6) 大下誠一ほか，1996．農業機械学会誌，**58**(6)，31-38.
7) プレスコット著，酒井彦一訳，1990．細胞生物学．東京化学同人，379-395.

1.27 熱物質収支

質量保存則，蓄積速度，流入速度，流出速度，
定常状態，非定常状態，エンタルピー

● **熱物質収支**

　熱物質収支は，物質収支と熱収支（エネルギー収支）からなる．物質収支は，装置やプラントなどの系への物質量の入出力の釣り合いのことで，次のように表すことができる．

　　（蓄積速度）＝（流入速度）－（流出速度）
　　　　　　　＋（生成速度）

熱収支は，ある系へのエネルギーの入出力の釣り合いのことで，同様に表される．

　　（エネルギー蓄積速度）
　　＝（エネルギー流入速度）－（エネルギー流出速度）＋（エネルギー生成速度）

　熱物質収支の蓄積速度が正の場合は，系内の物質量またはエネルギー量が増加し，負の場合は逆に減少していく．どちらの場合も，系内量が時間とともに変化していく．このような内部状態のことを非定常状態という．系内の蓄積速度がゼロの場合は，系内量の時間的変化がない．このような場合を定常状態という．

● **操作方式と状態**

　装置やプラントの操作方式は，図1に示す回分操作，連続操作，半回分（流加）操作の3つに大別される．回分操作は反応槽にすべての反応原料を入れて反応を開始させ，反応終了後にすべてを取り出す方式のことである．したがって物質の流れは非定常状態となっている．連続操作は，反応原料を連続的に供給するとともに，同時に反応生成物を連続的に取り出す方式である．したがって物質の流れは定常状態を維持する必要がある．半回分操作は，反応原料を連続的または間欠的に供給するが，反応終了後に生成物を含めてすべてを取り出す方式のことである．

● **物　質　収　支**

　物質量について質量保存則を適用することが基本となる．装置・プラントに出入りする物質収支を考える場合は全物質収支といい，成分ごとに物質収支を考える場合を成分物質収支という．成分物質収支を考える場合は，化学反応を伴わない物理プロセスでは，化合物・単体について物質収支を考え，化学反応の伴う反応プロセスでは成分元素についての収支を考えなければならない．

　定常物質収支を考える場合の手順は以下のステップを踏む[1]とよい．
①フローシートの作成
②既知の物質量をシートに記入
③未知の物質量を文字でおく
④全物質収支式と成分物質収支式をたてる
⑤連立方程式を解いて未知量を決定する

　また収支式をたてる際に，系への入力を収支式の左辺に，系への出力を右辺に書き出すようにするとよい．

　非定常物質収支を考える場合には，物質収

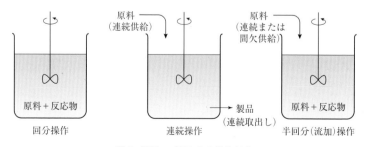

図1　装置・プラントの操作方式

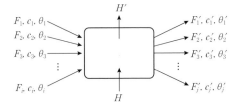

図2 物質と熱の流入と流出

支式は時間 t の微分項が入った微分方程式となり，初期条件，境界条件を与えて解くことになる．

次に，x, y, z 軸からなる直角座標系の座標 (x, y, z) における微小体積 $\Delta x \Delta y \Delta z$ の微小六面体について物質収支を考えてみる．注目する成分物質を A とし，時刻 t における成分 A のモル濃度を $c_A(t)$，x, y, z 軸に垂直な面における成分 A のモル流束をそれぞれ N_{Ax}, N_{Ay}, N_{Az} とする．微小時間 Δt 経過後の物質収支は冒頭の物質収支式を用いて次のように表すことができる．

$$\Delta x \Delta y \Delta z \{c_A(t+\Delta t) - c_A(t)\}$$
$$= (N_{Ax} - N_{A(x+\Delta x)}) \Delta y \Delta z \Delta t$$
$$+ (N_{Ay} - N_{A(y+\Delta y)}) \Delta z \Delta x \Delta t$$
$$+ (N_{Az} - N_{A(z+\Delta z)}) \Delta x \Delta y \Delta t$$
$$+ R_A \Delta x \Delta y \Delta z \Delta t$$

ここで R_A はこの微小六面体において生じた反応等による成分 A の生成速度に相当する．この式の両辺を $\Delta x, \Delta y, \Delta z$，そして Δt で除して，その極限をとると次のような式を得ることができる．

$$\frac{\partial c_A}{\partial t} = \left(\frac{\partial N_{Ax}}{\partial x} + \frac{\partial N_{Ay}}{\partial y} + \frac{\partial N_{Az}}{\partial z} \right) + R_A$$

このように微小な領域での物質収支を考えることで，物質移動に関する方程式を得ることができる．

● **熱 収 支**

食品工業でのプロセスは大気圧下で行われることから，定圧変化では $\Delta Q = \Delta H$ を利用して熱収支式にエンタルピーを用いると便利である．ただし Q は熱量，H はエンタルピーである．図2に示すように，ある系に $F_1, F_2, F_3 \cdots F_i$ の流入速度で複数の物質流入があり，また $F'_1, F'_2, F'_3 \cdots F'_j$ の流出速度で物質流出があるとする．そしてそれ以外の経路からのエンタルピー H の流入と流出 H' があり，位置エネルギー，運動エネルギー，外部からの仕事が無視できるとすると，次のエネルギー収支が成り立つ．

$$\sum_{n=1}^{n=i} F_n c_n \theta_n + H = \sum_{n=1}^{n=i} F'_n c'_n H'_n + H'$$

ただし c は定圧比熱，θ は温度．また相変化がある場合には潜熱エンタルピーも加える必要がある．

非定常熱収支を考える場合には，非定常物質収支式と同じく時間 t の微分項が入った微分方程式となる．

また，物質収支の項と同様に微小六面体についてエネルギー収支を考えることで，熱エネルギーの移動に関する方程式を得ることができる．

〔西津貴久〕

◆ **参考文献**

1) 化学工学編修委員会編，2011．化学工学入門．実教出版，18-23．
2) 日本食品工学会編，2012．食品工学．朝倉書店，10-14．

1.28 アクアガス

高温微細水滴，過熱水蒸気，ブランチング

アクアガスとは過熱水蒸気中に微細かつ高温の水滴を分散させた加熱媒体であり，農産物のブランチング，食品の加熱調理，青果物などの殺菌処理に利用される．

過熱水蒸気とは，その圧力における水の沸点よりも高温の水蒸気を指し，水を沸騰させて得られる飽和水蒸気を二次加熱することなどにより得ることができる．過熱水蒸気は飽和水蒸気と同様に，被加熱物に対して凝縮して潜熱を伝える凝縮伝熱により高い熱伝達性を示す一方で，その温度は水の沸点よりも高いことから飽和温度に達した食品などの被加熱物に対して熱を与えることが可能であり，被加熱物の乾燥や焼成が可能であるという特徴をもつ．また，被加熱物を水蒸気雰囲気中で加熱するので，高温空気などを用いた加熱方法と比較して，低酸素雰囲気中で加熱および乾燥が行えるという特徴をもつ．

アクアガスは過熱水蒸気が被加熱物に対してもつ乾燥作用と微細水滴がもつ湿潤作用を拮抗させることにより，ボイル処理や飽和水蒸気によるスチーム処理によって引き起こされる農産物や食品からの成分溶出や吸水などを抑制し，また一方で過熱水蒸気処理によって起こる被加熱物の乾燥を抑制しながら加熱することを特徴とする．またアクアガスは過熱水蒸気と同様に凝縮伝熱による高い熱伝達性を示すが，微細水滴を含有することにより水蒸気の被加熱物への凝縮が促進され，微細水滴と水蒸気の混合比によっては，同温度，同質量流量の過熱水蒸気と比較して高い熱伝達性を示す．

アクアガスは加圧下で水を沸騰させて，発生した水蒸気と熱水をノズルから噴出させる

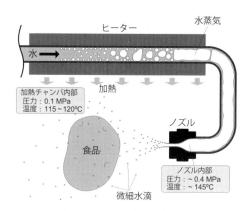

図1 アクアガス発生装置の概略

ことにより発生させる．アクアガス発生装置の概略を図1に示す．アクアガス発生装置は，水を導入し加熱するための細管と，細管を外部から加熱するための装置からなる．細管の加熱方法としては，電熱線ヒーター，赤外線ヒーター，あるいはスチームジャケットなどが用いられている．細管の一端には，定量供給が可能なポンプを接続して水を圧送する．細管内に供給された水はおおよそ 0.2～0.4 MPa の圧力で沸騰して一部が水蒸気となる．発生した水蒸気と熱水は細管の他端に接続されたノズルから，オーブンなどの加熱装置内に噴出してアクアガスとなる．ノズルは一流体スプレーノズルが用いられ，細管を分岐させて複数個のノズルを使用することも可能である．加熱装置の加熱チャンバ内圧力は，理論的には加圧および減圧を行うことも可能であるが，通常は圧力操作はされず，ほぼ大気圧となっている．

アクアガス発生過程における発生装置内部の水蒸気部分の状態変化を蒸気線図上に示したものが図2である．ノズル淀み部の水蒸気部分は図2のA点で示される．供給された水はノズルに達した時点で，水蒸気と熱水となっているため，ノズル内の水蒸気はマクロにみれば湿り水蒸気である．しかしながら現実には熱水は細管およびノズル内壁を伝わり

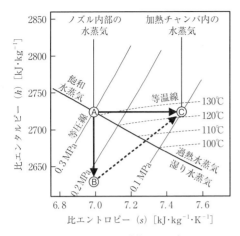

図2 アクアガス発生メカニズム

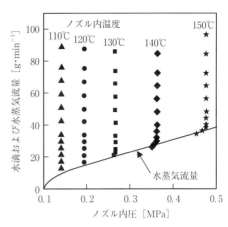

図3 アクアガス発生ノズル内圧に対する水蒸気流量と水滴流量

移動するため,水蒸気と熱水はノズル内で分離しており,ノズル内の水蒸気部分は飽和水蒸気であるとみなすことができる.ノズル内圧が一定値以上の場合,ノズルオリフィス部における水蒸気の流れは音速となり,その状態は図2のB点で表される.加熱チャンバ内のエネルギーが保存されると仮定すると,ノズルから流出した水蒸気の状態は図2のC点となり過熱水蒸気となる.

熱水はノズルから噴出する水蒸気により微粒化され過熱水蒸気中に分散される.微細水滴は過熱水蒸気の熱を奪い蒸発するので,加熱チャンバ内に別途設置されたヒーターにて過熱水蒸気の温度を維持しながら連続的に微細水滴を噴霧することにより過熱水蒸気と水滴が混在した状態を維持することができる.

アクアガス発生装置では,装置に供給する時間当たり水量,およびノズル内圧力あるいは温度を制御することにより,加熱装置に供給する時間当たり水蒸気量と水滴量を制御している.実際の制御および運転設定においては,まず必要とする水蒸気流量を定め,使用するノズルの口径と個数において,その水蒸気流量を確保するためのノズル内圧力を算出する.その後,必要となる水滴流量を水蒸気流量に加えた量をポンプから発生装置に供給することにより,水蒸気および水滴流量を制御する.

図3は口径1.0 mmのノズルを1個使用する際の水蒸気流量とノズル内圧力の関係を示した例である.また図3には,ノズル内温度を110~150℃に制御して,発生装置への供給水量を変化させた際の,ノズル内圧力と供給水量の対応が示されている.図3のようなチャートを使用することによっても,ノズル内温度設定値と供給水量から,水蒸気および水滴流量を知ることができる.またアクアガス発生装置への供給水量を減らすことにより,供給水量と水蒸気流量が一致するが,この状態ではアクアガス発生装置からは過熱水蒸気のみが供給される.

アクアガスを使用した食品加工機械としては,ホテルパン6枚を収納可能な標準的な厨房向けのオーブンや,ホテルパン40枚を収納可能な大型給食施設あるいは食品工場向けの装置が用いられている.またトンネル型の連続式オーブンにも,加熱媒体としてアクアガスが使用されている.

〔五月女格〕

1.29 マイクロ波

マグネトロン,マイクロ波加熱,誘電加熱,
誘電損失,マイクロ波乾燥

マイクロ波は周波数が 10^{10} Hz 程度(波長は cm 単位)の電磁波の総称であり,電波法上では 300 MHz〜300 GHz の電磁波をマイクロ波と規定している.マイクロ波は,マグネトロンと呼ばれる一種の二極真空管により発生され,マイクロ波を利用した家電として電子レンジがよく知られている.図1にマグネトロンの基本構造を示した.陰極から出た電子は渦を巻いて陽極に向かう.回転する電子が空洞共振器に入ると一定の周波数で振動し,マイクロ波が発生する.電子レンジに利用できる周波数帯は電波法により指定されており,わが国においては 2450 MHz が用いられているが,アメリカなど一部の国では 915 MHz の電磁波も使用されている.電子レンジの出力,すなわち水に吸収されるマイクロ波エネルギー P は,JIS 規格により「水 2 L を 2 分間加熱した時吸収される電波の量」と定義されており,以下の式により求める.

$$P = \frac{2000\,[\mathrm{g}] \times 4.2\,[\mathrm{J \cdot g^{-1} \cdot K^{-1}}] \times \Delta T\,[\mathrm{K}]}{f\,[\mathrm{s}]}$$

$$= \frac{8400 \times \Delta T}{t}\,[\mathrm{W}]$$

ここで,t は加熱時間 [s],ΔT は上昇温度 [K] を表す.電子レンジのマイクロ波出力は,家庭用では 500〜1000 W,業務用では 1000〜3000 W 程度である.

マイクロ波加熱の原理は誘電加熱により説明される.誘電加熱は,被加熱物質中の双極子やイオンなどの振動・回転により発熱する現象である.水分子などの誘電体に電界が与えられると誘電体内部の双極子が電界の方向に整列し,電界が逆になると双極子も逆の配列になる.例えば,食品を電子レンジで加熱する際,マイクロ波の周波数(2.45 GHz),すなわち,1秒間に 24 億 5000 万回だけ水分子が回転する.このようにマイクロ波にさらされると分子内で双極子の回転や振動が発生し,その内部摩擦により熱が発生するのがマイクロ波加熱の原理である.

誘電体に吸収される電力損失 P [W·m^{-3}] は,以下の式で表される.

$$P = 0.556 \times 10^{-10} \cdot f \cdot E^2 \cdot \varepsilon_r \cdot \tan\delta$$

ここで,f はマイクロ波の周波数 [Hz] を,E は電界の強さ [V·m^{-1}] を,ε_r は物質の比誘電率を,$\tan\delta$ は物質の誘電正接をそれぞれ表す.また,$\varepsilon_r \cdot \tan\delta$ を誘電損失といい,マイクロ波加熱ではこの値が大きいほど加熱されやすいことが知られている.ガラスの容器に食品を入れて電子レンジで加熱する際,ガラス容器が熱くならないのはガラスの誘電損失が小さいためである.また,弁当などを加熱する際,ご飯とおかずで加熱むらが生じるのは誘電損失の違いによるものである.マイクロ波の浸透深さは,以下の式で近似できる.

$$d = \frac{1.95}{\sqrt{\varepsilon} \times \tan\delta}\,[\mathrm{cm}]$$

(ただし,$\tan\delta \ll 1$ のとき)

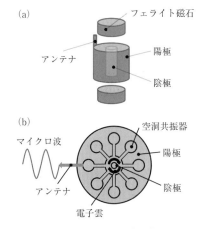

図1 マグネトロンの基本構造
ただし,(a) はマグネトロンの全体構造の概略,(b) は電極断面構造をそれぞれ表す.

表1 主な物質の誘電損失と電波の浸透深さ[*1)]

物質名	誘電損失	半減深度**
空気	0	∞
テフロン・石英・ポリプロピレン	0.0005〜0.001	10 m 前後
氷・ポリエチレン・磁器	0.001〜0.005	5 m 前後
紙・塩化ビニール・木材	0.1〜0.5	50 cm 前後
油脂類・乾燥食品	0.2〜0.5	20 cm 前後
パン・米飯・ピザ台	0.5〜5	5〜10 cm
ジャガイモ・豆・おから	2〜10	2〜5 cm
水	5〜15	1〜4 cm
食塩水	10〜40	0.3〜1 cm
肉・魚・スープ・レバーペースト	10〜25	1 cm 前後
ハム・かまぼこ	40 前後	0.5 cm 前後

*2450 MHz で測定された文献値または文献値を基にした計算値.
**入射した電波が半分に減衰する距離.

室温における水の浸透深さは1 cm 程度, 100℃においては7 cm 程度である. 実際の食品の浸透深さは被加熱物質の ε と $\tan\delta$ に依存するが, 数〜10 cm 程度である. 主な物質の誘電損失と浸透深さ（半減深度）は表1の通りである.

マイクロ波加熱の主な特徴は, ①スピード加熱特性, ②クール加熱特性, ③内部加熱特性, ④選択加熱特性である. ①はマイクロ波の浸透深さが数 cm であることに起因する. すなわち, 熱伝導時間を必要としないため, きわめて短時間で加熱できる. ②はマイクロ波が空気に吸収されないために, 庫内を温めることなく食品が昇温する特徴をもつ半面, 焼いたときに得られる食感や風味を得ることは難しい. ③は前述の通り電波の浸透距離が深いことに起因する. ④は物質ごとの誘電損失の違いに起因し, 水の誘電損失は大きいため, 加熱されやすい. 弁当など, 異なる種類の食品を同時に加熱する際には加熱むらに注意が必要である.

食品を乾燥する際, 熱風乾燥にマイクロ波乾燥を組み合わせることにより, 水分を迅速に除去することができる. 図2は, トマトの乾燥にマイクロ波を利用したときの含水率経

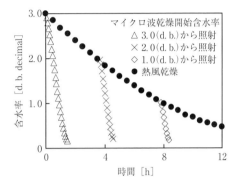

図2 調理用トマトのマイクロ波乾燥（マイクロ波出力 $50\ \mathrm{W\cdot g^{-1}}$ 乾物）における含水率の経時変化[2)]

時変化を表すが, 水分を途中まで熱風乾燥で除去し, その後, マイクロ波乾燥を行うことにより, きわめて短時間で水分を除去できることがわかる. ただし, 低水分の状態でマイクロ波を照射し続けた場合, 試料が焦げることがあるので, 注意が必要である.

〔折笠貴寛〕

◆ 参考文献
1) 肥後温子, 1989. *New Food Industry*, **31**(11), 1-7.
2) 安藤泰雅ほか, 2010. 日本食品科学工学会誌, **57**(5), 191-197.

1.30 数値流体力学

質量保存則，運動量保存則，エネルギー保存則，層流，乱流

● 数値流体力学とは

数値流体力学（computational fluid dynamics：CFD）とは，流体の運動に関する支配方程式（Euler方程式，Navier-Stokes方程式，またはその派生式）をコンピュータによって解き，流れを観察する手法である．本来，流体自体ならびにその中に置かれた物体周りの流れを知ることを目的としたが，解析技術とコンピュータ性能の飛躍的な向上により流体の運動や熱移動のみならず，化学反応，さらには他の計算機支援工学（computer aided engineering：CAE）モデルとの連成によって，より複雑な諸物理現象を解析するマルチフィジックスシミュレーションも可能となっている．工業分野におけるCFD技術応用の歴史は古く，1960年代には航空業界で航空機やエンジンの設計に利用され，車両や船舶，発電所，化学プロセス，空調などの設計・制御，気象予測，医用生体学などその応用はさらに広がっている．農業分野では，温室や乾燥・貯蔵施設，畜産施設，冷凍車，包装容器の設計，青果物細胞組織内のガス移動予測などについての研究事例もあり，農・工業製品やこれらの製造プロセスの設計において，その重要性はますます増大している．

● 流れの支配方程式

まず，数値流体力学の基礎となる流れの支配方程式について述べる．流体の流れの基礎式は物理的な保存則にほかならず，次の3法則による．すなわち，①流体の質量は保存される（質量保存則，Navier-Stokes方程式），②運動量変化の割合は流体に及ぼす力の総和に等しい（運動量保存則），③エネルギーの変化割合は，流体に加える熱量の割合と流体になされる仕事の割合の総和に等しい（エネルギー保存則）という3つの法則であり，一般的に以下の式で示される．

$$\frac{\partial \rho}{\partial t} + \nabla \cdot (\rho \boldsymbol{u}) = 0 \tag{1}$$

$$\rho\left(\frac{\partial \boldsymbol{u}}{\partial t} + (\boldsymbol{u} \cdot \nabla)\boldsymbol{u}\right)$$
$$= -\nabla p + \mu \nabla^2 \boldsymbol{u} + \rho \boldsymbol{f} \tag{2}$$

$$\frac{\partial T}{\partial t} + \boldsymbol{u} \cdot \nabla T = \alpha \nabla^2 T + \frac{S_h}{c_p} \tag{3}$$

ここで，c_p：比熱，$\boldsymbol{f}$：外力ベクトル，p：静圧，S_h：体積発熱率，T：温度，t：時間，$\boldsymbol{u}$：速度ベクトル，α：熱拡散率，μ：粘度，ρ：密度である．

さて，レイノルズ数が高くなると粘性支配の整然とした層流は不安定になり，流速が時々刻々と不規則に変化する乱流となる．乱流は大小さまざまな渦塊を含む複雑な流れを形成するが，ポストハーベスト工学分野で乱流変動の詳細を調査することは少なく，平均的な流れの性質がわかれば十分であることから，一般に，乱流解析にはレイノルズ平均Navier-Stokes（Reynolds averaged Navier Stokes：RANS）式が用いられる．これをテンソル表記すると，

$$\rho\left(\frac{\partial \bar{u}_i}{\partial t} + \frac{\partial \bar{u}_j \bar{u}_i}{\partial x_j}\right) = $$
$$-\frac{\partial \bar{p}}{\partial x_i} + \frac{\partial}{\partial x_j}\{\mu(\bar{u}_{i,j} + \bar{u}_{j,i}) - \rho\overline{u'_i u'_j}\} + p\bar{f}_i \tag{4}$$

ただし，$u_{i,j} = \dfrac{\partial u_i}{\partial x_j}$である．また，変数は時間平均値（$\bar{u}_i$）と変動成分（$u'_i$）の和で定義される．

$$u_i \equiv \bar{u}_i + u'_i \tag{5}$$

（4）式の右辺第2項中括弧内の第1項は粘性応力，第2項はレイノルズ応力であり，後者は前者に比べ桁違いに大きくなり，壁のごく近傍を除く大部分の領域を支配することとなる．このレイノルズ応力の決定には，図1に示すような渦粘性係数の等方性を仮定した渦粘性モデルや非等方性を仮定した

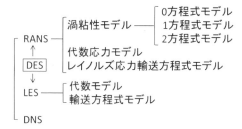

図1 乱流モデルの分類

図2 数値流体力学解析の手順

代数応力モデルなどが用いられる．k-ε モデルや k-ω モデルは2方程式渦粘性モデルの代表的なものである．ここで述べた RANS 法以外にも，NS 式を直接解く DNS（direct nymerical simulation）法や渦の大小により直接あるいはモデル化して解く LES（large eddy simulation）法，壁からの距離によって RANS 法と LES 法を使い分ける DES（detached eddy simulation）法などがあり，用途によって使い分けられる（図1）．

数値流体力学解析では，以上に示した流れについての方程式群を適当な初期条件，境界条件のもとで時空間について離散化し，数値解析することによって流速，圧力，温度などを要素ごとに決定することになる．

● **コンピュータによる数値流体力学解析の手順**

コンピュータにより数値流体力学解析を行うための手順は，大きく分けて次の3つの段階（プレプロセス，ソルバーおよびポストプロセス）で成る（図2）．まず，プレプロセスとは，流れの問題を数値流体力学プログラムに入力することであり，計算対象領域の幾何学的構造を定義し，対象領域を小さな領域に分割することで計算格子（メッシュ）を生成する．続いて，モデル化すべき物理化学的現象モデルを選択し，流体の変数や境界条件・初期条件を定義，これをソルバーに引き渡す．数値流体力学解析による解の精度は計算格子の数と格子点の選び方の適切性に依存するため，直交性や隣接する格子間隔の比，物体近傍の境界層の処理などに留意する必要があるが，近年では，適切な適合格子を自動的に生成するプログラムも開発されている．また，CAD 型のインターフェースや STL などサーフェースモデルからデータをインポートし，モデルを生成することも可能となっており，ツール間でのデータのやり取りが比較的容易になっている．次に，ソルバーについてであるが，プレプロセスで準備したモデルを実際に数値解析によって解く段階となる．ここでは，先の非線形微分方程式を有限要素法，有限差分法，有限体積法などによって離散化して得られた連立方程式を反復法で解き，収束解を得る．主となる流れの方程式に物理化学的な過程モデル（輻射伝熱，化学反応，燃焼）を連成させ，現実に起こる現象をより厳密に再現する試みもなされている．最後に，ポストプロセスでは，計算領域の形状や計算格子を表示したり，計算結果をベクトルプロットや等高線プロット，ボリュームレンダリング，サーフェスレンダリングで視覚化する．

以上の手順を経ることにより，コンピュータ上で流れを観察することが可能となる．

〔田中史彦〕

1.31 レオロジー

弾性，粘性，粘弾性

レオロジーは物体の変形や流動を物体の組成・構造，温度などと関連づけて理解しようとする科学である．ここでは，弾性，粘性，および粘弾性について説明する．

● 弾 性

物体に外力を加えると変形する．物体が変形する場合，その物体を構成している成分の移動や構造の変化が起こる．このとき物体内では外力に対する抵抗力が発生して外力と釣り合う．このように外力による変形に抵抗する力を応力という．外力を取り除けば変形がなくなり，元に戻る物体の性質を弾性という．

弾性変形を表す基本法則がフック（Hooke）の法則で，この法則は応力とひずみ（変形）が比例することを示している．応力を P，ひずみを ε としたとき，次式が成り立つ．

$$P = E\varepsilon$$

上の式における比例定数 E を弾性率といい，変形の様式により縦弾性率（ヤング率），横弾性率（ずり弾性率），体積弾性率がある．

● 粘 性

流体を単純なずり流動させたときの流動の速度をずり速度，また，ずり流動を起こさせる際に生ずる力をずり応力という．ニュートン（Newton）の粘性法則はずり速度とずり応力が比例することを示し，ニュートンの粘性法則に従う流体をニュートン流体という．ニュートンの粘性法則に従わない流動と流体をそれぞれ非ニュートン流動，非ニュートン流体という．非ニュートン流体は，流動曲線（ずり速度とずり応力の関係）の形状から数種類に分類される．粘度はずり応力とずり速度の比として与えられ，ニュートン流動ではずり速度とずり応力の比が定数，つまりずり速度が変わっても粘度は一定となる．非ニュートン流動ではこの比がずり応力とずり速度により変化する．つまりずり速度が変化すると粘度も変化する．非ニュートン流動におけるずり応力とずり速度の比を見かけの粘度という．流動曲線およびずり速度と粘度の関係を図1に，また，各流動における流動方程式を表1にそれぞれ示す[1,2]．

ずり速度をある値まで増加させた後，減少させたとき，下降時の流動曲線が上昇時の流動曲線を下回る流体をチキソトロピー流体という．この流体は，撹拌などの外力により構造が破壊されて流動性が増し，静置することにより構造回復が生じ流動性が減少する特徴をもつ．チキソトロピー流体とは逆に，レオペクシー流体は，ずり速度をある値まで増加させた後，減少させたとき，下降時の流動曲線が上昇時の流動曲線を上回る．この流体は，流動により構造形成が促進される特徴をもつ．

● 粘 弾 性

食品の多くは粘性と弾性の両方の性質をもつ粘弾性流体または粘弾性体である．粘弾性挙動は図2に示したスプリング模型とダッシュポット模型を組み合わせるなどして記述される[1,3]．図2に代表的な模型であるマックスウェル（Maxwell）模型とフォーク

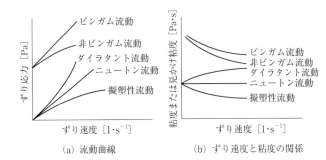

(a) 流動曲線　　(b) ずり速度と粘度の関係

図1　ニュートン流動と非ニュートン流動

表1 流動方程式

流動の種類	流動方程式
ニュートン流動	$P = \eta D$
擬塑性流動	$P = \mu D^n$ （$0 < n < 1$）
ダイラタント流動	$P = \mu D^n$ （$n > 1$）
ビンガム流動	$P = f + \mu_B D$
非ビンガム流動	$P = f + \mu D^n$

D：ずり速度 [$1 \cdot s^{-1}$]，P：ずり応力 [Pa]，f：降伏値 [Pa]，n：流動性指数 [-]，η：粘度 [Pa·s]，μ：見かけ粘度 [Pa·s]，μ_B：ビンガム粘度 [Pa·s].

ト（Voigt）モデルを示した[1,3]．

時間を t としたとき，マックスウェル模型におけるひずみ ε と応力 P の関係は次式で記述される．

$$\frac{d\varepsilon}{dt} = \frac{1}{E}\frac{dP}{dt} + \frac{P}{\eta}$$

ここで E は弾性率，η は粘度である．上式において，ε 一定のとき応力緩和曲線は次式で示される[1]．

$$P = \varepsilon E \exp\left(\frac{-Et}{\eta}\right) = P_0 \exp\left(\frac{-t}{\tau_M}\right)$$

ひずみを加えた瞬間に発生する初期応力が $P_0 = \varepsilon E$ であり，τ_M はマックスウェル模型の緩和時間である．

フォークト模型におけるひずみと応力の関係は次式で与えられる．

$$P = E\varepsilon + \eta\frac{d\varepsilon}{dt}$$

上の式において，P 一定のときクリープ曲線は次式で示される[1]．

$$\varepsilon = \frac{P}{E}\left\{1 - \exp\left(\frac{-Et}{\eta}\right)\right\}$$

E/η はフォークト模型の遅延時間である．

〔村松良樹〕

◆ 参考文献

1) 川端晶子．1997．食品物性学．建帛社，31-96．
2) 中濱信子，大越ひろ，森高初恵．2011．おいしさのレオロジー．アイ・ケイコーポレーション，6-27．
3) 大羽和子，川端晶子編．2003．調理科学実験．学建書院，48-53．

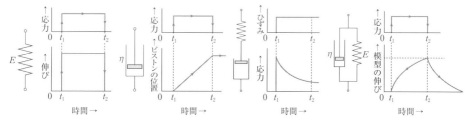

(a) 弾性を表すスプリング模型
(b) 粘性を表すダッシュポット模型
(c) マックスウェル模型
(d) フォークト模型

図2 力学模型

(a) 時間 t_1 で力が加えられると同時に伸びが起こり，加えた力に比例したある伸びでとまる．時間 t_2 で力が除かれると伸びは元に戻る．
(b) 時間 t_1 で力を加えると一定の速度で流れ始め，ピストンの位置は時間に比例して変化する．時間 t_2 で力を取り除いてもピストンは元の位置に戻ることはできない．
(c) 時間 t_1 で外力が加えられるとひずみが生じ，スプリングには応力が生じる．ひずみを一定に保っておくとスプリングには元に戻ろうとする力が働き，その力でダッシュポットは時間をかけて流動し，これに応じてスプリングは縮まっていく．縮まりながらスプリングの応力は少しずつ減少していく．
(d) 時間 t_1 で一定の外力を加えるとダッシュポットが並列にあるためスプリングはすぐには伸びられず，時間をかけて徐々に伸びていく．時間 t_2 で外力を取り除いた後も，すぐには戻らず，徐々に元に戻り，時間をかけて元の位置に戻る．

1.32 密度

かさ密度，粒子密度，真密度

農産物の収穫，運搬，選別，乾燥，冷却，貯蔵およびその他の加工の機械や施設を設計する場合に明確にしておくべき基本的な情報として，形状，大きさなどとともに密度が重要である．密度は直接計測することはできず，体積と質量から計算により求められる．大きさは農産物にとって単に大きさを表す指標であるが，密度はその産物の成熟度，組成あるいは品質の指標となることが多く，重要な物性値である．

密度には，その利用目的に応じて数種の定義があり，また，対象農産物の特徴により測定方法が適宜選択される．

かさ密度（ρ_b）は，試料を体積既知の容器に充填して質量を測定し，単位体積当たりの質量で表現する．容器への詰まり具合は容器の大きさ・形状や充填時の条件によるので，容器や充填方法が規定されている．穀粒の場合，1L当たりの質量で表すことが多く，リッター重と表現される．

粒子密度（ρ_p）は，試料の実体積と質量から計算される密度である．試料内に閉じた空洞があっても，その部分は試料の体積に含まれる．この定義は次項の真密度と混同されやすいので注意が必要である．

真密度（ρ_t）は，試料を粉砕し，内部の閉じた空洞の体積が取り除かれた完全に充実した固体部分の体積と質量から計算される密度である．穀粒をはじめとする農産物にはあまり使用されない．同じ対象物の場合，計算に用いる体積より，$\rho_t \geqq \rho_p > \rho_b$ が成立する．なお，見かけ密度という用語は，かさ密度と粒子密度の両方の定義で用いられることがあるので，使用する場合は，定義の再表示などが

必要である．また，かさ密度と粒子密度から材料の充塡の程度を求めることができる．充塡率は堆積層中における試料の体積割合であり，ρ_b/ρ_p で得られる．一方，空隙率は堆積層中における空間の体積割合であり，1から充塡率を差し引いた値である．

農産物の各種密度の測定法について述べる．質量の測定は容易であり，いずれの密度についても体積の測定が必要である．かさ密度を測定するときの容器の大きさや形状あるいは材料の詰め方などの測定条件により充塡程度が異なると値が不安定となる．そこで，それぞれの対象に対して測定基準が設定されている．例えば，穀粒に対しては，図1に示すブラウエル（Brouwer）穀粒計が用いられる．容量330 mLのガラス製メスフラスコに一定の高さから100 gの穀粒を落下させて容積を読み，かさ密度をリッター重に換算している．

不定形状である農産物の体積を得るために，一般に液体置換法または気体置換法が用いられる．液体置換法には，浮力法，液浸法もあるが，ここでは穀粒程度の粒体の粒子密度を測定するときによく用いられるピクノメータ法を紹介する．定容の容器に充満した浸液の一部を対象物体で置換したときの質量変化から次式により体積（V_s）を求める．

$$V_s = \frac{m_L - m_0}{\rho_L} - \frac{m_{sL} - m_s}{\rho_L}$$

ここで，m_0：ピクノメータの質量［g］，m_L：ピクノメータに浸液を満たしたときの質量［g］，m_s：ピクノメータ＋試料の質量［g］，m_{sL}：m_sに浸液を満たしたときの質量［g］，ρ_L：浸液の密度［g・cm^{-3}］．

穀粒に対する浸液としては，試料内部への浸入が少なく，表面張力が低く穀粒をよく濡らす，空中で比重や粘度が変化しない，比重が小さいなどの特徴をもつトルエンが多く用いられる．

気体置換法は，上記のピクノメータ法で液体の代わりに気体を使った方法である．液体

図1 ブラウエル穀粒計

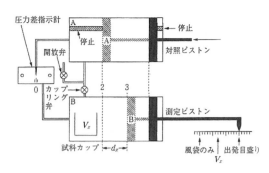

図2 空気比較式比重計[1]

への浸漬がないため，測定された物体の再利用が可能である．この方式は気体の体積と圧力に関するボイルの法則を利用したもので，ここでは一般に用いられる圧力比較法を紹介する．「空気比較式比重計」の原理を図2に示す．対象物体を格納する試料容器と同形状の対照容器，それぞれの容器内を移動するピストンがあり，それらの連結管やバルブ，圧力差指示計，体積指示目盛りなどから構成されている．試料容器に物体が入った状態で，両方の容器の圧力を等しく維持したままそれぞれのピストンが押し込まれる．対照容器のピストンが停止位置に達したときの両ピストンの位置の差は対象物体の体積に比例する．

ガラス瓶やペットボトルの口を吹くとボーという音が出るが，この現象がヘルムホルツ (Helmholtz) 共鳴である．細いネックをもつ壺形容器はその容積や形状により固有の共鳴周波数をもつ．容器内に物体が存在する場合，この物体の体積により共鳴周波数が変化することを利用し，体積を求めることができる．別で質量を測定することにより粒子密度を計算する．共鳴周波数の計測法としては，図3に示すように共鳴容器ネックの開口部を挟んでスピーカーとマイクロフォンを対向配置して，スピーカーからスウィープ音波を発信，同時にマイクロフォンで音波をとらえる方法がとられる．受信音波からスペクトル解析を用いてパワースペクトルを求めると，スペクトル中のピークを示す周波数が共鳴周波

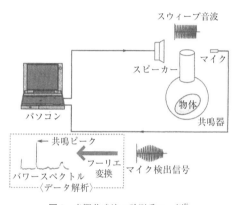

図3 音響共鳴法の計測系の一例[2]

数である．

籾などの穀物を通風乾燥する場合，粒の充填程度により通風量あるいは風量穀物比が異なり，乾燥速度や品質維持に影響を及ぼす．粒子密度が一定ならば，充填率はかさ密度に比例する．スイカと外部電極間の電気容量によりその体積や果実密度（粒子密度）を選果ラインで測定して，内部の亀裂などの品質が確認されている．また，収穫直後のキウイフルーツの果実密度（粒子密度）と追熟後の相関が高いことより，早期に品質の予測が可能となっている．

〔後藤清和〕

◆ 参考文献
1) Mohsenin, N. N.（林弘通訳），1988．食品の物性．光淋．
2) 西津貴久ほか編，2011．農産物性科学 (1)．コロナ社．

1.33 粘度

せん断応力，運動量，非ニュートン流体

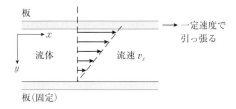

図1　2枚の板の間にある流体中の流速分布

● 粘度

図1に示すように，平行に向かい合った2枚の平板に流体が挟まれている．1枚の板を固定し，もう1枚の板を一定の速さで平板の面と平行の方向に引っ張ると，板の進行方向に流れが生ずる．流速は板から離れるほど減少し，固定板表面の流体の流速はゼロになる．

平板に平行な注目面に作用するせん断応力と速度勾配には次の関係が成立する．

$$\tau_{yx} = -\mu dv_x/dy$$

ここで，τ_{yx}，v_x，dv_x/dy，μ はそれぞれせん断応力，流体の速度，速度勾配，粘度［単位：Pa·s］である．これを「粘性に関するニュートン（Newton）の法則」といい，この法則に従う流体をニュートン流体という．

図2[1]に示すように，流速 v_x が y 軸方向に分布している一般的な系について考える．y 点のすぐ上の流体の速度は，すぐ下の流速よりも大きい．流体を構成する粒子も x 軸方向への速度成分は，y 点のすぐ上にある粒子のほうが大きい．それらの粒子は，x 軸方向だけでなく，y 軸方向にも移動する．もし，y 点より上の粒子が下の層に移動した場合，その下の層は速い粒子が来た分，下の層の「流れを速く」しようとする．一方，下の層の粒子が上の層に移動した場合には，上の層の「流れを遅く」しようとする．運動量で考えると，上の層の速度のほうが大きいため，（上から下へ移動する「運動量」）＞（下から上へ移動する「運動量」）の関係が成り立つ．それらの差し引き分の「運動量」が上から下へ伝達されていくと考えることができる．注目する y 点での単位面積当たり単位時間当たりに通過する運動量は，y 方向の速度勾配に比例す

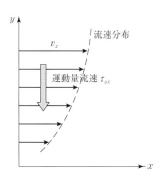

図2　流速分布と運動量流速[1]

るというのが「粘性に関するニュートンの法則」のもう1つの見方である．

密度 ρ が一定の場合，粘度式は次のように書き換えることができる．

$$\tau_{yx} = -\frac{\mu}{\rho}\frac{d\rho v_x}{dy} = -\nu\frac{d(\rho v_x)}{dy}$$

η/ρ を動粘度 ν といい，その単位は m²·s⁻¹ である．

● 非ニュートン流体

せん断応力と速度勾配が比例しない流体を「非ニュートン流体」という．非ニュートン流体は総称であり，応力と速度勾配の関係によって，擬塑性流体，ダイラタント流体，ビンガム（Bingham）流体に分類される．図3に各種粘性流体のせん断応力と速度勾配の関係を示す．これらの関係は次の式でまとめて表せる．

$$\tau_{yx} - \tau_0 = \mu\left(-\frac{dv_x}{dy}\right)^n$$

ここで，τ_0 を降伏応力，n を流動性指数という．$\tau_0 = 0$，$n = 1$ の場合は「ニュートン流体」，

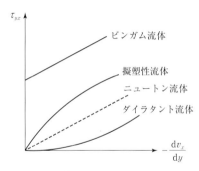

図3　各種粘性流体の流動挙動

$n=1$ の場合は「ビンガム流体」，$\tau_0=0$, $n>1$ の場合は「ダイラタント流体」，$\tau_0=0$, $n<1$ の場合は「擬塑性流体」をそれぞれ表す．

● 時間依存性のある粘度

実在の流体の中には，せん断運動が連続的に継続すると，時間とともに粘度が変化することがある．せん断し続けると粘度が低下する性質をチキソトロピー，粘度が増加する性質をレオペクシーという．

● 粘度の測定

毛細管粘度計と回転粘度計が従来からよく用いられてきた粘度測定法である．

毛細管粘度計は，毛細管の中を液体が流れるときの通過時間から粘度を算出する方法である．円管内を流れる粘性流体の層流では，次の Hagen-Poiseuille 式が成立する．

$$Q=\frac{\pi r^4 \Delta p}{8\eta l}$$

ここで，Q は流量（単位時間当たりの流出液体量），r は毛細管内半径，Δp は毛細管両端の圧力差，η は粘度，l は管長である．この式は，同じ毛細管であれば，一定量の液体が流出するまでの時間 t が液体の粘度 η に比例することを示しており，毛細管粘度計はこの関係を利用して粘度を測定できるようにしたものである．図4に毛細管粘度計の一種であるオストワルド粘度計の構造を示す．試料液体を粘度計に注入し，液位が標線AからBに至るまでの時間を測定する．この時間に粘度計固有の定数を乗ずることで動粘度を決定することができる．毛細管内の流れが層流であることが前提の測定法であるため，粘度測定後に Re 数を計算して層流であるかどうかの確認をすることが必要である．

回転粘度計は，図5に示すように，円盤を液中に沈める方式（B型粘度計）と，コーンプレートと平板の間の空間を液体で満たす方式（コーンプレート型回転粘度計，またはE型粘度計）がある．いずれも，一定速度で円盤またはコーンプレートを回転させたときのトルクを測定することで粘度を求める測定法である．コーンプレート型回転粘度計は，せん断速度がプレート上で一様になるという特徴があり，液状食品の流動曲線の測定によく用いられる．　　　〔西津貴久〕

◆ 参考文献
1）水科篤郎，荻野文丸．1991．輸送現象．産業図書，1-6．

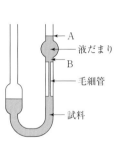

図4　オストワルド粘度計

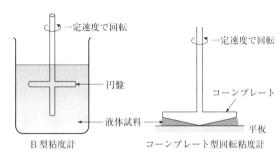

図5　回転粘度計

1.34 加 熱 法

放射，伝導，対流，誘電加熱，誘導加熱

● 加熱の目的

　農水畜産物や食品は，可食化，嗜好性や貯蔵性の向上などさまざまな目的で加熱される．例をあげると，コメやムギなどの主成分であるデンプンは非加熱では結晶状態でありきわめて消化されにくいが，加水・加熱することによりデンプンがアルファ化され消化性が向上する．また畜肉・魚肉・乳製品は加熱によるタンパク質の変性によって成形と嗜好性の向上がなされている．加熱によって起こる食品成分のカラメル化やメイラード反応によっても，多様な香気成分や呈味成分が生成され，食品の嗜好性の多様化につながっている．さらに，加熱による食品中の酵素や微生物の不活性化などにより，貯蔵性の向上が行われている．

● 加熱加工・調理方法の分類

　農水畜産物や食品の加熱加工・調理の方法は，熱源や加熱媒体，またはその伝熱形態などによりさまざまに分類される．代表的なものとしては，熱湯などによるゆで加熱や，油を使用した油煠（ゆちょう），フライパンやオーブンあるいは直火などによる焼き加熱，水蒸気などによる蒸し加熱があげられるが，これらは食品外部の熱源から食品に熱を伝達することにより行われる．一方で，通電加熱やマイクロ波加熱などは，食品そのものを熱源として発熱させることにより加熱を行う．

　熱の伝わり方の形態は，伝導伝熱 (conductive heat transfer)，対流熱伝達 (convective heat transfer)，放射伝熱 (radiative heat transfer) に分類されるが，実際の加熱機器・調理器具ではこれらの熱伝達が複合的に起こっている場合が多い．

● 伝導電熱

　伝導伝熱は熱伝導とも呼ばれ，物体の中の温度の高い部分から低い部分へ，熱エネルギーが移動する現象である．気体では分子の併進や回転運動のエネルギーが，衝突によって他の分子に伝わることによって起こる．固体では原子間の格子振動によるエネルギー伝達によって熱伝達が起こり，金属ではさらに自由電子の移動による熱伝達が発生する．液体では主に分子振動の伝搬により熱エネルギーの移動が起こる．

　食品の調理加工の場面における伝導伝熱の例としては，底面が加熱されたフライパンの表面が熱くなる現象があげられるが，これはフライパンの素材である鉄などの内部における伝導伝熱によるものである．またフライパンやオーブンの天板から肉や野菜など食材への熱移動も伝導伝熱によるものである．また外部から加熱された食品は，まず表面の温度が上がり，遅れて内部の温度が上昇するが，この場合，食品内部は食品表面からの伝導伝熱によって加熱されている．

● 対流熱伝達

　対流熱伝達は流体の移動に伴う熱移動である．物体の周囲に温度の異なる流体が流れていると，物体表面に近づくほど流体の温度は物体の温度に近づき，物体表面における流体の温度は物体と等しくなる．この流体の温度が変化する領域を温度境界層と呼ぶ．このとき物体と流体の間に起こる，それぞれの温度差に比例し，温度境界層の厚さに反比例した熱移動を対流熱伝達と呼ぶ．温度境界層の厚さは，物体の形状や流れの速さなどの条件によって変化する．対流には流体の温度差によって発生する浮力が駆動力となる自然対流と，ポンプやファンなどによって機械的に発生させる強制対流，また両者が共存する複合対流がある．また流体の凝縮や蒸発などの相変化を伴う熱伝達も対流熱伝達に含まれる．

　鍋に湯を沸かして食品をゆでる，あるいは油で揚げる場合は，まず鍋から水や油などの

流体に熱が移動し，さらに流体から食品へ熱が移動するが，これらは対流熱伝達によるものである．またオーブン内部では熱せられた空気から食品への熱伝達が起こるが，これも対流熱伝達によるものである．スチームコンベクションオーブンや過熱水蒸気オーブン，蒸し器などの内部では，食品に水蒸気が凝縮することにより発生する潜熱により食品が加熱されている．この熱移動も対流熱伝達によるものであるが，特に凝縮伝熱と呼ばれることもある．

● 放 射 伝 熱

放射伝熱（輻射伝熱）では，主に赤外から可視光領域の熱輻射と呼ばれる波長域の電磁波を介して熱エネルギーが移動する．物体からはその温度に応じて分子振動により電磁波が放射されており，この電磁波のエネルギーを他の物体が吸収することによりエネルギーが輸送される．放射伝熱では一方の物体から他方の物体に輸送させるエネルギーはそれぞれの物体の絶対温度の4乗の差に比例することから，熱源の温度が高温になるほど，他の熱伝達形態と比較して熱輸送量が大きくなる．

赤外線加熱では高温に加熱されたヒーターから放射される赤外領域の電磁波が，食品に吸収されることにより食品が加熱される．炭火による加熱においても高温の炭から食品への放射が主な熱伝達経路である．オーブンによる加熱調理においては，高温に加熱されたオーブン内壁から食品への放射伝熱も主要な熱伝達経路の1つとなる．過熱水蒸気オーブンにおいては，水蒸気が放射性ガスであるため，水蒸気から食品への放射伝熱も起きているが，水蒸気そのものが低密度であることから，むしろオーブン内壁などからの放射伝熱のほうが熱伝達量は大きい．

● 通 電 加 熱

通電加熱はジュール加熱（Joule heating），オーミックヒーティング（Ohmic heating）とも呼ばれ，対象となる食品に電流を流すことにより発生するジュール熱により食品を加熱する．対象となる食品は導電性であり，ある程度の電気抵抗をもつ必要がある．直流電流を用いると食品成分の電気分解が起こることから，商用周波数から20 kHz程度の交流電流が使用される．食品そのものが発熱するため，電気的特性が均質な素材であれば，均一な加熱が可能である．

● マイクロ波加熱

マイクロ波加熱では電磁波を食品に照射し，そのエネルギーを食品中の水分子が吸収し発熱することにより加熱が行われる．電磁波のエネルギーを利用するという点は赤外線加熱と共通しているが，赤外領域の電磁波は物体の表面付近でほぼ吸収されることから，赤外線加熱では食品内部が発熱することはない．赤外線加熱においては，食品内部は加熱された表面からの伝導伝熱により加熱される．一方でマイクロ波は周波数が2.45 GHzの場合，吸収によりエネルギーが半減する浸透深さは食品では数cmとされており，食品の内部も加熱することが可能である．

● 誘 導 加 熱

誘導加熱（induction heating）では電磁誘導により加熱対象に誘導電流が流れてジュール熱が発生することにより加熱が行われる．誘導加熱を利用した加熱装置では，数十kHzの交流電流をコイルに流して振動する磁界を発生させる．磁界中に置かれた導体中には電磁誘導によって渦電流が発生し，導体の電気抵抗によって渦電流のエネルギーが熱に変換される．誘導加熱を利用した電磁調理器（IH調理器）では鍋などの底面に誘導電流が流れて発熱し，鍋から食品へは伝導伝熱や対流伝熱によって熱が伝わる．誘導加熱は過熱水蒸気の生成にも利用されている．蒸気配管内部に発熱する誘導体を設置して，配管外部に設置されたコイルから磁場を与えることにより，熱効率のよい過熱水蒸気生成が可能である．

〔五月女格〕

1.35 ろ過

膜分離，精密ろ過，限外ろ過，逆浸透

食品産業において古くから用いられている通常のろ過技術に関しては，[1.36 固液分離]で紹介されている．ここでは，ここ数十年において，食品産業での応用が広まった膜分離技術（精密ろ過，限外ろ過および逆浸透）について紹介する．

● 原理と特徴

逆浸透（RO）および限外ろ過（UF）は，単純には，それぞれイオンレベルあるいは分子レベルの大きさの細孔を有する膜によるろ過であるといえる．RO は，溶質は透過できないが溶媒である水分子は透過できる膜（半透膜）を用いたろ過技術であり，海水の淡水化技術として1950年代に提案された．UF は，溶解している分子をその大きさによりふるい分けるろ過技術である．RO 膜および UF 膜を用いてろ過を行う際に加える操作圧力は，それぞれ $1 \sim 7$ MPa（$10 \sim 70$ 気圧），$0.1 \sim 1$ MPa（$1 \sim 10$ 気圧）程度である．また，精密ろ過（MF）は，$0.1 \mu m$ から数 μm 程度の細孔径を有する膜を用いたろ過であり，通常ろ過圧力は，UF 法と同等あるいはそれ以下である．これらの膜を作製する際の素材は，一般的には，ポリアミド，ポリスルホン，ポリアクリロニトリル，ポリビニルアルコールなどの高分子である．

膜分離技術を食品製造に応用した場合，以下の特徴を有する．

品質の向上が可能：RO を用いた食品の濃縮は加熱を必要としないので，①クッキングフレーバーが生じない，②色素の分解や褐変が起こらない，③栄養価の損失が少ないなどの利点を有し，食品の品質向上を図ることができる．さらに，RO を用いた食品の濃縮においては，従来の蒸発濃縮法と比較して，熱による香気成分（揮発成分）の損失を防止することができ，良好な香りを保持することができる．

工程の簡略化が可能：膜分離技術を用いることにより，ろ過を行うだけで，溶質成分の分離・濃縮を行うことができる．このため，従来，複数の工程が必要であった処理を1つの工程に簡略化することも可能である．

エネルギーコストの低減が可能：RO や UF を用いた分離・濃縮は相変化を伴わないために，蒸発法や凍結濃縮法といった他の方法と比較して消費エネルギーが少なく，エネルギーコストの低減を図ることができる．

操作が単純：RO や UF の装置は，基本的には，加圧ポンプ，膜モジュール，調圧弁およびこれらをつなぐ配管だけで構成されており，必要な操作は，加圧，移送，リサイクルのみで，非常に簡単である．

● 食品製造における膜分離技術の応用例

食品産業における RO および UF の応用は，乳工業，飲料工業，精糖工業，加工デンプン工業，醸造工業，水産工業，畜産工業など，きわめて多岐にわたっている[1]．

育児用ミルクは，牛乳を主原料として調製されるが，牛乳とヒトの母乳の成分組成には大きな違いがある．灰分含量とカゼインタンパク質についてみると，牛乳は母乳の3.5倍，5倍とそれぞれ極端に高い割合となっている．灰分に関しては，膜分離法の一種である電気透析法により脱塩を行うことにより濃度を調整している．また，チーズホエーに含まれる乳清タンパク質を UF 法により回収し，これを牛乳に加えることにより相対的にカゼインタンパク質の濃度を低下させ，母乳の成分組成に近い育児用ミルクが製造されている．チーズホエーは，かつては河川等に廃棄され，環境汚染の原因となっていた．膜分離技術を適用することにより，ホエーに含まれるタンパク質，乳糖および灰分を分離・回収して，それぞれを有効に活用することが可

能となった．現在では，チーズホエーから回収される成分の販売による収入が，チーズ販売による収入に匹敵するともいわれる．このため，全世界で排出されるチーズホエーの多くが，膜分離技術により処理され，有効利用されている．

最近，ハチミツを含む飲料が数多く販売されているが，ハチミツをそのまま果汁やアルコール飲料に加えると沈殿が生じ製品の品質が著しく低下する．そこで，ハチミツに含まれるタンパク質や酵素を除去しなくてはならない．従来は，活性炭やイオン交換樹脂を用いて脱色，脱臭，脱イオンを行った後，珪藻土ろ過を行う方法がとられてきたが，これらの工程は複雑であるうえに，ハチミツ特有の風味や色調が失われてしまう．そこで，現在では，これらの精製工程をUFにより行っている．UFを利用することにより，風味，色調を残したまま，タンパク質や酵素を除去することができ，しかも，ハチミツの利用で特に問題となるボツリヌス胞子も取り除くことができる．このため，前述の飲料に加えても混濁や沈殿を生じない製品を開発することが可能となった．この方法の開発により，これまであまり利用価値の高くなかったソバやクリのハチミツの用途が著しく広がった．

生ビール，生酒の製造にも膜分離技術が利用されている．発酵直後のビールから酵母をMFで除去することにより，シェルフライフの長い生ビールが製造されるようになり，家庭でも手軽に生ビールが楽しめるようになった．また，搾りたての清酒には，酵母や酵素（グルコアミラーゼや酸性カルボキシペプチダーゼ）が含まれる．適当な分離性能をもつUF膜を利用することにより酵母や火落菌を完全に除去し，酵素を80%程度除去すれば，搾りたての風味を保持したシェルフライフの長い生酒を製造できる．

RO法により濃縮したブドウ果汁がワイン製造に一部利用されている．国産のブドウ果汁の糖度は一般に低く，甲州種の場合15～16%程度である．アルコール濃度10～12%のワインを得るには，糖濃度を20～24%程度にする必要があるため，通常は，ブドウ糖を補うが，これでは味にこくがでない．しかし，RO濃縮したブドウ果汁を用いることにより，補糖せずに発酵を行うことができ，品質のよいワインが製造できるようになった．また，褐変の原因となるポリフェノールやタンニン，さらにペクチンをあらかじめUF法で取り除くことにより，品質のよいワインを製造できる．

● **新たな膜分離技術－ナノろ過－**

RO膜の開発においては，一段操作での海水の淡水化を目指したRO膜の高阻止率化が進行するとともに，超純水製造用の膜として塩阻止率が95%以下ではあるが透水性に優れた膜の開発も進行している．後者は，ちょうどROとUFの中間の性能を得ることを目的としており，ナノろ過（NF）膜と呼ばれる．通常1 MPa以下の圧力で使用される．食品においては，うま味の因子であるアミノ酸や核酸物質，甘味の因子である単糖類や二糖類，さらに色合いを決定する着色物質などの分子量が，NF膜で分離できる範囲にあるため，NF膜の応用が注目されている．すでに，牛乳およびホエーの脱塩，アミノ酸調味液の脱色，醤油の脱色，果汁の高濃度濃縮システム，オリゴ糖の精製，機能性ペプチドの精製などへの応用が試みられており，一部は実用化されている．〔鍋谷浩志〕

◆ **参考文献**
1) 渡辺敦夫, 鍋谷浩志, 2007. 膜, **32**(4), 190-196.

1.36 固液分離

ろ過，圧搾，沈降分離，遠心分離，脱水，電気浸透，廃棄物処理

食品加工において固液分離は重要な操作であり，原料処理，製品製造，廃棄物（廃液）処理の多くの工程に関与している．特に最近，高水分の食品副産物（多くの場合廃棄物）などの一次処理として固液分離（脱水）の必要性が高まっている．食品工業における固液分離技術に課せられた条件として，大量処理・高分離効率・低コストがあげられ，廃棄物処理では，条件はより明確となる．

主な固液分離の操作としては，ろ過・圧搾および沈降分離，遠心分離などがある．

● ろ 過

ろ過[1-3]は，織布などの多孔性物質（ろ材）上に固液分離試料を投入し，ろ材間隙で固体を補捉分離し液体を系外に流出させて固液分離する操作である．ろ材を通して分離するために，駆動力としては重力・圧力（加圧・真空圧による減圧）または遠心力を使用する．対象とする固液分離対象物の固体濃度は数 $mg \cdot L^{-1}$ から 20 vol% 程度である．固体濃度が数%程度以上の場合は，分離された固体がろ材面に堆積し，堆積固体層自体がその後のろ過にろ材として作用する．この堆積固体層がろ過ケークとなり，このろ過機構をケークろ過と呼ぶ．固体濃度が 0.1 vol% 程度以下の希薄なスラリーの場合は，ろ過ケークが生成されず，懸濁固体はろ材間隙のみで分離される．この種のろ過機構を清澄ろ過と呼ぶ．

装置としては，フィルタプレス，加圧葉状ろ過装置，水平ろ板ろ過装置および加圧管状ろ過装置，真空ろ過装置などがある．所要の圧縮力が大きいスラリーを扱う場合は，ろ過開始時間時には小さいろ過圧力を使用し，ケークが形成されるとともに，ろ過圧力を増加させることが望まれる．

● 圧 搾

圧搾[1,2]は，固液系混合物を分離処理部へ供給し，圧力を作用させて圧縮脱液する操作である．ポンプ圧送が困難な濃厚試料の固液分離や，スラリー原料をろ過よりもさらに低水分化することを目的として，広く用いられている．食用油脂の製造などでは，含油分の多い油量種子からの一次処理として用いられ，最近では溶剤抽出法と比べて分離効率は低いが，品質のよい製品が得られる点で利用されていることもある．圧搾による機械的な固液分離は，熱などを利用する他の諸操作と比較してはるかに低コストであるため乾燥などの前処理操作として使用されることも多い．

一般的に液状物が主製品になる場合，さらにこれらの製品の品質安定・向上に細かな分離設定が必要なときにバッチ式が使われている．搾汁装置は柑橘類のジュース製造などに用いられ，フィルタプレスは醸造調味料，醸造酒などに用いられている．固液分離工程でのろ過・圧搾圧力，時間の調整，フィルタの選択などが目的とする液状物の品質に大きく影響するために，連続処理が行えないのが現状である．フィルタプレスにおいては，最近，圧搾圧力の増加やスケールアップにより，性能の向上や処理コストの低減により汚泥などの処理にも用いられている．

ベルトプレスなどにおいても設定圧力には限界があるが，ある範囲の中では圧搾圧力と処理時間，フィルタサイズを設定できる．しかし，液状物を製品として十分な回収を行おうとする場合，単位処理量が少なくなり，連続式の利点をうまく生かせない．したがって，現在汚泥処理や食品工業での高水分副産物の脱水に使用されている．

連続式装置の中でスクリュープレスを他の装置と比較した場合，連続処理量，処理コストなどにおいては優れており，内部でのスクリュー配列や出口調節で高い圧搾圧力を発

生し，分離効率も高めることができる．反面，材料がスクリュー回転で移送され，スクリューピッチの減少などで生じる内部圧力や出口での材料の充填によって生じる圧力が圧搾圧力となるために，変圧変速圧搾と呼ばれ，細かく圧搾条件を設定することが困難である．また1軸スクリュープレスにおいては，材料が流動性をもつ場合，スクリュー回転で移送中，内部圧力の高まりによって，逆流を生じることがある．このような状況からスクリュープレスは材料移送を支える固形分（ソリッドコア）を有するものや固形状のものからの液状物の分離，例えば，魚肉すり身の脱水や植物種子からの搾油に用いられている．スクリュープレスの材料搬送性の向上などの改善を図るために開発されたものに2軸スクリュープレスがある[3]．噛み合った2本のスクリューの回転による材料の移送は通常の1軸圧搾機の移送様式と異なり，強制的なギアポンプによるために材料の流動性などによるスリッピング，逆流を生じることなく，材料を移送・圧縮でき，果汁製造においてはすでに実用化されている．

● 沈降分離

沈降分離は，液体中に浮遊している固体を重力による沈降により沈殿物として分離する操作であり，上・下水道処理・廃水処理などで広く用いられている．沈降処理には凝集処理を行う凝集沈降処理がある．食品工業ではデンプン工業や果汁加工などで用いられ，前者では沈降したデンプン粒子を回収する沈殿濃縮が目的であり，後者は液体の清澄化を図ることが目的となる．

● 遠心分離

遠心分離は遠心力を使用して物質を分離処理する操作であり，食品工業でも牛乳中の脂肪と水の分離，搾油の油脂と水の分離，水溶液中の固体粒子の分離などに用いられているが，分離対象となる試料の固形物含量は数％以内に限られる．分離操作により遠心沈降，遠心ろ過と分けられる．

● 電気浸透法

おから，酒粕，ビール粕などといった食品工業での高水分副産物に対応した固液分離処理においては，より高い分離効率の低コスト化の技術開発が求められており，注目される技術の1つとして電気浸透法[4]がある．液媒（通常は水）の中の活性汚泥などの粒子が荷電をもち，粒子周辺の水が平衡状態を保つために逆の荷電をもっている状態（電気二重層）を電界の中に置いたとき，固形粒子が動きえない場合に，粒子周辺の液媒が移動（脱水される）する現象を電気浸透と呼び，活性汚泥の脱水処理に，フィルタプレス装置へ電気浸透処理を併用した装置などが利用されている[4]．

● 廃棄物の再利用へ

農産加工や食品製造での固液分離操作は重要な工程であるためにすでに完成された技術と考えられやすいが，分離効率の向上や食品副産物の再利用のための技術開発が求められている．環境保全や資源の有効利用の見地からも再び廃棄物の再利用などの方向へのシフトが望まれており，そのための第一歩が固液分離処理での脱水処理であると考える．分離した脱液においても現在の膜処理技術の応用により有用成分の回収を行うことで，より高度な食品副産物の再利用が行える．

〔五十部誠一郎〕

◆ 参考文献

1) 矢野俊正，桐栄良三監修，1988．食品工学基礎講座7 固液分離．光琳．
2) 保坂秀朋，1972．食品工学入門．化学工業．
3) 五十部誠一郎，1996．食品工業における搾油・脱水技術．食糧．食品総合研究所，35．
4) 近藤史朗ほか，1990．工業用水．第386号，41-48．

1.37 粒子径

幾何学径, 相当径, 有効径

粉砕によって得られる粉体は, 形状や大きさの異なる多くの粒子からなる. それら粒子群の平均的な大きさについての概念を「粒度 (particle size)」, 個々の粒子の代表寸法を「粒子径 (particle diameter)」と呼ぶ. 実際に得られる粉体の粒子は複雑な形状を有するため, 測定の基準となる代表寸法を定義する必要がある. 通常は, 得られた粒子を球体や直方体などの単純な幾何学的立体とみなし, それらの直径や辺の長さなどを粒子径として定義する. 表1に主な代表寸法の分類, 名称および定義を示す. 粒度分布を測定する際のふるい分け法や顕微鏡法などでは幾何学径が, 光散乱法や回折法などでは相当径が, 沈降法などでは有効径がそれぞれ代表寸法として適用される. 測定した粒子径を表示する際は, どの定義による代表寸法であるかを明確にすることが必要となる.

● **幾何学径** (geometric diameter)

3軸径 大きさの異なる不規則形状粒子を直方体とみなし, それらの辺の長さや算術平均値を代表寸法として表す. 通常は粒子をスライドグラス上に配置して顕微鏡でその寸法を測定する. 得られた顕微鏡画像の平面図形に対する最短粒子間隔の平行線間距離を「短軸径 (breadth, b)」, それに対して直角方向の平行線間距離を「長軸径 (length, l)」, 焦点差によって得られるスライドグラス面上から粒子上端までの高さを「厚さ (thickness, t)」と表す. 3軸径をもとにしてさまざまな平均径を算出する場合がある.

投影径 (定方向径) 顕微鏡などから得られる画像情報を用いて粒子径を測定する場合, 平面上に並んだ粒子の投影図形に基づく代表寸法がよく用いられる. 鏡検時にスライドグラスをずらして一定方向の移動距離をもとに寸法を測定するため, 定方向径とも呼ばれる. フェレ (Feret) 径 (グリーン (Green) 径とも呼ばれる) は粒子投影像を一方向の2本の平行線で挟んでその平行線間の距離を代表寸法とする. 平面上の粒子が配向性をもたず統計的にランダムな状態であることを前提とするため, スライドグラスに粉体を分散させる際に十分な注意が必要となる. マーチン (Martin) 径は定方向に各粒子の投影面積を2等分する線分の長さを, また定方向最大径 (クランバイン (Krumbein) 径とも呼ばれる) は各粒子の形状に関係なく定方向の最大幅をそれぞれの代表寸法とする. 周囲にくぼみのない投影図形であれば図形の周長を円周率で除した値がフェレ径に等しくなるため, 周長が関係する事象を評価する場合はフェレ径が適する.

● **相当径** (equivalent diameter)

顕微鏡などで測定された粒子の投影面積や体積に相当する円あるいは球体の直径などによってその粒子の代表寸法を表す. 最近では顕微鏡画像をソフトウェア的に画像処理することが容易であるため, 粒子の外接円や内接円を基準とした外接円相当径や内接円相当径をはじめ, 粒子投影面積と等しい面積をもつ円の直径である投影面積円相当径 (ヘイウッド (Heywood) 径とも呼ばれる) などがよく用いられる. それら以外にも, 粒子投影図形の周長に等しい円周をもつ円の直径である投影周長円相当径や, 粒子と等しい体積をもつ球体の直径である等体積球相当径, 表面積が等しい球体の直径である等表面積球相当径など, さまざまな定義による相当径が評価方法に応じて適用される. 投影面積円相当径は不規則形状粒子の表面積を算定するのに有利である. 投影周長円相当径は粒子形状を検討する際に用いられることがある. 球相当径は本来的な意味での粒子径に該当する径であるが, 実用上, 拡大解釈して適用される場合が

表1 主な代表寸法の分類，名称および定義

分類	名称		定義
幾何学径	長軸径（length）		l
	短軸径（breadth）		b
	厚さ（thickness）		t
	2軸平均径		$(b+l)/2$
	3軸平均径		$(b+l+t)/3$
	3軸幾何平均径		$(b \cdot l \cdot t)^{1/3}$
	投影径（定方向径）	フェレ径（Feret径）	粒子を挟む2本の平行線の距離（f）
		マーチン径（Martin径）	投影面積を2等分する線分の長さ（m）
		定方向最大径（Krumbein径）	各粒子の一定方向における最大長さ（c）
相当径	外接円相当径		R
	内接円相当径		r
	投影周長円相当径		L/π（L：粒子周長）
	投影面積円相当径		$\sqrt{4A/\pi}$（A：粒子投影面積）
	等表面積球相当径		$\sqrt{S/\pi}$（S：粒子表面積）
	等体積球相当径		$\sqrt[3]{6v/\pi}$（v：粒子体積）
有効径	ストークス径（Stokes径）		粉体操作に適した実用的な粒子径として，試料粒子と同じ終端速度で沈降する同密度の球体の直径を用いる．沈降の終端速度はレイノルズ数（Re）によって異なるため，$Re<2$（ストークス域：層流域）ではストークス径，$2<Re<500$（アレン域：中間域）ではアレン径，$500<Re<10^5$（ニュートン域：乱流域）ではニュートン径と呼ばれる．通常はストークス径が用いられる．
	アレン径（Allen径）		
	ニュートン径（Newton径）		

多い．

なお，同一粒子群に対して実際に粒子径を測定すると，フェレ径＞投影面積円相当径＞マーチン径，という関係となることが知られている．また，長短径比（長径/短径）が小さければ，投影面積円相当形の代わりにマーチン径を用いても大きな差はない．

● **有効径**（effective diameter）

沈降などの現象に対して試料粒子と同じ挙動を示す球体の直径により代表寸法を表す．粒子が媒体中を沈降する速度vは，媒体による浮力と抵抗力の関係から導かれた次のストークス式によって示される．

$$v = \frac{1}{18} \cdot \frac{(\rho_p - \rho_0)g}{\mu} \cdot D_p^2$$

ここで，v：終端沈降速度，ρ_p：粒子の密度，ρ_0：媒体の密度，g：重力加速度，μ：媒体の粘度，D_p：粒子径，である．

式中のD_pは，同条件下において試料粒子と等しい速度で沈降する同密度の球体の直径である．試料粒子の形状に関する情報が未知のままであっても比較的容易に測定が可能であるため，実用的な代表寸法として利用することができる．通常は上述のストークス式から算出されたD_pをストークス径として用いる．試料粒子の形状が球形からかなり外れている場合や，微粒子としてブラウン運動が問題となるような場合は，ストークス式に何らかの補正を加える必要がある． 〔小川幸春〕

1.38 粒度分布

平均粒子径,分布関数,比表面積

適切な粒子径間隔を横軸に,各間隔に含まれる粒子の個数あるいは質量の全体に対する百分率を頻度として縦軸に設定しグラフ上にプロットすると粒子径の頻度分布(frequency distribution)が得られる.一方,縦軸を各粒子径間隔以下(ふるい下積算,cumulative under-size)あるいは以上(ふるい上積算,cumulative over-size)の積算百分率による相対頻度で示すと積算分布(cumulative distribution function:CDF)が得られる.図1に粒度分布の表記例を示す.

● 平均粒子径

粉体を多量の粒子からなる確率・統計的な集合体とみなすと,その分布状態はある粒子径を中心とした粒子群として定量的に評価できることが多い.それら分布状態を簡易的・実用的に比較評価する手段として,頻度分布の最高値を示すモード径(modal diameter)や積算分布の中央累積値(50%)に相当するメジアン径(median diameter)などがよく用いられる(図1参照).同様に,粒子の全長や全表面積などの幾何学的特徴量を算術平均した平均粒子径なども用いられる.

● 分布関数

得られた粒度分布を何らかの分布関数で近似的に表現することができれば,その関数で表される数学的パラメータを用いて分布状態を定量的に評価できる.代表的な分布関数を以下に示す.

正規分布(normal distribution) 粒度分布が正規分布に近似できる場合,粒子径 D の粒子が現れる頻度 $f(D)$ (%) は (1) 式で示される.

$$f(D) = \frac{100}{\sigma\sqrt{2\pi}} \cdot \exp\left\{-\frac{1}{2}\left(\frac{D-\bar{D}}{\sigma}\right)^2\right\} \quad (1)$$

ここで,$\bar{D}$:粒子の算術平均径(50% 粒子径),σ:標準偏差,である.

正規分布曲線は対称曲線のため,モード径,メジアン径のいずれも算術平均と一致する.この場合,$\bar{D}$ と σ が粒度の分布状態を定量的に評価するための指標となる.

対数正規分布(log-normal distribution) 工業的に生産される粉体の場合,特に質量分率でその分布を表現する場合は,粗粒子側に偏った分布を示すことが多い.したがってほとんどの場合で正規分布に近似できない.そうした非対称分布は,横軸を対数目盛りに置き換えると正規分布として近似できることが多い.(1) 式の D および σ を $\log D$ と $\log \sigma_g$ に置き換えると対数正規分布を表す (2) 式となる.

$$f(D) = \frac{100}{\log \sigma_g \sqrt{2\pi}} \cdot \exp\left\{-\frac{1}{2}\left(\frac{\log D - \log \bar{D}_g}{\log \sigma_g}\right)^2\right\} \quad (2)$$

ここで,$\bar{D}_g$:幾何平均径(50% 粒子径),σ_g:幾何標準偏差,である.

対数正規分布では,個数分率と質量分率の各粒度分布間に次の関係式(ハッチ(Hatch)の式)が成立する.

$$D'_{50} = D_{50} \cdot \exp(3\ln^2 \sigma_g) \quad (3)$$

ここで,D_{50}:個数分率を基準とする粒度分布の 50% 粒子径,D'_{50}:質量分率を基準とする粒度分布の 50% 粒子径,σ_g:個数分率基準の幾何標準偏差($\sigma_s = D_{15.87}/D_{50}$)である.

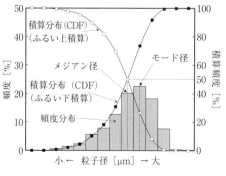

図1 粒度分布の表示例

ロジン-ラムラー分布（Rosin-Rammler distribution） 対数正規分布は解析するうえで有利な点が多いため広く利用されるが，粒径分布の範囲が広い場合の適用が困難である．このため Rosin と Rammler は粒度分布の範囲が広い場合の近似に適する式として(4)式を提案した．

$$R(D) = 100 \cdot \exp(-bD^n) \quad (4)$$

ここで，$R(D)$：ふるい上積算分率（%），D：粒子径，b, n：粒度に関わる定数，である．$b = 1/D_e^n$ とおくと(4)式は，

$$R(D) = 100 \cdot \exp\left\{-\left(\frac{D}{D_e}\right)^n\right\} \quad (5)$$

として表すことができる．D_e を粒度特性数（absolute size constant），n を均等数（distribution constant）と呼ぶ．n の値が小さいほど粒度分布範囲は広く，粉砕機による粉砕物では $n \leq 1$ となることが多い．なお(5)式で $D = D_e$ とおくと，

$$R(D_e) = 100 \cdot \exp\{-1\} = \frac{100}{2.718} = 36.8 \, [\%]$$

となる．したがって D_e は $R(D) = 36.8\%$ に対応する粒子径であり，n とともに粒度分布を評価するための指標となる．なお，対数正規分布およびロジン-ラムラー分布はそれぞれ対数確率線図およびロジン-ラムラー線図にプロットすると直線として示される．

上述の分布関数を用いればほとんどの粉体を評価できるが，それら以外に以下の分布関数が利用されることもある．

ゴーダン-シューマン分布（Gaudin-Schuhmann distribution） 砕成物のふるい下分布を両対数グラフ上にプロットするとほぼ直線で示されることが経験的に知られている．

$$U(D) = 100 \cdot \left(\frac{D}{k}\right)^m \quad (6)$$

ここで，$U(D)$：ふるい下積算分率 [%]，D：粒子径，m：直線の勾配，k：粒度分布を示す直線と $U(D) = 100\%$ の線との交点における粒子径，である．

比較的粗い鉱石を開回路で粉砕した場合の粒度分布を示す際に用いられることがある．粒子径が小さな側での直線性がよく，その場合，m は 1 に近似できて非常に簡単に表される．(5) 式のロジン-ラムラー式を級数展開したときの第1項目に相当する．

抜山-棚沢の式（Nukiyama-Tanasawa equation） エアロゾルや噴霧粒子の粒度分布評価の際に適用されることが多い．

$$f(D) = AD^m \cdot \exp(-BD^n) \quad (7)$$

ここで，A は規格化のための定数，B, m, n はそれぞれ実験的に求めるパラメータである．ただし A と B および m と n はそれぞれ互いに関連しているため，実質的には2パラメータの関数として扱うことができる．

● **比表面積**

粉体の単位体積あるいは単位質量当たりに含まれる全粒子の表面積の総和を比表面積（specific surface）と呼ぶ．閉じた空孔以外の亀裂やくぼみなどの表面積（内部表面積）も含む値を単に表面積もしくは全表面積，それらを含まない値を外部表面積として区別する場合がある．現実的には直接計測できないため，吸着等の現象から実験的にモデルとなる関係式を導いて計算によって推定する．このため粉体試料の形態や等温吸着曲線のパターンなどをあらかじめ調べてから適切な数式モデルを検討する必要がある．モデル式を導くための実験方法として，粉体層を透過する空気の透過量から求める空気透過法やガス吸着法などが挙げられる．窒素ガス吸着法は，液体窒素温度（77 K）下での窒素ガスの等温吸着曲線からのモデル式（BET 式）により比表面積を計算する．一方，粉体の粒度分布と粒子径を決める代表寸法から比表面積を算出することもできる．この場合，表面積に関係した平均粒子径の逆数として定義できるので，粒度を表す指標として実用上よく用いられる．

〔小川幸春〕

1.39 深層水

機能水，深層水培養液，構造制御

海洋深層水（以下，深層水）は，表層水に比べ低温安定性，清浄性，富栄養性など有利な点が多く，石油・石炭などに比べて資源密度は低いが，資源量，再生循環，環境問題などに対してその資源性が大いに注目され，飲料水や化粧水，水産・農業・食品分野での利活用と商品開発が進んでいる．また深層水は海洋温度差発電や金属・レアメタル抽出などへの期待も大きい．とりわけ成分利用に関しては，原水，濃縮水，原水を淡水化した水の研究開発が進められているが，逆浸透膜法で得られた脱塩水の水質には幅があり，成分も異なっている．深層水の多段的利用による実用化を図るうえで，深層水の反応性物質（ミネラル類を含む有用成分）の機能発現メカニズムと水質の維持・制御が重要となる．

植物生産の安定性や高品質化を目的とした栽培用水の環境調節においては水（培養液）の緩衝能が高いことが肝要である．しかし，pH 調節に多量の酸・アルカリを添加することは培養液中のイオンバランスを乱すことになる．深層水培養液は pH 緩衝能が高いことから，pH が養水分吸収に支障のない範囲では，発芽の斉一性と苗質の向上や生育促進，さらに浸透圧ストレスを効果的に作用させることで高糖度化等の高付加価値を生み出すなど，生長制御液としての利用が期待できる．

水は不均一複合系であるが，水素結合という構造的なエネルギーを内包し，氷の構造を基本にしている．水分子の平均的な構造状態の数量的な評価法には，熱刺激脱分極電流法（thermally stimulated depolarization current method：TSDC）が有効である．TSC/RMA スペクトロメータ（理学/SOLOMAT 社）では，不活性ガス（ヘリウム）内の電極間に供試水を静置させ，$-10°C$ で 15 分間凍結させた後，$-10°C$ で 2 分間，$100\,V\cdot mm^{-1}$ の直流電界（電界強度 E_p）を加えることにより供試水の双極子モーメントを電界方向に配向させる．その後，一定の E_p のもとで $-165°C$ まで急速に冷却し，次に $-165°C$ で電界を開放し，昇温速度 $7°C\cdot min^{-1}$ で昇温させていく過程で双極子モーメントの脱分極が起こる．これより，$-165\sim-20°C$ 付近までに出現する 5 つのピークを電流値（脱分極電流：$I[A]$）で観測できる．TSDC 評価は低粘度計を用いても検証できる．

水溶液の粘度 η は，η_0：純水の粘度，L：陽イオンと陰イオン間のクーロン力に基づく正の係数，M：イオン濃度，P：イオンと水分子との相互作用を表す実験的係数として，Jones-Dole の式

$$\frac{\eta}{\eta_0}=1+L\cdot M^{1/2}+P\cdot M$$

で表される．

イオン水溶液の TSDC 第 1 ピークの挙動は，イオン半径と関係があり，イオン半径の小さいものほどピークは高温側にシフトする．これは水和形成によりイオン近傍の水が拘束され，分子運動が低下することに起因している．したがって，TSDC によって評価されたピーク値は，水溶液粘度の特徴をとらえることがわかる．

TSDC 法により脱塩深層水，希釈深層水，蒸留水，水道水，超純水につき，それぞれサンプリング後 12 時間経過した水を対象として測定を行ったところ，水道水区，超純水区の第 1 ピーク温度は類似するが，脱塩水区は相対的に拘束された状態（水素結合の強化＝構造化）である．このことから，深層水や脱塩水中の成分が水の機能性（水の構造化）に関わっていると示唆される．

深層水を利用した施設園芸における高品質安定生産を図るため，ホウレンソウを供試した発芽勢・初期生育試験の結果，脱塩水区，

50倍程度の希釈深層水区のものは水道水区,蒸留水区に比べ良好である。またNFT栽培による深層水培養液は水道水培養液に比べ生育が安定することが判明している。培養液のpHと苗生産への影響については,培養液pHの初期条件を5.5に設定し,移植後2週間にわたり調査した結果,脱塩水区は水道水区に比べpHおよびECの変動が小さく,苗の生育は安定することが判明した。ただし,生育環境によっては深層水培養液の施用により根からの養分吸収量が抑制されることがある。これは培養液ECと浸透ポテンシャルには負の相関があり,根の養分吸収過程における養液移動に対する根の通導抵抗に影響して,吸収が減少するためである。培養液の粘性が増すと,根の生理的活性が低下して根における水の通導抵抗が増加し,養分吸収が低下する。調査によれば,深層水区補給タンク内培養液のイオン濃度(ppm;Mg^{2+}:215, Ca^{2+}:157, Na^+:1725, K^+:183)は,水道水区に比べそれぞれ13倍,2倍,172倍,1.2倍であるが,イオン吸収量はMg^{2+}, Na^+では深層水区＞水道水区であり,それぞれ9.5倍,116倍である。逆にK^+, Ca^{2+}では深層水区＜水道水区であり,それぞれ0.7倍,0.6倍であった[1]。イオン吸収のバランスが乱れると,培養液の濃度バランスも崩れる。したがって,培養液pHはイオン吸収の安定性を維持するうえで重要である。一方,培養液温度を変化させずに培養液粘度を制御して,根の生理的活性化を図ることは,根による培養液中のイオンの吸収バランスを保つうえで重要な意義をもつ。

培養液の緩和処理には液質制御を図る界面動電処理法(図1)[2]が有効である。変異荷電(-20mV前後のゼータ電位)を有するセラミックス(岩石を含む)を利用した界面動電処理システムでは,セラミックス側と水溶液媒体側の界面に電気二重層ができ,これが電気化学的反応種となる。セラミックス側は界面流動電位により負に帯電するが,セラ

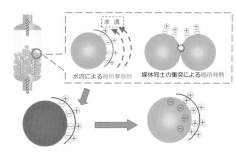

図1 変異荷電材料の流動による界面動電処理

ミックスの表面側と中心側との温度差により熱移動が生じ,熱電効果が現れる。この結果,セラミックス表面には余剰の正荷電が生じ,この正荷電が水溶液媒体に作用する。

栽培期間中の培養液粘度は緩和処理区＜対照区であり,緩和処理により培養液粘度は低下し,ECの平均値(標準偏差)は対照区の2.94(0.12) dS・m^{-1} に対し,緩和処理区で2.89(0.07) dS・m^{-1}, pHは対照区の6.27(0.17)に対し,緩和処理区で6.09(0.06)となり,いずれも緩和処理区の培養液は変動が少ない。現地試験によるロックウール栽培トマトに対する界面動電処理効果では,子葉展開期の胚軸長,子葉の大きさには差はないが,胚軸径は大きく有意差が認められた。花芽分化期～定植期,定植圃場への馴化期においても生育促進効果が認められ,節間長・節間径は有意に大きく,ばらつきは小さい。栽培期間中の収穫トマト総重量は対照区の71.44kg/20株に対し,緩和処理区は96.69kg/20株となり,対照区の1.35倍増を示した。比重,糖度,乾物率,ビタミンC(L-アスコルビン酸)も緩和処理区＞対照区であった。

〔石川勝美〕

◆ **参考文献**
1) 石川勝美. 2008. 日本調理食品研究会誌, **54**(14), 137-144.
2) Sata, K. *et al*., 2005. *Environ Control Biol*., **43**(3), 211-221.

1.40 ナノバブル

ファインバブル,マイクロバブル,バブル径,ゼータ電位,生理活性効果

ナノバブルは,マイクロバブルとともに微細な気泡を指す.前者は数〜数十ミクロン程度,後者はサブミクロンオーダーの直径を有する.これらには,水の浄化,殺菌,脱色,洗浄などの効果や生物の生理活性の促進効果などの事例報告があるが,学術的には未解明で発展途上の技術である.その特徴は,①通常の気泡より比表面積が大きく,気液界面での化学反応や物理的吸着,物質輸送が促進される,②液中で均質な反応場が得られやすい,③さまざまな生理活性効果を有する,④・OHの生成,⑤気体の溶解促進,⑥バブル表面に正/負の電位を有することなどである[1].産業界ではファインバブルの呼称で国際標準化を目指した動きがあるが,国際的な学術誌ではナノバブルやファインバブルなどの用語が並用されている.

● ナノバブルの安定性

ナノバブルの安定性はバブル内外の圧力差に依存し,ヤング-ラプラス式で表される.

$$\Delta P = P_{vap} - P_{liq} = \frac{4\sigma}{d}$$

ここで,ΔPはバブル内外の圧力差,P_{vap}はバブル内圧力,P_{liq}はバブル周囲の水の圧力,σは表面張力,dはバブルの直径である.例えば,1気圧(1.013×10^5 Pa)の下で20℃における水の表面張力を0.0728 N・m^{-1}とすると,直径50 μmではバブルの内圧はほぼ1気圧に等しいが,直径が100 nmでは29.7気圧になる.高い内圧のために,ナノバブルが安定して存在する理由はいまだ明瞭でないが,直接観察した例も報告されている[2].

● ゼータ電位

バブル表面は,等電点より高いpH領域で負に帯電している(ゼータ電位).その説明として,水素イオン(H^+)とOH$^-$の水和エンタルピーが,それぞれ,-1104と-446.8 kJ・mol^{-1}であり,H^+が優位にバルク水の側に位置するためとする説がある[3].筆者らは,気体によりゼータ電位が異なることを報告した(図1)[4].

● 生理活性促進

種子の発芽率の向上[5,6](図2),活性酸素の発生[7],養殖カキの生育促進や除菌効果,レタスやホウレンソウの成育促進[8,9]などの報告がある.多くはメカニズムが不明なままで,今後の解明が待たれる.

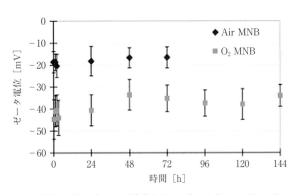

図1 空気(ϕ205 nm)および酸素(ϕ137 nm)からなるバブルのゼータ電位[4]

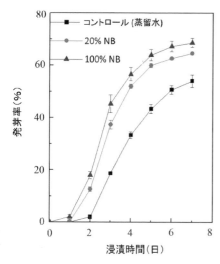

図2 ナノバブルによるホウレンソウ種子の発芽促進[6]

● ファインバブル

一般社団法人ファインバブル産業会が2012年に設立され,ファインバブル技術に関する国際標準化が日本主導で推進されている.その努力により,2013年にISO(国際標準化機構)に技術委員会(ISO/TC281)が設置され,2017年6月には専門用語(Terminology)として"ファインバブル"が発行された[10].それによると,ファインバブル(fine bubble)は体積相当径が100 μm未満,ウルトラファインバブル(ultrafine bubble)は体積相当径が1 μm未満,マイクロバブルは体積相当径が1 μm以上100 μm未満の気泡とされている.すなわち,ファインバブルはマイクロバブルとナノバブルを包含する用語として,ウルトラファインバブルはナノバブルに相当する用語として定義されることになった.

このため,国内外の論文誌にはナノバブルあるいはファインバブルやウルトラファインバブルという用語が混在して使われている状態にある.用語の統一が望まれるが,ISO/TC281の今後の動向に留意が必要である.

〔大下誠一〕

◆ 参考文献

1) 芹澤昭示,2007.化学工学,**71**(3),174-177.
2) Uchida, T. *et al.*, 2011. *Nanoscale Research Letters*, **6**, 295. http://www.nanoscalereslett.com/content/6/1/295
3) Najafi, A. S. *et al.*, 2007. *Journal of Colloid and Interface Science*, **308**, 344-350.
4) Ushikubo, F. U. *et al.*, 2010. *Colloids and Surfaces A*, **361**, 31-37.
5) Liu, S. *et al.*, 2013. *Chemical Engineering Science*, **93**, 250-256.
6) Liu, S. *et al.*, 2016. *Langmuir*, **32**, 11295-11302.
7) Liu, S. *et al.*, 2013. *ACS Sustainable Chem. Eng.*, DOI: 10.1021/acssuschemeng.5b01368.
8) Park, J-S., Kurata, K., 2009. *HortTechnology*, **19**(1), 212-215.
9) 南川久人ほか,2016.実験力学,**16**(1),77-83.
10) Fine bubble technology — General principles for usage and measurement of fine bubbles — Part 1 : Terminology. https://www.iso.org/obp/ui/#iso:std:iso:20480:-1:ed-1:v1:en

1.41
ICT

ユビキタス,トレーサビリティ,流通

　近年の科学技術の進展に,デジタルコンピュータおよびネットワークの発達が大きく寄与していることは疑う余地がない.諸分野に応用する情報通信技術について言及する場合に,それを意味する英語の Information and Communication Technology の頭文字を示す ICT の語が用いられている.

　われわれが,起こりうるいくつかの状態の組み合わせの中のある1つの状態,または,確率で表されたある事象の生起を知ったとき,そこから得たものを情報と呼ぶ.事象 x の生起確率を $P(x)$ とした場合,x の生起を知ることで得られる情報を定量化でき,$I(x) = -\log_2 P(x)$ で計算できる.この $I(x)$ を情報量(information quantity)と呼び,単位はビット(bit)である.情報を電気信号のデジタル値で記号として表現し,それを電子回路で処理する記号処理装置がデジタルコンピュータ(以下,コンピュータと略す)である.

　初期のコンピュータの代表例である1946年に発表された ENIAC は,真空管を17468本使用し,80 m^3 の空間を占有,重量30 t,当時の価格で49万ドルした.その用途は軍事などの投資額に見合う重要な事柄に限定された.やがて,半導体技術,集積回路(IC)技術の進展により,コンピュータの機能を IC にまとめたマイクロコンピュータが開発された.1971年に開発された4004と呼ばれる初期の4ビットマイクロコンピュータ IC は,約2300個のトランジスタを3 mm × 4 mm のシリコン薄板上に作り込み,約200ドルと,小型・低価格になった.電卓に使用する目的が開発のきっかけであった.その後,

「集積回路上のトランジスタ数は18か月ごとに倍になる」という経験則であるムーアの法則通りに,コンピュータの低コスト・高性能化が指数関数的に進んでいる.それに伴って,マイクロコンピュータはより広範な分野に使用され,IT(情報技術)の応用による各種製品の多機能化,高性能化,知能化,小型化,省エネ化などに貢献するようになった.

　有線または無線の伝送路を用いてデジタル値を伝送する情報通信技術も,コンピュータの発展とともに急速に進歩した.1969年に最初の接続が確立された,アメリカ国防総省の高等研究計画局が資金提供した ARPANET(Advanced Research Projects Agency Network)が,現在,普及しているインターネットの起源である.1982年に internet protocol suite(TCP/IP)と呼ばれる分散型のパケット通信ネットワークの規約が標準化され,1980年代の終わり頃から,インターネットという語が広く使われるようになった.こうして,世界中のコンピュータとほぼリアルタイムで通信可能になり,コンピュータ単体の使用では想定できなかった用途への進出が始まった.すなわち,インターネットに接続している各コンピュータが保持・提供している情報についてのカタログを提供する検索エンジン,SNS(Social Networking Service)に代表されるコンピュータを介したヒトとヒトとの新たなコミュニケーションメディア,ユビキタスコンピューティング(ubiquitous computing)と呼ばれる多数のコンピュータの分散協調的システムなどへの利用である.

　ユビキタス(ubiquitous=遍在する)という形容詞は,ラテン語由来の用語である.この語は,全知全能の神によって世界は包まれており,その結果,至るところに神の存在が感じられるというキリスト教の教えを意味するとされている.ICT 利用の新しい形を示すために,1993年に「ユビキタスコンピューティング」という語を初めて使ったのが,M.

Weiserであった．コンピュータを諸物に内蔵し，至るところに存在するそれらをネットワークで情報通信させ，一歩進んだ機能を提供し，より便利で快適な生活の実現に役立てようとする考え方を提唱した．ほぼ類似の用語として，IoT（Internet of Things：モノのインターネット化）という呼び方もある．

農業分野においても，経営，生産，出荷調整，貯蔵，マーケッティング，流通などの各分野でICTの導入が進んでいる．農産物の流通で例示すると，農産物の流れである物流，代金などのお金の流れである商流，そして，それらの移動に伴って発生する情報流の3種の移動がある．農産物の生産側を川上とし，消費側を川下とすると，物流は順方向，商流は逆方向，情報流は双方向になる．商流に関する商取引は，決済システム，競りシステムなどで早期からICTの導入が進んだ分野である．一方，物流に伴う情報については，農産物の生産時に発生する農産物の属性などの情報，流通時に発生する情報，消費時に発生する情報の3種の発生源があり，さらに，生産時点でのロットが分割したり結合したりして，消費時には非常に細かい単位に分割されるという特徴がある．物流に関する情報流のICT利用システムの構築には，より多くの記憶容量，情報処理能力が必要になる．

近年，食品の安全・安心を揺るがす，食中毒，異物混入，偽装などの事故や事件が数多く発生し，大きく報道されている．これに伴い，フードチェーンの安全・衛生管理に関する社会の関心が高まり，ただ物流を行うだけではなくICTによる食品トレーサビリティシステムの開発が各所で行われた．工学におけるトレーサビリティ（traceability）という語は，原器から，標準器，計測器に至る不確かさの体系が国家または国際標準などで定められて計測された値のもつ性質を指す用語である．農業・食品分野において，近年使用されるようになったトレーサビリティという語は，農産物の追跡可能性を意味する．コーデックス委員会（2004年）の定義では，「生産，加工および流通の特定の1つまたは複数の移動を把握できること」と，されている．すなわち，食品の生産から物流に伴う過程で発生する情報を記録し，それを実際の食品と紐づけすることで，生産から消費までの食品の追跡を可能にすることである．ICTを利用して食品トレーサビリティの確立を行うシステムを食品トレーサビリティシステムと呼ぶ．

食品トレーサビリティシステム導入の主目的は，川下側から川上で発生した情報を検索することで食品の安全性を担保し，食品事故が発生した場合の原因追及，影響範囲の特定，代替経路の確保を行うためである．食品との紐づけのためのコード体系・情報タグの開発，GAP（Good Agricultural Practice：農業生産工程管理）システムとの連携，データベースマネージメントシステムなどの検討とともに，なりすましや改ざんなどを防止するための電子署名技術などの情報セキュリティ技術の検討も重要である．

一方で，食品トレーサビリティシステムの導入は，記帳や生産物への情報タグの取りつけなど，生産側に労力的・経済的な負担をかける場合が多い．そこで，生産した食品がどこでどのように消費されたのかを追跡可能にし，マーケッティングなどに活用できるようにすることが重要である．川上側から遡及できる，生産側にメリットのあるトレーサビリティ機能をシステムにもたせることは，導入のインセンティブの1つとして重要であろう．

〔星　岳彦〕

◆　参考文献
1) Rheingold, H.（栗田昭平監訳），1987. 思考のための道具．パーソナルメディア，472.
2) Weiser, M., 1993. *Communications of the ACM*, **36**(7), 75-84.
3) 食品需給研究センター，2007. 食品トレーサビリティシステム導入の手引き（第二版），59.（http://www.fmric.or.jp/trace/　2018年4月27日閲覧）

第 2 章　計　　測

2.1 電子はかり

電気抵抗線式，電磁平衡式，静電容量式，振動式

電子式はかりとは，質量検出のための各種測定原理を用い，電子技術を活用して構成したはかりであり，①計量物の負荷に対して起歪体内の特定箇所の局部ひずみを検出する電気抵抗線式はかり，②サーボ機構により計量物の負荷と電磁力を平衡させる電磁平衡式はかり，③計量物の負荷による微小変位を電気変換する静電容量式はかり，④変位をほとんど伴わない力センサを利用した振動式，磁歪式などがある．

電子式はかりの特徴は，電気信号を介してさまざまなデータ処理を可能にすることで，風袋引きやゼロトラッキング，非直線性や温度の補正，振動などの誤差要因を信号処理により低減させるなど性能，操作性あるいは機能を向上させている．また，インターフェースを介してプリンタやコンピュータへのデータを直接伝送することで人的誤差要因を取り除き，データの信頼性を高めることも可能としている．

● **電気抵抗線式はかり**

電子式はかりの大多数が，電気抵抗線式（ひずみゲージ式）ロードセルを採用している．ひずみゲージ式ロードセル（図1）は，計量物の負荷により起歪体内の特定箇所で発生するひずみを，ひずみゲージで抵抗変化に置き換えて測定する方式である．そのひずみゲージはホイートストンブリッジ回路（図2）を構成しており，計量物の負荷に対する出力電圧 e は，負荷により発生するひずみ量 ε とひずみゲージのゲージ率 K およびブリッジ回路の印加電圧 E により，次式で表される．

$$e = K \cdot \varepsilon \cdot E$$

この式により，出力電圧 e がひずみ量 ε に比

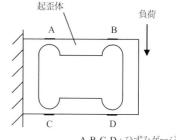

A, B, C, D：ひずみゲージ

図1 ひずみゲージ式ロードセル

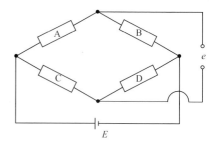

図2 ホイートストンブリッジ回路

例していることがわかる．

ひずみゲージ式はかりは，数百gから数tに及ぶ広い測定範囲のはかりに応用されている．はかりの精度は，製品により異なるが1万分の1が得られるものもある．また，構造がシンプルなうえ，堅牢で取り扱いにそれほど注意を要せず，経年変化も小さく長期間安定して動作する．

● **電磁平衡式はかり**

電磁平衡式はかりは，計量物による負荷を電磁力で釣り合わせる電磁力発生機構，釣り合い状態を監視する変位検出機構，およびサーボ増幅器などの制御機構で構成されている（図3）．

計量物が計量皿に載せられると平衡状態にあるさおは水平から傾こうとする．この傾きによる変位量を変位検出器で検出し，その不平衡信号をサーボ増幅器で増幅し，マグネットコイルに電流を供給することで，さおを水平状態に引き戻す．平衡状態では，計量物の

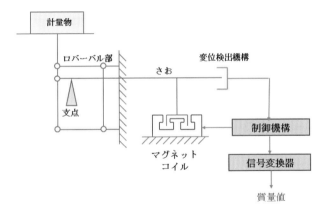

図3 電磁平衡式はかり原理図

負荷とマグネットに発生する力が釣り合い，磁力はコイル電流に比例することから，計量物の質量に比例した電流が測定値として得られる．また，応答を素早く，精度を向上させるため，制御機構にPID制御などが適用される．

電磁平衡式はかりは，2000万分の1の精度のものもあり，秤量（ひょうりょう）としては数百kg以下がほとんどで，精密な計測を必要とする分析用電子天秤などに用いられる．また，機構が複雑で部品点数が多くやや高価である．さらに，非常に高精度なので，電子回路で温度補償がされてはいるものの，磁石の温度変化や経年変化による感度変化は無視できず，室温変化や長期間の使用に対して，分銅を内蔵し校正できる製品もある．

● **静電容量式はかり**

静電容量式はかりは，計量皿に計量物が負荷されると，可動部分が鉛直下方に変位し，平行平板（電極板）の隙間が広がることで，静電容量が変化する．その静電容量の変化を電気信号に変換して質量を測定する．

静電容量式はかりは，100分の1から1000分の1程度の精度で，主にヘルスメータやキッチンスケールなどで利用されている．また特徴としては，センサ単体では電力がほとんど消費されないために，ひずみゲージ式などと比較して，消費電力が非常に少なく，また構造が簡単なためコストも安くできる．ただし，回路各部が周囲からの浮遊容量の影響を受けやすいという欠点がある．

● **振動式（音叉式）はかり**

音叉式はかりは，計量物の負荷に応じた張力が音叉振動子に与えられることで変化する固有振動数を測定することで質量を求める方式である．張力を受けていない状態での振動数をf_0，音叉振動子に加わる張力をF，張力を与えた音叉振動子の固有振動数fは，次式で表される．ただし，Kは定数とする．

$$f = f_0\sqrt{(1+KF)}$$

音叉式はかりは，製品により異なるが30万分の1の精度で，秤量は数百gから数百kgまでのものがある．計量物の負荷に対して検出される値が振動数であるため，AD変換器や信号用の直流増幅器が不要となり，電子回路に起因する誤差も少なく，コストダウンも図れる．また，音叉振動子の消費電力は微小で発熱が少なく，始動時のウォームアップもほとんど必要としない． 〔**中谷　誠**〕

2.2 力・圧力センサ

ひずみゲージ,ロードセル,圧力センサ,
加速度センサ,ホイートストンブリッジ,
MEMS

● **ひずみゲージ(図1)**

　ひずみゲージとは,対象物のひずみを検出することができるセンサである.ひずみゲージは,ひずみゲージに用いられている導体や半導体の抵抗が,ひずみを受けて変化することを利用してひずみの測定を行う.ひずみゲージは,非常に細い金属抵抗線を,薄紙やエポキシ樹脂などの薄片上に接着,固定したものであり,薄い板状の形状となっている.ひずみゲージを用いた計測では,ひずみゲージを測定する対象物に接着材などを用いて固定する.対象物において,対象物は力が加えられた方向にひずむため,対象物に接着・固定されたひずみゲージに,そのひずみが反映される.ひずみが生じたひずみゲージは,ひずみゲージ内部の抵抗値が変化し,その抵抗値の変化は,電圧値として検出される.検出される電圧値は非常に小さいので,ホイートストンブリッジやアンプを利用して,増幅された電圧値が検出される.対象物のひずみの大きさとひずみゲージの抵抗値の変化,ひずみゲージの抵抗値の変化と電圧値の変化が,それぞれ比例の関係にあるため,対象物に与えられた力を間接的に計測することができる.測定では,事前に対象物に加えられる力によるひずみの量をキャリブレーションによって計測するか,あるいは事前に材料力学による計算式からひずみの量を求めておく必要がある.

　ひずみに対する抵抗変化率を表すゲージ率は,ひずみゲージ用に用いられる抵抗線の材料固有の値となる.金属線に比べて半導体ひずみゲージのゲージ率は大きく,感度は高くなるが,温度による影響を受けやすい.

　ひずみゲージを用いることによって,対象物に加えられる力だけでなく,圧力やトルク,変位の測定ができる.また,動的な解析によって,速度や加速度の測定を行うことも可能である.ひずみゲージの用途範囲は非常に広く,ロードセルや圧力センサとしての利用のほかに,最近のロボットで必要な力制御のための

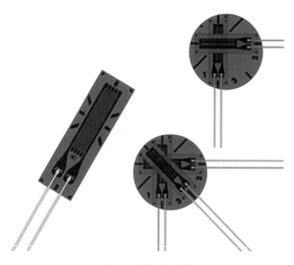

図1　ひずみゲージ[1]

センサとして用いられている．

● ロードセル（図2）

ロードセルとは，対象物に加えられる荷重を検出するセンサである．ロードセル内部の弾性体の表面にひずみゲージを接着，固定し，弾性体に加わる力の計測を行う．ひずみゲージを用いたロードセルが一般的であるが，ひずみゲージを用いないロードセルも開発されている．ひずみゲージを利用したロードセルにおいて，例えば，ホイートストンブリッジの利用により4つのゲージを弾性体に取りつけたものを4アクティブゲージ法と呼ぶ．4アクティブゲージ法のそれぞれのゲージの取りつけ位置の関係から，弾性体の温度補償が行われ，また感度を向上させることができる．また，弾性体のねじりに対して，45°の方向で圧縮や引っ張りが生じるので，加えられたトルクを測定できる．

● 圧力センサ（図3）

圧力センサとは，ダイアフラムゲージ（diaphragm gauge）などの一次変換素子を用いて変位に変換し，この変位を電気的に検出し，圧力を測定するセンサである．基

図2　ひずみゲージ式ロードセル[1]

図3　ひずみゲージ式圧力センサ[1]

図4　ひずみゲージ式加速度センサ[1]

図5　3軸加速度センサ[1]

板の上に集積化したデバイスであるMEMS（Micro Electro Mechanical Systems）による圧力センサとしてよく用いられるのが，ダイアフラムゲージである．ダイアフラムゲージでは，ダイアフラムに加わる圧力を，膜の変形から求め，膜の変形を静電容量の変化やひずみゲージによって測定できる．このような変位検出形の圧力センサのほかに，ひずみ検出形，振動形，力平衡形の圧力センサがある．

● 加速度センサ（図4, 5）

加速度を測定するためには，力，および力が加えられる質量を計測する必要がある．そのため，加速度計の測定方法として，例えば，2つのバネに挟まれた重りの変位によって，加速度を間接的に測定できる．そのほか，測定方法の違いから，静電容量型加速度センサ，熱検知式加速度センサ，ピエゾ抵抗型加速度センサなどがある．加速度センサの用途もまた多様であり，例えば，単純な加速度の測定だけでなく，振動実験での振動測定に用いられる．また，ロボットの姿勢制御やバランス制御のための姿勢位置や外部からの力などを測定することができる．　〔野口良造〕

◆　参考文献
1）　株式会社共和電業．
　　http://www.kyowa-ei.com/

2.3 変位センサ

変位センサ，ポテンショメータ，
ロータリーエンコーダ，ジャイロセンサ，
超音波センサ，赤外線センサ，レーザー変位計

● 変位センサ

　変位センサとは，対象物の物理的な変化を検出し，その物理変化量を用いて，センサから対象物までの距離（変位）を計測するセンサである．測定方法の違いから，光学式変位センサ，超音波変位センサなどがある．光学式変位センサは，光源からの光をレンズによって集光し，対象物に照射し，対象物からの反射光を受光レンズによって受光素子上に集光する．対象物の位置が変化すれば受光素子上の結像位置が変化することから，変化の度合いを電流値で測ることによって，対象物までの距離を求めることができる．超音波変位センサは，センサヘッドから超音波を発信し，対象物から反射してくる超音波を受信し，距離を測定する．対象物の色による影響を受けない，光学式変位センサに比べて長距離検出が可能である，などの利点がある．

● ポテンショメータ

　ポテンショメータとは，対象物の回転角や移動量に応じて，可変抵抗器の抵抗値を変化させ，その変化を電圧の変化として計測し，対象物の回転角や移動量を計測するセンサである（図1）．構造の違いから，回転型（角度検出）と直動型（変位検出）があり，円周上あるいは直線上に抵抗体が巻かれている．ポテンショメータの構造から，出力電圧は抵抗体の抵抗値に無関係であり，温度変化による抵抗変化の影響は少ない．

● ロータリーエンコーダ

　ロータリーエンコーダとは，対象物と一緒に回転するスリット円板を通過する光をカウントし，対象物の回転角度をデジタル量で測定するセンサである．回転角度の変換方式の違いから，光学式のほかに，ブラシ式，磁気式などがある．光学式は，回転角度をパルスで符号化し，発光ダイオードによる発光源からの光を，固定スリット板とスリット円板を通過させ，フォトダイオードによる受光素子で受け取ることによって，モーターの回転数を光パルスのデジタル値に置き換える構造となっている．ロータリーエンコーダには，ロータリーエンコーダの初期位置からの相対的な回転角度を，矩形パルスの数をカウントすることにより検出するインクリメンタル方式と，複雑なスリット円板の模様を利用してビット数に対応する発光ダイオードとフォトダイオードの組み合わせによる二進コードの出力から絶対角度を検出できるアブソリュート方式がある．インクリメンタル方式は，構造が簡単かつ安価であるが，アブソリュート方式は構造の複雑さから比較的高価であり，サーボモーターの位置制御などに用いられる．なお，回転角度を測定するロータリーエンコーダに対して，直線変位を測定するリニアエンコーダがある．

● ジャイロセンサ

　ジャイロセンサとは，物体の姿勢と回転慣性の関係から，ジャイロ効果によって，傾斜角度や角速度を電圧値として検出し，それらを測定するセンサである．ジャイロセンサでは，回転するコマを傾けると，慣性の法則により，元の位置で回転を続けようとするコリ

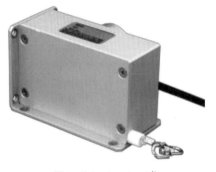

図1　ポテンショメータ[1]

オリ力から，対象物の傾いた角度を測定することができる．また，移動した角度と時間から角速度を検出できる．

機械式ジャイロである回転型ジャイロは，内部で実際にコマをモーターで回転させる必要があるため小型化が難しく，精度の向上のためには，大型化と消費電力の増加が伴う．また，レーザー式ジャイロは，高精度かつ高安定であるが高価となる．振動式ジャイロは，MEMSを利用する場合，振動板を回転させてコリオリ力を発生させ，これを静電容量で検出することによって，傾斜角度や角速度を測定する．MEMSを利用したジャイロセンサは，小型化かつ安価であり，応答性がよいなどの長所がある．

ジャイロセンサの用途は広く，船，飛行機，カーナビゲーションシステム，ビデオカメラ，デジタルカメラなど，さまざまなものに利用されている．また，ロボットの内界センサとして利用され，姿勢制御のために用いられている．

● 超音波センサ

超音波センサとは，人間の耳には聞こえない高い振動数をもつ弾性振動波である超音波を利用するセンサである．超音波を発生するトランスデューサ（送信部）と，その超音波を受信するレシーバー（受信部）から構成され，超音波の反射時間によって，物体までの距離を測定するセンサである．超音波を利用すると，音の外乱に影響されにくく，また騒音になりにくい利点がある．しかしながら，空気中の音速は温度に依存するため，温度による距離の補正が必要である．また，音は距離が延びると減衰が大きくなり，また風の影響も受けるため，遠い距離の測定には向いていない．

● 赤外線センサ

赤外線センサとは，発光素子である赤外線発光ダイオードやレーザーなどから出た光や，対象物が反射した光を，受光素子でありスポット光量の重心位置を求めることができるPSD（光位置センサ，Position Sensitive Detector）を用いて受光し，反射光の角度から三角測量の原理によって，距離を測定するセンサである．赤外線センサは，短い距離の計測を得意とし，発光部分と受光部分が同じになったものが多く利用されている．赤外線は，外乱の影響を受けにくく，太陽光の中でも検知ができる利点がある．赤外線センサは，自動水栓やATMといった，使用者を感知する必要がある場所でよく利用されている．

● レーザー変位計

レーザー変位計とは，指向性が鋭く単色性と可干渉性の優れるレーザーを利用して，対象物に短間隔のパルスによるレーザー光を当て，その反射を受光部分で検出し，距離を測定するセンサである．超音波センサに比べて，長距離を測定するのに向いている．ただし，レーザー光を利用しているが，空気中における減衰や拡散による限界はある．また，レーザーを用いることから，対象物が動物や人であることは避けるべきとされており，建物までの距離やゴルフ場での距離の測定などで利用されている．また，レーザーを利用したものとして，レーザードップラー計測器があり，物体表面の微細な変形や，物体の移動速度を，非接触で測定することができる．

〔野口良造〕

◆ 参考文献
1) 株式会社共和電業．
 http://www.kyowa-ei.com/

2.4 体積センサ

置換法, レーザー, 静電容量, 共鳴周波数

ここでは気体と液体を除く固体様物体の体積測定法について述べる.

● 青果物・食品の体積測定はなぜ必要か

青果物の出荷前には, その大きさや質量を基準にしてS, M, L, 2Lなどの階級選別が行われる. 青果物の価格が物質量によるのは自然なことである. 階級選別は質量ベースで行うのが本来の姿であるが, しかし実際には低コストで簡便なことから大きさ選別が行われることも多い. 大きさ選別は空間的な物の大きさによる選別であるため, 本質的には体積選別である. しかし選果施設のような現場で簡単に体積を測定できる技術が長らくなかったため, 体積を測定するという発想すらなかった.

近年, 静電容量[1]や音響共鳴[2]を利用した体積の精密測定法が登場し, 青果物の体積測定はもちろんのこと同時に測定した質量を用いて密度を推定することができるようになった. 青果物の密度は糖度推定や空洞果検出に有効なパラメータであり, 等級選別にも適用されるようになった. これらの測定法は, 青果物に限らず, 食品製造中の工程管理やパッケージング時の体積ベースの分割, また畜産, 水産業での肥育管理にも利用可能性があり, 適用範囲はきわめて広範囲に及ぶ.

● 従来からの体積測定法

従来法はいずれも置換媒体を用いる方法であり, 固体, 液体, 気体の媒体がある.

液体置換法はアルキメデスの原理でよく知られる方法で, 簡便に精度よく測定できる方法である. 容積既知の容器に物体を入れ, 密度既知の液体で満たす. 物体以外の部分にある液体の質量を液体の密度で除することで液体体積を推定し, 空容器体積から減ずることで物体体積を得ることができる. ピクノメータを用いる方法がこれにあたる. あるいは図1に示すように, 密度ρの液体に漬けたときの液中重W_1と物体の空中重（質量）Wから, 物体体積$V_0 = (W - W_1)/\rho$で求めることができる. 液体置換法は液体への浸漬が難しいものには適用できない.

気体置換法による典型的な体積計の構造を図1に示す. 試料を密閉容器に入れ, 参照シリンダのピストンを規定位置まで押し込み, 次に参照用と同じ大きさの測定用シリンダとの間に圧力差が生じない位置まで測定用ピストンを押し込む. 等温変化と考えるとボイルの法則 $pV =$ const.（pは圧力, Vは体積）が

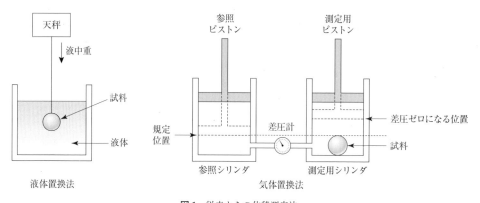

図1 従来からの体積測定法

成り立つため，両ピストンの位置の差に相当する体積が試料体積に等しい．本方式は液体に浸漬できない試料にも適用できる．後述するヘルムホルツ共鳴を利用する方法は，原理的に気体置換法に分類される．

固体を用いる菜種置換法は，パンのように軟弱で液体に浸漬できない試料向けに用いられる体積測定法である．置換媒体が異なるだけで，液体置換法と原理は同じである．

● その他の体積測定法

近年登場した迅速かつ高精度に測定可能な方法を紹介する．

レーザー式体積計　図2に示すようにレーザーダイオードからレーザーをスポット状，もしくはライン状に試料に照射し，距離測定を行う．照射レーザーを試料上でスキャンしていくか，試料を回転することにより，試料表面の空間座標を取得する．このデータから体積を算出する．本方式は試料を置くだけで直ちに非侵襲測定ができるが，レーザーが試料形状により照射されないところがある場合には，その部分は詰まった形になり，空隙が隠れていた場合は体積値が過大に測定されてしまう．

静電容量式体積計　半径 r_1 の球の外側に，同心状に半径 r_2 の球殻が設置され，球体間の媒質の比誘電率を ε_r とするとき，静電容量 C_S は

$$C_S = 4\pi\varepsilon_0\varepsilon_r r_1 r_2/(r_2 - r_1)$$

で表される[3]．C_S を測定できれば半径 r_1 が決まるため，内部球の体積を求めることができる．この原理を利用して加藤により開発されたスイカの体積測定装置の概略[3]を図2に示す．ベルトコンベア上を移動するスイカの体積を高精度に測定することが可能で，日本全国の選果施設に導入されている．

ヘルムホルツ共鳴を利用する方法　ビール瓶の口を吹くと音が出るが，この現象をヘルムホルツ共鳴という．この現象を利用した体積計の概略を図2に示す．スピーカーからの音と共振するときのスピーカーのコイルインピーダンスから共鳴周波数 f を決定する．f は，空気の音速を c，瓶のネックチューブの長さと断面積をそれぞれ l, S，開口端補正量を l_s，共鳴器の内容積を W_h，中に入っている試料の体積を V_0 とすると，

$$f = cS^{0.5}(4\pi^2(l + l_s)(W_h - V_0))^{-0.5}$$

で表される．共鳴周波数 f を測定できれば，理論式より瓶の中にある物体の体積を求めることができる．ミキサーでホイップ中のクリームやケーキ生地のように激しく変形する試料の体積も測定することが可能である．

〔西津貴久〕

◆ **参考文献**

1) 加藤宏郎, 1999. 第58回農業機械学会年次大会講演要旨, 327-328.
2) 西津貴久, 2001. 農業機械学会誌, **63**(1), 10-14.
3) 加藤宏郎, 2003. 河野澄夫編, 食品の非破壊計測ハンドブック, サイエンスフォーラム, 325-330.

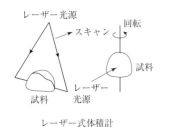
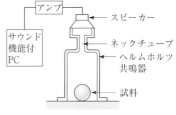

図2　新しい体積測定法

2.5 粒度測定法

ふるい分け，顕微鏡，電磁波干渉，沈降

粒子を幾何学径で区分してその分布状態を質量分率として表すふるい分け法が古くから利用されている．同様に，相当径で区分された粒度分布を個数分率で表す顕微鏡法や電磁波干渉法，ストークス径で粒子を区分して質量分率や個数分率で表す沈降法などもよく利用される．このため粒度の測定では，粒子径区分の定義や粒度分布の基準を明確に示す必要がある．

● ふるい分け法

目開き寸法が大小2つのふるいを用いて十分な量の粉体をふるい分けると，目開きが小さいほうのふるい上に残った粒子群は2つのふるいの目開きの算術または幾何平均に等しい粒子径となる．したがって目開きが上部から下部に向けて小さくなるようふるいを積み重ねて最上部から粉体を投入，振動させると，粉体は各ふるいの目開きに対応した粒子群に分配される．この場合，各目開きのふるい上に残る粒子群の質量分率を頻度として目開き寸法ごとにグラフ上でプロットすれば粉体の粒度分布を得ることができる．通常は粒子径の上限と下限の間を5～6段階としてふるい分ける．

ふるい分け法には，乾燥粉体を用いる乾式法と適当な媒体中に粉体を分散させて分別する湿式法がある．湿式法に用いる分散媒体には水やアルコールなどが用いられる．微粉体に対しては湿式法のほうが有効である．

ふるいの目開き寸法は標準ふるいとして各国で規格化されており，日本では現在 JIS Z 8801-1:2006 が適用されている．乾式法で簡易的にふるい分けする場合は人手による振とうでもかまわないが，精密なふるい分けや湿式法を適用する場合は電磁式や音波式の振とう機を用いる必要がある．標準ふるいで正確にふるい分けできる最小の粒子径は 40 μm 程度までである．それ以下の粒子群を正確にふるい分ける場合は，写真製版の電着法で製造されるマイクロシーブ（電成ふるい）を用いる必要がある．この場合，湿式法であれば 5 μm 程度までふるい分け可能である．

● 顕微鏡法

粒子を光学顕微鏡や電子顕微鏡などで直接観察してその形状や大きさを投影像として測定する方法である．通常，粒子の厚さ方向は測定しない．粒子径は幾何学径，相当径いずれでも測定可能で，それらの個数分率として粒度分布を評価することができる．他の測定法より情報量が多く信頼性も高いが，評価対象の粉体サンプルは微量とならざるをえず，粒子形状や凝集状態の解釈も問題となる可能性がある．このため，サンプリング方法や測定結果の取り扱いに十分注意する必要がある．サンプリングのための粉体試料作製法としては，スライドグラス上に少量ずつ試料粉体を散布する乾式ふりかけ法，液体媒体中に粒子を分散させてその一部を観察する湿式分散法をはじめ，ペースト法，水面膜法，レプリカ法などがある．最近では，粒子群の投影像をデジタル画像としてコンピュータに取り込んだのち，投影径や相当径としてソフトウェア的に網羅測定することが多い．

試料粉体の粒度分布が広い場合には偏析が生じやすい．このため，顕微鏡法によって信頼できる粒度分布を求めるには粒子群の代表的な視野をいくつか選んでできるだけ多数の粒子径を測定する必要がある．必要となる計測粒子数は，最大粒子と最小粒子の体積比が 10 倍程度の広がりであれば 200 個程度の計測で満足できる信頼性が得られるが，100 倍になると 10000 個以上が必要となる．したがってより正確な測定のためにはあらかじめふるい分けなどである程度粒子群を分別し，それら粒子群すべての測定結果を総合して粒

度分布として示すことが必要である．

● 遮　光　法

　きわめて細いガラスセルに直角の平行光線を当てて粒子分散液を流し，粒子が通過した際の光強度を粒子の大きさとして検出する方法である．粒子投影像の円相当径もしくは正方形相当径による個数分率の粒度分布を得ることができる．なお粒子がセル内で同時通過すると測定誤差となってしまうため，粉体分散液はきわめて希薄に調製する必要がある．

● エレクトロゾーン法

　細孔のある絶縁体隔壁を電解質溶液中に設けてその両側に電極を配置した場合，電極に電圧をかけて流れる電流の大きさは細孔部分の電気抵抗によって決まる．電解質溶液中に粒子を分散させて細孔を通過できるようにすれば，粒子が細孔部に存在する間だけその体積相当分の電解質溶液が減少し電気抵抗が増す．粒子が連続して通過すれば，瞬間的に電気抵抗が変化して電圧パルスが生じる．このときのパルス数が通過した粒子数，電圧パルスの高さが粒子体積に相当するため，体積分率の粒度分布が測定できる．比較的粒度分布が揃った試料でないと適用は困難である．

● 電磁波干渉法

　散乱や回折など，電磁波の干渉現象を利用して粒子径や粒度分布を測定する．粒子による光の散乱強度から体積を求める方法，粒子群による電磁波の散乱，あるいは回析強度の角度分布から粒度分布を求める方法，レーザーなどの可干渉波を用いて空気力学的粒子径を求める方法などがある．いずれも粒子の球相当径による体積分率の粒度分布が測定できる．本法は乾燥した粉体試料のみでなく，分散媒体中の粉体やエアロゾルなどの粒度測定にも適用できる．

● 沈　降　法

　重力によって水などの媒体中を自然沈降する粒子の終端沈降速度をストークス式に当てはめ，式中の球体直径を粒子の有効径（ストークス径）として算出する方法である．沈降粒子を計測する方法次第で，質量，個数，体積いずれの分率でも粒度分布が評価できる．原理的に簡単で測定範囲も広いのでよく利用される．なお沈降法によって粒度を正確に測定するためには，試料粉体が十分に分散していなければならない．このため，試料粉体と相互作用のない媒体を選択する必要がある．通常，無機物を原料とする粉体試料に対しては純水が用いられるが，粒子の親媒体性を向上させるための分散剤を混合することもある．媒体中への試料粉体分散には家庭用ジューサやホモジナイザなどが利用される．粒子群の沈降速度測定には，ピペット法，光透過法，沈降天秤法，圧力法，比重法などさまざまな方法が適用される．重力だけでは沈降速度が小さい，あるいはブラウン運動の影響が無視できない微粒子に対しては遠心力で沈降速度を増大させる遠心沈降法が用いられる．

● 慣性力法

　旋回気流中に粒子が存在して気流とともに運動している場合，粒子には旋回運動による遠心力が働く．これにより，重力だけでは沈降しにくい空気中の微粒子であっても沈降速度が増加して粒子群の分級が容易になる．この原理を応用した分級装置にはカスケードインパクタや多段サイクロンなどがある．

● 篩別（ひべつ）法

　一定流速で流動している媒体中に同一材料の粒子を沈降させると，底面まで沈降可能な粒子径（限界粒子径）は流速によって変化する．流速を変えることで限界粒子径が異なるいくつかの粒子群に分級し，各粒子群の量を測定，粒度分布を求める方法である．流体は気体でも液体でもよく，流れの方向によって水平流分級型と上昇流分級型に分類できる．

　以上の方法に加えて，単粒子膜法，また塗料などの分散度試験法に用いられるグラインド計による粒度測定法などがある．

〔小川幸春〕

2.6 温度センサ

熱電対, 白金抵抗, サーミスタ

　農畜水産物は, 温度によって品質が大きく変化するため庫内や環境, 品温などの温度を把握する必要がある. ここでは, 熱電対, 白金抵抗, サーミスタといった接触式温度センサの原理や特徴について述べる. なお, 温度測定方法について, 詳しくは日本工業規格 JIS Z 8704 に定められているので, 参考にされたい.

　熱電対とは, 2種類の導電体先端の接続部に生じる温度差で生じる熱起電力を利用したセンサで, 細い導電体を用いることで接続部を小さくすることができるので, 狭い領域の温度測定も可能である. また, 自己発熱の影響がなく, 振動や衝撃, 耐久性に優れており, 時間遅れも小さいといった特徴がある.

　熱起電力を生じさせる効果は, 1821年に J. J. Seebeck によって発見されたゼーベック効果と呼ばれ, 図1に示すように2種類の金属 A, B をつないで2つの接点を異なる温度 T_1, T_2 に保つとき, 端子 c, d 間に電位差が生じる現象を指す.

　基準接点の温度 T_1 (原則として0℃) を固定すると, 熱起電力の測定値から測定点の温度 T_2 を知ることができる.

　具体的には, 図2のような方法で測定する.

　熱電対の測定系は, 図のように熱電対, 補償導線, 基準接点, 計測器で構成される. 補償導線は, 高価な熱電対の代用に用いる線で, 熱電対と同じ温度で接続された熱起電力が同等の材料が用いられる. 図のように熱電対を接続した計測器では, 測定点の温度は $T_s - T_b$ として表される. そのため, 基準接点 T_b を0℃に保つことで, 測定点の温度 T_s を知ることができる. 一般的な熱電対素線の種類としては, 13%ロジウム-白金 (記号R), クロメル-アルメル (記号K), クロメル-コンスタンタン (記号E), 鉄-コンスタンタン (記号J), 銅-コンスタンタン (記号T) などがあり, 表1に示すように温度帯域や特徴が異なる.

　表1は, 素線の種類の組み合わせによる温度範囲を記載しているが, 素線径によって利用できる温度範囲が異なるため, JIS C 1602 などを参考に加熱使用限度を確認し, これを超えて温度を上げてはいけない.

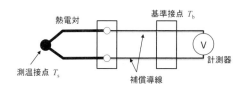

図2　熱電対の測定系

表1　熱電対素線の種類と特徴

記号	温度範囲 (参考値)	特徴
R	0〜1400℃	安定性は良好だが, 感度が悪い
K	−200〜1000℃	最も多く使われているタイプ. 熱起電力の直線性が良好. 耐熱性, 耐蝕性が高い
E	−200〜700℃	安価で高い熱起電力をもつ高感度. Jより耐蝕性が高い
J	−200〜600℃	安価でEに次いで高い起電力特性. 酸化性雰囲気下で不適
T	−200〜300℃	安価で低温下での特性がよいため, 低温用として適している

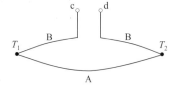

図1　ゼーベック効果の模式図[1]

白金抵抗式の温度センサは，白金の電気抵抗が温度にほぼ線形に比例して変化することを利用した温度センサである．温度による抵抗変化率が大きく，安定性が高く，高精度であることから，工業分野で広く用いられている．安定性，線形性，高精度，広い温度範囲を特徴とする白金が用いられることが多いが，ニッケルなど他の金属も用いられることがあることから，これらは測温抵抗体と呼ばれ，JIS C 1604 に規格が定められている．±0.1℃の精度で温度を測定することが可能であり，測定範囲は −200℃ から 600℃ 程度までである．

　抵抗素子が Pt100 と記載されているものは，測温抵抗体の材料に白金が用いられており，0℃での抵抗値が 100Ω であることを意味する（図3）．JIS では，Pt100 の 100℃ における抵抗値を R_{100}，0℃のときの抵抗素子の抵抗値を R_0 としたときの抵抗比 R_{100}/R_0 は 1.3851 と定められている．

　測温抵抗体は，原理的に熱電対のような基準点や補償導線は不要だが，応答性が低く，機械的衝撃や振動に弱いという欠点をもつ．内部導線の結線法には，2導線式，3導線式，4導線式の3種類ある．2導線式は導線の抵抗が加算されるため使用頻度は低く，導線抵抗の影響を小さくできる3導線式や4導線式が一般的に用いられる．特に4導線式は，導線抵抗の影響を受けることなく精密な温度が測定できることから，標準温度センサなどに用いられる．

　サーミスタは，JIS C 1611 に規定されている温度センサで，測温抵抗体と同様に抵抗値の変化から温度を読み取る方式であるが，温度が上がると抵抗値が下がる特性（負の温度係数）をもった抵抗体の総称で，金属酸化物を材料として高温にて焼結されたセラミック半導体である．比較的測定温度範囲は狭く，個体差があるが，安価である．一般的に NTC（negative temperature coefficient），PTC（positive temperature coefficient），CTR（critical temperature resistor）の異なる温度-抵抗特性を有するタイプがあり，最も一般的な NTC は，使用温度は −50℃ から 400℃ 程度である．PTC は，ある温度を境に抵抗が大きくなる特性をもっており，単に温度を計測するだけでなく，合わせて電力を制御できるため，過熱保護や過電流保護として利用することも可能である．CTR は PTC とは逆の温度-抵抗特性をもっており，ある温度を境に抵抗が小さくなる特性をもつ（図4）．

〔小川雄一〕

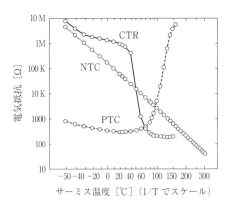

図4　各サーミスタの温度特性

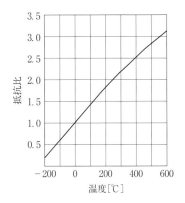

図3　Pt100 の温度-抵抗比特性

◆ 参考文献

1) 物理学辞典編集委員会編，2005．物理学辞典（三訂版）．培風館．

2.7 湿度センサ

相対湿度，絶対湿度，混合比，露点，
感湿性高分子膜，電気抵抗式，静電容量式

穀物乾燥，青果物貯蔵，食品加工などにおいて，空気中に含まれる水蒸気量すなわち湿度を測定する場面が多くある．さまざまな湿度センサ（測定器）が市販されているが，測定可能な温湿度範囲や雰囲気条件，応答性，精度などが異なるため，湿度センサの特性を知り使用目的に合ったものを選択することが重要となる．一般に湿度センサや湿度表示では，対象気体を水蒸気と標準組成の乾燥空気との混合気体である湿潤空気としている．そのため，湿潤空気でない場合や通常の空気には含まれない気体が存在する場合は，湿度の測定法や表示法の妥当性を検討する必要がある．また一般気体を対象とする場合，ガス中水分計などの名称が用いられることがある．

● 湿度の表し方

湿潤空気の湿度を表す量のうち，代表的な名称とその定義を示すが，どの定義による湿度でも相互に変換可能である．一般に湿潤空気は理想気体として扱われるが，実在気体とした湿度表示変数間の換算式が文献[2]に示されている．

水蒸気圧（water vapor pressure）：湿潤空気中の水蒸気の分圧であり，その単位はPaである．

相対湿度（relative humidity）：実用上は，湿潤空気の水蒸気圧と，その温度における飽和水蒸気圧の比を百分率で表したもので，その単位は%，%rhなどである．

絶対湿度（absolute humidity）：湿潤空気の単位体積中にある水蒸気の質量であり，その単位は $kg \cdot m^{-3}$，$g \cdot m^{-3}$ などである．

混合比（mixing ratio）：湿潤空気中の水蒸気と乾燥空気の質量比であり，その単位は $kg \cdot kg^{-1}$，$g \cdot kg^{-1}$ などである．この定義は，ポストハーベスト工学，機械工学，化学工学，空調工学などの分野では，絶対湿度と呼ばれており，水蒸気質量と乾燥空気質量との違いを明確にするため，その単位として kg/kg'，kg/kg (DA)，$kg \cdot kg^{-1}$ dry air，$kg \cdot kg^{-1}$ DA などと示されることが多い．しかしながら，他の分野や学校教育，海外の規格などでは，混合比を絶対湿度とは呼ばないので注意が必要である．

露（霜）点（dew (frost)-point）：湿潤空気の水蒸気圧と等しい水（氷）の飽和水蒸気圧を示す温度である．

● 湿度センサとその測定原理

よく利用されるもの，特徴的なものをあげる．他の多くの湿度測定法が日本工業規格（JIS Z 8806）[1]に記されている．

通風乾湿計 蒸留水で湿らされた綿布（ウィック）により覆われている感温部の温度（湿球温度）が，周囲の湿度に応じた水の蒸発で周囲の温度（乾球温度）よりも低下することを利用したものである．乾球・湿球の温度，湿球温度における水の飽和水蒸気圧，気圧から乾湿計公式により湿潤空気の水蒸気圧が得られる．ここで，飽和水蒸気圧は温度に応じて Sonntag の式（$-100 \sim 100$℃）や Wagner-Pruss の式（100℃ $\sim$）により求められる[1]．また，乾球・湿球の温度を温度センサにより測定し，あらかじめ組込まれた演算式により相対湿度が得られるものが市販されている．精度よく測定するためには，乾球・湿球が周囲の放射熱の影響を受けないこと，乾球・湿球の周囲に仕様で定められた気流があることを必要とする．また湿球で水が蒸発するため被測定系を乱すおそれがあり，小空間の湿度測定はできない．

高分子電気抵抗式 基板上にくし型電極を配置し，その上に感湿性高分子膜を塗布したもので，高分子膜の電気抵抗が周囲の湿度によって変化することを利用し，相対湿度が得られる．周囲の湿度が 30～90%rh に変化

すると，高分子膜の抵抗値が3桁程度変化するため感度が高い．しかし抵抗値には温度依存性があり，温度平衡を十分にとったうえでの温度補正を必要とする．さらに低湿度では高抵抗となって検出が困難となり，またいったん結露するとその後使用できなくなるものも多く，一般に測定範囲は20～95%rhである．例えば20℃95%rhのとき，わずか0.8℃の低下で結露するため，高湿度での測定には注意が必要である．経年劣化もあり長期使用には向かないため，センサ部のみが交換可能となっている．

高分子静電容量式 基板上に電極，感湿性高分子膜，電極の順に配置され，水蒸気が容易に高分子膜に到達できるよう上部電極は透湿性を有している．下部電極と上部電極間の静電容量が周囲の湿度によって変化することを利用し，相対湿度が得られる．静電容量を大きくするために薄膜構造にすることから応答が速いものが多い．湿度変化に対応した静電容量変化が小さいため感度は低いが0%rhから測定でき，また温度依存性が小さく再現性に優れ経年変化も小さい．結露しても付着した水滴が蒸発すれば測定できるため，測定範囲は0～100%rhとされているものが多い．しかし，結露後に湿度が低下しても水滴が完全に蒸発するまでは正しい値が表示されない点には注意を要する．そこで，結露が生じるような高湿度環境での測定に対応した加熱型センサもある[3]．これは，センサ周囲のみを加熱し相対湿度を下げて結露を防止し，露点や絶対湿度が求められる．相対湿度は，加熱されていない周囲の空気温度を別に測定し，演算により算出される．

測定される静電容量はセンサ部の電極間のみならず配線長さにも影響されるため，センサと信号変換器間の配線長さを自由に変更できない．

ジルコニア式 本来は酸素センサであり，酸素濃度の測定原理として濃淡電池式と限界電流式の2つがある．これらの詳細は［2.31 ガスセンサ］を参照されたい．いずれの方式も高温での湿度測定が可能であり，700℃まで対応するセンサも市販されている．湿度の測定原理としては次の2つがある．1つは，湿潤空気には水蒸気が存在するため，酸素濃度が乾燥気体の約20.9%よりも低くなることを利用するものである．湿潤空気の酸素濃度を測定し，酸素濃度の低下度から湿潤空気中の乾燥気体の割合を求め，その残りを水蒸気濃度として湿度が求められる．もう1つは，湿潤空気に含まれる水蒸気を電気分解し，発生した酸素を検知するものである．通常の限界電流式酸素センサにより湿潤空気の酸素濃度が測定される．より高い印加電圧の限界電流式酸素センサでは湿潤空気中の水蒸気が電気分解され酸素を生じ，より高い酸素濃度が測定される．この発生した酸素による酸素濃度の上昇度が湿潤空気の水蒸気濃度と関係していることを利用して湿度が求められる．

冷却式露点計 露（霜）点を直接測定するものであり，他の方法では困難な極低湿度の測定が可能である．湿潤空気に接している物体の温度を低下させ，露（霜）が発生したときの物体の温度から露（霜）点を求める．冷却や露（霜）の検出にいくつかの方法がある．測定対象雰囲気から気体をサンプリングするため，適切な配管材料と配管温度を選択し，配管内壁への水蒸気の吸脱着や凝縮を防止しなければならない． 〔川越義則〕

◆ **参考文献**
1) JIS Z 8806 : 2001（2015 最新確認）．湿度-測定方法．
2) 日本機械学会編，1992．湿度・水分計測と環境のモニタ．技報堂出版，23．
3) VAISALA. 2013. 高湿度環境での湿度計測. https://www.vaisala.com/sites/default/files/documents/CEN-TIA-Warmed-Probe-Application-Note-B211246JA-A_low.pdf.［2016年1月23日アクセス］

2.8 流速センサ

ピトー管,熱線流速計,超音波流速計,レーザードップラー流速計

● ピトー管

マノメータは液柱の高さの差によって圧力を計測する機器である. 図1にU字管マノメータの原理を示す. 図中のX面とX'面で力の釣り合い((1)式)から(2)式が得られる.

$$P_2 + \rho gh = P_1 + \rho_0 gh \quad (1)$$
$$P_2 - P_1 = (\rho_0 - \rho)gh \quad (2)$$

ピトー(Pitot)管は,流れの中に静圧と全圧(全圧=静圧+動圧)を導く管を用いて,これらの圧力差すなわち動圧(動圧=$P_2 - P_1$=$\rho v_1^2/2$)から流速を求めるものである. ピトー管の原理はベルヌーイの定理に基づいており,U字管マノメータを用いて動圧を計測する際,流速は(3)式から求められる.

$$v_1 = \sqrt{2gh(\rho_0 - \rho)/\rho} \quad (3)$$

実際のピトー管での流速測定ではピトー管固有の値であるピトー管係数が(3)式に導入される. ピトー管は,ある点の流速を計測するものであるが,流速と方向を同時に計測するために用いられる多孔ピトー管もある.

● 熱線流速計

流体温度より高く保持された金属線が気流によって冷却されるとき,金属の温度は変化する. 熱線流速計は,この温度変化に対応する電気抵抗の変化または電流の変化を測定して流速を求める流速センサである. 熱線流速計の測定部は,絶縁被覆された2本の支持針に直径 2.5〜10 μm の白金,白金-ロジウム,タングステンなどの金属線が張られている.

流速 V,流体温度 T_f の中にある熱線からの放熱量 Q は,熱線温度を T_w とすると次式により表される[2].

$$Q = (A + BV^n)(T_w - T_f) \quad (4)$$

(4)式において A, B, n は定数である. 熱

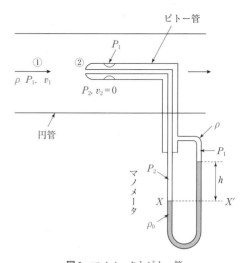

図1 マノメータとピトー管
P_1:静圧,P_2:全圧,v_1, v_2:流速,ρ:流体密度,
ρ_0:封液密度.

線に流す電流 I によるジュール(Joule)熱 $I^2 R_w$(R_w は熱線の抵抗)と(4)式で与えられる放熱量,および熱線の熱容量による蓄熱量の熱平衡式は次式で表される[1].

$$I^2 R_w - (A + BV^n)(T_w - T_f) = C_w \frac{dT_w}{dt} \quad (5)$$

ここで C_w は熱線の熱容量である. 熱線の加熱方式としては定電流法と定温度法があるが,定温度法が現在では主流となっている. 定温度法では熱線温度を一定に保つように制御されているので(5)式において $dT_w/dt = 0$ となり,(5)式の関係から電流を測定することにより流速が求められる. 熱線流速計は気体の流速測定に用いられる.

● 超音波流速計

超音波流速計の測定原理は,伝搬時間差法,ドップラー法,相互相関法に大別される. 伝搬時間差法による流速測定は,流れている流体中に超音波を伝搬させたとき,流れに沿った方向と流れに逆らう方向で超音波の伝搬速度が異なる,すなわち伝搬時間が異なることを利用しており,この方式の超音波流速計が広く使用されている.

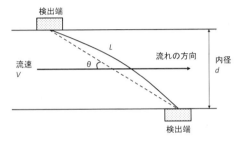

図2 超音波流速計の測定原理

クランプオン形（検出端が直接測定流体に接することなく，測定する配管の外側表面に取りつける方式）における伝搬時間差法の測定原理を図2に示す．伝搬時間差法では，配管内の測線に沿って超音波を下流側の検出端（超音波の送受波器）から送信し上流側の検出端で受信するまでの伝搬時間と上流側の検出端から送信し下流側の検出端で受信するまでの伝搬時間の差を計測し，この時間差から管内流速を求める．流速 V が音速 C に比べて十分小さいことを考慮すると，流速 V と伝搬時間差 Δt との関係は(6)式で表される[3]．

$$V = \frac{C^2}{2L\cos\theta}\Delta t \qquad (6)$$

L は超音波が伝搬する距離であり，(6) 式から得られる流速は測線上の平均流速である．そのため，実際の流速計では，補正係数を用いて断面平均流速を計測している．検出端の取りつけ方式にはZ法（透過法）とV法（反射法）があり，複数の測線（2～4測線）で流速を測定する多測線方式が採用される場合もある．また，断面積と流量補正係数を利用して流速から流量に換算し，体積流量を計測する超音波流量計も市販されている．

● レーザードップラー流速計

レーザードップラー流速計は，流体中にあって流体と同じ速度で移動している粒子（トレーサ粒子）にレーザー光を照射し，その粒子からの散乱光を検出することで流体の速度を求める流速センサである．非接触式のセンサであるが，流れの中にトレーサ粒子（1～3 μm）を混入する必要がある．この流速計は気体と液体の流速計測に用いられる．差動型レーザードップラー流速計の原理を図3[1]に示す．レーザー光はビームスプリッタで2つのビームに分けられ，測定点に集光する．この測定点を通過するトレーサ粒子からの散乱光を光電子倍増管で受信する．このときドップラーシフト周波数 f_d は (7) 式となる[1]．

$$f_\mathrm{d} = \frac{2nV\sin\theta}{\lambda_0} \qquad (7)$$

n は流体の屈折率，θ は2つのビームの交差角の1/2，λ_0 は入射レーザー光の波長で，(7) 式の関係から流速 V が得られる．

〔村松良樹〕

◆ 参考文献

1) 南茂夫ほか，2014．はじめての計測工学(第2版)．講談社，88-104．
2) 山﨑弘郎ほか編，2001．計測工学ハンドブック．朝倉書店，330-339．
3) 日本計量機器工業連合会編，2012．流量計の実用ナビ．工業技術社，119-136．

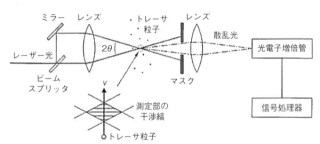

図3 差動型レーザードップラー流速計の測定原理[1]

2.9 流量センサ

差圧流量計, タービン流量計, 面積流量計,
電磁流量計, 渦流量計

流体の種類や性質, 計測条件, および計測目的などにより, 適当な流量計を選択する必要がある. ここでは差圧・タービン・面積・電磁・渦流量計を概説する[1]. これらの流量計はすべて体積流量を計測するものであるが, 流量センサのほかに温度計と圧力計, あるいは密度計も併用し, 間接的に質量流量を求めるタイプの流量計も市販されている. 質量流量を直接計測する流量計（コリオリ式, 熱式）もある.

● 差圧流量計

差圧流量計は, 管路中に絞り機構を設け, 流量に応じてその前後に生じた差圧を測定し, 流量を求める流量計である. この流量計は液体, 気体, 蒸気の流量測定に適用できる. 絞り機構にはオリフィス, ベンチュリ, ノズルがあるが, 構造が単純なオリフィスが広く使われている. オリフィスもさまざまあるが, 同心円オリフィスが使われることが多い.

オリフィスによる流量測定原理を図1に示す. オリフィスの上流断面①と下流の流れが絞られた断面②において, ベルヌーイの定理と流れの連続の式を用いると断面②における流速は次式で表される.

$$v_2 = \frac{1}{\sqrt{1-(A_2/A_1)^2}}\sqrt{2(P_1-P_2)/\rho}$$

実際の流量計では, A_2 の代わりに絞り部分の断面積を用い, また流量係数を上式に導入して流速から体積流量を求めている.

● タービン流量計

タービン流量計は, 流れの中に置いた羽根車またはロータの回転速度が流速に比例することを利用した流量計で, 羽根車の回転数を検出し, 流量を求める. この流量計は低動粘

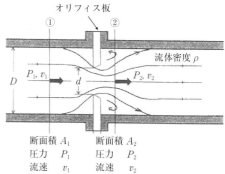

図1　差圧流量計（オリフィス）の測定原理

度液体や気体の流量測定に適用できる.

タービン流量計は軸流式と接線流式に分けられる. 軸流式と接線流式の代表例は, それぞれ工業用タービンメータ, 各家庭の水道メータである.

● 面積流量計

面積流量計は, 鉛直なテーパ管（内部が上開きのテーパである測定管）の下方からの流れの中にフロートを浮かせ, その静止位置から流量を計測する流量計である（図2）. この流量計は液体, 気体, 蒸気の流量測定に適用できる.

面積流量計に下方から流体を流すと, 流れはフロートにより絞られ, その前後に圧力差が生じる. この圧力差によりフロートは上昇するが, フロートの上昇に伴い流通面積（テーパ管とフロートの最大径部との間に作られる面積）が大きくなると上昇力（圧力差）も小さくなり, フロートにかかる上向きと下向きの力が等しくなる位置にフロートは静止する. このとき, フロート位置によって決まる流通面積と流量は比例するので, テーパ管に目盛りを設けておけば, フロート位置から流

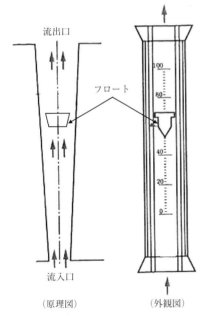

図2 面積流量計

量を求められる．

● 電磁流量計

電磁流量計は，導電性の流体が磁界の中を流れるときに発生する起電力が流速に比例するというファラデーの電磁誘導の法則を利用した流量計である．この流量計は導電性をもつ液体の流量測定に適用できる．圧力損失がない，高精度（±0.5% RD），測定できる流量範囲が広い，必要直管長が短い，双方向流れで測定が可能といった利点をもち，飲料水や清涼飲料水，醤油，味噌，ジャム，ビール，酒，牛乳，ヨーグルトなどの食品製造工程で利用されている．

内面が絶縁された内径 D の測定管を磁束密度 B の磁界の中に置く．管内を平均流速 V で導電性流体が流れると，流れと磁界それぞれに垂直方向に設けられた電極に以下の起電力（電圧）E が発生する（k は比例定数）．

$$E = kBDV$$

上式で示したように起電力は流速に比例するので，磁束密度を一定にすれば電極間に発生した起電力を測定することにより管内を流れる流体の流速を求めることができ，流速と管断面積から体積流量が求められる．

● 渦流量計

流体の流れの中に物体を置くと，その下流側に交互にカルマン渦列が発生する．渦流量計は発生する渦の周波数を測定して流速を求め，さらに管断面積を用いて体積流量を得る流量計である．この流量計は液体，気体，蒸気の流量測定に適用できる．

渦を発生させる物体を渦発生体といい，形状の異なる数種類の渦発生体が実用化されている．渦発生周波数 f と流速 V の間には次の関係が成り立つ．

$$f = S_t \frac{V}{d}$$

ここで，d は渦発生体の幅，S_t はストローハル数である．ストローハル数は，渦発生体の形状や寸法により決まる無次元数で，渦発生体を適切に選ぶことによって広いレイノルズ数範囲にわたって一定となる．ストローハル数が一定のレイノルズ数範囲において，渦流量計による計測値の精度は高くなる．渦検出方式はカルマン渦列発生に伴う圧力変化を検出する圧力変化検出方法と流速の変化を利用する流速方法に大別される．検出素子として，圧力変化検出方法では圧電素子やストレンゲージ，流速方法ではサーミスタや超音波がある．

〔村松良樹〕

◆ 参考文献
1) 日本計量機器工業連合会編，2012．流量計の実用ナビ．工業技術社，41-118，137-155．

2.10 水分計

水分（含水率），直接法，間接法

穀物の水分（含水率）は，穀物に含まれる水分量を％割合で表したもので，測定法には直接法と間接法がある．直接法には常圧加熱乾燥法（オーブン法），赤外線水分計などがあり，間接法には電気抵抗，誘電率，マイクロ波，近赤外線などを利用した水分計がある．

● 直 接 法

常圧加熱乾燥法（オーブン法）は，測定法の基準であり，測定対象を定温乾燥器で一定時間乾燥させ，乾燥前後の質量の差を水分量とする．測定対象により圧力，温度，試料の質量，乾燥時間などが異なり，また，国ごとでも異なる．わが国では食糧庁の「標準計測方法」(1988)[1] に記載されている方法が公定法である．間接法はこの方法と合致していることが求められる．

コメでは5g粉砕-105℃-5hが標準法であるが，粉砕する粒度や乾燥環境に影響されるため，これらの影響が少ない 10g粒-135℃-24h が提案されている．ただし，これらの2つの間には差があるため，後者で測定した場合は前者への換算が必要である[2]．

水分（含水率）の表し方には湿量基準含水率 [%w.b.] と乾量基準含水率 [%d.b.] があり，定義は以下の通りである．

湿量基準含水率 $M_w = w/W \times 100$ [%w.b.]

ここで W：乾燥前の測定対象の質量，w：水分量（乾燥前後の質量差）．

乾量基準含水率 $M_d = w/D \times 100$ [%d.b.]

ここで D：乾物質量（乾燥後の測定対象の質量）．

$$W = D + w$$

湿量基準含水率 M_w と乾量基準含水率 M_d は以下の関係にある．

$$M_d = M_w/(1 - M_w/100)$$
$$M_w = M_d/(1 + M_d/100)$$

穀物の水分（含水率）は湿量基準含水率 M_w で表されるが，この表記法では分母が乾燥前の質量であるため，乾燥の理論解析などには乾量基準含水率 M_d が用いられる．

赤外線水分計は，赤外線ランプと電子天秤を組み合わせ，穀物を乾燥させて乾燥前後の質量差から含水率を算出する水分計で，穀物乾燥調製施設などで荷受けした穀物の水分を簡易的に測定するのに主に用いられる．

● 間 接 法

間接測定法である種々の原理による水分計の測定値は既述のように公定法に合っていることが求められる．それぞれの特徴を以下に簡単に述べる．

電気抵抗式水分計　電極間に穀物を入れ，圧砕して通電し，電気抵抗を測定して水分換算する方法で，簡便・迅速・廉価などにより広く普及している．欠点は測定範囲が狭いこと，サンプルが少量なのでサンプリングエラーが生じやすいことなどである．図1に電気抵抗式水分計の電極構造の一例を示した[3]．単粒水分計は，電気抵抗式水分計の一種で，1対の回転電極の間で穀物を1粒ずつ

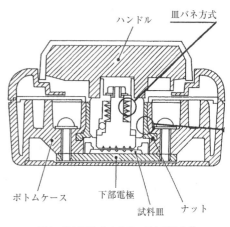

図1 電気抵抗式水分計の電極構造例[3]

粉砕しながら電気抵抗を測定し,含水率を算出する.卓上型と,自動水分計として循環型穀物乾燥機に組み込まれているものがあるが,後者が圧倒的に多い.

誘電率式水分計 穀物の誘電率を測定して水分を推定する方法で,粉砕が不要であるという利点はあるものの,かさ密度の影響を受ける,比較的高価である,などの欠点がある.わが国では大豆や高水分米麦用としての利用にとどまっているが,今後乾燥調製施設でのオンライン荷受け水分計として普及が進む可能性がある.アメリカではこの方式のDICKEY-john社製のGAC2100がオーブン法と並んで認定機器となっている[4].

マイクロ波水分計 穀物にマイクロ波を照射し,水分の違いによる減衰特性を利用して水分を推定する方法である.茶での応用例があるのみで,穀物用には普及していない.

近赤外(NIR)分析計による水分測定
近赤外分光法(near-infrared spectroscopy)とは,波長範囲750~2500 nmの近赤外光を農産物に照射して得られる吸収スペクトルから,コンピュータを用いた多変量解析法により成分・品質を推定する分析手法である.近赤外(NIR)分析計は,走査型分光光度計か固定干渉フィルタ型分析計か,透過型か反射型か,粉砕式か全粒式か,などに分類される.初期の分析計は粉砕式で波長範囲1100~2500 nmの反射型であったが,現在では全粒式で700~1100 nmの透過型が主流である.

NIR透過型分析計が前述の電気抵抗式,誘電率式などと比較して優れているのは,30%以上の高水分においても優れた直線性と高精度を有することである.図2に籾の,図3に小麦の高水分域での測定例を示した[5].また,低水分域でも籾で予測の標準誤差(SEP)は0.28%(水分範囲12.7~17.1%),小麦では0.11%(水分範囲8.91~13.27%)と,他の測定方式と比較して同等以上の高精度を有している.欠点は高価なことであるが,このような低水分域での高精度と高水分域での直線

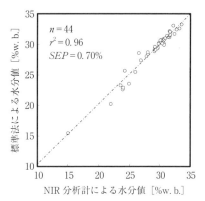

図2 高水分籾のNIR透過型分析計(静岡製機GS-1000J)と標準法による水分測定値の相関

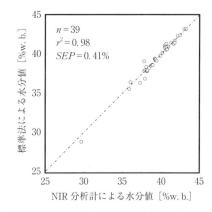

図3 高水分小麦のNIR分析計(静岡製機GS-1000J)と標準法による水分測定値の相関

性,高精度を生かして,穀物乾燥調製施設における水分およびタンパク質の成分分析計としての導入が進んでいる. 〔夏賀元康〕

◆ **参考文献**
1) 食糧庁,1988.標準計測方法.
2) 山下律也,1975.農業機械学会誌,37(3),445-451.
3) 下原融,1997.農業機械学会誌,59(5),123-126.
4) USDA GIPSA (FGIS),1999. *Moisture Handbook*.
5) 夏賀元康,2002.ファイトテクノロジー研究会編,ファイテク How to みる・きく・はかる―植物環境計測―,養賢堂,64-65.

2.11
溶存酸素計

BOD，培養液，微細気泡

溶存酸素（dissolved oxygen：DO）とは，水に溶けている酸素（O_2）を指す．その定量値である溶存酸素濃度の単位は，水1Lに溶けている酸素の質量を示す $mg \cdot L^{-1}$（ppmと表記することもある）が用いられる．また，溶存酸素濃度を溶存酸素量とも呼ぶ．水に溶解できる最大の溶存酸素濃度のことを飽和溶存酸素濃度と呼ぶ．飽和溶存酸素濃度は，大気圧，水温によって変化する．図1は，大気圧1013 hPa（1気圧）のときの水温による飽和溶存酸素濃度の変化を示したグラフである．

飽和溶存酸素濃度が $10 \, mg \cdot L^{-1}$ になるときの水温が約14℃であり，$8 \, mg \cdot L^{-1}$ のときが約26℃である．水温が高くなるほど飽和溶存酸素濃度は減少する．また，大気圧が大きくなるほど飽和溶存酸素濃度は大きくな

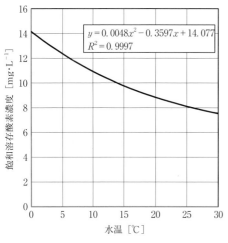

図1 大気圧 1013 hPa 時の水温と純水の飽和溶存酸素濃度との関係

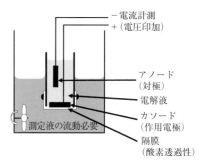

図2 隔膜電極法による溶存酸素濃度センサの構造

る．

溶存酸素濃度を測定する溶存酸素計（DOメータ）の測定原理で最も一般的なのが隔膜電極法である．隔膜電極法による溶存酸素濃度センサの構造を図2に示す．

テフロンやポリエチレンなどの酸素分子だけを透過するフィルムを隔膜として，塩化カリウム（KCl）または水酸化カリウム（KOH）の電解液を満たした筒の末端に取りつける．隔膜に接して取りつけた作用電極がカソードになり，電解液に浸した対極がアノードになる．電極に用いる材質により，隔膜電極法はポーラログラフ方式とガルバニックセル方式に大きく分けられる．

ポーラログラフ方式は，カソードに金やプラチナなどの貴金属を用い，アノードに銀-塩化銀を用い，電解液に塩化カリウムを用いる．そして，電極間に$-0.5 \sim -0.8 \, V$程度の電圧をかけると，隔膜を透過した酸素分子は，カソード上で次のように還元されて，

$$O_2 + 2H_2O + 4e^- \rightarrow 4OH^-$$

水酸化物イオンになる．その一方で，アノード上では次式の通り，

$$4Ag + 4Cl^- \rightarrow 4AgCl + 4e^-$$

電子が発生する．このときにカソード-アノード間に流れる酸素濃度に応じた電流を測定することによって，溶存酸素濃度を求める．

一方，ガルバニックセル方式は，アノードに鉛や亜鉛などの卑金属を用い，電解液に水

酸化カリウムを用いる．酸素自体を復極剤として内部電池を形成できるため，ポーラログラフ方式のような電圧印加は不要である．

測定によって隔膜近傍の酸素が消費されてしまうので，静止水では測定値が実際より低めに出てしまう．スターラなどを用い，測定水は流動させておく必要がある．最低でも約 $0.3\,\mathrm{m\cdot s^{-1}}$ の流速を確保する必要がある．

使用により電解液と隔膜は消耗，汚損されるため一定期間での取り換えが必要である．センサの感度低下，測定値のふらつき（ドリフト），スパン調整がうまくいかなくなったときが交換の目安である．通常の測定方法では，約3か月ごとといわれている．なお，センサのゼロ点調整は，純水に窒素ガスをバブリングした状態で行い，スパン調整は，純水に空気をバブリングしながら，水温を測定し，図1の飽和溶存酸素濃度を用いて行う．

定期的なメンテナンスが必要な隔膜電極法のほかに，最近では，発光強度測定法による蛍光式溶存酸素計が実用化しつつある．測定原理は，励起状態にある蛍光物質の周囲にある酸素分子が励起エネルギーを奪い，酸素分子の量に応じて蛍光が減少する消光現象の強さを測定し，溶存酸素濃度を求めるものである．励起光を測定水中にある蛍光物質を塗布した面に照射して蛍光物質を励起させ，その蛍光の強度や消失までの時間を測定する．この原理のセンサは，隔膜電極法のセンサと比較し，①隔膜，電解液，電極などの消耗部品が少ない，②蛍光物質の交換は1〜2年程度に1回，③測定で酸素を消費しないので静止水の測定が可能，という特徴を有する．メンテナンスコストを低減したい排水処理システムなどでの利用が徐々に進んでいる．

溶存酸素計は，農業分野では排水のBOD（biochemical oxygen demand：生物化学的酸素要求量）の測定，養液栽培培養液の管理などに使用される．水中の汚濁物質を微生物が酸化分解するために必要な酸素の要求量がBODであり，単位は $\mathrm{mg\cdot L^{-1}}$ が用いられる．

密栓ガラス容器に測定水を入れ，20℃・5日間経過後の溶存酸素濃度の変化を測定して BOD_5 を求める方法が一般的である．

培養液に根圏を浸漬する湛液式養液栽培（水耕栽培）では，根が必要とする酸素を培養液の溶存酸素から得ている．培養液の溶存酸素濃度が低下すると，根の呼吸速度・養水分吸収速度の低下，根腐れ，植物ホルモンの合成異常などを起こす．枯死するほどの被害にはならないが，植物体がダメージを受ける．培養液環境の評価のために，溶存酸素濃度の分布測定などが行われることがある．しかし，センサのメンテナンスが大変なので連続測定はあまり行われていない．

溶存酸素に関連する事柄として，微細気泡が近年注目されている．主に空気の微細気泡を発生させ，水などに混入する．生理活性分野では，発生時の気泡直径が40〜10 μm 程度のものをマイクロバブル，10 μm〜数百 nm をマイクロナノバブル，数百 nm 以下をナノバブルと呼んでいる[1]．直径によりその混入水の性質の変化はさまざまである．マイクロバブルの利用は，ミリサイズ以上の気泡でバブリングする場合と比較し，単位体積当たりの気液界面の面積が大きくなり，上昇速度が小さくなって水中の滞留時間が増えるため，酸素の溶解効率が大きくなって溶存酸素の増大につながり，酸欠を防ぐことができるといわれている．

水中に気泡の状態で長期間存在する酸素は溶存酸素とは呼ばず，また，溶存酸素計では測定できない．レーザー光を用いた測定法などが現在提案されている．今後，このような形で水中に存在する酸素についても，定量的測定法の実用化が必要になると思われる．

〔星　岳彦〕

◆ 参考文献
1) 大成博文，2006．マイクロ・ナノバブルが切り拓く新技術の扉．第1回マイクロ・ナノバブル技術シンポジウム講演論文集，**1**, 39-48.

2.12 電気伝導度計

EC，電導度，培養液

電気伝導度（electrical conductivity：EC）は，土壌栽培における土壌養液，または，養液栽培などの培養液において，解離しているイオンの総量を示す指標に使用される．導電率，電気伝導率と同義である．電導度と表記される場合もある．単位は，$S \cdot m^{-1}$（siemens per meter）である．または，電気抵抗率の逆数であることから，$(\Omega \cdot m)^{-1}$ も用いられる．植物生産分野では，$dS \cdot m^{-1}$（$mS \cdot cm^{-1}$）が単位として通常用いられる．

電気伝導度は電気伝導度計（ECメータ）で測定することができる．液中にD m離して向き合った面積 A m^2 の2電極間の電気抵抗を R Ωとすると，電気伝導度 G $S \cdot m^{-1}$ は，$D/(A \cdot R)$ で定義される．つまり，断面積 1 m^2，距離 1 m の相対する電極間にある液体がもつ電気抵抗の逆数のことである．このような電極と等価な機能をもち，電気抵抗値を測定するのが電気伝導度センサ（セル）である．センサごとに D と A は固有値であるので，そのセンサで測定した液体の抵抗値を Rs Ω，液体の真の電気伝導度を G $S \cdot m^{-1}$ とすると，$C = 1/(Rs \cdot G)$ で計算されるセル定数（単位：m^{-1}）を求めることができる．電気伝導度計に接続されたセンサのセル定数を設定することにより，任意の液体の電気伝導度を求めることができる．また，液体の電気伝導度は，液温が1℃上昇するごとに約2%増える性質があるため，測定時の液温を併記しなければならない．JISでは，25℃での値が標準である．

電気伝導度計のセル定数の決定や校正には，塩化カリウム標準液を用いて行う．例えば，25℃の 0.01 $mol \cdot kg^{-1}$ の電気伝導率測定用塩化カリウム水溶液の電気伝導度は 1.40823 $dS \cdot m^{-1}$ である（JIS K0130, 2008）．

電気伝導度計には，液体と測定機構が非接触で電気伝導度を測定する電磁誘導方式と，液体に電極を浸漬する交流電極方式の2方式がある．電磁誘導方式は，分極や電極の汚損による測定誤差が生じない特徴があるが，0.2 $dS \cdot m^{-1}$ 以上の比較的大きな電気伝導度を示す高濃度の酸やアルカリの測定に向いた方式である．植物生産分野では交流電極方式の電気伝導度計が広く使用されている．

交流電極方式による電気伝導度計は，電極と液体の接触界面に生じる分極現象や汚れの付着による測定誤差を抑えるため，50 Hz～10 kHz（1 kHz程度が代表的）の交流電圧を電極に印加して電気抵抗値を測定する．また，電極には，白金黒，ステンレス，チタンなどが用いられる．一般的に使用されるのは，交流電圧を印加しつつ抵抗値を測定する交流2電極方式である．高精度測定のためには，交流電圧を印加する電極と，その間の液体の電位傾度を測定する電極を分けた交流4電極方式が用いられる．この方式による電気伝導度計は，分極現象などが測定に与える影響を少なくすることができるが，測定回路が複雑になるため高価である．

電気伝導度計で得られる換算値に不純物総溶解度（total dissolved solids：TDS）がある．TDSの代表的な単位は ppm（$mg \cdot L^{-1}$）である．水に含まれる不純物（各種イオン）の合計濃度を経験則により概略的に示す指標で，水質汚染の程度や浄水装置の性能を示す目安になる．電気伝導度 G $dS \cdot m^{-1}$ と，TDS換算係数 K より，$10^3 G \cdot K$ の式からTDS（単位：ppm）を求めることができる．TDS換算係数は 0.4～1.0 程度の値を取り，液体に主に含まれるイオンの種類によって変える必要がある．水質の目安に用いる場合は 0.5 程度が用いられる．

植物生産における電気伝導度計測の主目的は肥料管理である．土耕栽培においては，塩

類集積程度の評価にも使用できる．各種の土1に対し水5の割合で加え，数時間攪拌した上澄みの土壌溶液の電気伝導度と，乾土100gに含まれる硝酸態窒素の量［mg］との間には，0.967〜0.804の比較的高い相関係数の一次回帰式が得られた[1]．このようなことから，畑などからの土壌溶液の電気伝導度を測定することで，その土壌に含まれる肥料塩類などの濃度の目安を得ることができる．一例をあげると，ホウレンソウなどの比較的耐塩性の強い野菜は，土壌溶液の電気伝導度が1.5 dS・m^{-1}程度でも生育できるが，キュウリなどの弱い野菜は0.4 dS・m^{-1}以下が望ましいなどの指標として使用できる．

養液栽培においては，電気伝導度による培養液管理が一般的に行われている．培養液の作成に使用される養液栽培用肥料には，植物の成育に必要な必須元素であるN，P，K，Mg，Ca，Mn，Bなどの元素が，無機塩類の水溶性化合物として配合されている．一般に，水溶液ではmM（=m・mol・L^{-1}）などのモル濃度で濃度が表現される．水に溶解し，培養液を作成すると，これらの塩類の大部分は水中で陽イオン・陰イオンに解離して存在する．イオンには1価のK$^+$やNO$_3^-$，2価のCa^{2+}やSO$_4^{2-}$，3価のPO$_4^{3-}$など，1個当たりの電荷が異なるものがある．電気伝導度などの電気化学的な測定と関連づける場合，培養液のイオン濃度はモル濃度をイオンの価数で除した電気的な等量（単位：me・L^{-1}）で考えたほうが望ましい．

日本で広範に使用されている培養液組成は，旧農林省の園芸試験場から発表された均衡培養液処方の「園試処方」である．この培養液の各種肥料濃度とそれらの電気伝導度測定値との関係を図1に示す．

このグラフから培養液に含まれる全イオン濃度は，測定した電気伝導度のほぼ10倍に相当する経験則が理解できる．培養液の電気伝導度を測定して，養液の肥料管理の目安に

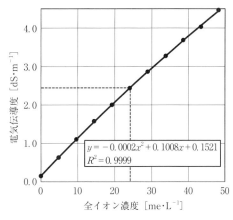

図1　水道水（0.148 dS・m^{-1}）で園試処方培養液を調製した場合の理論的な全イオン濃度と電気伝導度実測値との関係（文献[1]の一部のデータをグラフ化）
点線は園試処方培養液の標準濃度を示す．

することが可能である．一例をあげると，トマトの抑制養液栽培で，定植時の電気伝導度が1.0 dS・m^{-1}，成育初期は1.0〜1.2，果実肥大期は1.2〜1.4，収穫期は1.4〜1.8に管理することが望ましい[2]．のように用いることができる．

しかし，植物は培養液中の各種イオンを均等には吸収せず，そのイオン組成のバランスが崩れることがある．電気伝導度は全イオン濃度しか知ることができないので，異常を検知できない．また，培養液中で肥料塩すべてがイオンに完全解離しないので，電気伝導度だけで正確な肥料濃度に換算することも困難である．便利な肥料管理指標であるが，その限界を理解して活用することが大切であると考える．　　　　　　　　　　〔星　岳彦〕

◆　参考文献
1) 山崎肯哉．1982．養液栽培全編．博友社，49-51．
2) 東出忠桐．2012．第9章主要作物の管理—1．トマト．養液栽培のすべて．誠文堂新光社，211-212．

2.13
pH センサ

pH,ガラス電極,標準液

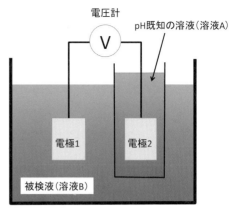

図1 pHセンサの原理図

水質分析だけでなく,食品や果汁,農産物,殺菌に用いる水溶液など,水素イオン濃度すなわちpHを測定する場面は,多くみられる.ここでは,pHセンサの基本や原理,種類について説明する.なお,詳細は日本工業規格JIS Z 8802にも記載されているので,参考にされたい.

わが国ではJISで「ピーエッチ(またはピーエイチ)」と読むように定められている.pHの理論的な定義は,デンマークの化学者Sørensenによって提唱された,酸性度を表す指標の水素イオン濃度指数に由来しており,その後水素イオン活量 aH^+ を用いた以下の式で表されるようになった.

$$pH = -\log_{10} aH^+$$

pHは,水溶液の水素イオン濃度と関係する水素イオン活量(aH^+)の逆数を常用対数で示したものである.水素イオン濃度がそのまま用いられない理由は,同じ水素イオン濃度の溶液でも測定結果に他の電解質などが影響を与えることがあるためである.しかし,希薄な水溶液の場合,水素イオン活量は水素イオン濃度の値にほぼ等しくなるため,水素イオン濃度が $0.02\ \mathrm{mol\cdot L^{-1}}$ の溶液は,$10^{-2}\ \mathrm{mol\cdot L^{-1}}$ であることから,pH=2となる.純水な水の場合,25℃において水素イオン濃度は $10^{-7}\ \mathrm{mol\cdot L^{-1}}$ となるため,pH=7となり,酸度が高いほどpHの値は小さくなり,逆にアルカリ性が高いほどpHの値は大きくなる.

pHを測定する際,水素電極やキンヒドロン電極などがあるが,最も一般的なのはガラス電極を用いた測定法である.ガラス電極は,薄いガラス膜を隔てて2種類の溶液を接触さ せる際に生じる電位差が,両液のpHの差に比例していることを利用した測定法で,pHセンサの基本原理図は図1のような構成となる.

今,電圧計につながれた2つの電極(電極1と2)が,異なるpHをもつ溶液にそれぞれ浸っている.薄いガラス膜で作られた容器の中には電極2があり,ここにはpHの値が既知の溶液Aが入っている.電極1は被検液(溶液B)に浸っており,2つの電極間の電位差がガラス膜に発生した起電力として電圧計でモニターされる.このとき,溶液AのpHは既知であることから,この電位差から溶液BのpHを知ることができる.

具体的にセンサに用いられるガラス電極は,水素イオンに対して選択的に応答し,水素イオン活量に応じて膜電位を発生させるイオン伝導性を有するガラス薄膜と,その膜電位を計測する電極で構成されている.さらに,どの水溶液に対しても同じ電位を有する参照電極ならびに温度変化による膜電位の温度勾配補正用の温度センサが一体となった複合形pH電極が一般的である.このタイプも同様に,参照電極にはあらかじめ正確にpHがわかっているpH標準液が用いられ,この差によって,サンプルのpHを求める.

ネルンストの式で関係づけられるガラス

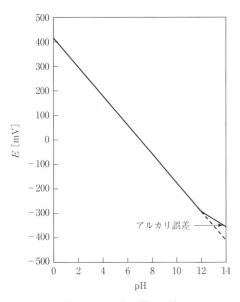

図2 pHと電極電位の関係

表1 pH標準液の典型値と温度依存性(JISより抜粋)

温度[℃]	シュウ酸塩標準液	フタル酸塩標準液	中性リン酸塩標準液	ホウ酸塩標準液	炭酸塩標準液
0	1.67	4.01	6.98	9.46	10.32
10	1.67	4.00	6.92	9.33	10.18
20	1.68	4.00	6.88	9.22	10.07
30	1.69	4.01	6.85	9.14	9.97
40	1.70	4.03	6.84	9.07	−
90	1.80	4.20	6.88	8.85	−

電極の起電力は,水温25℃では1pH当たり59.16mVの電位差を生じる.ガラス電極の内部液がpH=7の場合,サンプル溶液のpHが7であれば,0mVの電位差を生じ,測定溶液pHxに対して生じる理想的な膜電位Eは,以下のような単純な関係式で表される.

$$E = 59.16 \times (7 - x)$$

ただし,水溶液中のイオンの活性は温度で変化するため,25℃以外の場合は上式の59.16に代わって,異なる値が使われる.また,実際には,この理論値とは一致しないこともあり,JISではある程度の範囲で許容されている.

通常,測定に際して感度の調整を行う必要がある.これは,単位pH当たりの起電力のずれを校正するもので,スパン校正と呼ばれる.例えば,pH4(フタル酸塩標準液)やpH9(ホウ酸塩標準液)の標準液を用いて補正する.また,参照とサンプルが同じ水溶液だった場合,原理的には起電力は0になるはずである.しかし実際には,ガラスの厚さや製造上のばらつきなどで,多少の膜起電力を生じることがある.このような不斉電位は,ゼロ校正と呼ばれる作業で,調整する.具体的には,検出部をpH7の標準液(中性リン酸塩標準液)に浸し,pH計の値が7になるように微調する.以上の準備をしたのち,電極を洗浄し,直ちにサンプル溶液のpHを測定する.なお,強アルカリによる誤差が生じる場合がある.これは起電力とpHの値と線形性が崩れる現象で,強酸においても若干ではあるがこのような誤差が生じる.

このように,pHセンサを使用するには,pH標準液が必須となる.JISには表1のような各標準液の典型値や温度依存に関するデータがあり,これらの調整方法についても定められている.もちろん,調整済みのpH標準液を購入することは可能であるが,自分で調整する際にはJISを参考にするとよい.調整pH標準液は,硬質ガラスまたはポリエチレン製の瓶に密閉して保存できるが,長期保存でpHが変化することがあるため,一度作成したものは早めに使用することが望ましい.

〔小川雄一〕

2.14 光源

ハロゲンランプ，放電ランプ，LED

通常，物質からの発光現象やパッシブイメージング以外の用途では，光源と検出器はセットで用いられることが多い．ここでは，一般的に用いられる光源を3つに分類し，それぞれの特徴について紹介する．なお，光源を照明として用いるときの評価指標に，演色性と色温度がよく使われる．演色性は国際照明委員会（CIE）で定められており，自然光にどれくらい近いかを数値化した演色評価数で，最も色ずれのない状態を100として0から100の数値で表される．一方色温度は，光の強度の波長分布を黒体から放射スペクトルと対応させた指標で，そのときの黒体温度で表すため，単位はK（ケルビン）が用いられる．

● 熱光源

電気エネルギーを熱エネルギーに変換することで，タングステンなどの発熱体の温度を上げ，その輻射を光として利用することを特徴とする光源．熱輻射を利用することから，光源の分光分布はプランク則に従い，ブロードな発光スペクトルをもつ．白熱ランプは熱光源の1つで，フィラメントが電気抵抗によって熱せられることで，やや赤みを帯びた白色光を発する光源である．家庭でも昔からよく用いられるランプであり，ガラス球内面にはアルミニウムなどを蒸着させて電気-光変換効率を上げているものの，後述するハロゲンランプなどの効率に比べると低く，寸法も大きい．演色性はハロゲンランプと同様に演色評価数100と高い．色温度は2000～6000 Kのものが多いが，色温度が5500 K程度まで高くなると，500 Wのランプで寿命が50時間程度と極端に短くなる．電源電圧は交流100 V，110 V，220 Vのものが一般的である．

産業用途として利用頻度の高い光源に，ハロゲンランプがある．ハロゲンランプも熱光源の一種で，不活性ガスとともに微量のハロゲンガスがランプ内に封入されており，ハロゲンサイクルを伴って発光する光源である．ハロゲンサイクルとは，タングステンフィラメントに電流が流れて発熱したときに蒸発するタングステン原子が，ハロゲンガスと反応してハロゲン化タングステンを生成するが，それらは対流した後再びフィラメント付近で遊離し，タングステン原子はタングステンに戻り，遊離したハロゲンは再び反応を繰り返すというサイクルを指す．これにより蒸発したタングステンがバルブ管に付着することやフィラメントの消耗を抑制できることから，光量の減衰もなく長寿命を特徴とする．高温発光して非常に明るく，長寿命かつ安価で利用できるため，マシンビジョンや分光光度計にも広く用いられている．

大別すると図1のように，ミラーつきとミラーなし（片口金タイプ）の2種類があり，画像処理には照明に適度な指向性が求められることからミラーつきが多い．

ミラー部にダイクロイックミラーを使うこ

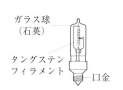
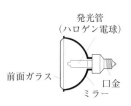

図1 ハロゲンランプの構造[1]

とで，光は前方へ反射しつつ，赤外線は透過させて後方に逃がすタイプも市販されている．色温度はミラーの有無や材料によっても異なるが，ハロゲンの色温度はミラーなしのもので2700 K，ミラーつきのものでは3200 Kがよく出回っており，ミラーの材質を変えることで，4500～5000 Kと高い色温度のものも市販されている．ただし，色温度が高くなると一般的には寿命が短くなるといわれている．ミラーなしのものの寿命は2000時間，ミラーつきの3200 Kのものでは4000時間程度のものが多い．ミラーつきハロゲンランプ前面にはUVカットガラスが装着されていることも多い．これによって300～350 nmの光をカットし，長時間照射した場合の対象物の退色などを防ぐ効果がある．

● 放電ランプ

蛍光灯やキセノンランプなどは放電を利用した光源なので，放電ランプに区分けされる．ランプ内に原子や分子を封入し，アーク放電などにより励起すると，原子内で電子遷移が生じ，基底状態に戻る際に発光する．この現象を利用した光源を放電ランプと呼び，ガスにはNa, Hg, H, Xe, Cd, Ar, He, Kr, Neなどが用いられる．上記物質が低圧で封入されているとき，物質の種類ごとに固有のエネルギー準位をもつため，この光源は遷移周波数に対応した線スペクトルをもった分光特性を有する．そのため，演色性は低いが，電子遷移によって決まった波長の発光スペクトルをもつため，分光光度計の波長校正用の標準光源として用いられることもある．一方，高圧にガスを封入すると線スペクトルが広がり，連続スペクトルが得られるようになる．例えば，高圧水銀ランプの場合は，紫外～可視領域の連続光源として用いられる．キセノンランプは185 nmから約2000 nmまでの広い波長域をカバーしており，蛍光の分光計測用光源にも用いられる．

蛍光灯は低圧水銀ランプによって生じた紫外線を蛍光体に当てることで可視光を発生さ

表1 代表的な光源の定格寿命

種類	定格寿命
白熱電球	1000～2000 h
蛍光灯	3000～12000 h
ハロゲンランプ	50～3000 h
LED	40000 h

せる光源であり，逆に可視光をカットするフィルタをつけることで，波長365 nm付近にピークをもつブラックライトとなる．放電ランプは同じ消費電力なら，熱光源よりエネルギー効率が高く，フィラメントがないため寿命も長い．ただし，点灯時に必要な高い電圧と，一定の電流制御を行う必要があるため，インバータと安定器が必要となる．

● 発光ダイオード

LED（light emitting diode）と呼ばれ，半導体のpn接合で作られた直径1～5 mm程度の小さな光源である．発光する波長は半導体材料のバンドギャップ（禁制帯幅）で決まり，広い波長域を一度にカバーすることはできないが，紫外から近赤外までさまざまな波長で発光するものが市販されている．他の光源に比べて指向角は狭いものの，製造が簡単なため安価で衝撃にも強く，長寿命であることから，近年では広く利用されている．他の光源と異なり，調光や高速応答が可能といった特徴も有する．レーザーほど単色性はないが，原理的に単色照明となるため，市場の白色への要求も高い．現在市販されている白色LEDは，大きく3種類[2]あり，最も効率がよく一般的な方式は，青色LEDで補色の黄色の蛍光体を光らせて白色を作る方式である．各種光源の寿命については表1に記す．

〔小川雄一〕

◆ 参考文献
1) ウシオカタログ「ハロゲン電球技術解説」．
2) 東芝ライテック社．
   http://www.tlt.co.jp/tlt/lighting_design/proposal/led_basics/led_w_emission.htm

2.15 光センサ

フォトダイオード，光電子増倍管，感度

分光器で吸収スペクトルや濁度を評価したり，カメラで農産物の画像を撮ることができるのは，光を電気信号に変えるセンサ，すなわち光センサがあるためである．通常，量子型と熱型に大別され，後者は赤外領域の検出器として用いられるが，ここでは紫外から近赤外領域までの波長帯に限定し，代表的な量子型光センサの原理や特性について紹介する．表1に量子型光センサの例を示す．

量子型光センサは，光電効果（物質が光を吸収して電子を放出する現象）を利用したもので，その光電効果が半導体素子内で生じる内部光電効果と，外部に電子を放出する外部光電効果に大別される．さらに内部光電効果は，入射光によってpn接合部に電位差が生じる光起電力型と，内部の抵抗値が変化する光導電型に分けられる．これらは熱型の検出器と比べて感度が高く，応答時間が短いが，センサ材料に使われている半導体のバンドギャップによって利用できる波長域が異なる．具体的には，バンドギャップ幅をE_g[eV]とすると，検出できる波長の限界（カットオフ波長：λ_c nm）は，次の関係で表される．

$$\lambda_c = \frac{1240}{E_g}$$

一方，波長が短くなると，素子表面での吸収が大きくなり，感度が落ちる．その結果，最も一般的に用いられるSiフォトダイオードは，波長約200～1100 nmの帯域で感度を有する．光起電型の特徴の1つとして，小型の素子を集積化し，アレイやラインセンサとして製造しやすい点にある．フォトダイオードアレイやCCD（電荷結合素子）として利用され，これらの基本的な感度特性は，先述の材料物性に依存する（図1）．

近赤外領域を利用する場合，Siよりバンドギャップの小さいInGaAsや光導電型のPbS検出器が使われる．なお，InGaAsは，InとGaの組成比によってバンドギャップエネルギーが変わるため，カットオフ波長が，1.7～2.6 μmとさまざまな種類が市販されている．

図2の，受光感度は雑音を考慮しないときの入射光1W当たりの出力電流で，大きい値ほど1フォトンに対する電子に変換される効率（量子効率）が高いことを意味する．

これらの光センサを比較する指標として，先述の使用波長域，受光感度以外に，最小検出能力がある．これは，雑音等価電力（NEP）や比検出能力（D^*）といった指標があり，前者は生じる雑音と等しいレベルの光電出力を発生させる入射光量，すなわち信号対雑音比（S/N）が1のときを表す．通常この値が検出限界と考えられる．一方，D^*はNEPを検出器の面積および周波数帯域幅で規格化した値の逆数であり，この値が大きいほどよい

表1　光センサの分類

種類		光センサの例	特徴と感度域
内部光電効果	光起電力型	フォトダイオード，イメージセンサ	高速応答，小型，紫外～近赤外域
	光導電型	PbS, InAs, CdSなど	応答が遅い，可視～近赤外域
外部光電効果	光電子放出型	光電管，光電子増倍管	高感度，高速応答，紫外～可視域

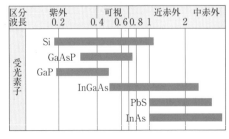

図1　各種材料の感度帯

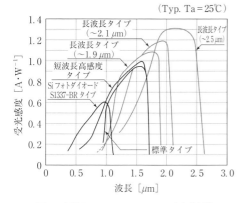

図2 市販されているInGaAsの感度特性[1]

センサといえる.さらに,入射光量と光電流の間には直線性があり,この直線性の範囲が大きいほどセンサとしてのダイナミックレンジが大きいことを意味する.Siのフォトダイオードでは,9桁以上の入射光量の範囲において直進性を有しているものが市販されている.

受光素子に光を照射しないときに流れる電流を暗電流と呼び,これらは雑音となる.この暗電流量は,周囲の温度が高くなると大きくなる傾向があり,精密な測定を行う場合には周辺温度に注意を払う必要がある.また一般的には,光を当てていないときの電流量を測定しておき,その分を差し引くことでキャンセルする方法をとる.外部光電効果を利用する方法として,光電子増倍管(PMT)が

ある.真空に封じ切られたガラス管に入射窓,光電面,集束電極,ダイノード,陽極より構成されており,図3のような基本構成をもつ.

PMTは,光子1個から検出できる高い感度,低い雑音が特徴であり,高い検出感度が求められる用途の場合に広く用いられる.光子が光電面に入射すると,光電子1つが生じ,ダイノードに衝突して二次電子を放出する.その放出された電子がさらに次段のダイノードに衝突し,この過程を繰り返すことで電子数が累乗で増幅され,陽極に到達して検出される.高くて安定した電圧をかける必要があるものの,さまざまな波長帯が市販されており,光電面の材料によって115～1700 nmの波長帯で利用できる.細い管状のPMTを束にして,多数並べた素子はマクロチャネルプレートと呼ばれ,後段に蛍光板を置くことで微弱光を画像として検出するイメージインテンシファイアとしても市販されている.さらには,シンチレータと組み合わせ,X線やγ線を光に変換して検出することも可能である. 〔小川雄一〕

◆ 参考文献
1) 浜松ホトニクス InGaAsセレクションガイド. https://www.hamamatsu.com/resources/pdf/ssd/ingaas_kird0005j.pdf より改変
2) 浜松ホトニクス光電子増倍管と関連製品. http://www.hamamatsu.com/resources/pdf/etd/PMT_TPMZ0002J.pdf

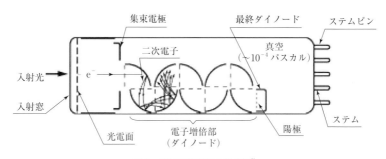

図3 光電子増倍管の模式図[2]

2.16 マシンビジョン

光源, CCD, MOS, カメラ, レンズ

ポストハーベスト用マシンビジョンは果実選別施設などにおいて,階級や等級選別になくてはならない装置となっている.そのシステムは,光源,カメラ,光学フィルタ,PCなどで構成され,図1には画像出力までのエネルギーの流れ[1]を示す.

● 光　源

光源は,出力画像に対して最も重要な影響を画像に与える要素で,特に色を計測する場合,光源のスペクトルのエネルギーを把握する必要がある.ポストハーベストにおいては人工光源が多く使われ,その指標として色温度が示される.一般の白色光源では3000～5000 K くらいの色温度のものを使うことが多く,このエネルギー E_λ は次式のプランク (Plank) の関数[2]などで近似できる.

$$E_\lambda = \frac{C_1}{\lambda^5 (e^{C_2/\lambda T} - 1)}$$

ここで, T は色温度 [K], λ は波長 [nm], $C_1 = 3.740 \times 10^{20}$ [W·m^{-2}·nm^4], $C_2 = 1.438 \times 10^7$ [nm·deg] である.

実際の光源には,可視領域から近赤外領域まで高い演色性を示すハロゲンランプ,および長寿命で高い応答性ならびに配置や色エネルギーに関して高い柔軟性を示すLEDがよく用いられる.特に近年,LEDを用いることが急激に増えてきた.現在では,近紫外領域から近赤外領域まで波長ごとにLEDが用意されていることから,対象物の反射特性および形状に合わせてLEDの波長および個数を決定して目的に応じた特徴量抽出を行う.

● カメラ

現在用いられているCCTVカメラはCCD (charge coupled device) 型あるいはMOS (metal oxide semiconductor) 型のイメージセンサ (撮像素子),レンズなどからなるが,最近では消費電力が低く, xy 座標指定により入力画像のトリミングなどが行いやすいMOSが主流である.スペクトルや色を正確に計測するために,プリズムやハーフミラーを用いてイメージセンサを複数枚用いた3板式カメラや近赤外とカラーを受光する2板式カメラなどもある.

イメージセンサの画素数は2010年頃まではVGA (30万画素) が主流であったが,細かな対象物表皮の欠陥などを検出するためXGA (80万画素), SXGA (130万画素), UXGA (200万画素) クラスのものも用いられている.デジタルカメラでは1000万画素を超える素子も珍しくないが,その高解像度な画像を実時間処理するためのPCの性能がまだ十分とはいえない.

一般に,カメラは1/30sで走査するものが多いが,移動中の農産物などを同一条件で繰り返し画像入力するにはランダムトリガ機能が必要である.これは画像入力するタイミングをパルスの立ち下がり(立ち上がり)の電気信号で与える機能で,その信号が与えられない限りは画像入力を行わない.最近の倍速,4倍速などのカメラを用いれば高速に連続入力が可能である.

柑橘果実などは 1 m·s^{-1} の移動速度で画像入力され,1/1000sのシャッタースピードでは,1 mmのぶれが画像に生じる.微小な欠陥検出には,高速なシャッタースピードを要

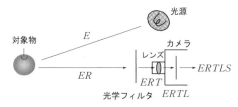

図1　エネルギーの流れ
E：光源の放射エネルギー, R：対象物の反射率, T：光学フィルタの透過率, L：レンズの透過率, S：イメージセンサの感度.

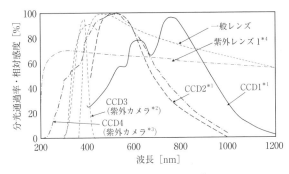

図2 撮像素子の感度およびレンズの透過率（*1東京電子カタログ，*2蝶理イメージングカタログ，*3ソニーカタログ，*4ペンタックス資料より）

偏光フィルタあり　　　偏光フィルタなし

図3 偏光フィルタの効果
いずれも水滴がトマト果実表皮に付着している．

するが，そのためには露光量を高める必要がある．しかし，F値を小さくすると被写界深度が浅くなるため，ピントをうまく合わせるには，感度の高いイメージセンサが望まれる．

図2に種々の感度をもつCCTVカメラの撮像素子の相対感度を示す．近年は紫外に感度を有するイメージセンサも使われている．目的や用途に合わせてこれらを選ぶことをお薦めする．

● レンズ

CCTVカメラには，Cマウントで径25.5, 27, 30.5 mm，焦点距離3.5～75 mmなどのレンズがよく用いられる．F値は1.4のものが一般的で，明るいものでも1.3程度である．一般レンズは可視，近赤外領域は透過するが紫外領域は透過しないため，近紫外領域の画像を入力する場合には，図2中に示すような紫外レンズが必要となる．また，レンズには収差があることより，画面中央での計測が望ましい．

● 光学フィルタ

図1に示したように，出力画像のエネルギーOは次式で表される[1]．

$$O = \sum E \cdot R \cdot T \cdot L \cdot S \cdot \Delta\lambda$$

この式を用いて，光源の放射率E，対象物の反射率R，レンズの透過率L，イメージセンサの感度Sなどが既知であれば，Oを得るための適当な光学フィルタの透過率Tを設計することが可能である[3,4]．多くの果実や野菜の表皮は同じ品種でも部分的に異なる色を有する場合も多いことから，反射率に基づき，特定の波長帯域を透過する光学フィルタなどを用いると効率よく目的とする特徴量を抽出できる．

また，果実や野菜の表皮はクチクラ層で覆われていることから，表皮でハレーション（鏡面反射）を起こし，画像上ではその部分が白色を呈し，正確な色計測が困難となることも多い．このような問題は，偏光フィルタを光源とカメラレンズ前に用いて直交ニコルの状態に調整することで解決できる（図3）が，偏光フィルタは熱に弱いことからハロゲンランプのような高温の光源に用いるときは，冷却の必要がある[5]．

〔近藤　直〕

◆ 参考文献

1) 近藤直ほか，2016．生物センシング工学―光と音による生物計測―．コロナ社．
2) 電気学会，1978．電気工学ハンドブック，1361．
3) 近藤直ほか，1987．農業機械学会，**49**(6)，563-570．
4) 近藤直，1988．生物環境調節，**26**(4)，175-183．
5) 石井徹ほか，2003．農業機械学会誌，**65**(6)，173-183．

2.17
画像処理

濃度値画像, 二値画像, 空間フィルタ, 特徴量

画像入力後の一定の処理, 色変換により対象物と背景の切り出しを行った後, 種々の処理を行い, 特徴量を取り出すことにより加工, 選別などの作業に貢献している. 以下にそれらの手順を簡単に示す.

● 画像間演算による色抽出

農産物は色に特徴があるため, カラーカメラからのRGB画像をもとにして特定の色を抽出し, 対象物を背景あるいは他の対象物から識別可能である. この色変換には数種の方法があるが, それは次項[2.18 表色]に譲り, ここでは画像間演算による色抽出について述べる.

図1にはR, G, B相互の画像を四則演算により新たな画像を作成し, 対象物の部分的な色を抽出した例を示す. 図1上列には, 一部果柄部位にサビの入った赤いリンゴのカラー画像をRGBの三原色に分解した画像を示す. これらの画像からR-G, R-B, G-Bの演算を行うと図1下列のような, 特徴ある画像が得られ, それぞれの画像で, 異なる特徴が抽出容易になったことがわかる[1]. この他, R/Gの演算画像およびそれに係数を乗じたもの, あるいは(R-G)/Bに係数を乗じたものなど, その演算は種々考えられる. 目的に応じてあらかじめ抽出したい色を決定しておき, その色を強調する演算を行う.

● 濃度値画像における処理

白黒画像およびカラー画像のR, G, B画像などに種々の空間フィルタ処理を行うと目的とする特徴量が抽出容易になることも多い. 代表的な差分処理(エッジ検出処理)の空間フィルタとして, グラディエント(Gradient), プレビット(Prewitt), ロバーツ(Roberts), ソベル(Sobel), ラプラシアン(Laplacian)などがある. これらの処理でも, 対象物の色変化, 果実中のヘタ, キズの認識, 葉脈などの抽出が容易となる. 別途, ルックアップテーブル変換(各画素の濃度値を目的に応じて変化させる処理)によって色や模様の変化を強調させることもできる.

逆に模様や濃度値の変化を抑える平均化処理およびガウシアンフィルタもある. また, ソート(空間フィルタ内の濃度値を昇順あるいは降順などに並べ替え指定して何番目の値を出力する処理)などもある.

一方, フーリエ(Fourier)変換(濃度値画像を空間領域から周波数領域に変換する処理)などの処理もキズ, 形状の抽出に用いられる. 図3には図1のリンゴのG成分の画像をもとにしてフーリエ変換し, その低周波

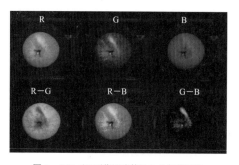

図1 リンゴの画像間演算による色差抽出

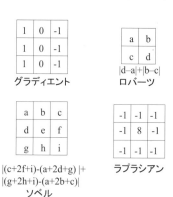

図2 エッジ検出フィルタ

図1のG画像の
周波数成分

低周波数
成分を除去

逆フーリエ変換

図3　FFT処理

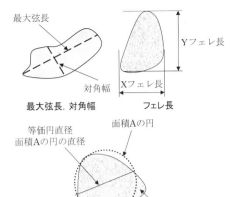

図4　種々の特徴量

成分を除去後，逆フーリエ変換して小さな斑点のみを抽出した画像を示す[1]．また，濃度値画像に対して同時生起行列[2]（濃度共起行列）を作り，対象物表面のテクスチャーを計測することもできる．このテクスチャー特徴量によってもリンゴの模様などの解析は可能である．

濃度値画像に対しある閾値を設定し，各画素の濃度値がその閾値以上であれば目的とする領域とみなして1を各画素に与え，それ以外であれば背景とみなし，0を与える二値化処理，あるいは閾値を2つ以上設定する多値化を行うこともある．特に二値化は画像を単純化することが可能で，不定形の農産物でも容易に面積や周囲長の計測が可能となる．

● **二値画像における各種処理**

二値画像に対して行う処理もさまざまあるが，ここではそれらの処理の簡易な説明にとどめる．①膨張：領域を1画素分太らせる処理，②収縮：領域を1画素分細らせる処理，③縮退：収縮に似ているが，連結性を保存しながら縮める処理，④オープニング：収縮で不要な対象の除去を行い，膨張で目的とする対象を元の寸法に戻す処理，⑤クロージング：膨張でばらばらの対象を集団化し，収縮で元の寸法に戻す処理（集団化は保持），⑥細線化：領域を幅1の線画像に変換する処理，⑦骨格抽出：領域の中心部分に位置する線の抽出を行う処理で，細線化と異なり連結性は保持されない，⑧穴埋め：領域の穴埋め処理，⑨孤立点除去：1画素のみの対象の除去，⑩輪郭線抽出：領域の輪郭線を抽出し，線画像とする処理．

前述した画像間の四則演算に加えて，論理積（AND），論理和（OR），排他的論理和（NOR），複数の画像中の対応する画素の濃度値の最大，最小，平均など，対象物を抽出する際に有効な処理も数多くある．目的および対象物に応じて，これらを適当に組み合わせて処理を行うことが確実な識別および認識につながる．

これらの処理後，特徴量を計測する．寸法に関する特徴量には最大弦長，対角幅，等価円直径，フェレ（Feret）長などがあり，形状に関するものは針状比，フェレ長比，円形度，複雑度，占有度，遠心度，丸み度，内外接円径比，曲がり，モーメントなど，さまざまである[1]．図4にはその一部を図解している．農産物は不定形で多様であることから，単一の特徴量で評価することは困難なことが多い．読者独自の特徴量も作成されることをお薦めする．　　　　　　　　　　〔近藤　直〕

◆　**参考文献**

1) 近藤直ほか，2004．農業ロボット（I）．コロナ社．
2) Haralick, R. M., *et al.*, 1973. *IEEE Transactions on systems, man, and cybernetics.* **SMC-3**(6), 610-621.

2.18 表色

マンセル記法，色度変換，L*a*b*，HSI

農産物の表色は品目や品種により非常に多様で，形状，寸法もさまざまであることからその色を正確に計測することは容易でないが，外観のみならず，内部品質とも関連があるため重要な作業である．特徴量抽出のための処理をする前段の処理として，背景との分離にも表色を利用する．ここでは農産物の表色を表すためによく用いる手法を紹介する．

● マンセル記法

色の三属性（色相（hue），彩度（saturation），明度（intensity））を客観的に表現する1つの方法として，物体の色と色票を見比べる本方法がある．マンセル（Munsell）記法では，色相を赤（R），黄（Y），緑（G），青（B），紫（P）の5つの主色に分け，その間の黄赤（YR），黄緑（GY），青緑（BG），紫青（PB），赤紫（RP）の5つを設けて10色とし，さらに各色を10に分割した100色相で表す．次に，最も暗い黒色を明度0に，最も明るい白を明度10として色の明るさを決定する．彩度は，白，黒，灰色の無彩色を0に，鮮やかな色は高値となる．この彩度の最高値は色相，明度によって異なる[1]．これらの三属性をマンセル記法では「色相　明度／彩度」で表現する．

選果場などでは多くの果実は画像上で，後述するいくつかの色表現方法を用いることが多いが，色見本と実際の果実を並べて比べて検査することもある．

● 色度座標

一般にいわれるRGB表色系は人間の目の感度を間接的に等色関数 $r(\lambda)$, $g(\lambda)$, $b(\lambda)$ で表したものであり，国際照明委員会（Commission Internationale del' Eclairage : CIE）は原刺激波長として700.0 nm，546.1 nm，435.8 nmを選んでいる．XYZ表色系の X, Y, Z は等色関数から求まる三刺激値 R, G, B を用いて（1）式で求められる．

$$X = 2.7690R + 1.7517G + 1.1301B$$
$$Y = 1.0000R + 4.5907G + 0.0601B$$
$$Z = 0.0000R + 0.0565G + 5.5943B \quad (1)$$

ここで Y は輝度を表す．さらにこの三刺激値 X, Y, Z から色度座標は以下の(2)式によって定義される．

$$x = X/(X+Y+Z)$$
$$y = Y/(X+Y+Z)$$
$$z = Z/(X+Y+Z) = 1 - x - y \quad (2)$$

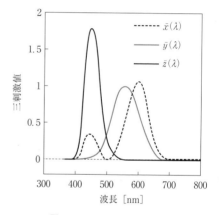

図1　XYZ表色系の等色関数

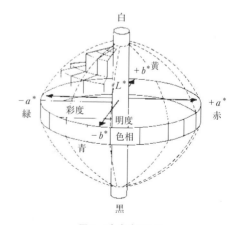

図2　L*a*b*表色系

● **L*a*b***

(3) 式に XYZ 表色系から L*a*b* 表色系への変換式を，図2にその座標系を示す．ここで，L^* は明度，a^* は緑から赤への色度，b^* は青から黄色への色度を表している．2次元座標に変換したものが a^*b^* になるため，色相は a^*b^* 座標系における (a^*, b^*) の a^* 軸からの角度，彩度は原点 $(a^* = b^* = 0)$ からの距離 $(\sqrt{a^{*2}+b^{*2}})$ になる．原点は無彩色（灰色）である．L*a*b* 色空間ではこの明度-色度の3次元色空間における変化量と，その変化によって受ける視覚の色変化の印象とが比例するよう補正されている．

$$L^* = 116(Y/Y_n)^{1/3} - 16$$
$$a^* = 500[(X/X_n)^{1/3} - (Y/Y_n)^{1/3}]$$
$$b^* = 200[(Y/Y_n)^{1/3} - (Z/Z_n)^{1/3}] \quad (3)$$

ここで，X, Y, Z は前述の XYZ 表色系の三刺激値，X_n, Y_n, Z_n は標準照明（D65）における白基準値の三刺激値である．詳しくは文献[2]を参考にされたい．この表色系は，赤と緑が a^* 軸に，黄と青が b^* 軸に配色された色空間であり，種々の農産物の色を表現容易であるため，ポストハーベストの分野で用いられることが多い．

● **HSI**

カラーカメラの RGB 出力信号から直接色計算を行う方法の1つが HSI（HSL または HSV）変換であり，人間の色覚に近い表現方法であるとされている．HSI には種々のモデルがあるが，ここでは例として図3に示す円柱モデルを紹介する．

まず，(4) 式で，HSI 直交空間 (M_1, M_2, I_1) に変換する．さらに直交座標系から円柱座標系 (H, S, I) への変換および明度の調整は (5)～(7) 式によって行う．ここで R_T, G_T, B_T はカメラの RGB 信号の値である．

$$[M_1 \ M_2 \ I_1]$$
$$= [R_T \ G_T \ B_T] \begin{vmatrix} 2/\sqrt{6} & 0 & 1/\sqrt{3} \\ -1/\sqrt{6} & 1/\sqrt{2} & 1/\sqrt{3} \\ -1/\sqrt{6} & -1/\sqrt{2} & 1/\sqrt{3} \end{vmatrix} \quad (4)$$

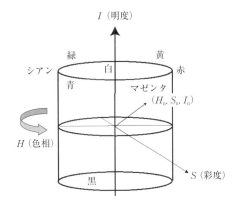

図3 HSI 円柱モデル

$$H = \arctan(M_1/M_2) \quad (5)$$
$$S = (M_1^2 + M_2^2)^{1/2} \quad (6)$$
$$I = \sqrt{3I_1} \quad (7)$$

● **画像間演算**

農産物の表皮の色差を (8)～(10) 式のように RGB 画像間の演算により求めることも可能である．特に微妙な色の違いを検出するには各画素の R_T や G_T の差を取り，多様な形状によって明度の違いを相殺するために比率を取ることが多い．

$$D_1 = R_T/G_T \quad (8)$$
$$D_2 = (R_T - G_T)/B_T \quad (9)$$
$$D_3 = R_T/(R_T + G_T + B_T) \quad (10)$$

● **測色計・色彩計**

画像を用いず，測色する窓に直接対象物を押し当て，分光光度計あるいは三刺激値または二色の刺激値をもとに，簡便に色を定められる計器もある．分光光度計を用いるものは，各波長の反射率も求まる． 〔近藤　直〕

◆ **参考文献**

1) 近藤直ほか，2016．生物センシング工学―光と音による生物計測―．コロナ社．
2) 電気学会，1978．電気工学ハンドブック．1361．

2.19 蛍光指紋

励起波長，蛍光波長，励起蛍光マトリクス，蛍光スペクトル

蛍光指紋の説明をする前に，まず既存の蛍光という現象を説明する．通常，蛍光とは，図1（左）に示すように，ある特定波長成分だけからなる光（励起光）を試料に照射し，それによって生じるさまざまな波長の光（蛍光スペクトル）のことを指す．日常では，蛍光灯の白色光は，蛍光管の内側に目に見えない短波長の光が蛍光管内側に塗られた蛍光体に照射され，白色光を生じる蛍光現象である．また，よく遊園地のお化け屋敷などの暗闇で，ブラックライトという，これも目に見えない光が白いワイシャツにあたると，青白く光って見えるのも，洗剤やシャツなどに含まれるリン（P）による蛍光現象である．そして，このような蛍光現象を利用して，さまざまな化学成分の判別・定量を行うのが蛍光分析法である．しかし，この場合は，刺激（特定の励起波長）が1種類，それに対する応答（蛍光スペクトル）が1本という1組の刺激と応答の情報を解析することになる．しかしながら，情報は多ければ多いほど，その中に含まれる有用な情報が抽出できる可能性が高い．そこで，情報量を多くすることを考える．それには，刺激を複数にし（つまり，複数の励起波長を順次走査して照射），それに対する応答（蛍光スペクトル）も複数本得られれば，図1（右）のような3次元の膨大な情報が得られる．この3次元データを上から見れば，等高線図のようなパターンが観察される．このパターンは，その試料特有の蛍光特性がすべて表現されたものと考えられ，蛍光指紋（fluorescence fingerprint），または励起蛍光マトリクス（excitation emission matrix）と

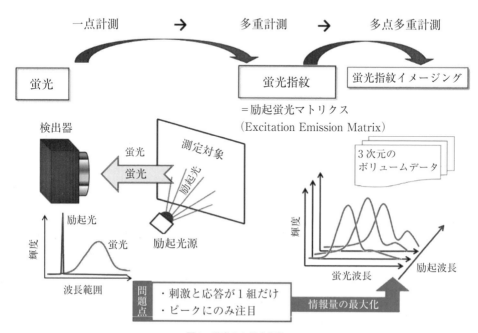

図1　蛍光から蛍光指紋へ

試料：赤インク（ローダミン）

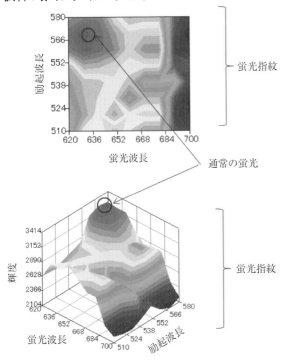

図2 ローダミンの蛍光指紋

呼ばれ，本項が主題とするキーテクノロジーである．

また，従来の蛍光は主に輝度値がピークの情報のみを解析することが多かった．確かに単一の際立った蛍光成分が目的ならそれで済むが，最近のセンサ技術は飛躍的に向上し，目に見えるような強い光の情報だけでなく，わずかなエネルギー収支によるさまざまな反応もデジタル量でとらえることができる．すなわち，蛍光スペクトル上の微小な凹凸，ショルダ（大きなピークに小さなピークが重なった状態）や，さらに蛍光のない低レベルでも拡大すれば何らかの情報が確認できる．そこで，解析対象を，ピークだけに限定せず，すべての領域を平等に取り扱いながら，必要な情報のみをうまく抽出するモデルを構築すること，すなわちデータマイニングは，昨今のコンピュータ技術が得意とするところである．

図2は，ローダミンという蛍光色素の蛍光指紋の一例である．従来の蛍光スペクトルは，この3次元のグラフのピーク点を通過する一断面だけにしか注目していなかったのに対して，蛍光指紋は，一番高いピークだけでなく，指紋パターンを構成するすべての輝度値をデータとして扱うことから，いかに情報量が多いかがわかる．また，このパターン自体は物質固有のものであることから，さまざまな判別・定量などに使える．この特性を利用して，食品の産地判別，混ぜ物の検知，危害物質や成分分布可視化などのさまざまな応用が試みられている．

そして，さらに昨今のICT（情報通信技術）の進展は，これまでの不可能を可能にする．近年，デジカメが普及し，解像度の高い写真が携帯電話でも撮れるようになった．また，写真が画素という小さな点の集まりであることは誰もが認識しつつある．この画素を上記の蛍光指紋の検出器として使えれば，画素ごとに蛍光指紋を取得することも可能である．そして，画素ごとにその特徴を判断し，色に置き換えれば，これまで見えなかったものも可視化することができる．これが，世界初の技術として開発された蛍光指紋イメージングである．この蛍光指紋イメージングにより，パン生地中のグルテンとデンプンの可視化，食肉表面における生菌数の可視化などが示されており，今後，これまで困難であったさまざまなターゲット（特に生体由来の物質）を可視化する技術として期待されている．

〔杉山純一〕

2.20 クロマトグラフィー

HPLC, GC, クロマトグラム

クロマトグラフィーとは物理的,化学的差異を利用して物質を成分ごとに分離抽出する手法を指す.分離の形式で分類すると,分離の主因を表面活性におく吸着クロマトグラフィー,イオン交換的吸着親和力におくイオン交換クロマトグラフィー,低濃度における溶解性から導かれる分配率を主因とする分配クロマトグラフィーに区分される[1].

クロマトグラフィーでは,移動相と呼ばれる試料が固定相と呼ばれる多孔質などの固体や液体を通過する過程で分離抽出される.移動相には気体や液体だけでなく,超臨界流体が用いられることもあり,気体の場合はガスクロマトグラフィー,液体の場合は液体クロマトグラフィーと呼ぶ.

試料を導入(図1(a))した後,それぞれの成分が固定相との相互作用能が異なるため,時間 t 後(図1(b))には徐々に分離が進む.さらに時間 t' 後にはそれぞれの成分が完全に分離され(図1(c)),試料を導入した場所からの距離の違いとなって現れる.これらを固定相出口の検出器で検出することで得られ

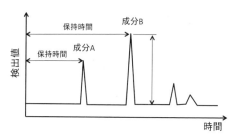

図2 クロマトグラム

るスペクトルをクロマトグラム(図2)と呼ぶ.

試料を注入してから各物質が検出されるまでの時間を保持時間と呼ぶ.保持時間の違いがカラムとの相互作用の違いであり,ピーク高さ(もしくは面積)は物質の量に相当し,これにより定性,定量分析を行う.このクロマトグラフィーの原理を利用した分析機器として,ガスクロマトグラフ(GC),高速液体クロマトグラフ(HPLC)がある.

● **HPLC(高速液体クロマトグラフ)**

HPLC を用いて分析種の定性または定量分析を行う場合および分析のための精製を目的とした分析を行う場合の通則については,日本工業規格 JIS K 0124 に規定されているので,参考にされたい.なお,ここでいう分析種とは,試料または試料溶液中の被検成分を指す.通常の基本構成は図3のようになっており,移動相となる溶離液をポンプを使って高圧で送液し,カラムの固定相と移動相の間で生じる各分析種の相互作用の差によって混合物の分離を行う.試料はマイクロシリンジなどで計量されたものがインジェクターからカラムに注入され,農薬などの多検体を分析

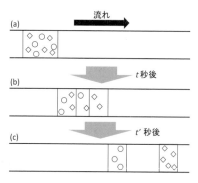

図1 固定相で分析種が分離している様子

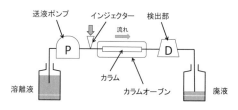

図3 HPLC の基本構成

表1 HPLCの分離モード，原理および用途（JIS K 0124：2011を改変）

分離モード	原理，特徴	用途
分配	固定相と移動相間との分配平衡に基づく分離	低分子から高分子までの広範な対象物
吸着	無機酸化物固定相による溶質の吸着平衡に基づく分離．移動相に非極性有機溶媒を使用	極性物質，異性体の分離
親水性相互作用	親水性相互作用に基づく分離．極性の高い固定相と移動相には水溶性の有機溶媒を使用	糖，アミノ酸など親水性化合物
イオン交換	イオン交換体とイオン性溶質との静電的相互作用による分離	イオン性物質の分離分析，脱塩，塩交換
サイズ排除	高分子充填剤のネットワークまたは細孔による分子ふるい作用に基づく分離	タンパク質，酵素などの分離，精製
アフィニティー	生物由来の分子識別能による分離．選択性が高い	生理活性物質の濃縮，分離，精製

表2 代表的なHPLC用の検出器

分類	名称
光学的検出器	紫外・可視吸光検出器，旋光度検出器，示差屈折率検出器，円二色性検出器，蛍光検出器，化学発光検出器
電気的検出器	電気伝導度検出器，電気化学検出器
その他	質量分析計，NMR

するには，オートサンプラーが用いられる．

用途に応じてカラムや分離モードを選択する必要がある．カラムの選定は重要であるが，ここでの紹介は割愛する（表1）．

カラムで分離された分析種は，表2に示す検出器で検出される．現在最も一般的なものは紫外吸光検出器である．このとき，試料物質の吸光度を計測するため，検出波長は試料物質にのみ選択的に吸収される波長を選ぶ必要がある．

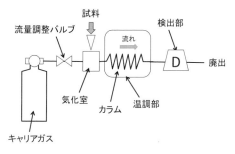

図4 GCの基本構成

● GC（ガスクロマトグラフ）

GCを用いて無機物および有機物の定性および定量分析を行う場合の通則については，日本工業規格 JIS K 0114に規定されているので，参考にされたい（図4）．

GCの移動相（キャリアガス）には高純度なヘリウム，窒素，アルゴンなどの不活性ガスが用いられ，カラムにはキャピラリーカラムが用いられる．このカラムは，分離の速さと一斉分析に適している特徴を有し，汎用的に用いられている60 mのカラムでは90分程度の分析で500以上の成分を分離できる[3]．検出には，熱伝導度検出器，水素炎イオン化検出器，電子捕獲検出器，炎光光度検出器，熱イオン化検出器，質量分析計などが利用される．パーセントレベルの比較的高濃度の分析から，ppm（mg・L^{-1}）といった低濃度の分析にまで適用することが可能である．

〔小川雄一〕

◆ 参考文献

1) 桑田智，1959．油化学，8(12)，565-589．
2) JIS K 0124：2011．
3) 日本分析機器工業会．
http://www.jaima.or.jp/jp/basic/chromatograph/gc.html (2016年2月20日閲覧)
4) JIS K 0114：2012．

2.21 成分分析

近赤外分光法,穀物成分分析計,穀物共同乾燥調製施設,水分,タンパク質

近年,わが国で生産する農産物は,その成分(品質)を測定し品質保証をしたうえで市場に出荷する農産物が増えている.成分分析は,青果物の糖分(糖度),穀物(米麦)の水分やタンパク質で行われている.農産物の成分分析を行い出荷するには,非破壊分析を行うことが必要である.非破壊分析には近赤外分光法が使われることが多い.

近赤外分光法を用いた穀物の成分分析は,1950年代にアメリカのNorrisらが研究を開始し,1960年代にNorrisらやカナダのWilliamsらが研究を進め,1970~80年代にかけてカナダやアメリカでコムギタンパク質の公定分析法として採用された.

わが国では,近赤外分光法によるコメの成分分析計が1986年に開発された.当時は精白米を粉砕して水分やタンパク質を測定する近赤外反射型分析計であった.その後,1990年代半ばには玄米での測定や,全粒(粉砕しないで粒のまま)で非破壊測定を行う近赤外透過型分析計が普及してきた.

穀物共同乾燥調製施設において近赤外分光法による成分分析計が実用的に使われ始めたのは,1999年に北海道でコメの自動品質検査システムが導入されてからである[1].共乾施設では,1日に多数の荷受けを行うため,成分分析は迅速な方法でなければ対応できない.そこで近赤外分光法を利用しコメの水分とタンパク質を測定し,成分(品質)ごとに分別してその後の乾燥調製を行う技術が開発された.このシステムで成分分析計は荷受け籾や乾燥籾(出荷玄米)の品質検査に用いられている.品質はタンパク質で3区分,整粒割合で2区分の組み合わせで区分する例が多

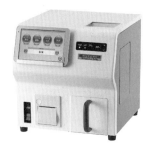

図1 穀物成分分析計の一例(静岡製機製 SGE)

い.この品質区分(「タンパク仕分」とも呼ばれる)は,出荷するコメに価格差(奨励金)をつけることにも利用されている.この技術は,2010年前後から東北,北陸,九州などのコメの主産地に普及し始めている.

図1に穀物成分分析計(近赤外分析計)の一例を示した.この分析計は650~1100 nmの波長範囲で米麦の透過光を測定し,水分やタンパク質の成分分析を行う.

近赤外分光法による穀物の成分分析の精度は,近赤外分析計のハードウェアの改良や検量線作成のソフトウェアの進歩に伴い,向上している[2].図2~5に近赤外分析計による米麦の水分とタンパク質の測定精度を示す[3].

図中の回帰式は近赤外分析計による測定値(x)から基準分析(水分:炉乾法,タンパク質:ケルダール法)による測定値(y)を回帰したものである.この回帰式($y=ax+b$)のaが1に近いほど,またbが0に近いほど,測定精度がよいことを表す.決定係数(r^2)はxとyの相関係数の二乗であり,これが1に近いほど,測定精度がよいことを表す.Biasはxとyの差(誤差,残差)の平均である.SEP(standard error of prediction)はxとyの差の標準偏差(予測標準誤差)である.BiasとSEPはともに0に近いほど測定精度がよいことを表す.RPD(ratio of SEP to SD)はy(基準分析値)の標準偏差(standard deviation:SD)とSEPとの比(SD/SEP)を示したもので,この値が大きいほど精度が

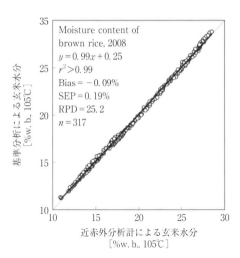

図2 玄米水分の測定精度

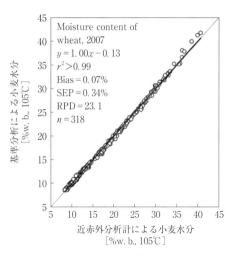

図3 小麦水分の測定精度

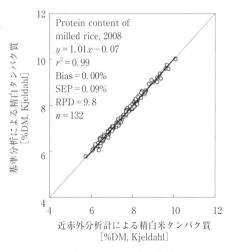

図4 精白米タンパク質の測定精度

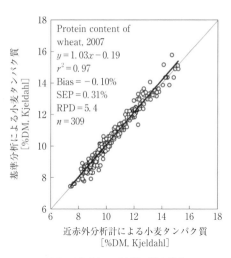

図5 小麦タンパク質の測定精度

よいことを表す．

図2〜5に示したように，近赤外分析計による米麦の水分とタンパク質の測定精度は非常に高い．この成分分析技術は穀物の共同乾燥調製施設に加えて，精米工場，製粉工場および流通過程での品質検査に利用されている．なお，市販の穀物の近赤外分析計では，水分とタンパク質以外の項目の測定値の表示がされている場合が多いが，水分とタンパク質に比較すると，それらの測定値の精度は低い．

〔川村周三〕

◆ 参考文献

1) Kawamura, S. et al., 2003. *Computers and Electronics in Agriculture*, **40**, 115-126.
2) 川村周三ほか，2002．農業機械学会誌，**64**(1)，120-126.
3) Li, R. et al., 2013. *Engineering in Agriculture, Environment and Food*, **6**(1), 20-26.

2.22 分光分析

電磁波, 分類, 検量, 多変量解析

● 分光分析の分類

試料に対して電磁波を照射すると, 電磁波が吸収されたり, 散乱されたり, あるいは試料からの発光が生じるなどといった現象が観察される. これらの物理現象は, 試料の構成元素や化学結合に応じて, 電磁波の波長ごとに固有のパターンと強度を示す. したがって, 波長ごとの吸収, 発光, 散乱の強度分布(=分光スペクトル)を測定することによって, 対象物の物性を測定すること, あるいは対象物内の物質を定性(同定)・定量することができる. このような分光スペクトルを用いた科学的分析手法を分光分析あるいは分光法(spectrometry, spectroscopy)と呼ぶ. なお, スペクトルの概念が電磁波だけでなく, 音響スペクトルや質量スペクトルなど, 離散的なエネルギー分布を表すものに拡張されていることから, 光電子分光や質量分析といった, 電子やイオン, 中性子など粒子の運動エネルギーの測定による物質の同定・定量手法も広義の分光分析とされる.

図1に電磁波の各波長帯における主な分光分析を示した. 電磁波の名称, もしくはエネルギー遷移の様式を冠した分類がなされる(赤外分光法, 核磁気共鳴分光法など). ただし, 電磁波の名称と波長帯の定義は成書により必ずしも一定ではない. 例えば, 長波長側のX線を軟X線, 短波長側のそれを硬X線として区別する場合もある. また赤外からミリ波にまたがる領域は電磁波の周波数からTHz帯とも呼ばれる. これらは, 実験装置の進歩とも関係している.

● 多変量解析による情報の抽出

ポストハーベスト工学が対象とする動植物や菌, 微生物などのいわゆる生体試料やその抽出物は, きわめて複雑な組成から成り, 得られる分光スペクトルには, 試料中の元素や化合物, 化学結合などに応じた膨大な情報が含まれる. 指紋領域と呼ばれる中赤外領域での特定の脂質やタンパク質, 糖の分析や, 可視領域における色素(クロロフィルやカロテノイドなど)の分析では, スペクトル中の単一のピークとその挙動からターゲット物質を定性・定量できることがある. しかし, それらが容易に見出せない場合は, 目的とする分析を行うために, 観測した波長の数, あるいは化学シフトの数だけ変数がある, いわゆる多変量(多次元)データである分光スペクトルからの情報抽出操作が必要となる. 具体的には, 多変量解析(ケモメトリックス)が適用される.

図2に多変量解析の手法を示した. 潜在的な目的変数の存在は仮定するものの, あくまで説明変数のみを解析に用いる手法群を「教師なしのパターン認識」, 説明変数である分光スペクトルとともに目的変数を用いる手法

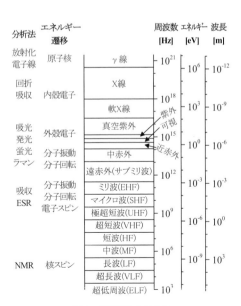

図1 電磁波と分光分析

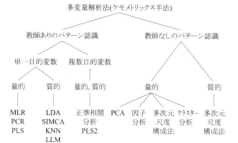

図2 多変量解析の手法（文献[1])より抜粋し改変）

群を「教師ありのパターン認識」と呼ぶ．

教師なしのパターン認識はデータ構造の探索や確認，または教師ありのパターン認識の前処理のために用いられる．手法には，固有値と固有ベクトルの算出による次元圧縮技術である"主成分分析"，試料特性を共通因子と特殊因子とに分解する"因子分析"，試料同士の距離（ユークリッド距離，マンハッタン距離など）や類似度に基づき，階層的に（例えばデンドログラム）あるいは非階層的に試料を結合・分類する"クラスター分析"，分類対象物の関係を低次元空間における点の配置で表現する"多次元尺度構成法"がある．

一方，教師ありのパターン認識は，目的変数を説明するように，説明変数中の変数を選択し重みをつけたり，潜在因子を抽出して試料を識別・分類するために用いられる．ノンパラメトリックな手法には，多次元空間における群間の境界面（超平面）の傾きを逐次修正・学習しながら決定する手法である"線形学習機械（linear learning machine：LLM)"，近傍にある K 個の試料とのユークリッド距離に基づき，多数決でどの群に割り当てるかを決定する"KNN（K-nearest neighbor)"，シンプレックス最適化法を適用して各変数に対する重み係数を決定する"シンプレックス法"がある．またパラメトリックな手法には，群間変動と全変動の比の最大化によって求まる線形判別関数やマハラノビスの汎距離を用いる"線形判別分析（linear discriminant analysis：LDA)"，群ごとに得られる主成分得点の分布に基づく判別空間を設定する"SIMCA（soft independent model of class analogy)"がある．

また，教師ありのパターン認識のうち，

目的変数＝回帰モデル＋誤差

と考えることによって，説明変数と目的変数との関係を求める手法を検量という．回帰モデルには，説明変数の線形結合が最もよく用いられ，重回帰分析，主成分回帰分析（PCR），部分最小自乗回帰分析（PLS）などがある．それぞれ，多重共線性や変数選択，主成分・潜在変数の最適数の決定など，使用にあたって注意を要する．詳細は文末の文献[2,3]などを参照されたい．また回帰モデルに非線形関数が設定される場合もあり，人工ニューラルネットワーク（ANN）などが利用される．

これらの多変量解析技術の適用によって得られたローディング（因子負荷量）や回帰係数ベクトルは，定性・定量に寄与する説明変量を抽出し，分光スペクトル中に含有される情報への理解を深めるのに役立つ．例えば，近赤外スペクトル中にはリンゴ果実の甘さや硬さの情報が含まれており，ゆえにスペクトル計測によって非破壊的にそれらの物性を定性・定量可能であることが示されている[4]．ただし，抽出された情報は統計的な相関関係を示すのであって，因果関係を必ずしも保証するものではないことには注意が必要である．

〔黒木信一郎〕

◆ 参考文献

1) 相島鉄郎，1992．ケモメトリックス―新しい分析化学．丸善．
2) 尾崎幸洋ほか，2002．化学者のための多変量解析．講談社．
3) 宮下芳勝，佐々木慎一，1995．ケモメトリックス―化学パターン認識と多変量解析．共立出版．
4) Nicolai, B. M. *et al.*, 2007. *Postharvest Biol. Technol.*, 46, 99-118.

2.23 非破壊評価

打音,インピーダンス,近赤外,蛍光

非破壊評価を行う対象物としては,ここでは農産物を対象とし,その目的としては,品質を測定することである.大まかに,化学特性と物理特性に大別する.化学特性とは,糖,酸,水分などいわゆるケミカルな成分で決定される品質項目である.それに対して物理特性は,農産物の場合,硬さが重要な品質項目となる.表1に,入出力のエネルギー形態より分類した計測法を掲げる.実際に,農産物を対象とした場合,化学特性の測定には,光学的手法が,物理特性の測定には,力学,音響,電気的手法が使われることが多い.

● 音響的方法の利用

音響特性の利用は,従来から青果物の熟度判定として,打音信号の周波数解析やそのシミュレーションがスイカ,リンゴなどに対して数多く行われている.しかし,いずれも試料の大きさの違いをどう取り扱うかが1つの問題点となっている.

さて,以上のような周波数領域での観察(入力に対する応答を各周波数別に調べること)が,品質特性の把握にかなり有効であることは明らかになったが,実際に行っていることは,インパルス刺激(打音)による応答として時系列データ(音の大きさの時間変化)が採取され,その音響信号はフーリエ変換され,いわゆる"周波数解析"を行っている.これは,例えば古くから経験的に行われてきたスイカの打音による熟度の評価も,結局は人間の耳がフィルタの役割をして音を各周波数別に分け,その分布状態を音色として知覚することを機械により模倣して判断しているわけである.

これに対して,ここでは見方を変えて,打音信号の時系列波形に注目し,空間領域における打音の生成過程をコンピュータ画面上で視覚的にとらえることを試みると新たな発見がなされている.すなわち,マスクメロンにおいては打点時の応答波形が時間経過とともに赤道面上を一定の速さで周回する現象が明らかになった.そして,青果物の追熟に伴い,その伝搬速度には顕著な遅れがみられた.これは,周波数別に観察すると各周波数成分が全体的に低周波側にずれる(つまり音色が低くなる)ことに対応しており,経験的に知られているスイカの音色の変化とも一致した.本法は従来法(周波数解析)に比べ,①評価指標の検出が容易,②伝搬速度として表現することにより,青果物の大きさの違いが補正可能,③高速フーリエ変換などの演算が不要などの利点を有する.さらに,スイカ,メロンなどの熟度の非破壊評価法としての実用性が高く,装置,解析が簡単なため,将来的にはかなり小型化が可能であり,収穫,選別の段階のみならず,店頭などの消費段階へも展開可能と思われる.実用的な伝搬速度の計測システムもすでに開発されている.

また,このインパルス応答波形の周回現象は,メロン,スイカのみならず,カボチャ,カキ,ナシなどにも観察され幅広い農産物への応用が期待されている.

● 電気的方法の利用

音響と同様に,さまざまな振動に対する応答を調べることにより,得られる情報量が増え,これが品質評価への足がかりになる.このことは,電気的方法にもいえる.電気的方法における"振動"とは"交流"を意味する.

従来,農産物における電気特性の利用は穀類における水分の計測が主であったが,品質

表1 農産物の非破壊計測法

(1) 音響的方法	打音解析,超音波測定
(2) 電気的方法	生体電位,インピーダンス,誘電率
(3) 光学的方法	吸収,発光(蛍光),屈折率,反射率,レーザー計測

特性の計測に利用できれば，電気という特徴を利用して非破壊での計測へ応用の道が拓ける．そこで，電気特性を青果物の熟度計測に利用することが試みられている．青果物の電気インピーダンス（交流抵抗）の周波数応答特性を測定し，熟度との対応を検討した結果，青果物の熟度（果肉硬度）と果肉の電気インピーダンスに相関関係があり，理論的解析から，細胞膜，細胞壁の変化によるものと推察された．このことは，単に熟度の推定のみならず，細胞機能あるいは細胞の組織構造に関する情報が電気特性に含まれていることを示し，植物生理などの研究へも利用可能と思われる．また，正確，迅速化を目的として，新たな手法（フーリエ変換・4電極法）を利用したインピーダンス計測システムが開発され，これにより，数多くの試料が短時間で計測可能となり，電極，電位分布などの基礎的知見が得られている．さらに，電気インピーダンスを用いて，ジャガイモの放射線照射量の推定も報告されている．

一方で，これまでと違った利用法に，電気容量からスイカの空洞を検出する方法が実用化されている．これは，スイカとそれを覆い囲む金属電極間の電気容量を計測して果実体積を推定し，前もって計算された重量と合わせて密度を求め，空洞果検出を行っている．

● 光学的方法の利用

光学的方法に関しては，研究例が多く，非破壊・非接触という特徴を活かして，実用化されているものも多い．特に，近赤外光の利用は，近赤外分光法として農業に限らず，食品，薬品，繊維，高分子，化粧品，医学への応用が展開されている．この技術は，近赤外スペクトル（波長-吸光度曲線）そのものが物質の化学構造の特定部分（官能基）による共振に由来することを利用して，逆に，特定波長の吸光度から注目する物質の定量化を行うものである．実際には，1つの官能基が複数の吸収波長をもっており，また，試料は多成分からなるため，これらの吸光度がすべて重ね合わさったものが近赤外スペクトルとして計測される．したがって，そこから，注目する成分に関する情報を取り出すには，重回帰分析などの統計的手法が用いられる．植物体を対象にした計測例では，モモ，ミカンの糖度，メロンの可溶性固形分の測定がなされている．さらに，皮の厚い試料や深部の情報を得るために，拡散反射法から透過法の採用が試みられている．

また，これらと異なった方法に，蛍光指紋という新しい測定法も生まれ，さまざまな判別・定量への応用が試みられている．

● その他の利用

放射線の利用（X線，γ線，β線）は，青果物の内部状態（空洞，欠陥など）の判定に用いられ，ジャガイモやスイカの空洞判定，凍害を受けたオレンジの選別，レタスの結球度判定などの例がある．また，X線CTを用いて青果物を計測した例もあるが，これら放射線の利用は，わが国では消費者側の反対が強く，また，コスト的な問題もあり，有効な方法と考えられるが実際に使われることは少ない．

〔杉山純一〕

2.24 組成分析

品位規格, 農産物検査, 下見検査

コメは1942年制定の「食糧管理法」(食管法)に基づき全量が国の管理とされてきた. しかし食糧管理費増大, 自主流通米拡大などにより, 食糧管理法は1995年に廃止され, 代わりに「主要食糧の需給及び価格の安定に関する法律」(食糧法)が制定され, 現在ではコメの流通は原則, 自由となっている.

食管法下では, コメ, 麦, 大豆などの農産物は1951年制定の農産物検査法に基づき, 国(農産物検査官)が一元的な検査主体として検査を実施し, コメは米穀検査(品位等検査)により1等・2等・3等・等外に区分されてきた. 一方, 食糧法下では農産物検査の受検は任意であるが, 全国的に大量の取引を行うものは規格取引の根拠として農産物検査を受けるのが一般的であり, コメの全生産量のおおむね6割が検査を受けている[1].

水稲うるち玄米は表1に示したように, 1等・2等・3等・規格外に区分され, 品位規格は最低限度に整粒・形質が, 最高限度に水分・被害粒・死米・着色粒・異種穀粒・異物が, それぞれ規定されている[2]. なお, 容積重については2001年までは規定されていたが, それ以降は削除された. また, 附則に「1. 玄米の水分の最高限度は, 各等級とも, 当分の間, 本表の数値に1.0%を加算したものとする.」との記述があるが, これは1989年から施行されているもので, ①乾燥機が普及したことにより過乾燥米が多発し問題となったこと, ②業者から15%以上のコメも取り扱いたいとの要望があったこと, の2点に対応したものである. 0.5~1.0%の水分加算は天日乾燥を考慮して以前からあった(軟質米/硬質米)が, これらをまとめて1.0%の加算としている. ただし, 生産地では15%以上のコメは保管中に問題が発生する可能性があることから, 最近では15%を上限として指導しているところが多い.

2000年の農産物検査法の改正により, 2001年度から5年間で, 農産物検査実施主体は, 国から民間の登録検査機関に移行することとされ, 2006年度から完全民営化された. 実質的には, これより1年早く2005年度には, 農産物検査のほぼ全量が登録検査機関によって行われている[1]. 民営化後の検査は, 農産物検査に1年以上従事した経験を有する者, あるいは農林水産大臣が指定する研修の課程を修了した者(農産物検査員)が行う. 農産物検査員は従来行われてきた目視に

表1 水稲うるち玄米の品位規格

	最低限度		最高限度							
				被害粒, 死米, 着色粒, 異種穀粒および異物						
							異種穀粒			
	整粒 [%]	形質	水分 [%]	計 [%]	死米 [%]	着色粒 [%]	籾 [%]	ムギ [%]	籾およびムギを除いたもの [%]	異物 [%]
1等	70	1等標準品	15	15	7	0.1	0.3	0.1	0.3	0.2
2等	60	2等標準品	15	20	10	0.3	0.5	0.3	0.5	0.4
3等	45	3等標準品	15	30	20	0.7	1	0.7	1	0.6

規格外―1等から3等までのそれぞれの品位に適合しない玄米であって, 異種穀粒および異物を50%以上混入していないもの.
附1. 玄米の水分の最高限度は, 各等級とも, 当分の間, 本表の数値に1.0%を加算したものとする.(以下, 略)

よる品位等検査に加え，タンパク質含量などの成分検査も行うことができる[3]．

このような米穀管理と検査をめぐる法律の改正などに対応するため，民間では目視検査による品位等検査を補助する外観品質判定装置，成分検査を行う食味分析計（米成分分析計）などの分析機器の開発が行われてきた．

1980年代後半に開発された目視検査を補助する外観品質判定装置は次第に普及したが，2006年の完全民営化に向けて穀粒判別器としてコストダウンと改良が施され，検査の補助装置として都道府県単位で導入されている[4]．RGB分光された光を玄米に照射し，上部・下部・透過で得られた画像データから色・明るさ・幅・長さ・周長・面積などを解析し，玄米を整粒・未熟粒・被害粒・死米・着色粒・胴割れ粒・砕粒などに分類する．約1000粒の玄米を約30秒で判別する．

食味分析計（米成分分析計）は一般に波長範囲780～1100 nmの近赤外光をコメに照射し，透過スペクトルから多変量解析によりコメの成分と品質を推定する．400～780 nmの可視光の一部を照射光に加えることもある．その装置は730～1100 nmの可視/近赤外光を用い約500 gの試料を約35秒で分析する．

コメの粘りに関連する二大成分はアミロースとタンパク質であることが知られている[5]が，地域・品種を限定すれば，アミロース含量の変動は小さいので，タンパク質含量が少ないほうが良食味であるということができ，このような考えに従って外観とタンパク質含量に基づく集出荷が全国各地で行われるようになった[4]．最近では穀粒判別器と食味分析計（米成分分析計）による整粒割合とタンパク質含量の組み合わせで品位を決め，精算格差を設けている都道府県が増えている．

乾燥調製施設では，生産者の取り分を算出するため自主検査装置が用いられている．これは，施設に搬入され粗選別・計量された籾から約2 kgの試料を採取し，テストドライ

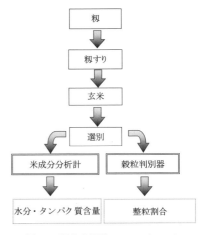

図1　下見検査装置のフローチャート

ヤーで乾燥後，籾すりを行い，整粒とその他に分別する装置で，出力された整粒歩留りと質量に基づき生産者の取り分が算出される．

乾燥調製施設では下見検査装置も用いられている．これは，17％以下に乾燥された半乾燥籾，あるいは仕上げ乾燥された籾を対象に，籾すり機，選別機，穀粒判別器，米成分分析計などを組み合わせた装置で，得られたデータをもとに，乾燥玄米の場合は仕分けの貯留ビンを，半乾燥籾の場合は乾燥機を決める．都道府県に普及が進んでおり，精算格差にも使われることがある．図1に装置のフローチャートを示した．　　　　〔夏賀元康〕

◆　参考文献
1) 農林水産省総合食料局，2007．米の農産物検査について．
2) http://www.maff.go.jp/j/seisan/syoryu/kensa/kome/k_kikaku/index.html（2015年9月30日閲覧）
3) 農林水産省，2015．農産物検査員の育成研修実施マニュアル．
　 http://www.maff.go.jp/j/seisan/syoryu/kensa/hourei.html
4) 夏賀元康，2005．農業機械学会誌，**67**(1), 10-14.
5) 農林水産技術情報協会．1996．美味しい米　第2巻　米の美味しさの科学．50-64.

2.25 糖センサ・内部品質センサ

Brix，屈折率，近赤外分光法，検量線，光センサ

青果物の品質評価において"糖度"はきわめて重要なファクターとなる．特に果物については，糖度が高く甘いものが好まれ，流通・販売における付加価値の1つにもなっている．

● 糖度の単位

糖度を指標化する物理量としてBrix（ブリックス値）が広く使用されている．Brixは，20℃のスクロース（ショ糖）水溶液100g中に含まれるスクロースの量（グラム数）のことでスクロース濃度（％）と一致する．スクロース10g，水90gの場合10Brix（°Bx）となる．慣用的には糖度10度といわれることも多い．

● 屈折計と果物の糖度

糖度を測定する計測器として，屈折計（糖度計あるいはBrix計と呼ばれることもある）が古くから使用されている．水溶液に含まれる溶質の濃度によって，光の屈折率が変化する原理を応用したもので，試料液と，その試料液を置くプリズムの屈折率の差を測定し，糖度として読み取れるようにした計測器である．青果物を破壊・搾汁して採取した果汁を，計測器のプリズム面に滴下，色の境界線を目視で確認する手持屈折計や，ボタンを押すだけで糖度値が数値として表示されるデジタル糖度計がある．対象物を破壊する必要があるが，安価で簡便に使用できるため広く普及している．

果汁には，スクロース以外にも屈折率に影響を及ぼす多くの物質が入っており，屈折計値はスクロース濃度と一致せず，あくまで便宜的な糖度値として使用されている．一般的な青果物の糖度は，ミカン10～14度，モモ12～15度，ナシ11～15度，リンゴ12～17度，スイカ9～13度，メロン13～18度である．レモンでも7～8度の糖度が含まれており，単純に糖度の含有量が人間の感じる甘さと一致しない．

● 非破壊糖度センサ

対象物を潰したり搾汁したりすることなく，非破壊で糖度を測定する技術として，近赤外分光法がある．

この技術を応用し，選果機上を流れる果実に対して，1個1個の糖度を瞬時に測定し選別を可能とする装置が開発され，1989年に山梨県のモモの選果場に初めて導入された．初期の装置は，対象物表面での反射光を測定する装置で，比較的皮の薄いモモ・ナシ・リンゴを対象として広まった．"反射式"では，光が当たったごく一部の果皮ならびに果皮近傍の果肉情報が測定される．

その後，1995年に果実内部を透過した光を計測する"透過式"の内部品質センサが開発された．この方式は，果皮や果肉を透過しながら，果実内部で散乱した光を測定することになり，果肉全体の平均的な情報が測定可能となった．果皮が厚く反射式では精度のよい測定が困難であった柑橘をはじめ，メロンやスイカといった大型果実まで，さまざまな青果物に適応され急速に広まった．

また，透過式では，糖度だけでなく，リンゴの蜜や果肉褐変，ナシの芯腐れや水浸，柑橘のす上がり，ジャガイモの褐変といった，果実の内部異常も計測可能となった．現在，日本全国の主要な選果場に1500～2000台近くの内部品質センサが導入され稼働している．これら内部品質センサを使用して選果されたことを示す「光センサ選果」と書かれた段ボール箱を，スーパーマーケットなどの店頭でも見かけるようになった．

● 内部品質センサの装置構成

内部品質センサのシステム構成を図1に示す．青果物に対し，ハロゲンランプで光を照射，果実内部で散乱・透過してきた光を受光

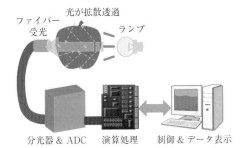

図1 内部品質センサのシステム構成

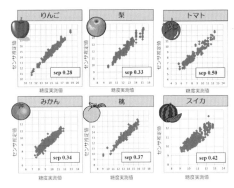

図2 糖度の測定事例

し，光ファイバーで分光器に入射する．分光器では，受光した光を波長成分ごとに分離し，各波長の光強度（スペクトル）を測定，ADコンバータでデジタルデータに変換される．このようにして測定されたスペクトルデータを，照射光の強度がどの程度減衰したかを表す吸光度に変換，ノイズ成分を除去するためにスムージングや微分といった前処理を行った後，事前に作成された検量線に基づき糖度などの推定値が算出される．なお，青果物向け内部品質センサでは，波長域650〜1000 nm程度の近赤外光が使用される．

● **検量線と推定**

計測された果実のスペクトルから，知りたい情報（糖度）を予測・推定するための数式のことを検量線という．検量線には，通常以下の一次式が用いられる．

$$Y = \sum_{i=1}^{n} a_i s_i + a_0$$

Y：推定糖度，a_i：重み係数，s_i：波長iの吸光度．

選果機上の内部品質センサにより，糖度を推定するための検量線作成手順を説明する．

まず，実際に選果機に搭載された内部品質センサに対して，複数のサンプル果実を1個ずつ流してスペクトルデータを収集する．同じ果実でも，わずかな条件の違いでスペクトル形状が異なることもあり，果実の姿勢や向きなどを少しずつ変えて，1個のサンプルに対して複数のデータを収集することが望ましい．

次に，これらのサンプル果実を破壊・搾汁し，屈折計などを使用して実測値（糖度）を測定する．このようにして得られた実測値のわかったスペクトルデータセットに対して，多変量解析（重回帰分析やPLS回帰分析）を用いて重み係数a_iを算出する．これが検量線となる．

統計手法を用いて作成される検量線は，あくまで検量線を作成したサンプル群に対してのみ最適化されており，未知なるデータに対する計測性能は保証されていない．2つと同じ物がない多様性をもつ青果物測定において注意が必要である．ある特定の条件にあった果実では，きわめて精度よく測定ができたとしても，条件が少し変わっただけで急激に精度が落ちることもあり，検量線を作成したときとは異なるサンプル群のデータを用いて，検量線の性能評価を行っておくことが必要である．

内部品質センサによる糖度の測定事例を図2に示す．横軸が搾汁液を屈折計で測定した実測値，縦軸が内部品質センサによる推定値である．品目や糖度の分布にもよるが，相関係数0.95以上，標準誤差0.5度程度の精度となっており良好な測定ができているといえる．

〔二宮和則〕

2.26 官能評価

食味評価, パネル, コメの食味試験, 多重相対比較法

官能評価は人間の味覚, 嗅覚, 視覚, 触覚, 聴覚の五感をセンサとして用いた計測法である[1-7]. 官能評価は, 人間をセンサとして用いて行う科学的計測法であり, 一定の手順に従って綿密に実施された場合には, 信頼性のあるデータを得ることができる.

食品衛生法や農林物資の規格化に関する法律（JAS法）では,「品質保持期限の設定は, 食品の特性等に応じて, 微生物試験や理化学試験及び官能検査の結果等に基づき, 科学的・合理的に行う.」とされている. すなわち, 食品衛生法やJAS法では, 官能評価は微生物試験や理化学試験と同等に重要な計測法であることを示している.

官能評価は食品の食味評価に用いられる. 食品のほか, 官能評価は, 例えば香水の評価, 衣類の着心地の評価, 車の運転しやすさや乗り心地の評価, オーディオ製品の音質の評価など, 工業製品の最終的な品質評価法としても数多く利用されている. すなわちこれは, 人間が利用する物の品質は人間が最終的に評価することが最も重要であると考えられているからである.

一般の理化学的測定法と同様に, もしくは場合によっては理化学的測定法以上に人間の五感はセンサとしての感度がよい. しかし, 人間のセンサは年齢, 性別, 過去の生活経験, 居住地域などにより個人個人に感度の偏りやばらつきがあり, また同一の人間でも朝昼晩の時間帯により, 体調や気分により感度の変動がある. そこで, このような人間センサの特性を考慮したうえで, 官能評価は実験計画法に基づき試験方法を定めて行う必要がある. また, 官能評価では人間の脳の中で五感のすべてを合わせた総合的評価が可能であり, これが人間が行う官能評価の大きな特徴である.

食品の官能評価では人間の五感は次のような役割をもつ.

①味覚は食品の甘味, 酸味, 苦味, うま味, 塩味などの五味を感知する. 味覚は狭い意味での味のセンサである.

②嗅覚は食品の香り（よい香り）, 臭み（悪い臭い）, 匂い（よい香りと悪い臭い）を感知する.

③視覚は食品の大きさ, 形, 色つやなどの外観を感知する.

④触覚は口の中で食品の硬さ, 粘り, 滑らかさ, 温度を感知する. 触覚は歯ざわり, 舌ざわり, のどごしとして表現されることもある.

⑤聴覚は食品を噛んだときやのみ込むときの音を感知する. これは, たくあんを食べたときのポリポリ, ポテトチップスを食べたときのパリパリという音である.

官能評価の方法として, 識別法, 順位法, 評定法, 一対比較法などがある. ここでは, 食品の官能評価の中では比較的複雑な多重相対比較法を用いたコメの官能評価の手法を紹介する.

わが国におけるコメの官能評価（食味試験）の方法は, 旧農林省食糧研究所で検討された方法をもとに,「米の食味試験要綱および米の食味試験実施要領」[8]として制定されている. この方法の特徴は, 食味の評価基準となるコメ（基準米）を設け, 基準米に比較してそれ以外のコメの食味（外観, 香り, 味, 硬さ, 粘り, 総合評価）がよいか悪いかを評価する多重相対比較法を用いている点である. 基準を設けず試食者（パネル）が個々にもっている判断基準で評価する絶対比較法に比べて, 相対比較法はパネルの個人差や地域差が現れにくい方法である.

食味試験ではパネルの選定が重要である. 食味試験の結果に普遍性をもたせるために

図1 コメの食味試験の様子(北海道大学)

は，パネルの年齢や性別が適当に分散していることが望ましい．「米の食味試験実施要領」ではパネルは24名とし，年齢構成は20～40歳および40歳以上の者をほぼ同数に，かつ男女もほぼ同数にすることとされている．パネルを6グループに分ける．この際，性別および年齢構成にグループ間差異が生じないように注意する．

コメの炊飯には同一機種の電気炊飯器を用いる．試料数が基準米を除いて3点以下では4台の炊飯器，4点以上では8台の炊飯器が必要である．あらかじめこれらの炊飯器を用いて炊飯テストを行い，炊飯時間の器差が5分間以内であることを確認しておく．

食味試験では試料の評価の順序（試食する順序）が結果に影響を与える．これは評価を繰り返し行うと人間センサの感度が低下してくるためである．そこで6つのパネルグループの試料の配置をラテン方格法により，あらかじめ決定する．

食味試験のデータ整理には必ず統計処理が必要である．例えば，試料全体として総合評価に有意な差があるかどうかについて分散分析を行い，また，個々の試料間の総合評価に有意な差があるかどうかについて母平均の差の検定を行う．さらに試料の官能評価とともに理化学特性の測定を並行して行い，相関分析，回帰分析，主成分分析を行うことも必要である．

官能評価は農産物や食品の品質を評価する一手段として理化学特性の測定と同様に重要である．すなわち，実験計画法に基づいて実施される官能評価により信頼性のあるデータを得ることが可能である． 〔川村周三〕

◆ 参考文献

1) Larmond, E., 1977. *Laboratory methods for sensory evaluation of food*―相島鐵郎訳，2001. 日本食品科学工学会誌，**48**, 311-320, 378-392, 453-466, 539-548, 637-642, 697-703.
2) 古川秀子，上田玲子，2012. 続おいしさを測る．幸書房．
3) 井上裕光，2012. 官能評価の理論と方法．日科技連出版社．
4) 川村周三，2014. 農業食料工学会誌，**76**(5), 374-378.
5) 日本官能評価学会，2009. 官能評価士テキスト．建帛社．
6) 大越ひろ，神宮英夫編著，2009. 食の官能評価入門．光生館．
7) Stone, H. et al., 2012. *Sensory Evaluation Practices*. Elsevier.
8) 食糧庁，1966. 米の食味試験（米の食味試験要綱および米の食味試験実施要領）．41食糧第3332号．

硬さ，凝集性，付着性，TPA

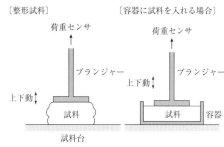

図1 テクスチャー測定用試験器

● テクスチャーとは

生地のきめの細かさや物体表面の質感などを指す言葉である．「絹のように滑らかな舌ざわりの○○（食品名）」という表現があるように，昔から食品にもテクスチャーの概念が適用されてきた．川端[1]によれば，食品のテクスチャーとは，手で触ったときの触感，視覚的感覚，そして口腔内での触感や咀嚼時の感ずる硬さやくっつきやすさに対する感覚に関係する「食品の物理的性質」のことをいう．

● テクスチャープロファイル

人間の感覚と食品の物理的性質の関係をはじめて整理したのが，アメリカ・ゼネラルフーヅ社のSzczesniakである．感覚に対する多様な表現を機械的な特性（mechanical characteristics），幾何学的な特性（geometrical qualities），そして水分や脂肪分に関係する特性の3つに分類し，さらにそれぞれの特性をより具体的に第一パラメータと第二パラメータに分類整理した[2]．例えば，機械的な特性は，硬さ，凝集性，粘性，弾性，付着性からなる第一パラメータと，もろさ，咀嚼性，ガム性からなる第二パラメータで表すことができる[2]．この関係をテクスチャープロファイルという．感覚的な特性を表現するために，どのように客観的評価をすべきかの道標とすることができ，現在でも重要な概念である．

● テクスチャー測定

食品向けのテクスチャー測定器は，図1に示すように上下に可動のプランジャーが試料を圧縮するときの反力を荷重センサで測定する．試料は固体様で自重による変形がない試料については，プランジャーと試料台に接する試料面が平行になるように整形する．コルクボーラーなどで打ち抜いた円筒形の整形試料を用いることが多い．流動変形や自重による変形があるような試料については，図1に示すように容器に入れて測定を行う．圧縮試験では，プランジャーの先端が円板形のものを用いることが多い．突き刺しや曲げなど，異なる変形モードに合わせて先端の形状は異なる．プランジャーは一定速度で上下動させる．測定データは荷重の経時変化として得られるが，プランジャー速度に圧縮時間を乗ずることで変位量となる．また，この変位量を初期試料長で割ることでひずみに変換することができる．

● テクスチャープロファイル分析（TPA）

テクスチャー測定器で一定のひずみを与えたときの反力を測定することで，食品間の硬さを比較することができる．これはテクスチャープロファイルにいう第一パラメータに対応する指標となる．プロファイル中のその他の特性もこの測定器を用いることで測定できる．これらの分析法を総称してテクスチャープロファイル分析（TPA）という．

TPAでは咀嚼時の動きを模擬するために，プランジャーを往復させて測定する．プランジャーを一定速度で下降させて試料を圧縮し，一定のひずみに達すると，同速度で反転上昇させる．この下降・上昇を1バイト（ひと噛み）という．さらに続けて同様の操作を

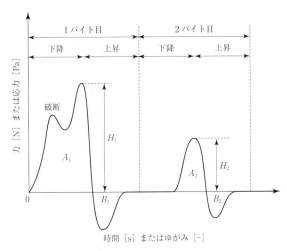

図2 テクスチャー測定（2バイト法）の結果の例

2バイト，3バイト繰り返すこともある．

図2にプランジャーの上昇・下降を2回繰り返した（2バイト法）ときの応力（力）の経時変化パターンを模式的に表したものを示す．1バイト目でひずみが大きくなるにつれて応力が増加し，やがて組織の一部崩壊による破断が部分的に起こる．そしてあらかじめ定めておいた一定ひずみに到達した時点でプランジャーを反転上昇させる．その反転時の最大応力 H_1 を硬さ（hardness）という．反転上昇したプランジャーが試料面から離れるまでは応力がかかっている．固体であれば離れた瞬間に応力はゼロになるが，付着性のある食品の場合は，プランジャーが試料面から剥がれずにプランジャーに引張力が作用して負の応力を示す期間がある．このとき，図中の面積 B_1 は試料からプランジャーを引き剥がすのに必要なエネルギーに相当するが，これを付着性（adhesiveness）という．またその前の面積 A_1 はプランジャー下降時のひずみエネルギーを示している．

2バイト目も基本的に同様の応答を示す．1バイト目で一部破断があった場合，2バイト目では破断されている分，面積 A_2 のひずみエネルギーは減少する．1バイト目の破断の程度が大きいほど，より食品はばらばらになっているため A_2 のひずみエネルギーは小さくなる．1バイト目のひずみエネルギーに対する比 A_2/A_1 は，ばらばらになりにくい程度を表す．このため，この比を凝集性という．

3バイト以上の測定を行い，硬さ H_1, H_2, H_3, …の大きさの変化パターンによって咀嚼曲線の型を分類することもできる[1]．

TPA の凝集性の定義は，煎餅やクッキーのように圧縮によって破壊される食品には適当な指標であるが，破壊されない食品では不適当な場合もあるとの指摘[3]もある．テクスチャー測定の際には，対象となる食品の特性が扱う指標の定義と親和性があるかどうかを確認することが肝要である． 〔西津貴久〕

◆ 参考文献
1) 川端晶子，1989．食品物性学．建帛社，97-107．
2) Szczesniak, A. S., 1963. *J. Food Sci.*, **28**(4), 385-389.
3) 熊谷仁ほか，2011．化学と生物，**49**(9), 610-619．

2.28 味覚センサ

脂質膜，自己組織化，CPA 計測，電位，味の物差し，ビール

● 原 理

味覚センサは生体模倣（バイオミメティック）技術の産物であり，化学物質を受容する部位に脂質と可塑剤，高分子をブレンドした膜を利用する[1-6]．この脂質/高分子膜は，化学物質のもつ味情報を電圧に変換する機能をもつ．脂質はその親水基を水相側へ向け，疎水部を膜内部に向けるという自己組織化構造をとる．「自己組織化」とは，自分で自分を作り上げるということである．

塩化ビニルの中空棒の孔に脂質/高分子膜を貼りつけた脂質膜電極は，内部に塩化カリウム（KCl）溶液と銀線を有する．特性の異なる脂質膜電極を複数準備し，脂質膜電極と参照電極との間の電位差を計測する．図1に，現在市販されている味覚センサ（味認識装置 TS-5000Z）を示す．

● 基本味応答

味覚センサは，人の感じる後味である「こく」なども CPA 計測にて数値化できる．CPA とは，Change in electric Potential due to Adsorption of chemical substances（化学物質の吸着による電位の変化）の略であり，サンプル測定後に脂質/高分子膜の十分な洗浄をしないで，基準液にすぐ浸け，膜の電位応答変化から膜に吸着した化学物質を検出する操作のことである．

味覚センサでは各味に対応するセンサ膜が用意されている．例えば，苦味用の味覚センサは甘味，酸味，塩味，うま味，渋味にはほとんど応答せず，苦味を呈するキニーネ，ヒドロキシジン，セチリジン，ブロムヘキシン（すべて塩酸塩）に大きく応答する．またセンサは人による官能検査結果と一致する出力を示す[3]．つまり，人が苦いと感じる物質には大きなセンサ出力，あまり苦くない物質には小さいセンサ出力が得られることから，苦味用センサは人の苦味を定量化できることがわかる．他の味質に関するセンサも同様に，味質に高い選択性を有し，人の官能値とも高い相関を示す．

このような各味にのみ応答する脂質膜は，脂質と可塑剤の種類を選別し，かつ割合を微妙に調整する，つまり，電荷と疎水性の巧みなバランスをとることで，その開発に成功したものである．例えば，苦味用のセンサでは脂質含量を少なくし疎水性を高めている．逆に，塩味センサでは荷電脂質の含量を多くし，親水性を高め，イオンとの静電相互作用を起こりやすくしている．さらに，3000 回以上のセンサ使用を可能とすべく材料と組成を選別・調整している．

● 食品への応用

味覚センサはすでにビール，発泡酒，日本酒，焼酎，ワイン，ジュース，牛乳，ヨーグルト，ミネラルウォーター，コメ，パン，餃子，肉類，魚介類，野菜類，果物，だし，スープ，緑茶，コーヒー，調味料，味噌，醤油など数多くの食品の味の数値化や品質評価に使われている．なお，コメや肉などの固形食品の場

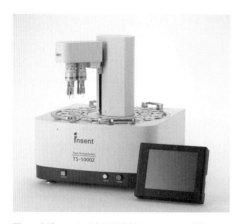

図1 味覚センサ（味認識装置 TS-5000Z，(株)インテリジェントセンサーテクノロジー製）

合，水を加え，ミキサーで粉砕し，液状にして計測を行う．味覚センサの電圧出力は味強度に線形変換されるが，その際，人の識別能が化学物質濃度の1.2倍以上という性質を利用する．つまり，人は1.2倍より小さな違いを識別できない．味覚センサでは，目盛り"1"をその濃度差に設定した．つまり，目盛り"1"は人にとり識別のつくギリギリの味の差であり，"5"だと容易に識別可能，"10"だと味が大きく異なることを意味する．これは「味の物差し」である．

図2にビール，発泡酒，新ジャンルのその他醸造酒（第三のビール）とリキュール，さらにノンアルコールビールの味を苦味（モルト感）と酸味（キレ・ドライ感）の軸で表したテイストマップ（味の地図）を示す．なお，原点は任意であるため，図は各種ビールや発泡酒の相対的な味の違いを表していることになる．図をみると，昔からあるエビスビールのようなオールモルトタイプは，苦味が強いことがわかる．それが，約30年前のアサヒスーパードライの登場により，キレとドライ感をもたせた辛口ビールが増えてきた．その後，登場した発泡酒や第三のビールはさらに苦味が抑えられた傾向にある．ノンアルコールビールは発泡酒の味のカテゴリーに位置している．味覚センサを用いることで，味を数値化し，私たちは「味を目で見る」ことができるのである．

〔都甲　潔〕

◆ 参考文献
1) 都甲潔，飯山悟．2011．食品・料理・味覚の科学．講談社，81-106.
2) Tahara, Y., Toko, K., 2013. *IEEE Sensors Journal*, **13**, 3001.
3) Kobayashi, Y. *et al.*, 2010. *Sensors*, **10**, 3411.
4) Toko, K., 2000. *Biomimetic Sensor Technology*. Cambridge University Press, 113-180.
5) Toko, K. ed., 2013. *Biochemical Sensors-Mimicking Gustatory and Olfactory Senses*. Pan Stanford Publishing, 1-249.
6) 都甲潔，中本高道，2017．においと味を可視化する．100-162.

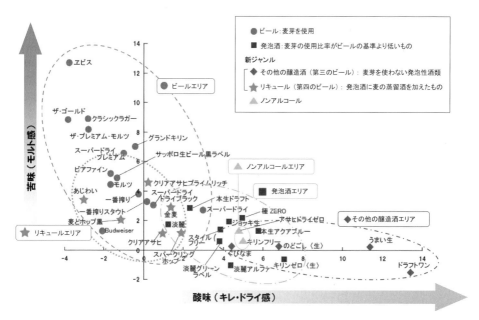

図2　ビール，発泡酒，新ジャンル，ノンアルコールビールのテイストマップ（（株）味香り戦略研究所提供）

2.29 匂いセンサ

匂い強度，匂いの質，応答特性，出力パターン，金属半導体，導電性高分子，水晶振動子

　嗅覚は最も鋭敏な感覚器官である．食品，化粧品業界はもとより，多くの分野で品質管理に人間の嗅覚が利用されている．そこで人間の鼻に代わる人工的な鼻（匂いセンサ）が開発できれば，客観的に匂いを計測することが可能となることから匂いセンサの産業利用が待たれる．

● 匂いセンサとは

　匂いセンサは雰囲気中の揮発性有機化合物（匂い分子）の濃度（分圧）を電気信号に変換し，その信号を適切に数値解析するものである．人間の匂い感知メカニズム（嗅覚）にたとえると以下の通りである．電気信号を発生するまでは末梢感覚器官の鼻であり，信号を適切に処理し出力する部分は中枢神経系ということになる．匂いのセンサシステムを考えるとき，匂い強度と匂いの質はどのように考えたらよいのであろうか．匂いの強さはセンサ表面に吸着あるいは溶解した匂い分子の質量に依存し，一義的には空気中の匂い成分の分圧に比例すると考えることができる．これに対して匂いの質に関する情報は，匂い分子種に対する応答特性の異なる複数の匂いセンサ素子からの出力パターンに潜んでいると考えられるので，多変量パターンの嗅覚との対応づけが必要となる．少なくとも，青果物の熟度あるいは品種の違いと対応づけることは重要である．

　具体的には，主成分分析やクラスター分析などの線形多変量解析による方法と人工知能（AI）システムによる非線形多変量解析による方法がある．将来的には，匂いセンサの利用環境を含めてひとつのセンサシステムとしてとらえるやり方が期待されている．すなわち，システム全体で発生するノイズとシグナルからなる統合シグナルから欲しい情報のみを抽出することにより微細なシグナルの取り込みを可能にすることができる．

● センサ素子の検出原理

　現在，完全に満足できる匂いセンサを探すのは難しいが，使用可能なセンサを見出すことは可能になりつつある．ここでは現在市販されている匂いセンサで使用されているセンサ素子の検出原理を紹介する．

　金属半導体匂いセンサ：金属酸化物半導体には，n 型と p 型があり，n 型には ZnO，SnO_2 および WO_3 などがある．p 型には NiO や CuO などがある．基本的な構造は，金属酸化物半導体の焼結体や成膜体に電極とヒーターが取りつけられた構造である．焼結体にはビーズ状のものや筒状のものがあり，成膜体はアルミナ基板やシリコン基板上に形成される．n 型半導体である SnO_2 表面では，センサの温度が 80℃ までは $\alpha 1$ 酸素（物理吸着した酸素），150℃ までは $\alpha 2$ 酸素（O_2^-），550℃ までは β 酸素（O^- または O_2^-），600℃ 以上は γ 酸素（O_2^-，格子酸素）の 4 つの状態が存在する．この中で，β 酸素が種々の匂い分子と反応するために，匂いセンサではこの状態の酸素を利用する．β 酸素が結晶表面の電子を奪うかたちで生成することから，結晶表面近傍では電子密度が低くなる．すなわち，センサ素子の電気抵抗が高くなる．このような状態でセンサ表面に匂い分子が接触すると酸化反応（吸着している酸素が匂い分子を酸化する）が起こり，酸素に奪われていた電子が結晶中に戻されるために電気抵抗が低下する．

　導電性高分子匂いセンサ：使用可能な導電性高分子は，ポリ（p-フェニレン），ポリアセチレン，ポリアニリン，ポリピロール，ポリチオフェン，ポリフラン，ポリセレノフェン，ポリ（p-フェニフェンビニレン）やその誘導体など多数存在する．これらの導電性高分子は炭素間の二重結合と単結合が交互に存

在する共役二重結合が長く伸びた構造をしている．そしてこの導電性高分子に電子を引きつける，もしくは電子を押し出すドーパントと呼ばれる官能基を導入することにより，導電性を賦与することができる．このような導電性高分子を匂いセンサ素子として利用するには，ドーパントの性能を少し弱く調整して，そこに匂い分子を接触させる．これにより，主骨格の共役二重結合に与えるドーパントの効果が変わり，電気抵抗値が変わる．

水晶振動子匂いセンサ：水晶は圧電体であるために，両端に電極を設置して高周波電圧を印加すると，その周波数に応じて圧電体である水晶素子はひずみを生じ音波を発生する．このときの共振周波数は推奨素子の厚みなどの形状によって決まる．このようなセンサ素子に匂い分子を吸着しやすい物質（高分子膜や脂質膜など）をコーティングしておくと，匂い分子がこれに吸着することにより質量が増加するので共振周波数がずれることになる．この周波数のずれは共振周波数が9 MHz のものでは，1 Hz の変化で 1 ng という微量な変化を読み取れるために，高感度の匂いセンサ素子として作用することができる．

金属半導体匂いセンサ，導電性高分子匂いセンサおよび水晶振動子匂いセンサは，センサ素子の構成を工夫することにより匂い化合物に対する応答特性を少しずつ変えることができる．匂いの質ではなく，匂いの強さを測定するだけならば単一のセンサで計測可能であろうが，匂いの質と強度を合わせて計測したい場合には多数のセンサ素子を使用したシステムが必要になる．匂いセンサを使用する場合は以下の点に注意する必要がある．

① 湿度変化がセンサ出力に与える影響を可能な限り低減する．
② 匂いの質により人の嗅覚と匂いセンサの感度が異なる．
③ 匂いセンサの感度は人の嗅覚の感度に及ばない．
④ 匂いセンサによる測定にはある程度時間を要する．

● 匂いセンサの応用

前記①〜④に示すように，匂いセンサは人の嗅覚と比べると性能が劣ることは事実であり，現状では匂いセンサの利用を考える場合，その性能の範囲内でどのような利用が可能であるかを検討すべきである．しかしながら，食品分野，化粧品分野では匂いセンサの有効活用が報告されている．環境分野，医療分野，ロボット分野での匂いセンサの活用も期待される．

人やイヌの嗅覚に匹敵する匂いセンサが開発できれば，その応用分野は無限大である．しかしながら，匂いをはかる物差し，すなわち匂いをどのように分類し，表現するかという本質的なところが未解決であることを十分に認識しておくべきである．そこで匂いセンサを利用するときは，常にコントロールとの比較で判断する必要がある．すなわち，センサ出力が直ちに匂いの特徴を示すわけではないということである．したがって，品種ごとに未熟段階から登熟期を経て過熟に至る各段階で匂いセンサパターンを蓄積することによりはじめて，被験試料の品質管理や熟度判定が可能になる．

この場合にも上記④に記したように，色や形・大きさをカメラで瞬間的に計測するのとは違って，匂いセンサ測定には数分から数十分かかることから生産物の全数計測は現在のところ不可能である． 〔下田満哉〕

2.30 バイオケミカルセンサ

バイオセンサ，ケミカルセンサ，
トランスデューサ，分子認識

バイオケミカルセンサとはバイオセンサとケミカルセンサを合わせた造語である．現代，生活のあらゆる場面でセンサ技術が利用されている．具体的には，ガス漏れの検知，アンモニアやメルカプタンなどの悪臭物質，窒素酸化物などの環境汚染物質，一酸化炭素などの有毒ガスの検知など日常生活の安全管理には欠かせない技術となってきている．

バイオセンサとは，生物起源の分子認識メカニズムを利用したケミカルセンサの総称である．分子認識のデバイスとしては，酵素，抗体，ペプチド，核酸，糖鎖などの分子から，微生物，細胞，組織が用いられる．さらに最近は，分子インプリント高分子，機能性蛍光分子プローブもバイオイメージングに用いられている．これらのデバイスで得られた信号をトランスデューサ（変換器）により電気信号に変換して増幅・検出する．

● トランスデューサの種類

センサに利用されるトランスデューサおよび方法としては以下のものがある．

電気化学測定法　測定法としては電流を測定する方法と電位差を測定する方法に大別され，電位差測定法（ポテンショメトリ），電気伝導度測定法，アンペロメトリ，ボルタンメトリ，交流インピーダンス法などがある．アンペロメトリでは作用電極に白金，金あるいは炭素など導電性の固体を用い，電位を一定に維持して電流値を測定することで，溶液中の特定の溶存物質の定量分析などを行う．これに対してポテンショメトリでは電極間の起電力を電位差計で検出し，溶液中の特定のイオン濃度や酸化還元電位の測定が可能で，溶存ガスセンサなどに利用されている．

光学デバイス　光を利用して情報の伝達を行う装置の総称で，発光（化学発光，生物発光）を伴う反応の測定ができる．電気化学的測定法に比べ高感度であるため生体内微量成分の測定に用いられる．

圧電素子　強誘電体の一種で，振動や圧力などの力が加わると電圧が発生する．代表的なものが水晶振動子で，電圧を加えると固有の振動数で発振するが，その表面で重量変化が起こると，これに応答して振動数が変化する．振動数の変化から表面重量の変化を測定できるので，微量の重量測定が可能である．圧電素子表面に抗体，酵素タンパク，リン脂質，核酸などを固定化しておくことで，抗原，酵素基質，農薬，核酸などの微量検出，相互作用を解析できる．

走査型プローブ顕微鏡　先端のとがった微小な探針を用いて，微少なトンネル電流や原子間力を利用して表面形状を観察する顕微鏡で，DNAなど生体分子のイメージングが可能である．

表面プラズモン共鳴　金属に共鳴周波数と同じ周波数の電磁波を照射して起こる共鳴現象を表面プラズモン共鳴といい，表面で生じた電磁波（振動）は金属表面上への物質の吸着などにより敏感に変化するため，微量な吸着量を測定することができる．

カロリメトリ　化学分子の溶解，分子間の化学反応や結合反応には熱量変化が伴うので，この微量の熱量変化を測定（熱分析）することにより，標識することなくさまざまな分子間の相互作用の解析が可能である．

● ケミカルセンサの原理と種類

ケミカルセンサを測定の対象で分類すると，ガスセンサ，イオンセンサおよび有機センサなどに分けられる．

ガスセンサ　各種のガスを安全に使用するために可燃性ガス漏れセンサが開発されてきたが，検知には半導体（トランジスタ式半導体センサ，電気化学式センサ，圧電結晶センサなど），固体電解質（平衡起電力検知型，

電流検知式など），電気化学（電流検出型，電位検出型），触媒燃焼式（貴金属触媒を担持した検知素子）などが用いられる．また，湿度センサ（電気容量型，電気抵抗型，光学式，周波数変化型，熱伝導型など多様な検知方式）をはじめ，環境汚染ガス，一酸化炭素のような有害不燃性ガス，燃料電池の普及に伴って水素ガスセンサも開発されている．

イオンセンサ　水中の水素イオン，ナトリウムイオン，塩素イオンや各種金属イオンなどの濃度を測定するためにガラス膜，不溶性無機塩膜，疎水性イオン交換膜，イオノフォアなどのイオン感応膜を用いたセンサがある．試料溶液に浸すだけで特定のイオンを迅速かつ非破壊で測定できる光ファイバ型イオンセンサも開発されてきている．

有機物センサ　有害な揮発性ハロゲン化合物，ダイオキシンなどの環境汚染物質だけでなく，タンパク質，ビタミン類，味物質，匂い物質など多種多様な有機分子を検知・定量可能な有機物センサが開発されてきた．これら有機分子の識別にはタンパク質（酵素，抗体），リン脂質などの生体分子，化学反応，表面特異性，クロマト法，パターン認識型（味覚センサ，匂いセンサ）などの種々の識別法が用いられる．これらと既述のトランスデューサを利用した高感度検知法としてバイオセンサが発展してきた．

● **バイオセンサの原理と種類**

以下のような生物起源の検知素子が利用されたバイオセンサが開発されてきた．

酵素センサ　酸化還元酵素は基質を酸化し過酸化水素を産生するため，これを過酸化水素電極で検知することができる．また，酵素を固定化した電極と酵素反応により生じる電子の移動を直接検知するペルオキシダーゼ電極による有機リン化合物の検出，酵素的サイクリング反応を利用した高感度検出も可能である．酵素反応により発生する熱量変化測定による検出も可能である．生活習慣病の早期発見のためのバイオマーカーや血糖の非侵襲計測，診断を目的とした血中や尿中物質の測定，食品成分の計測，環境汚染物質のモニタリング，ガスや匂い物質の検知などに利用されている．

微生物センサ　生きた微生物を膜などに固定化して検知素子として使用する．長期間安定に使用できる利点があるため工業プロセスの計測に利用される．発酵生産過程のモニタリング，生物化学的酸素要求量やアンモニアなどの環境計測，生物発光反応を利用した有毒化学物質の検知にも利用されている．

免疫センサ　分子認識素子として特異抗体を固定化し，免疫反応により抗原を計測するものである．食品成分，農薬や抗生物質などの低分子物質から，酵素，細菌毒素などのタンパク質，さらに微生物や動物細胞までさまざまな抗原を検出できる．蛍光あるいは発光反応を利用した高感度分析や表面プラズモン共鳴などを利用して分子間相互作用解析などに広く利用されている．

核酸センサ　対象の生物に特異的なDNAやRNAの塩基配列を標的とした検出は，ウイルスや細菌などの感染症原因物質の検出やアプタマーを用いた生体分子の検出に利用されている．

生体膜センサ　異なるリン脂質で構成される生体膜はさまざまな化学物質と異なる親和性を示すことから薬剤や環境汚染物質，内分泌攪乱化学物質などの検出に利用される．

〔宮本敬久〕

◆ **参考文献**

1) 軽部征夫監修，2007．バイオセンサ・ケミカルセンサ事典．テクノシステム．
2) 都甲潔，2012．日本味と匂学会誌，**19**(2)，139-146．
3) 渡邉勇，2008．特技懇，no. 250，129-141．

2.31 ガスセンサ

ガス選択性，干渉ガス，ガス検知管

一般に測定対象とする気体中には，濃度を知りたい気体以外に複数の気体成分が共存する．そのため，ガスセンサには目的成分に対する選択性が要求される．しかし，単一成分のみを検出できるガスセンサは少なく，測定誤差につながる干渉ガスが存在する．さらに，ガスセンサは測定雰囲気に露出して使用されることが多いため，気体の種類によってはセンサの材質に悪影響を及ぼす場合がある．したがって，被測定成分だけではなく雰囲気中に含まれる可能性のある成分を推定し，ガスセンサを選択することが重要となる．

気体の種類と同じく多くのガスセンサがあるが，ここではポストハーベスト工学に関係の深い酸素，二酸化炭素，エチレンの濃度測定に使用される代表的あるいは特徴的なガスセンサ（濃度計を含む）について，その原理や測定上注意すべき点を記す．

● **酸　素**

ジルコニア式　ジルコニアが高温下で酸素イオンを伝導する性質を利用したもので，濃淡電池式と限界電流式がある．いずれもセンサ部を高温（700～900℃程度）とするため，高温下での測定が可能である一方で，エチレンなどの可燃性ガスが存在すると燃焼により酸素が消費され誤差につながる．

濃淡電池式では，ジルコニアの両側に形成した各電極にそれぞれ酸素分圧の異なる気体が接触すると，酸素分圧比の対数に比例した起電力が生じることを利用している．片方の電極に基準ガスとして酸素分圧が既知の気体を接触させ，他方の電極に接する測定気体中の酸素分圧を検出する．基準ガスとして周囲の空気を用いることが多く，空気中の酸素分圧変動の影響を受ける．また，測定気体中の酸素分圧が小さくなると急激に酸素分圧比の対数の絶対値が急増し，極低濃度では使用が困難である．

限界電流式は，ジルコニアの両側に形成した電極間に電位差を与え，ジルコニア内で酸素イオンを強制的に伝導させる方式である．このとき，検出側の酸素がイオンとなってジルコニアに取り込まれる部分に多孔質セラミックなどの拡散律速層を取りつけて雰囲気中の酸素が電極に到達することを制限すると，拡散律速層の外側の酸素分圧に比例した電流が観測され，この電流値により酸素分圧が検出される．濃淡電池式と異なり基準ガスを必要とせず，また低濃度での測定も可能である．

ガルバニ電池式　電解槽内に電解液，作用極，対極があり，電解液が気体透過膜を介して測定対象気体と接している．酸素が膜を透過して電解液中に入ると，酸素は作用極で還元され，対極では電極自身が酸化される．この酸化還元反応により作用極と対極の間で起電力が生じ，これが酸素分圧に比例することで濃度が測定される．外部電源が不要であり，小型，軽量なものが作成可能である．しかし，化学変化を利用しているため，電解液の組成変化，対極の劣化などにより定期的な交換を必要とする．また，一般的に電解液としてKOHなどの塩基性溶液が使用されており，測定気体中に二酸化炭素などの水に溶けて酸性を示す気体が存在すると電解液を劣化させるとともに誤差につながる．そのため，酸性電解液を使用したものも市販されている．

磁気式　酸素の常磁性（磁界に引かれる性質）が他のガスよりも著しく大きいことを利用したものであるが，常磁性の高い一酸化窒素，二酸化窒素の影響は受ける．測定原理により磁気風式と磁気力式に分けられる．

磁気風式は温度が上昇すると常磁性が非常に弱くなることを利用したものである．この

方式は可動部がなく丈夫であるが，気体の熱伝導に基づいているため，周囲温度やガス組成などの影響を受けやすい．

磁気力式はさらにダンベル形と圧力検出形に分けられ，いずれもガス組成の影響を受けにくい．しかし，ダンベル形は振動や衝撃に弱く，圧力検出形は補助ガスを必要とする．

蛍光式　蛍光式は，紫外光により蛍光を発する蛍光物質の周囲に酸素分子が存在すると蛍光強度が低下する消光（クエンチング）現象を利用したものである．酸素分子が多いほど，蛍光強度は小さくまた励起光照射から蛍光発光までの時間および蛍光が消えるまでの時間がともに短くなり，これらを利用して酸素濃度が求められる．この方式は液相中の溶存酸素濃度測定にも利用されている．また励起光と蛍光を光ファイバーで導くタイプもあり，狭い空間も雰囲気を乱さずに測定可能である．

● **二酸化炭素**

代表的なものとして赤外線式があり，この濃度計は二酸化炭素が赤外の波長域に強い吸収帯をもつことを利用し，試料セルに導入された試料気体の吸光度によりランベルト-ベールの法則から二酸化炭素濃度を求めるものである．赤外線式は，非分散形と分光形に分けられ，非分散形はさらに複光束式と単光束式に分けられる．

● **エチレン**

接触燃焼式　高温（350～400℃程度）に保たれた酸化触媒上で可燃性ガスを発火点以下の温度で接触燃焼させ，このときの燃焼温度によりガス濃度が求められる．複数の可燃性ガスが共存する場合，特定成分のみを定量できない．

定電位電解式　試料ガスが気体透過膜を介して電解液中に溶解し，特定の電位で電気分解したときの電解電流値により濃度が求められる．ガス選択性に優れているが，干渉ガスとしてエタノールがあげられる．

光イオン検出式　試料ガスに対象気体のイオン化エネルギーより大きなエネルギーをもつ紫外光を照射すると対象気体はイオン化し電極間で電流が発生し，この電流により濃度が求められる．しかし，イオン化エネルギーが紫外光の照射エネルギーよりも小さい気体はすべてイオン化するため，ガス選択性に乏しい．

● **その他の測定法**

酸素，二酸化炭素，エチレンに限らずさまざまな気体濃度が測定できるものとして，ガス検知管がある．ガス検知管は，対象ガスに反応して発色する粒状の検知剤を充填した細いガラス管であり，その表面には濃度目盛りが印刷されている．専用のガス吸引器に検知管を取りつけ，規定量のガスを吸引し検知管内に通気する．試料ガス中に対象ガスがあると検知剤が発色するので，発色した部分の目盛りから濃度を知ることができる．1回限りの使い捨てであるが，持ち運びが容易であり操作も簡単で短時間で測定できる．測定対象気体や濃度範囲により数百種類の検知管がある．

一般にガスセンサにはいくつかの測定レンジが設定されており，このレンジを適切に選択しなければ必要とする確度や精度が得られない．また，測定雰囲気によっては使用できないセンサもある．そのため，センサに悪影響を及ぼすガスあるいは干渉ガスの有無や測定対象気体の濃度範囲を調べるためにもガス検知管は利用できる．〔川越義則〕

2.32
PCR

DNA, プライマー, 増幅

● PCRとは

polymerase chain reaction (ポリメラーゼ連鎖反応) を意味しており, 現代の分子生物学研究における基本的技術の1つである. 細胞より抽出した遺伝子を酵素, 基質, および目的の塩基配列領域に特異的に結合する15～20 bp程度のプライマーと混合させ, 設計された加温サイクルによって目的の遺伝子配列を数万～数百万倍に増幅させる反応, あるいはその方法および操作を指す. 近年では, PCRを応用して定量的に増幅量を把握することが可能なリアルタイムPCRや, RNAを鋳型として逆転写酵素を用いてターゲット領域を増幅させるRT-PCR (reverse transcription:逆転写) も広く利用されている. 1986年にアメリカ人のKary Mullisによって発明され, その功績によって1993年にノーベル化学賞を受賞している.

● PCRの原理

基本的な原理は図1に示す通りである. 約95℃で鋳型となる2本鎖DNAを1本鎖に変性させた後 (工程②), 約55℃まで冷却することでプライマーをアニーリング (結合) させる(工程③). その後, 約70℃に加熱すると, DNA合成酵素の働きによりDNA鎖が伸長する (工程④). 再び約95℃でDNAを1本鎖に変性させる (工程⑤). この工程②～⑤を30回程度繰り返すと, 鋳型DNAを大量に増幅させることが可能となる. この温度変化行程は, さまざまな企業が製造販売しているサーマルサイクラーと呼ばれるペルチェ素子を用いた制御機構を有する温度可変装置によって行うのが一般的である. 通常, 鋳型DNAの複製にはTaqポリメラーゼと呼ばれるDNA合成酵素が用いられる. これは好熱菌である *Thermus aquaticus* がもつ酵素であり, 90℃以上の高温でも構造的に比較的安定であるという特徴を有し, サーマルサイクラーによる連続加温処理においても安定的にDNAを複製することが可能である. タカラバイオやニッポンジーンをはじめとした製薬各社からは, DNA合成酵素, 基質デオキシリボヌクレオチド (dNTPs), 緩衝液があらかじめ混合されたキットも販売されており, 適量の鋳型DNA, 前後プライマーと小容量チューブ内で混合させ, サーマルサイクラーにセットするのみでPCRが可能, というように, 近年では本操作の実行には簡便さが増している. 安定したPCRの結果を得るためには, ピペットを用いた混合操作を氷上で行うことや, 最適な前後両方向プライマーの設計とともに, アニーリング温度を決定するための T_m 値 (melting temperature:2本鎖DNAの50%が1本鎖に変性するときの温度) を把握することが必要となる. また, PCRはおよそ2時間程度の処理時間であるが, 反応後にはPCR産物におけるターゲットとした遺伝子配列の増幅をゲル電気泳動や塩基配列 (シークエンス) 解析によって確認することも重要である.

● PCRの利用

農産物ポストハーベスト分野におけるPCRの利用は, 物理的, 生物的および化学的な外部環境変化に対する呼吸活性の増大, ストレス応答に伴うエチレン生成, 褐変現象に関連する遺伝子群の発現解析, 付着微生物の属種同定, 生産地把握のほか, さまざまな解析に用いられている. ターゲット塩基配列の増幅に用いるプライマーの設計は, 国内外の既出版文献において示されている配列を参考とするほうがよいが, 真核細胞と原核細胞の違いや, ターゲット遺伝子が核内部あるいは外部に存在するのかなどにより, DNA抽出も含めた最適な材料および方法を用いる必要がある. 微生物の同定などの検査に用いら

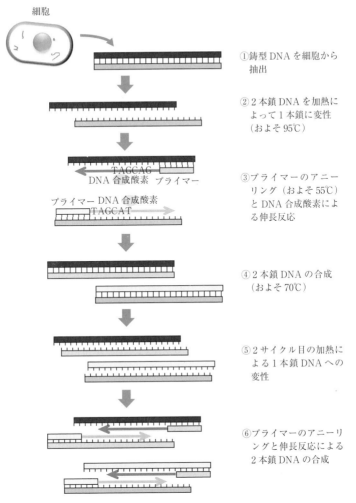

図1 ポリメラーゼ連鎖反応(PCR)法の原理

れるプライマーは,「第十六改正日本薬局方」に配列が記載されているが,その他の領域も合理性があれば使用可能である,とされているように,ターゲットとなる塩基配列の増幅を正確に把握するために,さまざまなプライマーを用いて解析の精度を高めることも重要となる. 〔濱中大介〕

◆ **参考文献**

1) 後藤哲久ほか監修, 2014. 食品危害要因ーその実態と検出法ー. テクノシステム.
2) Alberts, B. ほか著(中村桂子,松原謙一監訳), 2008. Essencial 細胞生物学. 南江堂.

第 3 章　選　別

3.1 選別

粗選，精選，ふるい分け，気流選別，形状選別，
揺動選別，比重選別，色彩選別

● 選別の定義

選別とは字義によれば選び別けることで，選び別ける基準は人為的に定めた価値となる．つまり，価値の有無で2分類する作業も，価値を高いほうから順に複数に分類する作業も選別といえる．例えば，前者は価値のある穀粒と価値のない夾雑物を分ける選別，後者は穀物を価値の高い順に1等，2等，番外と分ける選別である．

● 粗選と精選

穀物に関する選別では，粗選（粗選別）と精選（精選別）があり，粗選の主目的は後の処理工程に支障がないようにすること，精選の主目的は出荷時の製品品質を向上させることである．粗選では，荷受後の処理の際に搬送用エレベータやコンベア，乾燥機や籾摺（もみすり）機などで夾雑物による詰まりなどの不具合が生じないように大きな夾雑物を取り除くためのふるい（篩）が用いられることが多いが，精選では，比重や粒径などのほかにも，変色したコメを取り除くための色彩選別や石抜，金属片除去など，製品品質を向上させるために多様な方式が用いられる．

● 選別基準

人為的に定める選別の基準は，主に商品価値に基づくが，その性質により物理的性状，化学的性状，生物的性状に大別することができる．物理的性状は，比較的わかりやすく，また，直接的に商品価値に影響する大きさや形，密度，表面性状，色，鮮度や保存性に影響する水分なども含まれる．化学的性状は，具体的には成分となり，主に鮮度や味，匂いに影響する因子である．生物的性状では，穀物粒自体の生物的な特性である発芽力と穀粒を変質させる害虫や微生物，かびなどによる変質が含まれる．厳密な意味では物理的性状や化学的性状との区別は難しいといえる．

● 選別技術（図1〜5）

ふるい分け選別は，ふるい目を通過するものと通過しないものに分ける技術で，米選機や万石，ふるい目によって構成される円筒や角筒が回転する回転式選別機，平面状のふるいが振動するシーブセパレータなどがある．

気流選別は，空気を用いて，気流中での挙動が粒子の大きさや形状，密度などの特性によって異なることを利用する技術である．唐箕（とうみ）では，穀粒を落下させ，横から風を当て，粒子の特性によって水平移動距離が異なることを利用して選別している．アスピレータでは，粒子の特性により終末速度が異なることを利用して，上昇気流中に穀粒を供給し，選別を行う．

はめあい選別は，円筒や円盤に多数のくぼみを作り，くぼみで保持できる角度が粒子の大きさや形状によって異なることを利用する技術で，粒子をくぼみにはめ込んだ後に，円筒や円盤を回転させ，くぼみから粒子が外れる場所によって選別する．円筒の内面にくぼみを多数作ったものをインデントシリンダ型選別機，円盤にくぼみを作ったものをディスクセパレータという．

形状選別は，球形とそれ以外では転がり摩擦が大きく異なることを利用する技術である．転選機ともいわれるが，ベルト式（ベルト選別機），スパイラルシュート式（スパイラルセパレータ）の2種類があり，主にダイズ選別に用いられる．ベルト式では，ベルト移動方向と逆に傾斜させたベルトコンベア上での挙動の違いにより選別を行い，スパイラルシュート式は，らせん状のシュートを転がり落ちる際の挙動の違いで選別される仕組みである．揺動選別は，振動により穀粒の偏析現象を発生させて選別する技術である．揺動選別機は，籾すり機と組み合わされることが多いが，振動する傾斜した選別板（揺動デッ

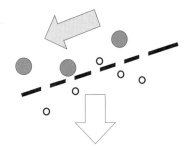

図1 ふるい分け選別

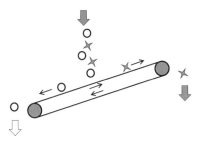

図4 ベルト選別

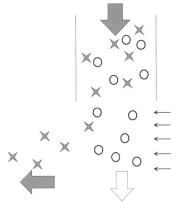

図2 気流選別

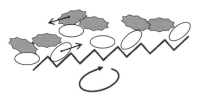

図5 揺動選別

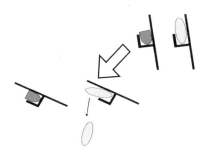

図3 はめあい選別

ク）上に籾と玄米を供給すると，大きさや密度が異なることにより，籾は上層へ，玄米は下層へと移動し，偏析することを利用している．下層に移動した玄米は揺動板のくぼみに引っかかり傾斜を上る力を加えられるが，上層の籾は揺動板の傾斜に沿って滑り落ちることで，選別が行われる．

比重選別は，主に比重の違いにより選別する技術で，振動や気流により比重による挙動の違いを発生させ選別する．

光学選別では，光学的な色に基づき選別する技術で，原理的には肉眼で被害粒を取り除くことと同様であるが，近年，センサや圧搾空気による除去技術の発展により，装置の実用化が図られている．

● **選別の評価**

選別においても，分級における分離と同様に，総合分離効率（ニュートン効率）や重量頻度分布曲線に基づく部分分離効率を定義することができる［⇨3.2 分級］．また，選別精度と選別能力（時間当たり処理量）は，相反する傾向があるが，作業の目的や選別対象によって適切な精度と能力の装置を選ぶ必要がある．

〔金井源太〕

◆ **参考文献**

1) 農業機械学会．1994．新版農業機械ハンドブック．コロナ社．
2) 農業施設学会．2012．よくわかる農業施設用語解説集．筑波書房．

3.2 分　級

選別，ふるい分け，重力分級，慣性分級，遠心分級，乾式分級，湿式分級，サイクロン，総合分離効率，Newton 分離効率，部分分離効率，重量頻度分布曲線，偏析作用

● 選別と分級

選別と分級は，実用上，意味が重なる部分も大きく，混同しやすいが，狭義に解釈すれば，選別は価値基準によって，あるものを選び出すという意味合いが強く，分級では「級に分ける」という字義から，価値基準に対して中立性が強い．例えば，土砂を砂利と砂に分ける作業は両者に価値の高低がない場合には分級となるが，砂利に高い価値を見出して分ける場合には「砂利を砂から選別する」作業といえる．

狭義の意味によれば，穀物，食品分野では，通常，粗選，精選などの選別作業が多いが，小麦粉や米粉などの粉体では，その粒度による用途がそれぞれ決定され，必ずしも価値の高低ではないため，分級とされる場合が多い．

● 分級原理

分級の意味から考えれば，分級する基準は，大きさや形状，比重，色彩などさまざまな要素によることができるが，実際の処理工程や作業上の都合などから，通常は分級といえば粒子の大きさにより分類することである．

粒子の大きさにより分類する方法として，ふるい（篩）を用いる方法と流体中での挙動が粒子の大きさにより異なる原理（沈降速度の違いなど）を利用する方法に大別される．後者はさらに重力を主に利用したものを重力分級，慣性力を主に利用したものを慣性分級，遠心力を主に利用したものを遠心分級という．また，分級に用いる流体が気体の場合は，乾式分級，液体の場合は湿式分級という．

● ふるい分け

ふるい分けでは特定の目開きの網目やパンチングメタル（打抜板）などを用いて，その粒度ごとに分ける方法で，穀物荷受け時の粗選や精選，小麦粉の分級まで広く用いられる方式である．用途や作業上の都合によって，ふるいの目開き，網目やパンチングの形状など各種選択する．

穀物では，旧食糧庁規格によるダイズ用の丸目ふるいと米麦用の縦目ふるいがある．両者ともパンチングメタルのふるいで，前者は直径，後者は穴の幅により大きさが定められている．これとは別にJIS規格のふるいでは，1インチ中の網目の数によりメッシュという単位で目開きが定められ，金属線の線径も併せて決められている．

● 重力分級

分級しようとする粒子群を流体中に拡散させ，その沈降速度により分級する方法で，乾式では唐箕（とうみ），湿式では沈殿槽などがこの原理によっている．この方式では，粗粒が細粒側に混入するより，細粒が粗粒側に混入することが多い分級方式である．

● 慣性分級

粒子群を含む流体が向きを変える際や粒子群を含む流体の流れに別の向きから流体が衝突する際には，各粒子は大きさによる慣性の違いで挙動が異なるため，このことを利用した分級方式である．一般的に乾式である．粒子群と流体の衝突の仕方により，粒子群を含む流体が水平に移動しているところに別の流体を直交させるクロスフロー方式，逆向きに衝突させる向流反転式などがある．

● 遠心分級

粒子群を含む流体を回転させ，流体は中心に向かう流れとすると，各粒子に遠心力が作用し，粒子の大きさによって決定される抗力とのバランスにより，大きさにより分級される．原理としては重力分級の重力を遠心力に置き換えた方式で，重力よりも強い加速度を加えることで沈降速度を上げ，そのため流速を速くすることができ，処理量を多くできる．いわゆるサイクロン方式である．

● 総合分離効率（Newton効率）

分級効率を表すために総合分離効率が定義される．粒子群をその特性によりAとBに分離する場合，

粒子群全体の質量をW,
Aに分離されるべき粒子の質量：W_A,
Bに分離されるべき粒子の質量：W_B,
W_A中のAに選別された質量：W_{Aa},
W_B中のAに選別された質量：W_{Ba},
W_A中のBに選別された質量：W_{Ab},
W_B中のBに選別された質量：W_{Bb},

とすると，

$$W = W_A + W_B,$$
$$W_A = W_{Aa} + W_{Ab},$$
$$W_B = W_{Ba} + W_{Bb}$$

であり，総合分離効率：η（イータ）は，

$$\eta = (W_{Aa}/W_A) + (W_{Bb}/W_B) - 1$$
$$= (W_{Aa}/W_A) - (W_{Ba}/W_B)$$

と表すことができる．ここで，W_{Aa}/W_Aを回収率という．

● 部分分離効率

部分分離効率曲線は，重量頻度分布曲線の積算であり，理想的には曲線とされるが，実際には粒度測定頻度に基づいた不連続な値である．粒子群を分割する際に目的とする配分率を実現する場合，どの粒度を境とするべきかを判断できる．図1は，高水分コムギの部分分離効率曲線であるが，2等分する場合，粒厚3.2 mmを境とすることが適当とわかる．

● 偏析作用

偏析作用は直接には分級とは関係しないが，粉粒体群を扱う場合，問題となる現象である．大きさや形状，密度，表面性状の異なる粒子を含む粒子群が，振動やせん断によって，その特性ごとに分離してしまう現象であり，ブラジルナッツ現象とも呼ばれる．

穀物，食品などでは，その搬送工程や貯蔵層への投入など，粉粒体に振動やせん断力が作用する際に発生する．例えば，粗粒と細粒を1点から落下させて堆積していく場合，粒子は堆積表面上を流れるが，粗粒がふるい目の役割を果たすために，細粒は粗粒の隙間から下層に潜り静止して落下点の近くに堆積し，粗粒は表面を転がり周辺に堆積する．

大型のサイロなどでは，粒子がせん断的に流れることがないように投入時にディストリビューターにより均一に投入するなどの対策がとられる． 〔金井源太〕

◆ 参考文献

1) 井伊谷鋼一，三輪茂雄，1982．改訂新版化学工学通論II．朝倉書店．
2) 伊藤光弘，2015．図解粉体機器・装置の基礎．工業調査会．
3) J・デュラン著，中西秀，奥村剛共訳，2002．粉粒体の物理学．吉岡書店．

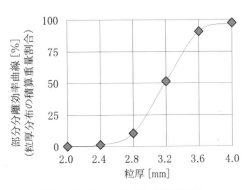

図1　高水分コムギの部分分離効率曲線

3.3 階級選別

重量，寸法，階級区分

階級選別とは，農産物などを質量や寸法に基づいて，数段階に選別することを指す．その階級は箱詰めするときに重要な要因となるだけでなく，品質にも影響を与えることがある．ここでは，いくつかの農産物を例にとり，階級の区分や規格についてふれ，最近の画像を用いた階級選別について言及する．

● **重量選別**

農産物は形状などが多様であることより，重量選別することが多い．リンゴ，モモ，ナシ，カキ，トマトなどのように柑橘よりも容易に損傷する果実類は，各果実を搬送するトレイにセンサを取りつけて各果実の重量を計測し，階級選別を行っていた．いまだにピーマン，カボチャ，イモ類，ダイコン，葉菜類，アスパラなどは重量で階級選別することが多い．しかし，近年のカメラなどを用いた選別システムの多くでは，搬送系の単純化などの理由からトレイでなく，鍵盤やピンローラーを用いたコンベア，およびフリートレイと呼ばれるキャリアを利用するものが増えてきたことより，重量センサのないコンベアも多い．

● **寸法選別**

過去の寸法選別においては，機械的な方法で選別されてきた．穀粒では古くからふるいが利用されてきたが，インデントシリンダのようにはめあいを用いたものもある．コメの場合は，主として未熟米や割米などを分離するために用いる．例えば，万石（まんごく）は縦線を主とした傾斜型ふるいで，江戸時代から用いられている．

柑橘などの果実の場合，1996年頃に光センサやカラーカメラを備えた選果機が登場するまでは，プレートあるいはドラムに果実の階級規格に合わせた穴を空けた選果機が多く用いられた．その選果機では，果実を転がしながら5〜8階級程度（例えば，3L, 2L, L, M, S, 2S, 3S）に選別を行った．

最近の選果システムでは，カメラを用い，果実の最大径，最小径，等価円直径などを抽出して階級選別をするほうが高速で安価，かつ損傷も少ないことより，画像により寸法選別する品目が増えた．というのは，果実が変形している場合には穴を通らなかったり，プレートによって損傷する危険があるからである．カメラを用いる場合は，6方向からの画像を取得できることから，上方だけでなく，側面からの計測で高さを計測可能であり，プレート選果機よりも細かな階級計測ができる．カメラの解像度はVGAクラスを用いた場合，1画素当たり0.4mm程度となることから，1mmの精度で選別が行われている．

● **階級選別の具体例**

変形の著しい果実を含むトマト，ジャガイモ，ならびに白ネギ（長ネギ）について例をあげて説明する．トマトの場合，ある農協の階級出荷基準では，以下のように5つの区分で重量選別を行う．①100〜129g，②130〜159g，③160〜199g，④200〜249g，⑤250g以上．トマトの重量は，寸法だけでなく内部品質にも左右される．というのは，図1左下のように角張った果実は成長の偏りによって内部に空洞が生じ，見た目より軽い．図1右上のような形状で，内部が適度に熟し，実詰まりのよい果実では水に沈むなど，見た目より重い傾向がある．このほか，季節によっては図1右下のような砲弾の形状となり，へたを下向きに置いてもコンベア上で安定せず，果頂部側から撮影できないこともある．そのため，画像を用いて重量選別に近づけるには，正確な形状計測が必要である．

図2にはジャガイモの中でも代表的な品種の1つであるメークインの例を示す．メークインは一般に長楕円体の形状特徴であるが，こぶがついたような変形があったり，大きな

ものでは中心部に空洞をもつものもある．ある産地では，主に以下のような重量基準で選別，出荷を行う．①20〜39 g，②40〜69 g，③70〜119 g，④120〜189 g，⑤190〜259 g，⑥260〜369 g，⑦370 g以上．

ジャガイモの場合はトマトほど形状を厳しく評価するわけではないが，正確に体積を計測する必要がある．そのため，図3に示すように，複数台のカメラで撮像し，図4に示す結果を得ている．図中には2カメラあるいは3カメラを用いたときの決定係数を示す[1]．

白ネギのような長い野菜も画像による寸法選別が行われる．そのシステムには重量センサと画像による寸法センサの両方が設置されており，階級は基本的に重量で2L, L, M, Sなどに分けられる．

〔近藤　直〕

◆ 参考文献
1) 栗田充隆，近藤直，2006．植物環境工学，**18**(1)，18-27．

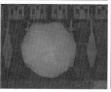
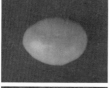

図1　種々のトマトの形状

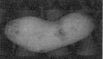

図2　メークインの形状

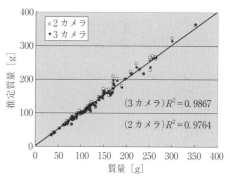

図4　カメラによるジャガイモの質量計測[1]

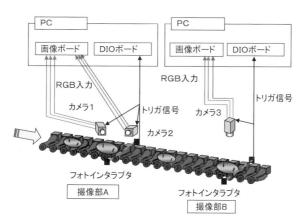

図3　画像入力装置[1]

3.4 等 級 選 別

外観検査, 内部品質, 近赤外分光法, カメラ

等級選別とは, 農産物などを色, 形状, 内部品質などに基づいて, 数段階に選別することを指す (例えば秀, 優, 良, 格外など). その基準となる項目には, 色, 形状, 傷害などの外観および内部品質があり, 古くは目視で行われていたが, 近年はカメラと分光器などにより自動的に検査されるようになった. ここでは果実および野菜の等級選別に関して述べる.

● 外観検査

1996年頃から本格導入され始めた柑橘の選果機には,「光センサ」と呼ばれる近赤外分光器を用いた糖酸度センサとカメラが備えられ, それらの計測システムで高速かつ公平な等階級選別を可能としている. まず, カメラは寸法のほか, 色, 形状, 表面の光沢やテクスチャー, 欠陥などの外観を検査可能なことから, 現在の選果機には必要不可欠である.

図1に近年, 柑橘用選果機に導入されているカラー画像と蛍光画像を同時に入力可能な装置を示す. これは白色LEDでカラー画像を, 直後に紫外LEDで蛍光画像を取得するものである. これにより, 色, 形状のみならず, 果実表面の微小な損傷も表皮に含まれる蛍光物質の蛍光反応により検出可能となった.

農産物は色や形状において微妙な差があり, その差が品質および商品価値に大きく影響することもある (たとえば, ヤケ, サビ, ブクなどの障害など). また, ナスのように果皮の光沢が内部品質と関係する果実もある. そのため, 等級判定には複数の評価指標を用いたり, 各部位で異なる指標を用いることも少なくない.

● 内 部 品 質

一般に, 果実類で最も重要視される内部品質は糖度で, 糖と酸の比率なども等級判定でよく用いられる. いずれもまず, 可視から近赤外領域のいくつかの波長の吸光度を計測し, 糖度などの内部品質を目的変数に, 各波長の吸光度を説明変数として多変量解析によりキャリブレーションカーブを作成する. そのキャリブレーションに基づいて未知の果実の内部品質を推定する方法で, 熟度, 芯腐れ, 褐変などの内部品質も計測して等級選別する.

X線画像で果実内の空洞, 浮皮や内部構造を検査することもある. 通常, 100 keV以下の電圧の軟X線を用い, 適当な電流値を設定すると多くの果実の内部構造が知れる (図2). このような内部品質の非破壊検査装置は, 農産物の商品価値を落とさず, 迅速に全数検査可能なことから, 等級判定のために今後も開発が期待される.

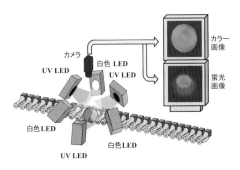

図1　ダブルイメージング装置

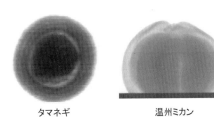

図2　X線画像の例

● **等級選別の具体例**

カメラなどを用いて果実の等級選別を行う際には，死角のないよう6画像を取得することが多い．しかし，等級判定では果実表面のすべての部位が同じ重要性をもつわけではなく，商品価値を決定する重要な部位が個別の品目・品種において存在する．

例をあげると，トマトでは寸法・色などを決定する果頂面が最重要で，等級を決定する要素が集中している．ある施設栽培の産地では，果実の色と形状に関して次のような基準でトマトの等級を4段階(A，B，Cおよび格外)に決定する．まず，色は果頂面で10段階の着色程度に分けられるが，それで等級分けするのではなく，熟度別出荷のための3種類の分類である．ただ，果頂部がまったく赤くない果実および過熟な果実は格外となる．

形状に関しては，果頂面から見た果形が円に近いほど高い等級で，偏平や凹凸，または角張った形など，円から離れるほど低い等級となる．トマトには「空洞」と呼ばれる果実があり，その外観特徴は角張った形状を有する．これは通常最下位等級（ここではC）に分類される．また，トマトの樹勢衰退期において生じる「ねじれ」や「くぼみ」などをもつ変形果実（乱形）も格外品とされる[1]．図3に種々の色と形状を有する果実の例を示す．

この他，傷害に関する基準には，部位固有のものとして，果頂部の「ネジレアナ」（花落ち付近のねじれた状態で生じる穴），「あみ入り」（乾燥で果皮が薄くなり内部が透けて維管束の網が見える果実），「花落ち」（花落ちは寸法が大きい場合に等級落ちの要素），雄しべが子房に付着したまま肥大し，その退化跡がチャック状に側面部に残った「チャック」，「窓アキ」（花器形成時の障害で器官の発育不全による側面の穴），「スジグサレ」（複合的な環境条件から維管束の一部が褐変し，

円形　　　　　扁平

空洞　　　　　乱形

図3　種々の色，形状の果実の例

すじ状に緑色部分が残る異常着色果実），がく部の「裂果」（高温時期の長い乾燥後，急激な吸水でがくの周囲が縦および同心円上に裂けた果実）などがある．

部位にかかわらず発生するものには，肥料や栄養分の過不足による生理障害，「スレキズ」（葉や枝と擦れて生じる茶色や緑色の傷害），「ナマキズ」（収穫時以降の人為的な傷害），「オセ」（収穫以降に局所的圧力によって果肉がつぶれた傷害），「ブク」（過熟で水侵状の軟弱果），「日焼け」（肥料条件で黄色くなった果実）などである．これらのうち，ナマキズ，オセ，ブクなどは，出荷後輸送中に腐敗のおそれがあるため，即廃果の判定を受ける[2]．このようにさまざまな項目で判定された結果のうち，最も低いものが最終的な等級となる．

〔近藤　直〕

◆ **参考文献**

1) 栗田充隆ほか，2006．植物環境工学，**18**(2)，145-153．
2) 栗田充隆ほか，2006．植物環境工学，**18**(2)，135-144．

3.5 選別機

ふるい分け選別機，粗選，精選，米選機，唐箕，万石，石抜機，粒厚選別機，色彩選別機，ベルト選別機

● ふるい分け選別機

ふるい分け選別機は機構が単純なことから工程ごとに多くの種類があり，組み込まれている場合も多い．

粗選では，荷受（にうけ）時の粗選と籾摺（もみすり）前の粗選に用いられる．自脱コンバインは選別精度が高いため，通常，米麦はそのまま乾燥機に張り込むこともできるものの，安全のため荷受時の粗選を行うことも多い．雑穀類や普通コンバインで米麦を収穫する場合など，わらなど夾雑物の混入が増えるため，荷受時粗選の必要性が高い．粗選では，高水分粒や夾雑物の多い収穫物にも対応できるよう比較的粗い目の揺動式として，わらや処理工程で障害となる可能性のある大きな異物の除去を行う．籾摺前の粗選では，横型回転式選別機が多く，穀粒より大きな異物の除去を行う．単体としての万石は3枚の網で構成される三重万石が最も進歩，普及した（図1）．単純なふるい分けとともに粒表面の摩擦の違いも選別要素となっている．現在では，籾摺機に組み込まれ，籾摺後の玄米から籾を取り除く傾斜網として用いられる．

精選で等級ごとに定められた基準に達しない粒厚の穀粒が製品に混じることを避けるため，ふるい分け選別機が用いられる場合が多い．コメ用の装置では，鋼線を縦に張った縦線米選機，回転式米選機があり，玄米からのくず米除去に使われる．回転式米選機（回転式粒厚選別機）には，横型回転式や縦型回転式があり，いずれも粒厚選別を行う装置である．雑穀類でも出荷時の製品品質を安定させるための精選に同様の装置が用いられる．

● 気流選別機

代表例は唐箕（とうみ）であるが，現在では，単体としてではなく，各工程内に気流選別機構が組み込まれる場合が多い．例えば循環式乾燥機の装置上部の排塵ファンから，未熟な子実やわらなどが一部除去される．唐箕のように空気を横に吹き出す方式のほかにも，空気を上向きに吹き出す吹き上げ式や吸引することで気流を生み出す吸引式などがある．

唐箕は，歴史的にも古く，多様であるが，明治以降に研究開発されたもの（図2）が広く普及した．その他，金属製の簡易な構造のものや，試験研究用の小型高精度のものなど，用途によって多くの種類がある．

アスピレータは，字義では吸引装置となるが，特に吸引によらなくても上昇気流中に供給された穀粒を終末速度（終端速度）の違い

図1 万石（農林水産省農林水産技術会議事務局提供）

図2 唐箕（農林水産省農林水産技術会議事務局提供）

図3 インデントシリンダ

図4 石抜機の選別板
気流が通る穴が開いている.

図5 籾摺機の揺動選別板

により沈降,あるいは上昇させ選別する.

● はめあい選別機

はめあい選別機では,選別用のくぼみを円筒の内側に設けたインデントシリンダ(図3)を用いるシリンダセパレータと円盤にくぼみを設けたディスクセパレータがある.粒が長い粒はくぼみから落下しやすく,粒が短い粒はくぼみから落下しにくいことを利用し,シリンダセパレータでは籾中の脱稃米(だっぷまい)や夾雑物の除去,玄米中の砕米の除去,ディスクセパレータではコムギ粒中からの雑草種子の除去に実績がある.シリンダやディスクを選別対象によって交換して利用する.

● 比重選別機

比重選別機では気流と振動を利用し,見かけ比重により上下に分かれる積層現象を発生させ選別する装置で,精米の前処理に用いる石抜(いしぬき)機はこの原理による(図4).

● 揺動選別機

揺動選別機は,主に籾摺機との組み合わせでコメと籾を分離するために利用され,振動により玄米中の籾が上層に移動する偏析現象を用いている.図5では籾摺機の選別板に玄米がはまるくぼみが確認できる.

● 色彩選別機

色彩選別機は光学的選別を行う装置であるが,近年の計測制御技術の発展により安価となり,多くの調製施設で導入されている.玄米や精米から着色粒や異物を除去するのに用いられ,列状に流下する粒を1粒ずつRGBセンサにより判定し,基準から外れた粒を圧縮空気で飛ばして除去する機構である.

図6 ベルト選別機
3段のベルトが確認できる.

● 形状選別機

大豆が球形であることを利用し,転がり抵抗が異なることを利用して夾雑物や損傷粒を除去する装置で,ベルト選別機とスパイラルセパレータ(遠心力選別機)はこれにあたる.ベルト選別機では,ベルトコンベアを進行方向と逆に傾け,球形の物体は転がり落ち,転がらない物体はベルトの進行に伴って上昇し,選別される.図6では3台のベルトコンベアを組み合わせ,処理速度,精度を向上させている.スパイラルセパレータは,らせん状のシュートにダイズを流下させ,球形のものは流下にで加速し,遠心力が増して外側に飛び出すことにより選別する装置である.

〔金井源太〕

◆ 参考文献

1) 中村忠次郎, 1954. 農機具綜典. 朝倉書店.
2) 日本農業研究所, 1970. 戦後農協技術発達史 第1巻 水田作編. 統計印刷工業.

3.6 粗　選　別

穀物粗選別，パディクリーナ，スカルパ，気流選別，網目選別

　粗選別とは乾燥機に投入する前や選別施設における最初の選別行程を指し，粗選別機は夾雑物や塵埃を除去する選別機である．ライスセンターで荷受け後の粗選別機は特にパディクリーナと称している．

　収穫した穀物は選別施設で受け入れた後，最初に粗選別機に投入される．水稲やコムギはコンバイン内で選別されるが，収穫物には枝梗付着粒や籾つき粒，わらなどの夾雑物が含まれている．このような夾雑物が多いと原料穀物の流動性が低下するため，乾燥機や選別機への投入速度が低下する．アズキでは収穫時の刈刃を地中に入れて土つきの状態で収穫機に取り込まれるため，収穫物に土粒子が付着している．粗選別機はこのような夾雑物や土粒子による塵埃を選別することで，調製工程における穀物の流動性を高め，その後の比重選別機や色彩選別機での選別効率を高めるとともに，施設内の粉塵量を低下させる．

　粗選別機の主な構造はスカルパ，気流選別，網目選別からなる．最もシンプルなタイプの構造はスカルパと気流選別機の組み合わせである．

　スカルパでは大夾雑物を除去する．スカルパロール方式が多く，方形円筒網が回転し，そこを通過できなかったものが大夾雑物として除去される．通常は粗選別機1機に1個のスカルパロールを装備しているが，2個装備している機種もあり，その場合，1個目のスカルパロールでオーバーフローした原料が2個目のスカルパロールにかけられる．また，傾斜スクリーンタイプもあり，網目選別による粒径選別機と組み合わせた機種もある．スカルパによって水稲では穂切れ粒，枝梗付着粒が，コムギではわら，穂切れ粒が，アズキでは小石や砂，枝が除去される．

　気流選別部はスカルパの横または下方に位置する．チャンバおよびチャンバに取りつけられた吸引ファン，スカルパを通過した夾雑物を含む穀粒の落下部をつなぐ細長い夾雑物の吸引通路から構成されている．スカルパの通過物の中で比重の小さい夾雑物はその細長い通路中に吸引圧が高くなった気流でチャンバ内に送られる．チャンバ内で吸引圧が低下するため，小夾雑物は落下し，塵埃は粗選別機外部へ排出される．チャンバ内底部にはスクリューコンベアやロータリバルブが取りつけられており，機外へ排出され，夾雑物容器に貯留されるか，サイクロンを使って吸引し，施設外へ排出する．塵埃は乾式フィルタまたは湿式（水洗シャワー）集塵機によって集塵され，大気中への放出量を軽減している．粗選別機のタイプ別とこれまでの調査例を示す．

● パディクリーナ

　図1にスカルパを2個装備したパディクリーナの概略図を示す[1]．

　機体上部から供給された原料は1個目のスカルパロールで大夾雑物が取り除かれるが，オーバーフローした原料は再度2個めのスカルパロールで大夾雑物が除去される．2個の

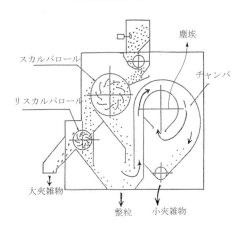

図1　パディクリーナ

スカルパロールを通過した整粒が落下中に少夾雑物と塵埃が気流選別される構造である．生産者がライスセンターに搬入した半乾籾の選別状況において大夾雑物中には枝梗付着粒や穂切れ粒が多く，整粒はわずか全体0.01%であるが含まれていた．小夾雑物中にはしいなや未熟粒が多く含まれており，整粒はごくわずかであった．

● 網目選別を有した粗選機

スカルパおよび気流選別機を通過した穀粒中にも枝梗付着粒などの大夾雑物は1%前後あり，被害粒や未熟粒などは小夾雑物として分離できないため，スカルパ，気流選別機と網目選別機が一体となった粗選機が導入されている．これらの機種は荷受け後の粗選別機として利用されているほかに，粒径・粒厚選別後の2番口（1番口は製品となる整粒）から選別された材料中から再度整粒を回収するために用いられることがある．

乾燥後の整粒割合97%のコムギを当該機に供試したとき，メーカーが推奨する穀物流量以下に設定したときは製品の整粒割合は99%まで向上したが，推奨値以上の流量で供試したときは97%に低下した調査例がある[2]．網目選別では流量が高いと網目上で穀粒が重なり合い，選別されない穀粒が発生するためである．

アズキを供試した例では原料の整粒割合が93.5%，夾雑物割合が0.1%のとき，選別後は99%以上に向上したが，夾雑物割合が0.9%に増えると選別後の整粒割合は97.7%になった[3]．粗選別機の選別精度は原料の性状によって異なることがあるので，粗選別後の比重選別機でも原料ロットに応じた調整が必要となる．アズキを粗選別機にかけたときの大夾雑物は小石や砂，茎・枝が多く，小夾雑物には砂やくず（脱穀時に扱き胴に揉まれて発生したもの）が多く，気流選別部からは1.6 mm以下の粒径物（主に土砂）が多く回収される．

● 網目選別粗選別機

スカルパスクリーン（網目選別）タイプの粗選別機では原料供給時と製品排出時に気流選別を行い，傾斜振動させた丸穴スクリーンと長穴スクリーンの組み合わせが数段装備されている[4]．丸穴スクリーンでは大夾雑物を除去し，長穴スクリーンでは小夾雑物を除去する．丸穴スクリーンと長穴スクリーンが4組装備された機種の調査事例では1時間当たりの処理量が $23.6 \mathrm{t \cdot h^{-1}}$，$26.4 \mathrm{t \cdot h^{-1}}$ のとき，原料の整粒割合が91%，87%で選別後は97%，95%になった．

穀物の選別ラインは気流，比重，形状，色選などの選別方法を組み合わせて出荷できる品質に仕上げている．粗選別機は気流選別と夾雑物除去を目的とした形状選別を基本としており，施設の規模や選別機の種類や配置などの条件を加味して，選択する必要がある．

〔稲野一郎〕

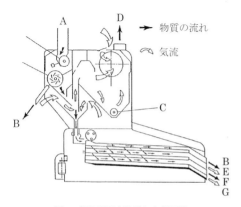

図2 網目選別を装備した粗選機
A：原料，B：大夾雑物，C：小夾雑物，D：塵埃，E：整粒（大），F：整粒（中），G：未熟粒など．

◆ 参考文献
1) 北海道農業施設協議会，1997．北海道農業施設，第12号，48-56．
2) 北海道農業施設協議会，1986．北海道農業施設，第1号，42-44．
3) 北海道農業施設協議会，1986．北海道農業施設，第2号，38-41．
4) 北海道農業施設協議会，1998．北海道農業施設，第13号，1-7．

3.7 籾精選別

風力選別機，比重選別機，インデントシリンダ型選別機，籾貯蔵

現在，日本のコメの貯蔵は玄米貯蔵が主流である．ところが，玄米貯蔵より籾貯蔵のほうが高品質保持が可能であるため，近年は籾貯蔵を行う共同乾燥調製貯蔵施設（カントリーエレベータ）が増加している．籾貯蔵を行う場合，籾の中に夾雑物（わらなどの異物）やしいな，未熟粒が多く含まれると，容積重が減少して貯蔵サイロの容積効率が低下する．また，貯蔵前の籾の品質が悪いと貯蔵中の品質劣化が促進される可能性が高い．

カントリーエレベータでは，籾の荷受け質量と自主検査の結果（水分，良玄米歩留り，整粒割合など）から貯蔵後の籾摺歩留りと品質を推定し，生産者にコメ代金を支払う仮払い方式を採用している．仮払い方式では，貯蔵後の実際の籾摺歩留りが自主検査による推定値より低い場合には，生産者から代金の一部を回収しなければならなくなる．そこで，この代金回収を避けるためにあらかじめ籾摺歩留りの推定値を低く設定すると，施設に対する生産者からの信頼が失われ，施設利用率が低下するおそれがある．したがって，貯蔵籾の品質劣化防止と施設の円滑運営のために，貯蔵前に籾の精選別を行い品質と籾摺歩留りを向上させることが重要である．

従来からわが国では籾の仕上げ乾燥後に直ちに籾摺して玄米貯蔵を行うことが主流であるため，籾精選別の実績がなかった．そこで，特に貯蔵する籾の品質向上を目的に籾精選別システムが開発された[1]．

図1に示した籾精選別システムは比重選別機を中心とし，風力選別機とインデントシリンダ型選別機で構成される．まず「原料籾」を風力選別機に投入し，しいなと夾雑物を除去する．次に「風選製品」を比重選別機に投入し，しいな，未熟粒，被害粒を除去し，「比重選製品」の整粒割合を増加させる．籾の中には脱稃粒が混在している．脱稃粒は，収穫や乾燥中に籾殻が除去され玄米となった米粒であり，肌ずれがひどく脂肪酸度が高く，非常に品質が悪いため，貯蔵する籾から除去する必要がある．そこで，従来の比重選別機の製品口，戻り口，くず口に加えて，選別方向上端（製品口側の上端）に脱稃口を設置し，この脱稃口から排出される「比重選脱稃」をインデントシリンダ型選別機に投入する．このように比重選別機により脱稃粒と玄米砕粒を集積し，分別した後，インデントシリンダ型選別機によりこれらを除去する．

「比重選戻り」と「インデント製品」の搬送ラインには切替シュートを設置し，材料の組成により搬送先を切り替える．すなわち，「比重選戻り」のしいな割合と異物割合が高い場合は，しいなと異物を除去するために「比重選戻り」を風力選別機に戻す．「比重選戻り」のしいな割合と異物割合が低い場合は「比重選戻り」を比重選別機に戻す．また，「イ

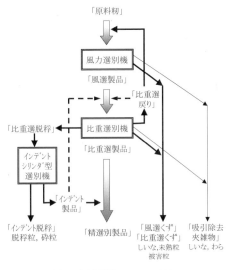

図1 籾精選別システムの流れ

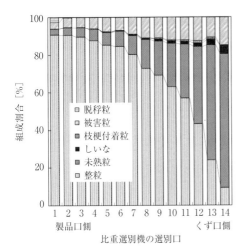

図2 比重選別機の選別口14等分試料の籾組成

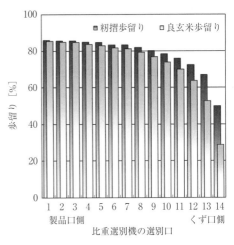

図3 選別口14等分試料の籾摺歩留りと良玄米歩留り

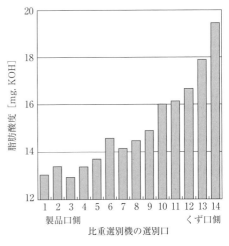

図4 選別口14等分試料の籾摺後玄米の脂肪酸度

ンデント製品」の脱稃粒割合が高い場合は，これを比重選別機に戻す．「インデント製品」に脱稃粒が残留していない場合は，これを「比重選製品」に加えて「精選別製品」とする．この籾精選別システムはシンプル低コストで籾の高品質化を実現する最適な精選別システムである．

比重選別機は籾精選別システムの中心となる選別機である．比重選別機の選別特性を詳細に調べるために，比重選別機の選別口を14等分した試料を採取し，その試料の品質特性を調べた．

図2に示したように，脱稃粒（玄米）は籾に比べて粒子密度が大きいために製品口側に集積される．同時に粒子密度の大きい整粒は製品口側に集積される．また，被害粒，しいな，未熟粒は粒子密度が小さいために，くず口側に集積される．その結果，製品口側の籾の籾すり歩留りと良玄米歩留りが高くなり，くず口側の籾すり歩留りと良玄米歩留りが低くなる（図3）．さらに，14等分して採取した各試料を籾すりし玄米の脂肪酸度を測定すると，製品口側の脂肪酸度が低く高品質であり，くず口側の脂肪酸度が高く低品質である

（図4）．以上のように，比重選別機により整粒や未熟粒を分別すると同時に，籾すり歩留りや良玄米歩留りを向上させ，品質を向上させることができる．

〔川村周三〕

◆ **参考文献**

1) 川村周三，2013．農業および園芸，**88**(4), 453-458.

3.8 揺動選別

籾玄米分級, 偏析現象, 流れ角

　揺動選別は，粒子の偏析現象を利用した選別方法であり，材料の粒径差と粒子密度差に基づいて選別が行われる．

　揺動選別機では，投入口から投入された穀粒は層を形成する．この層に振動を与えた場合，偏析現象により粒径の小さい穀粒や粒子密度の大きい穀粒ほど穀粒層の下層へ沈降し，粒径の大きい穀粒や粒子密度の小さい穀粒ほど上層へ浮上する．すなわち，粒径と粒子密度に従って穀粒を上下方向に分離する．選別板は流下方向と直交する方向（末端の選別口と平行な方向）に傾斜（選別角）がつけられ，振動しており，さらに選別板にはくぼみなどの加工が施されているため，選別板に接触した穀粒は選別口の上端へ向かう力を受ける．したがって，選別板に接触する機会が多い穀粒ほど選別口の上端へ移動し，接触する機会が少ない穀粒ほど選別板の傾斜により選別口の下端へ流下する．この運動を繰り返すことにより穀粒の選別が行われる．さらに選別板は穀粒の流下方向にも傾斜（流れ角）がつけられており，投入口から投入された穀粒は選別されながら流下し，流下方向の下端にある選別口に到達した時点で選別口から排出される．揺動選別機は籾摺機と組み合わせて設置され，籾すり後の玄米と籾の分別（籾玄米分級）に用いられており，コメの共乾施設に広く導入されている．　　　〔竹倉憲弘〕

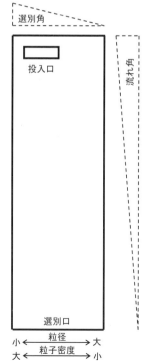

図1　揺動選別機の模式図

3.9 粒厚選別

玄米粒厚選別，縦目ふるい，ふるい目幅

選別材料の大きさに基づいた選別方法である粒径選別の一種であり，粒厚選別は選別材料の粒厚差により選別を行う．使用されるふるい（篩）などの目幅（間隙の幅）に応じてふるいなどを通過するかしないかで選別が行われ，穀粒の選別に用いた場合，比較的粒径の大きい整粒と，比較的粒径の小さい未熟粒やくず，砕粒などとの分別が行われる．

コメの粒厚選別を行う選別機が，米選機である．米選機には縦線型と回転型がある．縦線型の米選機は，上部から下部に向かって斜めに等間隔で張った鋼線の上に穀粒を流下させ，鋼線の間隙より粒厚の小さい穀粒が落下することで選別を行う．鋼線の代わりに，鋼製の選別板を傾斜をつけて設置し，その流下方向に網目を設けたものもある．動力が不要で構造がシンプルなため，古くから広く使われてきたが，大量処理には不向きなため，近年は電気などの動力を用いた回転型の米選機が普及している．この回転型の米選機を，特に粒厚選別機という．

玄米の粒厚選別を行う粒厚選別機は籾摺後の玄米から未熟粒や死米などを除去する目的で広く用いられ，コメの共乾施設などには回転型玄米粒厚選別機が設置されている．回転型玄米粒厚選別機は，円筒または角筒状のふるい（シリンダ，選別網）を有している．ふるいには回転方向に平行な網目（縦目ふるい）が設けてある．投入口から投入された玄米は，回転する円筒または角筒状のふるいの中で流動し，網目幅（ふるい目幅）より小さい粒厚の玄米は網目を通過して流出し，網目幅より大きい粒厚の玄米はふるいの円筒（角筒）内に残留する．ふるいの回転軸は投入口から流下方向に傾斜が設けられており，円筒（角筒）内に残留した粒厚の大きい玄米は，流動しながら流下方向の最下端に設けられた排出口に移動し排出される．

〔竹倉憲弘〕

図2　選別網

図1　粒厚選別機

3.10 比重選別

コムギ，豆類，籾，自由落下速度

比重選別は，気流と振動を合わせて利用し，選別材料の終末速度差に基づいた選別方法である．米麦や豆類などの穀粒の選別に用いた場合，粒子密度の差によって仕分けられる．

比重選別機で穀粒を選別する際には，選別板の下方から送風して穀粒に上向きの力を与える．上向きの力を受け一度浮き上がった穀粒が自由落下するとき，粒子密度が小さい穀粒ほど落下速度が遅く層状になった穀粒の上層に集まる（これを積層現象という）ため，穀粒が粒子密度差により上下方向に分離する．一方，選別板は穀粒の流下方向（投入口から末端の選別口に向かう方向）に直交する方向（選別口に平行な方向）に傾斜（選別角）がつけられているうえ，振動しているため，最下層の穀粒は選別口の上端側へ向かう力を受ける．逆に，最上層の穀粒は選別口に平行な方向の傾斜により穀粒層の上を選別口の下端側へ向かって滑る．この運動を繰り返すことにより，穀粒の粒子密度の差によって選別が行われる．さらに，選別板は穀粒の流下方向にも傾斜（流れ角）がつけられており，投入口から投入された穀粒は選別口へ向かって流下するため，穀粒の選別は連続的に行われる．

〔竹倉憲弘〕

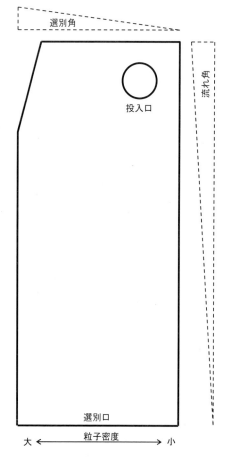

図1　比重選別機の模式図

3.11 色彩選別

玄米色彩異物選別, 溝選別, 面選別,
イジェクター, 近赤外線, 可視光

　色彩選別は，光学的な選別方法である．米麦や豆類といった穀物の選別に主に使われる．穀物を対象とした色彩選別機は，着色粒や異種穀粒，ガラスや小石などの異物の除去に使用される．穀粒を1粒ずつ判別し除去するため，選別精度が高いが，構造が複雑であるため比較的高価である．

　投入口から投入された穀粒は，傾斜した選別板（シュート）の上を滑り落ち，検出部を通過する．検出部では可視光から近赤外光までの反射光および透過光をセンシングして判別を行う．その後，選別部においてイジェクターの噴射ノズルから高圧空気を噴射し，除去対象となる着色粒や異物などを弾き飛ばすことにより除去する．精米工場や共乾施設などに導入されている色彩選別機は，2段階の選別を行う機構となっている．一次選別は選別板が平面で，面選別により処理能力を稼いでいる．二次選別は選別板に流下方向に平行に溝が刻まれており，向きが揃った整列状態で穀粒が選別板を滑り落ちるため，選別精度が高くなっている．

　色彩選別機は，白米への小石などの異物の混入を防ぐことを目的に，精米工場に多数導入されている．また，近年はコメの共乾施設において，玄米からの着色粒などの除去を目的として導入が進んでいるほか，小型かつ比較的安価な商品も販売され，同様の目的で直売所やコイン精米所，農家などにおいても普及してきている．

〔竹倉憲弘〕

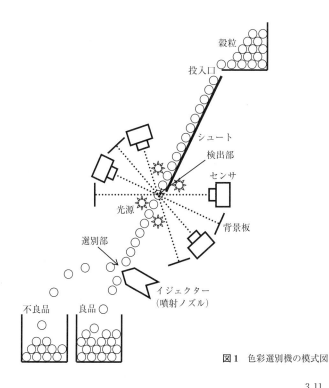

図1 色彩選別機の模式図

3.12 低アミロ小麦選別

アミログラム最高粘度，フォーリングナンバー，
穂発芽，デオキシニバレノール，DON

小麦が成熟期に達した後，収穫期になって雨が降り，夜間気温が15℃を下回ると，小麦の胚芽部分が活動を始め，穂発芽が発生する．要因として穂発芽耐性の品種間差，成熟期後の経過日数，降雨量，降雨時間，気温が考えられる．穂発芽が起こると，デンプン分解酵素の活性が高まり，デンプンが糖化する．このような小麦は「低アミロ小麦」と称され，その粉をアミログラフで測定すると糊化粘度が低い値となる．胚芽から芽が出たものは発芽の程度が進んでいて，デンプンを分解するα-アミラーゼ活性が特に高いほか，タンパク質分解酵素の活性も高い．また，芽が出ていなくても酵素活性が高い小麦がある．

アミラーゼ活性の多い小麦粉はデンプンの分解によって糊化粘度が低下するので，麺，菓子，ルーなどには適しない．また，製パンにおいても生地物性が不良となり，加工適性は大きく低下する．

発芽粒や低アミロ小麦を正常の小麦に少しでも混ぜると活性化したデンプン分解酵素の働きで全体が低アミロ化し，加工適性を損なうことが知られている．このため，品質の低下した部分の生麦のα-アミラーゼ活性，あるいは乾燥麦のフォーリングナンバーを測定して，低アミロ化している場合は正常な小麦に混ぜないよう指導されている．

アミログラフはブラベンダー社製の記録式粘度計を指す．小麦粉のペーストを熱して，25℃から90℃へと1分間に1.5℃ずつ上昇させ粘度の変化を自記する器具で，試験で得られる粘度曲線をアミログラムといい，糊化開始温度，最高粘度とそのときの温度を読み取る．粘度の数値にはB.U.というブラベンダー社が設定した単位が付記される．攪拌羽根にはプレートタイプとピンタイプとがあり，日本ではプレートタイプが用いられる．粘度の高低はデンプンの性質とα-アミラーゼ活性の多少によって決まる．粘度が異常に低いことはデンプンがある程度分解されていることを示す．

フォーリングナンバーは，発芽による品質劣化を検出する迅速で容易な試験が可能な測定器である．試験管に入れた小麦粉糊を先端に輪のついた攪拌棒が落下するに要する時間を測定し，その秒数をフォーリングナンバーとして粘度の指標とするもので，アミログラフよりも簡便に粘度を測定できる．ヨーロッパやアメリカでは標準的測定器とされており，日本でも2000年産から麦の民間流通において，製粉用小麦に関して品質評価基準の1項目に指定された．日本麺用，パンおよび中華麺用の基準値は300 secである．

穀物検査規格では発芽粒やアミロ値だけでなく，さまざまな形質について規定されている．また，2002年以降はデオキシニバレノール（DON）濃度の暫定基準値，2003年からは赤かび粒率の基準値0.0%が設けられ，自主検査が実施されている．調製施設ではこれらの形質が基準を満たすよう総合的な調製・選別が行われる．

小麦の調製に用いる選別機は基本的に風力選別機，粒厚や粒長による粒径選別機，石などを取り除く異物選別機，比重選別機，光学式選別機である．

比重選別機は比重と空気抵抗の差を利用した選別機である．デッキ上の小麦に浮遊速度に近い風速の風を当てると流動層の状態となり，デッキ上で比重と空気抵抗の差により層状に分離する．重く充実した小麦や形の大きな小麦は下に沈み，未熟な軽い小麦や形が小さな小麦は上に浮き上がる．凹凸のあるデッキを振動させることで，傾斜の上方出口と下方出口へ移動させて分離する．粒度に大きな違いがあると選別効率は低下するため，前処

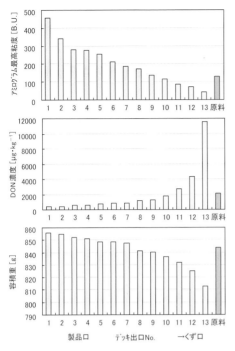

図1 比重選別機による選別結果の例

理として粒径選別は欠かせない．

発芽粒は整粒に比べて比重が軽いため，比重選別機で選別を行うことで，製品中の発芽粒割合を低く調製することができる．

比重選別機のくず口に近いほど容積重は小さく，DON濃度は高く，アミロ値は小さい．出口の仕分け位置を変えることにより，原料よりもアミロ値が高く，DON濃度の低い製品を得ることができる．除去できる粒はこのほかにも未熟粒や前述の発芽粒，砕粒，赤かび粒，緑粒などがある．

光学式選別機は，ベルト上に重ならないように小麦を並べ，ベルト終端から落下する際に近赤外センサで検知した粒を空気式エジェクターで除去する．処理能力は最大毎時10 t である．歩留り90%を超える領域で高いDON濃度の小麦を効率的に除去できる．

選別原理の異なる複数の選別機を組み合わせにより，単独で用いるよりも効率よく選別を行うことができる． 〔竹中秀行〕

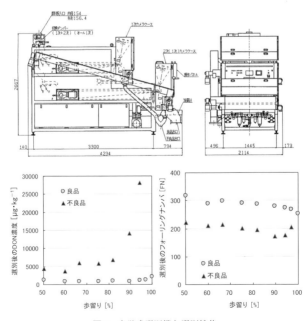

図2 光学式選別機と選別性能

3.13 形状選別

回転ふるい式,振動ふるい式,条間間隔式,
スパイラルロール式,ロール間隙通過式,
光学的選別機,光束遮断式

形状選別は,回転ふるい式,振動ふるい式,条間間隔式およびロール間隙通過式の選別方式を有する機械式と遮光式,パルスカウント式およびカーテンビーム式を有する光束遮断式,画像データ処理式のカメラ式がある.本項では,機械式および光束遮断式の各選別方式について述べる.

図1に示す回転ふるい式は,網または多数の丸穴板が側面に加工された円筒(ドラム)が並列に回転するドラムの側面上を農産物が流下する間に適したサイズの網目や丸穴より適宜落下し選別される方式である.円筒は,鉄,ステンレス,塩化ビニルなどで製作され,傾斜した状態で回転する.農産物投入口より奥に行くに従って丸穴直径が大きくなるように,または丸穴直径が順次大きく加工された円筒が多段に連続したものもある.

振動ふるい式は,階級別に網またはくぼみが加工されたふるいを多段に重ねて傾斜・振動させ,上段から農産物を流下させる間に適したサイズのふるいから落下・選別する.このため振動ふるい式も回転ふるい式と同様に下流ほどふるいの目のサイズが大きくなるように配置されている.

図2に示す条間間隔式は,回転する2本の丸棒の手元から農産物を供給し,先端方向に移動する間に2本の丸棒の間隔が開き,暫時適したサイズの間隙から落下・分別される.

図3に示すスパイラルロール式は,前述の条間間隔式のベルトコンベアをらせん(スパイラル)の溝が左右対称に加工されたロールに置き換えたものである.回転するロールのらせん溝により手元から先端に向けて農産物が移動する間に,末広がりの間隙より落下・

図1 回転ふるい式形状選別機[1]

図2 条間間隔式選別機[2]

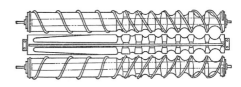

図3 スパイラルロール式選別部[3]

選別される.

図4に示すロール間隙通過式は,手元から先端に向かって農産物を運ぶように回転動力が伝達された平行なコンベアロールの条間が先端ほど開くように配置されたものである.農産物は,このコンベア上を移動する間に落下・選別される.

以上の機械式では,農産物の転がりによる打撲やロール間の圧迫によって傷つきやすい欠点があるものの,大量処理が可能であるため選別の能率が高い.

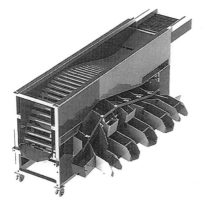

図4 ロール間隙通過式選果機[4]

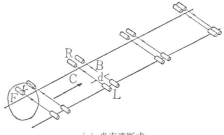

(a) 光束遮断式

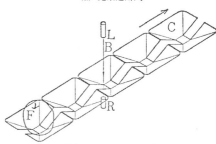

(b) パルスカウント式

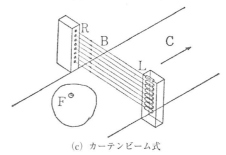

(c) カーテンビーム式

図5 光束遮断式の概要[5]

図5(a)に示す光束遮断式の1つの遮光式は，ベルトコンベアの両側や直上と直下に配置された連続光の発光および受光素子の間を農産物が通過・遮光した時間からサイズを計測し，選別・分級するものである．

図5(b)に示すパルスカウント式は，遮光式の光線がパルス光となり，農産物のサイズが通過・遮光したカウントにより算出され，選別・分級されるものである．

図5(c)に示すカーテンビーム式は，ベルトコンベアの左右に多段に配置された連続光（カーテンビーム）の発光および受光素子間を農産物が通過・遮光することで，遮光された素子の位置から農産物のサイズを検出し，選別・分級されるものである．

以上の光束遮断式は，機械式と異なり非接触で計測できるため，農産物の品傷が少ないことから大規模選果場で普及している．

〔槐島芳徳〕

◆ 参考文献
1) 重松工業株式会社 http://www.shigematu-kougyou.co.jp/product/
2) 株式会社岡山農栄社 http://noeisha.co.jp/pg74.html
3) 石原昂，1983．新農業機械学．朝倉書店．
4) 佐藤農機鋳造株式会社 http://www.satonouki.co.jp/farm/item_html/tws428-b06.html
5) 石田善郎ほか編，2006．新版農産機械学．文永堂出版．

3.14 重量選別

重錘式，ばね式，固定はかり，移動はかり，ロードセル式，不感帯，感量

重量選別は，重錘式，ばね式および重錘とばねを備えた複合式の機械式とロードセル（荷重変換器，力検出器）式の電子式に大別されるが，機械式で問題となる低感量，不感帯および選別速度の遅さを解消するために電子式が主流となっている．まず，機械式について述べる．

図1および2に示す重錘式は，分級の基準となる重量の錘（分銅）を固定はかりの受皿に載せ，長円形（長円式）または直線状（直列式）に周回する移動はかりのパケット上にある農産物が固定はかりの設置区間に到達した際に，てこ機構を利用して錘より重ければ落下または傾斜・転出して選別される方式である．またばね式も，重錘式の錘をばねとしたもので，基準となる農産物の重量をばねの伸長によって設定するものである．

ロードセル式は，農産物の重さによって変形した図3の起歪体のたわみ量を電圧変化として取り出すことができるロードセルを搭載したウェイトチェッカが，図4のようにベルトコンベアの途中に設置され，重量を計測・選別するものである．

重量選別は，導入される農家や法人などの生産規模によって処理量と処理速度の異なる選果機が選ばれる．ロードセルを利用した電子はかりや電子天秤にコンピュータを搭載し，測定皿に複数個の農産物を載せ，1個取りだすごとに音声で分級サイズを知らせる図5に示す機器がある．これらの機器は，小規模農家向けで安価であるものの，分級の仕分けが手作業のため時間を要する．中規模になると水平面上を長円形に周回する移動はかりのパケットに農産物を人力で供給するタイプから，自動で供給するタイプの長円式選別機（図6）がある．大規模になると移動はかりの周回が垂直面で，かつ多条化の容易な直列式選別機（図7）が導入される．

重量選別では，その性能を表す用語として感量と不感帯がある．感量ははかりやロードセルが検知できる最小目盛りの重量（分解能）を，不感帯ははかりやロードセルが検知できない重量（ガタ，遊び）を表す．機械式の感量は，分級される重量の不感帯の幅で表され，長円式で分銅重量±24.5 mN（2.5 gf），直列式で分銅重量±73.5 mN（7.5 gf）といわれている．すなわち機械式では，分銅重量に近

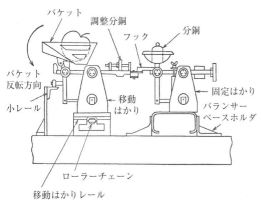

図1　長円式の移動・固定はかり[1)]

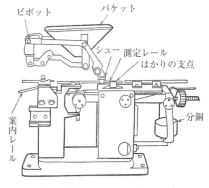

図2　直列式の移動・固定はかり[1)]

図3 シングルポイントロードセル[2]

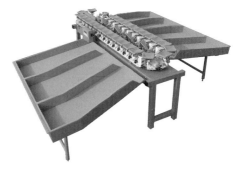

図6 長円式重量選別機[5]

図4 ウェイトチェッカ[3]

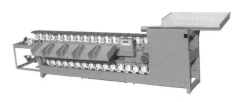

図7 直列式重量選別機[5]

図5 音声式重量選別機[4]

い重さの農産物を分級する精度が低下するものの，錘重量より離れた農産物の分級は正確に行われることを意味する．一方，電子式（ロードセル式）の感量は，重量測定時のロードセルの変形量を電気的に取り出す電圧計の感度と計測結果を表示するインジケータの表示能力によって決まる．また不感帯は，ロードセルのヒステリシスによって決まる．ヒステリシスとは，ロードセルに増加と減少荷重をそれぞれ載荷した際に同一荷重で出力電圧が異なることをいう．この電圧の異なる幅に相当する荷重の大きさが不感帯となることから，温度特性や非直線性などと併せてロードセルの精度を表す指標となる．　〔槐島芳徳〕

◆ 参考文献
1) 石田善郎ほか編，2006．新版農業機械学．文永堂出版．
2) 株式会社 MonotaRo http://www.monotaro.com/p/3511/4606/http://www.monotaro.com/p/3511/4606/
3) 株式会社エー・アンド・デイ http://www.aandd.co.jp/adhome/products/checkweigher/6321-m2klcsmdw.html
4) 三和屋計器株式会社 http://www.miwayakeiki.com/SHOP/TK-1002.html
5) 株式会社横崎製作所 http://yokozaki.com/products/detail.php?product

3.15 選果行程

荷受け，等級，階級，秤量，箱詰め，封函，デパレタイザー，パレタイザー

選果・選別する対象物として果実，野菜などがあげられるが，その形状や寸法によって選果行程の作業は必ずしも同じではない．ここでは，古くから機械化されている一般的な柑橘の選果行程[1,2]を例として示す．

● 荷受け

圃場あるいはグリーンハウスで収穫された果実は，あらかじめ生産者が極端に品質の悪いものなどを取り除いて，コンテナに充填し，集荷場で荷受けされる．最近では荷受け処理をバーコードやマークシートを利用して行うところも多い．マークシートに記載される情報は，生産者名，圃場番号，荷受け日，品種，持ち込み支所，持ち込み総コンテナ数，および次回の持ち込み予想コンテナ数など（荷受け情報）であり，これに荷受け伝票IDを付加してバーコードに情報が記録される．集荷場から選果場への荷受け情報のデータ転送は，このバーコードで行われ，出荷計画に応じて当日ないしは翌日に選果が行われる．

● デパレタイジング

荷受け時にパレット上に積み上げられたコンテナ（20個程度あるいはそれ以上）は，デパレタイザーという段バラシ装置で自動的に取り出され，バーコードリーダにより，コンテナの荷受け情報が読み取られる．デパレタイザーでは，1分に20コンテナ程度の処理を行う．続いて，荷受け情報が上位の選果サーバーへ送信されると同時に，コンテナに貼りつけられているバーコードから，コンテナの情報が読み取られ機械システムへ送られる．

● 選果機への搬送

通常，集荷場は建物の1階に，選果場は2階に配置されていることが多いことから，デパレタイズされたコンテナは，1個ずつベルトコンベアあるいはリフトによって2階に運ばれ，ダンパーへと送られる．そこで，果実は選果機のコンベア上に放出され，ブラシによる埃の除去，洗浄，ワックスがけ，乾燥などの前処理が施されることもある．その後，数名の作業者の目視によってローラーコンベア上で，廃果レベルの果実，品質の悪いものを取り除く作業（一次選別）が入ることもある．

● センシング

図1には果実の整列装置を示す．図では手前から奥へ向かって果実は移送されている．この後，各種センサでの検査前に，鍵盤式あるいはピンローラーによる早い移送速度の異なるコンベアに乗り移る．この移送速度の違いにより，果実間の距離は20〜30 cmに広がり，各種センサによる計測が容易となる．その計測時のコンベア速度は柑橘では$1\,\mathrm{m\cdot s^{-1}}$，リンゴ，ナシ，モモなどの果実では$0.5\,\mathrm{m\cdot s^{-1}}$である．

まず，近赤外分光器を用いた内部品質センサ（図1上部），カラーカメラなどを用いた外観計測装置（図2上部）が一般的には検査装置として組み込まれている．図3にカメラの配置例を示す．果実の全周囲計測のため，6枚の画像（上面，下面，側面4枚）を撮像

図1 整列装置と近赤外分光器による糖度センサ

図2 外観計測装置とセンサを通過した果実

することが多い．最近では，カラー画像だけでなく，紫外光を照射による蛍光画像による損傷の検出を行っている．さらに，X線透過画像装置も加えられることがある．他の品目の果実では，空洞計測装置，表皮の光沢計測装置などのセンサが用いられる場合もある．

このセンシング工程が生産物の階級，等級，価格を決定するため，最も重要であり，生産者や市場の要望により年々進化している技術でもある．

● 箱詰め・出荷

等級および階級が決定された果実は，主ラインと直交する等階級のラインに落とされ，仕分けられる．その果実は，柑橘の場合は5 kgまたは10 kgの箱に自動秤量機によって詰められる（450箱/時間）．各箱には製品IDとしてシリアル番号あるいはバーコードが貼付され，その後，インクジェットプリンタによってその等階級が印字される（コンベアスピード100 m・min^{-1}）．この等階級の情報，日時なども選果サーバーに蓄積される．その後，封函機によってライン上で自動的に封函され，一時的に貯蔵された後，パレタイジングロボットにより，パレット上に箱が積み上げられ，出荷される．

このような鍵盤式あるいはピンローラーのコンベアを用いたシステムは，ジャガイモ，キウイフルーツなどにも利用されている．一方，リンゴ，モモ，ナシなどの傷つきやすい果実にはフリートレイと呼ばれる（丸型の移送トレイ）方式が用いられている．いずれも，一次選別ならびに最終検査以外にはほとんど作業者を必要とせず，種々の情報を蓄積可能であるが，フリートレイのほうが各果実の情報を保持容易という特徴がある．〔近藤 直〕

◆ 参考文献

1) Njoroge, J. *et al.*, 2002. Automated Fruit Grading System using Image Processing. Proceedings of SICE annual conference 2002 in Osaka, MP18-3 on CD-ROM.
2) 近藤直，2009．計測と制御，**42**(1), 1-6.

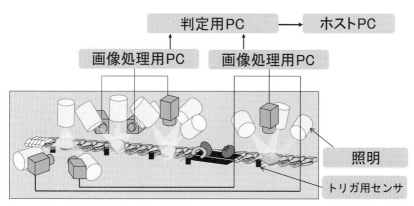

図3 外観計測装置用カメラの配置

3.16
選果ロボット

直角座標型マニピュレータ，マシンビジョン，
トレーサビリティ

従来，労働力の代替，3K労働からの解放といった役割を担っていた農作業を行う機械は，高度なセンシング機能および大容量メモリ機能をもつことにより，情報化農業，精密農業を可能とする高性能な農業ロボットとして変わりつつある．選果ロボットは2002年にいち早くマニピュレータとマシンビジョンを有するロボットとして自動化された機械で，生産物の正確な品質情報を付加できる[1]．

● 選果ロボット

図1にトマト果実を吸着パッドでハンドリング中の選果ロボット[2-4]を，図2にはロボットの構成と動作を示す．本システムは主として供給ロボット，選果ロボット，マシンビジョンから構成される．まず，コンテナが供給ロボットの作動領域内にプッシャーによって押し入れられる（①）と供給ロボットが果実を吸着し（②），中間ステージに搬送する（③）．コンテナにはスポンジを挿入しており，果実の寸法に合わせて5×3，5×4，6×4，6×5，8×6の個数の果実が充填される．そのことより，寸法に応じて果実間のピッチも異なる．中間ステージでは，そのピッチを一定にして選果ロボットに引き渡す．

選果ロボットは，中間ステージで16，12，あるいは10個の果実を吸着し（④），搬送中に果実の底面画像を撮像する（⑤）．続いて，リスト関節により果実を270°回転させる間に，4枚の側面画像を撮像して（⑥），果実を移送トレイにリリースする（⑦）と，トレイ用プッシャーが移動しているラインへ移送トレイを押し出す（⑧）．

選果ロボットのストロークを1165 mm，その間の最高速度を1000 mm・s^{-1}としたところ，1往復に必要な時間は4.25 sとなった．ライン上の移送トレイにリリースされた果実は30 m・min^{-1}の速度で移動され，果実上部からのカメラで上面画像を撮像した後，近赤外分光を用いた内部品質センサによって，糖度，内部欠陥などが計測される．移送トレイ底部にはRFIDが搭載されている．移送トレイを移動させるラインはフリーフロー方式のコンベアのタイプである．

● マシンビジョン

一般に，果実表面はクチクラ層でハレーションが生じやすいことより，ハロゲンランプの光源に，偏光フィルタ，2枚の熱吸収フィルタ，空冷用ファンなどからなる照明装置を

図1 選果ロボット

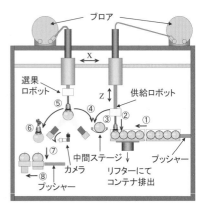

図2 選果ロボットの構成と動作

図3 入力画像の例

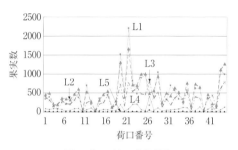

図4 荷口ごとの等級結果

用いた．カメラは，移動中の果実を同一条件で繰り返し画像入力するため，ランダムトリガ機能を有し，レンズ先端にハレーションを除去するための偏光フィルタが装着された．

果実は最高速度 $1\,\mathrm{m\cdot s^{-1}}$ で移動する．そこで入力画像上での対象物のぶれが最大で1mmに押さえられるよう，シャッタースピードは1/1000sに設定された．本ロボットでは，10個から16個の果実を同時に16個のカメラで画像入力する．この多数のカメラ調整は容易でないため，最近はライン上を移送するトレイをロータリーに引き込み，移送中の果実を1個ずつ数台のカメラが検査する方式を用いている．

図3には，対象物がナシ（品種：南水）のときの入力画像の例を示す．底面ならびに側面の4画像はロボットが吸着パッドでハンドリング中に撮像したもので，上面画像はロボットがラインにリリースした後，上方カメラで撮像したものである．

● 等級判定基準と選果結果

このようなロボットを用いた選果場でのナシの等級評価は，画像から色，形状，キズに関してそれぞれ5種類，3種類，3種類の特徴量を抽出して5段階に評価している．傷，病虫害については果実を上下半球に分けて，重傷，中傷，軽傷の設定を作っている．これらの設定は品種が異なれば異なる設定項目，設定値となるが，同一品種でも時期により管理者の判断で変更されることも多い．

本ロボットは吸着パッド，ソフトウェアならびに選果基準を変更することにより，各種のモモ，ナシ，リンゴ，トマトなどを選果可能である．図4はある9月の各荷口（生産者）の等級結果の例を示す．例えば，11番目と26番目の荷口に注目すると，どちらも同じ程度の個数であるが，11番目の荷口ではL1，L2が多く，L4，L5の割合は少ないのに対し，26番目の荷口では，L3，L2，L4，L1の順で多く，L5の数も当日の中で最も多い．このように荷口によって個数および等級の比率は大きく異なる．各果実の選果情報は荷口ごとにデータベースに蓄積され，トレーサビリティなどに用いられる．〔近藤 直〕

◆ 参考文献

1) 近藤直ほか，2004．農業ロボット（I）．コロナ社．1-10．
2) 石井徹ほか，2003．農業機械学会誌，**65**(6)，163-172．
3) 近藤直，2003．選果ロボットを用いた情報付き農産物．第21回日本ロボット学会学術講演会講演要旨．
4) 石井徹ほか，2003．農業機械学会誌，**65**(6)，173-183．

3.17 情報化

GIS,トレーサビリティ,データベース

選果ロボットに代表されるように,農作物や農産物を扱う機械が精密な作業を行えるようになり,高度なセンシング機能と大容量メモリ機能を有すると,情報化農業,精密農業が可能となる.圃場管理から始まり選別,出荷の作業に至るまで種々の農作業があるが,その中でも生産物の情報を付加する選別作業の情報は最も重要である.この種々のデータを管理するシステムは選果システムとともにJAなどに導入されることが多い.

● 生産物情報の流れ

図1に生産物集出荷場および選果場などにおける情報の流れを示す[1,2].まず,生産者は荷受け時に生産者ID,圃場ID,荷受け日,品種,コンテナ数などの荷受け情報をマークシートなどで入力する.その際に圃場情報,農作業記録,農薬,施肥,灌水などの管理情報を同時に提出すると,それらはデータベースに蓄積され,選果場での選別情報,製品情報とともにリンクされる.さらに出荷後,輸送情報や販売情報とともに管理される.

● 付加される生産物情報

選果ロボットや選果機では各果実のサイズ,色,形状,欠陥をマシンビジョンや分光装置で計測し,データベースに蓄積するとともにそれに基づき選別を行う.箱詰めが終わると製品IDを発行して,後に市場や消費者がトレースバックできる仕組みを作る.

選果ロボットおよび箱詰めロボットでは農産物を1個ずつハンドリングすることより,モールドなどを用いて箱詰めされた場合には,箱の中での位置を指定すれば,その位置の果実に関わる外観情報および内部品質情報,荷受けID,等級,階級,選果日,選果ライン番号などの情報を得ることができる.

ロボットを使用せず,従来型の選果機を用いた場合でも,果実当たり,6枚の画像(上面,下面,側面4枚)を撮像し,分光センサで内部品質を計測したデータなどは蓄積されるが,ランダムに詰める箱詰め機では計測した果実個々のデータと箱の中の果実との対応

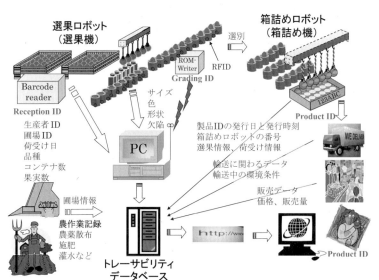

図1 生産物情報の流れ

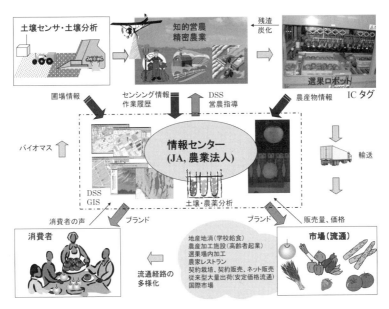

図2 生産物と情報の流れ

をつけることはできない．

● トレーサビリティと生産物情報の活用

製品IDの付加された生産物はどの市場に送られたかを検索でき，輸送中や小売店での情報とリンクできていれば，データ登録後はHP上で製品IDを入力すると，そこまでのすべての情報がトレース可能となる．

図2には，それらの情報の流れ，生産物の流れを模式的に示す[1]．ここまで述べた多種大量の情報の多くは自動的あるいは手動でデータベースに入力可能であるが，実際にそれらの膨大なデータを誰がどのように管理するかが地域における重要な課題である．現時点では，選果機がJAに導入されることも多いことから，選果機導入に伴い，地域のGIS（地理情報システム）やデータベースなどの管理はJAなどで行われることが多い．

生産者はそのデータベースに蓄えられた自分の生産物の選別結果，出荷市場先の情報を閲覧して出荷のタイミングを調整したり，選果結果である等級，格外の指摘事項，糖度分布のグラフを分析し，それらを有益な営農情報として活用することが可能である．特に，選果場全体の結果と自分の結果（等階級出率，色，糖度）を比較することができ，地域全体で総合的な品質改善への取り組みに貢献する貴重な情報となる．さらに，GISなどを用い，圃場情報，栽培履歴情報，生産物情報のリンクにより，圃場ごとの管理（最適な薬剤散布，施肥などの作業），場合によっては果樹などの個体管理までを生産者に指導することが可能である．毎年，継続した生産物の品質向上の取り組みにより，農業生産技術の向上，高品質ブランド化の推進が期待できる．

〔近藤 直〕

◆ 参考文献

1) 近藤直ほか，2012．生物生産工学概論―これからの農業を支える工学技術．朝倉書店．
2) 石井徹ほか，2003．農業機械学会誌，**65**(6)，173-183．

第 4 章　貯蔵・鮮度保持

4.1 穀物ハンドリング

貯蔵,輸送,供給,力学的物性,シミュレーション

穀物プラント,例えばコメを対象にしたとき,籾乾燥貯蔵施設(カントリーエレベータ),籾乾燥調製施設(ライスセンター)および精米工場では,選別,乾燥,籾すり,精米などの単位操作である処理操作だけでは目的とする機能が達成できない.単位操作の前後や,単位操作間において,コメを取り扱う操作が必要となる.それはコメを貯蔵,輸送,供給,排出,計量するようなコメの形状や物性の変化を伴わない操作であり,ハンドリングと呼ばれる.コメプラントにおいては,貯蔵にビン,サイロ,タンク,ホッパー,輸送にはバケット式,ベルト式,スクリュー式コンベアや空気輸送,供給と排出にはロータリー式,スクリュー式フィーダー,計量にはホッパースケールや自動計量装置が多く用いられている.

バラ物の集合体である粉粒体としての穀物のハンドリングに関する装置の設計においては,材料の固結,偏析,付着,閉塞,フラッシングなどのトラブルを防止し,安全に,エネルギーと資源の有効利用を目指し,低コストで,製品の量と質を確保する条件を検討する必要がある.そのとき最も基本的な事項は穀物の粉粒体としての物性の正しい把握である.その物性には粒度分布,粒子形状,充填性,流動性,機械的性質,熱物性,電気物性,磁性などがある.そして同じ原料から物理的に加工された粉粒体,例えばコメの場合は籾,玄米,籾殻,精白米,糠,砕米があり,それぞれで物性が異なり,水分および環境の温度や湿度によっても物性は変化する.さらに,粉粒体の特徴として,その集合状態によって物性は変化するので,ハンドリングにおける

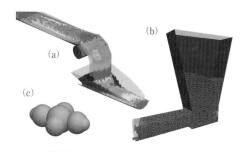

図1 粉粒体ハンドリング現象のシミュレーション (a) ベルトコンベア, (b) スクリュー式フィーダー, (c) 非球形粒子 ((a) と (b) は伊藤忠テクノソリューションズ株式会社提供).

挙動に最も関係がある物性は充填性,流動性を含んだ力学的物性である.流動性とは流れやすさを示し,ホッパーのオリフィスからの流出速度による評価も可能であるが,粒子の形状,表面状態や付着性によっては困難である.また,対象とする流動現象によるが,粉粒体のせん断試験による崩壊特性を用いた評価が適切なことが多い.これは粉粒体の動的挙動が粒子間相互作用と充填構造に依存しており,粒子間付着や摩擦,そして粉粒体としての内部摩擦に関係していることが原因である.現在も種々の力学的物性の測定値を用いて,理論式や実験式から設計条件を検討している.コメについての摩擦特性の測定法と測定例を文献[1,2]に示す.

粉粒体流動の数値シミュレーションはハンドリング装置の設計条件の検討にも有効である.離散要素法[3]を用いた市販コードのPFC3Dによる計算結果を図1(a)と(b)に示す.(c)のように球の組み合わせによって非球形粒子モデルも使うことができる.

〔坂口栄一郎〕

◆ 参考文献
1) 坂口栄一郎, 2002. ファイテク How to みる・きく・はかる. 養賢堂, 66-67, 72-73.
2) 坂口栄一郎, 2011. 農産物性科学 (1). コロナ社, 33-34, 126-135.
3) 坂口栄一郎, 2006. 農機誌, **68**(4), 4-8.

4.2 穀物貯蔵・貯留

含水率，温度，脂肪酸度

穀物（ここではコメ）の調製加工中に，次の行程に移るまで，ある期間ある場所に置くことが必要であり，その工程を「貯留」あるいは「貯蔵」と称する．

「貯留」は，調製加工において，特に高水分籾が品質劣化を起こさないように，短期間置くことを意味する．収穫直後に乾燥施設などに入荷した高水分籾は，呼吸（発酵）が亢進し穀温が上昇するとともに成分の消耗が起こる．また，高水分籾の水分活性すなわち籾周囲の相対湿度はかなり高くなるため，菌やかびの繁殖による腐敗が進む．

一方，「貯蔵」は調製加工が完了し，安全な含水率域に達したコメ（籾，玄米，白米）を比較的長期間にわたって置くことである．ここでは高水分が原因となるかびの発生や腐敗は起こらないが，脂肪酸の生成を中心とする古米化が徐々に進行する．古米化の進行速度は，貯蔵時のコメの形態や含水率および温度条件により異なるので，品質の維持のため，この関係に対する知見は重要である．以下に，貯蔵条件と品質変化の関係について記す．

一般的に，コメの生産国において，コメは籾の形態で貯蔵されている．籾殻はその中の玄米に対して，衝撃，熱，水分変動，害虫，微生物などから保護しているため，長期的に安全に貯蔵することができる．それに対してわが国では，カントリーエレベータにおける籾貯蔵を除いて，大半は玄米の形態で貯蔵されており，品質安全面では籾貯蔵に劣る．玄米では糠や胚芽に含まれる脂質の酸化が避けられず古米化が起こり，食味が低下する．一般に，コメの品質評価の要因は，「嗜好性」（食味），「外観」および「内観」（内質）により行われるべきであるが，現行の玄米検査は外観が主体となっている．今後は食味が重要な要因になるため，良食味品種であることと貯蔵中に内質をいかに維持するかという点が重要になると思われる．

糠層や胚芽に多く含まれる脂質が酸化して脂肪酸が生成する機構を図1に示す．コメに含まれる脂質の主成分はトリアシルグリセロールであり，これがリン脂質膜で囲まれ顆粒状となっている（スフェロゾーム）．脱穀や籾摺などにより脂質膜が損傷すると内部からトリアシルグリセロールが滲み出て酸素と接触し，酵素リパーゼにより加水分解されて遊離脂肪酸が生成する．この酵素の作用は温度特性および含水率特性を有し，高温，高含水率であるほど反応が進む．この脂肪酸生成機構より，古米化を抑制するためには，脂質膜の損傷を防ぎ，低含水率で低温貯蔵を行うのが望ましいことがわかる．

カントリーエレベータの籾貯蔵において，籾含水率および貯蔵温度が高くなるほど脂肪酸度の増加量が大きくなることが確認されている．試験によると，貯蔵温度が10℃以下になると，脂肪酸の生成はほぼみられない．つまり，古米化を防ぐための低温貯蔵は10℃が最適であるが，出庫後の結露やコスト面を考慮して低温貯蔵は15℃，準低温貯蔵は20℃に定められている．

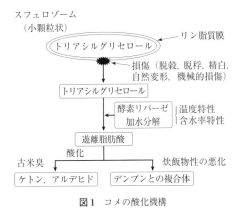

図1　コメの酸化機構

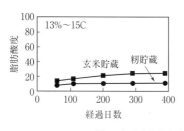
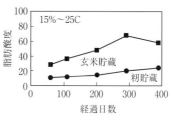

図2 籾貯蔵と玄米貯蔵の脂肪酸度の比較

籾貯蔵と玄米貯蔵における脂肪酸度の相違を図2に示す．低温，低含水率での貯蔵では，籾貯蔵および玄米貯蔵とも脂肪酸度の増加はきわめて小さい．温度や含水率が高くなると玄米貯蔵では脂肪酸度が増加するが，籾貯蔵ではほとんど変化がみられない．この結果より，貯蔵中における古米化を防ぐためには，籾貯蔵が玄米貯蔵より有効であることが明らかである．また，玄米形態で貯蔵を行うには，貯蔵温度と含水率を可能な範囲で低く保つことが必須となる．

玄米貯蔵での留意点として，肌ずれ（表面の傷）の発生が考慮されるべきである．古米化の原因の1つとして脂質膜の損傷があることは先に述べた．籾すり工程では，ゴムロール式，インペラ式ともに，運転条件により，籾すり時に糠層およびこの部分に多く含まれる脂質の膜に多少なりとも損傷が発生する．ゴムロール式籾すりの場合は，ロール間隙が小さく，ロール回転差率が大きいほど，また，籾含水率が高いほど肌ずれの程度が大きくなり，それに伴って脂肪酸度が増加する．

収穫以降，コメの流通過程において白米の形態で比較的長期にわたる貯蔵が行われることはないが，購買後の家庭ではやや長期になることがありうる．通常，白米の表面には精白工程では除去しきれなかった糠が必ず残っている（肌糠）．この糠中の脂質膜は破壊されているため，脂肪酸の生成が大きく，品質の劣化が著しい．特に，夏季における白米貯蔵では変質が早く進むので，注意が必要である．それに対して，無洗米は表面の糠がほぼ完璧に除去されており，酸化の対象である脂質がほとんどないため，脂肪酸度の増加はきわめて小さい．貯蔵時の古米化防止の観点からコメの形態別に優位性をまとめると，籾が最も優れており，続いて肌ずれの程度が小さい玄米と無洗米が同程度で，最も劣るのが白米となる．

ここで，低温貯蔵の別の効果について述べる．コメは籾および玄米の段階ではまだ生体であるので，呼吸が行われている．含水率および温度が低いほど呼吸量は小さくなり，デンプン質の消耗を抑制できる．第二は発芽率の維持である．常温貯蔵を続けると，2～3年で発芽率が急激に低下するが，低温貯蔵あるいは準低温貯蔵ならば長期間にわたって発芽率の維持が可能である．さらには，貯穀害虫の繁殖抑制に有効である．夏季に家庭で比較的長期にわたり白米を貯蔵したときに，容易にメイガなどが繁殖することから，低温貯蔵の効果がわかる．低温の効果をさらに強めるための超低温貯蔵が行われている．北海道などの寒冷地のカントリーエレベータにおいて，冬季に通風冷却を行えばサイロ内の穀温は氷点下とすることができる．この操作により，通常の貯蔵に比べて，サイロ内の穀温を低コストでおおむね5℃低く抑えている．

〔後藤清和〕

4.3 燻蒸

植物防疫, サイロ, 燻蒸剤, メチルブロマイド, モントリオール議定書, 貯蔵害虫

● 燻蒸とは

燻蒸(くんじょう)は, 穀物や豆類を加害する貯蔵害虫類の港湾サイロなどでの殺滅, 輸出入生鮮品(青果物・花卉)の消毒(植物防疫), 未消毒木材梱包材の消毒, 作物栽培土壌中の有害生物(害虫, 微生物)を殺滅するため, などに行われる処理である.

● 燻蒸剤

燻蒸に利用される薬剤が, 燻蒸剤(Fumigant)であり, 語源的には, 物を燃やしたときに発生する芳香や苦味をもった蒸気やガスを意味する[1]. 燻蒸剤の種類には, 臭化メチル(メチルブロマイド)(CH_3Br), リン化アルミニウム(AlP:ホスフィン(PH_3)が発生), エチレンオキサイド(C_2H_4O), 青酸ガス(HCN), 二臭化エチレン($C_2H_4Br_2$, EDB), クロルピクリン(CCl_3NO_2), 二硫化炭素(CS_2)などがある.

メチルブロマイドは, 主用な燻蒸剤であったが, モントリオール議定書でオゾン層破壊物質として指定され(塩素原子の60倍相当), 使用が厳しく制限されており, 現在は, 代替不可能な防疫燻蒸に限って使用できる.

殺虫効果は, 燻蒸剤の種類と処理条件によって異なるが, 多くの場合, 薬剤濃度と処理時間の積で効果が示され, 薬剤とその対象害虫ごとに, 致死条件が示されている.

燻蒸剤は, 人体へも強い毒性をもつため, 被処理物中への残留の規制や, 作業者に対する濃度の規制が行われている.

● 輸入農作物の検疫と消毒処理

植物防疫所が実施する輸入植物検疫では, 海外からの病害虫の侵入を防ぐため, 植物の種類および部位ごとに, 輸入の禁止, 輸出国の栽培地での検査, 輸出国での輸出前措置, 日本での輸入検査などが実施されている.

輸入生鮮農産物の国内での消毒処理には, メチルブロマイドと青酸ガスが利用されてきた. 燻蒸剤の濃度と処理時間は, 燻蒸効果が十分あり, 生鮮農産物への障害発生が大きくならない条件が選択されている. メチルブロマイドの処理条件は, 品目や処理温度によって異なるが, 濃度 $16 \sim 48.5\,g \cdot m^{-3}$, 時間 $2 \sim 4\,h$ 程度である. 一方, 青酸ガスの処理条件は, 液体青酸で $1.8\,g \cdot m^{-3}$ ($10 \sim 20℃$), 青酸ソーダで $10.8\,g \cdot m^{-3}$ ($10 \sim 20℃$), $5.4\,g \cdot m^{-3}$ ($>20℃$), 時間 $30\,min$ である.

燻蒸剤による薬害や人体への悪影響を考慮して, 輸入農産物について薬剤によらない蒸熱処理, 温熱処理が検討されている. いずれも対象害虫の熱(高温)による殺滅を目指すもので, 対象物に応じた処理条件が検討されている. 例えば, アメリカのハワイ諸島産マンゴー(ケント種)では, 対象病害虫であるチチュウカイミバエ, ミカンコミバエ種群, ウリミバエの蒸熱処理条件として, 「蒸熱処理施設において, 飽和蒸気を利用して, 生果実の中心温度が $47.2℃$ になるまで消毒すること」, が規定されている[2].

● 1-MCP

ところで, エチレンの作用阻害剤として利用される 1-メチルシクロプロペン(1-MCP)も, 燻蒸剤として農薬登録されており, 品目ごとの処理条件を厳守する必要がある.

〔椎名武夫〕

◆ 参考文献

1) 中北宏, 1989. 食品流通システム協会編. 食品流通技術ハンドブック. 恒星社厚生閣, 205-211.
2) 日青協, 別紙 3. 輸入解禁植物の検疫条件(農林水産大臣が定める基準)一覧.
http://www.fruits-nisseikyo.or.jp/activities/3_itiran.pdf

4.4 予措

予措乾燥, キュアリング, 柑橘類, 根菜類

果実蔬菜の輸送,貯蔵には種々の方法があるが,その品質保持効果を完全にするために,輸送貯蔵前に果実や根菜によっては適当な予措がなされ,主なものとして,予措乾燥やキュアリングなどがある[1].

● 予措乾燥

ミカン 温州ミカンは収穫したまま貯蔵すると,貯蔵庫内が多湿高温となり[2],果実からの蒸発散や果汁の消耗が激しく,浮皮化ミカンになりやすい.そこで,予措乾燥を行ったうえで貯蔵される.予措乾燥は湿度80%以下の通風のよい状態で果重減量3%を目安として行われる[3].

ポンカン ポンカンでは果実を着色度で3〜4の時期(平年の鹿児島では12月中旬)に収穫し,15℃で10〜15日間予措乾燥することで,果実の着色が最も良好になることが明らかになっている[4].

● キュアリング

ジャガイモ ジャガイモは収穫後,温度12〜18℃,湿度80〜95%で10〜14日間キュアリングされる[5].キュアリングによって,ジャガイモは表皮がコルク(スベリン)化し,水分損失および病原菌の侵入が防がれる[6].スベリン化した細胞層数は6〜10層に及ぶ[6].スベリンの成分は芳香族および脂肪族化合物で,その重合体よりなる[7].

15℃でキュアリングしたジャガイモ表皮の弾性率は図1のように,収穫時に比べ80%増加し,5℃で貯蔵したコントロールに比べても20%高いことがわかる[8].

重量損失に関して,10〜20℃でキュアリングし,その後5℃貯蔵したものはキュアリングしないもの(収穫後すぐに5℃貯蔵)に比

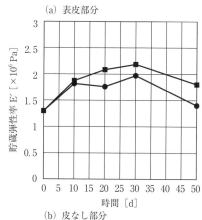
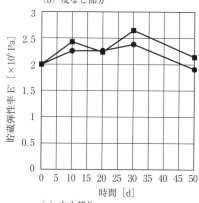
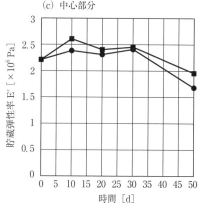

図1 ジャガイモ貯蔵弾性率の比較[8]

べ，120日間の貯蔵で30%目減りが抑制され[9]，キュアリングの効果が認められる．

サツマイモ　サツマイモのキュアリング適温は33℃とされ，7日間でスベリン化細胞の形成が終了し，スベリン化した細胞層数は5層となる[10]．このスベリン化した細胞により，病原菌の侵入は阻止される[11]．

重量損失に関して，温度30～32℃，湿度96～100%で5～7日間キュアリングし，その後温度13℃，湿度93～95%の環境下で，ポリエチレンシートで包装したものは，6か月間の貯蔵で5～8%しか目減りしないという結果が得られている[12]．　〔弘中和憲〕

◆　**参考文献**

1) 緒方邦安，1968. 園芸食品の加工と利用. 養賢堂，170.
2) 中馬豊ほか，1970. 農業機械学会誌，**32**(3), 225-231.
3) 中馬豊，1979. 農業機械学会誌，**41**(4), 663-669.
4) 富永茂人ほか，2005. 鹿児島大学農学部農場研究報告，**28**, 1-4.
5) Meijers, C. P., 1981. Buitelaar, N., *et al.* eds., *Storage of Potatoes, Centre of Agricultural Publishing Documentation*. Wageningen, 340-343.
6) Peterson, R. L., *et al.*, 1985. Li, P. H. ed., *Potato Physiology*. Academic Press, 123-152.
7) Kolattukudy, P. E., 1981. *Annual Review of Plant Biology*, **32**, 539-567.
8) 弘中和憲ほか，1998. 第57回農業機械学会年次大会講演要旨，149-150.
9) Schippers, P. A., 1971. *American Potato Journal*, **48**, 278-286.
10) 宮川逸平，小酒井一嘉，1977. 農業施設，**7**(2), 21-32.
11) 小川奎ほか，1987. 関東東山会病害虫研究会年報，**34**, 34-35.
12) 宮崎丈史，新堀二千男，1991. 千葉県農業試験場研究報告，**32**, 73-80.

4.5 低温貯蔵

自然対流方式,強制通風方式,ジャケット方式,雪氷熱利用

青果物の鮮度保持の基本は,収穫後も継続している呼吸やエチレン生成,蒸散などの代謝活性を低下させ,内容成分の損耗や水分損失を抑えることである.同時に,青果物に付着する微生物は,腐敗の原因となるばかりでなく安全性をも脅かすことがあるため,その増殖も合わせて抑制する必要がある.青果物自身の代謝や微生物の増殖は,化学反応に基づく現象である.したがって,それらの反応速度を低下させる「低温」は,鮮度保持のための第一義的な手段であり,ガス組成の修正やエチレンの除去などによる鮮度保持技術の前提条件となる.ただし,低温の利用にあたっては,一部の青果物品目は低温障害を引き起こすことに留意しなければならない[⇨1.9 低温障害].

さて,青果物流通におけるコールドチェーンの起点は予冷であり,収穫された産物がもつ熱の大部分はここで除去される.よって,本項で解説する「低温貯蔵」は,予冷によってあらかじめ冷却された産物を「保冷」するという位置づけにあり,予冷施設に備えられているような強力な能力を有する冷凍機の必要がないという考え方のもとに設計されることが多い.つまり,低温貯蔵庫や施設においては,①扉の開閉時における侵入熱,②庫内作業時における作業員やフォークリフトなどからの発熱,③壁面からの貫入熱,③貯蔵対象物が発する呼吸熱,④照明やデフロスト装置などの庫内機器からの発熱による熱を取り除くために必要な冷却能力が考慮されており,予冷施設のように常温の青果物を所定温度まで冷却するのに必要な能力については考慮されていないのが一般的である.したがって,荷の積み降ろし時や卸売市場などでの滞荷時にしばしばコールドチェーンが切れることが指摘されているが,そうした状況によって品温が上昇した産物を一度に大量に入庫すると,一時的に庫内の温度が上昇して低温状態が維持できない場合があることを十分に認識しておく必要がある.

低温貯蔵庫には,農家が個人で貯蔵するための「冷蔵ストッカー」と呼ばれる小型のものから,断熱パネルを組み合わせて任意の庫内容積が設定できる「プレハブ式」,さらには,大型集出荷団体などが所有する「築造式」と呼ばれる大規模な施設まで,その規模は多種多様である.また,庫内の冷却方式として,①自然対流方式,②強制通風方式,③ジャケット方式の3つに大別される.自然対流方式では,低温のブラインや冷媒を管内に流動させた冷却コイルを庫内に配置し,庫内空気と冷却コイルとの温度差によって生じる自然対流によって熱交換を行う(図1(a)).強制通風方式は,庫内空気を冷却コイルに効率的に導くためのファンを設け,積極的に熱交換を行うもので,産地での一次貯蔵や仲卸業者や物流センターでの二次貯蔵の用途として最も普及している.庫内に比較的強い気流が生じるため,自然対流方式と比較して温度むらが生じにくい.一方で,吹き出し口付近に位置する産品は冷風が直接当たるため,萎凋や局部凍結を起こす場合がある(図1(b)).そうした弊害を回避するために,冷風を直接,庫内に吹き出すのではなく,庫内天井に布製ダクトを配し,表面の細かな編み目から吹き出すことによって,低速の冷気が庫内に行き渡るよう工夫されたものもある.しかしながら,多量に水分を含む青果物の貯蔵においては,自然対流や強制通風のいずれの方式でも,青果物より蒸散した水分が冷却コイル上に凝結して着霜が生じる.その場合,冷却効率が低下するため,これを回避するためのデフロスト(除霜)を行わなければならない.デフロストには,一定時間経過したら一時的

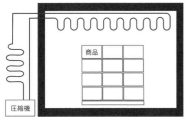
(a) 自然対流方式

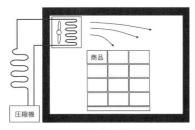
(b) 強制通風方式

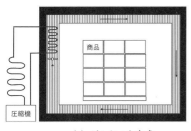
(c) ジャケット方式

図1 低温貯蔵庫における冷却方式

に圧縮機の稼働を停止し，庫内の空気で霜を融解させるオフサイクル方式や，圧縮機から吐出される加熱ガスを逆に冷却コイル内に流して融解するホットガス方式などがある．いずれの方式においても，デフロスト中は庫内温度が一時的に上昇するが，温度変動をできるだけ避けたい青果物の貯蔵においては欠点となる．さらに，庫内空気に含まれる水分が冷却コイルに霜としてトラップされてしまうことは，庫内の相対湿度低下に直結する．蒸散抑制のために高湿度環境が求められる青果物の貯蔵にとってはこのことも大きな欠点となる．ジャケット方式は，庫内を外壁と内壁の二重壁で構成し，壁間に冷風あるいは冷水，ブラインを流動させて内壁全体を冷却する．本方式の場合，冷却コイルと庫内空気の直接的な接触がないため，デフロストをほとんど考慮する必要がない．庫内の気密度も高いことから飽和湿度環境が維持され，乾燥に伴う萎凋や目減りを抑制できる．また，内壁全面で熱交換が行われるため，均一な庫内空気の流動状態が創出され，温度むらが生じにくい．さらに，ON-OFF方式による温度制御を採用する自然対流や強制通風方式とは異なり運転時の庫内温度変動幅が小さいため，より凍結点に近い温度設定が可能である．これらの効果によりジャケット方式ではより長期間にわたって安定的に青果物の品質を保つことができる（図1(c)）．

近年，低炭素社会構築に向けた取り組みの必要性から，青果物流通システムにおいても自然エネルギーの有効活用が求められている．そこで，寒冷地で古くに行われてきた氷室（雪室）による貯蔵を再評価し，北海道を中心に「雪氷熱利用」による低温貯蔵施設の導入が積極的に進められている．これは，冬季に降った雪や，冷たい外気により凍らせた氷を保管し，冷熱が必要な時期に利用するものである．最も簡便には，断熱材を施した倉庫内に農産物とともに雪を貯蔵し，雪からの冷熱を貯蔵に活用する．適度に水分を含んだ冷気が自然対流によって庫内に満たされるため，風や乾燥に弱い青果物の貯蔵に好適である．また，冷熱源である雪の貯蔵を青果物とは別の貯雪庫で行い，その融解熱による冷気を必要なときに青果物貯蔵庫へ送り込む方式もある．雪氷熱利用による低温貯蔵は，電気冷房と比較して4割程度のランニングコストが抑えられるものの，夏季まで雪を貯蔵するのは相当な量が必要で，雪の回収・運搬コストや，高断熱の貯雪庫やアイスシェルターを併設するためのイニシャルコストが割高であるのがデメリットとして指摘されている．

〔中野浩平〕

4.6 自然冷熱利用

氷室, 雪冷房, アイスポンド, 氷蓄熱, 寒冷大気, コメ超低温貯蔵

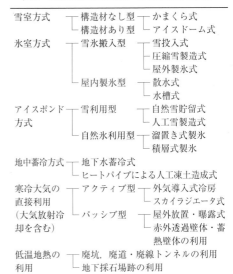

表1 自然冷熱の食品冷蔵への利用方式の分類[1]

農産物のポストハーベストハンドリングに利用可能な自然冷熱として, 雪, 氷, 寒冷大気, 天然冷水, 低温地熱などがあげられる. 他の自然エネルギーと同様に, これらはエネルギー密度が希薄で, 地域的・季節的に偏在し, 年次変動も大きい. 自然冷熱利用の目的は主に農産物食品の低温保存であるが, そのためには収容する農産物食品に合わせた冷熱エネルギーの集蓄熱・放熱が必要であり, 表1に示すようなさまざまな方式がある.

雪室方式は雪中貯蔵とも呼ばれ, 雪山の中の空間を貯蔵に利用する方式で, 最も簡易な自然冷熱の利用法である. 氷室方式は倉庫を2室に区切り片方に雪を搬入・堆積し, そこで発生する冷気をもう1室の貯蔵室に導入して冷房を行う, いわゆる雪冷房方式である. 雪の替わりに低温外気を庫内に導入し, 多段に積んだ水槽に天然氷を製造して氷蓄熱を行う方式では, 水の凝固潜熱の作用により収容物の凍結が抑制されるという特徴をもつ.

アイスポンド方式は屋外の池に天然雪を貯留したり, 薄水膜の凍結を繰り返し, 数mの厚みの氷を製造することで氷蓄熱を行い, 雪氷が融解した冷水を熱交換して冷房に用いる方法で, 比較的大きな冷房負荷向きである.

雪氷はきわめて安定した0℃の冷熱源であるため, 雪氷利用により生鮮野菜の鮮度保持に好適な2～3℃の安定した低温環境を比較的容易に創り出すことができる. 湿度についても, 雪氷から空気へ直接水分が供給され, 電気冷房のような除湿作用もないため, 特別な制御を行うことなく相対湿度90～95％の高湿度環境の連続保持が可能である.

厳冬季の極低温な寒冷大気を直接利用し, コメをタワーサイロごと氷点下にまで冷却してコメの長期鮮度保持を図る超低温貯蔵の技術が北海道で実用化されている. また, ヒートパイプを用いて寒冷大気により土壌を凍結させ, 半地下空間を貯蔵庫として利用する方式もある. さらに, 温暖季でも夜間の大気放射冷却を利用して冷水を製造し, 野菜などの予冷に利用する方式も試みられている.

これらの多くは何らかの機械装備を必要とするアクティブな方式であるため, 実用場面では一定の設備コストとランニングコストがかかる. このため, システム設計においては過剰な重装備にならないような工夫が必要である. 一方で, 廃坑や地下採石場跡のような天然の低温空間をそのまま食品貯蔵や加工食品の熟成に利用するパッシブな方式もある.

〔小綿寿志〕

◆ 参考文献
1) 小綿寿志, 2002. 亀和田光男監, 新世紀の食品加工技術. シーエムシー出版. 67-79.

4.7 高湿度貯蔵

低温,蒸散,気孔開度,加湿装置

　青果物,特に葉菜類は萎凋により商品価値を失うことが多い.一般に,低温により青果物の品質は保持でき,実際に呼吸速度や微生物増殖等の抑制が可能である.しかし,上述の萎凋は蒸散によって生じ,蒸散はイチゴ,ブドウ,ホウレンソウ,マッシュルームなどのように低温が効果的でない青果物も多い.

　蒸散は(1)式で示すように,青果物が有する蒸気圧と外気の蒸気圧の差によって駆動されるため,蒸気圧差を小さくする,すなわち貯蔵環境の湿度を上げてやれば,抑制することができる.

$$\frac{dm}{dt} = -\alpha A P_s(\varphi(t) - a_w) \quad (1)$$

ここに,mは青果物中の水の質量,tは時間,Aは青果物表面積(気孔開口面積),P_sは飽和水蒸気圧,αは物質移動係数,$\varphi(t)$は周囲の相対湿度,a_wは青果物の水分活性である.Paullは,多くの青果物で85%以上,葉菜類では95%以上の湿度が貯蔵に適しているとしている[1].95%の高湿下に貯蔵したホウレンソウの質量減少率は,図1のように,70%で貯蔵したものの1/4程度になり,高湿度の効果は顕著である.一方,(1)式によると青果物表面積は小さいほうが蒸散は抑制される.すなわち,気孔は閉じているほうが好ましいが,一般に気孔は高湿で開く性質がある.しかし,95%以上の高湿になると,気孔が開口されていても内部の水分活性(0.98～0.995とされる)と湿度との差がほとんどなくなるため,蒸散は抑制されるものと思われる.

　高湿度貯蔵には低温を作出する冷凍機と加湿装置が必要となる.加湿装置は一般的な超音波加湿器などでは噴霧液滴径が大きく,気化しにくいため,液体のまま青果物や包装容器を濡らし,かびの発生や容器強度の減少につながることから,液滴径は小さいほうが望ましい.そのため,60 nm程度のモード粒径の液滴を発生するナノミスト発生装置[2]が研究され,一部実用化されている.本装置は60 Hz程度で回転する円筒状のスクリーンメッシュ内側にタンクから吸い上げた水を供給し,回転するメッシュに水が衝突することにより,微小液滴を生産する.

　これ以外には二元調湿庫,冷温高湿貯蔵庫などが研究されている.これらはジャケット式に分類可能で,前者は低温貯蔵庫の内室と外室の間に超音波加湿器を置き,ファンで内室へ高湿空気を制御しながら導入するものである.ジャケット式の特徴である変動の少ない温度とともに高湿度環境を作ることができる.後者は二重壁をもつ貯蔵庫の壁間にブラインを通し,壁面からの放射冷却により内部の貯蔵農産物を冷却している.貯蔵初期の青果物からの蒸散と低温による飽和水蒸気圧の低下のため,高湿度が得られる.また,温度変動が小さいことから,安定に高湿度を維持することができる.　　　　　〔内野敏剛〕

◆ 参考文献
1) Paull, R. E., 1999. *Postharvest Biol. Technol.*, **15**, 263-277.
2) Hung, D. V. *et al.*, 2010. *Biosys. Eng.*, **107**, 54-60.

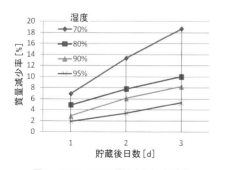

図1　ホウレンソウ質量減少率(20℃)

4.8 CA 貯蔵

普通 CA，フラッシュ式，再循環式，交換膜式，
PSA 式，ガススクラバ，吸着分離

● **CA 貯蔵とは**

CA 貯蔵（controlled atmosphere storage）は，気体組成を空気（大気）と異なる組成に人為的に調整（酸素（O_2）濃度を低く，二酸化炭素（CO_2）濃度を高く）する貯蔵方式である．ガス組成を低 O_2，高 CO_2・高湿度条件にし，農産物の呼吸，蒸散，各種生化学反応などを抑制することによる品質保持効果（CA 効果）を利用する貯蔵方法で，低温貯蔵では希望する品質保持期間を実現できない場合に，低温貯蔵との組み合わせで実施される場合が多い．

ガス組成を制御するためには，機密性の高い貯蔵庫と，大気組成と異なるガス組成（CA ガス組成，あるいは，CA（ガス）環境）を実現するためのガス制御装置が必要である．

CA 貯蔵庫の機密性は，漏洩係数によって判定される．漏洩係数は，庫内を 250〜300 Pa 程度に加圧した後，庫内の圧力低下程度を測定することで得られ，CA 貯蔵庫には，0.1（望ましくは 0.05）以下の性能が求められる．

ガス制御装置に求められる機能は，2 つに大別できる．1 つ目は，貯蔵初期にガス組成を大気組成から CA ガス組成に変更させるプルダウン時の機能である．2 つ目は，プルダウン終了後に，農産物の呼吸による O_2 の消費と CO_2 の生成およびエチレンガス生成，気体の漏洩などに対応して，庫内を適切なガス組成に維持するための機能である．単位時間当たりの制御ガス量は，プルダウン時で大きく，定常状態では小さい．

● **CA 貯蔵の分類**

CA 貯蔵は，貯蔵初期のプルダウンの有無，プルダウンの方法などにより分類され，その概要は，以下の通りである．

普通方式 農産物の呼吸により庫内の O_2 が消費され，CO_2 が蓄積されることを利用したもので，所定のガス組成に制御するため外気の導入およびガススクラバによる CO_2 の除去を行う．この方式は，普通 CA と呼ばれ，設定条件に達するまでに日数を要し，コストは最も安価であるが，ほとんど普及していない．

フラッシュ方式 O_2, CO_2, N_2 のそれぞれのガスボンベからガスを一定濃度比に混合して庫内に送り込み，目標とするガス組成を達成する方式である．

再循環方式 プロパンガス燃焼装置と CO_2 除去装置からなり，庫内循環空気の O_2, CO_2 濃度を調整する方式である．

窒素発生方式 庫内ガスを取り出し，窒素（N_2）発生装置を利用して，N_2 富化ガスを作り出す方式である．N_2 発生装置には，モレキュラーシーブ（molecular sieve）に気体中の O_2 を吸着させる吸着分離式と，N_2 と O_2 の透過性の異なる中空糸膜を利用する膜分離式とがある．

交換膜式 機密性のある貯蔵庫の一部に設けた開口部に装着したガス選択透過性膜により，貯蔵庫と外気との間でガスの選択的な交換を行って，庫内のガス組成を制御する方法である．

その他 上記のように，技術開発の歴史とともに，いくつかの方式に分類されたが，近年では，窒素発生方式の CA 貯蔵施設が導入されている．中でも，モレキュラーシーブを用いて N_2 と O_2 の効率的な分離を行う PSA 方式（pressure swing adsorption）が多用されているようである．

● **適正貯蔵条件**

CA 貯蔵の適正貯蔵条件は，品目，品種，収穫時の熟度などによって異なるため，貯蔵試験によって確かめられてきた．CA 貯蔵に関する試験研究を牽引したのは，1965 年に

出されたいわゆるコールドチェーン勧告であり，それらの試験結果をもとに，品目ごとの適正な温度，湿度，O_2濃度，CO_2濃度，および，その条件下における貯蔵可能期間が整理されている．それによると，適正ガス組成は，O_2濃度で2～10%程度，CO_2濃度で2～10%程度の範囲にある．CA貯蔵による貯蔵可能期間は，低温貯蔵と比べて，1.5倍程度と考えられる．

CA貯蔵における適正貯蔵条件と貯蔵可能期間に関する調査結果は，CA貯蔵の導入を検討する際の貴重な情報となる．しかし，最適条件や貯蔵可能期間は，農産物側の種々の条件で変化するため，実用化の際には，実証実験を実施する必要がある．

● **利用品目**

CA貯蔵は，リンゴ，カキ(富有)，ナシ(二十世紀)，ニンニクなどで利用されてきた．特に青森県産リンゴは，CA貯蔵の割合が高く，貯蔵性の高い品種"ふじ"では，周年供給が可能となっている．CA貯蔵庫は，建設，ランニングのコストいずれも低温貯蔵に比べて高いため，価格の高い果実では経済的に成立するが，価格の低い野菜(ニンニクは例外として)での実用化は難しいとされてきた．

近年，北海道においてタマネギ，ジャガイモでの商業的なCA貯蔵が行われている[1]．これは，収穫が年に1回に限定される道内産の野菜をCA貯蔵することで，従来よりも長期間貯蔵し供給期間を延長し，販売有利につなげようという取り組みである．CA貯蔵と低温貯蔵のランニングコストを実測したところ，CA貯蔵庫は機密性が高く熱負荷が低温貯蔵庫に比べて小さいなどの理由で，両者に大差がないという調査結果(私信)が背景にあるとも考えられる．今後，産地の販売戦略との関係で，CA貯蔵の利用が増加する可能性がある．

● **新しい試み**

ところで，一般のCA貯蔵庫では，いったんCA条件に設定すると，農産物を搬出するためには，作業上の理由からCAガス条件を大気組成に戻す(真空破壊になぞらえればCA破壊)必要があり，農産物の定期的な出荷は困難である．このような問題を解決するため，CA貯蔵庫内に立体自動倉庫機能を装備し，気密性の高い前室を設置(貯蔵庫と前室の間に気密性扉も設置)することで，CA貯蔵庫内のガス組成に影響を与えることなく，希望の農産物を搬出入するシステムが開発されている．

CA貯蔵は，ランニングコストの改善はみられるものの，建設のための初期コストは依然として高い．したがって，品質保持効果は大きいものの，利用は一部の品目に限定されており，コストを下げる方策を検討すべきである．前述のように，プルダウン時と定常時に求められるガス制御能力のギャップは，施設コストを高める要因である．1つのガス制御装置を使って，多数の貯蔵室のガス組成を制御する小規模実験用の多目的CA貯蔵装置が開発されている[1,2]．この考え方を応用して，比較的小さなCA貯蔵庫を複数室設置して，1～2台のガス制御装置のみで全貯蔵庫のガス組成を制御するような方式を採用すれば，CA貯蔵の初期コストを抑制することが可能と考えられる．　　　　〔椎名武夫〕

◆ **参考文献**

1) 安田慎一，2011．農流技研会報，**287**, 23-24.
2) 山下市二，1996．日本食品科学工学会誌，**43**(4), 339-346.
3) 井尻勉，1994．多目的型CA貯蔵法の開発，研究成果情報．食品総合研究所．

4.9 減圧貯蔵

酸素分圧, 目減り

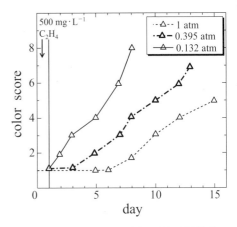

図1 減圧貯蔵時のバナナの着色の進行(文献2)を一部改変)

密閉された低温貯蔵庫内の空気を真空ポンプにより排気し,別の新鮮空気取り入れ口から加湿空気を少量ずつ導入して,貯蔵庫内を低い気圧に保ちながら青果物を貯蔵する方法を減圧貯蔵(low pressure storage,またはhypobaric storage)という.減圧貯蔵の長所および短所を以下に記す.

① 減圧に伴い酸素分圧が低下し,庫内環境が低酸素状態になるため,呼吸などの生理活性が抑制されるとともに,青果物の酸化が抑えられる.すなわち長期間の鮮度保持・品質保持が可能となる.
② エチレンガスが排出されるため追熟が抑制され,また変質が少なくなる.
③ 冷却速度が速い.
④ 減圧により水蒸気分圧も低下するため,水分が蒸発しやすくなり,青果物が目減りしやすい.
⑤ 果実,花など貯蔵後のものは香りに乏しい.
⑥ 気密性の高い貯蔵庫が必要となり施設の建築費が高くなり採算がとりにくい.
⑦ 一度減圧にすると庫内での作業が困難であり,庫内での点検,品質管理や部分出荷などのハンドリングに難がある.

減圧貯蔵は,マイアミ大学のStanley P. Burgによる特許公開[1]に端を発し,海外および国内で研究が進められてきた.図1は,緑熟バナナにエチレン処理(500 mg・L^{-1}, 24時間, 20℃)を行い,追熟を開始させたものを減圧貯蔵(20℃)し,その着色過程を観察した結果である.コントロール区(760 mmHg(1気圧))では翌日より着色が始まり,5~6日で黄化したのに対し,実験区(300 mmHg(0.395気圧)および100 mmHg(0.132気圧))では追熟が抑制されている.このような追熟抑制は他の果実でもみられており,減圧貯蔵の効果は主に低酸素の効果によるものと推察されている.

わが国では,定圧減圧貯蔵法(一定圧力で減圧貯蔵する方法)に加えて差圧減圧貯蔵法(減圧下で上下2つの圧力を設定し,経時的に両圧力間を往復させて貯蔵を行う方法)も開発・研究されてきた.しかし,両法とも青果物の追熟抑制や外観の維持などの効果が認められてはいるものの,前述したように貯蔵施設の建築費が高価になるため,いまだ実用化には至っていない.

なお近年,減圧(0.7気圧程度)下で食品や青果物をチルド冷蔵できる家庭用冷蔵庫が市販されている.これは広い意味で減圧貯蔵の応用例といえよう. 〔小出章二〕

◆ 参考文献
1) Burg, S. P., 1967. U. S. Patent 3, 333, 967.
2) 上田悦範ほか, 1980. 日本食品工業学会誌, **27**(3), 149-156.

4.10 MAP

フィルム包装, 呼吸, 気体透過, Fick の法則, Henry の法則

　MAP とは, modified atmosphere packaging の頭文字を取って表された青果物の鮮度保持方法の一種であり, 和訳では青果物鮮度保持包装, 調整気相包装などと呼ばれる場合もあるが, 正式な和名としては定着していない.

　MAP は青果物の呼吸と包装材の気体透過性の相互作用を利用して, 袋内の O_2 濃度を低水準で, CO_2 濃度を高水準で制御し, 呼吸を抑制することにより, 鮮度低下速度を鈍化させるものである. 貯蔵環境気体組成を制御し鮮度を保持する技術として CA (controlled atmosphere) 貯蔵も知られているが, CA 貯蔵が庫内で貯蔵するのに対し, MAP は軟包装袋を用いる点が異なる.

　MAP の場合, 袋内の O_2 濃度は 0～21% の範囲で変動し, CO_2 濃度は 0.03% 以上, 条件によっては 20% を超える場合もある. 不適切な条件で包装した場合, 好気条件の限界水準 (青果物の種類に依存) を O_2 濃度が下回るかまたは CO_2 濃度が上回ることによって, 発酵が惹起され, エタノールを中心とする異臭が生成し[1], 商品価値を喪失する. このため, 好気的な呼吸を維持できる最低 O_2 と最高 CO_2 濃度に近い組み合わせの気体組成をできる限り速やかに作出し, 維持することが望ましい. 最適に近い気体組成を作出するためには, 青果物の種類に応じた適切な温度, 包装材の種類, 面積および厚み, 青果物質量などの組み合わせを選択する必要があり, この作業を包装設計と呼ぶ. 設計の際には, 袋内気体組成の経時変化を予測する必要があり, 通常次のような物質収支式が用いられる.

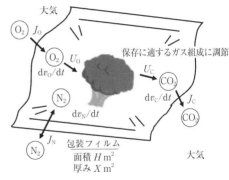

図1 MAP の原理
C, d, H, J, N, O, t, U, v, X の意味については, 本文中を参照.

$$\frac{dv_O}{dt} = J_O - U_O$$

$$\frac{dv_C}{dt} = -J_C + U_C$$

$$\frac{dv_N}{dt} = \pm J_N$$

ここで, d: 微分記号, J: 包装材の気体透過速度 [$mmol \cdot h^{-1}$], t: 貯蔵時間 [h], U: 青果物の呼吸速度 (O_2 吸収または CO_2 放出速度, [$mmol \cdot h^{-1}$]), v: 包装袋内気体量 [mmol], 添字記号 C:CO_2, N:N_2, O:O_2. 上記 3 式の常微分方程式に袋内気体量の初期値を入力して積分すると, 任意の時間における袋内気体濃度を算出できる.

　実際に計算を実行する場合, 気体透過速度 J と呼吸速度 U を具体的な数学モデルで表す必要があり, それぞれ速度に影響を及ぼす環境条件を変数とする関数として誘導される. 呼吸速度は, 青果物が吸収または放出する単位質量当たりの O_2 または CO_2 量である.

$$U_I = u_I W \quad (I \neq N)$$

ここで, u: 青果物の O_2 吸収または CO_2 放出速度 [$mmol \cdot kg^{-1} \cdot h^{-1}$], W: 青果物質量 [kg], 添字記号 I:C, N または O. なお, 呼吸は細胞内で多数の酵素反応が逐次進行した結果の総決算であり, このような反応を理論的な数式で表すことは不可能に近い. 仮にで

きたとしても，とてつもなく煩雑な形になり，パラメータや定数決定のための実験に膨大な労力を要する結果となる．このことから，呼吸速度 u を近似的に表す数学モデルがいくつか提案されている．経験式は，主に最小二乗法などを利用して多項式や指数関数のパラメータを算出したもので，個別の実験データへの当てはまりはよいが，数式の形が特殊であるため，汎用性が低いという欠点がある．そこで，酵素反応速度論において最も基本的な Michaelis-Menten 式が青果物の呼吸速度データによく適合することが知られるようになり，包装設計用の半理論的呼吸速度モデルとして幅広い品目で用いられている．なお，半理論的モデルとしては，Langmuir 式も幅広い品目で有効であることが確認されている．

包装袋内気体濃度予測のために O_2 吸収速度のモデル化は必須と考えられるが，CO_2 放出速度モデルは必ずしも必要ではない．O_2 吸収が主としてシトクロム c オキシダーゼとオルタナティブオキシダーゼによる水素イオンの酸化反応に利用されるのに対し，CO_2 放出は，TCA サイクル，β 酸化における脱 CO_2 など生成反応のメカニズムが多岐にわたるため，半理論的なモデル化さえも困難である．そこで，O_2 吸収速度と CO_2 放出速度の比である呼吸商を O_2 吸収速度に乗じて CO_2 放出速度を算出するのも有効な手段の1つである．

$$u_C = Q \cdot u_O$$

ここで，Q：呼吸商．呼吸商は呼吸基質によって変動し，およそ炭水化物の場合は1，有機酸は1.33，脂肪酸は0.69となり，好気的条件では1前後の値をとる．発酵が惹起された場合は O_2 を吸収することなく CO_2 を放出するため，1を大幅に超えた値となる．

一方，単体フィルムの気体透過速度はFick の第一法則と Henry の気体溶解の法則に基づき，次式が誘導される．

$$J_1 = \frac{P_1 H}{X}(q_1 - p_1)$$

ここで，H：包装フィルム面積 [m^2]，p：包装袋内気体分圧 [kPa]，P：気体透過係数 [$mmol \cdot m^{-1} \cdot h^{-1} \cdot kPa^{-1}$]，$q$：包装袋外気体分圧 [kPa]，$X$：包装フィルムの厚み [m]．$P$ は Fick の第一法則に由来する拡散係数と Henry の気体溶解の法則に由来する溶解度係数の積であり，気体のフィルムへの溶解度と薄膜内での拡散速度が P の値を決定づける．この式は現在のところ，包装袋内気体濃度予測のほとんどの事例で利用されており，過去の研究例でも異論なく受け入れられている．実際の MAP には，低密度ポリエチレンのような気体透過度の高いポリオレフィン系プラスチックフィルムや，防曇延伸ポリプロピレンフィルムに直径数十 μm の微細孔を数個～数十個開けたフィルムが使用されている．なお，気体透過係数には温度依存性があり，ポリオレフィン系プラスチックフィルムの場合，Arrhenius 式を用いて温度変化を表す．一方，微細孔には温度依存性がなく，温度依存性は原料となるフィルムに相当する基材部分に限られる．

MAP は，エダマメのような未熟な子実類の鞘の部分の黄化を遅延させるなど，もともと鮮度保持期間が比較的短期の青果物に対し，貯蔵可能期間を若干延長させることを目的として利用される場合が多い．青果物の包装貯蔵の特徴として，環境湿度を高水準で保持できることがあげられ，MAP もやはり，萎凋の抑制に効果を発揮する．他にもクロロフィルの分解抑制による野菜の緑色保持や，栄養成分である L-アスコルビン酸減少速度の抑制など，呼吸の抑制に起因する外観，内部両品質の保持に効果を発揮する．

〔牧野義雄〕

◆ 参考文献
1) Smith W. H., 1957. *Nature*, **179**, 876.

4.11 機能性包装材料

宙吊りトレイ，防曇性フィルム，
エチレン吸着フィルム，耐水性段ボール

収穫後青果物の鮮度保持方法の選択肢として包装技術がある．青果物の特徴は，収穫後においても呼吸や蒸散といった生命活動を継続していることである．そのため，包装資材には発酵や高二酸化炭素障害を防止するための適度な通気性と，放出された水蒸気による曇りを防止するための防曇性が要求される．そのための資材として防曇延伸ポリプロピレン袋や微細孔袋が利用されることとなる．これらはすでに幅広く普及しており，青果物用の包装資材としては一般的な商品として位置づけてよいものである．そこで本項目では，さらに特殊な機能を付与した包装材料について記述する．

● エチレン吸着フィルム

大谷石を層内に練り込んだフィルム袋がある[2]．これは，多孔質体であるゼオライトを主成分とする大谷石による気体吸着，すなわち，気体状の老化ホルモンであるエチレン吸着能に期待して開発されたものである．しかしその後，青果物を密封して作出される高湿度環境下では多孔質体によるエチレン吸着能がきわめて低いことが公的研究機関により報告されたことから，当初の狙い通りに効果を発揮しているか否かは疑問である．ただし，鮮度保持効果は認められており，これは大谷石を練り込んだことにより層内に微細孔が生じ，通気性が向上した効果によるものとする説が唱えられている．なお，多孔質体によるエチレン吸着能は，高湿度環境下では低いものの，多孔質体の細孔表面に臭化パラジウムなどのエチレン分解剤をコーティングしたものについては，エチレン除去効果が高いことが確認されている．

● 宙吊りトレイ

青果物は収穫後，選果の後に市場などの取引場所まで輸送される．そのため，輸送中は振動など，常時物理的なストレス環境下に置かれていると想定される．物理的なストレスは呼吸作用を刺激するなど，鮮度低下を促進することが知られており，その軽減が品質を保つうえでは重要である．そこで，振動を軽減するための工夫がなされた包装資材がある．具体的には，イチゴを振動ストレスから守る宙吊りトレイなどが該当する．

● 耐水性段ボール

また，段ボールは近年の物流には欠かせないバルク包装資材であるが，青果物用輸送包装材料としても重要な位置づけにある．そこで，さまざまな機能性包装材料としての段ボールが用意されている．

紙・パルプを原材料とする段ボールにはもともと水分に弱いという欠点があるが，上述のように，青果物は収穫後も絶えず蒸散を続け，水蒸気を放出している．そのため，青果物用包装材料として使用するためには，耐水性を付与する必要がある．そこで，段ボール原紙にワックスをコーティングしたもの，さらにはクラフト紙，ポリエチレン，段ボール原紙で構成される加工原紙を使用したものが，耐水性段ボールとして青果物用輸送に使用されることとなった．

その他，箱の内側にアルミ箔や保冷効果のある塗料をコーティングし，保冷効果とガスバリア性を向上させた段ボールも，機能性包装材料として開発されている． 〔牧野義雄〕

◆ 参考文献
1) 井坂勤，2018．青果物の鮮度・栄養・品質保持技術としての各種フィルム・包装の最適設計（牧野義雄監修）．And Tech, 91-127.
2) 漆崎末夫，1988．農産物の鮮度保持．筑波書房．

4.12 鮮度保持材

機能性フィルム，エチレン吸着剤，1-MCP

● 機能性フィルム

収穫後農産物の鮮度保持を行うために有効なMA包装であるが，近年では鮮度保持効果を期待した機能性フィルムの開発が広く行われている．機能性フィルムには，大きく分けて追熟抑制フィルム，ガス制御フィルム，防曇フィルム，抗菌フィルム，水分制御フィルムなどがある[1～4]．

追熟抑制フィルム 粘土物質をフィルムに練り込み，フィルム自身がエチレン吸着・除去能をもっている．過マンガン酸カリウムなどの分解型の除去剤の効果が高い．

ガス制御フィルム 効率的にCA条件を再現するためにフィルムに数μmの孔を開けた微細孔フィルムが主流である．住友ベークライトが開発した「P-プラス」が大きなシェアを占めており，博多万能ネギ，カット野菜，モヤシなどの包装に使用されている．酸素透過率が8000～20000 mL・m^{-2}・24 h^{-1}・atm^{-1}程度のフィルムが鮮度保持効果があるといわれている．

防曇フィルム 結露を防止するためにフィルム内面に非イオン系界面活性剤（主として，食品添加物として認可されているグリセリン脂肪酸エステル，ソルビタン脂肪酸エステルなど）を処理している．表面を親水化して，水滴を水膜に変え，曇りを防止し微生物の繁殖を抑制する．東洋紡のF＆Gフィルムが大きなシェアを占めている．

抗菌フィルム 銀ゼオライト，ヒノキチオール（ヒバ類），アリルイソチオシアネート（ワサビの辛味成分）などの抗菌性の物質をフィルムに練り込んだものである．

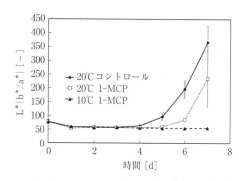

図1 1-MCP施用時のブロッコリー花蕾色の経時変化[4]

水分制御フィルム 過湿障害を防止するフィルムであり，紙おむつで用いられる高分子吸水ポリマー樹脂をフィルムラミネートし，フィルム内の水分を吸着する．

● エチレン吸着剤

一方，鮮度保持を行ううえでエチレンの除去は，きわめて重要である．そのため，活性炭を利用したエチレン吸着剤や光触媒を利用したエチレン除去剤の開発が進められている[1～4]．また，エチレン作用の阻害剤として，近年国内外で注目を集めているのが1996年にアメリカで開発された1-MCP（1-メチルシクロプロペン）である．日本でも2010年11月9日付で農薬として登録され，リンゴ，ニホンナシ，セイヨウナシ，カキにおいて使用が認可された．1-MCPは，図1に示すように，ブロッコリーの黄化抑制にも効果的であった．

〔安永円理子〕

◆ **参考文献**

1) 流通システム研究センター，2005．野菜の鮮度保持マニュアル．流通システム研究センター．
2) 茶珍和雄ほか編著，2007．園芸作物蔵論―収穫後生理と品質保全―．建帛社．
3) 流通システム研究センター，2006．フレッシュフードシステム，**35**(2)，2-27．
4) Yasunaga, E., Uchino, T., 2012. Proceedings of CIGR2012. 2243.

第 5 章 加 工

5.1 籾摺

ロール式,インペラ式,脱稃率,選別

籾摺(もみすり)とは,籾殻とその中の玄米を分離する工程であり,脱稃ともいう.外皮が一部内包されて粒溝をもつ小麦などには適用されない.脱稃率とは,1回の脱稃で籾から完全に脱稃された玄米の粒数または質量比で定義される.

ロール式籾摺機は現在の主流方式で,江戸時代から用いられていた土臼と脱稃作用は類似している.互いに逆方向に回転する2本の硬質ゴムロールの間隙を籾が通過する際,周速度差により主としてせん断作用で脱稃を行う(図1).同径ロールで回転数を変える方式と同回転数で異径ロールを用いる方式があり,周速度差は通常20〜25%にとられる.回転の脈動があると脱稃率は低下するため,低速ないしは動力伝達機構が簡易な籾摺機では,周速度差を見かけ上50%程度に設定する例もある.

ロール間隙は,籾の厚さの半分程度を目安として,脱稃率を上げつつ玄米の肌ずれや胴割れをできるだけ発生させないように適宜調整し,通常は1回の脱稃率を80〜85%程度にする.ロール間隙を小さくして1回で完全脱稃するのは可能であるが,砕米や肌ずれ,さらには所要動力やロールの磨耗の観点からも望ましくない.損傷なく1回で完全脱稃を行えない理由として,ロール間隙を通過時の籾の姿勢が脱稃に影響するといわれるほか,日本の品種では玄米の厚さにして1.8〜2.2 mmの範囲に分布していることも見逃せない.ロールを駆動するモーターの負荷を検出して自動的にロール間隙を調整する制御装置も実用化されている.籾水分が16%を超えると脱稃率は急速に低下するのみならず,玄米表面の肌ずれが発生し始め,さらに高水分では胚芽の損傷が目立つようになる(図2).

インペラ式籾摺機は衝撃式ともいわれ,20世紀初頭に登場した遠心脱稃機が原型となっている.回転する部分の全体である脱稃ファン,それを構成する複数のインペラ羽根,外周部分に装着されたポリウレタンやABS樹脂のライナからなる(図3).遠心式送風機に構造が類似しているので,籾が運動する経路に空気流が発生している.籾が中心部から投入されると,空気流および遠心力で半径方向に加速され,羽根上を摺動する際にせん断作用や跳ね返りの衝撃で半数程度,ライナへ衝突して周方向に摺動することや一部インペラ羽根に再衝突して残りのほとんどが脱稃される.衝撃を伴う脱稃のため,長粒種では砕米が多く発生することがある.インペラ先端の周速度は35〜45 m・s^{-1}である.

インペラ式籾摺機の脱稃率は,脱稃ファンの回転数とともに上昇し,玄米の損傷が目立たない範囲で通常は90〜95%を得られる.このため脱稃ファンの回転数は固定されてい

図1 ロール式籾摺機における籾の流れ

図2 脱稃後の肌ずれ程度が異なる玄米をヨウ素溶液で発色させた例

図3　インペラ式籾摺機における籾の流れ

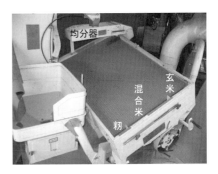

図4　籾摺機に搭載した揺動選別機

ることが多く，ロール式に比べて調整箇所が少なくて済む．ただしそれ以上回転数を上げても脱稃率は頭打ちとなり，砕米が増加し始める．インペラ式籾すり機の大きな特徴に，籾水分が20%以上でも脱稃率90%以上が得られ，肌ずれは籾水分とともに増加はするものの，ロール式と比べると少ないとの報告がある．一方で，見かけの玄米の損傷はロール式に比べて少ないものの，玄米の長期保存性は劣るとの新しい知見も報告されている．

脱稃装置を通過した後は，表面積が大きく比重が小さい籾殻やわら破片などのみを空気流によって除去する．遠心式送風機の一種である唐箕が用いられるが，伝統的には圧風ファンとして用いられていたところを，近年は吸引ファンとして用いることにより，粉塵の発生を抑えている．ここで選別されて残るのが，籾と玄米からなる混合米である．

籾と玄米の選別は，上述の通り1回で完全脱稃できないことから，籾摺において欠かせない工程である．2回目以降においても脱稃率はほぼ一定で，たとえば1回の脱稃率が80%でも3回で99%以上が脱稃されることから，玄米貯蔵・流通が標準である日本では特に選別が重視されてきた．一方，選別機の種類によっては脱稃装置以上の製造コストを要する場合がある．このため籾貯蔵が標準である開発途上国の農村では，1回だけ脱稃し未脱稃籾が残った状態で即座に搗精を行う，籾摺精米機が普及している．

選別では，籾，混合米，玄米に分け，前二者はそれぞれ再脱稃および再選別される．万石は，目開きが少しずつ異なる網を何層かに重ねて傾けたもので，江戸時代から用いられており，ロール式籾摺機が普及し始めた当初はこの選別方式によっていた．しかし処理速度が増大してくると，混合米の流量や未脱稃籾の比率によって各網の細かな調整が求められるために次第に廃れ，現在では高い脱稃率が得られるインペラ式籾摺機にのみ搭載を確認している．回転選別機は，側壁に多数の凹部を設けた円筒を横向きにして回転させて形状選別を行うもので，省スペースで調整が容易なため，小型の籾摺機に普及した．揺動選別機（図4）は，表面に凸凹をもつ傾斜した選別板の振動中に，玄米が籾の間をすり抜けながら滑降することにより分級する．処理速度に応じて，振動板を1枚から10枚程度まで重ねて設計できるため，小型から施設仕様の籾摺機まで現在幅広く用いられている．玄米と混合米の境界を光学センサで検知し，傾斜を自動制御することで選別効率を上げる技術も実用化されている．

このように，脱稃の原理は比較的単純なものの，各種選別とそれに伴う搬送に必要な装置を組み合わせた，複合的なプロセス機械が籾摺機である．

〔庄司浩一〕

5.2 精米

精白率，摩擦式，研削式，飯用，酒造用

玄米の断面構造は図1に示すように，多層構造である．表面の果皮はワックス状の層で覆われ，光沢があり滑らかである．果皮と種皮（外胚乳を含む）は10～30 μmで軟らかく，内部水分の調節と，病原菌の侵入を防いでいる．糊粉層（10～60 μm）とデンプン層は硬く，両者を合わせて胚乳と呼ばれる．各部の質量百分率は，果皮と種皮が4～5％，胚芽が2～3％，胚乳が91～92％である．果皮，種皮，糊粉層を合わせて糠層といい5～6％である．糊粉層は背で厚く4～6層，腹では1～2層，側面は1層である．

精米とは2つの意味をもつ．1つは，玄米の表面から内部に向かって，目的に応じた量だけを除去する，というコメの加工操作を意味する．搗精（とうせい）とも呼ばれる．2つ目は，精米された玄米を意味し，精白米，白米と同じ名称である．ここでは，1つ目の意味とし，2つ目の意味には精白米を用いる．

飯用精米では，消化吸収をよくし，食味の向上のために，栄養分の豊富な糠層のほとんどと胚芽を除去する．清酒の原料精白米を製造する酒造用精米では，酒質を劣化させるタンパク質，脂質，灰分などの不良成分を少なくするために精米を行う．それら不良成分は胚芽と糠層に多いが，特にタンパク質はデンプン層にも含まれている．そのため，デンプン層も一部を削り取っている．

精米において，投入した玄米の質量 m_b [g] に対して，精米で得られた精白米の質量 m_m [g] の比の百分率表示を見かけの精白率 P_m [％] といい，$P_m = m_m/m_b \times 100$ で示される．精白率は精米歩合や歩留りともいわれ，削られて残った精白米の残存率を意味する．例えば，ご飯として食べる精白米は図1での糠層と胚芽が削られ，それは玄米の質量の約10％であるから，精白率は約90％となる．つまり，玄米を精白率100％として，精米が進むにつれて精白率は減少する．飯用精米は精白率90％までしか下げないが，清酒製造原料としての精白米は，一般的には玄米の30％以上削るので，精白率は70％以下となる．P_m を求める m_m には砕米も含まれる．また，砕米選別機能をもつ精米機では，選別された砕米の質量が削られた量に含まれて，P_m は完全米1粒の平均的な精白率 P_{mt} [％] よりも低い値になる．P_{mt} は真の精白率と呼ばれ，前式と同様に，玄米の完全粒1000粒の質量 m_{bt} [g] に対する，精白米の完全粒1000粒の質量 m_{mt} [g] の比の百分率表示である．

精米状態の評価項目は，目標とする精白率のほか，精米による上昇温度，白度，砕米率，胚芽残存率，NMG溶液染色法による精白米

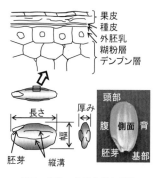

図1　玄米の各部名称と構造

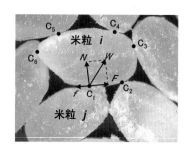

図2　米粒同士の接触状態

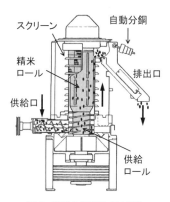

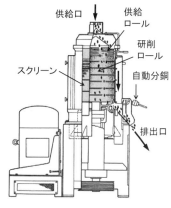

図3 竪型上送摩擦式精米機
（株式会社サタケ）

図4 研削ロールと
精白米の接触

図5 竪型下送研削式精米機
（株式会社サタケ）

　表面の糠層の残留状態がある．

　精米の原理は2種類あり，その1つは摩擦式精米である．容積が一定の空間に玄米を入れて，適切な精米圧力（精白室内の米粒同士および米粒と回転ロールや内壁との接触で生じる圧力の平均値を意味する）で流動させ，図2のように米粒間接触点Cでの接触力の接線方向力Fと摩擦力fによるせん断力を糠層に作用させて，部分的に糠層を削って精米する[1]．実用機の例を図3に示す．鋳物製で，直線状または，らせん状の突起付精米ロールの回転により米粒を流動させ，ロール回転数と自動分銅で精米圧力を調整する．摩擦式では精白率が約90％になると，硬いデンプン層が表面に現れ，それ以上は削れない．粒子同士の接触による精米原理のため，胚芽も玄米表面にある縦溝の糠層までもよく取れるが，精米圧力を高くするため，短粒種の飯用精米には適するが，細長く粘性の低い長粒種の精米では砕米率が高くなるので適さない．

　もう1つの精米原理は研削式精米である．金剛砂に接着剤を混合して焼成により製造された砥石状研削ロールを，玄米の供給された精白室内で回転させて，図4のようにロールと接触した米粒の表面を研削力により削る．実用機の例を図5に示す．摩擦式とはロールの材質と機能は異なるが，精米圧力の調整法は同じである．研削式はデンプン層も削れるため，酒造用精米に用いられ，精米タンクと精白室との間で精白米を循環させながら目標精白率まで低砕米率を目指して精米する．研削条件により，精白米の形状を考慮した酒造用精米も行われている[1]．摩擦式よりロールの周速度は大きいが，精米圧力は低いので，長粒種精米に適している．研削式では精白米表面は粗く，傷と付着糠が多い．図2と4はほぼ同一精白率94％であるが，図4では胚芽と縦溝での糠層の残留がみられたように，研削式は胚芽精米に適している．

　玄米表面の滑りやすさから，飯用精米初期の1～2％を研削式で傷をつけて，その後摩擦式で削る併用式精米は精米エネルギーの抑制に効果がある．飯用精米による上昇温度を抑制し，胚芽と糠層だけ，特に部位で厚みの異なる糊粉層をできるだけ多く取るために，低圧摩擦式精米を複数回繰り返す方法がある．

〔坂口栄一郎〕

◆ **参考文献**

1) 坂口栄一郎，2015．農産食品プロセス工学．文英堂，45-57．

5.3 精米工場

大型精米工場，精米，無洗米，選別，包装

精米工場は，原料である玄米を受け入れて，米粒とそれ以外の物を選別し，精米加工して精米（白米）にし，砕けた米粒や色のついた米粒とそれ以外の異物を選別し，各種量目に計量して包装する工場である．

精米工場で最も重要な加工である精米加工（搗精ともいう）は，精米機と呼ばれる専用の装置で行う．この精米機を動かす動力が50馬力以上ある精米工場を，一般的に大型精米工場という．1台で50馬力以上の場合もあれば，複数の精米機の馬力を合計して50馬力以上となる場合もある．

50馬力の精米機というと，実際にはコメの流れる量が1時間に約3tである．

● 精米加工の目的

精米加工の目的は，第一に「お米を調理しやすく，食べやすく，消化吸収しやすくする」ことである．第二は「精米の商品化を図る」ことである．第三は「顧客の求める量目の設定，デザインや保存性を考慮した包装袋の選定」である．

それぞれの目的を達成するための精米工場の設備としては，第一の目的に対しては精米機，第二の目的に対しては各種選別機やブレンド装置などがあり，第三の目的に対しては計量包装機などがある．

現在の精米工場は，それぞれの目的を達成するために多くの装置が組み合わされてプラントが構成されているが，その多くは第二の目的のための装置で占められている．

これは，消費者ニーズの多様化，業務用炊飯の増加，商品の差別化の重要性などに対応するために選別を充実した結果である．また，食品安全に対する対応のため，異物混入防止の観点からも選別を強化した結果である．

● 精米工場の加工工程

精米工場の加工工程も，業界を取り巻く環境の変化や精米設備メーカーの技術開発により変化している．

1982年当時の精米工場の標準的加工工程は次の通りであった．

張込ホッパー→粗選機→荷受け計量機→荷受けタンク→(粒形選別機)→石抜機→(調質装置)→玄米タンク→精米機→精米タンク→砕粒選別機→(色彩選別機)→計量包装機
注）（　　）は任意の装置

この工程と現在の工程を比較すると，今ではまったく使われていない粒形選別機（必須装置ではないが）という装置がある．これは，ライスグレーダーと同じ縦目の金網をもつ選別機で，玄米の死米や未熟粒などを選別する装置である．現在では，産地において選別が行われているのでまったく使われなくなっている．

調質装置も1989年に水分値の規格が改定されて以降，徐々に使われなくなり，現在ではほとんど使用されていない．

逆に，現在は必須の装置となっている色彩選別機が任意の装置となっているし，ガラス選別機や金属検出機は当然のことながら当時はなかったので入っていない．

工場により若干の違いはあるが，現在の大型精米工場における装置は次の通りである．

張込ホッパー→粗選機→石抜機→玄米タンク→精米機→砕粒選別機→色彩選別機→ガラス選別機→製品タンク→計量包装機→金属検出機

前述した通り，精米機以降にガラス選別機を複数台設置し，最終工程に金属検出機も設置して選別の強化を図っている．

● 主な選別機

精米工場で使われる主な選別機は，①張込ホッパー，②粗選機，③石抜機，④砕粒選別

機，⑤色彩選別機およびガラス選別機，⑥金属検出機がある．

張込ホッパーは，原料玄米を工場内ラインへ受け入れるための入口であり，特に選別機とはいえないが，ここには何らかの金網が設置されている．ここで行う作業の終了後には何らかの異物が金網上に残っていることがある．金網がなければそれらは工場内ラインに入ってしまうので，選別機の一種といえる．

粗選機は，米粒よりも形状の大きな異物と比重の軽い籾殻や埃などを除去することが主な目的の選別機である．選別原理は，形状選別にはふるい網，比重選別には風力を利用している．

石抜機は，原料玄米に混入している石を除去することが目的の選別機であり，玄米側の選別設備において重要な設備である．選別原理は，米粒と石の比重の差を利用している．

砕粒選別機は，精米加工において発生した砕粒や糠玉，小糠などを除去することが目的の選別機であり，精米の商品化を図るうえにおいて重要な設備である．砕粒選別機として最も多く利用されているのは，ロータリーシフタと呼ばれる多段式の織り網を円運動させるタイプである．

色彩選別機は，特に商品価値を低下させる米粒中の着色粒をはじめとする色のついた異物を除去することが目的の選別機で，砕粒選別機と同様に精米の商品化において重要な選別機である．選別原理は，米粒をフィーダーと呼ばれる投入部から流量を調整しながら選別室に送る．選別室にはランプとセンサおよびバックグランドがある．バックグランドは米粒の良品の色（明るさ）にしてあり，センサがバックグランドを見ているときの信号を基準として，それから外れた信号を色違いとして識別し，エジェクターバルブと呼ばれる空気銃（噴射器）から圧縮空気を吹きつけて除去している．

ガラス選別機は，色彩選別機では除去できない透明のガラスの破片やプラスチック，精米と同程度の白色の陶磁器などを除去するために開発された装置で，色彩選別機にガラスなどの異物を検知するセンサを組み込み，着色異物と同時にガラスなどの異物も選別できる装置である．この異物センサは近赤外線を利用したもので，ある波長域の吸光度が特定の成分の含有量により変わることを利用している．言い換えれば，選別物の水分が多いか少ないかを検知して識別している．米粒は通常13〜15%程度の水分をもっているが，ガラスなどは水分含有率が非常に低く，その差をみて選別しているわけである．したがって，比重が米粒に近似した石など，石抜機で選別できなかった物もガラス選別機で除去される．近年，精米工場では必須の装置として定着している．

金属検出機は，精米工場の最終工程で，袋詰された製品精米に金属異物が混入していないかを検出することが目的の選別機である．

精米工場は，精米機とこれらの選別機を組み合わせてライン（工程）を構成し，普通精米を製造している．

● **精米の種類**

普通精米以外には，胚芽精米専用の精米機を導入して胚芽精米の製造を，無洗化処理装置を導入して無洗米の製造なども行い，消費者ニーズの多様化，健康志向，商品の差別化などに取り組んでいる．　〔武田法久〕

◆ **参考文献**

1) 一般社団法人 日本精米工業会，「精米工場製造技術講座」テキスト．

5.4 無洗化処理

無洗米，普通精米，乾式研米仕上方式，
加水精米仕上方式，特殊加工仕上方式，
食味，貯蔵性

● 無洗化処理装置

　精米（普通精米）の米粒表面を専用の無洗化処理装置によって研米したコメを無洗米（無洗化処理精米，rinse free rice）といい，洗米しないで炊飯できる米として市販されている．日本精米工業会では無洗化処理装置を乾式研米仕上方式（dry polishing method），加水精米仕上方式（wet polishing method），特殊加工仕上方式（unique polishing method）の3つに大別している[1]．乾式研米仕上方式はブラシなどで米粒表面を研米する方法や摩擦式精米機と同様に米粒相互間の摩擦および擦離作用で研米する方法などがあり，リ・フレ（クボタ），カピカ（山本製作所）などがある．リ・フレはブラシで米粒表面を研米する方法であり，ブラシが取りつけられたロールによって研米される．カピカは摩擦式精米機の攪拌ロールの長さや攪拌ロールの突起の数を改良したものであり，米粒相互間の摩擦および擦離作用で研米する方法である．加水精米仕上方式は水を使って表面を磨く方法であり，スーパージフライス（サタケ）がある．スーパージフライスは加水しながらミリングローラーによって米粒表面を磨き，その後，遠心分離による脱水を行い，乾燥して仕上げる．特殊加工仕上方式はNTWP（neo-tasty whitening process）（サタケ）とBG（bran grind）精米製法（東洋ライス）がある．NTWPは5％の水を加えて米粒表面を軟らかくした後，80〜100℃に加熱したタピオカデンプン粒を入れて混合することで米粒表面の糠層を取り除く方法である．BG精米製法は糠で普通精米の表面を磨く方法である[2]．

● 無洗米の品質と食味

　無洗米は普通精米に比べ白度が高い，透光度が低い，洗米水の濁度が低いなど普通精米と品質が異なる．特殊仕上方式で調製した無洗米は，無洗化処理直後は洗米しないで炊飯しても洗米して炊飯した普通精米の食味と同じである（表1）．乾式研米仕上方式で調製した無洗米は，無洗米であっても1〜2回洗米して炊飯したほうがよいとされている．電

表1　貯蔵前の官能試験結果[3]

試料	精米外観	洗米	炊飯米				
			外観	香り	硬さ	粘り	総合評価
			**	**	**	**	**
普通精米	0.00◎	有 無	0.00◎ −1.00**	0.00◎ −0.82**	0.00◎ 0.87**	0.00◎ −0.69**	0.00◎ −0.96**
無洗米A[*1]	1.11**	有 無	0.16 −0.07	−0.16 −0.20	0.31 0.58*	−0.11 −0.09	0.00 0.06
無洗米B[*2]	1.28**	有 無	0.18 0.09	−0.11 −0.16	0.16 0.38	0.20 −0.13	0.19 −0.19

評価項目下部の記号「**」は分散分析の結果危険率1％でその評価項目において有意差があることを示す．数値右横の「*」と「**」は，母平均の差の検定の結果「◎」で示した基準米（普通精米）との間に，それぞれ危険率5％または1％で有意差があることを示す．表2において同じ．
[*1] 糠を用いて無洗化処理，[*2] タピオカデンプンを用いて無洗化処理，表2および図1において同じ．

表2 貯蔵後の官能試験結果[3]

試料	精米外観	洗米	炊飯米				
			外観	香り	硬さ	粘り	総合評価
	**		**	**			**
普通精米	0.00	有	0.00◎	0.00◎	0.00◎	-0.00◎	-0.00◎
		無	-0.82**	-0.72**	0.42	-0.48*	-0.83**
無洗米A	1.55**	有	0.58◎	0.03◎	0.18◎	-0.03◎	0.43◎
		無	0.18	-0.08	0.45	-0.30	-0.20*
無洗米B	1.23**	有	0.26◎	-0.05◎	0.29◎	0.13◎	0.28◎
		無	-0.11	0.21	0.24	0.05	-0.28*

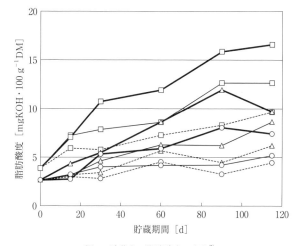

図1 貯蔵中の脂肪酸度の変化[3]

子顕微鏡で普通精米と無洗米の表面を比較すると、調製方法の違いにより、米粒表面の構造も異なる。普通精米の表面は細胞壁が認められない一方で、特殊加工仕上方式で無洗化処理した無洗米では糊粉層の細胞壁の構造が確認される。普通精米では、搗精時の圧力によりすり潰された糊粉層（いわゆる、付着糠）が表面に付着しているが、無洗米では無洗化処理により、糊粉層の一部が除去されている

と考えられる。無洗米の品質基準は、精米工業会と全国無洗米協会が、洗米水の濁度による指標をそれぞれ示しているが、統一はされていない。

● 無洗米の貯蔵性

無洗化処理により普通精米の表面の付着糠が除去され、無洗化処理直後の脂肪酸度は、普通精米に比べ無洗米が低い。貯蔵に伴い、脂肪酸度は上昇するが、無洗米は普通精米に比べ貯蔵中の脂肪酸度の増加が小さく、貯蔵性がよい（図1）。しかしながら、数か月保管した無洗米は、無洗米であっても洗米して炊飯したほうが保管に伴う食味の劣化を抑制できる（表2）。

〔横江未央〕

◆ 参考文献
1) 桂木優治, 2003. 農業施設, **34**(2), 151-159.
2) 東洋ライス株式会社, BG無洗米機のしくみ. http://www.toyo-rice.jp/bg_musenmai/mechanism.html. Accessed Dec. 10, 2015.
3) 横江未央ほか, 2005. 農業機械学会誌, **67**(4), 113-120.
4) 横江未央ほか, 2005. 農業機械学会誌, **67**(4), 121-125.

5.5 炊　飯

業務用炊飯，IH 炊飯

コメの主成分は 70% が炭水化物である．炭水化物には，栄養素となるデンプンや，紙や衣類の原料となるセルロースなどがある．

生デンプンはおいしくないうえに消化酵素の作用を受けにくいため，水を加えて加熱することによって，コメのデンプンは糊化（こか）し，おいしくなり，消化もよくなる．

炊飯とは「水分 15% 前後のコメに水を加え，加熱して，水分 60% 前後の米飯に仕上げる調理過程」をいう．

この調理過程を機械化したものが炊飯器である．

炊飯器は，小さいもので 1 合炊きから 1 升炊きといわれる家庭用炊飯器と，2 升から 5 升，それ以上を炊飯する業務用炊飯器に大別できる．

炊飯量が多くなるほど釜の中心まで熱を伝えるのが難しいため，いかに効率よく，満遍なく，コメに熱を伝えるかということが重要である．

● 炊飯操作

家庭用炊飯では，洗米したコメに水を加え，浸漬した後，炊飯を行う釜内浸漬方法が多くなっている．一方，外食や炊飯工場などの業務用炊飯では，洗米したコメをまず浸漬し，浸漬したコメを計量してから水を加える事前浸漬方法で炊飯を行う場合もある．

家庭用や業務用，炊飯工場で若干の違いはあるが，炊飯操作（工程）はおおむね次の通りである．

原料米 → 計量 → 洗米 → 浸漬 → 計量 → 釜に充填 → 加水 → 炊飯（昇温期 → 沸騰期 → 蒸し煮期）→ 蒸らし → ほぐし

受け入れた原料米はまず計量を行う．家庭用炊飯では炊飯器に付属している計量カップを使用することが多く，業務用炊飯では計量器を使用することが多い．炊飯のスタートは計量であり，計量のばらつきが大きいとご飯の食感にも影響してくるため，正しく計量する必要がある．

次の炊飯操作（工程）は洗米である．洗米は原料米の表層部に付着した糠などを取り除くための操作である．洗米時からコメの吸水が始まるため 1 回目の洗米は手早く処理することが必要である．ゆっくりと洗米を行っていると，洗米水が逆に米粒内に浸透し，糠臭を強くしてしまう．このため，洗米回数を多くして各回の洗米時間を短くすることが必要である．洗米の間にも米粒は吸水し，重量は約 10% 増加する．

次の炊飯操作（工程）は浸漬である．浸漬は米粒に十分水を吸わせるための操作である．洗米操作においても若干の吸水が行われるが，米粒の中心部まで十分に水をいきわたらせるには一定以上の時間が必要である．吸水は米を漬けると急速に始まり，表面組織の弱いところから中心部に向かって割れ目状のすじのように浸透していく．浸漬（吸水）は，吸わせる水の温度やコメの品種，吸水量，吸水速度などにより違いはあるが，浸漬開始から 30 分までに急速に吸水され，以降，徐々に吸水が進み，2 時間でほぼ完了する．

次の炊飯操作（工程）は加水（水加減）である．コメの品種や水分あるいはご飯の用途により，水加減は異なる．一般に食するご飯は，炊き上がり約 62〜63% が最も官能評価の高い水分量である．この水分量に合わせるため，コメに加える水の量を調整する．加水量（水加減）は，前述のほか，コメの品種や季節，新米古米の違いなどにより異なるが，一般的な目安として，コメの容量の約 10% 増しが水の量となる．コメの容量 1 に対して，洗米し水切りした後，約 1.1 の容量の水を加えればよい．重量では，コメ 1 に対して水の

量は 1.4 程度が目安である．

次の炊飯操作（工程）は炊飯（加熱）である．炊飯はデンプンを完全に糊化したご飯にするための加熱操作であり，家庭用，業務用ともに炊飯器を使用している．炊飯（加熱）は，加えた水が沸騰に至るまでの昇温期，火力を強くして水を沸騰させる沸騰期，火力を弱めて米を蒸し煮の状態とする蒸し煮期の一連の操作で行われる．昇温期の初期にはコメの吸水が進行し，温度 65℃ 前後になると糊化が始まるため，10～15 分で沸騰に至る火力が適当である．次いで沸騰期は，コメをご飯にするため，火力を強くして水を沸騰させ，コメのデンプンを糊化させる．沸騰状態を約 5 分間継続することがおいしいご飯の条件である．最後の蒸し煮期には，残りの水もすべて米粒に吸収されるか，あるいは蒸発するので，火力を弱めてコメを蒸し煮の状態とする．蒸し煮期にも釜内は 98℃ 以上に保たれている．沸騰開始から蒸し煮期を経て消火までの時間は少なくとも 15 分間以上は必要である．

次の炊飯操作（工程）は蒸らしである．蒸らしは消火後も 10～15 分間，蓋を開けずにそのまま置く操作である．消火後も釜内は 98℃ に保持されており，この蒸らしの間にご飯粒の表層部にあった水分はご飯粒内部へと吸収されるか，あるいは蒸発して次第に少なくなる．

最後の炊飯操作（工程）はほぐしである．ほぐしは，蒸らし後にご飯を軽く混ぜてご飯粒間の水分を逃がす操作である．ほぐしにより余分な水蒸気を蒸散させて，一連の炊飯操作（工程）が完了である．

● 炊 飯 器

前述した通り，家庭用炊飯は小さいもので 1 合炊きから 1 升炊きの炊飯器を使用し，業務用炊飯は 2 升から 5 升，それ以上を炊飯する炊飯器を使用している．

現在の家庭用炊飯は，電磁誘導加熱方式，いわゆる IH 炊飯器が主流である．IH 炊飯器の大きな特長は，火力を従来の方式よりも 1.4 倍強くすることができるため，ご飯の炊きむらを抑えて，ご飯の品質，食味を向上させて全体的にふっくらと炊き上げることである．また，釜の構造や材質，火力のきめ細やかなコントロールなど，各メーカーはご飯のおいしさを追求するための研究開発を続けている．

一方，業務用炊飯は，炊飯センターなどの大量にご飯を製造する場合には 5 升炊きの炊飯器（炊飯ライン）が主流であり，小規模な店頭用（外食・中食）の場合は 3 升炊きの炊飯器が主流である．

現在の業務用炊飯は，ガスを熱源としているガス式，家庭用で主流の IH 炊飯器を大型化した IH 式，蒸気と熱湯を利用している蒸気式の 3 方式の炊飯器がある．最も多いのはガス式であるが，用途によってガス式と蒸気式を併用している場合もある．また，近年は家庭用と同じ考えで IH 式を導入するところが増えている．

業務用炊飯は同じレシピを何釜も炊飯することが多い．そのため，どの釜もぶれが少なく，安定した品質が求められる．

コメの計量，浸漬時間，加水量などの精度管理を正しく行えば米飯のぶれは少なくなる．そこには，コメというものの性質，例えば，浸漬時間をどのくらいとればコメは十分に吸水されるのかなど，家庭用，業務用にかかわらず，さまざまな炊飯方法に対応できる基本的な理論を知っておく必要がある．

〔武田法久〕

◆ 参考文献
1) 一般社団法人 日本精米工業会，「精米検査技術講座」テキスト．

5.6 製粉（米粉）

気流式粉砕機，ロール粉砕機，衝撃式粉砕機，乾式製粉，湿式製粉，粒度分布，損傷デンプン，米粉パン，米粉麺

粉砕とは粉体や固体に外力を加えてそれらをさらに細かくすることで，①利用しやすい粒径にする，②表面積を大きくして乾燥，抽出，溶解，蒸煮などを容易にする，③成分分離を行って使い分ける，④他の粉体と混合しやすくする，⑤流動性を向上する，ことができる[1]．小麦は胚乳が粉質のため製粉しやすく，主にロール粉砕機が使用されている．一方，米粒は胚乳が粉砕しにくいため，乾式製粉に加え，粉砕前に吸水させる，いわゆる湿式製粉でも製造されている．表1に粉砕機の種類と用途を整理した．石臼では穀粒は臼間の摩擦により砕かれ，外側へ向って細かく粉砕されていく．ロール粉砕機では回転方向と速度の異なった2本のロールの圧力により粉砕され，ロール間隙の調整で粒度を調節できる．スタンプミル（胴搗き粉砕機）では杵の往復運動による打撃衝撃力によって湿式で粉砕される．ハンマーミルでは高速回転するハンマーの衝撃によって乾式で粉砕され，ハンマーには固定タイプとフリータイプのものがある．ピンミルは回転する装置の中心に原料が投入され，遠心力を発生させてピンなどに衝突して粉砕される．気流式粉砕機には渦流を利用した渦流式と高速気流噴射式の粉砕機

表1 粉砕機の種類と食品分野での用途

メカニズム	形式	特徴	使用例	製品名
回転するハンマーやピンによる機械的な衝撃で粉砕	機械的衝撃式	ハンマーの高速回転や杵の往復運動による衝撃力で粉砕	穀物，香辛料，砂糖，食塩，デンプン，茶，乾燥果実，ゼラチン	ハンマーミル アトマイザー パルベライザー スタンプミル
	遠心衝突式	回転する装置の中心に原料を供給し，遠心力を発生させてピンなどに衝突させて粉砕		ピンミル 自由粉砕機 インパクトミル
高速気流により粉砕	渦流式	ローターを高速で回転させて発生する渦流で粉砕	穀物，砂糖，食塩，香辛料，魚粉，海藻，植物根，ゼラチン，コンニャク	ターボミル ミクロシクロマット ブレードミル ウルトラローター
	高速気流噴射式	ノズルから高速気流を噴射	茶，コメ，乾燥野菜	ジェットミル ジェットオーマイザー ウルマックス カレントジェット
機械的せん断力により粉砕	ひき臼式	上臼の荷重のもとで，回転により発生するせん断力により粉砕	抹茶，ソバ，小麦，コメ	石臼
	湿式回転式	ステーターに対して高速で回転するローターのせん断力により粉砕	大豆，ブロイラー，魚肉，野菜，果物，コメ（醸造用），味噌	コロイドミル マスコロイダー
1対のロールで粉砕	ロール回転式	ロール間隙，1対のロールの回転数の差で粉砕性を調整	小麦，コメ	ロールミル
媒体とともに回転させて粉砕	媒体式	金属やセラミックスのボールを媒体	茶，コメ，鰹節，香料	ボールミル チューブミル 遊星ボールミル

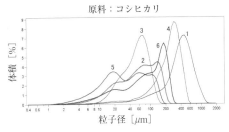

図1 粉砕条件が異なる米粉の粒度分布の比較
1：小型電動石臼，2：気流式粉砕機（乾式），3：気流式粉砕機（湿式），4：ピンミル，5：ハンマーミル（スクリーン径：0.7 mm），6：ハンマーミル（スクリーン径：1.0 mm）．

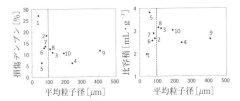

図2 粉砕方法が米粉の製パン性に与える影響
1：ハンマーミル（スクリーン径：0.7 mm），2：ハンマーミル（1.0 mm），3：ハンマーミル（2.0 mm），4：ピンミル，5：湿式気流，6：湿式気流，7：乾式気流，8：サイクロンサンプルミル，9：石臼，10：超遠心式粉砕機．
※原料：コシヒカリ白米，製パン試験：米粉80％にグルテンを20％配合したストレート法．

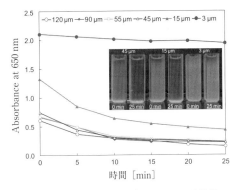

図3 平均粒子径が異なる米粉スラリーの分散性の相違

があり，乾式・湿式両方の粉砕が可能である．
　コメの自給率を向上させるために，小麦代替原料として米粉パン・麺などに適した米粉の製造技術や加工適性解明が求められている．図1には粉砕条件が米粉の粒度分布に与える影響を検討した事例を示す．石臼で粉砕した米粉が最も粗く，ハンマーミルではスクリーン径によって，気流式粉砕機では湿式と乾式で粒度分布が異なる．すなわち，同一原料でも粉砕機の種類や同一粉砕機でもスクリーン径や吸水の有無で粒度が異なることを示している．続いて，平均粒子径が異なる米粉（40～400 μm 程度）を用いた製パン試験では（図2[2]），損傷デンプンの割合が6～27％の範囲で変動し，比容積も2～4 mL・g^{-1}の範囲で変動している．すなわち，同一原料でも粒度で製パン性が変動し，特に100 μm 以下の細かい米粉では同程度の粒度でも粉砕条件で製パン性が大きく異なることを指摘している．米粉麺製造では米粉単独での成形性が劣るため，グルテンなどを配合する必要があるが，米粉麺のほぐれ改善に粘りの弱い高アミロース米が適していることが明らかにされている[3]．上記よりさらに細かいマイクロ・ナノスケール米粉について[4-6]，乾式のジェットミルで微粉砕した米粉（平均粒子径10 μm 以下）が粒度の粗い米粉（15～100 μm 程度）よりも溶液中での分散性が良好で（図3），溶解性や吸水性が急増することが報告されている．

〔岡留博司〕

◆ 参考文献

1) 日本食品工学会編，2006．食品工学ハンドブック．朝倉書店，77-78．
2) 與座宏一ほか，2010．食品総合研究所報告，**74**，37-44．
3) 食品工業編集部編，2013．米粉食品 食品工業における技術開発とその活用法（食品工業 NEO）．光琳，16-20．
4) 岡留博司，2013．安達修二ほか監，食品素材のナノ加工を支える技術．シーエムシー出版，142-149．
5) Hossen, M. S. *et al.*, 2011. *Cereal Chem.*, **88**, 6-11.
6) Hossen, M. S. *et al.*, 2013. *Japan J. Food Eng.*, **14**, 37-46.

5.7 製粉（小麦粉）

原料受入，精選，挽砕，貯蔵，出荷

小麦製粉は，われわれの食生活に欠かすことのできないパン類，麺類などの主原料である小麦粉を安全に製造し，製パンなどの加工業者や家庭の消費者に届ける重要な役割を果たしている．以下に製粉の工程について用語とそれぞれの役割を解説する．

製粉の工程は以下の通りである．
①原料受け入れ工程，②原料精選，調質，③挽砕工程（破砕・粉砕，篩分，純化），④貯蔵 配合工程，⑤包装工程，⑥出荷工程．

● 原料受け入れ工程

原料である小麦は9割程度が海外から船舶で輸入される．国内産は輸送距離に応じて船舶またはトラックで輸送され，穀物サイロに保管される．原料受け入れ工程とは，製粉工場に原料小麦を搬入する工程である．船舶からはアンローダと呼ばれる機械で小麦を吸い上げ，穀物サイロへ搬入する．保管する前に10 mm大の大きな石や茎類，塵埃などの夾雑物をセパレータで取り除く．

原料小麦は農産物でもあり，小麦の種類や産地での生育期間の天候などの差により，含有するタンパク質の量や灰分に差がある．製パンをはじめとする加工者に安定した品質の小麦粉を供給するため，用途に合わせて種類の異なる小麦のブレンドが行われており，原料配合と呼ばれている．

● 原料精選工程（クリーニング）

原料小麦の中に混入している，小石，砂，植物の茎や実などを除去する工程が，原料精選工程である．形状の違いや比重差を利用して各セパレータと呼ばれる選別機械で分離除去する．代表的な選別機械には，形状の違いを利用して大きな植物の茎や砂を小麦と分離，除去するミリングセパレータ，比重差を利用して小石を分離除去するストナーなどがある．

● 調質工程

小麦をそのまま破砕すると，外皮がもろいため砕けやすく，細かな外皮が小麦粉に混入し，良質な小麦粉を製造することが難しい．そこで，小麦に加水をし，一定の時間小麦をサイロビンに貯蔵して，十分に小麦の中（胚乳部）に水分を浸透させ，外皮を強靭にし，製粉（挽砕）に適した状態にする．この工程を調質と呼ぶ．加水後の貯蔵（テンパリング）時間は一般的に半日から1日程度であり，段階的に数次行うこともある．

原料精選・調質工程のフローの例を示す．
（原料受け入れ工程⇒）【原料一次精選】⇒【調質】⇒【原料二次精選】⇒【調質】⇒【原料三次精選】（⇒挽砕工程）

● 挽砕工程

挽砕工程は狭義の製粉工程といえる．挽砕工程の一般的なフローを示す．
（原料精選・調質工程⇒）【破砕】⇒【篩分】⇒【純化】⇒【粉砕】⇒【篩分】⇒【仕上げ】（⇒小麦粉製品）

小麦製粉においては，破砕工程（ブレーキング）で小麦を砕いて粒度の粗い胚乳部（セモリナという）を取り出し，純化工程（ピュリフィケーション）にてセモリナと皮部と分離し，純化されたセモリナを粉砕し，篩（ふる）って（リダクション工程），それぞれの篩分で得た粉を集合し小麦粉とする（仕上げ工程）．特徴的なことは，挽砕途中のセモリナ・外皮の混在物（ストックと呼ぶ）が，破砕・粉砕，篩分，純化の各工程を行き来することである．このストックの輸送にはニューマティックコンベアと呼ばれる空気輸送システムが用いられている．

破砕および粉砕の工程ではロール機が使われ，篩分の工程ではシフタと呼ばれるふるい分け装置が用いられる．破砕工程（ブレーキング）のロール機にはブレーキロールと呼ば

図1 ロール機　　図2 シフタ

れる表面に溝を彫ったロールが使われ、粉砕（リダクション）工程ではスムースロールと呼ばれる表面を粗面加工したロールが使用される。

ブレーキロールは小麦粒を潰すイメージではなく、開いて中身の胚乳部（セモリナ）をあらわにし、その胚乳部を掻き出す役目をする。ブレーキロールで掻き出された胚乳部と外皮は、シフタで4～6種類のサイズに分離される。分離されたものは、あるものは次のブレーキロールへ、あるものはスムースロールへ、あるものは純化工程（ピュリフィケーション）へ輸送される。

純化工程（ピュリフィケーション）とは、比重差を利用して、セモリナと外皮の混在物を分離する工程である。ピュリファイヤと呼ばれる風選を利用した機械を使う工程であるが、高いグレードの小麦粉の市場のない諸外国にはこの純化工程がない製粉工場がしばしばみられる。

粉砕（リダクション）工程は、スムースロールを用いて、ブレーキロールで掻き出した胚乳部の粒子（セモリナ）をすり潰すように粉砕する工程である。リダクション工程では主として純化工程から送られてくるセモリナを粉化しており、灰分値の低い、高グレードの小麦粉が採取できる。

● 貯　蔵

生産された小麦粉は一般的に1等粉、2等粉などに分けられ、外皮部分はふすまとして、

図3 製粉工場全景とタンクローリー車

それぞれ貯蔵される。生産された数種類の小麦粉をこの段階で配合することも広く行われている。諸外国では栄養強化の目的でこの段階でビタミン、鉄分などの添加物を添加する工程がある。生産直後の小麦粉は加工性が劣ることが知られており、エージングと呼ばれる一定の貯蔵期間を設けることが一般的である。貯蔵にはサイロビンに貯蔵する方法と包装して倉庫に貯蔵する方法がある。

● 包装工程

小麦粉製品の包装形態は用途によりさまざまであるが、日本では一般的に業務用には2層クラフト紙袋が使用されている。1袋の重量は25 kgが主流である。家庭用には一般的にポリエチレン製の袋が使用され、500 g、1 kgなどが市場で販売されている。今日では包装前に貯穀害虫の卵などの混入防止のため、殺卵機、ふるい機が設置されることが多く、包装後には重量選別機、金属検出器が設置されている。

● 出荷工程

小麦粉製品の配送は、袋物の形態とバルクと呼ばれるタンクローリー車を使用した形態が主流である。タンクローリー車へのバルク積み込みの際には、包装工程と同様、殺卵機、ふるい機などが配置されていることが多い。

〔岩角隆久〕

5.8 調製機

皮剥ぎ機，外葉除去機，下葉取り機，根伐機

農産物を出荷するために必要な種々の処理があるが，その中でも収穫後，農産物の商品価値を高めるために仕上げる作業のことを調製と呼ぶ．例えば，被害を受けた箇所，汚れた箇所，夾雑物，外葉，下葉，および不要な根部の除去，洗浄，さらには細断などをする作業がこれに当たり，そのための機械を調製機と呼ぶ．これらの作業は選別などの作業の前段に行われることも多いため，前処理作業と呼ばれたり，広義には計量，梱包などまで含むこともある．細かな作業が多いため，人力で行うことも多いが，ここでは開発された皮剥ぎ機，外葉除去機，下葉取り機などについて概要を述べる．

● 長ネギ皮剥ぎ機

図1に長ネギ（白ネギ）調製・選別システムを示す．長ネギは，荷受け時には約60〜120本入りの束（こも）として入荷する．これより，根茎部に付着している土壌を除去して根を切断し，皮を剥ぐ調製作業が必要かつ重要である．作業者が下葉，枯れ葉を除去して本システムの専用コンベアに供給すると，コンベア上では，全長58 cmとなるようカッターで葉を自動的に切断する．続いて，図2に示すように，荒切りカッターで切断後，根茎部に付着した土壌を高圧空気で除去する．次に，第一カメラを用いて茎盤に近い位置を決定し，第一カッターで根を切断する．さらに，再度高圧エアで土壌を除去し，第二カメラで茎盤の位置を正確に認識して第二カッターで切断する．図3には，第二カメラで撮像した根部の画像と，適切に根を切断したときの茎盤を示す．深切りしすぎると内部の茎が露出して乾燥し，商品価値が低下する．一方，浅切りの場合は後工程の皮剥ぎ作業が適切に行えず，システムの性能が低下する．

図4には襟合わせ部ならびに皮剥ぎ部を示す．襟首検出カメラで撮像した葉の付け根（襟首）の画像をもとに10本のネギの位置合わせを行い，襟開け位置から根側へ移動するノズルにより圧縮空気を2秒間，襟首（葉と茎の境界）に導入して外皮を剥ぐ．各ネギは図

図1 長ネギ調製・選別システム（石井工業株式会社）

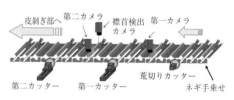

図2 根切断部

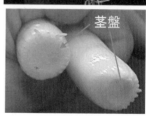

図3 第二カメラの根部（上）と茎盤（下）

5のように処理された後，選別部に運ばれ，軟白の長さ，径，曲がり，葉の数，キズなどの計測後，箱詰め，出荷される[1]．

● キャベツの外葉除去機

収穫後のキャベツは，図6(a)(b)のように外葉が多く，これを図6(c)のように適宜除去することにより見かけの容量を小さくして出荷される．この調製作業を行う機械が2002年に21世紀緊プロで開発[2]された．図7にそのシステムを示す．キャベツの根部を上向きにして移送トレイに供給した後，上方のカラーカメラで下部の色を判定し，その結果に基づき，回転刃で外葉を切り取る．コンベア速度は$30\,\mathrm{m\cdot min^{-1}}$であり，毎秒1個の処理が可能である．

● 下葉取り機・根伐機

ミツバやホウレンソウ，コマツナなどは収穫後，下葉除去を行った後に，洗浄，包装して出荷する．下葉取りは虫害を受けた茎葉，枯れた茎葉，小さな葉柄，葉身を除去する作業で，細かな手作業であることより労力を要する．これらの農産物においては，主茎や主たる葉身を保持すると，下葉が主茎や葉柄と角度をなしてその束から脇へ出るものが多い．そのため，下葉取り機は回転体を備え，下葉を巻き込んで除去するタイプが主流である．

水耕栽培などで生育したレタスなどは出荷までに根を切断後，計量し，パッキングを行う．大量生産されるところでは，1列ごとにカッターで根を切断する装置が用いられている．

〔近藤　直〕

◆ 参考文献

1) 近藤直ほか，2004．ネギの調製・選別システム．日本機械学会ROBOMEC2004講演要旨．
2) 生物系特定産業技術研究推進機構，2003．21世紀型農業機械等緊急開発事業平成14年度開発機の概要および成績書．25-26．

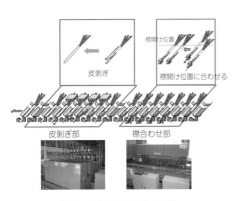

図4　襟合わせ部と皮剥ぎ部

図5　処理後の長ネギ

(a) 要切断（深切り）　(b) 要切断（浅切り）　(c) 切断不要

図6　キャベツの画像

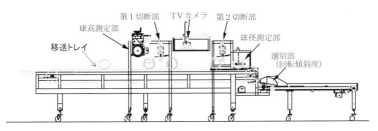

図7　キャベツの調製機

5.9 農産物洗浄・ワックス処理

除塵, 清浄, 洗浄, 洗磨, 縦ブラシ式,
横ブラシ式, ワックス

収穫された農産物は, 洗浄機（清浄機）によって表面に付着する粉塵や土汚れが除去される. 洗浄工程の中には, 表面の光沢やつやを出したり, 表面に残る側根を除去したり, 汚れのひどい荒皮を除去する目的で, 研磨機が使用されることもある. ここでは, 一次産品としての農産物洗浄機の一例を紹介する.

農産物向け洗浄機として, 円筒状のブラシ台に線材を束にして植毛したロールブラシを用いたブラシ方式が広く利用されている. 対象とする農産物の形状や表皮の特性, 洗浄の内容や程度に応じて使い分けされる.

洗浄ブラシの線材は, 洗浄力と耐久性が求められる. 毛先が細くしなやかで, 柔軟性・弾力性にも富む馬毛は, 柑橘などの果物向け除塵用洗浄機で使用されることが多い. 豚毛や, ナイロン, PP（ポリプロピレン）やPVC（ポリ塩化ビニル）は, 馬毛に比べ毛先が硬く, 洗浄や研磨などで使用される.

洗浄ブラシの植毛方法（植毛パターン）と, 毛先カット方法の一例を図1に示す. 対象とする農産物や洗浄機内で農産物を搬送する方法によって使い分けされている.

洗浄機の構造としては, 縦ブラシ式と横ブラシ式があり, バッチ式と連続式, 家庭向けの小型洗浄機から, 共同選果設備向けの高能力な大型洗浄機まで用途に応じてさまざまな自動洗浄機がある.

また, ニンジンやダイコンなど, 汚れや残渣がひどい農産物は, ブラシ洗浄の前工程として, 大型の水槽に張った水に投入することで, 荒洗浄や予備洗浄・残渣除去を行うこともある. この場合, 単に洗浄を行うだけでなく, 大量の農産物を傷つけることなく, 次工程へ供給する目的を併せもっている.

● 縦ブラシ式洗浄機

縦ブラシ式は, 長く伸びた2本ないしは複数本のロールブラシが, 農産物の進行方向に対して平行に配置された洗浄機である.

洗浄機の上部から水洗シャワーで水を流しながら, ブラシを内々に回転させることで, ブラシとブラシの谷間に挟まった農産物が洗浄されていく. ジャガイモなど水を嫌う農産物は, 表面に高圧エアを噴射し, 巻き上がった粉塵を洗浄機上部の集塵装置で吸い取る.

農産物は, 後方から供給されてくるものに押され, 徐々に前方に進みながら洗浄されていく. ロールブラシに傾斜をつけたり, らせん状のブラシを使用することで, スムーズに連続的な洗浄が行える構造となっている.

この方式は, ブラシの毛並みと回転方向が, 農産物の進行方向に対して垂直になるため, 農産物が前方へ進む際に大きな摩擦抵抗がかかり, 横ブラシ式よりも強力な洗浄, 土落とし, 洗磨が可能であり, ダイコンやニンジン, ナガイモ, ゴボウなどの長物や, サトイモ, ジャガイモ, カボチャ, スイカ, メロンなどで使用される.

対象物を囲むようにブラシを配置した機械や, 複数本のロールブラシを半円弧状に配置し, 円弧内に大量の農産物を投入, ブラシの回転と同時に, 農産物の表面同士がこすれ合う"ともずり"を起こさせながら縦・横の送りを与えることで, さらに強力な洗浄・磨

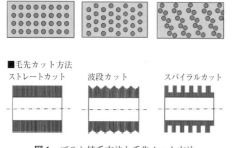

図1 ブラシ植毛方法と毛先カット方法

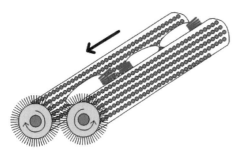

図2 縦ブラシ式による洗浄

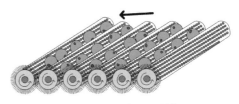

図3 横ブラシ式による洗浄

が行える洗浄機もあり，ニンジンやゴボウなどで使用される．

また，水洗シャワーの代わりに，高圧洗浄水を噴射しながらブラッシングすることで，少ない水の量で強力かつ効率的な洗浄が可能な機械もある．高水圧を噴射するノズルに工夫を施し，省水効果を高めながら均一な洗浄を実現しており，ダイコン・ニンジン・ナガイモ・ゴボウなどで使用される．

● 横ブラシ式洗浄機

横ブラシ式は，複数本のロールブラシが農産物の進行方向に対して垂直かつ連続的に配置された洗浄機である．縦ブラシ式と同様に，水やエアを噴射しながら，すべてのブラシを農産物の進行方向に沿うように回転させることで，ブラシとブラシの谷間に並んだ農産物が洗浄される．ブラシの毛並みと回転方向が，農産物の進行方向と同じであり，縦ブラシ式よりソフトにブラッシングされる．

ブラシの長さ分，農産物を並列で処理できる構造で，対象物の大きさや要求される洗浄の程度に配慮し，ブラシの回転速度，本数や間隔，谷間の深さが調節される．

ブラシのみが回転し，後ろから来た農産物に押されながら，1段ずつ前方へ進んでいく"自転式"と，ロールブラシを連結した搬送コンベアで，ブラシの回転と同時にコンベアを進行させていく"自公転式"がある．

横ブラシ式は，比較的果皮に優しい洗浄・除塵，皮剥きや洗磨を可能とし，柑橘，ジャガイモ，タマネギ，ミニトマト，ウメなどで使用される．

● ワックス処理

現在国内で流通する農産物において，一部の温州ミカンを除き，ワックス処理がされているものは少ない．ワックス処理は，表面に光沢をつけ見た目をよくすることと，農産物表皮から水分が蒸散することを抑制し，鮮度を保つ目的をもっている．海外では，オレンジやレモン，リンゴやキュウリまで，さまざまな農産物がワックスで処理されているようである．

ワックスは，食べても安全な，植物性のカルナウバロウや，天然樹脂のセラックを主成分としたものが使用されている．

食品の薬剤処理が敬遠され，人工的につけられた光沢よりも自然な見た目が好まれるといった，消費者嗜好の変化に伴い，果皮の弱いハウスミカンや，シーズン初期で見た目によくない極早生ミカンのみワックス処理を行う産地が増えている．

温州ミカンのワックス処理には，横ブラシ式の洗浄機が使用される．洗浄機上部に配置されたノズルでワックスを噴霧し，ブラシを回転させながら果実全面にワックスを塗布する．その後，パイプコンベアでミカンを自公転させながら，温風でワックスを乾燥させる．

〔二宮和則〕

5.10 カット野菜

電解水, オゾン水, バイオフィルム

● カット野菜とは

カット野菜の明確な定義はないが, おおむね以下のように定義できる. すなわち, 「用途に応じて多様な形にカットした野菜（千切り, 角切り, たんざく切り, 乱切りなど）および皮剥き・芯抜きなどの簡易な前処理を行ったもの（剥きタマネギ, 芯抜きキャベツなど）」である. 日本におけるカット野菜の市場規模は2013年の調査結果では生産額ベースで1300億円, 販売額ベースで1900億円と推定されている[1]. 近年の生活様式の変化に伴い, 必然的に食生活にも変化が生じていることもあり, カット野菜は着実に需要量が増加しつつある食品の1つとみられている.

一方, 昨今の食品に関わる事件や事故の増加に伴い, 消費者の食品の安全性に対する関心は高まる一方である. また, 最近の消費者は安全性はもちろんのこと, より高品質な食品を求める傾向が強まってきている. すなわち, 食品の安全性と品質との両立がこれまで以上に求められている. このような消費者のニーズに応えるために, カット野菜においても, さまざまな洗浄殺菌方法が検討されている. カット野菜, 特にサラダ用のものは「生で食べる」という特性から, 過度の加熱処理や, 過剰な薬剤処理は消費者ニーズに応えるものではない. そこで, 求められているのが加熱を施さない非熱的処理であり, かつ有毒な化学物質を用いない殺菌処理方法である. このような要望に応える手法として, 酸性電解水やオゾン水といった手法が注目を集め, 実用化に向けて研究成果が蓄積されつつある.

● 電解水, オゾン水によるカット野菜の殺菌

レタス, キュウリ, イチゴに付着している一般生菌数, 大腸菌群数およびかび・酵母数に対するオゾン水の殺菌効果を検討した結果, 作物によって殺菌効果の現れ方に違いがあるが, オゾン水の殺菌効果は次亜塩素酸ナトリウム（NaOCl）水溶液（150 mg・L^{-1}）, 強酸性電解水による殺菌効果と同等の効果で, ともにおおむね1〜2 log（菌数）の減少を示した[2,3]. キュウリとイチゴは殺菌効果が現れにくかったが, これは組織表面の構造にも起因していることが推察される.

野菜表面におけるオゾン水, 電解水による処理効果を, 表面微生物数（拭き取り法）および電子顕微鏡による表面観察によって検討した結果, 表面構造の比較的平滑なレタスを対象にした場合には, オゾン水（5 mg・L^{-1}）だけでなく, 強酸性電解水やNaOCl（150 mg・L^{-1}）でもレタス表面において高い殺菌効果を示した. 一方, 表面構造の複雑なキュウリやイチゴを対象にした場合には殺菌効果は現れにくかった[3]. したがって, 組織表面の微細構造の違いが殺菌効果に大きく影響を及ぼすことが明らかとなった. また, 電子顕微鏡による観察の結果, 野菜表面にバイオフィルムが形成されていることが確認された. バイオフィルムは殺菌剤に対してバリア効果を示し, フィルム内部の細菌は薬剤に対して強い抵抗性を示す. そのため, バイオフィルムを形成している場合には, 期待した殺菌効果が現れないことが予想される. バイオフィルムに対して, 強アルカリ性電解水および強酸性電解水の併用処理が効果的であることが最近報告されており[4], 両電解水の併用処理によって野菜上のバイオフィルムが除去されることが電子顕微鏡による観察で確認されている. したがって, バイオフィルム制御の観点からも, 強アルカリ性電解水による前処理と, 強酸性電解水による殺菌処理との組み合わせ手法が有効であると考えられる.

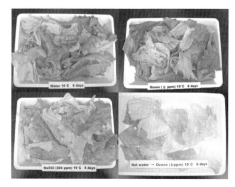

図1 各種殺菌処理後10℃・6日間保存後のレタスの外観
左上：水道水 10℃・6日．
右上：オゾン水（5 mg・L^{-1}）・10℃・6日．
左上：NaOCl（200 mg・L^{-1}）・10℃・6日．
右下：温水＋オゾン水（5 mg・L^{-1}）・10℃・6日．

● 殺菌処理後の品質変化

外観品質の変化　殺菌処理を施して，安全性を向上させると同時に野菜としての品質を維持することが求められている．消費者がカット野菜を評価する際には，まず初めに見た目（外観）の良否が判断材料になる．カット野菜において問題となる褐変を抑制する方法を検討した結果[5]，50℃程度の温水で前処理した後，冷却したオゾン水で殺菌処理することで褐変の発生を顕著に抑制することができた（図1）．すなわち，10℃の保存で6日間，褐変の発生を抑制した．オゾン水の単独処理では，比較的早い段階（保存3日目）で褐変が発生した．ここではオゾン水を用いた処理方法の結果を示すが，基本的には電解水も同様の傾向が得られている．このような褐変抑制は褐変に関わる酵素（phenylalanine ammonia lyase：PAL）活性が関与していることも確認した[5]．つまり，温水前処理をすることでPALの活性を低下させ，褐変の進行を抑制することができた．

微生物学的品質の変化　前述の効果的な

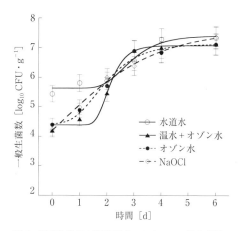

図2 殺菌洗浄後10℃保存中のレタスの一般生菌数の変化

殺菌処理と褐変抑制を両立する手法によって，安全で高品質なカット野菜が提供できるかというとそれだけでは難しい．前述の温水前処理とオゾン水殺菌との併用処理を施したサンプルにおいて，保存中（10℃）の細菌数の増加が著しいことを見出した（図2）[5]．

このような現象は強酸性電解水による単独処理においても認められ，保存温度が1℃と低い場合には増加は認められないことも確認されている．したがって，食品保全において最も基本的ではあるが，適切な温度管理が殺菌処理後のカット野菜では非常に重要であることが研究結果からも改めて示された．

〔小関成樹〕

◆　**参考文献**

1) 農畜産業振興機構，2013．平成24年度カット野菜需要構造実態調査事業報告概要．28．
2) Koseki, S. *et al*., 2001. *J. Food Prot*., **64**, 652-658.
3) Koseki, S. *et al*., 2004. *J. Food Prot*., **67**, 1247-1251.
4) Ayebah, B. *et al*., 2005. *J. Food Prot*., **68**, 1375-1380.
5) Koseki, S., Isobe, S., 2006. *J. Food Prot*., **69**, 154-160.

5.11 緑茶加工

蒸し製，釜炒り製，殺青，揉捻，乾燥

緑茶加工は，原料生葉中の酸化酵素を不活性化するための殺青方法により，大きく蒸し製と釜炒り製に分けられる．全国茶品評会を例にあげると，蒸し製の茶種として煎茶，玉露，かぶせ茶，深蒸し茶，蒸し製玉緑茶およびてん茶が，釜炒り製は釜炒り茶が該当する．

● 蒸 し 製

煎茶および蒸し製玉緑茶の基本的な製茶工程は蒸熱，粗揉，揉捻，中揉，精揉または再乾，乾燥の6工程となる．

蒸熱工程 生葉に含まれる酸化酵素をボイラで発生させた蒸気の熱により不活性化する工程であり，蒸熱の加減により製茶品質が大きく変化する．蒸機には網胴回転攪拌式（図1）と送帯式のものがあり，生葉1kgを蒸すのに必要な蒸気量は，網胴回転攪拌式では0.3kg，送帯式では0.5kg程度である．

茶種により蒸し時間が異なり，普通煎茶，かぶせ茶および蒸し製玉緑茶が30〜90秒，深蒸し茶が90〜150秒程度である．蒸熱後の茶葉は，高温のためすぐに品質が劣化するので，冷却機を用いて速やかに常温まで冷却する必要がある．

粗揉工程 冷却後の蒸葉を揉み込みながら熱風により乾燥する工程であり，近年は乾燥効率と品質向上を目的として，葉打機，第一粗揉機および第二粗揉機を組み合わせる場合が多い．葉打機は冷却直後の高含水率（乾物基準で約400〜300%）の蒸葉を合理的に乾燥するため，葉ざらいによる攪拌のみとなっており，多量の熱風により10〜15分の処理時間で約20〜30%の水分を除去する．その後，葉ざらいと揉み手を備えた第一粗揉機ならびに第二粗揉機（図2）を用いて茶葉を揉み込みながら乾燥を進め，工程全体で約1時間かけて含水率100%（乾物基準）程度まで水分を減少させる．このとき90℃前後の熱

図2 粗揉機

図1 網胴回転攪拌式蒸機

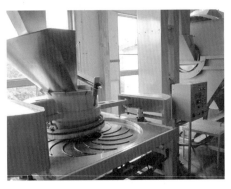

図3 揉捻機

風で乾かすが，恒率乾燥により処理中の茶温は36±2℃を保つように熱風量ならびに撹拌回転数を調整することが肝要である．

揉捻工程　粗揉後の茶葉を揉盤の上で加圧しながら回転揉みし，葉や茎の部分の水分を揉み出して全体の水分を均一にして，次の中揉工程における乾燥と成形の効率化につなげる重要な工程である（図3）．揉捻では茎の部分を揉み込むことが重要であり，処理時間は30分程度を目安とする．

中揉工程　回転胴内に熱風を送りながら，揉み手により茶葉を揉み込み，乾燥と成形を行う（図4）．揉み手は胴に対して同方向に約1.8～2.0倍の早さで回転し，それにより茶葉は細長く撚り込まれながら乾燥しつやが出る．中揉機投入時の含水率(乾物基準)100%程度から恒率乾燥を保ちながら乾燥を進めるためには，中揉機の排気温度が32～34℃（このとき茶温は34～36℃）になるよう風量ならびに回転数を調節し，含水率30～35%（乾物基準）程度で取り出す．

精揉工程　煎茶製造特有の工程である．精揉機は揉盤と揉圧盤により加圧しながら茶を丸細く伸ばす成型を行い，揉盤の両側をガスバーナーで加熱して伝導加熱により茶葉の乾燥を進める製茶機である（図5）．形状が安定するためには含水率が乾物基準で11～13%程度になる必要があり，茶葉の状態に合わせて温度，回転数ならびに加圧程度を調整しながら40～60分間かけて乾燥成型を進める．

再乾工程　蒸し製玉緑茶の製造において精揉工程の代わりとなる乾燥成型工程であり，"集葉板"のついた回転ドラム内に熱風を吹き込みながら，集葉板により持ち上げられた茶葉が落下する際に乾燥すると同時に自重により曲玉状に成型される工程である．

乾燥工程　熱風により茶温を70～80℃に保ち，30～40分かけて茶葉中の含水率を保存に適した4～5%まで乾燥させる工程である．乾燥機には棚型と連続式の2種類があり，大量製造ラインには透気式連続乾燥機が用いられている．

● **釜炒り製**

釜炒り茶の基本的な製茶工程は，炒り葉，(粗揉)，揉捻，中揉，水乾，締炒，乾燥の7工程となる．

炒り葉工程は，直火により300℃以上に加熱した鉄製の円筒釜で，連続的に生葉を炒り（その際，茶葉中の水分が蒸気化することにより炒り蒸し状態となる）茶葉中の酸化酵素を失活させると同時に，釜炒り茶特有の香り（釜香）を発揚させる重要な工程である．手炒り製法から発展したため，最初は回分式で小型の機械であったが，大量安定生産のため1959年に円筒型連続炒り葉機が開発され，さらに2009年に炒り葉と連続粗揉を組み合わせた120K型高能率炒り葉機を開発し現場での利用が始まっている．　〔宮崎秀雄〕

図4　中揉機

図5　精揉機

5.12 食肉加工

枝肉，部分肉・精肉，死後硬直・解硬，熟成，塩漬，燻煙，ケーシング，加工機械

今日市販されている食肉は，ニワトリ・ブタ・ウシなどの家畜・家禽が法的規定に則り，屠畜・解体された後，それらの骨格筋を食品に変換させたものである．死後の骨格筋が低温で衛生的に一定期間貯蔵されることで起こるさまざまな物理的および化学的変化を経て食肉となるが，この過程を熟成という．また骨格筋以外の臓器類は副生物と呼ばれ，可食部は食用として流通している．さらに主に豚肉を原材料にして加工されたハム・ソーセージなどの食肉加工品（食肉製品）が，現在の食生活のさまざまな場面で食肉と並び利用されている．

● 食肉の生産

ブタ・ウシなどの大型家畜は，屠畜場で失神と放血処理を受けた後，ベルトコンベアで皮剝ぎ機，蹄除去用カッターや背割用電動鋸などの解体装置に運ばれ，剥皮，内臓摘出，頭部・四肢端・尾部除去を経た枝肉になる．屠畜前の生体から枝肉になる過程で獣医師による生体検査，解体前検査および解体後検査を受け，食用に支障のない枝肉のみが検査印を押印されて食品として流通している．枝肉は枝肉取引規格に従い，格付専門員から格付けを受ける．例えばウシの枝肉は，歩留等級と肉質等級のそれぞれで評価され，各等級が連記表示されて枝肉の"せり"における卸売業者などによる判断に資され，適正な価格で取引される．購入された枝肉は，「もも」「ロイン」「ともばら」「まえ」の部分に分割され，さらに除骨・整形後に各部位に分けられた後，精肉として消費者に販売されている．

● 骨格筋の構造と化学成分

食肉・食肉加工品の原材料となる家畜・家禽の骨格筋の構造は，長軸方向に対する横断面では細胞に相当する筋線維の周囲を結合組織である筋内膜が包み，数十本の筋線維が筋周膜で束ねられて筋線維束となり，さらに筋線維束が束ねられて筋上膜（筋膜）で被われている．また"霜降り肉"として知られる牛肉は，筋周膜の周囲まで脂肪が蓄積したものであり，黒毛和種牛を肥育することで得られる．骨格筋の化学成分は，おおむね水分が約70%，タンパク質が20%，脂肪含量の変動は大きく数%からよく肥育された黒毛和種牛肉では30%以上になり，灰分は約1%である[1]．炭水化物は1%前後であるが，食肉になると分解されており，ほとんど含まれない．骨格筋のこれら固有の性状は，品種，部位，性別，年齢などで異なり，また飼育環境で影響を受ける．

● 死後変化

家畜・家禽の屠畜後には，血流の停止により各組織への酸素や栄養素の供給が止まり，組織からの二酸化炭素や代謝物・老廃物の除去・移動もまた停止する．死後の骨格筋では，しばらくの間細胞の恒常性を維持するために化学エネルギーの供与体であるATPの消費が続き，一方で再合成が行われる．嫌気的なATP再合成では解糖系でグリコーゲンが分解され，ATPとともにピルビン酸が生じる．ピルビン酸は酸素分圧低下のため乳酸に分解され，乳酸は血流が停止しているために肝臓へ運ばれて代謝されることなく，筋細胞中に蓄積する．その結果，筋細胞内のpHは徐々に低下し，ウシ・ブタの屠畜後約24時間でpH 5.4～6.0の極限pHに達する[2]．それに伴い解糖系の一部の酵素が失活し，また貯蔵されていたクレアチンリン酸からのATP再合成量が減少することでATP濃度が徐々に低下していく．筋細胞内のATP濃度およびpH低下により，筋小胞体やミトコンドリアの膜系のCa^{2+}取り込み能が損傷し，貯留してあるCa^{2+}が漏出してくる．漏出したCa^{2+}は筋細胞の収縮装置である筋原線維を構成す

るトロポニンに結合し，その結果アクチンとミオシン間の相互作用が起きて，残存しているATPのエネルギーを使って筋細胞は収縮する．この収縮によりATPがすべて消失するためアクチンとミオシン間の結合は不可逆的で解離せず，硬直複合体を形成し，骨格筋は伸長性を失い死後硬直を起こし硬くなる．通常，死後硬直が完了するまでの時間は，骨格筋を0〜4℃に貯蔵したとき「ウシで24時間，ブタで12時間，ニワトリで2時間程度」[3]といわれている．死後硬直期の骨格筋は硬いだけでなく，筋原線維間の空隙が硬直収縮で少なくなり肉汁を保持する性質（保水性）が弱く，また香りや味に関わる物質も少ない．このような状態で加熱調理すると，硬くなりドリップ量が多く，また風味に乏しいため食用には適していない．

● 熟　成

死後硬直を起こした骨格筋をさらに低温で保持（熟成）しておくと，硬直が解けて（解硬）軟らかくなる．その要因に筋原線維の構造がCa^{2+}やタンパク質分解酵素の作用で脆弱になり，咀嚼などの物理的衝撃に対し抵抗が弱まるとともに，アクチンとミオシン間の結合が弱まり筋原線維内の空隙が増大することがあげられる．また結合組織の崩壊が影響することが示されている．死後硬直期に排除された肉汁が熟成中に筋原線維内空隙に戻ることで保水性が回復し，加熱時の離水（ドリップ）が最小になる．熟成中にタンパク質は分解を受けて低分子化し，呈味に関わるペプチドやアミノ酸が増加する．またタンパク質や脂肪が分解された低分子の揮発性物質総量も増加する．これらは肉汁に溶存し，回復した保水性により加熱時に失われることなく多汁性と風味に寄与し，加熱調理肉の食味性に軟らかさとともによい影響を与える．以上のように，硬直した骨格筋はその後の熟成中に変化を受けて食肉に変換され，利用されている．通常の熟成期間は，「5℃に貯蔵したとき牛肉で8〜10日，豚肉では4〜6日，鶏肉で1/2〜1日」[3]といわれているが，真空包装した牛肉塊は2℃では45日間は食用可能[4]とされる．

● 食肉加工品（食肉製品）

肉類を主な原材料として加工される食品を食肉加工品（食肉製品）といい，日本での生産量が多く代表的な製品はハム・ソーセージ・ベーコン類である．他にハンバーガーパティ，肉缶詰類，レトルト食品類，冷凍食品類など多種類の製品に加工されている．食肉加工の原材料には，豚肉がその加工適性が優れていることで主に用いられているが，他に牛肉，めん羊肉，家禽肉，魚肉などが用いられる．食肉以外にも，塩漬剤に使用する食塩，亜硝酸塩，アスコルビン酸，リン酸塩のほか，デンプン，乳タンパク質，調味料，香辛料など，種々の材料が使用される．また食肉製品の包装資材として重要なケーシングには天然ケーシングと人工ケーシングが用いられる．天然ケーシングは可食性であり，羊腸，豚腸，牛腸が使われている．多くが輸入品で，近年では人工ケーシングに比して高級な製品に使用される傾向がある．人工ケーシングには，可食性のコラーゲン由来のものと非可食性のセルロースやセロハン系のケーシングがある．天然ケーシングに比して衛生的で，サイズが均一で安価であるなどの利点がある．

● 製 造 技 術

日本での主要な製品であるハム・ソーセージ・ベーコン類の製造における共通工程は，塩漬，乾燥・燻煙，および加熱である．

塩漬とは原料肉を食塩や亜硝酸塩の発色剤などを含む塩漬剤に漬け込むことで，製品の良否を決定する重要な工程である．塩漬剤中の食塩により水分活性が減少し，微生物の増殖が抑えられる．また食塩で筋原線維の塩溶性タンパク質であるミオシンやアクトミオシンが溶出してくる．これらのタンパク質は加熱により水分を内包した状態で網目状にゲル化し，製品の保水性・結着性発現に寄与する．食肉の色素タンパク質であるミオグロビンは，亜硝酸塩から生じる一酸化窒素がミオ

グロビンのポルフィリン環の中心に配置している鉄原子に結合し，ニトロシルミオグロビンとなる．製品は，その後の加熱でタンパク質グロビンが変性し安定な桃赤色をした加熱塩漬肉色を呈する．さらに塩漬肉特有の好ましい風味が付与される．塩漬のやり方には乾塩法と湿塩法があり，乾塩法では塩漬剤を直接原料肉に擦り込み，浸透させる．一方，湿塩法ではピックル液と呼ばれる塩漬剤の溶解液を調製し，原料肉を漬け込むが，塩漬時間の短縮のために，ピックルインジェクターと呼ばれる多針の装置でピックルを直接原料肉中に注入する迅速塩漬法も用いられている．

燻煙の目的は，製品の保存性を高め，色・光沢や香りなどの特有の風味を付与することである．燻煙材を木くず・チップなどにしていぶらせ，発生する煙中の成分を製品に付着させる．使用する燻煙材は，香りがよく樹脂の少ない硬木が適しているが，日本ではサクラが好んで使われている．燻煙成分の付着をよくし水分活性を低下させるために，燻煙前に短時間，製品表面の乾燥を行う．

非加熱食肉製品（生ハム・一部のベーコン類）および乾燥食肉製品（ビーフジャーキーなど）を除く食肉加工品に対して，有害な微生物などを死滅させるために加熱が行われる．例えば，加熱食品製品では製品の中心温度が63℃以上に保たれた状態で30分以上加熱することを食品衛生法で定められている．殺菌以外に，塩溶性タンパク質が加熱でゲル化して製品が結着して食感が増すことと加熱塩漬肉色が発現する効果がある．加熱には定温のボイル槽に浸ける方法と，燻煙に引き続きスモークハウス内で蒸気による蒸煮による方法が行われている．

● 製造工程

ロースハム・ボンレスハムなどのハム類の基本的な製造工程を図1に示す．原料肉は整形され塩漬が行われる．塩漬肉はケーシングに充填された後，スモークハウス内で乾燥と燻煙に続き，蒸煮加熱される．湯煮の場合にはボイル槽に移され，湯水中で加熱される．大型のハムは内部まで十分に加熱されるよう湯煮が行われ，冷却後に包装される．異物検査などを受けた後，梱包され出荷される．

ベーコン類の製造工程を図1に示す．ハム類の製造工程に類似しているが，ベーコンは

図1 ハムおよびベーコンの製造工程

図2 ソーセージの製造工程

ケーシングに充填されない．塩漬で形が崩れたときには再整形を行い，比較的低温で燻煙される．従来，ベーコンは加熱されないものであるが，現在のベーコンは大部分が加熱されており加熱食肉製品である．

ソーセージ類には多くの種類があるが，ひき肉，脂肪，食塩，香辛料などが練り合わされ，ケーシングに詰められたものとして分類される．日本では図2に示す基本的な工程で製造されたドメスティックソーセージが主流である．豚肉および脂肪を塩漬してひき肉にした後，カッティングと呼ばれる工程でサイレントカッターを用いて細切され，同時に脂肪，氷，香辛料，調味料などと混和され，練り合わされる．現在では事前に塩漬しないひき肉にカッティング工程で氷，香辛料や調味料などとともに塩漬剤が加えられ，細切・混和と塩漬が同時に行われるカッターキュアリングという迅速な方法が用いられている．細切・混和された乳濁質状の練り肉はスタッファーでケーシングに充填され，燻煙，加熱を経て製品に仕上げられる．

● 食肉製品の規格と安全性

製造された食肉製品は食肉と並び栄養価が高く，消費者が摂取するものであるため，それらの安全性は保証されていなければならない．食品衛生に関して1947（昭和22）年に定められた食品衛生法は現在までに何回か改正され，1993（平成5）年の改正で食肉製品は「加熱食肉製品」，「特定加熱食肉製品」，「非加熱食肉製品」および「乾燥食肉製品」の4つの製品に分類され，製品の分類ごとに規格が定められた．すなわち成分規格（微生物規格を含む），製造基準および保存基準がそれぞれの分類に個別に規定されている．成分規格として食肉製品に共通に，その1kgにつき0.070gを超える量の亜硝酸根を含有するものであってはならないとされている．さらに製品分類ごとの個別規格・個別基準として一例を挙げると，身近な加熱食肉製品であり，加熱殺菌後にスライスされたり小分けされたりして包装されるスライスハムやソーセージは，成分規格では上記の亜硝酸根の含有量の共通規格に加えて，E. coli およびサルモネラ属菌の両方とも陰性でなければならず，黄色ブドウ球菌は検体1gにつき1000以下でなければならない，と定めてある．また製造基準では，その中心部の温度を63℃で30分間加熱する方法またはこれと同等以上の効力を有する方法により殺菌しなければならないと個別に定められ，さらに保存における基準は10℃以下で保存することとされている．

一方で食肉製品の品質の保証においては，1950（昭和25）年に初めて制定され幾度となく改正されてきたJAS法（農林物資の規格化等に関する法律）で品質の規格が定められ，一定の基準を満たした適合製品にJASマークが貼付される．JAS法は，今日では食品・農林水産品の品質を保証するJAS規格制度以外に，品質に関する一定の表示を義務付ける品質表示基準制度に加え，2017（平成29）年の改正で「生産方法」，「取扱方法」，「試験方法」等にも拡大されている．食肉製品では，一般JAS規格でハム類やソーセージ類の6種類の製品に大別され，それらの品質が保証されている．ロースハムやソーセージなどでは特級，上級，標準などの等級区分があり，品質に差があることが示される．また一定期間以上の塩漬で特有な風味に仕上げた熟成ハム等に，特別な生産や製造方法の規格に適合している食肉製品として特定JASマークが貼付される． 〔山之上稔〕

◆ 参考文献
1) 齋藤忠夫ほか，2006．最新畜産物利用学．朝倉書店，110-112．
2) Busch, W. A. *et al.*, 1967. *Journal of Food Science*, **32**(4), 390-394.
3) 中江利孝，1986．乳・肉・卵の科学－特性と機能－．弘学出版，68．
4) 食肉加工協会 他13団体，2006．期限表示のための試験方法ガイドライン（改訂）．11．

5.13 蒸留

気液平衡，共沸，蒸留塔，減圧蒸留

蒸留（distillation）は複数成分の液体混合物から，目的とする成分の液体を分離・濃縮する操作のことで，温度や圧力を調節することで分離する成分や割合を変えることができる．蒸留により成分を精製する操作は精留（rectification）と呼ばれるが，工業的には精留を目的に蒸留操作がなされるため，広くは蒸留と同義である．一般に，混合液体を加熱していくと低い沸点の成分から蒸発するので，それを冷却・凝縮させて分離する．

● **気液平衡**

密閉容器内に入れた複数成分の混合液の温度を一定にすると，気化しやすい成分が気相中に多く存在し，気化しにくい成分は液相中に多く存在する気液平衡（vapor-liquid equilibrium）状態に達する．

AとBの2成分からなる混合液があり，その濃度がそれぞれ x_A と x_B であるとき，これと平衡状態にある蒸気中の各成分の蒸気圧 p_A と p_B は，その温度の純粋成分の蒸気圧を P_A と P_B とすれば次の式で表せる．この関係をラウール（Raoult）の法則という．

$$p_A = P_A x_A, \quad p_B = P_B x_B$$

気体の蒸気圧 P については，ダルトン（Dalton）の分圧の法則が成り立つので，

$$P = p_A + p_B$$

今，A成分を低沸点成分として，その溶液濃度が x であるとき，これと平衡な蒸気中のA成分濃度 y は，

$$y = \frac{P_A x}{P} = \frac{P_A x}{P_A x + P_B (1-x)}$$
$$= \frac{(P_A/P_B) x}{1 + \{(P_A/P_B) - 1\} x}$$
$$= \frac{\alpha x}{1 + (\alpha - 1) x}$$

ただし，$\alpha = P_A/P_B$ である．α は比揮発度（relative volatility）または相対揮発度と呼ばれる．図1にメタノール-水系の液相線と気相線を示す．系の温度で平衡関係にある液相と気相のモル濃度の関係がわかる．

● **単蒸留と共沸**

図2のような装置で，フラスコに入れた混合液の原液を加熱すると低沸点成分が徐々に蒸発して凝縮器に導かれ，そこで凝縮して，留出液（distillate）として分離される．このような操作を単蒸留（simple distillation）または回分蒸留という．フラスコ内の低沸点成分が蒸発するのに伴い，混合液内の低沸点成分の濃度が低下するため，すべての低沸点成分を分離することはできない．混合液の原液

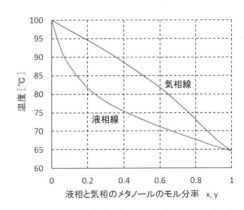

図1 メタノール-水系の液相線と気相線（全圧1気圧）

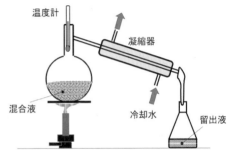

図2 単蒸留装置

を連続的に供給して，留出液を連続的に取り出せるようにした操作をフラッシュ蒸留（flash distillation）という．

蒸留物の組成は混合液成分の蒸発・凝縮の温度に依存する．混合液は沸騰するに従って混合物の組成が変化し，一般に沸点温度は徐々に上昇する．しかし，液相と気相が同じ組成になって変化せず，沸点も一定のまま変化しない状態があり，この現象を共沸（azeotropy）と呼ぶ．例えば，エタノール水溶液の場合，エタノールの沸点は78.37℃で水の沸点は100℃で，混合液の沸点は78.15℃である．エタノールの濃度が約96％w/wに達すると共沸状態となり，気相のエタノール濃度と等しくなるため，蒸留操作ではそれ以上に濃縮することはできない．

● 蒸 留 塔

蒸留操作によって，留出液側には低沸点成分が，残留液側には高沸点成分が濃縮されることになる．この操作を連続的に多段の塔構造で行う設備が蒸留塔（distillation column）である．図3のように，底部のリボイラで加熱されて沸騰蒸発した蒸気は上にある棚段を通って上がり，その棚段にたまった液に触れて凝縮する．そのとき，液は蒸気の蒸発潜熱を受けて沸騰して蒸発するが，この蒸気はその上の棚段で凝縮する．このように，原料の成分は，凝縮と蒸発を繰り返しながら最上部から蒸気となって凝縮器に入り，そこで凝縮して一部は留出液として取り出され，残りは還流液（reflux）として再び塔の最上段に戻される．この留出液量に対する還流液量の比を還流比という．一方，各棚段から流下した液には高沸点成分が濃縮されて，塔底部に設けた缶から，缶出液（bottoms）として取り出される．

● 常圧蒸留と減圧蒸留

蒸留には，大気圧下で行う常圧蒸留（atmospheric distillation）と大気圧より低い圧力で行う減圧蒸留（vacuum distillation）がある．常圧では蒸発しなかった比較的高い

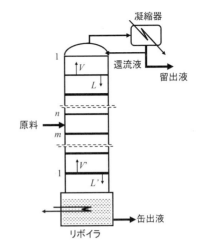

図3　蒸留塔

沸点の成分が減圧することによって低温でも蒸発する．また，加熱すると分解しやすい成分を低温で蒸発させて抽出することができる．焼酎製造でも減圧蒸留法が採用されている．常圧蒸留の場合はもろみ（主原料や麹，酵母などを混ぜ合わせたもの）を加熱して約90℃でアルコールを蒸留するが，減圧蒸留では50℃程度で蒸留できる．

● 水蒸気蒸留

水蒸気蒸留は共沸現象を利用する蒸留方法で，アロマオイル（150～350℃）のような高沸点の物質を水と蒸留することで，対象物質の沸点よりも低い温度で留出させることができる．水蒸気を連続的に蒸留装置に導入して容器内を過熱水蒸気で満たし，流出する蒸気を冷却して高沸点の対象物を水とともに冷却し捕集する．沸点の高い物質の蒸気圧と水の蒸気圧の和が全圧になり，水蒸気圧が高沸点成分の蒸気圧を減少させることになるため，低い温度で蒸留ができる．　　〔東城清秀〕

◆　参考文献

1) 藤田重文編，2007. 化学工学演習（第2版）．東京化学同人，30-57.
2) 化学工学教育研究会編，1990. 新しい化学工学．産業図書，85-95.

5.14 抽 出

液液抽出，固液抽出，超臨界流体抽出

抽出は，液体または固体原料を，液体溶剤により処理して原料中に含まれる可溶性成分を溶解分離する操作である．液体原料を液体溶剤で処理する場合を，液液抽出と呼び，固体原料を液体溶剤で処理する場合を，固液抽出と呼ぶ．石油化学工業などにおいて多用されているのは，液液抽出であるが，出発原料の多くが固体状の農畜水産物である食品工業においては，固液抽出が重要な単位操作として広く用いられている．固液抽出により回収・分離される食品成分には，サトウキビあるいはサトウダイコン中の砂糖，油糧種子あるいは動植物組織中の油脂，チャの葉あるいはコーヒー粉砕物中の有効成分，藻類あるいは植物組織中の多糖類，獣皮あるいは骨中のコラーゲンないしはゼラチン，植物組織中の色素などがある．固液抽出における溶媒の選択は，対象成分の選択的分離，抽出速度，経済性などの面から重要となるが，食品成分の抽出に使用可能な溶媒の種類は，人体への安全性の観点から限られたものとなる．親水性の物質の抽出には，溶媒として水が用いられる．一方，食用油のような疎水性の物質の抽出には，ヘキサンが一般的に用いられる．これらの溶媒のほかに，粘度が低く，固体原料中への浸透性に優れた超臨界流体，特に超臨界二酸化炭素も物質の抽出に用いられるようになってきている．以下に，固液抽出の機構を紹介するとともに，超臨界流体抽出の特徴と応用について述べる．

● **固液抽出の機構**[1]

固体食品原料の固液抽出は非定常のいくつもの過程から成り立っている．まず，溶媒は細胞組織表面から，細孔や毛管を通して内部に浸透し，細胞間隙を通って細胞表面に達する．溶媒は細胞壁を透過しうるので，細胞内に入り，抽出成分を溶解する．溶解した成分は，溶媒が十分に浸透した組織内を組織表面に向かって移動し，固液界面の境膜を通って溶媒相へと抽出される．抽出の過程は，細胞組織内への溶剤の浸透，成分の溶解，溶解成分の細胞内から組織表面への移動，液境膜内の拡散を経ることとなる．そして，溶解成分の細胞内から組織表面への移動の過程が，抽出の律速過程と考えられている．

焙焼コーヒー豆中には平均直径 $20\,\mu m$ の細胞と直径の $2500 \sim 10000$ 倍の長さを有する細孔が多数存在する．コーヒー可溶性成分の抽出速度が大きいのは，この多孔質微細構造に起因している．

上述のように，食品成分の固液抽出の律速段階となる原料組織内における拡散は，組織の微細構造によって大きく影響を受ける．このため，抽出に際しては組織構造を破壊するための原料の前処理が行われることが多い．食用油脂の抽出においては，水分調整，粗砕，圧扁，加熱処理が行われるが，加熱処理によってデンプンの糊化，タンパク質の凝固のほか，原形質剥離，細胞壁中間層中のペクチンの分解や細胞分離が生じる．そして，細胞膜は損傷を受けて，成分の透過性が増大する．

● **超臨界流体抽出**

固液抽出操作では，最適な溶剤の選定が重要であり，以下のような基準で溶剤が選ばれることが多い．すなわち，目的成分の溶解度が大きく，かつ選択的に抽出すること，原料との密度差が大きくエマルション化しないこと，目的成分との沸点差が大きく共沸混合物を生じないこと，化学的に安定で毒性や腐食性がないこと，蒸発潜熱や比熱が低く，粘度も低いことなどである[2]．こうした観点から，超臨界流体を用いた固液抽出技術が注目されている．

物質は，ある温度，すなわち臨界温度を超えると加圧しても液体とはならず，気体とも

液体ともつかない超臨界状態となる．通常は，温度および圧力がともに臨界値を超えた領域の物質を超臨界状態と呼んでいる．固体あるいは液体と接する気体中の溶質濃度は，常圧近辺においては，溶質分子の熱運動によって決まるのに対して，超臨界流体中の溶解度は，分子間相互作用の影響を受けて大きくなる．定圧のガスにほとんど溶解しなかった溶質も，超臨界流体には溶解するようになり，溶解度は，圧力あるいは温度の変化によって著しく変化する．超臨界流体は，密度の点では，液体に近く，粘度の点では，気体に近い性質を有している．このため，超臨界流体中における溶質の拡散係数は，気体中と液体中におけるものに比べて，中間の桁の値となる．このような性質のため，超臨界流体は抽出材料への浸透性に優れ，溶質の速やかな拡散を可能とする．このような特性を有する超臨界流体を利用して，天然物中の有効成分の抽出あるいは好ましくない成分の除去が行われるようになってきている．

　抽出に用いられる超臨界流体としてこれまでよく用いられてきた物質は，エタン，エチレン，プロパン，亜酸化窒素，二酸化炭素などである．これらの物質の中で，二酸化炭素は，①臨界温度が31.1℃，臨界圧力が7.39 MPa（73 atm）であり，比較的常温に近い臨界温度であるので，熱的に不安定な物質などの抽出にも適用可能である，②不活性ガスであるため，引火性，化学反応性がなく，また，残存した場合にも人体に対して無害である，③安価で，純度の高いガスの入手が容易であるなどの長所があり，最もよく利用されている．食品工業において最も重要なことは，「食品の安全性」であるので，超臨界流体抽出に用いられる溶剤としては，二酸化炭素が最も適している．しかし，脂溶性物質の溶解度という点では，エタン，プロパンなどより劣る．この点を改善するために，被抽出物質と親和性の高い物質（エントレーナ）を二酸化炭素に添加することもある．エントレーナとしては，エタノール，酢酸，水などが用いられる．超臨界二酸化炭素中への油脂の溶解度は，エタノールを10%添加することによって数倍大きくなるとされる．それでも，超臨界流体中の溶解度は，有機溶剤に比べると，2桁程度小さいので，大規模な抽出においては，超臨界流体を回収して再利用することが望ましい．

　超臨界流体抽出のもう1つの大きな特徴は，選択分離性に優れる点である[2]．食品素材から有機溶剤を用いて特定の物質を抽出する操作は広く行われ，ヘキサン，ジクロロメタン，メタノール，エチルアセテートなどが主として用いられてきた．しかし，目的成分のみが抽出されるとは限らず，抽出後に精製工程が必要となる場合が多く，また，有機溶剤が残留する可能性も問題となる．これに対して，二酸化炭素による超臨界流体抽出の場合には，目的成分のほかに別の成分が抽出されたとしても，数段の減圧分離操作によって，異なった組成の抽出物の選択分離が可能となる．当然のことながら，溶剤の残留もまったく問題とならない．

　二酸化炭素を用いた超臨界流体抽出は，コーヒー豆中のカフェインの除去，ホップエキスやフレーバーの抽出に応用されている．

〔鍋谷浩志〕

◆ **参考文献**
1) 中村厚三，1990．食品工学基礎講座8．分別と精製（矢野俊正・桐栄良三監修）
2) 小林猛，1985．ケミカル・エンジニアリング，1985年7号，22-28．

5.15 高圧加工

高圧処理，凍結・解凍，変性，成分富化

圧力は温度と同様に物質の状態を規定する重要な状態変数の1つであるが，食品加工における物理操作では古来より熱処理が主であった．圧力による食品加工は近代まで積極的には行われておらず，19世紀に瓶詰食品の加工に圧力の利用がみられたのみであった．このとき，食品を瓶詰にした状態で密封加熱を行うことで加熱と同時に瓶内が蒸気により加圧され，長期保存可能な食品の製造を可能としている．今日では，本原理は加圧加熱殺菌としてレトルト食品製造に用いられているが，加圧加熱殺菌で用いる圧力はせいぜい数気圧程度で，その主な働きは熱によるところが大きく，圧力は補助的な役割にすぎなかった．一方，近年では数百MPa（数千気圧）の静水圧を利用することで，圧力を主体とした食品高圧加工が行われており，非熱的食品加工技術の1つとして注目されている．

静水圧による高圧処理では，密閉容器内に満たした圧力媒体となる流体を加圧することで，数千気圧の圧力での処理を実現する．このとき，パスカルの原理に準ずるため，密閉容器内に存在する物体には，物体の大きさ，形状，成分によらず，等方的に圧力が作用する．そのため，熱処理とは異なり，静水圧による高圧処理では，食品の中心部まで圧力が瞬時に伝搬し，その圧力の保持にもエネルギーの損失がない．また，高圧処理による食品加工では，栄養成分の劣化や加熱臭の発生が少ないことから，熱処理の代替殺菌処理法として注目されてきた．その一方で，今日の食品加工においては，凍結・解凍操作，物性改変，酵素反応の促進などの殺菌以外の目的での高圧力利用が提案されている．

高圧力を利用した凍結・解凍操作では圧力による水の凝固点変化を利用する．図1の水の液相・固相の状態変化図に示されるように，高圧力下では0℃以下でも液相を維持できる不凍領域が存在する[1]．そのため，200 MPaの圧力下の水は，−20℃近傍でも液体として存在し，その際に常圧まで減圧すると凍結が開始する．減圧により水の凍結が開始すると，水の凝固熱の放出により温度が常圧下の凝固点である0℃まで上昇する．これにより，過冷却の解消による凍結と同様に，被処理物の内外を問わず，均一に水分を凍結できる．なお，減圧による凍結ではすべての水分の凍結を行うことができず，被処理物を完全に凍結するためには減圧後に外部から冷却を行うことも不可欠となる．本凍結は圧力移動凍結と呼ばれ，急速減圧による急速凍結が可能なことから，食品の凍結技術として注目され，豆腐や卵豆腐，ニンジンの圧力移動凍結に関する研究が行われている[2]．このとき，圧力移動凍結では凍結時間が短くなるため，生成する氷結晶が微細となり，解凍後においても凍結による組織損傷が少なくなると報告されている．以上のような圧力移動凍結に関する研究が進められる一方で，圧力を利用した解凍

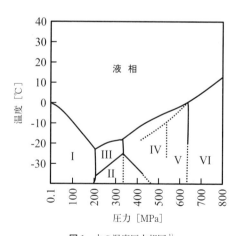

図1 水の温度圧力相図[1]

Ⅰ相は常圧下で形成される氷，Ⅱ〜Ⅵ相は低温高圧状態で形成される氷．氷相により結晶構造が異なる．

技術に関しても注目されている．一般的な冷凍食品の解凍では外部からの熱移動により食品外周部から徐々に解凍が進むため，食品全体の均一な解凍は困難である．一方，静水圧による高圧処理では被処理物全体に均一に圧力が付加されて氷結晶が融解するため，高圧解凍により，食品全体の均一な解凍を瞬間的に行うことができる[1]．なお，高圧処理過程では断熱圧縮・膨張が発生するため，昇圧時に温度上昇，減圧時に温度低下が示される．そのため，常圧における凝固点近傍の温度で高圧解凍を行うと減圧時に再凍結してしまう可能性があるため，高圧解凍では凝固点以上への加温も不可欠となる．

食品加工では物理的あるいは化学的な操作として，一般的に，温度，pHなどを制御することで食品物性を改変するが，食品高圧加工で食品の物性を改変することが可能である．食品はタンパク質，糖質などの生体高分子で構成され，生体高分子は水などの溶媒と非共有結合により立体構造を形成している．高圧力を加えると，まず系全体の体積が減少するように溶媒和が進行して生体高分子の立体構造が変化し，圧力が増すことで最終的には不可逆的な変性が起こる．これにより，色素，香気，栄養の各成分の熱による劣化を引き起こすことなく，食品の食感，消化性の改変が可能となる．タンパク質の高圧変性は，畜肉，魚肉，卵，乳などについて検討されている[3]．牛肉，豚肉では屠殺後数日間の熟成により肉質を軟化させるが，数分間の高圧処理を行うことでも同程度まで軟化させることが可能であると報告される[4]．また，畜肉や魚肉を用いた一般的な練り製品では加熱により筋肉タンパク質をゲル化したものであるが，高圧処理によってもゲル化は可能である．高圧処理により形成されるゲルは，熱処理と比して，保水性および弾力性が高く，やや硬いが，高圧処理条件やゲルの塩濃度によってもその特徴は変化する[4]．

農産物の成分は，農産物の内在酵素による働きで富化しうることが知られている．近年，高圧処理を行うことで，酵素による成分富化がさらに促進されることが，玄米，ダイズ，ジャガイモ，タマネギ，トマトなどで報告されている[5]．例えば，玄米では，γ-アミノ酪酸（gamma-aminobuturic acid：GABA）含有量が，高圧処理を含む加工を行うことで，無処理と比して3倍まで富化する．高圧処理により玄米の構造が破壊され，玄米中に含まれるGABA合成酵素（グルタミン酸脱炭酸酵素）と基質のグルタミン酸との会合が促進されることで，GABA合成が進むとされている[5]．また，これ以外にも高圧処理による米粒内部への水分含浸，気泡の排除などが起こることで酵素とその基質の反応がより進みやすくなるとも指摘されるが，詳細な機構については解明されていない．

上記以外では，100〜400 MPaでの二枚貝の開脱殻，100 MPaでの液体含浸および酵素分解による食品のエキス化が実用化している[6]．さらに，デンプンの圧力糊化による物理処理デンプン製造，高圧下での効率的酵素分解によるアレルゲン低減など，さまざまな用途が検討されている[6]．しかしながら，古来より利用されている熱処理による食品加工と比べると，高圧処理に関する研究蓄積は圧倒的に少なく，未解明な現象，機構が多い．よって，食品高圧加工は，未知の領域が多いため，逆に，実用化技術の創出が今後大きく期待できる分野ともいえる． 〔森松和也〕

◆ 参考文献

1) 山本和貴，2011．冷凍，**86**(1000)，98-99．
2) 渕上倫子ほか．2008．高圧力の科学と技術，**18**(2)，133-138．
3) 池内義英．2000．日本農芸化学会誌，**74**(5)，612-615．
4) 西海理之．2013．冷凍，**88**(1026)，263-268．
5) 笹川秋彦，山崎彬．2008．高圧力の科学と技術，**18**(2)，139-146．
6) 山本和貴．2009．日本調理科学会誌，**42**(6)，417-423．

5.16 エクストルーダー

押し出し，膨化，圧縮，せん断，混合，混練，反応，殺菌，溶融，成形

1930年代からスクリュー系加工機として主要なエクストルーダーはプラスチック・ゴム工業を中心に用いられていた．エクストルーダー（押し出し機）はフレーム（バレル）内にスクリューを配し，供給口より原料を投入し，スクリューの回転により原料を内部に移送し，材料の混合，混練，さらにバレルからの加熱処理なども含めて反応，殺菌，成形などの加工を行い，出口（ダイ）から押し出す装置である．エクストルーダー内部の高温高圧雰囲気の中でタンパク質やデンプンを溶融し，押し出す際の成形条件を設定することで膨化や組織化などが可能であり，さまざまなテクスチャーの食材を調製できることが最大の特徴である．

食品・飼料の加工・調製に利用されているエクストルーダーの原型は，20世紀になって登場し，プラスチック加工でのエクストルーダーの技術進展が非常に強い影響を与えている．2軸エクストルーダーはイタリアLMP社Colomboによって考案され，1958年に日本へプラスチック加工用として導入されている．1970年代から組織化植物タンパク質（textured vegetable protein：TVP）が製造されるようになった．同時期から2軸エクストルーダーが食品用に改良され，TVPをはじめとする製品に使用されるようになる．2軸エクストルーダーは，装置内部での状態制御が従来の1軸型よりも容易であること，また使用できる材料の性状範囲が広いという利点をもっている．現在の食品加工におけるエクストルーダーの利用としては，専用機としてはパスタ製造機や膨化スナックの製造に用いられるパフマシンがあり，製造工程での主生産機として用いられている．さらにペットフードや朝食用シリアル，スナックといったデンプン加工品，TVPなどのタンパク加工品においては個々の専用機的な名称はないが，エクストルーダーが広く用いられている．これらの工程において1軸型だけでなく，製品の形状の多様性から2軸エクストルーダーが導入され，処理量の多い生産機として稼働している．

2軸エクストルーダーの多くの機能を複合的に利用することで従来の食品加工工程では複数の装置を用いていた多段階の工程を連続的に1台で担うことも可能であり，ハードキャンディーの製造工程がその1例である．従来からの主生産機として用いられていた分野に加えて，優れた連続処理性やさまざまな機能を利用して生産効率を向上しようとする試みから多くの食品分野での応用が試みられてきた．日本において食品関係で2軸エクストルーダーを用いた研究が開始されたのは1980年前半であり，その当時は国内での2軸エクストルーダーは10台にも満たなかった．日本でのエクストルーダーでの研究開発は，農林水産省の補助事業として1984年から5か年実施された「食品産業エクストルージョンクッキング技術研究組合」によって加速された．この研究組合では，食品加工用の2軸エクストルーダーの利用法の開発が，機械メーカー5社と食品企業21社で行われ，200件以上の特許が出願され，また多くの商品が上市された．

食品加工用2軸エクストルーダーの構造であるが，本体は，駆動部，原料供給部，バレル，スクリュー，ダイ（出口部）からなっている．食品加工で主流である完全噛み合い同方向回転タイプの2軸エクストルーダーのスクリューの主構成は縦軸閉鎖系となり，1軸のように押し出し方向に沿ってスクリューチャネルが開放していない．そのため材料の性状にあまり影響を受けないで，スクリュー回転により各チャネルに収容された材料が前

方へと搬送される．その結果，搬送時に生じる摩擦も少なく，材料の熱劣化なども抑えられる．内部の圧力発生に伴う材料の逆流を抑えることができる．このためにニーディングディスクのような搬送能力がまったくないスクリューを通常のスクリュー間に，混合・混練といった機能を得るために設置することも可能である．ダイ（あるいはダイス）の部分が製品形状の決定に大きく影響している．ダイの役割は製品の形状決定であるが，もう1つ内部の発生圧力の調節があげられる．つまり内部での材料の混合・加圧下での加工のための内部圧力を材料を押しとどめることで発生させるのである．したがってダイの開口面積などの設定にあたっては内部での材料の挙動を知ることが重要となる．低水分系でのデンプン材料においては，材料挙動を把握しつつダイ部での圧力調整などを行っている．デンプン材料を膨化成形する場合のダイの形状であるが，ダイでの材料の移動速度の均一化，圧力調整を行うための工夫を行っている．2軸エクストルーダーでは前述したように高水分系材料での加工が可能となったが，この場合のダイの役割は材料の成形という観点で冷却機能が要求されている．2軸エクストルーダー内部の高温・高圧条件では材料中の水分は内部の蒸気圧上昇によって液体で挙動しているが，そのまま大気圧下にさらされると内部の水分は蒸気化し製品の構造を破壊しかねない．そこで Sair, Quass によって考案された[1]のが冷却ダイである．また2軸エクストルーダーでは，その噛み合ったスクリューにより1軸エクストルーダー以上に機能が付与しやすいく，内部での摩擦による発熱なども少ないために加工条件などを制御しやすい．しかし，スクリューの加工精度や設置においては制限があることも事実である．食品用ではサニタリー性も装置に求められる重要な機能である．

食品加工の一例として2軸エクストルーダーによるタンパク加工[2,3]について述べる．

エクストルーダーによる植物タンパクの組織化（これは元来畜肉などがもつ筋線維的なタンパク質の構造に近い繊維状の構造形成を意味している）は1970年に発表された Atkinson[4]の特許で紹介された．わが国では食生活が畜肉摂取型に転向していたこともあり，ダイズなど比較的安価でなおかつ，食用油原料として多く輸入している材料からの肉様素材製造は大きな関心を呼んだ．他には魚肉すり身からの組織化物からカニ足様やホタテ身肉様の製品が製造されている．従来のカニ足蒲鉾に比べてきわめて細かな繊維性の構造は，食感の良好な素材を作り出している．なお反応性の高い魚肉タンパクから安定した良好な繊維性を形成するために，冷却ダイの構造に工夫がなされている．

デンプン系の製品では食物繊維を多く含んだシリアルやスナックが健康志向から製造されている．2軸エクストルーダーの優れた混合・粉砕効果は，多くの食物繊維の食感をあまり損なうことなく添加することを可能にした．スナックにおいても形状が複雑なものや内部にチョコレートなどを充填したものなど新世代スナックなどといわれているものもあり，エクストルーダーなどの装置改良を含めた素材開発の試みが続けられている．エクストルーダー内部での成分変化の制御はデンプンなどの消化性の制御やアレルゲンの破壊などの効果を引き出せるとして健康食品的な素材開発も行われており，今後も，テクスチャーの制御も含めた消費者ニーズに対応した高品質の押し出し食品が開発されることが期待される．

〔五十部誠一郎〕

◆ **参考文献**

1) Sail, L., Quass, D. W., 1976. US Patent, 3, 968, 268.
2) 五十部誠一郎ほか，1987．日本食品工業学会誌，**34**(7), 456-461.
3) 五十部誠一郎ほか，1988．日本食品工業学会誌，**35**(7), 471-479.
4) Atkinson, W. T., 1970. US Patent, 3, 488, 770.

5.17 レトルト

F値，加熱殺菌，宇宙食

　大気圧以上の圧力下において，100℃以上の温度で加熱殺菌するために用いる釜(装置)を加圧殺菌装置またはレトルトという．レトルトを用いて100℃以上の温度で殺菌することをレトルト殺菌といっている．レトルト殺菌が可能な耐熱性の小袋状の包装容器をレトルトパウチといい，これに食品を充填，密封し，100℃以上で加圧，加熱殺菌を施して常温流通を可能とした製品のことをレトルトパウチ食品といっている．

　レトルトパウチ食品は，1950年代にアメリカなどで，缶や瓶に比べて利便性の高い袋状の容器を利用した軍用食料として開発された．レトルトパウチ食品は，宇宙開発などの新しい時代の必要に対応したものであり，1969年にアポロ11号が月面探査に成功した際の宇宙食として採用された．同じ頃，日本では，家庭の食卓を対象として，レトルトパウチ入りカレーが発売された．その後，幅広い食品に適用され，現在では，500種類以上のレトルトパウチ食品が販売されているとされる．

　食中毒細菌の中でも病原性大腸菌O157は，75℃・1分の加熱で死滅するが，ボツリヌス菌の芽胞は，耐熱性があり，酸素の存在しない条件で増殖可能であり，さらには，食中毒を引き起こした場合の致死率が高い．このため，レトルトパウチ食品の製造においては，ボツリヌス菌の芽胞を死滅させるために必要な加熱条件が基準とされる．ボツリヌス菌の芽胞は，120℃・4分（F値=4）で死滅することが知られており，一般には，120℃・30～60分の加熱処理が行われる．細菌を死滅させるのに必要な加熱時間は，加熱温度が高くなるにつれて対数的に減少することから，ハイレトルトと呼ばれるものでは，135℃・8分，ウルトラレトルトと呼ばれるものでは，150℃・2分の加熱処理が行われる．

　レトルトパウチ食品の容器の素材は，熱溶融により密封できるものであり，ガス遮断性を有していなくてはならない．ヒートシールにより密封した後の加熱殺菌条件に対応した耐熱性も求められる．内層(食品に触れる層)に無延伸ポリプロピレン，外層にポリエステルを用い，内層と外層との間にアルミ箔を挟む構成が一般的である．袋の形状，袋の大きさ，内容物の性状によってはナイロンフィルムを挿入して強度，特に落下強度を高める構成も使用される．

　調理加工した食品を包装容器に充填し，ヒートシールにより密封する．これをトレイに1袋ずつ並べ，加圧熱水殺菌装置に入れ，加熱水で昇温する．所定の殺菌温度に達したら，そのまま所定の殺菌時間まで温度を保持し殺菌する．その後，冷却工程に入るが，内部の食品の温度が高く，蒸気圧が高いため，そのまま冷却すると，容器が破裂する．このため，外部から圧力を加えながら，破裂しないように圧力調整しながら冷却する．

　レトルトパウチ食品は，①食品を気密性のある容器に入れて，加圧加熱殺菌してあるので，常温で流通でき，約2年間保存できる．②レトルトパウチの素材は，プラスチックとアルミ箔であるので，軽く，開封しやすく，使用後の処理も簡単である．③容器の厚さが薄いので，缶詰に比較して，短時間（缶詰に比較して1/2～1/3）で殺菌でき，加熱による品質劣化が少ない．④容器の厚さが薄いので，使用する際も短時間で温めることができる．

〔鍋谷浩志〕

5.18 缶詰・瓶詰

缶詰, 瓶詰, 加熱殺菌, 加圧殺菌

缶詰・瓶詰とは, 食品を缶または瓶に詰めて密封した後に加熱殺菌を施し, 長期の保存性を与えた食品である. 缶に詰める前に殺菌した後に充填して密封する一部のものもこれに含まれる. また煮熟した後に熱いうちに充填して余熱で殺菌するものも含まれる.

このように加熱殺菌によって商業的無菌状態とし, 密封することで流通や保管中常温下においても長期間品質を維持できるものである. 長期間常温で保存されることを前提としているため, 適切な殺菌法と厳密な密閉が求められ, これが缶詰・瓶詰製造における重要な技術となる.

● 製造工程

缶詰の一般的な製造工程は, 原料の洗浄, 調理, 缶への詰め込み, 調味液やシロップの注入, 脱気, 密封, 殺菌, 冷却, 検査, 梱包, 出荷となる.

農産物, 畜産物, 水産物などの生の原料には, 土壌や農薬その他の異物, またこれらに付着する微生物などが必ず含まれるため, 調理に先立って洗浄が行われる.

続いて, カッティングやトリミングなどの工程で, 青果物の皮や芯, 種子など, また水産物では頭や内臓など不可食部を取り除く. 調理された原料は, 定められた容量に従って容器へ詰め込み, その後調味液やシロップを注入する.

中身が詰め込まれた缶は, 脱気し密封される. 多くは真空巻き締め機を用いて真空下で缶の胴部と蓋部を二重巻き締めとして密封する. 脱気は加熱殺菌中の空気の膨張による変形や巻き締め部の破損などの防止, 缶の貯蔵中の内面の腐食防止, 内容物の酸化による変色, 異臭, 異味, 栄養素の変化などを防止するために行われる.

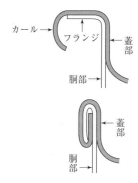

図1 二重巻き締め部断面図

密封は外部からの水や空気の侵入を防止するとともに, 細菌などの侵入による変敗の防止に非常に重要である.

二重巻き締め部の断面図を図1に示す.

缶胴の上端部の外側に広がっている部分をフランジといい二重巻き締めには必須の部分である. これに蓋側の外縁部に設けられたカールと呼ばれる部分を重ね合わせ, フランジの内側に巻き込むようにして二重巻き締めを行う. その際, 蓋のカール部分にはシーリングコンパウンドが塗布され, 密封をより完全なものにしている.

缶詰に用いられる缶の素材はスズ (Sn) メッキを施した鋼板であるブリキか電解クロム酸処理を施した鋼板であるティンフリースチール (TFS) が用いられる. 近年はスズ資源の高騰などを受けて, TFSの使用割合が増加している. 缶の構造は, 缶胴と底蓋, 上蓋の3要素からなる, スリーピース缶が一般的であるが, 近年缶胴と缶底を一体成形としたツーピース缶も利用されるようになってきている. スリーピース缶の場合は, 缶胴は1枚の鋼板を円筒形に加工するため, 鋼板同士を接着する必要があり, ブリキではハンダづけなども行われていたが, 現在はほとんどが溶接によって行われている.

内容物を取り出す際には缶切りなどを用い

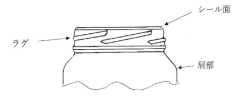

図2 ガラス容器の仕上げ部（ラグキャップ）

て蓋を切り取ることが必要なものが大部分であるが，近年，リングプルと缶蓋全面が切り取れるスコアと呼ばれる切り込みを設けたイージーオープンといわれる構造を採用したものも徐々に利用されるようになってきた．

瓶詰の場合の密封も同様に瓶内を真空として行う．ガラス瓶側のねじ山（ラグ）に対し，蓋側のラグを下側に嚙み込ませて密封する（図2）．密封の際には瓶のヘッドスペースの空気を水蒸気と置換し蓋を閉める．その後の冷却によってヘッドスペースは真空となり，密閉が完成する．また蓋の内側の瓶の口に接する部分はガスケットが付着されている．

● 殺 菌 法

密封した缶は殺菌機を用いて加熱殺菌された後，真空度や内容量，変形の有無などを自動的に検出して除去し，段ボール箱に詰めて梱包し，倉庫へ貯蔵され随時出荷される．

缶詰・瓶詰食品の殺菌は，ボツリヌス菌（*Clostridium botulinum*）による，ボツリヌス毒素の生成防止を主眼として行われる．ボツリヌス菌は，偏性嫌気性菌で，土壌や水中に広く存在するため，あらゆる食品原料に付着していると考えるべきである．ボツリヌス毒素は自然界に存在する毒素としては最強といわれ，体重70 kgのヒトに対して致死量は$0.7～0.9 \mu g$とされている．かつて多くの国でこのボツリヌス毒素による食中毒事件が発生している．わが国においても真空パックの辛子蓮根による食中毒事件のように多数の死者を出した例もある．

ボツリヌス菌は芽胞の状態では熱耐性が強く120℃で4分間以上の加熱が必要である．

またボツリヌス菌の毒素産生能力はpHに依存し，芽胞はpH 4.8以下では発芽，発育しない．そこで缶詰食品はこの毒素産生できないpH 4.8に対しさらに安全性を考慮してpH 4.6以下で水分活性（A_w）が0.85を超えるものを酸性化食品，pH 4.6以上でA_wが0.85を超えるものを低酸性食品として分類し，殺菌方法の基準がそれぞれ決められている．

食品の酸性化は，食品を酸溶液中で加熱する，食品の加熱後に酸液に浸漬する，直接酸を添加する，充填時に容器内に酸を添加する，低酸性食品に酸性食品を加えるなどの方法がある．

酸性化食品の殺菌はボツリヌス菌芽胞の死滅を目的とするような高温殺菌を必要としない．そのため水の沸点である100℃以下での殺菌となり，湯殺菌ともいわれる熱湯に浸漬することによる殺菌か，内容物を缶に充填する前に加熱殺菌し，温度を保ったまま缶に充填して密封し，所定の温度で所定の時間保持した後に冷却を行う熱間充填といわれる方法をとることができる．

一方，低酸性食品は120℃以上への加温が必要であるため，通常は水蒸気を用い圧力を高めることで120℃以上を確保するレトルト装置を用いる．レトルト装置には連続式，バッチ式など，製造規模に応じた装置が選択される．

いずれの殺菌装置を採用するにしても，内容物の全体が規定の時間以上，規定の温度以上を維持する必要がある．特に缶の内容物の中心部は，最も温度上昇に時間がかかり，十分な殺菌が行えない可能性がある．そのためあらかじめ内部の温度経過を測定し，殺菌条件を決定する必要がある．

〔樋元淳一〕

5.19 製油

圧搾，溶媒抽出，精製，サラダ油，オリーブ油

　国内の油脂の年間消費量は約300万t（国内消費仕向量，以下同様）であり，そのうち，植物油は約260万t，動物油脂は約40万tとされ，全体の8割を食用油脂が占める（2014年度）[1]．油脂類の国内生産量は約200万tとされるが，原料は輸入に依存し，油脂類の自給率は13%と低い．

　食用油の代表的な「サラダ油」は日本特有の名称であるが，ナタネ，ダイズ，ベニバナ，ゴマなどの油糧作物を原料とした，それぞれの精製油およびその混合油を示す総称である．それら品質はJAS規格により，酸価，比重，屈折率，けん化価，ヨウ素価などが規定されている[2]．なお，製法から海外では精製植物油（refined vegetable oil）に相当すると考えられる．

　食用植物油の製造工程は，多くの場合，港湾での輸入原料の荷揚げから始まる．精選，乾燥の前処理以降の工程は，圧搾工程と精製工程に大別される．前半の圧搾工程では，圧扁した原料を蒸煮した後，スクリュープレス式の圧搾機（エキスペラー）などを用いて，圧縮し搾油する．この際，圧搾圧を高めると搾油量は増えるが，油分以外の細胞組織の混入が多くなり，摩擦熱による高温で油分の変質を生じやすい．ダイズのように油分の少ない原料については，圧搾に替わり，ヘキサンによる溶媒抽出が用いられる．溶媒抽出は，圧搾後の搾り粕からの油分回収にも用いられる．圧搾・抽出後の油分をろ過あるいは蒸留により分離し粗油が得られる．続く精製工程では，粗油の脱ガム，脱酸，脱色，脱臭の処理を行う．脱ガム処理では温水を加え，ガム質を遠心分離により除去する．さらに，リン酸溶液を加え，残ったガム質（リン脂質）を水和させる．脱酸処理では，水酸化ナトリウムを加え，油中の遊離脂肪酸や余剰のリン酸を中和し，それら不純物を遠心分離により除去する．脱色処理では，白土を加え，クロロフィルやカルテノイド色素ほかの不純物を除去する．さらに，脱臭処理では高真空下で高温の油に水蒸気を吹き込み，揮発性成分を除去する．サラダ油では透明で明るい色調が好まれることから，油の濁りの原因となる固体（脂肪結晶）を除去するため，冷却による脱ろう処理を行う．これらの操作により得られた精製油は充填の後，出荷される．また，製品の用途や特性に応じて，水素添加による不飽和度の低下と融点の上昇，酸化安定性の向上，エステル交換による発煙や泡立ちの解消，混合による栄養素や物理的特性の改善などが行われる．

　サラダ油は，品質低下の原因となる種々の

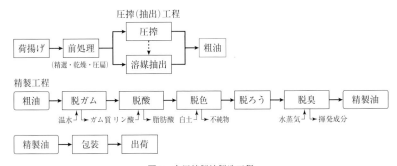

図1　食用精製油製造工程

図2 圧砕オリーブペーストの攪拌

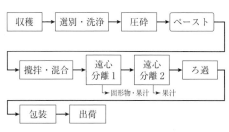

図3 エクストラバージンオリーブオイルの製造工程

夾雑物や不純物を除去し、広い用途に適した成分に調整された精製油である。搾油から包装までの工程は配管でつながれた装置内で行われるため、外部から加工状態を直接みることは難しく、サラダ油は装置化・自動化が進んだ施設により生産されている。

近年、健康機能性への消費者の関心が高く、食用油ではDHAやEPA［⇨9.3 DHA, EPA］などのω-3脂肪酸やオリーブ油の需要が高い。特に、オリーブ油は最近20年間で、輸入量は約10倍に増加し、年間5万t以上（2013年）あり、店頭でも多数のオリーブ油製品が散見される。国内の生産量は約150t（2013年）とわずかであるが、瀬戸内海、九州など、西日本でオリーブの栽培が拡大している。特に、高品質なエクトラバージンオリーブオイル（EVO）の需要が高く、以下ではEVOについて述べる[3]。

EVOは化学的な手法や加熱処理を行わずオリーブの果実を生で絞ったものと規定され、酸度0.8%以下を条件としている（IOC, 国際オリーブ協会）。製品はクロロフィル由来の緑色を呈し、抗酸化能を有するD-α-トコフェロールに富み、一価不飽和脂肪酸のオレイン酸を70%以上含有し酸化しにくい。

オリーブ果実は収穫後24時間以内の加工が推奨され、最初に洗浄・選別により、枝葉や砂などが除去される。若干の加水後、ハンマーミルなどにより圧砕され、ペースト状となる。ペーストはマラクサー（malaxer）と呼ばれる混合槽内で攪拌後、遠心分離機により油分が分離される。さらに、フィルタによりろ過し、包装し最終製品となる。圧砕後のペーストでは、酵素反応による苦味成分の分解と辛味物質の減少が生じ、抗酸化価が低下する。また、ペーストの攪拌により微細な油の粒子同士が結合し大きな粒子となり、油分の分離が容易になるが、摩擦熱も生じるため、温度管理が必要となる。油分の分離回収は、水平型と縦型の遠心分離機の組み合わせにより、2段階で行われることが多く、Alfa Laval社（イタリア）などの装置が用いられている。

サラダ油は、その名の由来であるサラダ料理から加熱調理まで、幅広い用途に適した食用油であり、工業化された大規模な施設による大量生産に適している。一方、鮮度や特定の成分を特徴とするEVOでは、収穫地近隣での加工が望ましく、物理的な操作により製造でき、中小規模での生産に適しており、六次産業化の候補作物として期待されている。

〔胡　立志・豊田淨彦〕

◆ **参考資料**
1) 農林水産省，平成26年度食料需給表．
2) 農林水産省，食用植物油脂の日本農林規格．
3) Firestone, D., 2005. *Olive Oil, Bailey's Industrial Oil and Fat Products, 2nd ed.*. John Wiley & Sons, Inc.

第 6 章　冷　凍

6.1 冷媒

HCFC, HFC, フロン, アンモニア, ブライン, 自然冷媒, 臨界温度

● 地球環境と冷媒

冷凍空調機器の内部を循環し, 低温熱源から高温熱源への熱移動を担う作動流体を冷媒と呼ぶ. 冷凍空調機器で使用される冷媒は, モントリオール議定書によるオゾン層破壊物質の規制, 京都議定書による温室効果ガスの規制によって, CFC (クロロフルオロカーボン), HCFC (ハイドロクロロフルオロカーボン) から HFC (ハイドロフルオロカーボン) へ, そして, さらに地球温暖化係数 (GWP) の小さい代替冷媒へと変遷を重ねている.

● フロン系冷媒

CFC, HCFC, HFC は一般にフロン系冷媒と呼ばれるが, それらのうち, CFC の国内生産は 1996 年に全廃され, HCFC は 2020 年に全廃される予定である. 現在, 業務用冷凍機器で使用される冷媒の主流は HFC 類の R 134a や HFC の混合冷媒である R 404A, R 407C などである. R 404A, R 407C は非共沸混合冷媒と呼ばれ, 同じ圧力での沸点と露点に温度差がある. 近年, 空調分野では, HFC の中でも比較的 GWP が小さい R 32 が家庭用エアコンに使用されるようになり, また, カーエアコンでは, GWP が 1 桁台の冷媒 HFO-1234yf の実用化が進められている.

● 自然冷媒

フロン系冷媒が開発される以前は, アンモニアや二酸化炭素などの自然冷媒が冷凍機に利用されていたが, 安全性や取り扱いに課題があった. その後, 冷媒の主流はフロン系冷媒に移ったが, 近年は, 環境負荷の小さい冷媒として自然冷媒の重要性が再認識され, 安全性と性能の向上によってアンモニアや二酸化炭素を使用した冷凍機が新たに実用化されている. 家庭用冷蔵庫では炭化水素系の自然冷媒であるイソブタンが使われている.

● ブライン

ブラインとは, 冷凍機の蒸発器と被冷却物との間の熱移動を担う液体または溶液であり, 顕熱変化によって熱を伝える媒体であり, 冷凍機の二次媒体や液体凍結機で使用される. それらのブラインには, 無機系と有機系がある. 無機系ブラインは, 塩化カルシウム, 塩化ナトリウムなど, 無機塩類の水溶液であり, 水よりも凍結温度が低い. 有機系ブラインには, グリコール類やアルコール類, 有機溶媒など, 有機系化合物が使われる.

● 冷媒の熱力学的性質と環境特性

冷凍機で使用される主な冷媒の熱力学的性質と地球温暖化係数を表1に示す.

〔小山　繁・宮崎隆彦〕

◆ 参考文献
1) 日本冷凍空調学会, 2013. 冷凍空調便覧. 新装第6版, 1巻基礎編.

表1　主な冷媒の熱力学的性質と地球温暖化係数[1]

冷媒	分子量	沸点 [K]	融点 [K]	臨界温度 [K]	臨界圧力 [MPa]	蒸発潜熱 (273.15K) [kJ·kg^{-1}]	GWP
R 32	52.0234	221.50	136.4	351.255	5.780	326.7	675
R 134a	102.0309	247.08	169.9	374.083	4.048	202.4	1430
R 600a (イソブタン)	58.1222	261.34	113.75	407.795	3.6282	354.3	—
R 717 (NH$_3$)	17.0305	239.82	195.42	405.40	11.353	1262.2	—
R 744 (CO$_2$)	44.010	—	216.59	304.12	7.374	230.9	1

6.2 冷凍能力

日本冷凍トン，アメリカ冷凍トン，製氷能力

表1 製氷に必要な冷凍能力と原水温度の関係（氷の終温を−9℃と仮定）

原水温度 [℃]	日本冷凍トン [JRT]	原水温度 [℃]	日本冷凍トン [JRT]
5	1.44	25	1.67
10	1.50	30	1.72
15	1.56	35	1.78
20	1.62	40	1.84

冷凍能力とは，冷凍装置によって単位時間当たりにどれだけの熱量を除去できるかを示す能力であり，kJ・h^{-1}やkWなどの単位で表す．冷凍装置では，その中を循環する冷媒が蒸発器を通過する際に周囲の環境から熱量を奪うことで冷却が達成される．ここで，冷凍機の冷凍能力 Q [kJ・h^{-1}]は，冷媒循環流量 G [kg・h^{-1}]と冷却効果 q [kJ・kg^{-1}]の積で与えられる．冷却効果 q は1 kgの冷媒が吸収する熱量であり，モリエ（Mollier）線図上では，蒸発器を通過した際の冷媒の比エンタルピー変化 Δh [kJ・kg^{-1}]であり，次式によって求めることができる．

$$Q = Gq = G\Delta h$$

冷媒の循環量は，圧縮機のピストンの押しのけ量と体積効率の積を圧縮機吸入ガス比容積で除することで算出され，インバータ制御式の圧縮機ではこの回転数を制御することによって流量を調整できる．実際の冷凍機の能力を表す際には，工業的実用単位として冷凍トンが用いられる．これは1日（24時間）に0℃の水1tを0℃の氷にする冷凍能力であり日本冷凍トンとアメリカ冷凍トンがある．

日本冷凍トン：
1 JRT = (1000[kg]×79.68[kcal・kg^{-1}])/[24 h]
      = 3320[kcal・h^{-1}] = 3.86[kW]

アメリカ冷凍トン：
1 USRT = (2000[lb]×144[BTU・lb^{-1}])/24[h]
       = 12000[BTU・h^{-1}] = 3024[kcal・h^{-1}]
       = 3.52[kW]

ここで，水の凝固潜熱は79.68 kcal・kg^{-1}（144 BTU・lb^{-1}）である．アメリカでは1tを2000 lb（907.2 kg）として計算するため，同じ冷凍トンでも日本冷凍トンはアメリカ冷凍トンより10%程度大きな値となる．

製氷に必要な冷凍能力を製氷能力という．これは，0℃の水1tを0℃の氷にする冷凍能力のみによって得られるものではなく，製氷工場などに供給される原水を0℃まで冷却する能力，0℃の水を0℃の氷にする冷凍能力，ブライン温度近くまで冷却する能力，ならびに，製氷装置に外部から侵入する種々の熱量を除去する能力の総和である．原水温度を t_w℃と仮定し，終温 t_i℃の氷1tを製氷する場合，製氷機に求められる能力 Q は以下のように概算することができる．

$$Q = 1.2(t_w + 79.68 - 0.5 t_i) \times 1000/24$$

外部からの熱負荷は製氷に必要な熱量の10〜30%と見積もられるが，これは一般的に20%とみなしており，係数1.2を掛ける．ひび割れ防止のため，原水を冷却する際のブライン温度は−7〜−12℃の範囲が適切とされる．原水温度 t_w = 30℃，氷の終温 t_i = −9℃とするときの製氷能力は，

$$Q = 1.2(30 + 79.68 - 0.5 \times (-9)) \times 1000/24$$
$$= 5709[\text{kcal}\cdot\text{h}^{-1}] = 6.64[\text{kW}]$$

これを日本冷凍トンに直すと，6.64/3.86 = 1.72となる．この計算は，原水温度が低下すれば減少するが，普通1.72日本冷凍トン（JRT）を1日1tの氷を製氷するのに必要な能力であるとしている．表1に，氷の終温を−9℃と仮定した場合の製氷に必要な冷凍能力と原水温度の関係を示す．

〔田中史彦〕

6.3 冷凍サイクル

カルノーサイクル，逆カルノーサイクル，
実用冷凍サイクル，成績係数，モリエ線図，
冷凍機，ヒートポンプ

物体の温度を常温より低く，かつ所定の温度に保つ操作を冷凍と呼ぶ．この操作を行うためには外部から仕事を加え，熱を低温側から高温側に汲み上げることが必要であり，これを継続的に行う装置が冷凍機である．冷凍機の中でも，高温側で熱を吸収することを目的とした装置をヒートポンプと呼んでいる．低温側から汲み上げる熱量 Q_2 と，高温側へ放出する熱量 Q_1，外部からの仕事 W 間には次の関係式が成り立つ．

$$Q_1 = Q_2 + W$$

冷凍機では低温の物体から熱をとることを目的とするため，外部から供給する仕事に対して取り去る熱量 Q_2 が大きいことが望ましい．冷凍機の成績を表す尺度として，次の成績係数または動作係数（COP）を用いる．

$$\varepsilon_r = \frac{Q_2}{W} = \frac{Q_2}{Q_1 - Q_2}$$

ヒートポンプでは高温側へ排出する熱を加熱目的に利用するため，この成績係数は次式となる．

$$\varepsilon_h = \frac{Q_1}{W} = \frac{Q_2 + W}{W} = 1 + \varepsilon_r$$

熱の授受によって仕事を取り出すサイクルを熱機関という．熱機関のうち，最も効率のよい理想的なサイクルがカルノー（Carnot）サイクルであり，図1の1〜4のサイクルの実線矢印で示す方向に作動することにより仕事を取り出す．ここで，カルノーサイクルの熱効率は次式で表される．

$$\eta = \frac{W}{Q_1} = \frac{Q_1 - Q_2}{Q_1} = 1 - \frac{Q_2}{Q_1} = 1 - \frac{T_2}{T_1}$$

このサイクルは可逆的であり，破線矢印で示した逆向きのサイクルを逆カルノーサイクル

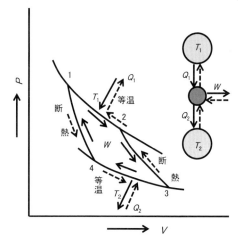

図1 カルノーサイクル（実線矢印）と逆カルノーサイクル（破線矢印）

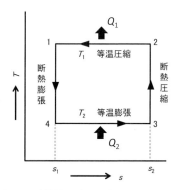

図2 T-s 線図上に示した逆カルノーサイクル

と呼び，理想的な冷凍サイクルとなる．図1および図2において，1→4は断熱膨張過程，4→3は等温膨張過程，3→2は断熱圧縮過程，2→1は等温圧縮過程であり，理想的成績係数は次式で示される．

$$\varepsilon_{id} = \frac{Q_2}{W} = \frac{Q_2}{Q_1 - Q_2} = \frac{T_2}{T_1 - T_2}$$

次に，実用冷凍サイクルについて示す．図3に示すように圧縮式冷凍システムは主に圧縮機，凝縮器，膨張弁，蒸発器の4つの装置から構成される．蒸発器で蒸発した冷媒は圧縮機で圧縮され高温高圧状態となる（①→

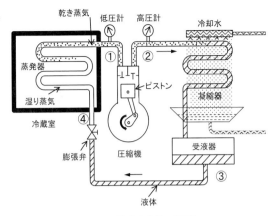

図3 圧縮式冷凍機の概要[1]

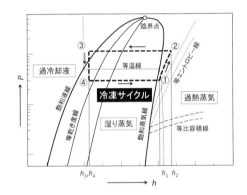

図4 モリエ（P-h）線図上に示した冷凍サイクル

②)．この蒸気を水または空気で冷却し，凝縮させる．凝縮した低温高圧液体冷媒は受液器に貯められる（②→③）．この冷媒液は膨張弁を通る間に急激に低温の湿り蒸気となって蒸発器に送り込まれる（③→④）．冷媒は蒸発器で周囲から熱を取り込み低温低圧で蒸発し，圧縮機に向かい（④→①），冷凍サイクルができる．冷凍サイクルをモリエ（Mollier）線図上に破線で示す（図4）．モリエ線図は冷凍機内を流れる冷媒の状態を知るのに有用な線図であり，実用計算に広く使われている．冷媒の性質は，圧力，温度，比容積，エンタルピー，エントロピーで表され，

冷凍機内を循環する間の冷媒の状態変化を線図上に描くことにより，冷凍能力や圧縮仕事などを求めることができる．冷凍サイクルが断熱圧縮の場合の成績係数を理論成績係数 ε_{th} といい，次式で求められる．

$$\varepsilon_{th} = \frac{q_2}{W} = \frac{h_1 - h_4}{h_2 - h_1}$$

実際の冷凍機の冷凍能力 Q_2 は，冷媒循環流量 G [kg·h^{-1}] と冷却効果 q_2 の積で与えられる．冷却効果 q_2 は 1 kg の冷媒が吸収する熱量である．よって，冷凍能力 Q_2 は次式で求められる．

$$Q_2 = G q_2 = G(h_1 - h_4)$$

また，冷媒循環流量 G は以下で求められる．

$$G = \frac{\text{ピストンの押しのけ量} \times \text{体積効率}}{\text{圧縮機吸入ガスの比容積}}$$

冷凍機にはそのほかにも，冷媒のほかに吸収剤を必要とし，冷媒と吸収剤が混じり合って冷凍サイクルをなす吸収式冷凍機やペルチェ効果を利用した電子冷凍機などもある．

〔田中史彦〕

◆ **参考文献**
1) 豊田淨彦ほか，2015．農産食品プロセス工学．文永堂出版．

6.4 圧縮式冷凍機

圧縮機, 膨張弁, 蒸発器, 凝縮器, 往復式, 回転式

蒸気圧縮式冷凍機は, 図1のように主に蒸発器, 圧縮機, 凝縮器, 膨張弁から構成され, それぞれ配管でつながれている. 管内には, 冷媒が封入されており, 冷媒には外部から圧縮仕事が与えられ, その圧力と流量を調整しながら, 低温部から熱を奪い, 高温部へ熱を汲み上げる冷凍 (ヒートポンプ) 効果を実現している. ここでは, 各要素機器の役割を述べ, その種類と特徴[1,2]を説明する.

蒸発器は, 低温空間 (低温部) の流体 (例えば, 空気や水) から熱を奪う熱交換器である. 蒸発器を流れる冷媒は, 低温部の流体温度よりも低い温度で, 蒸発を伴いながら伝熱面を介して吸熱する. そのために, 冷媒蒸気の圧力はその低温部の温度に対する飽和蒸気圧よりも低く保たれている. 蒸発器を出る蒸気は, 飽和蒸気か, 少し過熱された状態で圧縮機に吸い込まれる.

蒸発器の種類は, 冷媒の状態により分類される. 乾式は, 伝熱管内に冷媒を流して蒸発させて管外の外部流体を冷やし, 冷媒液の蒸発は管を出るまでに完了させる方式であり, 後述の満液式と比べて, 圧力損失は大きいが, 封入冷媒量は少なくてよく, 一般的な空気冷却用蒸発器に用いられる. 満液式は, 伝熱管を例えば円筒内に設置し, 外部流体を管内に流し, 冷媒液を管と胴の間に満たして管外で蒸発させる方式であり, 空調用ターボ冷凍機のように, 循環する冷媒の体積は大きいが, 昇圧差が小さい低圧力比用に適する.

圧縮機は, 冷媒液を低温部で蒸発, 蒸気を高温部で凝縮させるために, 蒸発器と凝縮器の間に圧力差をつける, つまり蒸発器から出た蒸気を吸入し, 凝縮器で蒸気を凝縮させるために所望の圧力まで昇圧する装置である. 圧縮機は, 理想的には冷媒蒸気を可逆断熱的に高温高圧状態まで圧縮するが, 実際は, 流体摩擦などによる不可逆損失が生じ, 圧縮効率 (等エントロピー効率) が1以下となり, さらに軸受や摺動部分の摩擦損失 (機械損失) も生じるために, 理論断熱圧縮仕事以上に仕事を消費する. また, 低温部から高温部まで熱を汲み上げる温度差が大きい場合は, 低温部と高温部の各冷媒温度に対応する飽和蒸気圧の差が大きくなるため, 圧縮機を2段にして, 1段当たりの昇圧差を小さくして圧縮効率の低下を防ぐ工夫がなされている.

圧縮機の種類は, 容積式と遠心式に大別される. 容積式は, 冷媒蒸気を一定の空間に吸い込み, その容積を小さくして圧縮する. この圧縮機は往復式と回転式に分類される.

往復圧縮機は, シリンダ内においてピストンの往復動により冷媒蒸気の容積を変化させて圧縮する方式である. 動力源にはエンジンと電動機があり, 前者は, 主に車両空調や冷凍トラックのような車載用に, 後者は, 冷凍冷蔵, 空調用に広く用いられている. また, 所要動力が約 0.1 kW の小型から 120 kW の中型圧縮機まで製造されている.

回転圧縮機は, ロータリー式, スクロール式, スクリュー式に分類される. ロータリー式は, シリンダの中で偏心回転運動する回転

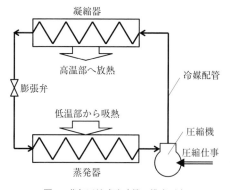

図1 蒸気圧縮式冷凍機の構成要素

子により蒸気を圧縮する．回転子を直結駆動しやすいため，往復式と比べて，省エネルギー，小型軽量，低騒音などの特徴があり，4.5 kWまでの小型圧縮機に用いられている．スクロール式は，平板上にインボリュート形状の羽根をもつ固定スクロールと，旋回スクロール（基本的に固定スクロールと同形状）とを180°位相をずらして組み合わせ，旋回スクロールを固定スクロールの中心周りに一定の旋回半径で公転運動させる方式である．両スクロールの間に形成される密閉空間（圧縮室）の容積は，回転に伴い減少し，同時にこの空間はスクロールの中心に移動するので，圧縮後の蒸気は固定スクロール中心部に設けられた吐き出し口から高圧側に送り出される．このように連続的に圧縮が行われるため高圧側の圧力変動が少なく，吸い込み・吐き出し弁が不要なためトルク変動も小さいなどの特徴があり，0.75〜20 kWの空調，冷凍冷蔵などに用いられている．スクリュー式は，スクリューロータと呼ばれる凸形状と凹形状の1対のねじれた歯を噛み合わせてできる歯溝に冷媒蒸気が吸入され，ロータの回転に伴い歯溝の容積が小さくなり，蒸気が圧縮される2軸スクリュー圧縮機と，1個のスクリューロータの溝に，複数枚の歯をもつ1対のゲートロータが噛み合い，それらと圧縮機のケーシングで囲まれた空間に吸入された冷媒蒸気が，ロータの回転に伴い圧縮される1軸スクリュー圧縮機がある．また，これらは高圧力比に適している．

遠心圧縮機は，ターボ圧縮機とも呼ばれ，高速で回転する羽根車に冷媒蒸気を吸い込み，遠心力で蒸気を加速した後，ディフューザーとスパイラルケーシングで減速させて，速度エネルギーを圧力エネルギーに変換することにより蒸気を圧縮する．また，約100〜10000 kW程度の大容量の冷凍・空調用の圧縮機であるが，高圧力比には不向きである．

凝縮器は，高温空間（高温部）の温度に対する冷媒蒸気の飽和蒸気圧よりも高い圧力まで圧縮された高温高圧の冷媒蒸気を，伝熱面を介して高温部の流体（空気や水）に放熱しながら，冷却・凝縮して液化するための熱交換器である．また，冷却媒体の違いにより，水冷式，空冷式および蒸発式に分類される．水冷式では，冷却水の顕熱で冷媒を冷却し，高温になった冷却水は冷却塔で放熱される．空冷式では，空気の顕熱で冷媒を冷却するため熱交換器は水冷式よりも大きく，凝縮温度も高くなるため圧縮仕事も増えるが，保守も構造も簡単である．蒸発式では空気の顕熱と冷却水の蒸発潜熱で冷却される．

膨張弁は，凝縮器を出た高圧冷媒液を低圧の蒸発器へ減圧膨張する絞り弁であるとともに，冷媒循環量を制御する重要な装置であり，主に温度自動膨張弁，電子膨張弁およびキャピラリーチューブがある．温度自動膨張弁は，一般の冷凍空調機に用いられ，蒸発器出口の蒸気の過熱度（蒸気温度と飽和温度との差）を検出し，例えば，蒸発器での熱負荷が増えて所定の過熱度を超えた場合は，弁の開度を増し，冷媒流量を増加して過熱度を下げ，常に適正な過熱度に保つように動作する．また，電子膨張弁は，熱負荷の変動が大きい場合に用いられ，蒸発器出入口の各温度をセンサで検出し，マイコンで過熱度を算出して，設定した過熱度との偏差に応じて弁を開閉する．さらに，キャピラリーチューブは，電気冷蔵庫や小型空調機など熱負荷が小さい場合に用いられ，凝縮器の冷媒液を内径0.4〜2 mm程度の細い銅管内に流し，管内摩擦抵抗を利用して減圧する．これらのほかにフロート弁，手動膨張弁および定圧膨張弁がある．

〔濱本芳徳〕

◆ **参考文献**
1) 冷凍空調便覧改訂委員会, 2006. 冷凍空調便覧 第Ⅱ巻 機器編(新版 第6版). 日本冷凍空調学会, 1-105.
2) 日本冷凍空調学会, 2006. 上級標準テキスト冷凍空調技術 冷凍編. 日本冷凍空調学会, 91-164.

6.5 その他の冷凍機

低温熱源,中温熱源,高温熱源,冷媒,
吸収式冷凍機,吸着式冷凍機,ケミカル式冷凍機

熱エネルギーを利用して冷媒蒸気を圧縮する熱駆動型冷凍機は,吸収式,吸着式およびケミカル式に分類される.これらは,主たる駆動源として電力や動力が不要なため,夏季の電力需要のピークカットや排熱などの未利用熱の活用による省エネ効果が期待でき,さらに太陽熱や地熱などの再生可能熱エネルギー利用技術として注目されている.そして,冷媒には主に水,アルコールおよびアンモニアが用いられるので,フロンなどの温室効果ガスの排出抑制にも貢献している.

これらの冷凍機には,低温空間(低温熱源)と低温熱源から汲み上げた熱を捨てるための周囲温度レベルの中温熱源のほかに,駆動熱源となる高温熱源が必要である.また,冷媒蒸気は,吸収式では臭化リチウム水溶液のような塩水である吸収液と,吸着式ではシリカゲルのような多孔質体である吸着材と,ケミカル式では反応材とそれぞれ発熱や吸熱を伴って反応するが,温度と蒸気の圧力に応じて吸収・吸着・反応できる平衡量は異なっており,一般に高温で低圧ほど少ない.そこで,吸収式と吸着式では,高温熱源で反応材を加熱して冷媒蒸気を脱離させ,中温熱源で冷却される凝縮器で蒸気を凝縮・液化する過程と,中温熱源で反応材を冷却しながら平衡量を増やして,蒸発器で低温熱源から熱を汲み上げて気化した冷媒蒸気と反応する過程を組み合わせてサイクルを実現している.

吸収式冷凍機(冷温水機)は,図1に示すように冷媒液が蒸発する際に必要な気化熱を外部流体から奪い,外部流体の冷却を行う蒸発器,冷媒蒸気の吸収に伴う発熱を外部冷却水で冷却しながら吸収を継続する吸収器,冷媒で希釈された吸収液(希溶液)を高温熱源により加熱し,蒸気を放出させて濃縮・再生する再生器および凝縮器から構成され,それぞれ配管やポンプなどにより接続される.また,希溶液は,溶液ポンプで溶液熱交換器に送られ,再生器を出た高温濃溶液と熱交換して再生器に入り,溶液は循環される.

冷凍機の成績係数は,冷凍量を再生器へ投入した熱量で除した値であり,再生時の蒸気

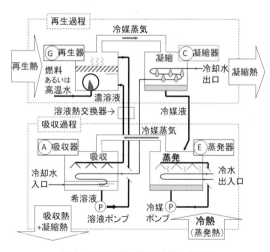

図1 単効用吸収式冷温水機の説明図

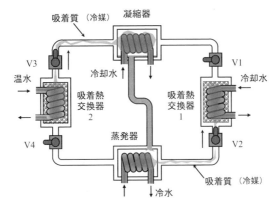

図2　単段型吸着式冷凍機の説明図

の凝縮潜熱を再生熱源に利用しない単効用の場合，再生温度が100℃程度で約0.7であるが，潜熱を再利用する二重効用では150℃程度で約1.3に向上する．なお，冷媒にアンモニア，吸収液にアンモニア水溶液を採用すると，-60℃程度の冷凍が可能である．

吸着式冷凍機は，図2に示すように蒸発器，凝縮器および吸着材を充填した1対の反応器（以下，吸着熱交換器と記す）から構成される．図中の吸着熱交換器1の吸着材は，冷媒蒸気の吸着に伴う発熱を冷却水で冷却しながら，平衡量まで吸着できる．吸着後の熱交換器1は，バルブ操作で蒸発器と切り離されて凝縮器と接続され，図中の吸着熱交換器2のように，外部温水（高温熱源）により加熱され，蒸気は脱着し，凝縮器で液化する．このように吸着と脱着を交互に繰り返すバッチ式運転であるため，連続的に冷熱を発生させるためには1対の吸着熱交換器（2ベッド）が用いられる．

吸着材にはシリカゲルのほかにゼオライトや活性炭などが用いられ，氷点下の冷熱発生にはアルコール冷媒が適している．また，吸収式に比べて再生温度は約60～90℃と低いが，成績係数も0.5～0.7と低く，導入コストの削減が普及の課題である．

ケミカル式冷凍機として，例えば水素吸蔵

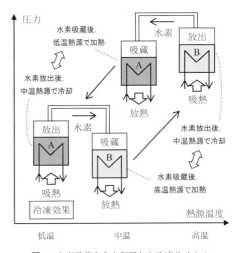

図3　水素吸蔵合金を利用した冷凍サイクル

合金を利用した冷凍機では，図3に示すように反応材に平衡量の異なる2種類の水素吸蔵合金AとBを，冷媒に水素を利用する．まず，合金Aを低温熱源で加熱，水素を放出させ，その吸熱を冷熱として利用すると同時に，放出水素（低圧）を合金Bに吸蔵させ，発熱を中温熱源で冷却しながら反応を進める．次に再生過程では，合金Bを高温熱源で加熱再生し，放出水素（高圧）を合金Aに吸蔵させ，発熱を中温熱源で冷却しながら反応を進める．これらを繰り返して冷熱が供給される．

〔濱本芳徳〕

6.6 凍結装置

冷却媒体，伝熱速度，搬送

凍結装置（フリーザー）は食品などの被冷却物（以下，製品と呼ぶ）を冷却または凍結する単純なものであるが，最近，製品の付加価値を高める機能が要求されるようになり，凍結速度の向上や殺菌・洗浄性を求められるようになってきている．装置は冷却媒体，搬送方式によって分類される（表1）．

近年，凍結装置の主流としては，エアブラストタイプのものが多く使用されており，タイプとしては空気を媒体とするエアブラストをはじめ，伝熱性のよい金属を媒体とするコンタクト（熱伝導）タイプ，液体を利用した液体媒体タイプ，その他，液体窒素などの直接気化熱を利用するタイプに分けられる．

エアブラストタイプは，冷却器で冷却された空気を熱媒体として製品から吸熱する凍結装置である．装置を大別すると，適量の製品を一度にあるいは断続的に凍結式に入庫して冷却するバッチ式と搬送装置を取りつけて製品を移動させながら凍結する連続式とがある．バッチ式は室内に製品を入庫して扉を閉じて冷却し，凍結に必要な一定時間経過後出庫する．連続式にはネット，ベルトなどのコンベアの上に製品を載せて冷却庫内を直線的に水平に搬送するタイプとスパイラル状に垂直方向に搬送するタイプ（図1）があり，連続直線式には製品に $15\,\mathrm{m\cdot s^{-1}}$ 以上の強い冷風を当てて急速に凍結する衝突噴流式フリーザー（図2）もある．その他，カット野菜，エビなど小型の製品を，下方から低温の垂直風により浮上させ，流動させることによって，製品が個々に凍結されるバラ化凍結装置（IQF：individual quick freezing，図3）がある．送風機の電気容量がほかの方式に比べて大きく，その分だけ装置負荷の占める割合が

表1　フリーザーの分類

名称	伝熱タイプ	冷却媒体	搬送
バッチ式エアブラスト	エアブラスト	A	しない
メッシュベルト		A	直線式 C
スパイラル		A	スパイラル式 C
衝突噴流式		A	直線式
流動床式		A	直線式 P/C
スチールベルト	固体媒体	A/M	直線式 C
コンタクト		M	しない
成形		M*1	直線式 C
バッチ式浸漬式	液体媒体	B	しない
連続浸漬式		B	直線式 C
連続スプレイ式		B	直線式 C
バッチ式液化ガス	その他	N	しない
連続式液化ガス		N	直線式 C

A：空気，M：金属，B：液体（ブライン），N：液体気化/窒素 etc., C：コンベア，P：押し出し．
*1 薄膜ベルト．

図1　スパイラルフリーザー

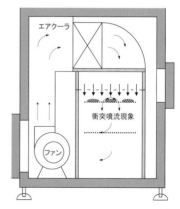

図2　衝突噴流式フリーザー

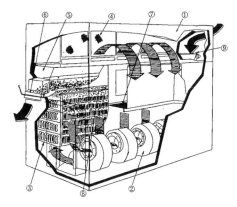

図3 流動床式フリーザー
①外壁,②送風機,③冷却コイル,④スクリーン,⑤原料トレイ,⑥原料出口,⑦通路,⑧デフロスト管,⑨原料入口.

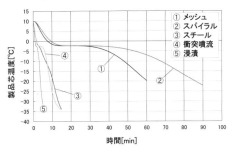

図4 各種フリーザー凍結速度比較例

大きいので,近年はベルトに振動を与えて搬送凍結することによって,装置負荷を低減するものもある.

固体媒体タイプは,冷媒やブライン(低温下において液体)によって冷却された金属を媒体として,製品をできるだけ金属に接触させ吸熱する凍結装置である.エアブラストタイプと同様にバッチ式と連続式があり,バッチ式には冷却された上下の金属板を油圧機構で駆動して製品を挟み込み,接触率を上げたコンタクトフリーザー,連続式にはスチールベルトフリーザーがあり,ベルト下面をブラインによって冷却,ベルト上面の製品には冷風を吹きつける装置がある.近年は下面側も空気媒体方式のブライン管理が必要ない(メンテナンスフリーの)ものもある.

液体媒体タイプは,媒体はブラインを用い,浸漬,散布して直接接触させ吸熱する凍結装置である.このタイプは,空気冷却や固体冷却に比べて熱伝達率が大きく,凍結時間が短い装置であるが,凍結時間が短いので時間当たりの処理量が増大し,それに相応した冷凍機やブライン量(蓄熱量)が必要になる.また,ブラインに接触するので,製品は包装が必要になる場合が多く,製品が制限されることや万が一包装に孔が開くリスクを考慮する必要がある.

一般的に凍結にとって重要なことは潜熱帯(氷結晶生成帯)を速く通過させることである.すなわち製品との熱伝達率を高くすることである.

一般にエアブラストタイプでは衝突噴流式,金属接触のコンタクトタイプではスチールベルト,浸漬式タイプが,熱伝達がよい.

メッシュベルト,スパイラル,衝突噴流式,スチールベルト,浸漬式の装置において,媒体温度-35℃,製品を100×100×15 mmのハンバーグを想定して凍結速度を比較シミュレーションすると,図4より,浸漬式,衝突噴流式,スチールベルトが眼に見えて速いことがわかり,メッシュベルト,スパイラルの順となる.凍結速度が物理現象として冷却空気の風速が速ければ凍結速度が増す傾向にあり,その中で衝突噴流現象を利用するとさらに凍結速度が増す.また,空気を介するよりも液体を利用した接触式のほうが熱伝達率が高く,対流も利用できる浸漬式が最もよい傾向になる.この他に,凍結装置を選択する場合は,製品品質は重要であるが,洗浄などメンテナンス性,省エネなど,トータル的に判断する必要がある.

〔古賀信光〕

◆ **参考文献**
1) 津幡行一,2013. 日本冷凍空調学会編,冷凍空調便覧.新装第6版,IV巻,445-469.

6.7 凍結曲線

急速凍結, 緩慢凍結, 最大氷結晶生成帯, 過冷却, 解凍曲線

常温にある食品をマイナス温度に保たれた空間に置けば,食品は周囲の空気に冷却されて温度が低下し,凍結が生ずる.このときの,時間に対する品温の変化履歴を,凍結曲線と呼ぶ.最も典型的な,急速凍結と緩慢凍結で得られる凍結曲線の例を図1に示す.

図1の緩慢凍結の凍結曲線をみると,初めに品温が,およそ+15℃から-1℃程度まで直線的に低下し,その後は温度低下速度が極端に遅くなっていることがわかる.温度低下速度が遅くなる温度(この例では-1℃程度)のことを凍結開始点と呼ぶ.純水では0℃であるが,食品では水以外の溶質が含まれるため,凝固点降下により0℃よりも低くなる.

凍結開始点に達するまでは決して凍結が起こらないため,周囲から熱を奪われれば,ほぼ比例して温度が低下する.しかし凍結開始点に達すると,水から氷への相変化が生じて,その際に大量の凝固潜熱を発生するため,品温の低下が非常に遅くなる.しかし,食品に含まれる水分がほぼ完全に氷になってしまえば(凍結完了),もはや相変化が起こらないため,再び冷却量に比例した温度低下を示すようになる.この,凍結開始点から凍結完了点までの温度帯を最大氷結晶生成帯と呼ぶ.厳密には食品それぞれによって違っているが,おおむね0℃から-5℃ないし-7℃あたりまでの温度域を指すことが多い.この温度帯においては,氷結晶の発生よりも成長の速度が大きく,大きな氷結晶ができやすいといわれている.古くから,最大氷結晶生成帯を短時間で通過させれば大きな氷結晶ができにくいため凍結損傷が抑えられると考えられており,凍結曲線は食品の凍結ダメージが小さいことを示す唯一の証拠として実用されてきた.

図1に示す2本の凍結曲線は,表面熱伝達率のみを変えて得られた計算値である.しかし凍結曲線は,食品の種類やサイズ,温度測定位置,フリーザー内部の温度分布や風速分布など,さまざまな要因に影響を受けるため,凍結曲線によって食品のダメージを予測しようとする場合には,測定条件までよく吟味することが肝心である.

また,凍結開始点を超えても氷結晶が生成せずに温度が低下し続け,あるとき急激に平衡凍結温度に戻る,という現象がしばしばみられる.これを過冷却現象と呼ぶが,過冷却が起こると,たとえ緩慢凍結でも小さな氷結晶ができて,ダメージが小さくなることがある.最近では,過冷却現象を故意に起こさせて,凍結ダメージの低減を実現しようという研究が進んでいる[1].

凍結の場合と同様に,解凍時の温度履歴もまた,解凍による食品のダメージを予測するために有効な情報となり,解凍曲線と呼ばれる.しかし解凍時のダメージには,凍結よりも多くの現象が複雑に関与するため,予測が難しい.

〔渡辺 学〕

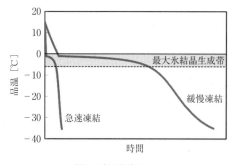

図1 凍結曲線の一例

◆ 参考文献
1) 小林りかほか, 2014. 日本冷凍空調学会論文集, 31, 14-25.

6.8 凍結濃縮

懸濁結晶法，前進凍結法，凍結融解法，
ガラス転移温度，凍結濃縮相，氷結晶

液状食品などに含まれる水を氷結晶化させ，濃縮させることを凍結濃縮という．濃縮操作には，大別して蒸発濃縮法，逆浸透膜濃縮法，凍結濃縮法があるが，このうち，凍結濃縮法は液状食品などに含まれる水のみを氷として分離および除去して濃縮を行う操作である．氷点以下の低温操作であるため，品質の安定した濃縮液が生産できる方法とされており，野菜や果実の高品質な濃縮ジュースの製造などに利用されている．凍結濃縮操作は，原理的に水溶液の相平衡を利用した濃縮技術であり，水溶液が冷却され，過冷却の後に凝固曲線に沿いながら氷結晶が析出し，凍結濃縮相で水溶液の濃縮が進行することを利用するものである．冷却により共融点以下でさらに濃縮が進行すると，濃度上昇と温度低下により凍結濃縮相における水溶液の粘度が上昇し，分子の並進運動が非常に遅くなるためガラス転移が起こる．この温度をガラス転移温度といい，熱力学的平衡が保たれたままこの点に至る濃縮が達成された場合，これが理論上の最大凍結濃縮となり，このときまでに凍っていない水分量が不凍水量となる．

凍結濃縮法は操作の違いから主に3つに大別される．懸濁結晶法と前進凍結法は凍結工程で，凍結融解法は融解工程で濃縮液を得る方法である．いずれも原液の冷却工程，氷結晶を発生および成長させる晶析工程，氷と濃縮液を分離する固液分離工程からなる．図1に各濃縮法の概要を示す．まず，懸濁結晶法では，原液を熱交換器などで冷却し，氷核を含むスラリー状の溶液を生成，遠心分離機や機械的プレス，フィルタ，洗浄塔を用いてス

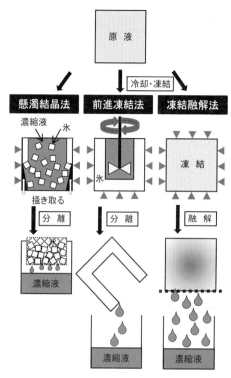

図1 凍結濃縮法の種類と概要

ラリー溶液から氷結晶を分離する．この分離装置が複雑になるため濃縮コストは高く，濃縮時間も長くなる．次に，前進凍結法では，原液を撹拌しながら冷却し，容器冷却面に氷相層を生成させる．溶質は固液相界面において固相側から液相側に排除されるため濃縮液を得ることができる．懸濁結晶法に比べ溶質成分が氷結晶に取り込まれやすく，収量が低下するという欠点もある．この傾向は高濃度濃縮になるほど顕著になる．最後に，凍結融解法では，原液を冷凍庫内に入れ凍結させる．この工程で溶液は濃縮され，低温庫での融解工程で濃縮液が流出し，解凍初期に濃度の高い濃縮液が得られる．設備は単純であるが，凍結と融解の工程を経る必要があるため，処理に長時間を要する． 〔田中史彦〕

6.9 冷凍食品

植物性食品，動物性食品，急速凍結，ドリップ，ブランチング，保存性

冷凍は，食品の風味，食感を長期間保管するためには最も理想的な方法の1つである．保存期間中 -18℃以下の安定した低温に保持する必要はあるが，適切な冷凍保管がなされれば，品質を落とすことなく年単位の保存性を維持することが可能である．これは，微生物の増殖が冷凍温度帯ではみられないこと，変色，褐変，タンパク変性，脂質酸化などの化学反応速度が遅くなることなど，品質低下の要因が冷凍温度帯ではほぼ起こらないことがその理由である．なお，単に冷凍温度帯で保管すればよいのではなく，PPPファクターといわれる，食品そのものの品質 (product)，加工方法・凍結方法 (process)，包装形態 (packaging) に関しても留意する必要がある．

また，冷凍の対象となる食品により前処理方法・保存特性が異なるので，植物性食品（野菜，果実），動物性食品（水産物，畜産物），調理冷凍食品といった食品区分ごとに以下に記す．

● 植物性食品

野菜の場合，凍結保管中の酵素反応による異味・異臭の発生，褐変を防止するため，加熱による酵素の不活性化（ブランチング処理）を前処理として行った後，急速凍結するのが一般的である．豆類，スイートコーンなどは凍結後の風味・食感ともに品質の変化が少ないが，ホウレンソウなどの葉物野菜，ニンジンなどは食感が軟化してしまう．食感改善のため，事前に低温長時間加熱を行う，糖や食塩などの高濃度溶液で処理するなどの方法が試みられたが，満足できるものはまだない．

またトマトや果実類のように多量のドリップが出て，外観が著しく悪くなるものもある．果実の場合，凍結保管中の酸化を防止するため，加糖・シロップ漬けを前処理として行うのが一般的である．またドリップの発生，加糖・シロップ漬けにより甘味が強くなることから，主に加工用原料として用いられる．果汁の場合は水分が多く，そのまま凍結すると凍結にエネルギーを要するため，濃縮して水分を除いた後凍結する．また，これにより，一般的に保存，輸送，解凍の便が図られる．

● 動物性食品

水産物の品質指標として鮮度が重視されることから，冷凍食品においても原料魚介類の鮮度保持が重要である．具体的には漁獲後速やかな冷却，蓄養による漁獲ストレスの軽減により，鮮度指標であるK値が上昇しない工夫がなされる．また，凍結貯蔵中の乾燥を防ぐためグレース処理，酸化防止のためブロック凍結が施される場合がある．マグロ類はメオグロビンのメト化を抑制し鮮やかな色調を保持するため，-50から-60℃の保管が行われているなど，魚種によっては低めの凍結保管温度が用いられる場合もある．

畜産物は屠殺後，一定期間熟成させ，軟らかさ，多汁性，風味を向上させてから凍結する場合が多い．凍結速度より凍結保存中の品質変化のほうが大きいといわれ，肉種によっては-30℃保管で-18℃保管の2倍以上の保存性をもつ場合もある．

● 調理冷凍食品

調理冷凍食品は，農林水産物の，選別，洗浄，不可食部分の除去，整形などの前処理および調味，成型，加熱などの調理を行ったものを急速凍結したもので，うどん，コロッケ，ハンバーグ，カツ，スパゲティなどがある．調理工程での風味・食感の作り込みが最終品質を左右する．調理工程で細胞構造が破壊されていることもあり，凍結解凍後もほぼ調理直後の状態が維持されている．　〔宮尾宗央〕

6.10 フリーズドライ

凍結乾燥, テクスチャー, 栄養成分, 三重点, 昇華

● 水の状態変化とフリーズドライの原理

フリーズドライとは凍結乾燥のことで,乾燥物を凍結させたままの状態で乾燥する方法であり,真空中で行うことから真空凍結乾燥とも呼ばれる.乾燥物中の水分を水から水蒸気へと状態を変化させて外部へ取り除くことを乾燥という.純粋な水は1気圧(101325 Pa)では0℃で凍り始め,この温度を凍結点という.また,100℃になると沸騰し,盛んに蒸発して水蒸気となる.この温度を沸点と呼ぶ.圧力が下がると,低い温度でも沸騰し,例えば,富士山頂の圧力は約64000 Paで,ここでは約88℃で沸騰する.このように,圧力が下がると水の沸点は下がる.しかし,水の三重点における圧力(611.7 Pa)以下になれば,水は液体としての状態で存在しえず,気体の水,いわゆる,水蒸気となる.水の三重点,すなわち,水蒸気,水,氷が共存する点における圧力は611.7 Paで,温度は273.16 K(0.01℃)と定められている.なお,凍結点と三重点の圧力は異なる.

氷の状態から水蒸気(気体)へと直接状態変化させることを昇華(しょうか)といい,凍結乾燥では凍結した乾燥物中の水分(氷結晶)だけを昇華させて乾燥する.

● フリーズドライの工程

凍結乾燥工程は予備凍結の後,乾燥終了まで凍結した状態を維持する必要があるため,原料を均一な完全な凍結体とすることが重要である.一般に食品は多くの水分を含んではいるが,多成分のため,0℃では凍結しない(凝固点降下).したがって,食品が完全に凍結する温度を事前に把握する必要がある.完全に凍結していない状態で凍結乾燥すると未凍結部が発泡し,正常に凍結乾燥ができない.そのため共晶点計・熱分析装置などで原料の完全固化点(共晶点)を計測しておく必要がある.なお,ほとんどの食品の共晶点は-40℃以下になることはない.また,完全固化を維持する真空下で水分を昇華させる熱量(昇華潜熱)だけ与えることが重要で,その熱量は凍結物質(例えば-40℃)が0℃になるまでの顕熱プラス0℃における融解潜熱プラス蒸発潜熱の約2940 kJ・kg^{-1}である.この供給熱量は恒率乾燥期にはすべて水分の昇華潜熱として使われるため,物質の温度は-40℃に保たれる.

凍結材料が乾燥に伴って発生する水蒸気は,真空系内に作られた冷却面に接触して凝結水となり,捕集される.この装置がコールドトラップであり,冷凍機で冷却されていて,いわば水蒸気専用のため込み式真空ポンプの役割をもっている.

● フリーズドライ食品の特徴

フリーズドライ食品の特徴としては,凍結を維持して乾燥するため,乾燥による収縮や亀裂などの形態の変化が少ない,多孔質で水や熱湯が侵入しやすく,復元性・溶解性がよい,低温処理のためビタミンなどの栄養成分や風味の変化が少ない,含水率が低いため,長期保存安定性に優れているなどの長所がある.また,他の乾燥法と比べてテクスチャー(硬さ,歯ざわり,のどごしなど)の変化(破壊)は少ない.短所としては,吸湿による変質,酸化による退色や変色,酸化臭が発生することがあるため,低湿度条件による包装,包装材料の検討,酸化防止剤の使用など,変質防止の対応が必要となる.また,機械的衝撃,振動に対してもろく壊れやすいため,包材などでのそれらの防止も必要である.

[7.22 凍結乾燥](p.300~301)にて工程を詳述するため,ここでは平易な表現を旨とし概略を記した. 〔田川彰男〕

6.11 解凍

加湿解凍, 加圧解凍, 流水解凍, 減圧水蒸気解凍,
接触解凍, マイクロ波解凍, 高周波解凍,
ジュール加熱解凍

● 概　要

　解凍は，凍結保存された食品を喫食する際に，アイスクリームなど一部の例外を除き必ず必要となる工程である．凍結は製造業者，保存は流通業者が商業活動の一環として行ってきたため，かなり研究，開発が進んでいるのに対して，解凍は流通の末端（小売店，飲食店，家庭など）で行われることが多いため，研究例が少ない．しかし，凍結，保存がよい条件で行われても，解凍を失敗すれば喫食時の品質は大きく損なわれる．

　解凍は，凍結の逆の操作で，凍結食品中の氷を融解させて水に戻すために加熱が必要である．調理済み冷凍食品のように調理後の状態に仕上げたい場合，100℃以上の高温で解凍を行ってよいため解凍所要時間は短く，調理過程ですでにタンパク質が変性しているため，解凍による品質劣化も起こりにくい．しかし刺身や寿司などの生食用水産物の場合，タンパク質の変性を起こさせないためには解凍熱媒温度をあまり高くすることができず，一般的に解凍には長時間を要する．

　最も簡単な解凍方法は，凍結保管庫から出して放置しておくだけの自然解凍である．解凍熱媒が室温の空気で温度が低く，しかも空気と固体の間の熱伝達率が小さいので解凍には長時間を要する．この間，被解凍物の表面は室温にさらされ続ける．室温を20℃とすれば，タンパク質の変性は起こらないが，微生物の増殖，酵素反応による変色[1]，肉質の劣化，ドリップ[2]，匂いの発生などが進行して，喫食時の品質を損ないやすい．また，氷から水への相変化が進行している中心部は部分凍結状態であるため，氷結晶以外の部分は凍結濃縮を受けており，低温であっても劣化反応速度が大きい場合がある[3]．かつては，細胞への水の再吸収，タンパク質の水和状態の復元に時間を要するため，緩慢解凍こそが理想的であるという説も提唱されたが，現在では，これらに要する時間はそれほど長くなく，緩慢解凍にはそれほどの利点はないという考え方が主流である[4]．

　以上より，原則としては，なるべく短時間でなおかつ品温が高くなりすぎないように，というのが理想的な解凍であると考えられるが，これらはそもそもトレードオフの関係にあるため，解凍は本質的に最適値をもつ．これこそが解凍操作を難しいものにしている所以である．ちなみに凍結は，冷却媒体の温度を低くすればするほどよい凍結ができるので，原理的には解凍に比べてはるかに単純であるといえる．

● 実際に用いられる解凍方法[5]

　冷蔵庫解凍　　自然解凍は簡便ではあるが，鮮魚など一般的に冷蔵保存が必要な食品については適用しにくい．その場合，冷蔵庫に入れておけば，劣化を抑えて簡便な解凍ができる．ただし，室温よりもさらに温度が低いので，解凍により時間がかかるという欠点がある．このため前に述べたような，凍結濃縮状態で進行する劣化反応が品質に影響するような食材には適さないが[1]，一般的には最も失敗が少なく簡便に使える方法である．

　流水解凍　　水が流れている中に凍結された食品を置いて解凍を行う方法である．空気解凍に比べて，液体と固体の間の熱伝達率が高いので伝熱速度が大きく，解凍時間を短縮できる．ただし水を流しておかないと，被解凍物の周りに冷たくなった水が滞留して解凍時間が長くなる．工業的に流水解凍を行うためにはポンプや攪拌子が必要だが，家庭でも水道水を流しっ放しにすれば簡単に実現できる．容器にためた水にバブリングをして解凍する発泡解凍も，原理的には流水解凍の一種

と考えられる.

また被解凍物を水に浸漬するので，食材によってはプラスチックバッグに入れるなどの処理が必要となる．操作が比較的簡単で，解凍所要時間が短いという点が特長であるが，反面，解凍所要時間は水温によって変わるため予測が難しく，また解凍終了点の見極めを誤ると品質の劣化を招くので注意が必要である．例えば，マグロ赤身肉の場合，水温が高い条件だと肉色の顕著な褐変が起こるので流水解凍は行うべきでない[1]．この問題を解消するために，筆者らが最近研究を進めているのは，氷水による解凍である．流水解凍に比べると時間はかかるが，まず失敗することなく，高品質な解凍が期待できる．

接触解凍 被解凍物の表面に固体熱源を密着させれば，伝熱速度が向上して解凍時間は短縮される．ただしこの方法は，被解凍物が熱源に密着する必要があるため，冷凍すり身など特定の食品にしか適用されない．

加圧解凍，加湿解凍 空気は，加熱媒体として最も使いやすいが，被解凍物表面での熱伝達率が小さいのが欠点である．空気熱媒の熱伝達率を改善する手段として加圧と加湿がある．加圧は分子密度を増大させることで熱伝導率を向上させるもの，加湿は熱容量の増大と水蒸気の凝縮を利用することで伝熱特性の改善を図る方法である．加湿は簡単な装置で済むためよく行われるが，加圧は容器を耐圧仕様にする必要があるため実用例は多くないと思われる．

減圧水蒸気解凍 例えば，水蒸気だけで満たされた空間を 0.02 bar まで減圧すれば，凝縮温度が 18℃ 程度になる．このような，減圧水蒸気環境下で解凍を行えば，凝縮により伝熱が格段に向上し，なおかつ被解凍物の温度が決して 18℃ 以上になることがない．原理的に大変優れた解凍法であるが，真空容器や真空ポンプが必要であるため，装置のコストは大きくなる．

電気，電磁波を利用した解凍 これまでに紹介した方法はすべて，外部の熱媒からの伝熱によって被解凍物を加熱する方式であり，熱媒から被解凍物への伝熱を向上させることで解凍時間の短縮が図られている．しかし被解凍物内部での熱伝導は変えようがないし，さらに氷よりも水のほうが熱伝導率が低いため，表面から解凍が進行するほど中心部はますます加熱されにくくなるという原理的な問題がある．しかし電気，電磁波を利用すれば，被解凍物の内部で発熱が起こるため，飛躍的な解凍時間の短縮が可能となる．内部発熱にはジュール（Joule）加熱と誘電加熱の2つの方法があり，誘電加熱はさらにマイクロ波加熱と高周波加熱に分けられる．

ジュール加熱とは，物体に電流を流して発生するジュール熱によって加熱を行うものである．比較的簡単な装置で加熱を行うことができるが，電極を被解凍物に密着させなくてはならない．

マイクロ波加熱とは，電子レンジによる加熱のことである．実際に家庭などでも汎用されているが，氷よりも水のほうが格段に加熱されやすいため，run-away heating と呼ばれる局所的過加熱が起こりやすく，これを避けてうまく解凍を行うのは非常に難しい．

高周波加熱は，マイクロ波（2450 MHz）よりも周波数の低い 10～30 MHz 程度の電磁波を用いる加熱法で，マイクロ波に比べると加熱速度は低いが，局所的過加熱は起こりにくい．高周波とマイクロ波はそれぞれに特徴があるため，用途に応じて使い分けることが有効である．　　　　　　　　　〔渡辺　学〕

◆ **参考文献**
1) 村上菜摘ほか，2009. 日本冷凍空調学会論文集，26(2), 185-194.
2) 小林りかほか，2014. 日本冷凍空調学会論文集，31(3), 123-126.
3) 竹中規訓，2009. 冷凍，84(985), 915.
4) 冷凍技士会編，1979. 食品の冷凍．日本冷凍協会，281.
5) 日本冷凍空調学会編，2013. 冷凍空調便覧・新装第6版，IV 巻，76.

6.12 ブランチング

加熱処理，酵素失活，組織軟化，微生物殺菌，
変色防止，急速冷凍

● ブランチングとは

 新鮮な野菜は通常の温度では急速に変質して短期間しか貯蔵できない．そこで，野菜を長期貯蔵するために冷凍や乾燥といった加工が行われるが，新鮮な状態のままでこれらの加工が行われると，加工中あるいは加工後に色彩の悪変やオフフレーバーなどの品質劣化が起こる場合がある．野菜の細胞の原形質には水分が多く，さまざまな有機物が溶け込んでおり，野菜に内在する酵素が凍結や乾燥などの加工で失活せず，その有機物に対して作用することにより，加工中あるいは加工後に好ましくない品質変化を引き起こす．これを避けるため，野菜に内在する酵素の失活を目的として，これらの加工の前に加熱処理を施す．この処理のことをブランチングという．この処理には，酵素の失活のみならず，野菜の品質保持に関して，変色防止，組織の軟化，微生物の殺菌，および好ましくない成分の除去など，いくつかの利点もある．

● ブランチングの方法

 従来，ブランチングは主に熱湯やスチームで数十秒から数分間野菜を加熱処理する方法が行われていて，野菜の性質と大きさに従って加熱温度および時間が設定されてきた．現在では，熱湯に浸漬する方法のほか，スチーム，アクアガス，過熱水蒸気，マイクロ波などによる加熱処理も利用されている．ブランチングの効果を確認するため，野菜に内在する酵素の不活性化を判定する指標として，

図1 ブランチング槽（右）と冷却槽（左）

パーオキシダーゼ（POD）活性が使われる．PODはほとんどすべての動植物に存在する最も耐熱性の高い酵素である．このため，多くの野菜のブランチングに関する研究において，ブランチングの指標としてPODが使われている．ブランチングは炭水化物，有機酸，ミネラル，ビタミンなどの著しい損失や，フレーバーを構成する精油類の損失など，野菜の品質にとって不利な面もある．さらに，ブランチングが過度であると，かえって野菜品質の低下が大きくなり，組織が崩れたり，褐変がひどかったりする．

 したがって，適切に野菜の加工を行うためには，野菜の種類，サイズ，熟度などに応じてブランチング方法や加熱温度，加熱時間などのブランチング条件を考慮すべきである．図1は熱湯浸漬法によるブランチングの例を示したものである．

 図1は，オクラを乾燥する際の前処理としてブランチングを行った例で，熱湯浸漬加熱の後，すぐに隣の冷水の入った冷却槽で冷却され，この後，乾燥器で乾燥される．

 野菜の冷凍前処理としてブランチングを行う場合には，加熱処理，冷却処理の後風乾を行い，急速冷凍される． 〔田川彰男〕

6.13 流通温度帯

低温, 凍結, チルド, 氷温, 寒温, パーシャルフリージング

食品の低温保存は, あらゆる食品を, そのままの状態で保存しうる保存法であるため, 広く利用されている. しかし食品の種類によって, また保存期間によって, 最適な保存温度は異なる. このため冷蔵倉庫においては, 図1に示すC3～F4級という7つの温度帯が, 倉庫業法により定められている. F級はフリーザー, C級はクーラーで, +10℃以上は普通倉庫に分類される.

これは冷蔵倉庫の機械的側面からの分類であるが, 製品の側からの分類としては, 図1に示す「超低温」「冷凍」「冷蔵」「定温」があり, 主要な製品も併記されている.「超低温」は赤身の筋肉組織での褐変反応を抑制できるため, マグロ, カツオの他, 鯨肉, 牛肉などにも有効である.「冷凍」は一般的な凍結保存食品に用いられる温度帯である.「冷蔵」温度帯はかなり幅広いが, この中で-5℃～+5℃の温度帯はチルドと呼ばれ, 基本的には凍結をさせずに保存するための温度帯である. 例えば, バターは凍結開始温度が低いため, -5℃程度の低温で保存できる. 保存温度は低くするほど, 諸々の反応速度を低下させられるため, 食品の保存には有効である. しかし練り製品, 豆腐などはあまり温度を下げると凍結が生じ, 不可逆的な組織破壊が起こるため, 決して凍結が起こらない温度までしか下げることができない.「定温」温度帯は, 青果物のようにチルド温度帯で低温障害を起こす可能性のあるものや, それほど低温にする必要のないチョコレートなどに用いられる.

このように, 温度を下げたときに食品内部で起こる変化はさまざまであるため, 保存する食品の特性をよく理解して, 適切な温度帯で保存することが肝心である. また, 基本的に保存温度を低くすることはエネルギー消費を増大させるため, 必要な保存期間と品質, エネルギー消費も勘案して, 最適な保存温度を決めることが望ましい.

氷温, 寒温, パーシャルフリージングなども温度帯を指す言葉として使われることがあり, これらの温度帯では食品に対して特別な効果が発現するという説もみられるが, 同じ用語が使われていてもそれが示す温度帯が一意的でない場合もあるので, 注意が必要である.

〔渡辺 学〕

◆ 参考文献

1) 日本冷凍空調学会編, 2013. 冷凍空調便覧・新装第6版, IV巻, 380.

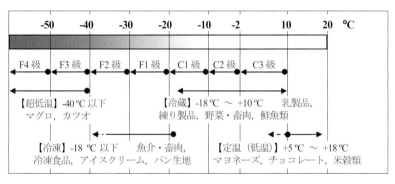

図1 温度帯区分[1]

第 7 章　乾　燥

7.1 乾燥特性

定率乾燥, 減率乾燥, 限界含水率

乾燥とは，水分を含む湿り材料に熱や風を与えて液体を蒸発させて除去し，材料を乾かす工程を指す．農産物・食品材料が対象の場合には，乾燥操作を通して対象材料の品質を維持または向上させつつ，乾燥効率も高める操作法が重要となる．乾燥装置の設計と最適操作法の確立や装置のスケールアップのためには，対象材料の乾燥特性の把握が必須であり，さまざまな計測法を用いた実験が行われる．ここでは，代表例として材料表面が水膜で覆われ十分に湿潤している材料を，一定乾燥条件下で乾燥する場合（図1）について述べる．

乾燥プロセスにおける被乾燥材料の質量減少データから乾量基準含水率を求め，材料温度とともに乾燥時間に対してプロットすると図2の乾燥実験曲線が得られる．乾燥プロセスは以下の3期間に大別される．
Ⅰ期　予熱期間
Ⅱ期　定率（または恒率）乾燥期間
Ⅲ期　減率乾燥期間

各期間に進行する乾燥現象の特徴把握のために，縦軸に乾燥速度，横軸に平均乾量基

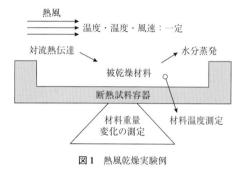

図1　熱風乾燥実験例

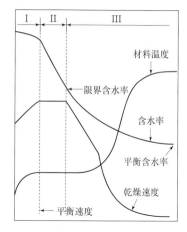

図2　乾燥実験曲線

準含水率をとる乾燥特性曲線（characteristic drying curve）が用いられる．この曲線は各種材料の乾燥特性を把握・検討するための標準的な「スケール」として重要視され，新材料・方式の乾燥研究では，この計測のために乾燥方法に応じた種々の実験装置が考案・工夫されている．図3に乾燥特性曲線の模式図を示した．

乾燥速度 R は，材料表面積が計算できる場合には，単位時間・単位表面積当たりに蒸発する水の質量（kg 水・h^{-1}・m^{-2} 乾燥材料）の定義が用いられるが，単位時間・単位重量当たりに蒸発する水の質量（kg 水・h^{-1}・kg^{-1} 乾燥材料）で表す場合も存在する．まず，定率乾燥期間の乾燥速度を定量的に説明する．この期間では試料が完全に水面下にあり，乾燥は自由水面からのみ起こり試料の状態に関係しないため，乾燥面積 A（m^2）は水面の面積に等しい．乾燥が進行し試料が水面から露出し始めると，試料表面の物理化学的性質により乾燥面積が変化することがある．特に粒子材料では充填状態も影響するので，一定値に定めることが困難になる．このような場合には，乾燥材料の質量 m（kg）当たりの表面積 a（m^2・kg^{-1} 乾燥材料）を用いて熱移動と物質移動を考える．m を基準とする伝熱

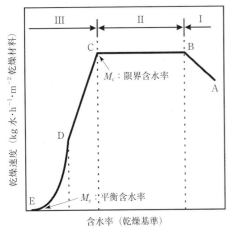

図3 乾燥特性曲線

速度は,
$$Q = ha(t - t_w)$$
となる.ここで,h は伝熱係数 [kJ·m^{-2}·s^{-1}·℃$^{-1}$],t は乾球温度 [℃],t_w は湿球温度 [℃] である.t_w での蒸発潜熱を L_w [kJ·kg^{-1} 水] とすると,これは蒸発水分の質量とその蒸発に要する熱量の比であるから,蒸発速度は
$$R = \frac{Q}{L_w} = \frac{ha(t - t_w)}{L_w}$$
となる.また,物質移動係数を k_H [kg DA·m^{-2}·s^{-1}],t_w での絶対湿度を H_w [kg 水·kg^{-1} DA],t での絶対湿度を H [kg 水·kg^{-1} DA] とすれば,
$$R_c = k_H a(H_w - H)$$
と表すことができる.

次に,減率乾燥期間について定性的に説明する.材料内部からの水分移動速度が材料表面の水分蒸発速度より小さくなり,材料表面の水膜形成に必要な水の供給が不十分となると,熱風に対して局所的に材料が露出し,水分蒸発面が材料内部に後退し始める.材料表面が部分的に乾燥した状態になると,流入熱量は水分蒸発潜熱だけでなく,固体部分の顕熱としても消費されるため,材料温度が上昇を始め,乾燥速度も徐々に減少する.この期間が減率乾燥期間であり,定率から減率乾燥速度への移行点での含水率を「限界含水率」と定義する.

減率乾燥速度は材料内部の熱と水分の移動速度に律速される場合が多く,材料外部の熱風条件よりも材料の物理化学的性質や微細構造などの著しい影響を受けることになる.この期間の乾燥速度は,材料の種類により,「単調減少する場合」や図3のC-D期間とD-E期間で示されるように「明らかな変化点を示す場合」など,材料の種類により変化のパターンは異なる.このような場合には,勾配の急な直線で近似されるC-D期間を減率第一段,勾配が小さい期間を減率第二段と呼ぶことがある.多くの食品材料で観測される前者は便宜的に液状水の拡散理論で説明されるが,材料内の水分が毛管力に依存して材料表面に移動するものと解釈されている.後者は比較的大きな細孔を有する多孔質固体や粉粒層の乾燥で現れるが,その水分移動機構は蒸発面の材料内部への移動,細孔空間内の水分子拡散や表面拡散,さらに内部水分の蒸発などの現象によるものと考えられている.これらの現象は材料内で複合的に生じている場合が多く,現象の詳細な把握は今後の課題として残されている.なお,D-Eのパターンは材料の特性によって異なる.このように,乾燥特性曲線は,各種材料の乾燥特性を把握し,乾燥時間を求めるうえで欠かせない情報源となっている.減率乾燥期間の定量的な説明は [7.2 乾燥理論] を参照されたい.

〔亀岡孝治〕

◆ **参考文献**
1) 相良泰行,2004.冷凍,**79**(920),17-23.
2) 桐栄良三,1967.乾燥装置.日刊工業新聞社.
3) 藤田重文編,1979.化学工学演習(第2版).東京化学同人.

7.2 乾燥理論

拡散係数，有効移動係数，平衡物性

農産物・食品材料の構造はきわめて複雑であるため，現状の農産物・食品材料の乾燥理論は，微細な細孔を有する親水性の無機質材料で構築されてきた乾燥理論を援用して構築されている．材料内部の水分が乾燥する減率乾燥の定量的解析は，材料中の収着水の保有状態を定式化し，続いて乾燥に際して水分移動を解析，乾燥方程式の確立という手順で進められる．定率乾燥の定量的な説明は前項の[7.1 乾燥特性]で行っているため，ここでは減率乾燥の定量的な取り扱いについて説明する．

● 親水性材料構造モデル

乾燥方程式を解くには空隙を有する親水性材料の構造と含水モデルの構築が重要である．細孔モデルには円筒状，スリット状，円錐状，インク壺状などさまざまな形状モデルが考えられるため，収着モデルは BET 型吸着モデルと毛管凝縮モデルの共存型で扱われる．農産物・食品材料の水分吸着に分子吸着モデルを適用する場合には，単分子層（Langmuir 式）から多分子層（BET 式）の両方を含む GAB (Guggenheima-Anderson-de Boer) モデルが，他の等温式モデルに比べ優れた利点を有している．以下に GAB 式[1]を示す．

$$M_e = \frac{W_m C K A_w}{(1-KA_w)(1-KA_w+CKA_w)}$$

ここで，M_e：平衡含水率，A_w：水分活性，W_m：単分子吸着層，K：エントロピー的因子パラメータ，C：エンタルピー的因子パラメータ．

農産物・食品材料内部の水分の存在状態は，水分吸収が生じるため水分収着ととらえるほうが望ましい．収着水は多様で連続的な分布を有する吸着サイトに存在し，強い結合水から自由水に至るすべての吸着エネルギー領域で存在していると考えられるため，吸着ポテンシャル理論の適用が有力である．農産物では，乾燥方程式で取り扱いやすい吸着ポテンシャル理論に基づく以下の修正 Dubinin-Astakhov 式が提案されている[2]．

$$M_e = M_0 \exp\left\{-\left(\frac{A}{A_e}\right)^n\right\}$$

ここで，M_0：吸着空間における極限含水率，A：吸着ポテンシャル，A_e：特性エネルギー，n：Weibull 確率密度関数分布定数($0<n<1$)．

● 有効拡散係数

減率乾燥では，実際の乾燥速度は含水率とともに低下するため，材料内水分分布の時間的変化の解析では温度と濃度の関数としての有効水分拡散係数 $D_e(T, M)$ を用いた下記の式が必要となる．

$$\frac{\partial M}{\partial t} = \frac{\partial}{\partial x}\left\{D_e(T, M)\frac{\partial M}{\partial x}\right\}$$

水分拡散係数に強い濃度依存性がある場合，等温乾燥速度から初期条件に依存せず平均含水率のみの関数となることがわかっている．このような曲線は regular regime (RR) 曲線と名づけられ，この RR 曲線を用いて水分拡散係数の濃度依存性の決定方法が確立されている．この方法により，液状食品や乾燥麺などの拡散係数が求められている[3]．

穀物乾燥における減率乾燥を支配する粒子の拡散係数[4]は，粒子1層（あるいは乾燥風速がきわめて大きい条件下での薄い粒子充填層）で構成される薄層乾燥実験から得られる．乾燥温度条件を変えた薄層（粒子）乾燥特性曲線に，粒子として球モデルを適用することで，濃度依存性をもつ拡散係数が決定される．半径 r の球の平衡含水率 M_e，初期含水率 M_0，平均含水率 M，有効拡散係数 D_e とすると，

$$M_{RT} = \frac{6}{\pi^2}\sum_{n=1}^{\infty}\frac{1}{n^2}\exp(-\pi^2 n^2 T)$$

ただし，$M_{RT} = \dfrac{M - M_e}{M_0 - M_e}$，$T = \dfrac{D_e t}{r^2}$

となり，1本の特定の曲線となる．微小時間 Δt で D_e は一定と仮定すると，上述の曲線と乾燥特性曲線から以下の式を用いて拡散係数 D_e を水分の関数として求めることができる．

$$D_e = \frac{(T_2 - T_1) r}{t_2 - t_1}$$

次に水分拡散係数の構造について述べる．液状水と水蒸気が粒子内を同時移動すると考えると液状水と水蒸気の同時移動に関する乾燥方程式が必要となる．解析における利便性を考えると，液状水・水蒸気・温度の関数として水分有効拡散係数を記述し，乾燥方程式として非定常拡散方程式を物質移動の基礎式として使用することが望ましい．このようにして実験的に求められた穀物の有効拡散係数 D_e は，絶対温度 T と穀粒含水率 M の関数として下記のように表される．

$$D_e = \frac{a \exp\left(-\dfrac{b}{RT}\right)}{1 + \exp(c - dM)}$$

ここで，a, b, c, d は実験で決まる定数．この式中の分母は，多分子吸着から単分子吸着への移行点付近の水分において初めて影響するものと考えられ，通常は分子を1，水の蒸発潜熱 L_w を用いるアレニウス型の下記の式で十分である．

$$D_e = A \exp\left(-\frac{\alpha L_w}{RT}\right)$$

● 乾燥機構解析の手法と実験による検証

乾燥機構解析手法[5]を整理して，以下に示す．

物性値の整理 一次物性として，構造物性，平衡物性，収着特性を整理．二次物性（移動物性）として，熱伝導率，拡散係数，流れ係数，反応速度係数を整理．

親水性材料構造モデル構築 単分子吸着から多分子吸着モデル，並列毛管モデル，吸着ポテンシャルモデルを用いて，構造に関わる物理化学情報を整理．

有効移動係数の整理 有効熱伝導率，流れ係数，有効熱拡散係数，熱・物質伝達係数などを半理論的に決定．

乾燥基礎方程式の成立と数値計算 乾燥実験を基本において，その充填層の構造とその含水モデルと水と水蒸気の移動ポテンシャルに基づく有効拡散係数を定める．各種有効移動係数を求めて，物質収支と熱収支を表す乾燥基礎方程式に適切な初期条件，環境条件を入れて数値解を求める．

実験結果による検証 充填層内の水分，蒸気圧，全圧，および材料温度の分布，乾燥収縮の推算値を求める．これを乾燥実験と対照してその精度を検証する．

● 赤外線乾燥[6] について

農産物・食品材料の赤外線乾燥に関しては，一般的な乾燥理論を対象とした報告は少なく，ケーススタディが多い．赤外線乾燥理論は通風乾燥理論と異なり，赤外線乾燥機構の解析には拡散反射率などの光学物性が必要である．また，さまざまな材料の乾燥プロセスにおける水分量，成分，幾何学的構造の変化を想定した赤外線吸収スペクトルの測定，またそのデータを用いた乾燥材料内における光量子数の減衰挙動の把握が必要である．

〔亀岡孝治〕

◆ 参考文献

1) Rahman, S., 1995. *Food Properties Handbook*. CRC press.
2) 亀岡孝治, 1995. 日本食品科学工学会誌, **42**(2), 140-146.
3) 山本修一, 2015. 化学工学, **79**(9), 662-665.
4) 亀岡孝治, 1984. 東京大学博士論文.
5) 桐栄良三, 1994. 乾燥操作の基礎理論. ホソカワミクロン.
6) 橋本篤ほか, 2015. 化学工学, **79**(9), 673-675.

7.3 湿り空気線図

乾き空気，相対湿度，絶対湿度，乾球温度，エンタルピー，顕熱比，露点温度

水蒸気を含んだ空気を湿り空気，水蒸気を含まない空気を乾き空気という．この湿り空気の物理的・熱的特性をグラフで示したものが湿り空気線図（図1）である．湿り空気線図においては，乾球温度 t [℃]，湿球温度 t' [℃]，露点温度 t'' [℃]，絶対湿度 x [kg·kg^{-1} DA]，相対湿度 φ [%]，比体積 v [m^3·kg^{-1} DA]，比エンタルピー h [kJ·kg^{-1} DA] などの状態量は，そのうちの2つが決まると他の状態量はすべて定まる．

● 用語と状態式

乾球温度 温度計の感温部が乾いた状態ではかった湿り空気の温度を乾球温度，温度計の感温部をガーゼに包み，ガーゼの端を水に浸し，毛細管現象でガーゼを常に湿った状態にしてはかった温度を湿球温度という．

露点温度 湿り空気を冷却して，ある温度まで低下させると，その空気はそれまで含んでいた水蒸気を気体のままでは含みきれなくなり，水蒸気が水分として凝縮し始める．この温度をその空気の露点温度という．

全圧 湿り空気の全圧 P [Pa] はダルトンの法則に従い，乾き空気の分圧 p_a [Pa] と水蒸気の分圧 p_v [Pa] の和である．

絶対湿度 乾き空気1 kg DA 当たりの水蒸気質量 [kg] であり，乾いた空気および水蒸気の状態式を用いることで，次式で表される．

$$x = \frac{R_a}{R_v} \cdot \frac{p_v}{p_a} = 0.622 \cdot \frac{p_v}{(P-p_v)}$$

ここで，R_a は乾き空気のガス定数 [kJ·kg^{-1} DA·K^{-1}]，R_v は水蒸気のガス定数 [kJ·kg^{-1}·K^{-1}] である．以上より次式を得る．

$$p_v = P \cdot x / (0.622+x)$$

相対湿度 湿り空気の水蒸気分圧と，その温度における飽和空気の水蒸気分圧 p_s の百分比であり，次式で表す．

$$\varphi = 100 \cdot p_v / p_s$$

飽和空気の水蒸気分圧 水の飽和蒸気圧 p_s [Pa] の計算式として次式がある．

$$\begin{aligned}\ln p_s = &-0.58002206 \times 10^4 / T \\ &+0.13914993 \times 10 \\ &-0.48640239 \times 10^{-1} T \\ &+0.41764768 \times 10^{-4} T^2 \\ &-0.14452093 \times 10^{-7} T^3 \\ &+0.65459673 \times 10 \cdot \ln(T)\end{aligned}$$

ここで，T は絶対温度 [K] である．

比エンタルピー 0℃の乾き空気を基準に，空気のもつ相対的な熱量を比エンタルピーという．温度 t のときの乾き空気の比エンタルピー h_a は，

$$h_a = c_{pa} \cdot t = 1.005 \cdot t$$

ここで，c_{pa} は乾き空気の定圧比熱 [kJ·kg^{-1} DA·K^{-1}] である．温度 t のときの水蒸気の比エンタルピー h_v は，

$$h_v = r_0 + c_{pv} \cdot t = 2501 + 1.846 \cdot t$$

ここで，r_0 は0℃における水の蒸発潜熱 [kJ·kg^{-1}]，c_{pv} は水蒸気の定圧比熱 [kJ·kg^{-1}·K^{-1}] である．湿り空気の比エンタルピー h は，乾き空気のエンタルピーと水蒸気のエンタルピーの和であり，次式で与えられる．

$$\begin{aligned}h &= h_a + h_v x = c_{pa} t + (c_{pv} t + r_0) x \\ &= 1.005 t + (1.846 t + 2501) \cdot x\end{aligned}$$

比体積 乾き空気1 kg DA を含む湿り空気の体積を比体積 v といい，次式で求められる．

$$\begin{aligned}v &= (R_a + x R_w) \cdot T/P \\ &= 461.6 \cdot (0.622 + x) \cdot T/P\end{aligned}$$

熱水分比と顕熱比 熱水分比 u [kJ·kg^{-1}] は比エンタルピーの変化を絶対湿度の変化で除した値，顕熱比 SHF [-] は顕熱量の変化を全熱量の変化で除した値であり，これらは室内への吹き出し空気状態の決定などに用いられる．今，断熱したダクト内に空気を通し，熱量 q [kJ·s^{-1}] と水分 L [kg·s^{-1}]

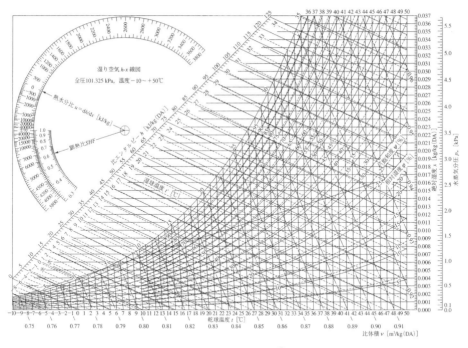

図1 湿り空気 h-x 線図[1]

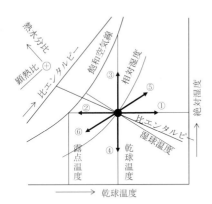

図2 湿り空気線図の概説

を加える．風量を G [kg DA·s^{-1}]，入口・出口の比エンタルピー，絶対湿度をそれぞれ h_1, h_2, x_1, x_2 とし，水の比エンタルピーを h_L とする．ダクト内の熱平衡および水分に対する物質平衡を考えると次式が得られる．

$$(G \cdot h_1 + q + L \cdot h_L) = G \cdot h_2$$
$$(G \cdot x_1 + L) = G \cdot x_2$$

よって，次式が成立する．

$$u = (h_2 - h_1)/(x_2 - x_1) = q/L + h_L$$
$$SHF = q/(q + Lh_L) = q/(u \cdot L)$$

● **湿り空気 h-x 線図の使用法**

図2に湿り空気線図の概念図を示す．顕熱のみによる加熱・冷却は絶対湿度一定の変化で，加熱は①方向，露点より高い冷却体での冷却は②方向である．乾球温度を一定にして，加湿・減湿した場合は，それぞれ③・④方向で潜熱のみの変化となる．断熱加湿は，等湿球温度線方向の変化として表される．加熱加湿（⑤）・冷却除湿（⑥）の場合，熱水分比 u や顕熱比 SHF を計算することで，湿り空気の変化する方向が決定される．〔**小出章二**〕

◆ **参考文献**

1) 日本冷凍空調学会編, 2012. 第6版 冷凍空調便覧 I 巻基礎編, 158.

7.4 空気調和

一般空調, 保健用空調, 産業用空調, 空気調和機, 熱運搬装置, 熱源, 自動制御, 空気調和負荷, 冷凍機負荷, 暖房負荷, 冷房負荷, 加湿

空気調和（空調）とは，空気の状態（温度，湿度，清浄度および気流分布（風速））を，利用者の目的に適した状態に調整し維持する操作のことである．これら空気の状態のうち，温度と湿度は空気調和の設計や管理のための熱量計算などにも関係するため重要である．

空気調和は，その対象により保健用空調と産業用空調の2種類に分けられる．保健用空調は，人間の健康と快適性の維持管理を目的としたもので，ホテル，病院，学校，事務所，一般住宅などが対象となる．産業用空調は，施設内で製造され保管される物品の品質維持や機器類の機能保持を目的としたもので，工場だけでなく，農業・畜産・流通の各分野で利用される貯蔵庫や施設なども対象となる．

● 空気調和設備

一般的な空気調和設備の装置構成を図1に示す．空気調和設備は以下の装置から構成される．

空気調和機（空調機） 空気調和機の基本機能は，空気を冷却・除湿，加熱・加湿，ろ過，換気することである．空気調和機はエアフィルタ（空気ろ過器），冷却コイル（空気冷却器），加熱コイル（空気加熱器），加湿器，送風機などから構成される．フィルタは，空気中の塵埃，臭気，微生物，有毒ガスなどを除去し，室内空気を清浄にする働きを有する．

熱源装置 室内の冷暖房負荷に応じて冷風や温風を送風して，室内から熱の除去や供給を行う．この熱のもとになる冷水や温水・蒸気を作るのが熱源装置の機能である．冷水を作る冷熱源装置（冷凍機）と温水・蒸気を作る温熱源装置（ボイラ）がある．なお最近は1台の熱源装置で冷熱と温熱の両方を作るものがよく使われる．代表的なものとして，吸収式冷温水機や空気熱源ヒートポンプがある．冷却塔は冷房の排熱を建物外部に排出するための装置である．

熱運搬装置 熱源装置と空気調和機の間で，冷水・温水・蒸気を供給・循環させる設備や，空気調和機と部屋との間で，冷風・熱風を供給・循環させる設備を総称して熱搬送設置という．前者は各種配管とポンプなどで構成され，後者は，各種送風機，ダクトと吹き出し口・吸い込み口などで構成される．

自動制御装置 熱源装置，熱運搬装置，空気調和機などの機器や装置を，部屋の熱負荷に応じて，

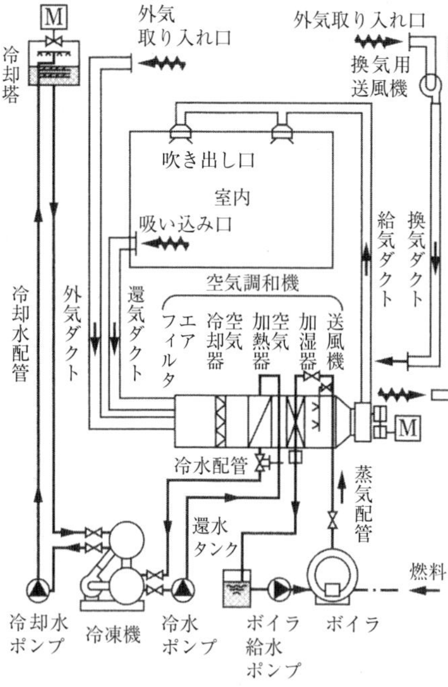

図1 空気調和設備の装置構成[1]

温度や湿度，風量や流量を調整し，室内を快適に維持するのが自動制御装置である．

加湿装置　一般に加湿を行う場合は，その方法により，加湿と同時に冷却または加熱が伴う．空気を加湿する方法には，水を噴霧する方法，水を気化させる方法，蒸気を放出する方法があり，それらに応じた加湿器がある．

● **空調負荷**

室内空気の温度を一定に保つためには，その室が取得する熱量を除去したり，損失する熱量を補給したりしなければならない．この温度を上昇・下降させる取得・損失の熱量を顕熱負荷という．また室内空気の湿度を一定に保つためには，必要に応じて水蒸気を除去したり，補給したりしなければならない．この湿度を上昇・下降させる取得・損失の水蒸気量を熱量に換算し，潜熱負荷という．冷房時に除去すべき熱量を冷房負荷，暖房時に補給すべき熱量を暖房負荷という．

冷房負荷　冷房負荷は，空気調和装置の冷凍機・空気冷却器・送風機などの機器容量を決定する基礎となるものであり，表1に示すようにいろいろな負荷要素を考慮する必要がある．

暖房負荷　暖房負荷は，空気調和装置のうちのボイラ・空気加湿器（または放熱器）などの機器容量を決定する基礎となるものであり，表1に示すような負荷要素を考慮する必要がある．暖房負荷では，冷房負荷のときに考慮した日射の影響や，照明器具・人からの発生熱量は，安全側とみることができるので無視することが多い．

● **穀物乾燥・貯蔵施設において**

実際の穀物乾燥では，[7.18 加熱装置]のように，バーナーを用いた熱風乾燥のほか，ヒートポンプを用いた常温除湿乾燥や吸着式除湿乾燥が行われる．また穀物は乾燥後，低温倉庫内で貯蔵されることが多い．低温倉庫は貯蔵中の穀温を15℃以下に保つため冷凍

表1　最大熱負荷計算における冷房側構成要素と暖房側構成要素[2]

	負荷構成要素	冷房側	暖房側
室内負荷	ガラス窓透過日射熱負荷	○	△
	貫流熱負荷		
	・壁体（SH）	○	○
	・ガラス窓（SH）	○	○
	・屋根（SH）	○	○
	・土間床・地下壁（SH）	×	△
	透湿熱負荷（LH）	△	△
	すきま風熱負荷（SH, LH）	○	○
	室内発熱負荷		
	・照明	○	△
	・人体（SH, LH）	○	△
	・器具（SH, LH）	○	△
	間欠空調による蓄熱負荷（SH）	△	○
空調機負荷	室内負荷（SH, LH）	○	○
	送風機による熱負荷（SH）	○	×
	ダクト通過熱負荷（SH）	○	○
	再熱負荷	○	—
	外気負荷（SH, LH）	○	○
熱源負荷	装置負荷	○	○
	ポンプによる熱負荷	○	×
	配管通過熱負荷	○	○
	装置蓄熱負荷	×	△

SH：顕熱負荷．LH：潜熱負荷．
○：考慮する．
△：無視することが多いが，場合によっては考慮する．
×：無視する．

冷却装置などが必要となる．

穀物乾燥・貯蔵施設において空調を行うにあたり，特に注意すべきことは，対象となる材料の品質劣化抑制や害虫・細菌・かびの繁殖の抑制，過乾燥や穀温上昇，吸湿や結露などの抑制である．また，送風により大量の塵埃や浮遊菌が施設内を移動・浮遊するため，サイクロンや湿式集塵機などを用いた施設内の集塵が必要となる．

〔小出章二〕

◆ **参考文献**

1) 空気調和・衛生工学編，2015．空気調和・衛生設備の知識．オーム社，33.
2) 空気調和・衛生工学会編，2012．空気調和設備計画設計の実務の知識．オーム社，93.

7.5 含水率・水分

乾量基準含水率,　湿量基準含水率,　基準測定法,
平衡含水率,　限界含水率,　局所含水率

水分量は，湿量基準含水率 M_w (moisture content wet basis, %w. b.) と乾量基準含水率 M_d (moisture content dry basis, %d. b.) の 2 つの表し方がある．農産物規格規定にいう水分は湿量基準含水率 M_w のことである．乾燥特性などの解析においては，水分量を乾量基準含水率で表すと便利である．湿量基準含水率と乾量基準含水率は次式で示される．

$$M_w = 100 \cdot \frac{W_w}{W} = 100 \cdot \frac{W_w}{(W_d + W_w)}$$

$$M_d = 100 \cdot \frac{W_w}{W_d} = 100 \cdot \frac{W_w}{(W - W_w)}$$

ここで，W：材料の質量 [kg]，W_d：材料の乾物質量 [kg]，W_w：材料の水分質量 [kg] である．湿量基準含水率 M_w と乾量基準含水率 M_d との間には次の関係があり，相互に換算できる．

$$M_d = \frac{M_w}{(1 - M_w/100)}$$

$$M_w = \frac{M_d}{(1 + M_d/100)}$$

湿量基準含水率の値は 100 [%w. b.] 以上にならないが，乾量基準含水率の値は，0 から無限大に近い値をとりうる．このため，水分の高い材料を対象とする場合は乾物 1 kg 当たりの水分質量分率 [kg 水・kg^{-1} DM] を乾量基準含水率 m ($m = M_d/100$) として用いる場合がある．含水率の定義は研究分野によって異なるため，文献などを参照する場合は，用いられている含水率の定義に注意する必要がある．

● 基準測定法

水分測定法には，直接法と間接法がある．直接法は水分を含まない絶対乾燥（絶乾）状態まで穀物を加熱乾燥すれば，絶乾後の質量である絶乾質量から水分が算出される．国内で行われている穀物の標準的な絶乾質量測定の方法として，次の①と②があげられる．

① 農業機械学会（現，農業食料工学会）の基準測定法（10 g 粒-135℃-24 時間法）

② 旧食糧庁の標準計測法（5 g 粉砕-105℃-5 時間法）

いずれの場合も水分の表示にあたっては外気の絶対湿度を加えた測定条件を明示することが推奨され，10 g 粒-135℃-24 h-0.008 kg・kg^{-1} DA のように略称する．加熱によって失われる成分が水だけではない場合や加熱中に穀物内の成分が化学変化を起こす場合は，105℃-24 時間法や減圧加熱乾燥法などの水分測定法も用いられる．間接法としては，穀物水分と電気抵抗との関係から水分を算出する電気抵抗式水分計や電気容量式水分計，近赤外水分計が用いられている．

● 平衡含水率と限界含水率

平衡含水率 (equilibrium moisture content, %d. b.) とは，材料を一定の温度，湿度下で長く放置したときの含水率であり，動的に求める方法（質量変化がなくなるまで乾燥，吸湿させる方法）と，静的に求める方法（飽和塩溶液を用いた方法）がある．

平衡含水率 M_e と相対湿度 h の関係式（水分吸着等温線 (adsorption isotherm)）として，単分子層吸着理論により導かれた Langmuir 式や多分子層吸着理論により導出された BET 式，BET 式を改変した GAB 式をはじめ多くの式がある．農産物の中でも穀物を対象とした水分吸着等温線は，後述［⇨ 7.7 水分吸着等温線］する Chen-Clayton 式，Strohman-Yoerger 式や Chung-Pfost 式を用いて近似することが多い．これらの式は平衡含水率 M_e と相対湿度 h，温度 T の関係式である．

一般に高い含水率の状態から乾燥（薄層乾燥）を開始すると，図 1 のような乾燥曲線（含水率と乾燥時間との関係）が得られ，時間の

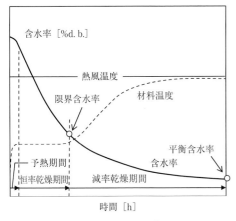

図1 農産物の乾燥曲線（文献[1]を一部改変）

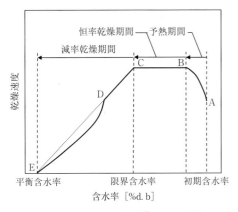

図2 乾燥特性曲線（文献[1]を一部改変）

経過とともに含水率は低下し，材料の温度は上昇する．ここに，含水率と乾燥速度（ここでは単位時間，単位面積当たりの水分蒸発量 $[kg 水・m^{-2}・h^{-1}]$ との関係をプロットすれば図2のような経過をたどる．この曲線を乾燥特性曲線と呼び，材料や乾燥条件に固有の曲線である．図2において，食品の乾燥では単位時間，単位面積当たりの水分蒸発量を乾燥速度と表すが，初期水分の低い穀物の乾燥の場合は，乾燥に伴う材料収縮を考慮する必要がほとんどないため，乾燥速度（縦軸）を単位時間当たりの乾量基準含水率の減少速度 $-dM/dt$ $[\% d.b.・h^{-1}]$ を用いて表すことが多い（穀物薄層乾燥では実質的に全期間減率乾燥期間とみなしてよい）．乾燥速度は大気条件（温度・湿度）が一定なら，含水率の関数として表せる．

乾燥特性曲線でみると，多くの材料では短い予熱期間（A→B）の終了後，乾燥速度が一定となる恒率乾燥期間（B→C）がみられる．図中のCを限界含水率といい，恒率乾燥期間は限界含水率に達したら終了し，乾燥速度が時間とともに遅くなる減率乾燥期間（C→E）に入り，平衡含水率に近づいて乾燥が終了する．このように恒率乾燥期間から減率乾燥期間へ移行する点を限界含水率，材料が乾燥条件で平衡状態になり，乾燥がそれ以上進行しない点を平衡含水率と呼ぶ．なお，D-Eのパターンは材料の特性によって異なる．

● **局所含水率**

材料内の任意の点の含水率を局所含水率という．局所含水率は材料内の座標（材料を単位球と仮定すれば中心からの距離）と時間の関数として表すことができ，表面含水率の初期条件と境界条件を定めることで，水分拡散方程式を用いたモデル化および解析が可能である．籾の乾燥では，テンパリング乾燥が広く行われているが，テンパリング乾燥においては乾燥を休止すると，その後で乾燥を再開したときに乾燥速度が向上することが知られている．このテンパリング乾燥時の乾燥特性は，材料の表面含水率および局所含水率を計算することでうまく説明できる．〔小出章二〕

◆ **参考文献**

1) 豊田淨彦ほか編，2015．農産食品プロセス工学．文永堂，183．

7.6 胴割れ

吸水，乾燥速度，引張応力，胴割れ率，花咲米

胴割れとは，コメの胚乳部に生じる亀裂のことである．胴割れ粒は，精米や炊飯時の吸水で砕米に発展する可能性が高いため，歩留り低下や食味低下につながることから，農産物検査法によりその粒数割合も制限されている．農産物検査法において，水稲うるち玄米の品位は，1等級，2等級，3等級，規格外に区分され，胴割れ粒を含む被害粒，死米，着色粒，異種穀粒，異物の含有率上限がそれぞれ15%，20%，30%，規程なし，と定められており，当然ながら価格にも反映されている．胴割れ粒は，軽胴割れと重胴割れがあるが，前者は精米時の影響が小さいため，被害粒としては後者のみが計数される．

胴割れ粒の発生メカニズムは，急激な乾燥や吸湿，あるいは加熱や冷却がもたらすひずみによる引張応力が玄米粒の破断応力を超えるときに亀裂が発生するとされている．乾燥の場合は乾燥速度が速いことが主な原因である．このほか，精米を乾燥した場所に長時間放置したりすると，亀裂ではなく粒表面に多くのひびが生じることがある．この白米を炊飯すると胚乳部のデンプンが溶け出て，味，外観ともに悪いご飯となる．このような白米およびご飯を花咲米と称する．

胴割れ率は，供試粒数に対する胴割れ粒の割合で，胴割れの測定は玄米の整粒のみが供試される．供試試料は，乾燥停止後の吸湿による胴割れの発生を考慮して，測定は乾燥後に試料を採取し，常温で48時間以上密閉保存した後に行われる．光の透過状況から目視や光学的装置により亀裂の程度が判断され，

その判断基準は以下の通りである．

【胴割れ粒の分類】[1]
① 横1条の亀裂がはっきり玄米の背部から腹部および両側面にかけて通っている粒．亀裂がかならずしも表面に達しているとは限らない．
② 亀裂が片面横に2条の粒であって，亀裂発生部位が異なり，それぞれの亀裂の大きさが幅の1/2以上あるもの．
③ 横2条の亀裂であって，両側面からみて2条とも亀裂の大きさが幅の2/3以上に達している粒．
④ 亀裂が横3条以上ある粒．亀裂の大きさは問わない．
⑤ 亀裂が基部から頭部にかけて長さ方向に発生している粒．その大きさは問わない．
⑥ 亀裂が亀甲形に生じている粒．

乾燥機の評価試験においては，乾燥前後での胴割れ率の差を「胴割れ粒増加率」と定義して，評価指標の1つとしている．測定手順は前述の通りであるが，圃場胴割れの影響を除くため，乾燥前の試料を採取後，陰干しまたは風量の少ない常温通風を行い乾燥前試料として用意する．また，脱稃は籾摺機による影響を排除するため，手剥きまたは手動式籾摺器を用い，胴割れ率測定のための必要粒数は1000粒とする．胴割れ粒増加割合は，これらの手順による測定値の信頼限界を考慮し，2%を超えると乾燥機の影響による胴割れ発生と判断するため，乾燥機の性能評価としては2%以下が合格ラインである[2,3]．

〔日髙靖之〕

◆ 参考文献
1) 山下律也, 1992. 穀物の物性値解説. 農業機械学会選書 5. 39.
2) 農業機械化研究所, 1969. 農機具国営検査, 検査資料 No.8. 211-226.
3) 全農 施設・資材部, 1987. 共乾施設のテストコード. 40.

7.7 水分吸着等温線

Chen-Clayton 式,Strohman-Yoerger 式,Chung-Pfost 式,ヒステリシス,クラペイロンの式

穀物・農産食品を一定の温度,湿度の大気中に長く放置すると,その材料によって決まる含水率となる.この含水率を平衡含水率 (equilibrium moisture content) といい,動的に求める方法(質量変化がなくなるまで乾燥,吸湿させる方法)と,静的に求める方法(飽和塩溶液を用いた方法)がある.材料の温度と平衡含水率が決まれば,その材料と平衡する空気の相対湿度は決定される.この相対湿度を小数で表示したものを,水分活性 a_w (water activity) という.水分活性は,穀物・農産食品や食品の保存性と密接に関連しており,保存中の化学的変化,微生物変化,酵素反応を予想するのに重要な指標となっている.

● 水分吸着等温線

温度一定の条件のもと,吸湿過程で測定した平衡含水率と水分活性(相対湿度)の関係を図示したものを水分吸着等温線,その関係を数式で表現したものを水分吸着等温式という(吸着と収着の用語については [1.8 吸着] を参照).一方,脱着過程で測定した平衡含水率と水分活性の関係を図示したものを水分脱着等温線,その関係を数式で表現したものを水分脱着等温式という.水分吸着等温式として,単分子層吸着理論により導かれた Langmuir 式や多分子層吸着理論により導出された BET 式,GAB 式をはじめ多くの式がある.

穀物の場合,乾燥過程の水分脱着等温線を平衡含水率曲線(平衡含水率と相対湿度との関係図)と称して表すことが多く,解析には以下の式がよく利用される.

Chen-Clayton 式:
$$h = \exp[-f_1 \cdot T^{g_1} \cdot \exp(-f_2 \cdot T^{g_2} \cdot M_e)] \quad (1)$$

ここで,h は相対湿度 [decimal],M_e は平衡含水率 [%d.b.],T は絶対温度 [K] で,f_1, g_1, f_2, g_2:パラメータである.

表1に実測値を Chen-Clayton 式に当てはめて求めたパラメータの値を示す.この式は実用範囲 $278 < T < 333$,$0.1 < h < 0.9$ で適合性が高い.

Strohman-Yoerger 式:
$$h = \exp\{C_1 \cdot \exp(-C_2 M_e) \cdot \ln(p_s) - C_3 \cdot \exp(-C_4 M_e)\} \quad (2)$$

ここで,p_s は飽和水蒸気圧で,C_1, C_2, C_3, C_4:パラメータである.

Chung-Pfost 式:
$$h = \exp\left(-\frac{A}{RT} \cdot \exp(-CM_e)\right) \quad (3)$$

ここで,R はガス定数で,A, C:パラメータである.

穀物の場合,平衡含水率曲線は,等温では

表1 Chen-Clayton 式のパラメータ(文献[1]を一部改変)

穀物の種類	f_1	g_1	f_2	g_2
籾	$0.901\,385 \times 10^3$	$-0.809\,36$	$0.267\,832 \times 10^{-3}$	$0.116\,97 \times 10$
玄米	$0.870\,427 \times 10^{-1}$	$0.839\,25$	$0.208\,477 \times 10^{-4}$	$0.161\,61 \times 10$
オオムギ	$0.247\,48 \times 10^5$	$-1.424\,5$	$0.106\,771 \times 10^{-2}$	$0.896\,93$
コムギ	$0.154\,043 \times 10^4$	$-0.964\,80$	$0.988\,702 \times 10^{-3}$	$0.900\,68$
エンバク	$0.967\,209 \times 10^3$	$-0.924\,70$	$0.168\,849 \times 10^{-2}$	$0.800\,43$
ライムギ	$0.590\,968 \times 10^5$	$-1.621\,6$	$0.711\,877 \times 10^{-2}$	$0.540\,04$
ソバ	$0.289\,92 \times 10^6$	$-1.837\,0$	$0.702\,20 \times 10^{-4}$	$1.363\,3$
ダイズ	$0.171\,470 \times 10^2$	$-0.265\,41$	$0.144\,298 \times 10^{-4}$	$0.159\,56 \times 10$
ハトムギ	$0.922\,201 \times 10^2$	$-0.357\,39$	$0.588\,557 \times 10^{-5}$	$0.189\,31 \times 10$

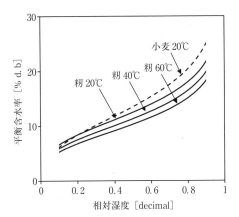

図1 籾と小麦の平衡含水率
実線および点線は表1のパラメータをChen-Clayton式に代入して得られた計算値である.

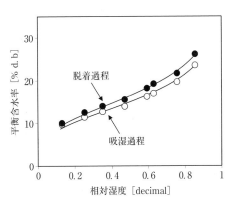

図2 玄ソバの平衡含水率のヒステリシス（5℃）（文献[2]を改変）

シグモイド型の形状となり，ルシャトリエ（Le Chatelier）の平衡移動の原理から，同じ相対湿度なら温度の低いほうが平衡含水率は大きい（図1）．さらに同じ相対湿度と温度であっても，乾燥の過程で測定した平衡含水率は吸湿過程で測定したものよりも大きい（図2）．この履歴現象（ヒステリシス，hysteresis）の定量的な説明はいまだ不完全であるが，吸湿は乾燥に比べて水の接触角が大きくなり，液面の曲率半径が増すことや，毛細管の構造（インク壺理論）および吸湿と乾燥におけるメニスカスの形状の相違などによって定性的に説明されている．

● **穀物の蒸発潜熱**

穀物に含まれる水分の蒸発潜熱は自由水の蒸発潜熱より大きく，水分の減少とともに増大する．この蒸発潜熱は，次に示すクラジウス-クラペイロン（Clausius-Clapeyron）式によって求めることができる．

$$\frac{dp}{dT} = \frac{Q}{T(v_g - v_l)} \quad (4)$$

ここで，dp/dTは蒸気圧の温度に対する変化率，Qは蒸発潜熱 [kJ·kg^{-1}]，v_gは温度Tにおける水蒸気の比体積 [m^3·kg^{-1}]，v_lは同温度における水の比体積 [m^3·kg^{-1}]である．

この（4）式を次式に変形すれば，蒸発潜熱の計算が可能となる[3]．

$$Q_{st} = (v_g - v_l) \cdot T \cdot \left(\frac{dp_{st}}{dT}\right) \quad (5)$$

ここで，Q_{st}は穀物中の水の蒸発潜熱 [kJ·kg^{-1}]，p_{st}は穀物中の水の蒸気圧 [Pa]である．穀物中の水の蒸気圧は相対温度 h [decimal] を用いて次式で示される．

$$p_{st} = h \cdot p_s \quad (6)$$

これより，

$$\frac{dp_{st}}{dT} = \frac{dh}{dT} \cdot p_s + \frac{dp_s}{dT} \cdot h \quad (7)$$

ここに，dh/dTはChen-Clayton式を温度Tで微分することで，またdp_s/dTは飽和蒸気圧p_s（[7.3 湿り空気線図] を参照）を温度Tで微分することで求められる．したがって，平衡含水率曲線が得られれば，穀物の蒸発潜熱は直接計算により求めることができる．

〔小出章二〕

◆ **参考文献**

1) 農業機械学会編，1996．生物生産機械ハンドブック．コロナ社，794．
2) 小出章二，福士祥代，2007．日本食品保蔵科学会誌，**33**(3)，127-130．
3) 村田敏ほか，1988．農業機械学会誌，**50**(3)，85-93．

7.8 混合乾燥

混合貯留乾燥，籾殻

混合乾燥は，乾燥した籾殻を乾燥剤として利用し，収穫直後の生籾とサイロ内で混合貯留することによって，生籾の水分を乾燥籾殻のほうに移行させて乾燥する方法で，テンパリング乾燥の一種である．また，籾に熱を加えない乾燥方式で，熱風乾燥と異なり水分の移動媒体として空気が介在しないことを特徴としている．乾燥剤となる籾殻と穀物が均一に混合されているため，堆積高さを高くしても，静置乾燥のような乾燥むらは生じにくい．大型施設では，通称SDS (soft drying system) 方式とも呼ばれている[1]．

籾殻混合式では，生籾と籾殻の水分差を利用するためその水分差が大きいほど乾燥効率はよくなる．通常の籾殻は10～11%w.b.の水分を含んでいるため，混合乾燥では籾殻用の乾燥機を設け，水分2～3%w.b.まで乾燥して用いている．この乾燥籾殻と生籾との殻混合比は体積比で，生籾：籾殻＝1：1.5～2である．1回の混合貯留で3～4%の水分乾減を基本とし，数回に分けて乾燥を行っている．

混合乾燥施設は，生籾と籾殻の混合装置，混合貯留サイロ，生籾と籾殻の分離装置，籾殻乾燥機などからなっている．

基本作業の流れは，荷受けした生籾は計量後，乾燥籾殻と混合されて，混合貯留サイロに搬送される．その際，混合時の発熱除去のため一時的に通風を行う．また，サイロに設けられた回転式分散機により，混合物は均一に投入される．投入と同時に生籾から乾燥籾殻に水分移行が開始する．水分移行が終了したら，混合貯留サイロより混合物を取り出し，

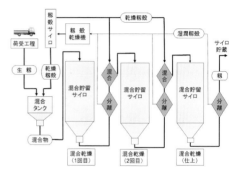

図1 混合乾燥システム

分離装置で籾と籾殻に分離する．分離された籾殻は乾燥機で乾燥され，再度乾燥剤として反復利用される．一方分離された籾は，再度混合タンクに搬送され，新しい乾燥籾殻と混合し別の混合貯留サイロに投入される．2回目の混合貯留乾燥終了後，17%w.b.程度の半乾状態まで水分の落ちた籾は分離後貯蔵サイロに貯留する．荷受け作業完了後，半乾籾を混合乾燥し，仕上げ乾燥を行う（図1）．

混合乾燥は，穀物を動かす回数が非常に少なく，籾殻が緩衝材となるため損傷が出にくい．また，ムギ類やダイズなど籾以外の穀物にも利用可能で適用範囲が広い．

施設運用上の特長として，混合貯留乾燥は通常の施設のように，荷受けから急いで乾燥機に投入する必要がなくタイムスケジュール的に余裕ができることや，穀物乾燥時に灯油バーナーを使用しないため，夜間のオペレータが不要となる利点がある．

混合乾燥の応用として，東南アジア向けの低コスト・省エネルギー乾燥方法の1つとして，貯留サイロの代わりにフレコンバックに混合貯留して乾燥する方法も検討されている[2]．

〔日髙靖之〕

◆ 参考文献
1) 加藤紀生，2001．農業施設，**31**(2)，77-78．
2) 井上慶一ほか，2003．農機誌，**65**，391-392．

7.9 除湿乾燥

常温，ヒートポンプ，蒸発器，凝縮器，
高水分穀粒，排気熱，開放型，閉鎖型

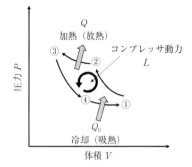

図1　逆カルノーサイクル

除湿乾燥機は，乾燥室へ送風する空気の水分を何らかの方法で除去し，除湿された空気を穀層や農産物堆積層に通風し乾燥する機構をもつ乾燥機である．熱風乾燥と比較して農産物の温度上昇が少ないため，品質の低下が少ないことや，入力エネルギーが電力の一系統だけであるため，安全性や取り扱い性の利点もあげられる．

除湿方法としては，一般的に吸着式（デシカント方式，ゼオライト方式），蒸気圧縮式，両方の機能を組み合わせたハイブリッド方式などがある．農産物の乾燥に使用されるものは，効率（成績係数 COP：coefficient of performance）が高く，汎用的な部品の組み合わせで設計ができる蒸気圧縮式が用いられる．蒸気圧縮式は，冷媒をコンプレッサで圧縮し，この圧縮されて高温になった冷媒が凝縮器と呼ばれる一種の熱交換器に押し込まれ，この凝縮器で冷媒が放冷され，液化する．この際，蒸発器側では熱を吸収し，凝縮器側では放熱する，いわゆる冷凍機を利用した逆カルノーサイクル機関（図1）である．この一連の動作を行う装置がヒートポンプである．ヒートポンプの性能を示す成績係数（COP）は，次式により算出する．

$$COP = \frac{Q}{L}（加熱時）$$

$$COP = \frac{Q_0}{L}（冷却時）$$

除湿乾燥機において，蒸発器での冷却減湿によってエンタルピーは減少し，続く凝縮器での加熱によりエンタルピーは増加する．その際，水蒸気の凝縮熱とコンプレッサの運転動力の熱が加わるので除湿器の出口温度は入口温度よりも若干高くなる．したがって，入気が蒸発器を通過した後，二次空気を混合せずに凝縮器を直接通過する方式では，農産物堆積層通過後の空気温度は雰囲気温度とほぼ同じ常温付近となる．農産物堆積層前後の空気の絶対湿度の差が農産物からの除水量，いわゆる乾燥能力を決定する．そのため，入気温度が低いと，いくら除湿を行っても乾燥速度は低下する．

また，蒸発器に着霜（フロスト）するようなことであれば，COP は小さくなってエネルギー効率が低下する．ヒートポンプの経済性目安として COP が3を下回ると，加熱乾燥より劣る目安とする報告がある[1]．

このような除湿乾燥機の問題である，雰囲気温度の低下や着霜対策（デフロスト）を検討した結果，排気の循環利用を採用している（図2）．排気の循環利用は，蒸発器への吸入空気を暖めて着霜の発生自体を防止するもので，除霜運転の作動による乾燥の断続運転を防止する方法である．蒸発器からの排気は，外気湿度の高低により，湿度が高いと開放型，湿度が低いと閉鎖型が採用される．また，水分の高い乾燥初期や外気湿度の低い昼間時に開放型で運転され，乾燥後期や夜間では閉鎖型を取る．湿り空気線図上では，図3の実線が開放型の乾燥工程，破線が閉鎖型の乾燥工程であり，入気温度が若干高くなり乾燥能力低下を防いでいる．

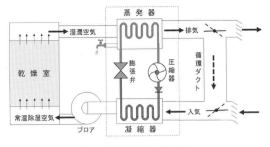

図2 除湿乾燥機の乾燥機構

図4 DAG乾燥機

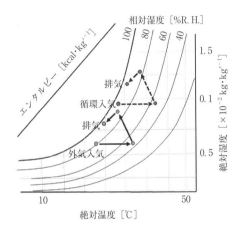

図3 除湿乾燥機の湿り空気線図による通気状態の変化の例

日本の常温除湿貯蔵乾燥では，過去，外気温が15℃を下回るような場合でも，連続運転時の着霜と除霜運転が繰り返され，乾燥時間が長くなることがあった．そのため，現在日本国内で実用化された機械では，寒冷地対策として除霜中に電気ヒーターで加温する方法を採用し，除霜時間の短縮を図っている．

除湿乾燥機は，灯油バーナーを単純にヒートポンプに置き換えるには装置が高価であることや，穀物風量比が大きいと乾燥速度が著しく低下する[2]ことから，共乾施設の貯留乾燥用途としてDAG（drying air generator）（図4）が実用化されている．日本では当初種子の休眠性を持続させる効果があるとして，穀類の種子の乾燥に使用された．しかしながら，常温除湿乾燥でも，高水分状態が長く続くとその効果がなくなることが明らかとなり，前述の技術改善で今では種子用以外に幅広く利用されている．

実用化された除湿乾燥機の調査では，除湿乾燥機は，乾燥速度は平均0.4%w.b.・h^{-1}であるが，穀物水分1kgを乾減するに要したエネルギーは平均1.78 MJ・kg^{-1}H$_2$Oと熱風乾燥と比べると1/3程度と省エネルギーである．

循環式乾燥機では，前述の穀物風量比が多いことや埃が多いことから，ヒートポンプの利用は実用化に至っていない．研究段階では，循環式乾燥機の排気熱回収の際に排気の除湿に用いる研究[3]とヒートポンプにより温水を作り，その温水を熱交換器により熱風を作って熱風乾燥するシステムの研究[4]がある．

〔**日髙靖之**〕

◆ **参考文献**
1) 戸次英二，1999．農業施設，**30**(2)，193-203.
2) 張林紅，戸次英二，1994．農機誌，**56**(4)，13-20.
3) 加藤宏郎，1977．農機誌，**38**(4)，608-614.
4) 野田崇啓ほか，2013．農業施設，**44**(1)，22-29.

7.10
貯留乾燥

丸ビン，角ビン，ドライストア，ローテーション

貯留乾燥は，低い乾燥速度で穀物の品質低下を防止し，貯留しながら乾燥する方式で，貯蔵乾燥ともいう．貯留乾燥する施設をドライストアと呼び，欧米では storage drying または in-storage drying と呼ぶ．カントリーエレベータやライスセンターに併設する方式と，ドライストア単独の施設がある[1]．日本ではほとんどのドライストアは併設方式を採用しており，約4300か所の共乾施設のうち26%がドライストアを併設している．ドライストア単独の施設は2%である[2]．欧米ではドライストアのみ，あるいはドライストアを補完するための火力乾燥機（ヘッドドライヤー）を併設したドライストア単独の施設が多い．日本は，欧米と比べ収穫時の穀粒水分が高く，気候も高温多湿であるため，自然と併設方式が多くなる．

ドライストアは大型送風機を備えているため，荷受けが集中した際に高水分原料を安全に貯留できるとともに，堆積量が少ない場合は予備乾燥を行うことができる．また，テンパリングや半乾貯留にも兼用され，共乾施設の柔軟な運営に寄与している．ドライストアを併設したカントリーエレベータは，ドライストアを併設していない施設に比べ，穀物の処理量で160～191%増加することができるとの報告もある[3]．

貯留乾燥の方法は，穀物の堆積部の構造により，ビン方式（In-bin 方式）と，床上堆積方式（On-floor 方式）に分けられ，日本では多品種に対応する必要があることや堆積高さに制限を設けている関係でビン方式が採用されている．ビン方式は，容器の形状で丸ビンと角ビンに分類される．丸ビンは円柱状

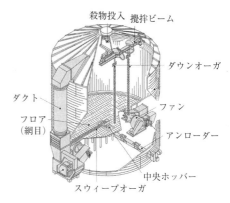

図1 丸ビン式の例

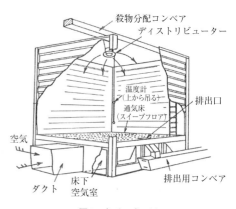

図2 角ビン式の例

の鋼板サイロでラジアルビンとも呼ばれ，穀物の排出機構はオーガにより機械的にかき集める方式である（図1）．角ビンはビン底面が正方形で，スクエアビンとも呼ばれる．穀物の排出にはエアスイープ方式が採用され，空気で排出する（図2）．容器構造上では，強度的に角ビンより丸ビンのほうが大容量化しやすいなどの特性があり，そのため，角ビンは1ビン容量30～70tの角ビンが多数連立設置されるのに対し，丸ビンは比較的大容量ビンの少数設置となる傾向がある．ビンのサイズは，籾のかさ密度（見かけ密度）650 kg·m^{-3} に，堆積高さ5m程度で算出し，施設の能力，構造的および経済的に妥当な仕様で施行される．

表1 日本の気象条件下での安全限界風量比

水分 [%]	貯留期間					
	気温が比較的低い場合			気温が25℃以上の場合		
	1日間	3〜4日	長期間	1日間	3〜4日	長期間
28	0.010	0.080	大風量	0.06	0.080	大風量
27	0.008	0.055	0.065	0.050	0.055	0.095
26	0.006	0.040	0.045	0.035	0.040	0.070
25	0.004	0.030	0.034	0.025	0.030	0.052
24	0.003	0.020	0.023	0.015	0.020	0.038
23	0.003	0.015	0.017	0.010	0.015	0.027
22	0.002	0.010	0.013	0.005	0.010	0.020
21	0.001	0.008	0.009	0.004	0.008	0.014
20	—	0.006	0.007	0.002	0.006	0.010
19	—	0.004	0.005	0.001	0.004	0.006
18	—	—	0.003	—	—	0.004

(単位:$m^3 \cdot s^{-1} \cdot 100\ kg^{-1}$)

図3 均平器の例

貯留乾燥における乾燥条件は,低温-大風量である.貯留乾燥における穀物風量比については,穀物水分,外気の温湿度,貯留時間によって異なるため,穀物の品質を良好に保ちながら貯留するために必要な風量(安全限界風量比)(表1)を考慮し,穀物水分に応じた風量や堆積高さを調節しなければならない.日本における下限値は$0.002\ m^3 \cdot s^{-1} \cdot 100\ kg^{-1}$とし,平均乾燥速度も$0.03\% \cdot h^{-1}$としている.

なお,貯留乾燥における必要風量$Q\ [m^3 \cdot s^{-1}]$は次式で表される.

$$Q = S \cdot D \cdot d \cdot q \cdot \left(\frac{10}{100}\right)$$

ここで,S:床面積$[m^2]$,D:堆積高さ$[m]$,d:かさ密度(見かけ密度)$[kg \cdot m^{-3}]$,q:品質保持に必要な風量比$[m^3 \cdot s^{-1} \cdot 100\ kg^{-1}]$である.貯留乾燥における風量は$0.2$〜$0.05\ m^3 \cdot s^{-1}$で,通常乾燥機の$1/10$〜$1/20$程度である.

送風温度は,常温通風または火炉による温風を用いる.温風温度は晴天時において外気温+5℃,曇雨天や夜間では外気温+10℃以内を目安としている.最近では除湿機(除湿乾燥)を設置して通風する施設もあるが,外気温度が低い場合などにおいては,十分な乾燥速度が得られない場合があり,このときはヒーターによる加温を必要とする.

貯留乾燥においては,乾燥速度が低いことや高く堆積することから,乾燥むらが生じやすく,穀物品質を低下させないためには是正措置をとる必要がある.乾燥むらの是正措置としては,別の空ビンに入れ替えするビン替え,いわゆるローテーションが一般的に行われている.長期の貯蔵乾燥では乾燥むらが大きくなるので,水分23%w.b.以上の原料は1日2回,水分22%w.b.以下の原料は1日1回を目安にローテーションを行う必要がある.丸ビン方式では,ビン内の穀粒を上下に撹拌する垂直方向のオーガ(ステアローダー)が備えられているものもある.この他の水分むら是正方法として,通風による方法と,ヘッドドライヤーによる方法がある.通風による方法では平均的な水分がある程度低くなった場合にのみ適用される.ヘッドドライヤーによる方法では,荷受け段階での水分むらが大きいと適用しにくい問題もある.

この他,貯留乾燥においてはビンの中での穀物の堆積状態が通風に及ぼす影響が大きいため,穀物を堆積した際の穀物の均平度も重要な要素となる.そのためビン上部に均平器(ディストリビューター,均分機,スプレッダーともいう)が取りつけられている(図3).

〔日髙靖之〕

参考文献

1) 全国農業協同組合連合会建設部, 1976. 穀物貯蔵乾燥施設(ドライストア)のてびき. 9-122.
2) 全国米麦改良協会, 2015. カントリーエレベータ及びライスセンター状況調. 4-5.
3) 全国農業協同組合連合会施設・資材部, 1993. 共同乾燥施設のてびき(第Ⅰ分冊). 143-150.

7.11 乾燥機の分類

穀物乾燥, 乾燥方法による分類, 構造による分類, 熱利用区分, 取り扱い区分

乾燥の目的は，水分を除くことによって，穀物の品質保持と貯蔵性の向上を図ることにある．このほかにも，加工性の向上，輸送の利便性の改善などもあげられる．穀物の乾燥方式としてはほとんどが加温や常温による通風乾燥である．熱源には，わが国では多くが灯油を使用しているが，中国，東南アジアなどでは，灯油以外に籾殻などのバイオマス利用が進んでいる．

● 穀物乾燥方式による分類

乾燥方式や乾燥機の構造からは以下のように分類できる．共同乾燥調製貯蔵施設ではいずれの方式も用いられているが，農家用はほとんどが循環型乾燥方式である．

連続送り乾燥方式 乾燥機の動作フローを図1に示す．原料を荷受けしたサイロから乾燥機に搬入し，乾燥部通過時に約2.0% d.b./パスで乾燥させて，空タンクに移送してテンパリング（玄米水分と籾水分の均質化）を通常3〜8h行う．この操作を仕上げ水分まで繰り返す．最後に穀温を下げるためのクーリングパスを行う．

循環型乾燥方式 図2に示すように，本体上部の貯留用タンクと，下部の乾燥部で構成され，乾燥部で乾燥した穀粒を上部タンクでテンパリングする．まず，原料穀粒を昇降機（バケットエレベータ），上部スクリューコンベアで上部タンク中央に搬送し，分散機でタンクに平らに堆積する．その後，穀粒を乾燥部下部にあるロータリーバルブの間欠運転により一定量ずつ流下しながら乾燥部を通過させ熱風で乾燥し乾燥部から排出する．排出された穀粒は下部スクリューコンベアで横搬送し，再び昇降機で上部タンクに戻される．

この操作を目標水分になるまで繰り返す．平均乾燥速度は0.8〜1.0%d.b.・h^{-1}である．熱風はバーナーで加温されて乾燥部に入り穀粒水分を除去しながら吸引ファンで湿潤空気として機外に排出される．循環型乾燥機には，自動温度調節装置，自動水分計，自動乾燥停止装置，安全装置などが装備されているので，夜間の無人運転ができる．農家用として広く普及しているが，大規模乾燥調製貯蔵施設に

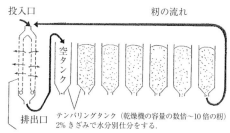

図1 穀物の動作フロー[1]

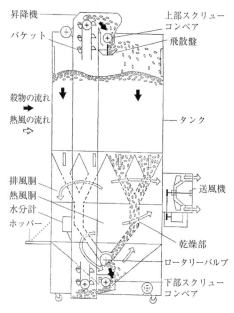

図2 循環型乾燥機（スクリーン型）[1]

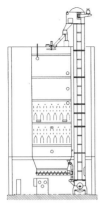

図3 循環型乾燥機（山形多管型）[1]

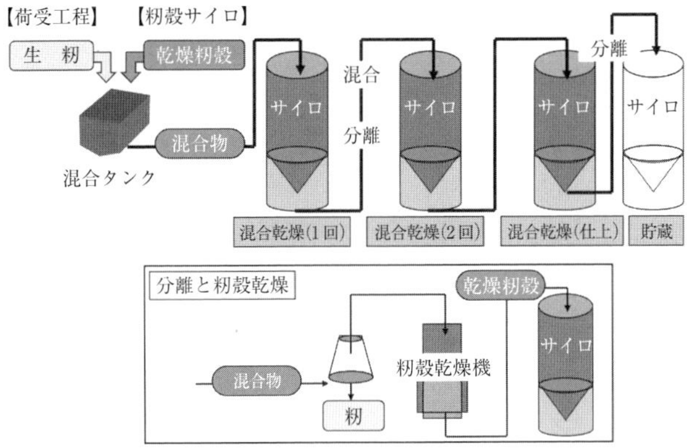

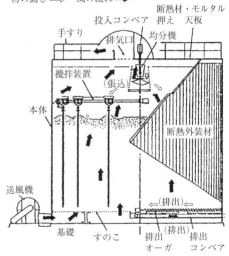

図4 籾殻混合乾燥方式[2]

図6 丸型貯蔵乾燥ビン方式[1]

も複数台数を並列配置して使われている．循環型乾燥方式には，スクリーン型乾燥機（図2）と山形多管式（LSU）乾燥機（図3）もある．

籾殻混合乾燥方式 図4に模式図を示す．乾燥籾殻と高水分の荷受け籾を混合調製タンクで均一に混合させ，サイロ内で生籾から乾燥籾殻へ水分移行させる．水分移行が終了した後，分離装置で籾と籾殻を分離し，水分を含んだ籾殻は専用の籾殻乾燥機で水分2～3%d.b.にまで乾燥し，再度，乾燥材として使用する．

貯蔵乾燥ビンによる方式 連続強制通風貯蔵乾燥方式は，攪拌装置を有する丸型貯蔵乾燥ビン（図5）あるいは角型貯蔵乾燥ビンで，1基当たりビン容量はおおむね50～250 t程度，収穫に応じて都度，荷受けをしながら累積貯留し，常温に近い乾燥空気を連続通風して乾燥する．この丸型ビン，角型ビンの外壁に断熱を施すことにより貯蔵サイロとしても利用でき，建設コスト・設置スペースの低減が可能となる． 〔水野英則〕

◆ **参考文献**

1) サタケ，2013.サタケ技術研修テキスト（第3版）．
2) 日本車輌製造株式会社．
   http://www.n-sharyo.co.jp

7.12 通風乾燥

テンパリング，循環式乾燥機

米麦，豆類の堆積層や野菜片などの乾燥材料に乾燥空気を通風し，乾燥の効率化と乾燥品質の向上を図る乾燥方法．材料層の空隙に乾燥空気を送風する場合を通気乾燥と呼ぶことがある[1]．乾燥材料の移動の有無，乾燥装置の形態，熱源の種類などに応じて，静置式・循環式，平型・立型，棚式・コンテナ式・ドラム式・バンド式，バーナータイプ・遠赤外線加熱式・ヒートポンプ式などの種類がある．

農産物などの湿潤材料の乾燥では，水分は材料内部から表面へと移動し，その後，蒸発し，水蒸気となり材料表面から周辺空気へ移動する．蒸発熱は乾燥空気から供給され，また，材料表面から周辺空気への水蒸気の移動は両者の水蒸気分圧の差を駆動力とする．そのため，通風により，材料表面-乾燥空気間の対流伝熱が促進され，また，水蒸気を得た周辺空気が乾燥空気により排出され，乾燥空気に入れ替わる．したがって，通風量を増加すると，水分移動が活発になり乾燥が促進される．材料内の水分移動は温度上昇とともに活発になるため，通気による対流伝熱により材料が加熱され，その結果，材料内の水分移動も促進される．このように通気乾燥では，乾燥空気の温湿度と風量が水分除去に影響する．

需要の多い米麦用の穀物乾燥機について以下に解説する[2]．平型静置式乾燥機（略称，平乾）は，多孔板上の穀物層に下方から加熱乾燥空気を通風し乾燥する装置である（図1）．構造が単純で扱いやすく廉価である．一方向からの通風のため，通風方向の層内水分むら（乾燥むら）を生じる．その解消のため，撹拌や天地返しなどの操作が必要となる．立型乾燥機では，穀物層中央部に立直した熱風室から穀物層に対して乾燥空気を水平方向に通風する方式である．据え付け面積が小さい利点があるが，穀物量が規定量以下の場合，穀物層を通過せずに排気される吹き抜けが生じやすい．

連続流下式乾燥機では，垂直な流路内を穀物が重力流下する間に乾燥空気と混合され，乾燥が進行する．流路壁に多孔板を用いたスクリーン型，流下方向に対してジグザグに折れ曲がった流路のバッフル型，流路内に山形の入気筒と排気筒とを交互に多数設置した山形多管型などがある（図2）．

連続流下式の特徴として，比較的高温の乾燥空気を用い，流下する間に，乾減率が2〜

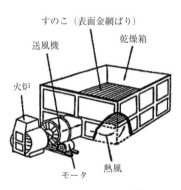

図1 平型静置式乾燥機[3]

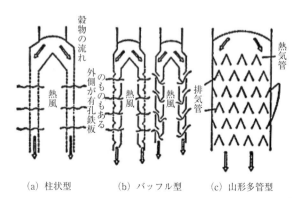

(a) 柱状型　　(b) バッフル型　　(c) 山形多管型

図2 連続流下式の乾燥部[3]

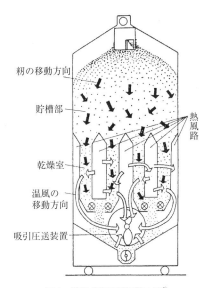

図3 循環式穀物乾燥機の例[4]

7%・h^{-1}の急激な乾燥を行う．これにより，穀粒内部に水分むらが生じ，水分応力による亀裂（胴割れ）が生じる．これを防止するため，仕上げ水分（15%w.b.）までの全乾燥過程を数回の流下乾燥に分けて行う．流下後の穀物を大型サイロなどに貯留し，一定時間を置いた後に再度，流下乾燥を行い，これを繰り返す．貯留中に穀粒内部の水分分布が均一化され，胴割れが抑制される．乾燥休止により，粒内水分分布を均一化させる操作をテンパリング（tempering）と呼ぶ．連続流下式乾燥機は主にカントリーエレベータなどの大型乾燥施設に採用されている．

循環式乾燥機は，穀粒流下乾燥部と貯槽部を乾燥機内に設け，その間を穀物が循環し間欠乾燥を行う方式である．連続流下式に比べ規模は小さく，乾減率も1.0%・h^{-1}前後と，より緩慢な乾燥となる．代表的な循環式乾燥機を図3に示す．図中，多孔板で挟まれた柱状の穀物流路で穀物と乾燥空気の流れが十字に交差することからクロスフロー乾燥機（crossflow dryer）とも呼ばれる．流下後の穀物は，乾燥部下部のロータリーバルブにより排出され，スクリューオーガにより一端に集積された後，バケットエレベータにより上方に搬送される．そして，乾燥部上部に設置された貯槽部に送り込まれる．貯槽部で次回の乾燥まで貯留される間に穀粒内部の水分分布が均一化されるため，穀粒の循環に伴い，乾燥とテンパリングが繰り返される間欠乾燥となる．この様式の乾燥機をテンパリング乾燥機とも呼ぶ．乾燥部流下時間と貯槽部貯留時間は，ロータリーバルブの回転により調節される．乾燥空気の温湿度条件に加え，乾燥・休止時間のプロフィールが熱効率と品質に影響する．循環式乾燥機は，個別農家やライスセンター方式の乾燥施設において代表的な乾燥機として広く利用されている．

通風乾燥の設計指標には処理量，風量，乾減率，風量比などが用いられる．風量比は穀物100kg当たりの乾燥空気の送風量[m^3・s^{-1}]として定義され，市販の循環式乾燥機では，おおよそ0.1〜0.5 m^3・s^{-1}・100 kg^{-1}である．通風乾燥の性能評価には，乾減率，熱効率，仕上げ水分の精度，胴割れ率，発芽率，食味などが用いられる．熱効率は，灯油の燃焼などによる乾燥空気の加熱に要した熱量を入力，水分蒸発に要した潜熱を出力とし，両者の比を百分率で表したものである．ただし，使用する外気の湿度が低く，加熱量が少ない場合，外気のエンタルピーも水分蒸発に利用されるため，熱効率は100%以上になる場合がある．

〔豊田淨彦〕

◆ **参考文献**

1) 桐栄良三，1966．乾燥装置．日刊工業新聞社．
2) 庄司英信ほか，1971．農産機械学．朝倉書店，12．
3) 山下律也，1991．新版農産機械学．文栄堂出版．
4) 静岡製機．循環式穀物乾燥機製品資料．

7.13 テンパリング乾燥

胴割れ，水分勾配，乾燥むら，調質，ねかし，テンパリング乾燥機

収穫後の穀物乾燥では，乾燥の進行とともに穀粒の表面と内部との間の水分勾配が増大し，子実の亀裂を生じることがある．これを防止するため，乾燥休止により粒内の水分勾配を緩和する操作を行う．この操作をテンパリング操作（tempering）と呼び，乾燥と休止を繰り返す乾燥方式をテンパリング乾燥と呼ぶ．

固体材料の乾燥では，乾燥の進行に伴い材料内の水分分布が拡大し，材料の表面と内部との間に大きな水分勾配を生じる．その際，材料表面では乾燥による収縮が生じる一方，水分減少の遅い材料内部では，そのままの状態を維持しようとするため，収縮に対する抗力が生じ，材料内に応力（水分応力）が発生する．急激な乾燥では，水分勾配による応力が過大となり，材料の変形や皺，亀裂が生じる．コメの乾燥では，籾内部の玄米に胴割れと呼ぶ亀裂が生じ，乾燥後の籾すり・精米工程で砕米発生の原因となる．乾燥速度が大きいほど穀粒内の水分勾配が増加し，胴割れを生じやすい（図1）．乾燥速度は，初期水分，乾燥空気の温湿度に影響を受けるため，胴割れの防止には，それらの条件を考慮する必要がある．仕上げ水分を15％w.b.とするコメの連続通風乾燥（籾乾燥）では，胴割れ防止のため，平均乾燥速度を0.8％w.b.・h^{-1}以下に設定することが多い．乾燥・休止を繰り返すテンパリング乾燥においても，休止期間を含む全乾燥期間での平均乾燥速度を同程度としている．

テンパリング操作では，休止により材料内部の水分勾配が均一化され，休止期間中に表面の水分が増加することから，休止後の乾燥

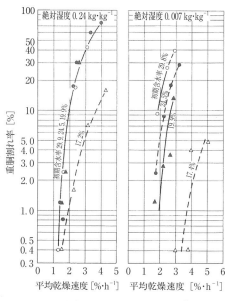

図1　乾燥速度と重胴割れ率の関係[1]

初期に乾燥速度の増加が生じる．これをテンパリング効果と呼ぶ．

籾の乾燥では，玄米を籾殻が覆う籾の構造と，籾殻の乾燥速度が玄米に比べ非常に大きいことから，籾表面の籾殻が主体となる乾燥速度の大きな期間が最初に現れ，その後，籾内部の玄米が主体の緩やかな乾燥期間に移行する（図2）．

テンパリング乾燥では，休止後の乾燥のたびに籾殻の乾燥期間が現れ，テンパリング効果が生じる（図3,4）．小麦，大麦，大豆なども，表面に桴（ふ）や表皮を有するため，テンパリング効果による乾燥速度の増加が同様に現れる．

穀物乾燥では，穀物層に乾燥空気を通風する方式が一般的で，乾燥は乾燥空気の給気側から排気側へと進行する．そのため，穀物層内には通気方向に沿って水分分布（乾燥むら）が生じ，給気側では過乾燥が，排気側では乾燥不良がそれぞれ生じやすい．休止操作は，穀粒間の水分分布を均一化させるため，穀物層内の乾燥むらの解消にも役立つ．テンパリ

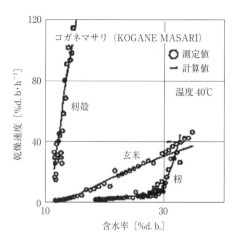

図2 籾殻, 玄米, 籾の乾燥特性[2]

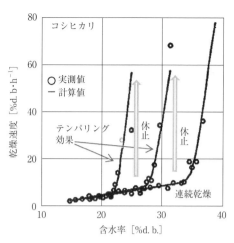

図4 休止による乾燥速度の増加[2]

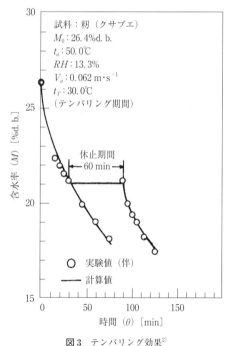

図3 テンパリング効果[2]

ング操作の実施には, 循環式乾燥機が利用されることが多い. 乾燥機内の柱状の乾燥部内との貯槽部の間を穀粒が循環することにより, 乾燥・休止を繰り返し実施できる装置構造となっている. 効果的なテンパリングを意図した仕様の循環式乾燥機をテンパリング乾燥機と称する([7.12 通気乾燥]の図3参照).

コメ乾燥では, 乾燥空気温度40℃の場合, 約1時間の循環時間のうち, 乾燥時間を16分以下にすると, 乾燥速度と乾燥所要エネルギーの両面で好ましいとの報告がある[2].

ニンニクでは, 低温貯蔵による障害を防止するため, 昼間と夜間の乾燥温度の設定値を切り替えうる乾燥法をテンパリング乾燥と称している. また, テンパリング操作を調質, ねかしと呼ぶこともあり, テンパリングの定義は作物により異なる.

〔豊田淨彦〕

◆ **参考文献**

1) 伴敏三, 1971. 農業機械化研究所研究報告, 第8号, 10.
2) 豊田淨彦ほか, 1992. 農業機械学会誌, **54**(1), 57-65.

7.14 乾燥（穀物）

熱風乾燥機，静置式乾燥機，循環式乾燥機，遠赤外線乾燥機，籾殻熱風乾燥機，半乾貯留二段乾燥，混合乾燥

収穫直後の穀物は水分が25%w.b.と高く，そのまま放置しておくと4時間程度でヤケ米などの品質劣化が生じるため，乾燥作業は必要不可欠である．また，乾燥作業は，穀物そのものの呼吸や酵素反応を抑制するとともに，寄生する虫や微生物の活動や繁殖も抑制し，穀物の貯蔵性を高くする効果が大きい．日本の平均気温と平均湿度を考慮すると，長期貯蔵するためには，穀物の平衡含水率は15%w.b.となることから，14.5〜15%w.b.まで乾燥している．半乾と呼ばれる17〜18%w.b.では，2週間で発芽率の低下が始まり，食味低下につながるため，乾燥作業は必要不可欠なうえ，精密な作業であると言える．日本では，1960年代からコンバインの普及に伴い，高水分の籾を大量にかつ生産現場で乾燥させる必要性がでてきて，本格的な穀物乾燥機の開発および普及が促進された経緯がある．

乾燥において，水分および熱移動の媒体は空気であり，収穫期に多湿な日本の気候では，常温通風のみでの乾燥は，天候などによる影響で，数日から数週間以上かかり能率的ではなかった．そのため，灯油などの化石燃料を燃焼し，外気よりも温度が高い熱風を通風する，熱風乾燥機が主流となった．熱風温度は，胴割れを防ぐため40〜55℃で，外気温度+30℃を目安としている．穀物が高水分時に高温の熱風を通風すると発芽率低下などの品質低下を招くため，温度制御方式は定温熱風乾燥かまたは昇温熱風乾燥が一般的である．また，単位穀物量当たりの風量，すなわち穀物風量比も重要な要素で，通常の乾燥時の穀物風量比は3〜0.5 m³·s⁻¹·t⁻¹，貯蔵乾燥時は0.2〜0.05 m³·s⁻¹·t⁻¹と定められている．このほか，貯留のみを目的とした常温通気貯留では，0.02〜0.002 m³·s⁻¹·t⁻¹とされている．

静置式乾燥機は，穀物を移動させないで乾燥するもので，穀物堆積部であるすのこ上に穀物を平積みし，下から通風して乾燥させる簡易な構造（p.280の図1参照）で，平型静置式乾燥機ともいう．乾燥機の大きさは，すのこ面積で表され，1.7〜7 m²程度のものが利用される．通常は高さ40 cm程度に堆積して乾燥する．静置式乾燥機は，穀物以外にも汎用利用できる乾燥機である．

循環式乾燥機（図1）は，最も普及している乾燥機である．乾燥部とテンパリング（休止）部を有し，バケットエレベータなどの搬送系で穀物を循環させながら，乾燥とテンパリングを繰り返し，10〜15時間ほどで設定水分まで乾燥させるバッチ（回分）方式である．熱風路に加熱装置，排風路側に送風機を有し，熱風を吸引して乾燥部を通過させ，穀物の水分を含んだ空気を排気する．循環式乾燥機では，穀物が循環しながら乾燥することや，テンパリング部で粒内の水分むらが緩和される効果があるため，均一な乾燥が行われる．穀物収容量別所要電力は1 t当たり0.7 kWで，搬送関係の占める動力割合は40%である．穀物風量比は平均0.3〜0.5 m³·

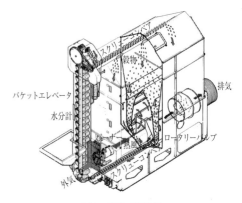

図1　循環式乾燥機

$s^{-1}\cdot 100\ kg^{-1}$で，乾燥部では，$1\sim 2.5\ m^3\cdot s^{-1}\cdot 100\ kg^{-1}$である．穀物収容量（処理量）は800〜12000 kgと広範囲で，さまざまな経営規模に対応できる．共乾施設で利用される20 t以上の大型機もある．籾の熱風乾燥時における乾燥速度は$0.6\sim 1.0\%\mathrm{w.b.}\cdot h^{-1}$程度で，$0.8\%\mathrm{w.b.}\cdot h^{-1}$を標準としている．水分計により乾燥中の制御が行われており，乾燥作業は自動化している．米麦のほかにダイズやソバの乾燥に対応した汎用型も市販化されている．

遠赤外線乾燥機は，放射伝熱を利用した乾燥機で，日本では1998年に循環式乾燥機を改良した実用機が市販化に至っている．実用化された遠赤外線乾燥機は，循環式乾燥機の熱風路内（図3(a)）または集穀室内（図3(b)）に，灯油バーナーで加熱する放射体を組み込んだもので，放射体の加熱残熱も熱風として利用する構造となっている．放射体は円筒形のステンレス材に，放射率0.9以上の高効率輻射塗料を塗布している．放射体表面の平均温度は300〜500℃で，波長は3〜5 μmである．一般的な水の赤外線吸収ピーク波長である2.9 μmに合わせると，放射体の温度は730℃にする必要があり，この温度では胴割れや発芽不良の穀物への障害や，筐体である鉄板の耐久性を著しく損なうことなどから，穀物の色温度に合わせた温度で設計している．また，放射体を均一に加熱するため，放射体の中にバーナー炎の拡散板を取りつける，または放射体を回転させる工夫がある．投入エネルギーに対する遠赤外線の変換割合は35〜55%である．遠赤外線乾燥機は熱風のみの乾燥に比べ，灯油消費量で10%，電力消費量で30%の省エネ効果がある．循環式乾燥機と同様に，施設用や汎用型も市販化されている．

籾殻熱風乾燥機は，籾殻の燃焼熱を乾燥機の熱源として利用する乾燥機で，熱風を作る方法として，熱交換器を用いる間接式と，熱交換器を用いない直燃式がある．籾殻は1 kg当たり15 MJ$\cdot kg^{-1}$（高位発熱量）程度の熱量があり，試算では日本の籾殻発生量の1/3で国内の穀物乾燥がまかなえる．籾殻は完全燃焼すると主要成分のシリカが結晶化し，結晶質シリカを生成する．この物質が発がん性の疑いがあるとリストアップされたため，現在は800℃程度で燃焼する傾向である．

半乾貯留二段乾燥は，乾燥施設での荷受け集中への対応と，施設の利用期間延長および処理能力増大を目的として用いられている方法である．荷受けした穀物を17〜18%w.b.の半乾状態まで乾燥する一次乾燥を行い，半乾貯留を行う．その後，施設の稼働状況と出荷計画に応じ，15%w.b.に仕上げ乾燥を行う乾燥方法である．個別の循環式乾燥機では，倒伏や未熟粒が多いことが原因で水分差の大きい籾に対して半乾の状態で停止し，数時間半乾貯留を行い，水分むらを解消して，仕上げ乾燥をする，二段乾燥モードを備えたものもある．

混合乾燥は，水分2〜3%w.b.に乾燥した籾殻を乾燥剤として利用し，高水分籾と混合することによって乾燥する方法で，発熱が少なく，水分の移動媒体として空気を利用していないことが特徴である．乾燥剤となる籾殻と籾が均一に混合されているため，貯留乾燥のような乾燥むらは生じにくい．[⇒7.8 混合乾燥]

〔日髙靖之〕

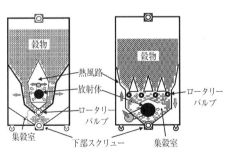

(a) 熱風路設置型　　(b) 集穀室内設置型

図2　遠赤外線乾燥機

7.15 乾燥（穀物以外の農産物）

野菜乾燥，回転乾燥機，バンド乾燥機，トンネル乾燥機，ラック乾燥機，遠赤外線乾燥機

乾燥の目的は，水分の多い食品から水を取り除き，微生物や酵素による腐敗や変敗，酸化や褐変などの反応を防止することにより，食品に輸送性，貯蔵性，簡便性を与えることにある．また，切り干しダイコン，カンピョウ，凍み豆腐など，生鮮とは異なる新たな品質・特徴をもった食品の製造も目的の1つである．2006年度の食品産業統計年報によると，乾燥食品の総生産量は1270万tである．即席麺，味噌汁，茶漬け，ふりかけなどの普及のみならず，スポーツ食品，レジャー食品，宇宙食，老人食などさまざまな加工食品のニーズ拡大に伴い，おいしさと簡便性を有した具材の製造が求められており，用途に応じてさまざまな乾燥機が適用されている．ここでは，穀物以外の農産物の乾燥に用いられる代表的な乾燥機（回転乾燥機，バンド乾燥機，トンネル乾燥機，ラック乾燥機，遠赤外線乾燥機）の概要を説明する．

● 回転乾燥機

ドラム乾燥機とも呼ばれ，回転する円筒内部に蒸気を導入し，円筒表面にスラリーまたは液状の食品を膜状に供給し，ドラム表面からの伝導伝熱により水分を蒸発させる方式の乾燥機である（図1）．乾燥製品は円筒表面よりドクターナイフにより削られ，フレーク状となる．熱効率が高い，乾燥速度が速い，

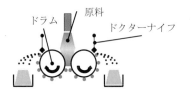

図1　回転乾燥機の仕組み

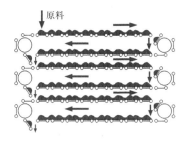

図2　バンド乾燥機の仕組み[3]

湿潤材料の乾燥に適しているなどの特徴をもつ半面，高温で乾燥されるために，炭水化物の褐色化，タンパク質の熱変性を生じやすい．インスタントシリアルなどの製造に適用されている．

● バンド乾燥機

材料を連続的に乾燥機に供給して，ベルトコンベアの上に材料を載せて移動させつつ乾燥を行う乾燥機である（図2）．バンドは多段になっているものもあるが，材料が上の段から下の段へ移動するときに反転するため，乾燥むらの少ない製品ができる．マカロニ，スパゲッティ，乾麺，パン粉，紅茶，粉末試料などの製造に適用されている．

● トンネル乾燥機

湿潤の材料を載せた台車を縦横2～3m，全長10～25mのトンネルに次々に通し，加熱された空気を台車中のトレイの間に通して試料水分を半連続式で蒸発させる乾燥機である．台車の移動は手動で行うタイプと自動で行うタイプの2種類がある．比較的大規模な乾燥食品製造プラントでは，食品の積載，台車の移動，製品の取り出し，乾燥室出入口扉の開閉など，一連の操作を全自動で制御する場合もある．主な乾燥品としては，シイタケ，果実，チャーシューなど，原形をとどめたまま乾燥するものに利用されることが多い（図3）．

● ラック乾燥機

箱型乾燥機，棚式乾燥機などとも呼ばれる．箱型の乾燥機内に設置してある棚の上に乾燥

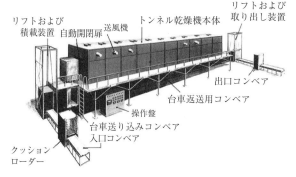

図3 トンネル乾燥機の構成概略[4]

図5 遠赤外線乾燥機（東洋興産株式会社）

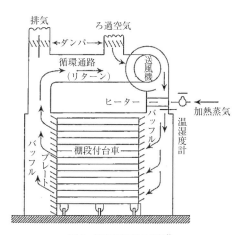

図4 箱型乾燥機の構造[1]

材料を置き，乾燥機内に取りつけられたファンで熱風を乾燥機内で循環させ，材料の水分を蒸発させる（図4）．熱風が滞留しやすいため，均一に流す工夫が必要となる．棚に載せることができる材料であれば，ほとんどの材料を乾燥させることができ，壊れやすい材料でも形が崩れることはほとんどない．また，比較的構造が簡単であるために乾燥機の価格は安価である．しかし，伝熱が良好ではないため乾燥速度が遅く，熱効率も悪い欠点がある．

● 遠赤外線乾燥機

遠赤外線は電磁波の一種であり，波長はおよそ5.6〜1000 μm である．遠赤外線乾燥は，対流や熱伝導により水分を蒸発させる方式と異なり，輻射熱により乾燥材料に熱を伝えて水分を蒸発させる乾燥法である（図5）．遠赤外線の輻射エネルギーが周囲の空気に吸収されず直接被加熱物表面に到達し，水分子の共鳴吸収により加熱効果を現すことが特徴である．そのため，熱風乾燥と比べて乾燥のエネルギー効率は良好であるとされており，遠赤外線乾燥を用いてコマツナを乾燥させたところ，既存の熱風乾燥法と比較して17%程度小さい電力量で乾燥青果物を製造できるという報告もある[2]．熱移動は放射熱源と被加熱物の温度差の4乗で作用するため，わずかな温度差でも熱流が生じる．また，熱エネルギー源が電力であるため制御が容易であり，安全性や環境性能に優れている．〔折笠貴寛〕

◆ 参考文献
1) 林弘道, 2008. 木村進, 亀和田光男編, 食品と乾燥. 光琳, 53.
2) 岡本慎太郎ほか, 2012. 日本食品科学工学会誌, 59(9), 465-472.
3) カワサキ機工株式会社.
   http://www.kawasaki-kiko.co.jp
4) 株式会社大和三光製作所.
   http://www.yamato-sanko.co.jp

7.16 乾燥（食品）

気流乾燥，噴霧乾燥，真空凍結乾燥

食品乾燥の主な目的は，水分活性を低下させることで微生物の発生を抑え，貯蔵性を向上させることにあり，乾燥による食品加工は，古くは紀元前より行われてきた．産業革命以前は，天日，風，寒気などの自然条件を利用した乾燥法が用いられていたが，その後，人工乾燥が行われるようになり，対象とする食品の拡大や，製造における効率化，高品質化の追求に伴い，乾燥技術は多様化してきた．また，従来では，乾燥による貯蔵性や輸送性の向上が重視されてきたが，現在では，嗜好性の付与や利便性の向上も重要な要素として認識されるようになっている．本項では，主に粉粒体の乾燥製品の製造に用いられる，気流乾燥，噴霧乾燥および真空凍結乾燥の特徴について概説する．

● 気流乾燥

気流乾燥は，粉粒状，泥状あるいは塊状の湿潤材料を熱気流中に分散供給し，急速に乾燥させることにより，乾燥粉粒を得る方法である．図1に気流乾燥機の基本構成を示す．湿潤材料は，直接あるいは解砕機や分散機を介し，分散した状態で乾燥管内部に供給され，管内を流れる熱気流により移動しながら乾燥する．乾燥した材料はサイクロンやバグフィルタなどの集塵装置で捕集される．気流乾燥では，材料は細かく分散するため，乾燥速度はほぼ材料表面からの水分蒸発に依存し，高く保たれる．そのため，短時間で乾燥が終了し，熱効率も高い．また，適切な乾燥条件であれば，乾燥中の材料温度は湿球温度近くまでしか上昇しないため，熱による品質低下を抑制できる．一方で，管内の損耗や閉塞を招くおそれがあるため，付着性や磨耗性が高い材料には向かない．食品では，ケーク状のデンプンの乾燥などに利用されている．

● 噴霧乾燥

噴霧乾燥は，液体材料を高温気流中に噴霧微粒化し，瞬間的に乾燥粉末製品を得る方法である．図2に噴霧乾燥機の構成例を示す．ポンプによって加圧された液体材料は，噴霧装置に供給・噴霧され，乾燥室で熱風と接触することで乾燥粉末化した後，回収される．

噴霧乾燥装置は，気流と噴霧液滴が同一方向に流れる並流式と，逆方向に流れる向流式に分類される．向流式は乾燥効率に優れるが，製品微粒子の排出温度が高くなる．そのため，熱による品質低下を招くおそれのある食品では，主に並流式が採用される．

また，噴霧装置の微粒化方式は，回転円板式とノズル式に大別される．回転円板式は，高速回転する円板に液体材料を供給し，円板

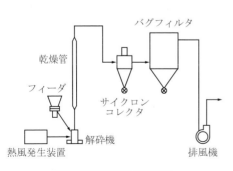

図1　気流乾燥機の基本構成

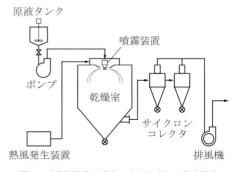

図2　噴霧乾燥機（垂直下降並流式）の基本構成

周縁から遠心力により液滴が微粒化する機構を利用したものである．円板の回転速度の制御により，粒径を調節することが可能であり，ノズル式よりも粒径分布は狭いとされる．高粘度の液体材料への適用が可能であるが，噴霧液滴の軌跡が水平方向に長くなるため，乾燥室の直径を大きくとる必要がある．ノズル式の噴霧装置には，加圧ノズル式および二流体ノズル式がある．加圧ノズル式では，ポンプにより加圧された液体が，ノズル内のコアと呼ばれる旋回室に供給される．液体はコアで旋回力を加えられ，オリフィスを通過する際に微粒化される．この方式では，乾燥粉末の粒径を制御する際，ノズル内のコアおよびオリフィスの組み合わせを変える必要がある．二流体ノズル式は，低圧の液体流に高圧の空気を衝突させ，微粒化する方式である．高粘度の液体材料に適用可能であり，加圧ノズル式よりも細かい粒子が得られる．微粒化用の空気の圧力調節により，液体の粒子径を制御できるが，高圧の空気が必要となり，エネルギーコストが大きくなる．

近年では，高粘度の液体材料を低動力で噴霧する回転円板式，ノズル式の各種噴霧装置が開発されている．また，乾燥と溶解性向上のための造粒を，1工程で連続的に行う装置が実用化されている．

● 真空凍結乾燥

真空凍結乾燥は，予備凍結した食品材料を，水の三重点以下の圧力条件下に置き，材料内部の氷部分を昇華させることで乾燥する手法である．

真空凍結乾燥のプロセスには，一次乾燥および二次乾燥がある．一次乾燥は，凍結した自由水を昇華させる工程であり，この操作によって大部分の水分は取り除かれる．二次乾燥は，凍結濃縮により生じた不凍水（結合水）を除去する工程であり，低温のままでは蒸発しにくいため，材料温度を上昇させて乾燥させる．食品材料は真空チャンバ内の乾燥棚に置かれ，真空ポンプによって10〜100 Pa程度まで減圧される．乾燥棚からの伝導伝熱や放射伝熱によるエネルギーの供給により，乾燥が進行する．生じた水蒸気は，冷却トラップで捕集されるため，チャンバ内は低圧に保たれる．

真空凍結乾燥では，食品材料の収縮が生じず，元の形状が維持されるため，空隙層が多く多孔質となり，得られる乾燥品の吸水性，復元性が高い．また，乾燥工程は終始低温で行われ，乾燥中は材料が空気にほぼ接触しない．そのため，熱や酸化による，香気性成分を含む各種成分の損失や，色彩変化の抑制が可能であり，高品質な乾燥製品が得られる．一方で，他の乾燥法と比べ，乾燥時間が長く，エネルギーコストが大きくなるため，製品価格は高く設定される．

真空凍結乾燥において，凍結した材料内部は，氷結晶部と凍結濃縮部が分離した状態にある．このうち凍結濃縮部は，氷点下においても流動性を維持しているが，冷却を続けるとやがて非晶質の固体に変化（ガラス化）する．このときの温度はガラス転移温度と呼ばれる．一次乾燥において，濃縮部がガラス状態にあるときは，ある程度力学的強度を保持できるが，温度上昇に伴い，濃縮部の流動性が高まると，材料内部の水蒸気経路の閉塞を生じ，コラプスと呼ばれる構造破壊の原因となる．そのため，一次乾燥においては，コラプスの発生を抑止するため，乾燥時の温度をガラス転移温度近傍に設定する必要がある．

〔安藤泰雅〕

7.17 ラック乾燥システム

物流倉庫，静置式乾燥機，乾燥貯蔵施設，多用途利用，トレーサビリティ

ラック乾燥システムは，もともと，流通業界で多品目・少量商品や機械部品の物流倉庫として発展してきた．農産物用としては1972年に精米工場からの製品出荷用一時滞貨設備として採用されたのが始まりである．ラック乾燥システムの特徴は，従来の大量プール処理の乾燥貯蔵施設とは異なり，品種・生産者および圃場別の籾を1t単位のコンテナで個別に静置式乾燥する点であり，精選，貯蔵，籾すり，計量出荷の各工程については従来の設備をそのまま利用することができる．

近年，コメの自由化が進み，産地間の競争が激しくなり，より良食味が求められるようになった．ラック乾燥システムに品質検査機器を組み込むことにより，コンテナごとの完全個別処理による食味品位分けや貯留が可能となる．また，静置式乾燥機なので，麦，大豆，ソバ，球根類などの多用途利用が可能となり，施設利用日数の拡大と低コスト化を図ることができる．

● ラック乾燥システム基本構成

図1にラック乾燥システムの基本構成，図2に乾燥棚や待機棚および反転ブロックへのコンテナ移動の流れを示す．基本構成は，コンテナ，乾燥棚，待機棚，スタッカクレーン，荷受け・反転ブロック，排出・反転ブロックおよび送風機・熱源からなる．また，荷受け時に採取したサンプルを処理するための自主検定装置も付設されている．コンテナによる静置式乾燥のため，反転ブロックにて定期的なコンテナ反転による混合操作を加え，乾燥時に発生する水分むらを防止するとともに水分測定と重量測定を行い乾燥状態の管理を行う．乾燥終了したコンテナは，待機棚に移動し，各種品質データによる仕分け排出指示が出るまで待機する．乾燥棚や待機棚および反

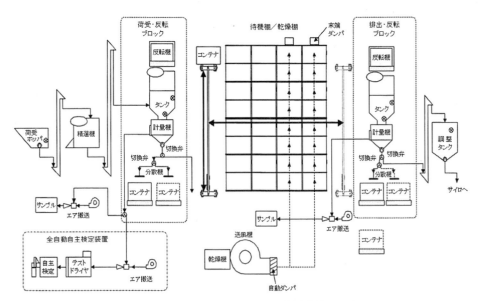

図1　ラック乾燥システムの基本構成（株式会社サタケ）

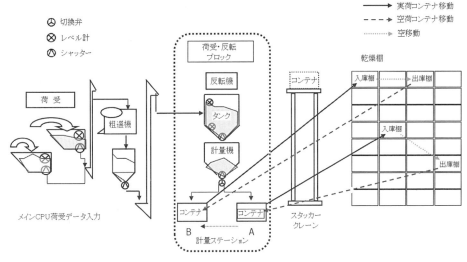

図2 実荷と空荷の流れ（株式会社サタケ）

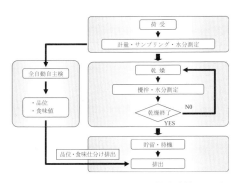

図3 基本工程のフローチャート（株式会社サタケ）

転ブロックへのコンテナ移動はスタッカクレーンにて自動的に行う.

● **基本工程のフローチャート**

　籾の荷受けから計量・水分測定・サンプリング，乾燥，攪拌・水分測定，貯留・待機，排出に至るまでの基本工程のフローを図3に示す．ラック乾燥システムの最大の特徴は，品種，生産者別，圃場別に個別扱いで乾燥している間に，サンプル自主検査結果をもとに，個別処理および同一品種で同等品質の製品を一括化（プール処理）処理することもできる．個別処理および一括化処理ともトレーサビリティが可能である．

● **乾燥とローテーションの概要**

　乾燥とコンテナ移動の流れ　　ラック乾燥システムは，乾燥と反転のローテーションの繰り返しによって乾燥処理が行われる．乾燥速度は各水分域により異なるが，荷受け水分24%w.b.から仕上げ水分15%w.b.以下までの平均乾燥速度は0.3%w.b.・h^{-1}である．ローテーション操作を繰り返しながら水分むらは徐々に減少し，最終的には乾燥終了後，待機棚での貯留中に高・低水分差のある籾間に水分移行が起こり，全体的に平均化される．

〔水野英則〕

◆ **参考文献**

1) 美味技術研究会，2003．農産物自動ラック施設研究の実際．
2) 株式会社サタケ．
http://www.satake-japan.co.jp

7.18 加熱装置

油バーナー，籾殻炉，安全制御装置，ガンタイプ

加熱装置とは，乾燥用空気を加温するための装置である．燃料としては，固体燃料（練炭，コークス，籾殻など），液体燃料（石油系），気体燃料（プロパン，天然ガスなど）および電熱が使用されるが，穀物乾燥には主として石油燃料（灯油）による直接加熱用バーナーが使用される．穀物用乾燥機に用いるバーナーは熱風温度を穀物の種類，出来具合，張り込み量などによって幅広く変える必要がある．加熱方法は，穀物に燃焼空気を直接送り込んで乾燥する直接加熱方式と，熱交換器を通じて空気を加熱し，燃焼ガスは外部に取り出す間接加熱方式がある．

穀物用乾燥機には灯油を用いた油バーナーが用いられ，蒸発式（ポット式）と噴霧式がある．また未利用資源活用の立場から籾殻を燃料とする加熱装置や，太陽熱を乾燥熱源とする乾燥機もある．

● 油バーナー

蒸発式バーナー　灯油を燃料とし，燃焼熱などで蒸発気化させる形式で，穀物用乾燥機に用いられてきた．蒸発式（ポット式）は灯油の匂いが穀物に移ることや，すすの掃除が不可欠で，それを怠ると燃焼量が減り所定の温度が得られず乾燥時間が長くなるだけでなく未燃ガスやすすが飛散し穀物の品質を損なう，などの問題があり現在は使われていない．

噴霧式バーナー　灯油のほか，重油，軽油の使用も可能であるが，穀物乾燥の直接加熱方式では灯油が用いられる．油圧噴霧式は燃料に 0.5〜2 MPa の圧力をかけて噴霧し燃

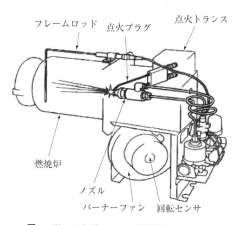

図1　ガンタイプバーナー（株式会社サタケ）

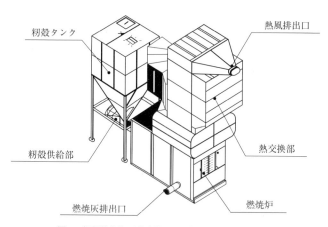

図2　籾殻燃焼炉（熱交換タイプ）（株式会社サタケ）

焼させる．低圧噴霧式は送風機で送られる比較的圧力の低い空気をバーナーのノズル近くで燃料と混合し霧化して噴射するものであり，最近はあまりみられない．

高圧噴霧式（ガンタイプ）は高圧の空気によって比例制御ノズルから燃料を噴霧し燃焼させるもので，現在多く用いられている（図1）．回転式は，噴霧カップの回転による遠心力を利用して燃料を霧化し燃焼させるものである．これらの形式のバーナーは従来規模の大きい乾燥機に用いられてきたが，比較的小さい循環式乾燥機にも利用されている．

● 籾 殻 炉

籾殻は腐敗しにくく廃棄するのにも処理に困るものであり，化石エネルギーの節減の見地から一部の乾燥施設などで籾殻炉（husk furnace）が活用されている．図2に示すのは籾殻燃焼炉（熱交換タイプ）で，籾殻燃焼炉において籾殻を燃焼させ，生じた燃焼ガスを熱交換器に供給し，交換器に取り込んだ外気を加温して熱風を生成し，乾燥機に供給する．熱風温度は温度センサにより計測され，熱風に灯油バーナーで生成した補助熱風を加える，あるいは外気を混合することで所定の温度に制御される．

● ガスバーナー

LPガス（プロパンガス），天然ガスが用いられる．直接加熱方式によるLPガスバーナーはランニングコストの観点から穀物乾燥施設では利用されていない．しかしLPガスバーナーは燃料の匂いが移りにくいメリットを有するため一部の青果物の乾燥に利用されている．

● 遠 赤 外 線

遠赤外線を伝熱手段（放射伝熱）とした穀物乾燥研究は先行していたが，熱源として使用すると電熱パネルが高価であり，さらに乾

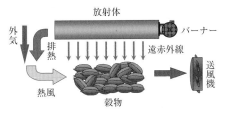

図3　遠赤外線乾燥機の概念図[1]

燥機の構造を大幅に変える必要があるため，総合的な製造コストは高くなる欠点があった．しかし近年は，図3に示すように灯油バーナーにより乾燥機に内蔵した遠赤外線放射体を加熱し遠赤外線を放射させ，これを穀物に照射して乾燥エネルギーとして利用するとともに，放射体加熱残熱も再利用できる遠赤外線乾燥機が開発され，省エネルギーな循環式乾燥機として市販されている．

● そ　の　他

太陽熱を利用して空気を加熱し，穀物用乾燥機の熱源とするものがあるが，天候による乾燥の不安定さが問題となる．それを解決するために付加熱源を備えた乾燥機が開発され実用化されている．

● 安全制御装置

乾燥機には安全かつ穀物の品質を劣化させることなく運転させるよう温度センサ，乾燥に必要な風が送られているかを監視する風圧センサや回転センサ，過熱を防止するサーモスタット，バーナーの燃焼状態を検知するフレームロッドのほか，異常燃焼検出回路，マイコンによるアラーム検知および停止装置，感震装置などがとりつけられている．

〔小出章二〕

◆　参考文献
1) 久保田興太郎ほか，2013．農業機械学会誌，75(3)，157-166．

7.19 送風機

圧力損失,静圧,全圧,特性曲線,軸流ファン,斜流ファン,遠心ファン,ターボファン,シロッコファン

従来,送風機はファンとブロアに大別されていたが,2005年のJIS規格改定以降は,ファンは送風機に,ブロアは圧縮機に位置づけられた.吹き出し圧力が30 [kPa] 以下のものをファン,それ以上で0.2 [MPa] 未満のものをブロアという.穀物乾燥機に使用されている送風機はすべてファンに属する.

羽根車の回転数を変化させた場合の各種能力の変化を送風機の比例則といい,以下の式で表される.

$$Q_1 = (n_1/n_0) \cdot Q_0$$
$$P_1 = (n_1/n_0)^2 \cdot P_0$$
$$L_1 = (n_1/n_0)^3 \cdot L_0$$

ここで,回転数 n_0 [rpm]のとき,風量 Q_0 [m³·min⁻¹],静圧 P_0 [Pa],軸動力 L_0 [kW] で,回転数 n_1 のとき,それぞれ Q_1, P_1, L_1 である.

● 送風機の種類

遠心力による遠心ファン,翼揚力による軸流・斜流ファンなどに分けられる(図1).

遠心ファン 遠心ファンは,多翼ファン・ラジアルファン・後向きファンに分けられる.羽根車出口が回転方向を向いている多翼ファンはシロッコファンと呼ばれる.ラジアルファンは羽根車出口が90°方向に向いており,プレートファンとも呼ばれ,排塵ファンや籾殻送風用に用いられる.羽根車出口が回転方向に対して後ろを向いている後向きファンは,ターボファンと呼ばれ,穀物乾燥機に多く使用される.

軸流ファン 軸方向に送風するファンでプロペラファンとも呼ばれる.小型穀物乾燥機に多く使用されている.またダクト途中に接続することができる.

斜流ファン 羽根車部分の流路が回転軸

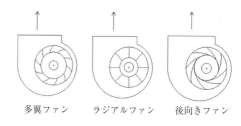

多翼ファン　ラジアルファン　後向きファン

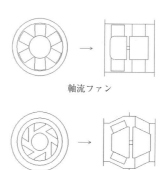

軸流ファン

斜流ファン

図1 送風機(ファン)の種類(文献1)を一部改変)

に対し一定角度で傾斜しており,気体も同方向に流れる.軸流ファンと同様,小型乾燥機に多く用いられダクト途中にも設置できる.

● 静圧と全圧

送風機の風圧には,静圧,動圧,全圧があり,静圧はダクト壁面に垂直に作用する圧力で,動圧は空気の運動エネルギーを圧力に直したもので,両者の合計(静圧+動圧)が全圧となる.単位はPaで表される.

● 圧力損失

空気を堆積された穀物に流すと空気の流れを妨げる力(圧力損失)が生じる.これを通風抵抗といい静圧によって示される.堆積乾燥は穀物乾燥の基本となるものであり,送風機の選択には穀物充填層の通風抵抗を把握することが肝要となる.空気が穀物充填層を通過する際に生じる通風抵抗は材料を通る風速,穀層の堆積高さおよび堆積密度によって異なり,次式で示される.

$$P = A \cdot L^B u^C \rho_b^D$$

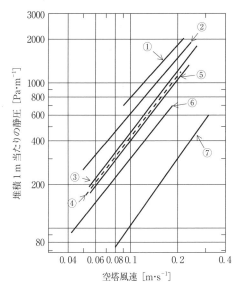

図2 主要穀物の空気抵抗(文献[2])を一部改変)
① ナタネ (水分 $M_w=7.1\%$, 見かけ密度 $\rho=677$ kg·m^{-3}, 空隙率 $\varepsilon=0.373$). ② 玄米 ($M_w=14.3\%$, $\rho=831$ kg·m^{-3}, 空隙率 $\varepsilon=0.403$). ③ はだか麦 ($M_w=14.3\%$, $\rho=803$ kg·m^{-3}, 空隙率 $\varepsilon=0.418$). ④ 小麦 ($M_w=14.0\%$, $\rho=783$ kg·m^{-3}, 空隙率 $\varepsilon=0.389$). ⑤ 大麦 ($M_w=13.6\%$, $\rho=697$ kg·m^{-3}, 空隙率 $\varepsilon=0.472$). ⑥ 籾 ($M_w=13.2\%$, $\rho=590$ kg·m^{-3}, 空隙率 $\varepsilon=0.525$). ⑦ 大豆 ($M_w=13.3\%$, $\rho=758$ kg·m^{-3}, 空隙率 $\varepsilon=0.368$).

ここで, P:静圧 [Pa], L:堆積高さ [m], u:空塔風速 [m·s^{-1}], ρ_b:穀物層のかさ密度(見かけ密度)[kg·m^{-3}], A,B,C,Dは係数である.

図2は, 穀物について実測された結果で, 材料によりかなり相違することがわかる. なお, 堆積乾燥における通風抵抗は, 穀物充填層の通風抵抗のみならず, すのこ抵抗やダクトの抵抗も考慮する必要がある.

● 送風機の特性曲線

送風機の特性は, 横軸に風量, 縦軸に圧力(静圧と全圧), 効率, 軸動力などを示した特性曲線(図3)によって表すことができる. この特性曲線は, 穀物乾燥に必要な送風機の運転条件を決める際に必要となる. 送風

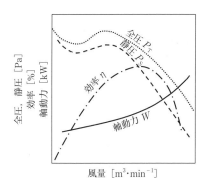

図3 多翼ファンの特性曲線の例(文献[3])を一部改変)

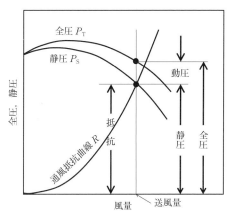

図4 通風抵抗と送風機圧力の関係(例)(文献[3])を一部改変)

機の運転点は通風抵抗曲線と静圧曲線 P_s との交点で示される(図4). カントリーエレベータでは貯留ビンの数やビン内の堆積量の変化, 乾燥に伴う静圧の変化を考慮して, 送風機を選定する必要がある. 〔小出章二〕

◆ 参考文献
1) 日本冷凍空調学会編, 2012. 第6版 冷凍空調便覧 II巻機器編. 181.
2) 渡辺鉄四郎ほか, 1953. 関東東山農業試験場研究報告. 第4号, 38-58.
3) 空気調和・衛生工学会編, 2012. 空気調和設備計画設計の実務の知識. オーム社, 189.

7.20 風量

乾燥, 品質, 静圧特性, 抵抗特性

穀物の通風乾燥や貯蔵乾燥あるいは一時貯留は,穀物層に通風することにより穀粒から水分や熱を奪うことによって行われる.その際,通風量により乾燥速度や品質面で影響を受けるため,風量を考慮することが必要である.ここで,まず穀物層に対する通風に関する物理量を定義する.風速は $[m \cdot s^{-1}]$ で表される.その通風が管路で行われるとき,風速と管路断面積の積が風量となり,$[m^3 \cdot s^{-1}]$ で表される.さらに,その通風の対象となる穀物量との関係を考慮する場合に風量比を定義し,$[m^3 \cdot s^{-1} \cdot t^{-1}]$ または $[m^3 \cdot s^{-1} \cdot 100 \, kg^{-1}]$ で表す.この量は穀物 1 t あるいは 100 kg に対する風量である.

穀物層に通風を行うときの風量比を基準に考えると,乾燥は薄層乾燥と厚層乾燥に分けられる.薄層乾燥は,感覚として薄い穀層に通風するのであるが,実際には,堆積されている穀粒がすべて同様の乾燥がなされていることを意味する.また,それは穀層を通過するときに入気と排気の空気状態(温度,湿度)がほとんど変化していないということである.一方,厚層乾燥は,感覚として厚い穀層に通風され,入気が進むごとに穀粒が水分を奪われて乾燥し,蒸発した水蒸気を空気が含んでいくため,徐々に通風空気の温度が下がり湿度が上昇する.そのため,風下になるにつれて乾燥速度が小さくなることとなる.実際は層の厚さではなく風量比が大きいと薄層乾燥となり,小さいと厚層乾燥となる.この境界値は明確には規定できないが,おおむね,風量比が $5 \, m^3 \cdot s^{-1} \cdot t^{-1}$ 以下の場合が厚層乾燥とされる.ただし,この数値はあくまでも 1 つの目安である.実際に作業として行われる乾燥や一時貯留の場合の通風は厚層乾燥であり,熱効率の悪い薄層乾燥は乾燥特性を把握するための研究用に行われる.

共乾施設での一時貯留における通風については,穀粒の乾燥を期待するものではなく,主として対象穀物から熱を除去し,かびの繁殖や発酵を防ぐために行われるものである.そのため,籾水分や安全に貯留したい日数により決まる必要な風量比が目安として示されている.例えば,湿度が比較的高い地域において,水分 25%w.b. で 3〜4 日の貯留を予定する場合,$0.30 \, m^3 \cdot s^{-1} \cdot t^{-1}$ の風量比が確保される必要がある.

穀物層に通風した場合の風量あるいは風量比はどのように決まるのかについて述べる.風量は,送風機の静圧特性(静圧特性と記す)および穀物層の空気抵抗特性のうちの一方の特性によるのではなく,両者の相互的な関係によって決定される.一例として,床面積が $80 \, m^2$ の乾燥ビンに籾を堆積したと想定した場合の静圧特性と籾層の空気抵抗特性を図 1 に示す.図中で,①が静圧特性であり,②が籾を 1 m 堆積した場合の空気抵抗特性である.静圧特性は送風機の型式等により異なるが,全体的には管路での空気抵抗が増すほど管路の静圧が増加し風量が減少する傾向は同じである.管路が閉塞すると風量が 0 となり,静圧は最大となる.逆に,管路がオープ

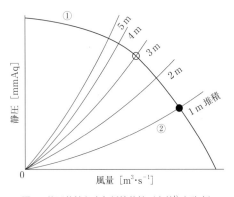

図 1 静圧特性と空気抵抗特性(文献[1])を改変)

ンになり空気抵抗がなくなると，静圧が0となって風量が最大になる（曲線①参照）．一方，穀物層の側からみると，堆積容器内での穀物層の上下における圧力差（静圧）が大きいほど風量は大きい．圧力差が0のときは，当然風量は0である．図の静圧特性①を有する送風機で，空気抵抗特性②を有する穀物層（堆積高さ1m）に通風する場合，両方の特性が均衡する点の静圧と風量が得られることとなる．つまり，両特性を示す曲線の交点（●印）が実際の作動点である．

また，風量（風速）が同じ場合，静圧は穀物の堆積高さに比例する．したがって，堆積高さが1mの場合の空気抵抗特性がわかれば，任意の堆積高さについての空気抵抗特性は容易に求めることができる．種々の高さについての空気抵抗曲線が図中に示されている．たとえば，同じ送風機で3mの堆積穀粒層に通風したときの作動点は図中に○印で示される．

穀粒の空気抵抗特性は，堆積層での詰まり具合（充填率または空隙率）や粒の表面状態によって変動する．詰まり具合が，最疎，中庸，最密の状態についての空気抵抗特性を図2に示す．同じ静圧ならば，最密状態で空塔速度（容器内で穀粒がない部分における平均風速であり，風量を堆積層の断面積で除した値）が最小となり，空気抵抗が大きいことを示している．穀粒の含水率が同じで粒子密度が一定であれば，充填率はかさ密度に比例するので，詰まり具合はかさ密度で表すことができる．

穀粒の種類と送風機が決まれば，図1の関係を用いて，堆積高さ（堆積量）と風量さらには風量比との関係が得られる．共乾施設の一時貯留において，荷受された穀粒の含水率に対応する安全貯留のための風量比を知れば，この関係から堆積高さの上限を把握できる．

また，籾に関して，常温か若干加熱が可能な場合の風量比と毎時乾減率のおおよその関

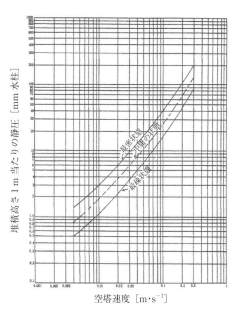

図2　籾の空気抵抗[1]

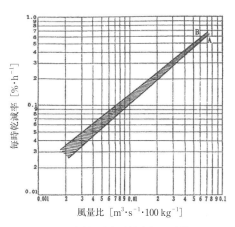

図3　風量比と毎時乾減率の関係[1]

係を図3に示す．これにより，貯蔵乾燥において，乾燥作業の計画を立てることができる．

〔後藤清和〕

◆　参考文献
1) 全国農業協同組合連合会施設・資材部, 1986. 共乾施設のてびき.

7.21 デシカント空調

乾燥剤,潜熱顕熱分離処理,除湿ロータ,
顕熱交換ロータ,再生用温水ヒーター,
蒸発式冷却器,温水コイル

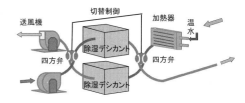

図3 バッチ式デシカント空調機

デシカントとは乾燥剤（または除湿剤）の意味であり，これを利用して潜熱顕熱分離処理を行い，空調を行うのがデシカント空調である．一般的なデシカント空調機の構成要素は，除湿器，顕熱交換機，加熱器，供給空気の冷却が必要な場合は冷却器から構成される．デシカント空調ユニットは除湿側と再生側に分割され，ロータ式では図1に示すような構造をもつロータが双方にまたがるように設置され，双方の空気流は対向流となる．ロータはシールされ，対向する空気流が反対側に漏れないように設計されている．

デシカント空調には大別してロータ式（図2）とバッチ式（図3）の2つの除湿方式がある．図2に示す2ロータ式のデシカント空調機を例にとって空調操作を解説する．まず，外気は除湿剤によって水分を奪われ，吸着熱を発生する（①→②）．このとき生じる熱を顕熱

図1 除湿ロータと構造[1]

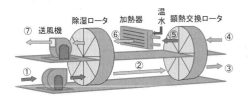

図2 2ロータ式デシカント空調機

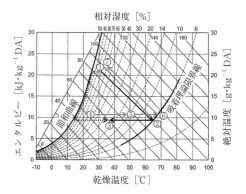

図4 空気線図上に示した2ロータ式デシカント空調と蒸気圧縮式空調

交換器で回収し，室内に供給する仕組みとなる（②→③）．次に，室内から排気される空気は熱回収済みの顕熱交換器と排熱などを利用した再生用温水ヒーター（加熱器）を通過することによって温められる（⑤→⑥）．この加熱空気が除湿ロータに吸着した水分を奪い，室外に排気する仕組みとなっている（⑥→⑦）．一方，バッチ式デシカント空調機では，2つの除湿器を用い，連動する2つの四方弁を用いることによって吸着と再生を切り替え，空調を行う仕組みになっている．

ここで，蒸気圧縮式除湿とデシカント除湿操作における湿り空気の状態変化を図4に示し，両者を比較する．図中の点線矢印で示すように，蒸気圧縮式による除湿では，①の状態にある空気を④の状態に変化させるために，まず空気を蒸発式冷却器で冷却し，この中に含まれる水分を過冷却によって凝縮させる．その後，温水コイルなどによって再加熱する．一方，デシカント除湿では，前述の通り，

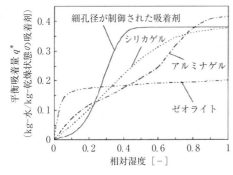

図5 吸着剤の平衡吸着量[2]

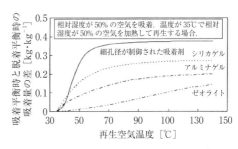

図6 除加湿能力に及ぼす再生温度の影響[2]

実線矢印で示した順（①→②→③）に空気を状態変化させることで，潜熱と顕熱を分離した操作が可能となる．冷房の場合は，③の空気をさらに冷却する操作が加わる．デシカント空調が有効になるのは，蒸気圧縮式除湿に要する過冷却除湿操作と再加熱操作エネルギーがデシカント除湿再生加熱操作（と供給空気冷却操作）エネルギーを上回る場合であり，再生操作では省エネを達成するために排熱などが積極的に利用されている．

デシカント空調に用いられる乾燥剤にはシリカゲルやゼオライト，アルミナゲルなどがある．これらの吸着平衡線を図5に示す．シリカゲルとアルミナゲルは比較的高い相対湿度で，ゼオライトは比較的低い相対湿度でそれぞれ高い平衡値を示す．図中の細孔径が制御された吸着剤とは，メソポーラス物質が示すであろう吸着特性を模式的に示したものである．メソポーラス物質は単位面積当たりの吸着量を大きくすることが可能であるが，高価である．

図6に除加湿能力と再生温度の関係を示す．図は温度35℃，相対湿度50％で水分を吸着させ，これを加熱した際の脱着平衡時の吸着量の差を示したものである．この条件では，シリカゲルは100℃以下の低温域での再生に適し，ゼオライトは適さないことがわかる．メソポーラス物質は40～50℃程度で急激な脱着が起こっており，低温再生に適する

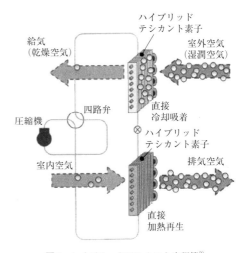

図7 ハイブリッドデシカント空調機[3]

ことがわかる．このように，乾燥剤は空気条件に強く依存する吸・脱着特性を有しており，制御する条件によって適切な乾燥剤を選定，あるいは設計開発される．また，デシカント空調のシステム効率の向上に向けて，ヒートポンプの凝縮熱をデシカント再生の熱源に利用したシステムも開発されており（図7），飛躍的な性能向上が期待されている．

〔田中史彦〕

◆ 参考文献
1) 児玉昭雄，広瀬勉，2002．冷凍，**77**(893), 226-234.
2) 濱本芳徳，2005．冷凍，**80**(929), 197-202.
3) 松井聰，2011．冷凍，**86**(1003), 425-428.

7.22 凍結乾燥

三重点,昇華潜熱,蒸発潜熱,凝固潜熱,ガラス転移温度

● 原 理

凍結乾燥は,材料内に含まれる水分を氷結晶化し,三重点以下の圧力(611.65 Pa)で凍結状態から直接昇華させ,水分を除去する方法である.この原理を説明するために,図1に水の相図を示す.昇華工程は図中の矢印の方向で示され,材料中の水分は三重点以下で外部から昇華潜熱(融解潜熱+蒸発潜熱相当)を得ることによって固相から気相へと相変化し,排除される.実際の手順は,まず,予備凍結あるいは自己凍結した材料を密閉式の乾燥庫内に設置し,真空ポンプによって減圧する.昇華潜熱の供給は,乾燥庫内に設置した乾燥棚からの伝導伝熱あるいは輻射によって行い,それぞれ乾燥層と凍結層を通って昇華面で消費される.この昇華面は乾燥の進行に伴い,材料の表面から深部へ移行する(図2).材料は凍結時に固定された構造そのままに水分のみが昇華によって失われるため多孔体化する.この工程を一次(昇華)乾燥と呼ぶ.昇華した水分を冷却器(コールドト

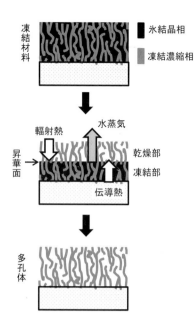

図2 凍結乾燥工程における熱・物質移動と昇華面の移動

ラップ)によって回収し,減圧環境を維持する.材料内に含まれる水分のうち,結合水は溶質と強く相互作用しているため蒸発しにくく,材料温度を上昇させて目的の水分まで乾燥させる.これを二次(脱湿)乾燥と呼ぶ.

● 特 徴

凍結乾燥の特徴は,材料内の水分が昇華により水蒸気として除去され,液状水の移動が起こらない点にある.水蒸気は液状水に比べて材料内成分の運搬能力が低く,大部分の成分が凍結時のまま材料内に残留する.さらに,比較的低温で加熱するため,色彩や内容成分の熱的変性が抑制され,高品質な製品の生産が可能である.前述のように,乾燥物は多孔質構造をもつことから,水に浸漬したときその復元性・溶解性に優れ,香りや味,色やビタミン類など機能性成分も良好に保持される.その反面,組織がもろく,吸湿性が高い,酸化されやすいなどの欠点もあり,乾燥後の包装が不可欠となる.そのため,包装形態や包装材料のガス透過性,窒素置換,脱酸

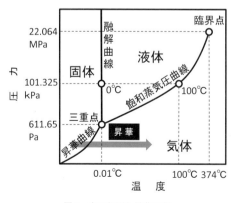

図1 水の相図と昇華工程

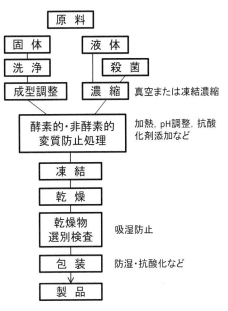

図3 凍結乾燥工程の流れ[1]

素剤の封入などが検討される.

その他,低温での乾燥のため乾燥速度は小さく,乾燥に長時間を要する,他の乾燥法に比べ設備費・運転費が高く,製品価格も割高となる欠点もある.

● 工程

図3に一般的な凍結乾燥工程の流れ図を示す.まず,前処理工程では,入手された原料は品質の保全・管理の観点から洗浄・殺菌処理が行われ,成型や濃縮,変質防止処理などが施される.次に,凍結工程では,冷却速度が大きいほど過冷却がより低温まで進行し,生成する氷結晶サイズは小さくなるため組織に与える損傷は小さくなる.氷結晶サイズは空孔の大きさに反映されるため,このサイズが大きくなれば一次乾燥は速くなる.反面,凍結濃縮相の表面積は小さくなるため二次乾燥は遅くなる.よって,材料ごとの適切な過冷却解消温度の設定が必要である.実際の凍結は,$-40 \sim -20$℃の冷気を強制対流させるブラスト式やトンネル式,スパイラル式冷凍システムによって行われるのが一般的である.乾燥工程では,乾燥室を$15 \sim 130$ Pa程度まで減圧し,伝熱および輻射によって昇華熱を供給することで材料を乾燥させる.昇華によって氷結晶相が消失した後の凍結濃縮相はガラス転移温度以下で弾性体として振る舞い,力学的に強固であるため,氷が昇華した後もその構造が維持される.材料温度がガラス転移温度よりある程度高くなると次第に軟化が始まり,空孔が塞がれ乾燥が妨げられる.この現象をコプラス現象といい,昇華が妨げられることによって材料は十分な凍結状態が維持できなくなり,氷結晶の局所融解と蒸発によって発泡が起き,品質の低下を招く危険がある.コプラス現象が起こる温度はガラス転移温度と密接に関連するため,高品質な製品の生産に向けては,全乾燥工程を通じてガラス転移温度に配慮する必要がある.一般に,ガラス転移温度は材料を構成する成分の分子量とともに高くなる.低分子の糖質を含むアイスクリームや果物・野菜のガラス転移温度は比較的低く,それぞれ,$-30 \sim -40$℃,$-38 \sim -51$℃となる.一方,デンプンや畜肉・魚肉では高分子を主成分とするため,それぞれ,約-5℃,$-11 \sim -15$℃と高くなる.最後に,包装・後処理工程では,乾燥処理後の材料の酸化・吸湿を防ぐために低湿環境下で選別検査および包装が行われる.

● 製品

凍結乾燥食品には,インスタントコーヒー,スープや味噌汁などのブロック製品,即席麺の具材や調味素材,ベビーフードなどがあり,医薬品の製造にも広く利用されている.

〔田中史彦〕

◆ 参考文献
1) 上西浩史ほか,2004. 冷凍,**79**(922), 624-630.
2) 松野隆一ほか,1989. 濃縮と乾燥(食品工学基礎講座6). 光琳.

第 8 章　輸送・流通

8.1 POSシステム

JANコード，プライベートコード，インストマーキング

POSシステムとは，Point of Salesの頭文字に由来しており，物品の売上実績を単品単位で記録し，集計することにより，在庫や仕入れの管理や消費者動向の把握をすることに活用されるシステムである．基本的な構成は，図1のような構成から成り立っている．

従来は，専用機が主流であったが，近年は比較的廉価なパソコンベースのシステムや，タブレット版やモバイルタイプのPOS，さらには無料で使えるPOSレジアプリも現れ，小規模店舗への活用も広がりつつある．また，インターネットを利用してデータ集積を図ることで，ビッグデータの解析に使われるなど，幅広い活用が期待されている．

一方，POSレジで使われる読み取りコードは，バーコードが主流であり，基本的には，JANコードと呼ばれるJISにより規格化されたバーコードで，流通しているほとんどの商品がマーキングされている．JANはアメリカ/カナダのUPC，ヨーロッパのEANと互換性があり，全世界で利用できる共通コードである．

しかしながら，一般的な工業製品，書籍などは，このJANコードで分類できるが，農産物に限っては，JANコードで識別できるものはJANコードを国内登録した産品に限られ，産地，品種，生産者，品位などが多岐にわたる農産物を一意に確定できるコードの付与は難しく，特定の利用範囲（例えば，チェーン店舗内，直売所単位など）でのみ利用できるプライベートコード（インストアマーキング）を付与してPOSシステムを運用している例が多い．

JANコードのデータ構成を図2に示す．農産物においては，農協単位で企業コードを登録しているものがあるが，大規模産地の産品のみであり，多くの農産物は店舗のPOSシステムにのみ利用できるプライベートコード（インストアマーキング）が付与されている．このように，農産物は，個々の大きさや産地などによって値段が異なるため，店舗独自のコードを割り当てたバーコードがつけられることが多く，価格も含めてバーコード化されていることが多い．また，価格は，商品コードと紐づけて，POSのデータベース側に保持すれば，システム側で自由に価格変更が可能になり，さらに柔軟な運用も可能になる．

〔杉山純一〕

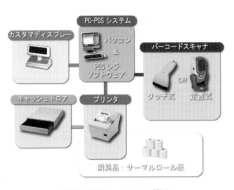

図1　POSシステムの構成

図2　JANコードとプライベートコード

8.2 果実搬送装置

選果機,バケット式,ピアノ鍵盤式,フリートレイ式

ここでは,青果物の選果・選別を実現する,果実の搬送装置(選果機)について説明する。選果機は,単に青果物を搬送するコンベアではなく,各種センサを用いて果実の大きさ,外観品質や内部品質を計測,事前に規定された条件で等階級を判定し,該当する排出口に果実を仕分け・排出する機構を有している。

これら選果機は,各種検査装置とのマッチングに配慮して設計され,計測精度や選果処理能力,運用効率,省人・省力化,設置スペース,果実を傷めないソフトなハンドリング技術などが必要とされる。以下に,選果システム事例をいくつか紹介する。

● バケット式選果システム

バケット式選果システムは,チェインで互いに連結された皿(バケット)を用いた搬送方式である(図1)。果実は人手(一部品目は自動供給)によりバケットに載せられ,各種センサで重量や外観品質,内部品質などの検査が行われる。また,人が果実を載せる位置で,目視による等級を入力できるトラッキング機能を利用することもある。果実は20〜30 m・min^{-1}で搬送され,該当する等階級位置でバケットを横方向(ないしは縦方向)に傾動させ,受けボックス内に排出・仕分けられる。仕分けられた果実は,人手により箱詰めされる。

リンゴ・モモ・ナシ・トマトなどの丸物用横排出式と,キュウリ・ナス・ナガネギ・ナガイモなどの長物用縦排出式がある。

● フリートレイ式選果システム

果実に優しい高度なハンドリング技術を用いたフリートレイ式選果システムは,リンゴ・モモ,トマト,カキ,不知火,マンゴー,メロンやスイカなどに応用され稼働している。

バケット式選果機と同様に人手によりトレイに載せられた個々の果実は,完全フリーな状態で1個ずつ独立して搬送され,外観品質,内部品質センサにより計測,トレイに載ったまま仕分けられる。これにより,果実の転がりや衝突がいっさいなく,軟弱な果実でも損傷を与えることなく,きわめてデリケートな選果を実現できる。

ここで使用されるトレイは,バーコードやIDチップによって個体管理がされており,トラッキング情報や各種計測情報と紐づけされる(図2)。仕分け部は,トレイを搬送するメインラインと垂直を成す方向にコンベアが配置される。バーコードに紐づけられた個体識別情報を読み取り,該当する排出口で,タイミングよくトレイを蹴り出す構造となっている。

また,自動箱詰め装置と連動することで,さらなる省人化も可能な高機能選果システムである。果実をトレイに載せる箇所では作業性に配慮して30 m・min^{-1}の低速で,その後

図1 バケット式選果機

図2 バーコード付きフリートレイ

図3 フリートレイ式選果機（トレイ合流部）

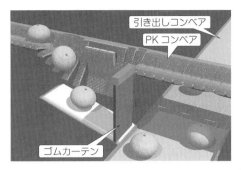

図5 ピアノ鍵盤式選果機の排出イメージ

図4 大型の柑橘選果設備

2ラインを合流させ60 m・min^{-1}の高速で搬送する構成を取ることで，高能力で高効率かつ省スペースな設備となる（図3）。

● ランダムトレイ式選果システム

青果物をランダムな間隔で供給し，搬送・選別が可能なランダムトレイ式の選果システムとして，ピアノ鍵盤式（PK式）選果機とピンローラー式選果機がある。

これらの選果機は，対象物の大きさや形状の制約が少なく自由度の高さが特徴であり，丸物や長物，小玉果実から大玉果実まで適応可能で，柑橘やカキ，トマト，キウイフルーツ，ニンジンやジャガイモ，タマネギ，サトイモ，クリやキンカンなどさまざまな対象品目に応用され稼働している。また，整列・自動供給装置や全周計測に対応した外観センサと組み合わせることで高能力かつ省人化された選果を実現している（図4）。

ピアノ鍵盤式の場合，コンベア乗り継ぎ部の隙間からラインカメラで下面画像を撮影，その後上側面の画像を撮影して対象物の表裏を含めた全周の外観検査を行う。ピンローラー式の場合は，鼓状の特殊ローラーコンベア上で果実を180°反転させることで全周検査を実現する。

外観と内部品質の検査結果に基づいて等階級が決定され，対応した所定位置で鍵盤（ローラーピン）が，果実の大きさに対応した本数だけ倒れる（図5）。鍵盤の下方には，選果機の搬送方向と垂直方向に動く引き出しコンベアが設置されており，等階級ごとに仕分けられた青果物が搬送される。さらに，各引き出しコンベアの先端に設置された自動計量装置により所定重量に箱詰めされる。

普通，温州ミカンの場合，1ライン当たり60 m・min^{-1}の搬送速度で，5～6個・s^{-1}の処理が可能である。果実を正確に整列させ安定した自動供給を実現することで，さらに高い処理能力を引き出すこともできる。

● その他の選果機

その他にも，メインのバケットコンベアから，無落差で果実同士を接触させることなく排出可能なフラットソーター式選果機や，軟弱で軽い大葉を高速に選別するロボット式選果機など，農産物の特性に合わせて，さまざまな選果機が実用化されている。〔二宮和則〕

8.3 穀物共同乾燥施設

カントリーエレベータ, ライスセンター, ドライストア

● **穀物共同乾燥施設導入の経緯**

わが国において，穀物共同乾燥施設（共乾施設）が最初に導入されたのは，1952 年に奈良県橿原市の治道農協であるとされている．1961 年，農業基本法の制定に伴い，農業機械化の一環として全国への普及が始まった．当初，画一的であった施設の仕様は，農業事情の変化や各種技術の発展により，作業様式の多様化が進んだ．農業事情の大きな変化として収穫技術の進歩があげられる．共乾施設の創業期は手刈りが多く，徐々にバインダーが普及し始めた時期である．したがって，収穫後は自然乾燥がなされ，施設には水分 18%w.b. 程度の半乾籾が入荷される状況であった．その後，自脱コンバインの普及に伴い，高水分生籾の入荷が始まり，乾燥機能力の向上（容量，風量），貯留タンクの増強，籾粗選別機（粗選機）の改良（高水分対応）が進められた．また，諸機械の集中管理方式，除塵装置，籾殻処理設備などが発達し，施設の大規模化が進んだ．さらに，良食味品種への集中も大規模化の要因となった．

● **共乾施設の種別**

共乾施設には，①共同乾燥調製施設（ライスセンター，RC），②共同乾燥調製貯蔵施設（カントリーエレベータ，CE），③貯蔵乾燥施設（ドライストア，DS）の 3 つの種別がある．規模としては，CE が大規模，RC が比較的小規模となっている．DS は単体での建設事例は少なく，CE の貯留設備の意味合いが強かったが，1993 年の標準仕様の変更により，CE として成立する仕様が設けられた．RC と CE の根本的な相違点は大容量の貯蔵設備の有無である．CE には 200～300 t 容量の円筒サイロが数本配備され，これを活用することで大量の処理を可能としている．一方，RC には貯蔵設備がないか，あってもごく小容量のものである．したがって，荷受された籾はごく短期間で乾燥籾摺し玄米にまで処理したうえ出荷しなければならず，処理量に限りがある．

共乾施設は国や地域自治体の補助事業であったため，CE においては 1964 年に 3 基が導入されて以来，変動はあるものの平均的に年間 20～30 基ずつ普及が進んだ．その後，コメ消費量の減少や補助金の見直しにより，2000 年以降は年間数基ずつの建設にとどまり，2013 年には全国で 785 基が稼働している．RC については小規模で建設費も低いため，導入数は CE に比べて多く，2013 年には全国で 5170 基となっている（いずれも全農調べ）．多くの共乾施設において，イネの作付面積の大幅な減少により稼働率が低下しているのが現状である．

● **共乾施設の処理手順とその概要**

共乾施設は，農家から持ち込まれる籾（小麦）の処理に沿って，荷受部，一時貯留部，乾燥部，貯蔵部（CE のみ），調製出荷部，その他の各部署からなる．CE の処理手順は，荷受→粗選別→計量・サンプリング→一時貯留（通風ビン，DS ビンによる）→1 次乾燥→半乾貯留（サイロで 17%w.b. まで）→仕上げ乾燥→籾貯蔵→籾摺・精選→出荷，となっている．半乾貯留操作により乾燥機を効率的に使用できるため，大量処理が可能となる．ただし，稼働率が低い場合は半乾貯留を行わず，直接，仕上げ乾燥となる．1 次乾燥と仕上げ乾燥に分ける場合を二段乾燥と称する．RC の処理手順は，荷受→粗選別→計量→乾燥→籾摺・精選→出荷，となる．

ここで，主に CE の各部署についての概要を説明する．荷受部は農家と共乾施設の接点であり，両者の信頼関係を維持するために重要な部署である．ここでは農家が持ち込んだ穀物について，品質のチェック，夾雑物の除

去，計量，含水率の測定，サンプリングにより品位の決定などが行われる．施設に持ち込まれた籾は，地下に設置された荷受ホッパーに投入される．計量前に粗選機により，搬入籾からわらくず，穂切れ，枝梗付着粒，石などが選別・除去される．農家の持ち分を確定するためには，粗選別後の籾の質量と含水率が必要である．そのため，水分計が組み込まれたホッパースケールが用いられる．この計量機によると，100または200 kgの計量ごとに平均含水率が求められ，最終的に全量の平均値を得ることができる．CEと一部のRCでは荷受された籾は混合され一括処理となる．そのため，荷口ごとに約1 kgずつサンプルが採取された後，自主検定装置により精籾歩合や品位が決められて各農家の持ち分に反映される．また，荷受が集中し，滞貨が生ずる場合，穀物の品質を維持し，農家の待ち時間を短縮するために，容積が約1 m³の荷受コンテナ（電動ファン付き）が活用される．

計量された籾は早期に乾燥する必要があるが，乾燥機能力に限りがあるため，一時貯留ビンで待機させることが多い．容量が50 t程度の角形ビンが数基配置されることが多い．高水分籾の貯留中における品質劣化を防ぐために，ブロアと灯油ジェットバーナーを配備し，温度を数℃上昇させて低湿空気の通風が可能となっている．

乾燥機の能力に従って，一時貯留ビンから乾燥機に順次籾が送られる．CEでは，ホールディング容量が10～12.5 t程度の連続流下式乾燥機，大型循環乾燥機，丸ビン貯蔵乾燥機が多く用いられる．連続流下式乾燥機を用いる場合は，通常，テンパリングタンクとして間隙サイロが使用される．胴割れは，初期含水率，送風温度，乾燥速度に影響を受けるが，一般的に，通風温度は籾で45℃以下，コムギで55℃前後が標準となっている．半乾燥状態で高温のまま貯留すると品質劣化の原因となるため，半乾貯に入る前に必ず穀

図1　カントリーエレベータ

粒の冷却パスが必要である．

14.5～15％w.b.まで仕上げ乾燥された籾は，出荷近くまでサイロで貯蔵される．通常，円筒サイロが6～8基連続した群サイロであり，1基の容量としては250～300 tが多い．サイロは雨水などの浸入に対する密閉性が重要であり，貯蔵籾の温度上昇や内壁面での結露を防ぐために断熱構造となっている．サイロの中心に沿って，約5 m間隔で温度センサが設置され，貯蔵中の変質による異常な温度上昇を監視している．

貯蔵籾を一定の状態にするために，インデントシリンダセパレータなどの精選機が用いられる．その前工程として風選機によりしいな（未熟粒）やわらくずが除去される．玄米の出荷に備えて，籾摺は施設用の籾摺システムが用いられる．これは脱稃部，風選機，粒選別機，石抜機，米選機が搬送機で連結されている．このシステムの前後にはそれぞれ籾摺用調製タンク（籾タンク）と玄米タンクが設置され，処理量や出荷量の調整が行われる．出荷装置については，紙袋，フレコン，バラ出荷それぞれに対応する装置が装備されている．

その他，集・排塵装置，籾殻処理装置および保管庫，運転制御装置などが配備され，共乾施設の円滑な運営がなされている．

〔後藤清和〕

8.4 航空コンテナ

保冷コンテナ，簡易保冷コンテナ，
ドライアイス式，冷風式

多くの航空機では，貨物を貨物室にバラ積みする方式またはコンテナを利用するULD（unit load device）搭載方式のいずれかをとる．航空機は例外があるものの多くはその断面が図1のように円形または楕円形である[1]．

航空コンテナは空港での貨物の取り下ろし作業時間を短縮するために導入された．ULDは貨物室の内部形状に合わせて作られている．ULDの底板（ベース）は88×125インチ，または96×125インチを標準とするモジュールが採用されている．形状は貨物室寸法，貨物種類により20種類以上ある[1]．

航空貨物は場合によっては中継地の空港で異なった種類の航空機へ乗り継ぐことがあるため，互換性があるように設計されている[2]．通常LD2型を並列に搭載するB767の貨物室にLD3型を1個搭載することができる．

● 航空コンテナと耐空性仕様

航空コンテナは貨物室内で定められた質量の貨物を収容して輸送するための形状，強度の要件を満足して，貨物を搭載して貨物室内のローラーシステムを用いて，搭載，取り下ろしが可能なほか，緊締装置で機体に固定される．このためULDは貨物室の強度を一部負担することになるため，下部貨物室用の一部のコンテナを除いて，航空機部品と同様に国土交通省の耐空性仕様承認が必要で

ISO8097またはNAS3610による耐空性強度試験が義務づけられている[3]．また，空陸一貫輸送用ULD，空海陸一貫輸送用ULDはそれぞれの仕様を満足するように規格が定められている[4]．

● 一般貨物用コンテナ

一般貨物用のコンテナは軽量化のためアルミ製が一般的である．アルミ製は断熱性能が低いため外部温度の影響を受けやすく，場合によっては輸送温度が温度限界を超えることがある．そのため，高温炎天下での一般車両による輸送を避け，保冷車を使い保冷剤を併用して農産物の輸送温度を保つ工夫が必要である．図2,3に一般用のLD3とLD2コンテナを示す．

● 簡易保冷コンテナ

一般貨物用コンテナでは温度管理が困難な場合はMKN型コンテナなどの一般用のDKN型コンテナの内部に発泡ウレタンを25〜30mm貼った構造であり，文字通り簡易保冷コンテナである．コンテナの予冷，冷却材としてのドライアイスの量の算定を行う必要があり，長時間の使用には難点がある．図4に簡易保冷コンテナを示す．

● 断熱保冷コンテナ

LD3型コンテナに50〜60mmの断熱を施

L	157(62)	147(58)
L'	200(79)	190(75)
W	152(60)	139(55)
H	162(64)	157(62)

図2　LD3コンテナ（JAL）

L	119(47)	109(43)
L'	157(62)	147(58)
W	152(60)	139(55)
H	162(64)	142(56)

図3　LD2コンテナ（JAL）

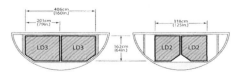

図1　B777-300の下部貨物室

L	157(62)	137(54)
L'	200(79)	190(75)
W	152(60)	142(56)
H	162(64)	147(58)

図4 簡易保冷コンテナ（JAL）

L	157(62)	124(49)
L'	200(79)	180(71)
W	152(60)	124(49)
H	162(64)	132(52)

図5 RKN型コンテナ（JAL）

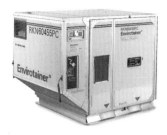

図6 RKN e1 コンテナ（エンバイロテナー社）[5]
Envirotainer is a registered trademark of Envirotainer AB. All rights reserved.

図7 真空断熱定温コンテナ（JAL）

したコンテナがRKN型コンテナで，追加装備としてドライアイス対流冷却器付きやドライアイス熱交換強制対流冷却器付きがある．図5にRKN型コンテナを示す．

● **冷却装置付き保冷コンテナ**[5]

断熱コンテナは例外なく保冷剤としてドライアイスを使用するが，昇華した二酸化炭素によって食品に傷害が生じたり，凍結するなどの事故もあり，運用にあたってはかなりの熟練が必要であった．この欠点を補った冷却装置を断熱コンテナに装備したコンテナが開発された．スウェーデンのエンバイロテナー社のRKN型コンテナは周囲温度5～25℃で，最大72時間－20～20℃の間の設定温度を維持できる性能をもっている．同社のコンテナはわが国の航空会社，宅配便運送会社に導入され，生鮮食品，冷凍食品，医薬品，臓器，保存血液，半導体などの輸送に使用されている．なお，小口貨物に対応した高性能保冷定温ボックスも日本航空で開発されている[6]．図6にエンバイロテナー社のRKNe1コンテナを示す．

● **真空断熱定温コンテナ（CC20）**[6]

外気温に影響されない定温（15～25℃）を保つコンテナが近年製作された．このコンテナは断熱材に真空断熱材と特殊蓄冷剤を利用することで100時間程度温度を一定に保つこ

とができ，医薬品・農産物の定温輸送への活用が期待されている．図7に真空断熱定温コンテナを示す． 〔秋永孝義〕

◆ **参考文献**

1) JALCARGO, 2018. ULD. http://www.Jal.co.jp/dom./guide/aircraft/
2) 日本航空技術協会，2000. 航空機のグランドハンドリング153.
3) Federal Aviation Administration, 1970. AC25-5- Installation Approval on Transport Category Airplanes of Cargo Unit Load Devices Approved as Meeting the Criteria in NAS3610.
4) 矢崎槙雄，1984. *Containerization*, **165**, 20-34.
5) Envirotainer, 2018. Active Container. http://www.envirotainer.com/en/active-containers/
6) JALCARGO, 2018. JALCARGO 国際貨物-J SOLUTIONS PHARMA, 医薬品専用輸送サービス. http://www.jal.co.jp/jalcargo/inter/jproducts/Jsolutions pharma.html

8.5 コールドチェーン

予冷, 輸送, 鮮度保持, 品質保持, 真空予冷, 輸送コンテナ

● コールドチェーンとは

コールドチェーン[1~3]とは, 生産・輸送・消費の過程において, 生鮮食料品を一貫して低温に保って, 鮮度を維持し, 品質の劣化を防いで流通させることである. ポストハーベスト技術として重要なプロセスの1つであり, ここでは, 農産物のコールドチェーンについて, 具体的な生産地での予冷処理から消費地までの流通について説明をする.

なお, コールドチェーンは, 低温での流通により品質を維持して流通させるシステムということで, 農産物以外にも冷凍食品, 生鮮食品, 水産物, さらに医薬品など食品以外にも適用されるシステムであり, このコールドチェーンによって数多くの製品が, 品質が保持された状態で流通している.

● 鮮度保持, 品質保持

農産物の鮮度保持の考え方は収穫時の品質を流通の過程でいかに保つかであり, この品質の劣化に関係する, 流通時の農産物の品温（流通される温度に依存）と, その温度での許容される時間を把握して, 管理することが重要となる. この考え方は, 許容(Tolerance)される時間 (Time) とその間の農産物の品温 (Temperature) に関する概念であり, T. T. T 概念といわれる.

農産物の鮮度保持, 品質劣化抑制に低温での流通が効果をもつことには, 農産物の収穫後の生理作用が関わっている. 特に重要な生理作用として呼吸作用があげられる. 野菜は収穫後も生体としての活動を継続しており, 呼吸により貯蔵養分を酸化分解してエネルギー化していることで, 栄養価の損耗が生じることとなる. この呼吸作用が一般に温度を低くすることで抑制されることが野菜の品質保持, 鮮度保持の効果となる. さらに葉菜類などについては呼吸とも関係する蒸散作用が野菜の水分低下につながり, 萎凋や枯れなど劣化を示し, 一般に質量が5%低下すると野菜の商品価値がなくなるといわれるが, このような蒸散作用も低温によって抑制できる.

● 予冷方法

農産物のコールドチェーンにおいて重要なプロセスが予冷となる. 生産地において農産物の鮮度保持のために, 収穫後速やかに農産物の品温を所定の温度まで冷却することを意味する. この予冷については農産物の種類に適した冷却方法, さらに適切な処理時間や, 均一性や最適な冷却後の品温などが重要となる. また農産物によって, 処理する条件が異なる場合などは別々に予冷するなどの注意が必要である.

予冷方法としては, 真空冷却, 強制通風冷却, 差圧通風冷却が一般的である. 簡単にそれぞれの方法を説明する.

真空冷却は, 処理容器内を真空に近い状態にすることで水分蒸発による蒸発潜熱によって迅速に冷却する方式であり, レタス, ホウレンソウなどの体積に対して表面積が大きく表皮が薄く水分蒸発がしやすいような野菜などに利用され, 特徴として冷却速度が迅速でかつ均一性も高い. 冷却時間が短時間であり, いつでも集荷し, 冷却して出荷できるなどの利便性は高いが, 装置のコストは3つの方式では最も高価となる.

差圧通風冷却は, 庫内の圧力を高めることで, 野菜の入った輸送ダンボールなどの箱の通気口から冷気を効率的に浸透させることで野菜間にも冷気を通過させて冷却する方式であり, 使用する農産物の汎用性が高い. 処理前の野菜の温度が高いほど, さらに目標温度が低いほど, 冷却の時間は長く, 一般に2時間から数時間を有する. 品温のむらは強制通風冷却方法より少ない. コストは強制通風冷却よりも高く, 真空冷却よりも安価である.

表1 野菜の最適貯蔵条件[1]

品目名	貯蔵最適温度（℃）	適湿度（％）	貯蔵限界（目安）
アスパラガス	2.5	95～100	2～3週
イチゴ	0	90～95	7～10日
カボチャ	12～15	50～70	2～3月
キュウリ	10～12	85～90	10～14日
サツマイモ	13～15	85～95	4～7月
サトイモ	7～10	85～90	4月
サヤインゲン	4～7	95	7～10日
タマネギ	0	65～70	1～8月
トマト(完熟)	8～10	85～90	1～3週
ナス	10～12	90～95	1～2週
ニンジン	0	98～100	3～6月
ニンニク	－1～0	65～70	6～7月
ネギ	0～2	95～100	10日
ハクサイ	0	95～100	2～3月
バレイショ(完熟)	4～8	95～98	5～10月
ホウレンソウ	0	95～100	10～14日
レタス	0	98～100	2～3週
レンコン	0	98～100	1.5月

強制通風冷却は冷風を強力なファンで強制的に送風して青果物あるいは青果物の入った箱の表面を冷却する．使用する農産物の汎用性が高い．処理前の野菜の温度が高いほど，さらに目標温度が低いほど，冷却の時間は長く，一般に数時間から半日程度を有する．また庫内の冷却むらが生じやすい．冷却時間がある程度長いので効率は悪く，出荷時期に合わせた集荷，冷却処理などの運用が必要である．コストは3つの中で一番安価である．

野菜のコールドチェーンにおいて予冷施設での冷却処理後に保冷庫での保管，その後の保冷車，冷蔵庫での低温輸送が鮮度保持には重要となり，予冷施設を用いない場合に比べて，その鮮度保持効果は高い．そのため，生産者側には返却品の減少，販売価格の上昇が期待できるほか，新品目の導入，作付体系の改善，さらに遠距離輸送が可能となり，商圏の拡大が可能である．また収穫や出荷作業についても計画的な作業配分ができるので，過重労働の軽減なども期待できる．表1に，コールドチェーンの中で流通される野菜の最適貯蔵条件を示す．

一方，実需者や消費者にとっても，高品質の野菜が入手できるとともに，ごみ処理などが軽減化される．

● **消費地までの流通**

野菜などの農産物のコールドチェーンにおける輸送は，ほとんどトラックでの陸送輸送であるが，最近では空路や水路を用いた輸送がされつつある．これらの航空機や船舶を用いた輸送においても港湾や空港が限定的で都市部まで輸送するには陸上輸送においてのリードタイム管理も重要になるほか，荷傷み（衝撃）の少ない輸送のための緩衝材の活用や，鮮度保持のための温度（低温）管理だけでなく，湿度管理，さらに空気組成管理（CA処理：controlled atmosphere）の機能を有したコンテナなどの活用も行われている．このようなコールドチェーンは，今後の日本の高品質な野菜などの農産物の輸出促進にとって重要な技術としてさらに発展することが必要である．

〔五十部誠一郎〕

◆ **参考文献**

1) 相原良安編, 1994. 新農業施設学. 朝倉書店.
2) 椎名武夫, 2017. 冷凍, **92**, 607-611.
3) 椎名武夫ほか, 2001. フレッシュフードシステム, **30**(5), 1-39.
4) 農業・食品産業技術総合研究機構 野菜茶業研究所（現 同機構 野菜花き研究部門）, 2016. https://www.naro.affrc.go.jp/vegetea/joho/vegetables/cultivation/04/index.html

8.6 搬　送

穀物，ベルト，チェーン，スクリュー，空気，バケット

　収穫後の米麦や豆類などの穀物は乾燥調製施設に輸送される．施設では乾燥，選別，貯留（貯蔵）などの操作が行われ，それらの単位操作中および単位操作の間で穀物の搬送が行われる[1]．穀物の搬送機にコンベアやエレベータがある．コンベアには，ベルトコンベア，チェーンコンベア，スクリューコンベア，空気コンベア（空気輸送）などがある[2]．

　ベルトコンベアやチェーンコンベアは，穀物を水平方向，またはわずかな傾斜をつけてほぼ水平方向に搬送する．ベルトコンベアは，幅の広い帯状のベルト（材質はゴムが多い）の両端を接着して輪状にし，両端の回転軸の回転によりベルトを一方向に回転させ，ベルト上に載せた穀物を搬送する．ベルトコンベアの穀物搬送能力は，大きいもので $50\,\mathrm{t\cdot h^{-1}}$ 程度である．

　チェーンコンベアは，長いチェーンの両端を接続して輪状につなぎ，輪の両端の回転軸により一方向に回転させる．チェーンは四角いトンネル状の箱の中を移動し，一定間隔でチェーンに垂直に取りつけた板で穀物を押して搬送する．ベルトコンベアよりもチェーンコンベアは一般に搬送能力が高く，大きいもので $100\,\mathrm{t\cdot h^{-1}}$ 程度である．

　スクリューコンベアは円柱形のチューブの中にらせん状のスクリューがあり，スクリューの回転により穀物を搬送する．スクリューコンベアは水平から最大で $45°$ 程度の角度（揚角）で穀物を搬送できる．

　空気コンベアはパイプ（チューブ）の中に空気を流し，空気とともに穀物を搬送する．パイプは水平から垂直までどのような角度にも設置可能で，またパイプ（直径 $100\sim200\,\mathrm{mm}$ 程度）を通すスペースがあれば自由度の高い設置が可能である．空気とともに搬送された穀物は，サイクロンにより空気と分離され，回収される．空気コンベアをコメの搬送に用いる際，搬送距離が長い場合やパイプの屈曲部が多い場合などに，籾の脱稃（籾殻が取れて玄米となる），玄米の脱芽（玄米の胚芽が取れる）や肌ずれ（玄米表面の糠層に細かな傷がたくさんつき品質劣化の原因となる），砕粒（米粒が割れる）などが発生する可能性が高くなるので注意を要する．

　バケットエレベータは垂直方向に回転するベルトやチェーンに多数のバケットを取りつけ，穀物を下から上に搬送する．バケットエレベータにより高い位置に上げた穀物を重力により目的の場所に移動させる（落下させる）ためにシュート（円柱形の筒）が用いられる．バケットエレベータの穀物搬送能力は，大きいもので $50\,\mathrm{t\cdot h^{-1}}$ 程度である．

　穀物乾燥調製施設では，穀物の水平移動にベルトコンベアが，垂直移動にバケットエレベータが，重力による落下にシュートが使われる例が多く，これらを組み合せて穀物を搬送する．ベルトコンベアやバケットエレベータは，そのベルト速度が一定であっても穀物の容積重により搬送能力が変動する．シュートは，穀物の容積重，安息角，流動性およびシュートの角度により搬送能力が変動し，またシュート内で滞留や架橋（ブリッジ）現象を生じる可能性もある．穀物乾燥調製施設の設計の際，各搬送機の搬送能力のバランスを考慮することが重要である．すなわち，上流側の穀物の搬送能力より下流側の搬送能力が大きい（もしくは同等である）ことが必要である．

〔川村周三〕

◆ **参考文献**

1) デュラン, J. 著, 中西秀, 奥村剛訳, 2009. 粉粒体の物理学. 吉岡書店.
2) 川村周三, 2015. 農産食品プロセス工学（豊田淨彦ほか編）. 文永堂出版, 57-68.

8.7 施設の運営

青果物の流通，選果場，集出荷場，農業協同組合

収穫後の農産物は，乾燥・貯蔵・冷蔵・冷凍・調製・選別・包装・予冷・加工・流通など，目的に応じたさまざまな機能をもつ施設を経て消費者の元へ届く．中でも，選果場や集出荷場は，青果物を産地から消費地へ流通・販売させる中間拠点としてきわめて重要な役割を果たしている．ここでは，選果設備の運営や物流・販売の仕組みについて概説する．

● 青果物の流通

青果物の流通は，消費者のニーズや購買方法の変化，量販店の大型化や産直市場の増加など，社会情勢化に対応して，多様化が進んでいる（図1）．

特に，大量の青果物を取り扱う大型量販店や加工・業務用途では，安全・安心への取り組みはもちろんのこと，4定（定時，定量，定価，定質）など，産地に対して多くの条件が要求されることもある．

これらの市場要求に応えるために，個々の農家を束ねた産地統合組織を形成，青果物を共同選果設備に集めて選別・規格化し，1つの産地商品に仕上げて共同で流通・販売が行われている．主に，地域の農協（農業協同組合）が運営主体者であり，このような流通は"系統流通"といわれる．多くの生産者から青果物を集めることで，天候不順や病害虫被害による不作，出荷におけるさまざまなトラブルやリスクを低減させ，一定品質のものを一定量確保して，市場へ安定的な供給を可能としている．また，大ロット流通により，選果・集荷施設の運転効率も上がり，輸送費用の低減にもなる．品目や地域によって違いがあるが，系統出荷の割合はおおよそ50％程度である．

一方，実需者のニーズにきめ細かく対応するため，産地内外から青果物を集め，独自の選別規格や商品形態で流通・販売を行う仕組みもある．商人・卸売者が運営主体者で，このような流通は"商系流通"といわれる．

その他にも，個人生産者と直接契約による取引など流通・販売の体系はさまざまである．外食産業や加工業者は，それぞれが必要とする農産物を確保するために，個人生産者ないしは生産法人と契約を結び，栽培を委託しているケースも多い．近年では，生産者の顔が見える農産物として，インターネットや産直市場での直接販売も増加している．

● 共同選果施設と運営

農協の共同選果施設により，地域の生産者から持ち込まれた農産物を，共同で選別して販売する形態を「共選・共販」という．葉菜類やブドウ・イチゴなど一部の青果物では，農家個人により調製や選別・包装が行われ，箱詰めされた物が集出荷場へ持ち込まれ，共同で出荷・販売する「個選・共販」の方式を取ることもある．

これら施設は，生産者が共同で利用するもので，生産者は，その出荷量に応じた資材費や施設利用料金を支払う．また，共同販売により得ら

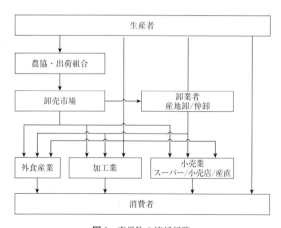

図1　青果物の流通経路

れた売上金は，持ち込まれた農産物の量や品質に応じて，共同利用者に配分される．

共同選果施設の運営は，主に農協によって行われ，荷受や販売・精算に関わる事務処理や伝票処理，段ボールや包装資材の手配，作業員の雇用や労務管理，市場や販売先への営業やPRといったさまざまな業務を担っている．スイカやモモなど，季節性が強い青果物では，1年のうちわずか1～2か月しか稼働しない，運営効率の悪い施設も多い．

● 選果施設の役割

選果とは，青果物を大きさ（＝階級）や品質（＝等級）ごとに選別し，規格化された商品として包装・箱詰め・梱包して市場へ出荷する作業工程であり，選果設備は，産地拠点における物流管理システムとしての役割が大きい．

一方，青果物の流通・販売におけるマーケティング機能も選果システムの重要な役割の1つである．青果物は，需要と供給のバランスで価格が変動する．豊作で供給過多となったときは価格が大きく下落し，運送費や手数料などを差し引くと，ほとんど収益が残らない場合もある．逆に，天候不順などで供給量が不足すると，価格は跳ね上がる．農協をはじめとする共同出荷組合などは，値崩れを防ぐために，生産者に対して収穫量や選果場への持ち込み量を規制し，市場への出荷・供給量を調整している．

また，飽食の時代といわれる今日の日本において，消費者のニーズはきわめて多様化している．地域や家族構成によって好まれる大きさも異なるし，デパートや高級料理店では特別に品質のよい青果物が高価な価格で扱われている．さらに，流通距離の違いで，トマトの色目を赤系と緑系に分け，店頭に並んだときに傷みがなく食べ頃となるよう配慮されることもある．これらの多様な消費者ニーズに的確に対応するために，販売先や出荷先をコントロールすることが必要であり，このようなマーケティング戦略の一役を担うのが選果システムである．

全国標準の選果規格をベースに，地域や農協ごとの販売戦略によって細分化した基準を設け，各産地の特徴を生かした有利販売や地域ブランドの確立にも貢献している．

さらに，生産者に対して平等かつ合理的に賃金を支払うための査定をするのも選果システムの役割の1つである．選果設備に集められ選果・共同販売された青果物に対して，品質のよいものをたくさん作った生産者には，それに見合った高い賃金が支払われる必要がある．選果機と連動する選果集計システムによって，生産者には適正な賃金が支払われる．

自動化・情報化の進んだ選果システムにおいて，従来農家が行っていた収穫繁忙期の家庭選別作業を軽減するだけでなく，選果情報に基づいた営農指導により地域全体の品質向上，食の安全・安心を目指したトレーサビリティへの取り組みなど，その役割はますます重要性を増している．

情報に基づく営農指導では，組合に加盟する近隣生産者などのデータを総合的に分析することで，各生産者がどの程度の品質レベルに位置づけられるかを比較することが可能となる．土壌や環境条件にあった品種の選定や，単位面積当たりの収量や品質を向上させるために何が必要か，農協の指導員は，さまざまなデータを参考にしながら，栽培方法や施肥・農薬散布，収穫時期などの営農指導を行っている．選果情報を活用した"精密農業"が実践されている．

〔二宮和則〕

◆ 参考文献

1) 二宮和則, 2011. 農業機械学会誌, **73**(3), 169-173.

8.8 自動倉庫

スタッカークレーン，パレット，DC

● **自動倉庫の概要**[1,2]

自動倉庫は，一般的には，①高層に荷を格納するラック，②ラックに荷を格納し，取り出すためのスタッカークレーン，③荷捌き場と自動倉庫の間の搬送を行う周辺設備，④全体の運用と在庫管理を行う情報制御システム，から構成される．わが国は土地に制限があるため，高層型であるとともに自動荷役によって入出庫効率を上げることができる立体自動倉庫の導入が，欧州と並んで世界で最も進んでいる．

● **自動倉庫の開発動向**[3]

1966年に，①土地の有効活用，②保管効率の向上，③倉庫作業の省人・省力化，④管理レベルの向上による業務の軽減およびコストの削減などを目的として，わが国初のラックビルシステム（RB）と呼ばれる立体自動倉庫が開発された．当初は，大手製造業の製品倉庫，原材料倉庫としての導入がほとんどであったが，スタッカークレーンの自動化とそのコンピュータ制御の導入により，荷物の出し入れの効率化，在庫管理の高精度化が達成されたことから，自動車サービスパーツセンター，製薬会社などの幅広い分野に普及が進んだ．

その後，パレットを使用せずに物品を直接取り扱うためのハンドリング技術，冷凍，冷蔵，危険物，クリーンルームなどの特殊環境対応システム，地震に対する安全性確保技術，規格・標準化の進展などにより，多様な機能，設備とそれらの制御システムが開発された．さらに，大規模化に対応したシミュレーション等によるシステムの最適化技術，メンテナンスフリー化，自動修復機能の開発なども行われている．最初に開発されてから半世紀が経過した現在，立体自動倉庫は，あらゆる産業分野に普及し，物流現場になくてはならない重要施設となっている．

● **自動倉庫の導入状況**[3,4]

2016年度の自動倉庫全体の売上金額は，前年度の100,084百万円から99,667百万円へと減少（－4.2%）したものの，約1,000億円の市場規模を有する．機種別に見ると，パレット用自動倉庫（ユニット式）の売上金額が，53,678百万円から47,249百万円へ減少（－11.9%）となった．また，クリーンルーム向けは，47,020百万円から37,466百万円へと約20%減少する結果となった．基数（パレット数）は，1,097千パレットから1,570千パレットへと増加（43.1%）している．

高齢化の進展が著しい農業分野においては，物流分野同様，労働力の削減と軽労化は重要な課題であり，玄米の保管庫，CA貯蔵庫，予冷保管施設，選果・出荷施設等への導入が進んでいる．また，一部の青果物卸売市場に加えて，工業分野の物流センター（DC）と同様，量販店等のDC，生協のピッキングセンターなどへの導入も進んでいる．

〔椎名武夫〕

◆ **参考文献**

1) 運輸省総務審議官監修，1997．日本物流年鑑，ぎょうせい．
2) 椎名武夫，2002．流通関連技術の動向，食品設備装置事典，産業調査会，791-802．
3) ダイフク，2003．当社自動倉庫の変遷，*Daifuku News*, 169
 http://www.daifuku.com/jp/solution/technology/automatedwarehouse/
4) 日本ロジスティクスシステム協会，2017．2016年度 物流システム機器生産出荷統計．
 http://www.logistics.or.jp/pdf/data/survey/manufacture/2016_mh_statistics.pdf

8.9 自動箱詰め装置

労力，袋詰め装置，バラ詰め，定数詰め

● **箱詰め作業**

箱詰め工程は，青果物を出荷時の荷扱い単位（通常，段ボール箱）に仕立てる作業であり，選果包装施設における重要な工程である．かつて，青果物の集出荷施設において最も労力を必要とする工程は，選果と箱詰めであったが，等階級選別への画像処理選別機の導入で選果工程の機械化が進んだことにより，段ボール箱への箱詰め作業が機械化から取り残された状況であった[1]．

● **自動箱詰め装置の導入**

バラ扱いが可能な青果物では，1960年の柑橘類に始まり，タマネギ，ジャガイモなどで自動箱詰め装置が利用されている．他方，ピーマンに関しては，全果を秤量し，4～6個で150gとなるように1袋に入れる果実の組み合わせを決定する，定量自動袋詰め装置が開発されている．この装置の前に選果機を設置することで，等階級選別から袋詰めまでの自動化が完了する．さらに，自動箱詰め装置を後工程に設置することで，選果，箱詰めの完全自動化が実現している．

自動箱詰め装置の導入は，その他の青果物では遅れたが，その後，球形の果実類へと拡大し，さらに，キュウリのような不定形の青果物にも適用されるようになった．さらに，最近になって，きわめて傷つきやすい青果物である，イチゴ用の自動箱詰めロボットシステムも開発されている．

● **自動箱詰め装置の種類と特徴**

バラ詰め（質量詰め）　柑橘類，タマネギ，ジャガイモなどのバラ扱いが可能な青果物では，自動製函された段ボール箱に，所定量の青果物を充填し，自動封緘される．青果物を上部から投入するため，損傷を生じやすいという問題があるため，箱を移動させて投入落差を軽減する方法などが採用されている．なお，充填時，振動を加えることで充填効率を高める（箱に収まるように充填する）ための，セットリング（settling）という方法が採用される．

非バラ詰め（定数詰め）　非バラ詰め（定数詰め）自動箱詰め装置は，バラ扱いすると損傷が生じてしまう青果物や，定数詰めする必要のある青果物で用いられる自動箱詰め装置である．選果ラインやプールラインから，青果物を個体ごとに（1個ずつ，あるいは，複数個同時に）取り上げて，段ボール箱へ移動させ，箱内の所定の位置（トレイの凹部など）で静置，解放することで，箱詰めが完了する．この過程では，青果物を傷つけない，素早く移動可能である，位置決めが正確であるなどの特長をもったハンドリン装置が必要である．青果物を個体単位でハンドリングする際に必要となるのが，把持（はじ）機構であり，吸盤，真空吸着パッドを利用する方式が採用されている．

● **具体的事例**

以下，キュウリ用，球形果実用，イチゴ用について，事例を示す．

キュウリ用[2]　出荷容器（プラスチック製通い容器）に入れられたキュウリは，自動ダンパーにより選果ラインに山積みされる．その後，下流に搬送されながら増速コンベア，重なり崩し機構により，キュウリが1本ずつに整列される．この状態のキュウリをCCDカメラで撮影し，形状に加えて，傷や変色を判断して，等階級選別が実施される．

選果終了後，曲がったキュウリを凹部が下になるよう（うつ伏せ状態）に揃える機構と，整列・吸着機構により，箱詰めが行われる．その際，伸縮機構を使って幅寄せし複数本を同時に取り上げる吸着パッドを利用して，自動箱詰めが行われている（図1[2]）．

図2[3]には，キュウリ1本ごとの吸着，箱

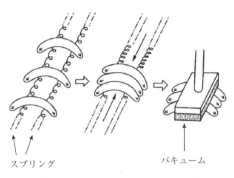

図1 キュウリの整列・吸着方法の例[2]

(a) 接近・吸着動作

(b) パック詰め動作

図3 イチゴの把持・パック詰めロボット[4]

図2 キュウリ用箱詰めロボット[3]

詰めロボットの例を示す.

球形果実用　青果物を載せて選果ライン上を移動するフリートレーシステム,青果物に損傷を与えない把持機構,自在に動かすことのできる多関節型ロボットの開発などにより,リンゴ,ナシ,メロン,スイカ,モモなどでも自動箱詰めが実施されるようになった.従来,トレイ,緩衝材などの内装材の装塡の自動化は難しいとされてきたが,それも自動化が実現し,包装工程が全自動化されている例が多い.

イチゴ用　生物系特定産業技術研究支援センターとその共同研究グループは,等階級に選別された果実をトレイから拾い上げ,平詰めソフトパックに向きを揃えて並べる,イチゴパック詰めロボットを開発している[4].トレイ上の果実5〜6果を同時に平詰めソフトパックにパック詰めする方式である(図3[4]).

〔椎名武夫〕

◆ **参考文献**

1) 相良泰行,1998.農業機械学会誌,**60**(2),167-174.
   http://www.iai.ga.a.u-tokyo.ac.jp/sagara/OV-P-2.pdf
2) 伊藤武,1998.計測と制御,**37**(2),103-104 (J-STAGE).
3) ヤンマー.選果・選別・箱詰・出荷工程-自動箱詰関連.
   https://www.yanmar.com/jp/agri/products/implement/agri_implement-other/sort_boxing_shipping/save-boxing.html
4) 山本聡史,2014.農産物流通技術2014,農産物流通技術研究会,103-107.

8.10 青果物卸売市場

生鮮食料品, 野菜, 果実, 市場外流通

● 卸売市場とは

日々の食生活に欠かせない生鮮食料品を,生産者から消費者へ安定的に届けるためには,両者の空間的,時間的,量的な隔たりを埋めるための集分荷機能,および,公正で透明性の高い価格形成などの機能が不可欠である.わが国においては,その機能を担う基幹的インフラとして,卸売市場が位置づけられる.

卸売市場の法的根拠である卸売市場法(昭和四十六年四月三日法律第三十五号,最終改正:平成 25 年 6 月 14 日法律第 44 号)[1]の第一条において,『この法律は,卸売市場の整備を計画的に促進するための措置,卸売市場の開設及び卸売市場における卸売その他の取引に関する規制等について定めて,卸売市場の整備を促進し,及びその適正かつ健全な運営を確保することにより,生鮮食料品等の取引の適正化とその生産及び流通の円滑化を図り,もつて国民生活の安定に資することを目的とする.』とされている.

同法の第二条は,『この法律において「生鮮食料品等」とは,野菜,果実,魚類,肉類等の生鮮食料品その他一般消費者が日常生活の用に供する食料品及び花きその他一般消費者の日常生活と密接な関係を有する農畜水産物で政令で定めるものをいう.』としており,卸売市場で取り扱われる品目である「生鮮食料品等」が,野菜と果実(青果物),魚類,肉類等の生鮮食料品,その他,であると定義されている.また,同 2 項においては,『この法律において「卸売市場」とは,生鮮食料品等の卸売のために開設される市場であって,卸売場,自動車駐車場その他の生鮮食料品等の取引及び荷さばきに必要な施設を設けて継続して開場されるものをいう.』とされており,卸売市場の機能と運営に関する基本的な事項を理解することができる.

卸売市場は,
① 集荷(品揃え), 分荷,
② 価格形成,
③ 代金決済,
④ 情報受発信,

の 4 主要機能, すなわち, 物流機能(①), 商流機能(②, ③), 情報流通機能(④)を併せもつ, 生鮮食料品等の円滑かつ安定的な流通を可能とするための施設であるといえる.

● 卸売市場整備基本方針

卸売市場法第四条において,農林水産大臣には,「卸売市場整備基本方針」の策定が義務づけられている.「卸売市場整備基本方針」においては,下記を策定することとなっている.

① 生鮮食料品等の需要及び供給に関する長期見通しに即した卸売市場の適正な配置の目標.

② 近代的な卸売市場の立地並びに施設の種類, 規模, 配置及び構造に関する基本的指標.

③ 卸売市場における取引及び物品の積卸し, 荷さばき, 保管等の合理化並びに物品の品質管理の高度化に関する基本的な事項.

④ 卸売の業務(卸売市場に出荷される生鮮食料品等について, その出荷者から卸売のための販売の委託を受け又は買い受けて, 当該卸売市場において卸売をする業務をいう. 以下同じ.)又は仲卸しの業務(卸売市場を開設する者が当該卸売市場内に設置する店舗において当該卸売市場に係る卸売の業務を行う者から卸売を受けた生鮮食料品等を仕分けし又は調製して販売する業務をいう. 以下同じ.)を行う者の経営規模の拡大, 経営管理の合理化等経営の近代化の目標.

⑤ その他卸売市場の整備に関する重要事項.

● 卸売市場の種類とその整備

中央卸売市場 中央卸売市場は，農林水産大臣の認可を受けて，第七条に規定される開設区域において地方公共団体（都道府県・人口20万人以上の市等）が開設する卸売市場である．その数は，2015年4月1日時点で66市場（卸売業者数166）であり，1998年の87（同260）から21（同94）減少した[2]．青果物卸売市場数は51で，その他卸売市場は，水産物35，食肉10，花卉16，その他6となっている．

卸売市場法の第三十四条には，『中央卸売市場における売買取引は，公正かつ効率的でなければならない．』と，売買取引の原則が示されており，中央卸売市場には，下記の取引規制がある．

・売買取引の方法の設定
・差別的扱いの禁止，受託拒否の禁止
・市場外にある物品の卸売の原則禁止
・卸売業者に係わる卸売相手方としての買受の禁止
・仲卸業者の業務の規制（販売の委託の引受けの禁止，直荷引き原則禁止）
・卸売予定数量，卸売数量・価格の公表

地方卸売市場 地方卸売市場は，中央卸売市場以外の卸売市場で，その施設が政令で定める規模以上のものであり，地域における生鮮食料品等の集配拠点を担う．開設者は都道府県知事による許可を得た者（開設主体に限定なし）で，法律上の規制も緩やかとなっており，地域の実情に応じた運営がなされている．地方卸売市場においては，下記の取扱規制がある．

・売買取引の方法の設定
・差別的扱いの禁止
・卸売予定数量，卸売数量・価格の公表
・都道府県知事が条例で規定する事項

● 卸売市場の動向

2004年に卸売市場法が改正されたが，産地側で注目すべきポイントとして，
① 委託手数料の弾力化，
② 買付集荷の全面的自由化，
③ 商物一致規制の緩和，
④ 中央卸売市場から地方卸売市場への転換，
が挙げられている[3]．

従来から課題とされてきた卸売市場のコールドチェーン化のため，冷蔵庫・保冷庫，低温市場の整備も進められている[4]．

卸売市場を経由する割合（市場経由率）[2]は，青果で6割程度（国産青果物では約9割），水産物で5割強である．市場経由率は，加工品など卸売市場を経由することが少ない物品の流通割合の増加などにより，総じて低下傾向で推移しているが，近年はおおむね横ばいとみられる部類もある．

卸売市場における取扱金額[2]は，市場外流通の増加などの影響による取扱数量の減少などにより総じて減少傾向で推移してきたが，近年，部類によってはおおむね横ばいの傾向で，減少傾向に歯止めがかかっている．

卸売市場法の改正が，相対的な地位の低下傾向が著しかった卸売市場の指標値の改善傾向に寄与したものと思われるが，今後は，輸出も見据えた取扱物品の品質管理の高度化，産地や実需者との連携強化への貢献，なども期待されるところである．　　　　〔椎名武夫〕

◆ **参考文献**

1) 卸売市場法，電子政府の総合窓口 e-GOV. http://law.e-gov.go.jp/htmldata/S46/S46HO035.html
2) 農林水産省，卸売市場をめぐる情勢について. http://www.maff.go.jp/j/shokusan/sijyo/info/pdf/meguji_2801.pdf
3) 藤島廣二，産地とJAに有利か不利か―自由化進む卸売市場―新卸売市場法. http://www.jacom.or.jp/archive01/document/kensyo/kens101s04080501.html
4) 食品チェーン研究協議会，卸売市場コールドチェーン導入の手引（第2版）. http://fmric.or.jp/afcr/coldchain/tebiki.pdf

8.11 青果物用プラスチック容器

緩衝性，ホールド性，個包装，軟弱果実

食品用のプラスチック製包装資材には，密着フィルム（ラップフィルム），フィルム袋，プラスチック容器，外装容器としてのプラスチックコンテナなどがある．

青果物用プラスチック容器は，イチゴ用パックに代表されるもので，通常，産地からの出荷時または量販店等の詰め替え用としての消費者包装として，あるいは業務用需要包装として利用される．イチゴ用パックは，底面が四角形で側面が上方に向かって外側に広がるテーパー形状をもつトレイと，上面に貼付されるカバーフィルムとの組合せで利用される．青果物用プラスチック容器に求められる特性としては，外形保持による内容物保護性，容器自体の形状変化による衝撃吸収・緩衝性，ホールド性，水蒸気バリア性，軽量性，透明性，装飾性などがある．

青果物用プラスチック容器としては，トレイ形式の他，一体型蓋付きや，分離型蓋付きなどの形式がある．トレイ形式のものは積重ねができないが，蓋付きの場合は，ある程度の積み重ねにも耐えうる強度を有しており，段ボール箱内やプラスチックコンテナ内に多段積載される場合がある．なお，蓋付きの場合，過湿状態を避けるために，水蒸気の移動を促す開口を設けたものが多い．

青果物用プラスチック容器の形状は，四角形，多角形，円形など，包装対象物に合わせた多様なものが開発されている．使用対象は，イチゴ，ミニトマト，オクラなどの野菜のほか，多くの果実類である．また，最近では，カット青果物への利用も拡がっており，蓋付き容器で形状が多様化している．

イチゴやオウトウの場合，損傷防止のために，蓋付き容器と，形状に合わせた窪みを有するプラスチック発泡素材トレイ（いわゆるソフトパック）との組合せで利用される場合がある．また，果実でのトレイ形状容器利用の場合，損傷防止や水分蒸発散の抑制の観点から，プラスチック発泡素材製ネット（いわゆるフルーツキャップ），あるいは，紙・プラスチックフィルムによるラッピングとの組合せで利用されることが多い．

容器の素材としては，従来，ポリ塩化ビニルが一般的に使用されていた．しかし，ダイオキシンが発生するという懸念が示されたことが原因で，製造側において，急速にPET（ポリエチレンテレフタラート）への転換が図られた．一方，緩衝性や装飾性を考慮して，プラスチック発泡素材のトレイも利用されており，強度を保つために，表面にフィルムを貼ったものも利用されている．

最近，従来の容器に比べて，大幅に緩衝性能を高めた容器が開発されている．軟弱果実の代表といえるモモ用には，硬質トレイに果実形状に合わせた不織布を一体加工し，不織布部分をハンモック状にすることで，容器底部と果実との接触を防止した「吊り下げ型緩衝容器」が開発されている．その後，小型で易損傷性の代表的な青果物であるイチゴやオウトウ用に関しては，長距離輸送を可能とするための緩衝包装容器が開発されている．例えば，電子機器の輸送に使用されることの多いサンドイッチ形状で吊り下げ構造を有するものや，大粒イチゴ用には個包装で果梗把持型のものなどが開発されている．これらの容器では，果実同士の衝突による損傷を防止できるほか，果実と容器との接触による損傷を抑える仕組みとなっており，緩衝性能が高く，今後，輸出における損傷防止用容器としての利用が期待されている．

〔椎名武夫〕

8.12 製函機・封函機

段ボール箱，ホットメルト式，テープ式，折りたたみコンテナ

現在，市場に出回るさまざまな青果物は，段ボール梱包による流通が一般的である．製函機とは，箱を組み立てる機械のことで，封函機とは，箱の中に商品を入れた後，蓋を閉じる機械のことである．選果設備・集出荷設備の省人・省力化に貢献する機械として古くから普及している．

● 段ボール箱

段ボール箱は，見た目や用途に応じてさまざまな形状がある．青果物の流通用としては，コストが安く強度にも優れたA式段ボール箱が最も多く使用されている．また，トマトやキュウリ，一部の高級果物やギフト用として，蓋が独立したC式段ボール箱が使用される．A式段ボール箱の構造を図1に示す．また，段ボールは，材質や厚み（フルート）の違いで，さまざまな種類があり，内容物に応じて，強度を考慮し使い分けられる．厚み約5mmのAフルートや2重構造で厚み約8mmのWフルートなどがよく使用される．

● 接着方式

箱を組み立てる際，開口面を接着する方法として，熱をかけて溶着する接着剤を用いるホットメルト式，針を用いるステープル式，粘着テープを用いるテープ貼り式の3種類がある．方式ごとにランニングコストが異なり，ホットメルト式で約1.3円/箱，ステープル式で約2.8円/箱，テープ式で約7.0円/箱である．見た目や市場で箱を開梱して中身を確認しやすいといった理由から，封函のみテープ式が採用されることもある．なお，針によるけがや異物混入のリスク，リサイクル時の分別する手間などの問題から，ステープル式は使用されなくなりつつある．

● 製函機

A式段ボールを組み立てる製函機について，その一例を説明する．

売主や産地，商品に関するデザインが印刷された段ボールシートを，マガジン部へ人手でセットする．マガジン部へセットされた段ボールシートは，アタッチによって1枚ずつ引き出され，端面を引き起こしながら立体的に箱を成形した状態にする．アタッチで内フラップ部を折り曲げながら，並列に並んだ複数の噴射口からホットメルト（接着剤）を塗布する．最後に，外フラップを押し当てながら接着し，箱の開口部を上向きにして製函機から排出する．

一連の動きは，箱を移動させながら連続的に動作する．時間当たりの処理能力が約600ケース（低速型）から，約2400ケース（高速型）までさまざまな機種が販売されている．また，大量の段ボールシートを切り崩し，製函機に自動供給する装置や，複数のマガジン部に異なる箱種をセットし，自動切り替えで運転が可能なプリセット製函機などもある．C式段ボールは，成形プッシャーでシートを上方から押し下げ，サイドガイドと巻き込みガイドによって成形させる．型抜きで作られた1枚の段ボールシートによって，テープや

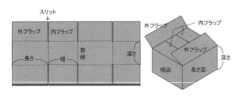

図1　A式段ボール箱の構造

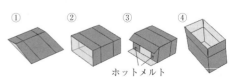

図2　A式段ボール箱の製函工程

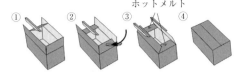

図3　A式段ボール箱の封函工程

接着剤を使うことなく巧みに組み立てられる．

● 封 函 機

A式段ボールの蓋を自動で閉じる封函機について，その一例を説明する．

通常，選果機で選別・箱詰めされた商品は，不規則な間隔で搬送されてくる．場合によっては，寸法の異なる数種類の箱がランダムに流れてくることもある．まず，封函機手前のストッパーで箱を停止させ，センタリング，箱と箱の間隔を一定に切り離してから封函機へ投入する．箱の進行方向中央に配置されたアタッチで前方内フラップを折り曲げる．次に，後方から箱を追いかけるようにアタッチを振り下ろし，後方内フラップを折り曲げる．また，フラップを折り曲げながら，ホットメルト（接着剤）も塗布する．その後，サイドガイドで絞るように外フラップを折り込んでいく．最後に，エアシリンダーとスプリングの付いた圧着ローラーで，箱を上方向から押さえて接着させる．なお，接着には約1秒程度の加圧時間を要する．

時間当たりの処理能力は，約1200ケースから2400ケース程度．箱種に応じて手動調整を行う簡易型，箱の大きさをセンサで検知し，1箱ずつ高さ・幅が自動で変更されるランダム式までさまざまな機種が販売されている．

● その他の省力化機械

製函機・封函機のほかにも，青果物の集荷・包装容器に関係するさまざまな自動機械がある．

折りたたみコンテナ（通いコンテナとも呼ばれる）は，商品が小売店到着後，包装容器

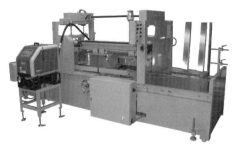

図4　ホットメルト式自動製函機（調整型）

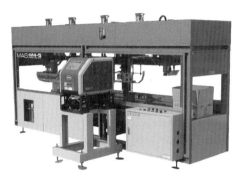

図5　ホットメルト式自動封函機（ランダム型）

を廃棄処理することなく，返却・回収が可能（リターナブル）で，環境へ配慮した新しい物流方法として広がりつつある．コンテナはレンタル会社からリースで導入され，産地，市場，仲卸，量販店，レンタル会社と循環する．折りたたみコンテナを自動で組み立てる機械や，自動洗浄機が利用されている．

キュウリやナガイモなど，乾燥を嫌う青果物では，段ボールケースにポリ袋を入れて箱詰めすることが多い．段ボールにポリ袋を製袋しながら自動で装着する省力機械（ポリサーター）が利用されている．

比較的深さが浅いC式の箱は，複数の箱を自動で段積みし，PP（ポリプロピレン）バンドで自動結束される．十の字がけ，二の字がけ，キの字がけなど，さまざまなバンドがけ方式に対応した自動結束機が利用されている．

〔二宮和則〕

8.13 選果包装施設

選果,秤量機,鮮度保持,モールドパック,組み合わせ計量器

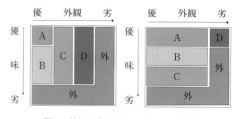

図1 外観と内部を組み合わせた選別

生産者が収穫した"農産物原料"は,不要な葉や根を排除する調製,土汚れや粉塵を除去する洗浄や清浄,決められた一定の規格に揃える選別,袋やパックに詰める包装,市場へ流通させるための箱詰め・梱包,流通段階での鮮度低下を抑制するための予冷といったさまざまな作業工程を経て,"農産物商品"として出荷されている.これら一連の作業を,生産者に代わって処理するために,複合的な機能を有する選果包装施設が利用されている.

選果包装施設では,省人・省力化のための自動機械が導入され,大量処理による経費の削減にも貢献している.

● 選果選別

選果とは,青果物を大きさ(＝階級)や品質(＝等級)ごとに選別する作業である.選果機は,選別作業を省力化する機械として古くから普及している.

選果機は,青果物をハンドリングする搬送装置に,重量センサや外観センサ,内部品質センサなどが搭載され,各種センサの計測値に基づき自動で選別が行われる.青果物は多様性に富んでおり,色や形状など,人が1個ずつ手に取り判断していては膨大な時間を要する.カメラを使用することで,常に一定の基準で効率的な選別が可能となる.また,内部品質センサを利用することで,味の要素を加えた選別も可能となる.果実1個1個の糖度や内部状態を非破壊で測定し,測定された値に応じて選別が実施される.糖度の高いものを有利販売したり,低糖度の物は規格外として加工品に回すなど,人手による作業では実現できなかった選別が可能となる.特に,

リンゴやナシなどで発生する褐変や水浸といった内部傷害の計測は,消費者クレームに直結し,産地の信頼に関わる重大事項であり,内部品質センサの導入意義は大きい.

農産物は,最適なハンドリング方法によって1個ずつ切り離された状態で搬送され,全数がセンサで検査される.まず,外観センサや電子秤で計測された数値に基づき階級が決定される.次に,外観ならびに内部品質センサで計測された"見た目"と"味"の2つの要素を組み合わせて,等級が決定される.例えば,見た目を重視したり,味を重視したり,各要素のバランスを考慮しながら,販売戦略に基づいた選別の基準値が作られる(図1).

これらの検査によって,単純には等級×階級の種類だけの商品が生産される.等級がA〜Dの4種類,階級が2S〜3Lの6種類とすれば4×6＝24種類の商品等階級ができあがる.農産物は,これらの等階級ごとに自動的に仕分けられ,所定量で箱詰め・梱包され市場に出荷される.

● 包装・箱詰めの自動化と包装資材

店頭に並ぶ農産物は,パックやネットに入っていたり,フィルム包装されていたりさまざまである.実際,産地から農産物を出荷する段階では,ここまで細かな包装はされておらず,段ボール箱にバラ詰めで出荷しているケースも多い.このような場合,仲卸や小売店のバックヤードで,それぞれの販売形態に合わせて包装が行われている.

柑橘やジャガイモ,タマネギやニンジンなどは,バラ詰めで規定の重さの箱として出荷

されている．選果機で選別された青果物は，自動秤量機と呼ばれる計量機能のついた箱詰め機で，規定の重さになるまで商品を充填・箱詰めする．柑橘は10kg入りの箱で流通されることが一般的だが，近年，箱単位で購入する消費者が減少し，5kg箱など小箱での出荷が増えつつある．

モモ，ナシ，リンゴ・カキやトマトは，規定の個数が箱に詰められ出荷される．基本的には，すべて同じサイズの箱が使用されるため，選別された階級に応じて，箱に入る個数は異なってくる．また，輸送中に青果物同士がぶつかり傷むことを抑制するために，段ボール箱内に，青果物の大きさに合わせた仕切りを設けるモールドパックが広く利用されている．特に，パルプモールドは，古紙を原料とした植物繊維原料で作られており，通気性・吸収性・保水性に優れ，荷重を均一に分散する機能ももつ，再利用が可能で環境にも優しい包装資材である．店頭でも，果実をモールドパックに載せたまま陳列している光景をよく目にする．さらに，高級なモモやリンゴは，果実1個ずつに，フルーツキャップと呼ばれる網目状のクッション材を装着して箱詰めされることもある．

蔬菜類は，個別にプラスチックフィルムで包装された後，それらをまとめて箱詰めして出荷されることもある．フィルム包装を自動化する機械として，ピロー包装機が広く利用されており，対象物のハンドリング方法やフィルムの送り出し方法の違いで，横ピローや縦ピロー，逆ピローといった機種がある．ここでは，青果物の鮮度保持を目的とした機能性フィルムが使用されることが多く，近年では，青果物の品目や品種特性に最適化されたMA包装フィルムも開発され，流通段階での鮮度維持・流通ロス低減に貢献している．

キュウリやナスは，規定本数が入った箱で出荷される．キュウリでは，ポリ袋をかぶせた箱の中に商品を詰め，流通段階での鮮度低下を抑制する工夫がなされている．

ピーマンやミニトマトは，組み合わせ計量器により，1パックの重さが適量になるよう計量され，パック詰め・袋詰めされてから，それらをまとめて箱詰めして出荷されることもある．組み合わせ計量器は，コンピュータスケールとも呼ばれ，商品を数個ずつ分散し，複数の計量マスに投入，それぞれ個別に重量を測定，その計量値をコンピュータで組み合わせ計算を行い，設定した重量に最も近い組み合わせを選び出して袋詰めやパック詰めを行う機械である．

● 製品出荷ライン

選果機や包装機で箱詰めされた商品に対して，スタンプやインクジェットプリンタで等階級情報が印字される．また，生産ライン番号や選果日時などの情報を印字することもある．これにより，いつどのラインで生産された物で，その時間帯に選果されていた物が，誰の作った農産物かを特定できる"トレーサビリティ"の仕組みを実現している．

選果機で選別・箱詰めされた商品は，製品を搬送するコンベアで，製品貯留ラインや出荷ラインへ搬送される．各商品は，選果ライン上の複数の出口から同時に排出されるため，製品搬送ラインには，異なる等階級の箱が混ざり合って流れてくる．このため，箱に貼りつけられたバーコードなどを使用して，等階級ごとに再仕分けされ，パレットごとに積みつけられる．できあがった商品は，どこの市場へどれだけ送るかの分荷指示に基づき，トラックへ積み込まれて出荷される．

近年，農産物の品種や，箱の種類などが多様化しており，箱に入った個々の製品を立体的に多層化した荷棚に格納し，製品の出荷指示に基づきコンピュータ制御で自動的に出庫を行う自動倉庫が導入されることもある．

〔二宮和則〕

8.14 段ボール

ライナ,フルート,片面,両面,防水段ボール,撥水段ボール,耐水段ボール

段ボールは,図1に示すようにライナと波形の段(フルート)を形成する中しん原紙との貼り合わせにより構成される.段の種類,使用するライナおよび中しん原紙の種類により,種々の段ボールが作られる.段ボールを製造するための機械は,コルゲータと呼ばれ,ライナへの段加工(段繰り),ライナと段の貼り合わせ(貼合)が一体的・連続的に行われる.なお,通常,印刷も同時に行われる.

農産物を含めた物品の物流では,何らかの包装(外装,内装,個装)が施されており,段ボールは,種々の形態で包装資材(およびその原料)として利用される.段ボールの包装としての利用例には,外装容器である段ボール箱,内容物の支持,固定,緩衝材などの内装,個装ではビンなどの易損品のラップアラウンド包装,などがある.最近では,家具や災害時の仮設住居(シェルターハウス)などとしても段ボールが利用されている.

● 段ボールの材料「原紙」の種類

段ボールの製造に用いる板紙を原紙といい,これにはライナと中しん原紙がある.

ライナ ライナの規格としては,JIS P 3902:2011 があり,表1に示すように,LA, LB, LC の3種類について,それぞれに坪量(単位面積当たりの質量 [g・m^{-2}])が規定されている.

ライナが具備すべき性能としては,種類および坪量ごとに,坪量の許容差,ISO圧縮強さ(横)[kN・m^{-1}],破裂強さ [kPa],水分(リール巻き取り時)[%] が規定されている.また,備考として圧縮指数 [N・m^2・g^{-1}],破裂指数 [kPa・m^2・g^{-1}] が示されている.坪量に関しては,表示坪量の±3%以内,水分に関しては,8.0(+1.0,−1.5)%,がそれぞれ規定されている.

中しん原紙 ライナの規格としては,JIS P 3904:2011 があり,表2に示すように,MA, MB, MC の3種類について,それぞれに坪量(単位面積当たりに質量 [g・m^{-2}])が規定されている.

中しん原紙が具備すべき性能としては,種類および坪量ごとに,坪量の許容差,ISO圧縮強さ(横)[kN・m^{-1}],破裂強さ [kPa],水分(リール巻き取り時)[%] が規定されている.また,参考として圧縮指数 [N・m^2・

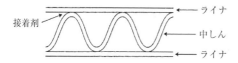

図1 段ボールの構造(両面段ボール)

表1 ライナの種類(JIS P 3902:2011)
[単位 g・m^{-2}]

級	LA	LB	LC
表示坪量	170 180 210 220 280	170 180 210 220 280	160 170

表2 中しんの種類(JIS P 3904:2011)
[単位 g・m^{-2}]

級	MA	MB	MC
表示坪量	180 200	120 125 160 180 200	115 120 160

表3 段の種類(JIS Z 1516)

段の種類	記号	段の数/30 cm
A 段	AF	34±2
B 段	BF	50±2
C 段	CF	40±2

g^{-1}〕が示されている．坪量に関しては，表示坪量の±3%以内，水分に関しては，8.0(±1.5)%，がそれぞれ規定されている．

● 段ボールの種類

段（フルート）は，30 cm 当たりの段の数，段の高さなどから分類されるが，外装用段ボール箱の製造に用いる外装用段ボールは，JIS Z 1516 により，表3のように3種類（A段，B段，C段）に分類される．

上記の外装用段ボールのほかに，E, F, G の各フルートの段ボールがあり，個装用や内装用に使用される．

また，外装用段ボールは，JIS Z 1516 により，両面と複両面に分類され，両者は，さらに強度区分により，それぞれ4種類（両面が S-1, S-2, S-3, S-4, 複両面が D-1, D-2, D-3, D-4）に分類される．

また，上記以外に，構造上の違いから，片面段ボール，複々両面段ボールがある．

● 外装用段ボール箱の種類

段ボール箱は，製造に用いる外装用段ボールの種類により，8種類（両面が CS-1, CS-2, CS-3, CS-4, 複両面が CD-1, CD-2, CD-3, CD-4）に分類される．

段ボール箱は，段ボールシートに対して罫線加工（折りやすくするための加工），所定サイズへの切断，印刷が施された後，使用場所へ輸送され（青果物用の場合は，農家や集出荷施設），必要なときに組み立てられて，外装容器として使用される．青果物用の外装容器として一部にプラスチック製通い容器が使用されているが，段ボール箱の利用割合が非常に高い．段ボール箱は，JIS Z 1507 によって形式上，溝切り形，テレスコープ形，組み立て形，差込み形，ブリス形，のり付け簡易組立形に分類されている．

● 特殊段ボール

ライナや中しん原紙に，特殊加工を施した段ボールで，撥水段ボール，耐水段ボールなどがある．撥水段ボールは，「短時間水がかかっても水をはじいて水滴とし，水の浸透を防ぐように表面加工した段ボール」である．耐水段ボールは，「長時間浸水しても，強度が劣化しにくくなるように加工した段ボール」である．撥水段ボールと耐水段ボールの総称として，防水段ボールがある．

〔椎名武夫〕

◆ 参考文献

1) 東山哲，2010．日本包装学会誌，**19**(1), 329-337. http://www.spstj.jp/publication/archive/vol19/Vol19_No4_1.pdf

8.15 貯蔵輸送容器

通いコンテナ，フレキシブル容器，段ボール箱，発泡スチロール容器，バラ貯蔵用大型コンテナ

● 包装の定義

日本工業規格の包装―用語（JIS Z 0108）では，包装を，「物品の輸送，保管，取引，使用などに当たって，その価値及び状態を維持するための適切な材料，容器，それらに物品を収納する作業並びにそれらを施す技術又は施した状態」と定義している．包装は，個装（基本包装，単位包装，一次包装），内装，外装（二次包装）に分類される．

個装は，「物品個々の包装で，物品の商品価値を高めるため若しくは物品個々を保護するための適切な材料，容器，それらを物品に施す技術又は施した状態」と定義され，基本包装，単位包装，一次包装とも呼ばれる．

内装は，「包装貨物の内部の包装で，物品に対する水，湿気，光，熱，衝撃などを考慮した適切な材料，容器，それらを物品に施す技術又は施した状態」と定義される．

外装は，「包装貨物の外部の包装で，物品若しくは包装物品を箱，袋，たる，缶などの容器に入れ又は無容器のまま結束し，記号，荷印などを施した材料，容器，又は施した状態」と定義され，二次包装とも呼ばれる．

● 容器の種類と特徴

容器は，「物品又は包装物品を収納する入れ物の総称」であり，①包装，出荷などに利用する容器，②コンテナ，の２つに分類される．また，用途，構造，使用法，目的などによって内装容器，外装容器，複合容器などがある．

金属製，ガラス製およびプラスチック製の缶，びんなど，または木製および金属製のたる，箱などの剛性に富む，内容品が追加，または取り除かれた後に，本質的に形状の変化がない容器の総称として，剛性容器がある．剛性容器よりやや柔軟性をもつ容器は，半剛性として区別される．比較的に柔軟性をもち，内容物を充填してはじめて立体形状を保つものをフレキシブル容器と呼ぶ．代表的フレキシブル容器に，フレキシブルコンテナがある．

通い容器は，「紙，段ボール，プラスチック，金属などを素材とし，企業又は事業所間で利用され，繰り返し利用できるようにした輸送用容器」である．リターナブル容器は，通い容器とほぼ同義であるが，消費者を含む不特定のユーザー間を循環する場合も範疇である．ワンウエイ容器は，リターナブル容器とは逆に，繰り返し用いることを目的としない容器，である．

以下，農産物の貯蔵輸送に用いられる主な剛性容器について述べる．

段ボール箱　食品の輸送において，大部分のものが段ボール箱による包装が行われている．段ボール箱が食品の包装容器，特に青果物の包装容器として多く使われるのは，段ボール箱が丈夫なこと，規格の統一が容易なこと，装飾性に富むこと，軽量なことなど，外装としての必要な条件を満たしているためであるが，特に青果物にあっては，選別機の普及に伴い，製函・包装作業が自動化されたことにもよる．

段ボール箱の詳細については，[8.14 段ボール] を参照のこと．

プラスチック製通い容器　繰り返し使用することを目的としたプラスチック製容器であり，形状からネスティング形とスタッキング形に大別される．ネスティング形は，容器の側面に上開きの傾斜がつき，短側面に装着された取っ手金具を開くと，落し込みによる積み重ねが可能な形態となっている．スタッキング形は，おおむね直方体の形態となっている．プラスチック製通い容器は，流通経費の節減，省資源化，荷扱いのしやすさなどから1975年頃から導入が増加したが，出荷容器としての利用はあまり進まなかった．

1995年に設立されたイフコ・ジャパン株

式会社によりドイツから導入された折りたたみ容器（通いコンテナ）が，量販店などへの青果物の出荷用容器として利用されている．プールマネージメント方式により運用されているこの通いコンテナの外形は，JIS Z 0105に規定されている包装モジュール寸法（A）の 600×400 mm に準拠している．そのため，主にヨーロッパで使用されている1辺を 1200 mm とするパレット（1200×1000 mm，あるいは 1200×800 mm）への積載が効率的である．深さが異なる規格があり，形状とサイズの異なる各種青果物の輸送に対応できる．また，易損傷性であるイチゴ用には，損傷軽減，効率的な輸送を可能とする容器内での段積みが可能な「吊り下げ方式」の内装材が開発されている．

プラスチック製で折りたたみ式の通いコンテナについては，三甲リース株式会社からも類似のレンタルサービスが供給されており，通いコンテナの利用量が徐々に増えている．

加工食品の物流で利用されている通い容器については，「物流クレート標準化協議会」により，段積み方向でネスティングとスタッキングの切り換えが可能なI型，II型深，II型浅，II型ハーフの4種が標準規格化された．

発泡スチロール容器 予冷した青果物を保冷車（冷凍機のないトラック）で輸送する場合，輸送中に品温が上昇し低温による品質保持効果があまり期待できない．輸送時の品温上昇を抑えるため，ブロッコリー，サラダナ，アスパラガス，リンゴなどの青果物において，従来の段ボール箱に代えて発泡スチロールなどの断熱容器を用いた例がみられる．

発泡スチロール容器は，従来の段ボール箱に比較してガスバリア性が高い，断熱効果が高いなどの長所を有するものの，かさばる，廃棄が困難である，包装後に予冷することが難しいなどの短所もある．また，輸送距離が長い場合や，外気温度が高い場合には内容品を低温に保持することは難しく，蓄冷材を併用した新しい方法も開発されている．

呼吸速度の大きい青果物の輸送容器として気密性のよい発泡スチロール容器を用いる場合には，呼吸作用により容器内が酸素不足の状態に陥り，異臭の原因となる無気呼吸を誘発しやすいことに留意しなければならない．

バラ貯蔵用大型コンテナ（バルクコンテナ） ジャガイモなどを大量貯蔵する際には，スチール製の大型コンテナ（バラ貯蔵用大型コンテナ，以下，大型コンテナ）が利用される．この大型コンテナは，容量が約 1.5 t，寸法が 1700×1100×1400 mm 程度である．大型コンテナ（高さが約半分のハーフコンテナを含めて）は，ジャガイモのほか，タマネギ，ニンジン，ナガイモなどの貯蔵にも利用されている．コンテナ貯蔵後の卸売市場出荷の際には，コンテナから取り出して段ボール箱詰めして輸送されるのが一般的であったが，大型コンテナのままで輸送する例が増えている．

最近，業務用キャベツの出荷に関わる容器コスト削減のため，従来のコンテナを改良したコンテナが利用されている．一方，プラスチック製パレットと上蓋，複々両面段ボール製の同枠からなる新開発のバルクコンテナの青果物輸送への適用に関する試験研究も実施されている．

コンテナの回収システムが課題であるが，出荷経費に占める割合の大きな包装資材費の削減と環境負荷の低減方策として期待される．

〔椎名武夫〕

8.16 パレタイザ・デパレタイザ・パレット包装

荷役，ロボット，ストレッチ包装

荷役は，多くの人手を必要とし最も負荷の大きな労働であると同時に，物流コストの多くが荷役作業から発生することから，その機械化や省力化は，物流システムの改善の重要なテーマである．荷扱いをパレットで一貫して行う一貫パレチゼーションは，物流の合理化に非常に有効な手段である．

パレット上に，あらかじめ決められた配置で包装された物品を，自動的に積載する機械がパレタイザである．配置方法は，使用パレットのサイズと積載物品の種類の組合せで内蔵コンピュータに登録され，必要な条件が選択・設定される．条件設定を変更することで多種類の包装物品に対応できるため，汎用性が高い．重量物のハンドリングという苛酷な人力作業を軽減できることから，その利用が拡大している．

パレタイザには，高床式パレタイザ，低床式パレタイザ，円筒座標式ロボットパレタイザ，直角座標式ロボットパレタイザ，多関節式ロボットパレタイザなどの種類がある．青果物の集荷と出荷の拠点施設である集出荷施設において，選果・包装ラインの最後部に配置される．青果物の梱包後，予冷・保管・貯蔵が行われる場合は，選果・包装ラインからいったん外れて，出荷時に，出荷ラインに配置されたパレタイザで，パレタイジングが実施される．荷物を把持する部分をハンドと呼で，把持方法には，挟み込み式，吸着式（真空）式，抱え込み式などの方法がある．

一方，デパレタイザは，パレット積みされた包装物品を，あらかじめ決められた集積場所に積み替えするための機械である．通常，パレット上から取り出された包装物品は，整列された状態で自動搬送ライン上に投入される．

パレット包装は，パレット単位のユニットロード（貨物）に対して，その全体または一部に，プラスチックフィルムを巻きつける包装である．代表的なものに，ストレッチ包装がある．透明なプラスチックフィルムを引き延ばして被包装体を包み，そのフィルムが元に復元する力を利用して，タイトに仕上げる方法である．多くは熱を使用せず，フィルムの自己粘着性を利用したメカニカルな包装である．収縮フィルムより廉価で，熱トンネルも不要，薄いフィルムを引っ張って巻き込むために，安価・簡便な点で広く利用されている．ストレッチ包装は，パレット積みされた貨物を回転台に積載し回転させながら自動で行われる場合と，人手で行われる場合とがある．

パレット包装は，荷崩れの防止，包装物品の表面の汚染防止，包装表面の擦れ損の防止，包装物品の温度変化の抑制，包装物品への水蒸気の収着抑制，包装物品からの水分蒸発の抑制，包装内のガス組成の修正，などの目的で利用される．

パレット包装は，包装貨物を保護することを目的として実施されるが，逆効果の場合もある．例えば，青果物から蒸発した水分が包装内に蓄積し，段ボールシートがこれを吸湿することで，段ボール箱の強度が低下してしまうことがある．また，青果物包装に対して高いガスバリア性を有するフィルムを多層巻き付けした場合，ガス移動が極端に制限され，包装内が嫌気状態となってしまい，青果物の無気呼吸を誘発することになり，品質を損ねる危険性がある．青果物への利用については，以上の点を十分に考慮する必要がある．

〔椎名武夫〕

8.17 品質検査(コメ)

農産物規格規程，穀物品質検査，成分分析，
組成分析，自動品質検査システム

わが国では農産物検査法の規定に基づき農産物規格規程が定められている．農産物規格規程では，主として穀類など(籾，玄米，精米，小麦，大麦，裸麦，大豆，小豆，インゲン，サツマイモ，ソバ，デンプン)の規格や等級が定められている．水稲うるち玄米は，一等，二等，三等および規格外があり，整粒割合や水分，死米(しにまい)，着色粒，異種穀粒，異物の数値がそれぞれ定められている．

わが国の主食であるコメの流通は，生産者(農家，農協)が収穫した籾を乾燥籾摺し，玄米を出荷販売する．販売に際して玄米で品質検査を行う．米卸(こめおろし)が玄米を購入し精米工場で搗精し，実需者に精米を販売するという形態である．

コメの共同乾燥調製施設における品質検査は，従来は荷受時や乾燥工程中，出荷時の水分測定が中心であった．また，自主検査として乾燥した籾の籾摺歩留りや良玄米歩留りの測定，および肉眼による玄米の外観品質判定なども行われていた．1990年代半ばから，可視光や近赤外光を利用したコメの非破壊品質測定技術により，玄米の整粒割合，水分やタンパク質を短時間で簡単に測定することが可能となった．そこで可視光を利用した玄米の組成分析計(可視光分析計，穀粒判別器とも呼ばれる)と近赤外光を利用した成分分析計(近赤外分析計)とを組み合わせたコメの自動品質検査システム(下見検査システム，自主検査システムとも呼ばれる)が北海道で実用化され，1999年からコメの品質検査に使われ始めた．

図1に自動品質検査システムの実用例の1つを示した．荷受時に計量機の後で自動的に採取した籾はインペラ式籾摺機で玄米となり，粒厚選別機を経た後に可視光分析計と近赤外分析計にそれぞれ送られ，整粒割合と水分含量およびタンパク質含量を測定する．試料の搬送はコンピュータに管理されて小型の空気搬送，ベルトコンベア，バケットエレベータ，自然流下などで自動的に行われ，試料採取から5～10分程度で測定結果が表示される．なお，高水分生籾の場合はインペラ式籾すり機後の玄米に肌ずれが発生するため，整粒割合は測定できない．

共乾施設で荷受け時に測定した品質情報を生産者にフィードバックし，これを営農指導に役立てることができる．荷受時のコメのタンパク質は同一地域の同一品種であっても大きなばらつきがある．このタンパク質のばらつきは，水田ごとの土壌の違いと生産者ごとの栽培管理技術の違いによるところが大きい．共乾施設の荷受単位(荷受けトラック)ごとのコメの整粒割合やタンパク質情報と各水田の土壌情報，生産者の栽培管理情報および気象情報をデータベース化し蓄積することにより，これらの情報を高品質米の生産に利用することができる．可視光分析計と近赤外分析計とを利用した品質検査技術は，米卸や精米工場，コメの流通過程でも利用されている．

〔川村周三〕

図1　自動品質検査システムの一例

8.18 フードチェーン

フードシステム，流通システム，食料経済，
加工食品，ICT

われわれの生活に欠くことのできない食は，農・漁業，関連製造業，関連流通業，飲食店や販売店などからなる農業・食料関連産業により消費者に供給される．この供給の仕組みや営みをフードチェーンと呼び，ISO 22000 では「一次生産から消費までの，食品およびその材料の生産，加工，流通，保管および取り扱いに関わる一連の段階および活動」と定義している．農業・食品産業におけるフードチェーンは，端的には，図1(a)に示すような連鎖的つながりを指す．フードチェーンを構成する要素とその関係を「第一次食料生産者」から「最終消費者」までをつなぐ流れ図で示すと図1(b)のようになり，中間に一次加工や二次加工，卸売業や小売業，外食産業が位置し，時代の移り変わりとともに，生産，流通，加工，消費を分業で行うように変化してきた．「フードチェーン」という用語は，これを構成する個々の主体および各主体間の相互作用を分析するにあたり，1980年代から使用されるようになった用語

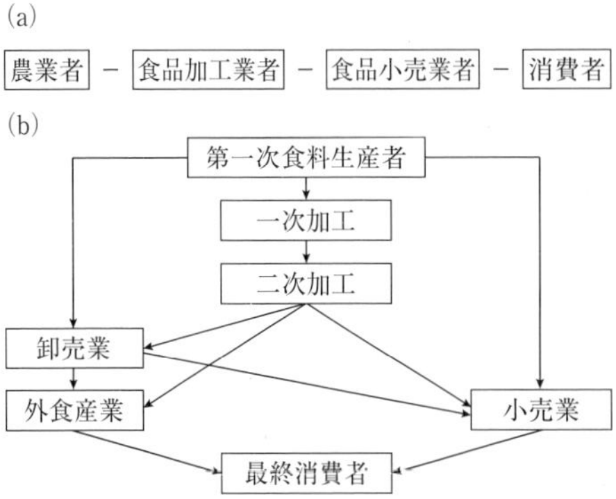

(a)
農業者 − 食品加工業者 − 食品小売業者 − 消費者

(b)
第一次食料生産者
一次加工
二次加工
卸売業
外食産業
小売業
最終消費者

図1 フードチェーン (a) と要素間の関係 (b)[1]

であり，その後，農業資材提供産業や地域経済，さらには食品加工への食材提供者を加えた「フードシステム」という概念が呈示されるようになった．フードシステムでは，消費者の食品選択行動を構造変化の基本要因とみなし，食生活の変化を重視する点に特長がある．食料経済学の分野では，「フードチェーン」が直線的で一方向的な流れとしてとらえられやすく，諸要素間の相互作用を含む広がりを表現しえないという判断から，一般的に「フードシステム」の用語が使用され，これを対象とした農業経済と流通・マーケティングに関する研究が展開されている．一方，ポストハーベスト学や食品衛生・食品安全学の分野では，「フードチェーン」の用語が使用されることが多い．これは，切れ目のない連続した品質・リスク管理を徹底することが目的であり，物流の方向と品質の劣化や微生物的リスクが時間軸に沿うことによる．生鮮食品や加工食品，医薬品などを生産・輸送・消費の過程の間で途切れることなく低温に保つ物流方式をコールドチェーンと呼び，これがわが国の農水産物・食品流通システムの基盤となっている．コールドチェーンの普及は生鮮食品などの広域流通や長期間の保存を可能とし，流通システムの高度化が国内はもとより，近年は，世界を市場とするグローバルフードチェーンの構築に寄与するに至っている．このように，フードチェーン発展はハードインフラ（コールドチェーン，農産物・食品加工施設など）とソフトインフラ（鮮度保持技術，品質管理・計測技術，食品規格基準，環境技術，ICT，人材育成など）に支えられている．食品衛生・安全の観点からは，図2に示すように各段階での分業化が進み，食品が多くの手を経て消費されるようになっている．このため，フードチェーンの透明性や公平性を高める必要が生じ，全体を俯瞰した安全管理が求められるようになっている．食中毒や環境汚染から食品を保護するためには，フードチェーン全体をとらえたアプローチによって切れ目のない

連続した衛生管理を行う必要があり，適正農業規範（GAP）や適正製造規範（GMP）などの考え方の浸透とHACCPやISO 22000，SQF，FSSC 22000の導入が望まれている．図3はこのアプローチによりリスクレベルの低減を示した模式図であり，すべての段階における安全管理の重要性が示されている．このアプローチは，農業・食品部門の関係者すべてが安全かつ健全で栄養のある食品を供給する責任を分かち合う方法であり，フードチェーンの信頼性は相互理解のうえに成り立つといえよう．食品の生産はステークホルダと呼ばれるすべての関係者が「食品衛生の一般原則」を理解し，食品の安全性確保に向けたさらなる貢献が要請されている．同様に，フードチェーンでは食品のトレーサビリティも重視され，食品の安全性に関わる事故や不適合が生じたときなどの正しさの検証に役立っている．食品のトレーサビリティは「生産，加工および流通の特定の1つまたは複数の段階を通じて，食品の移動を把握できること」と定義され，図4に示すように追跡と遡及によって原因を究明，商品の回収を可能にしている．

さらに，近年は，ICTシステム支援によるフードチェーンの高度化が推進され，消費動向・生産・物流情報などのビッグデータをクラウドシステムにより共有することで農産物の安定供給や農業経営の安定，フードチェーンの効率化，食品の品質・安全性確保に資することが期待されている．また，フードチェーンの各段階の付加価値を高めながらつなぎ合わせることで，付加価値の連鎖を作ること，すなわち，産地の「こだわり」を消費者につなげていくフードバリューチェーンの構築や六次産業化にみられる地域コミュニティの創造など，フードチェーンの多様化が進んでいる．

〔田中史彦〕

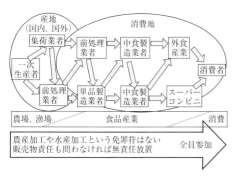

図2　分業化が進むフードチェーン[2]

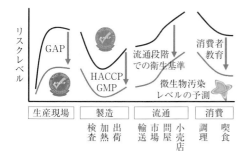

図3　フードチェーンアプローチによるリスク管理

◆　参考文献
1) B・トレイル著，鈴木福松ほか訳，1995．ECのフードシステムと食品産業，農林統計協会．
2) 豊田淨彦ほか，2015．農産食品プロセス工学，文永堂出版．

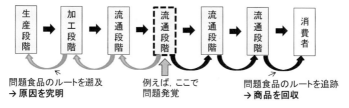

図4　フードチェーンにおける食品のトレーサビリティ

8.19 プラスチック包装材料

ポリエチレン，ポリプロピレン，ポリ塩化ビニリデン，延伸ポリプロピレン，防曇，ラミネートフィルム

青果物の鮮度を保持するために，さまざまなプラスチック包装材料が利用されているが，主としてポリオレフィン系フィルムを素材とするものが用いられている．

● 延伸ポリプロピレン

小売店で最もよく見かける包装材料は延伸ポリプロピレン（OPP）である．透明度が高く光沢があり，消費者が目視で内容物を確認することが容易であることから，小売業者などの流通関係者からの需要が高い．延伸とはプラスチックフィルムを引き延ばす工程であり，OPPの場合には元のポリプロピレンフィルムを縦・横の2軸方向に3～10倍の面積に延伸する．この工程を経ることにより，透明性が改良されるとともに，引張強さは2～5倍増大し，初期弾性率，衝撃強さも著しく増大する．

● 防曇処理

一方，青果物は収穫後においても蒸散を続けているため，放出された水蒸気が密封されたプラスチック包装袋の内側に凝縮して付着し，曇りが発生する．その結果，量販店などのディスプレイから照射された光は付着面で散乱し，目視による内容物の確認が困難となる．そこで，防曇処理を施し，曇りを防止する工夫がなされている．これは，自動車のフロントガラス用曇り止めと同じ原理を利用している．具体的には，水とフィルムとの接触角を小さくし，水が濡れ広がることを促すことにより，水滴の付着に起因する光散乱を防止するものである．ただし，青果物は食品であり，人が摂取するものであることから，防曇剤には防曇性はもとより，安全性も併せて要求される．防曇剤としては，グリセリン脂肪酸エステル，ポリグリセリン脂肪酸エステル，ソルビタン脂肪酸エステルなど，安全性が確認され，食品添加物として認可されている界面活性剤を主成分とする材料が使用される．防曇の方法にはコーティングと練り込みの2種類がある．コーティングは袋の内側を防曇剤で覆うように処理するもので，効果は高いが，その持続性に難がある．一方，練り込みはフィルム製造時に防曇剤を練り込む方法であり，コーティングに比べて効果は低いが，防曇剤が内側表面に向けて徐々に浸み出してくることから，持続性が高いという特長がある．

また，OPPは青果物をそのまま密封包装するには気体透過度が低すぎるため，密封した場合，十分な通気性が確保できず，袋内部は嫌気状態となり，異臭の発生に起因して内容物の品質を損ねる結果となる．このため，OPPで青果物を包装する場合には，直径6mm程度の穴や針孔を1袋当たり数個開けることで通気性を向上させる．さらに防曇OPPは，MAP (modified atmosphere packaging) にも利用されており，その場合には，目標とする袋内酸素および二酸化炭素濃度に応じて直径数十μmの微細孔を1袋当たり数個～数十個開けることで，鮮度保持に適する気体組成を作出する．ほかに，きわめて厚みの小さい箇所を多数作り，気体透過性を高めた無穿孔のMAP用フィルムも市販されている．

密封包装した場合には，防曇剤を使用することにより曇りは防止できるものの，結局水の逃げ場はないため，袋内に残ることとなり，青果物表面に付着すれば微生物増殖の原因となる．そこで，前述の穴開けが有効となるが，それ以外にも対策がある．ポリオレフィン系プラスチックに比べて10～100倍高い水蒸気透過度を有するナイロンを中心としたラミネートフィルムが上市されており，青果物の輸出用包装資材として普及し始めている．ポリオレフィン系のフィルムに比べて融点が高

く，熱シール温度が高いという難点はあるが，インパルスシーラーの加熱時間を長くすることでヒートシールは可能である．

● ポリエチレン

ポリエチレンには，高密度ポリエチレン（HDPE）と低密度ポリエチレン（LDPE）の2種類があり，いずれも水蒸気以外の気体透過度が高く，水蒸気透過度が低いという特徴をもつ．いずれも汎用性が高く，日常的に使用されているプラスチック製の袋は，ほとんどがポリエチレン製である．ただし，鮮度保持を目的として使用されることは少なく，家庭内での一時的な保管用に使用されているのが現状である．

HDPEは，磨りガラス状の外観で透明度がやや低く，硬い手ざわりでしわが残りやすい．$10\,\mu m$ 程度の薄手のフィルムが多く用いられ，量販店などでは購入済み商品用の包装袋としてロール状の形態で消費者に無償提供されている．LDPEはHDPEに比べて透明度が高く，しわが残りにくい特徴があるが，厚みが $15\sim 20\,\mu m$ となるため，HDPEに比べて原材料費が高くなる．家庭用の包装袋として流通しており，青果物に限らず，手軽に利用できる包装材料として汎用的に利用されている．

● ポリスチレン

ポリスチレンは，フィルムあるいは箱の形態で青果物流通，貯蔵に用いられる．フィルムの形態で用いられる例として，レタスのハンカチ包装があげられる．ハンカチ包装は，正方形のフィルムの中央にレタスを置いた状態で4隅を集め，ヒートシールにより封着する包装形態であり，内容物の物理的傷害からの保護や，萎凋抑制効果が期待される．しかし，包装技法の性質上，封着箇所付近には大きな隙間が存在することから，密封状態とはならず，MAPのような気体組成を制御する効果はない．そのため，内容物としては上述のレタスのように，高二酸化炭素に対する耐性が低く，MAP貯蔵に適さない品目が選択される傾向にある．一方，密封状態ではないため，通常は包装済みの青果物には使用できない真空予冷を，ハンカチ包装の場合には包装後であっても適用可能である．すなわち，包装した状態でも，内容物から蒸発した水分が袋外へ容易に排出されるため，急速な冷却が可能である．もともとポリスチレンはナイロンに近い水準の高い水蒸気透過度を示すことから，貯蔵中に青果物から放出された水蒸気を適度に袋外へ逃がすことができることと，機械や印刷の適性が高く，取り扱いが容易な包装材料として需要が高い．

ポリスチレンは箱の形態では，発泡スチロールとして包装に用いられている．プラスチックの1種であることから高い撥水性が特徴であり，段ボールに比べて耐水性が高い．このため，氷冷物を輸送する際に氷が融解したとしても，箱の強度を保持することができる．なお，気体を透過しないため，密封状態では内容物である青果物の呼吸に起因する高二酸化炭素障害には注意を要する．対策として，長時間の密封を避ける，保管が長期にわたる場合には，適度に蓋を開けて換気するなどがあげられる．

● ポリ塩化ビニリデン

ポリ塩化ビニリデンは，延伸性，付着性，気体遮断性に優れ，事業所，家庭においてラッピング用の材料として需要が高い．青果物に限らず，食肉，魚介類など他の生鮮食品や，惣菜などに対しても用いられ，汎用性の高い生活用品となっている．ただし，プラスチックの構造の中に塩素を含むことから，ゴミ焼却時のダイオキシン発生が懸念され，塩素を含まないポリエチレンにラッピング用途の一部を取って代わられた時期があった．しかし現在ではダイオキシンが発生しない水準の温度でのゴミ焼却が義務づけられているため，ポリ塩化ビニリデンが主要なラッピング材料となっている．

〔牧野義雄〕

8.20 包装

物流，グラビア印刷

　青果物に限らず，工業製品などあらゆる品目に対して包装は欠かせない手段であり，目的に合わせた資材の選択がなされる．青果物の流通および貯蔵において，包装技術は多くの役割を果たしている．しかし，工業製品や加工食品の包装とは異なり，刻々と状態が変化する内容物の品質をいかに長持ちさせるかという使命を負っている点に特徴があり，そこに技術的な難しさがある．

　包装にはさまざまな形態があるが，共通して果たしている重要な役割は，内容物に関する情報を表示することである．法に触れない範囲で記載事項は自由であるが，農産物の場合，産地，ブランド，等階級などを表示している場合が多い．トレーサビリティを保証するためのバーコードやQRコードを印刷している場合もある．産地偽装など，農産物を含む食品の信頼性を揺るがす事件が多発している現代において，食の安全・安心に対する消費者の関心は高まる一方であることから，商品の素性などを知らせるという目的を果たすため，この役割の重要性は年々高まっている．段ボール箱のようなセルロース系の資材であれば紙と性質が似ているため印刷が容易である．しかし，多くの包装形態ではプラスチックも利用されていて，通常の印刷機での印刷は困難である．そこでグラビア印刷という凹版印刷技術が多く用いられている．

　また，多くの包装形態は，小売単位の明確化のためにも有効に用いられている．1個当たりの質量にばらつきがあったとしても，ほぼ一定の質量となる個体の組み合わせを自動的に選択する天秤などを利用して，小売単位を決定できる．カット青果物やサラダとなれば，包装は不可欠となる．適切な種類の袋を選択すれば，鮮度保持にも大きな効果を発揮する．さらには，等階級を選別した後，分けて出荷し差別化を図る場合にも有効となる．小売単位ではプラスチック製の袋が利用され，農家での出荷〜小売店の間では，段ボールや発泡スチロールといった，箱型の資材が用いられる．

　個包装〜少数の包装では，内容物の鮮度や品質を保持する目的で包装形態が選択される傾向にある．ただし青果物の場合は収穫後も生命活動を続けている．呼吸に起因する栄養成分の消耗，蒸散に起因する萎凋が継続しており，外観，内部品質の低下が懸念される．このことが工業製品や加工食品とは異なる性質であり，青果物用包装資材に特有の具備すべき性質が要求される．

　袋が透明であることは，青果物に限らず，食品を包装するうえでは，消費者が内容物を確認し，安心感を得るために必要な性能である．しかし，青果物の場合，蒸散作用により絶えず水蒸気を放出しており，袋の内面が徐々に曇り，内容物が見えなくなるとともに，商品ディスプレイの面でも消費者の印象を悪くする．そこで，自動車のフロントガラスに使用される曇り止めと同じ原理の防曇という技術が採用されている．内容物は食品であるため，界面活性剤である防曇用の薬剤は，安全性が確認され，食品添加物として認められているものに限られる．

　加工食品の場合，変質要因の1つとして酸化があり，包装によって防止するには，バリア性の高い包装資材で密封したうえで，酸素除去剤を使用するか，あるいは袋内を窒素などの不活性ガスで置換する手法が採られる．特に，高バリア資材は高価であり，高品質資材として位置づけられている．しかし，青果物包装資材としては使用できず，酸素除去剤の使用も不可である．

　青果物は収穫後も生命活動を営んでおり，酸素を吸収しつつ呼吸を続け，生命活動に必

要なアデノシン5′-三リン酸（ATP）を生成している．その際，酸素が不足すれば，パスツール（Pasteur）効果により発酵が惹起され，エタノール，アセトアルデヒドなどの異臭を生成し，商品価値を喪失する．このため，青果物用の包装資材には，外気から適度に酸素を取り込む通気性が要求される．この通気性は，ガス障害回避のため，呼吸により放出された二酸化炭素を速やかに袋外へ排出する役割も併せて果たす．なお，適度な通気性は，蒸散により放出された水蒸気を袋外へ排出する役割も果たすが，MAP（modified atmosphere packaging）に多用されている微細孔袋の場合には，水分子の大きな表面張力が原因となり，水蒸気透過度はきわめて低い．このため，水蒸気透過性を付与するためには，直径数mmの穿孔が必要である．

　鮮度保持を目的とした包装で最も多い形態は，防曇延伸ポリプロピレン（OPP）袋による包装である．もともと透明度が高いうえに，防曇処理が施されているため，蒸散に起因する内面の曇りが防止され，内容物の確認が容易である．延伸により物理的強度が増しているなど，青果物包装に対する適性が高い．ただし欠点もあり，青果物包装に用いるには気体透過度が低すぎることが難点である．しかしこの懸念についても，直径数mm程度の穿孔を施すことで解決されており，現在は個包装用プラスチックの中では最も汎用性の高い資材となっている．鮮度保持効果としては萎凋抑制があげられる．同じ資材に直径数十μmの微細孔を開ければMAP用となる．袋内の気体は低酸素，高二酸化炭素を含む組成で制御されており，青果物の呼吸を適度に抑制することにより，生命活動を鈍化させ，鮮度保持効果を発揮する．なお，微細孔袋は農家による出荷段階で個包装のため使用されることが多いが，内袋として，段ボールとも併用されている事例がある．

　個包装の形態では，流通・貯蔵中における雑菌付着を防止し，衛生状態を保つ効果を発揮する．もともと青果物の表面には雑菌が付着しているが，一部の個体の腐敗が急速に進む場合があり，青果物同士が直接密着していれば，腐敗の連鎖が止まらず，被害が拡大する恐れがある．包装で個別に分けて管理していれば，腐敗が拡大する懸念が払拭される．

　また，ポリ塩化ビニリデンがラップ用として青果物包装に用いられている場合も多く見受けられる．主として小売段階で利用されており，1/2，1/4カットした野菜や果実の切断面の乾きを抑制するため，ラップフィルムで包装される．

　青果物包装には，鮮度保持剤を封入する方法が採られる場合もある．エチレン除去剤は，多孔質体の細孔表面をエチレン分解剤でコーティングした資材であり，通気性のある数cm大の小袋内に分包された状態で市販されている．これを青果物とともに包装袋内に密封すれば，エチレンを除去することが可能になる．エチレンはクライマクテリック果実の追熟や柑橘類のカラーリングによる品質向上に欠かせない植物ホルモンであるが，別名「老化ホルモン」とも呼ばれていることから，鮮度保持のためには除去したほうが望ましい．その他，エチレン除去能を備えた段ボール箱も使用実績がある．

　他の鮮度保持剤として，抗菌作用を有する物質が利用されている．当該物質はワサビ由来のイソチオシアン酸アリルであり，アリルカラシ油とも呼ばれ，油状の物質であるが，揮発性が高く，気相状態において高い抗菌性を発揮する．小型のシート片内に含浸されたものや，多孔質体へ担持させたうえで数cm大の小袋内に分包されたものが上市されており，エチレン除去剤と同様に，包装袋内に封入された状態で使用される．抗菌を目的とした資材として，アルコール揮散系と呼ばれるものも存在する．イソチオシアン酸アリルと同様に，パルプ系の資材中に含浸させた商品が市販されている．

〔牧野義雄〕

8.21 無菌充填包装

ロングライフ牛乳，クリーンルーム

　無菌充填包装とは，あらかじめ無菌状態にした食品を，無菌化した包装材料を用いて，無菌状態で充填包装する技術であり，アセプティック包装とも呼ばれる．従来，食品の保存性を高めるためには，缶詰，瓶詰，レトルトパウチ詰などが用いられてきた．これらの方法では，内容物を容器（包材）に充填，密封した後，加熱処理する．果汁などの酸性食品の場合は，加熱処理後，高温の状態で充填，密封し，その後，容器全体を冷却する．このため，缶詰，瓶詰，レトルトパウチ詰などでは，食品が高温にさらされる時間が長く，食品の風味損失，加熱臭の発生，褐変反応の進行，さらにはビタミンなどの栄養成分の損失は免れなかった．一方，無菌充填包装においては，高温短時間殺菌（HTST）あるいは超高温加熱殺菌（UHT）により滅菌した食品を，別工程で無菌化した包装材料を用いて，常温の無菌環境下で充填包装するため，加熱による食品の変質を最小限にとどめ，風味，色調，テクスチャーともによい品質を得ることができる．わが国では，1960年代に，最初に導入され，関心をもたれるようになった．長期間保存可能なロングライフ（LL）牛乳をはじめ，乳飲料，コーヒー飲料，コーヒー用ミルク，茶飲料，果汁飲料，スープなどに用いられている．無菌充填包装食品の製造工程は，基本的には，食品の滅菌工程，包装材料の滅菌工程および無菌条件下での充填・包装工程からなる（図1）．

● **食品の滅菌装置とその方法**

　液状食品を滅菌するのに，最も一般的に用いられている方法は，130〜150℃で，1〜数秒間，連続・流動的に加熱するものである．これは，温度が10℃高まるごとに化学反応速度は，2〜3倍になるのに対して，胞子を殺す能力が10倍以上に高まるという原理に基づくものである[1]．できるだけ食品成分を変化させずに無菌状態を作りだすための装置が開発され，実用化されている．これらの装置を大別すると，直接加熱方式滅菌機と間接加熱方式滅菌機とがある．直接加熱方式滅菌機には，インジェクション型（食品中に蒸気を噴射する）とインフュージョン型（蒸気中に食品を噴射する）とがある．また，間接加熱方式滅菌機には，プレート式とチューブラ式とがある．直接加熱方式滅菌機では，間接加熱方式滅菌機と比べて，滅菌時の最高温度は高い．直接加熱方式滅菌機では，急速な加熱および冷却が行われるが，間接加熱方式滅菌機では，最高温度に到達するまでに時間がかかり，この間にも殺菌作用が働くので，それだけ最高温度を低くすることができる．その一方，加熱時間が長い分だけ化学変化に伴う品質の劣化も大きい．両者の特徴を以下に

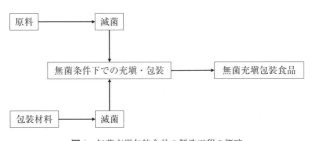

図1　無菌充填包装食品の製造工程の概略

比較する.

【直接加熱方式滅菌機】
- 製品の急速な加熱・冷却が可能であるので, 食品成分の化学変化を最小限にとどめることができる.
- 粘度の高いものの処理が可能であり, 焦げつきも少ない.
- このため, 長期間の連続運転が可能である.
- 残存酸素の量を $1\,mg\cdot L^{-1}$ 程度に減らすことも可能である.
- 装置が複雑であるので, より多くのメンテナンスを必要とし, 装置も高価となる.
- 減圧容器内で, 水分以外の揮発性の風味成分が除去されてしまう.

【間接加熱方式滅菌機】
- 高粘度の焦げつきやすいものには適さない.
- 残存酸素量は, 別に脱気装置を組み込めば $1\,mg\cdot L^{-1}$ 程度にまで下げることは可能であるが, 通常では $8\,mg\cdot L^{-1}$ 程度となる.

この他, 最近注目されている食品の非加熱殺菌技術である超高圧殺菌技術, 電子線の利用, 高電圧パルス殺菌法, 閃光パルス殺菌法などは, 今後期待される殺菌技術である.

● 無菌充填包装材料

無菌充填食品の包装材料として金属缶やガラス瓶が古くから用いられてきたが, 石油化学工業の発達に伴って, 食品包装に適した各種のプラスチック材料が安価に入手できるようになった. プラスチック材料は比重が小さく, 酸・アルカリなどの化学物質との反応性が低いこと, 成形しやすいなどの利点があるが, 耐熱性に限度があり, 金属やガラスに比べて気体遮断性や剛性に乏しい. そのため, 各種のプラスチック, 紙, アルミ箔などを互いの欠点を補うように貼り合わせて（ラミネート）使用する.

● 包装材料の滅菌

無菌充填包装で用いられる包装材料（容器）は, 金属缶, ガラス瓶, 紙器, プラスチック成形容器, プラスチックボトル, パウチと多岐にわたっている. いずれの場合も, 包装材料は外部から持ち込まれるため, 充填・包装前に滅菌しなくてはならない. 包装材料の滅菌法は, ①インライン滅菌が可能な時間内で細菌胞子を効果的に死滅し, ②包装材料を損なうことなく, ③容易に除去でき, しかも④経済的であることが必要である. 現在, 過酸化水素が最もこの条件に合致し, 広く採用されている. 過酸化水素液への浸漬か, スプレー方式により包装材料と接触させ, 次いで, 乾熱空気によって材料表面温度が, 100～105℃程度になるまで加熱することによって, 十分な滅菌効果を得るとともに, 表面からの過酸化水素の除去を可能としている. 紫外線照射による滅菌は, 微粒子の存在や容器の形状によっては, シャドー効果があるため, 過酸化水素ほど完全とはいえない.

● 無菌条件下での充填・包装

クリーンルーム（無菌室）内で, 滅菌済み包装容器に, 滅菌済み食品を充填・封緘して製品とする.

クリーンルームは, 空気中の浮遊粉塵が一定基準以下に制御されている空間をいい, 粉塵だけではなく, 温湿度や気流も制御される. クリーンルーム内は, 過酸化水素水の噴霧により殺菌され, HEPAフィルタでろ過した無菌状態の空気を常に送り込んで室内を陽圧に保つことにより, 粉塵や微生物の外部からの挿入を遮断し, 徹底した無菌状態を維持するよう考慮されている. 食品の残留や機械の洗浄不良箇所があれば, 容器や充填環境をいくら無菌化しても, 微生物の増殖が起こるので, 運転の中止, 開始時に完全な洗浄を行うなど, システム全体としての清浄維持には十分な配慮を払う必要がある. 〔鍋谷浩志〕

◆ 参考文献
1) 林弘道, 和仁皓明, 1996. 基礎食品工学. 建帛社, 83-105.

8.22 予冷

通風式，真空式，冷水式，氷冷

● 予冷とは

予冷（precooling）は，「輸送あるいは冷蔵する前にある所定の温度まで冷却すること」であり，低温流通（コールドチェーン）のためには不可欠な処理である．予冷には，通風式予冷，真空式予冷，冷水式予冷があり，青果物に適した方式が選ばれる．予冷の所定温度は，適正保存温度，予冷所要時間，輸送方式および距離などにより決定することになる．

● 予冷の意義

収穫後の青果物は，呼吸，蒸散作用を続けている生理活性の高い生物体であるため，品質低下が急速に進む．特に夏季収穫の青果物は，品温が高いため消耗も激しく，この状態で流通すると，品温はさらに上昇し，短期間で商品価値は失われ腐敗につながる．一般的には，品温を低下させることが代謝を抑制するのに最も効果的であることから，収穫後の予冷が品質保持における重要な操作として位置づけられる．

青果物の呼吸速度は，温度の影響を大きく受ける．温度が10℃上昇することで呼吸速度が何倍になるかを示す指数に Q_{10} があり，青果物の Q_{10} は，およそ2～4の範囲にある[1]．品質変化の速度は呼吸速度と比例的な関係にあることから，温度を低下させることで，品質変化を抑制し，品質を維持することができる．

● 予冷の方式とその特徴

冷却機構 青果物を冷却するためには，青果物のもつ熱エネルギーを，何らかの方法で青果物から奪う必要がある．真空式以外の予冷における冷却（伝熱）は，伝導伝熱（熱伝導）と対流伝熱（熱伝達）により起こると考えてよい．一方，真空式予冷では，青果物中の水を蒸発させることで，蒸発潜熱が青果物から奪われることにより冷却が行われる．

真空式以外の予冷において，冷却速度に影響を及ぼす要因としては，①冷却媒体と青果物の温度差，②冷却媒体の熱物性，③冷却媒体の速度（流速），④熱伝達率，⑤青果物の熱物性，⑥青果物の形状，⑦青果物の質量，⑧包装形態，がある[2]．

真空式以外の予冷において，その系における特定の青果物の冷却所要時間を示す指標として，品温差半減時間（half cooling time：HCT）がある．HCTは，冷却流体の温度を T_∞，初期品温を T_0，冷却時間 t における品温を T_t とすると，次式を満足する時間 t として決定できる．

$$\frac{T_t - T_\infty}{T_0 - T_\infty} = \frac{1}{2}$$

なお，HCTは，ニュートンの冷却の法則が成立することを前提としたもので，(1) 青果物内の温度分布（温度むら）が無視できる，(2) HCTが冷却過程で変化しない，という条件で有効な指標である．HCTの1倍，2倍，3倍，4倍と冷却が進むことで，初期の品温差に対する残存品温差の比は，1/2, 1/4, 1/8, 1/16となる．

具体例で示すと，冷却空気温度を5℃とし，初期品温を37℃とした場合（品温差32℃），品温が21℃（37−32/2）まで低下するのに1時間を要したとすると，品温が21℃から13℃に低下するのにも1時間が必要となる．同じように，13→9℃，9→7℃，7→6℃…，の冷却にもそれぞれ1時間を要する．冷却目標品温が7℃であれば，37→21℃，21→13℃，13→9℃，9→7℃ということで，HCTの4倍の時間（4時間），予冷を実施する必要があることがわかる．

ところで，上記 (1)(2) の仮定を満たすためには，熱伝導率が大きく，しかも寸法が小さい，すなわち，固体表面からの熱伝達と固

体内部の熱伝導の比を表す無次元数（ビオー数）が小さい，という条件が必要である．一部の青果物を除き，一般の青果物においては，この仮定を満たすことは期待できない．ある寸法以上で熱伝導率が小さい一般の青果物の冷却過程を正確に予測するためには，非定常熱伝導に関するフーリエの法則に基づく冷却過程の解析が必要となる[3]．

通風冷却（air cooling）　冷たい空気を産物に直接にあるいは間接に接触させて，両者間の熱伝達によって冷却する方法で，通風式と自然対流式があるが，予冷には，通常，通風式が利用される．

通風式予冷は，強制通風予冷，差圧通風予冷に大別できる．前者は，冷気を予冷庫内に吹き出し，段ボール箱などの容器の周囲に冷気を通して冷却する方法であり，後者は，空気の圧力（静圧）差を利用し容器内に強制的に冷気を通し，産物と冷気を直接接触させ冷却する方法である．強制通風予冷では，冷却に半日～1日あるいはそれ以上を要する．差圧通風予冷は，強制通風予冷に比べ冷却速度が大きく，冷却に要する時間は強制通風予冷の約1/4の3～6時間程度に短縮される．差圧通風予冷は，青果物の配置方法，通風形式などにより，中央吸い込み式，壁面吸い込み式，トンネル式，チムニー式などに分類される．差圧通風予冷における冷却速度は，空塔風速（通風量を通風面積で除した値）に依存する．空塔風速が大きいほど冷却速度は大きくなるが，ある程度以上になると冷却速度の増大効果が小さくなる．空塔風速を大きくするためにはより大きな動力を必要とするため，冷却速度とエネルギー消費との兼ね合いから，適度な空塔風速を選択する必要がある．

差圧通風予冷は，冷却速度が大きいという長所の反面，積みつけが煩雑になり労力を要するといったことが原因して，一時期急激に施設数が増加したが，その後は減少している．

真空冷却（vacuum cooling）[4]　真空冷却は，産物の周囲の気圧を下げ，産物自体のもつ水分の蒸発を活発にして，水が蒸発する際に必要とする気化熱（蒸発潜熱）を産物から奪うことにより冷却する方法である．

真空冷却は，きわめて迅速な予冷が可能（冷却に要する時間が30分程度），均一な予冷が可能（品温むらが生じにくい），清浄な予冷が可能（冷水冷却で懸念される微生物による汚染などの心配がない）などの長所がある．

一方で，冷却原理上，対象品目が水分蒸発のしやすいものに限定される．水分蒸発が避けられない（初期品温と冷却目標温度の差にほぼ比例），といった短所もある．

このような理由から，真空冷却は，質量に対して相対的に表面積が大きく，産物表面（蒸発面）からの水分蒸発が比較的容易に起こるレタスなどの葉菜類の予冷に主に用いられる．なお最近では，コカブ，ダイコンなどの根菜類でも実施されている例があるが，その冷却効果は限定的である．

真空冷却の理論：水の沸騰温度は，101.3 kPa（1 気圧，760 mmHg，760 Torr）では100℃であるが，気圧が低くなるにつれて低下する．そのため，密閉槽内の空気を真空ポンプで系外へ排気していくと，産物品温で決まる水の沸騰圧力に到達した時点（フラッシュポイント）で，産物からの急速な水分蒸発が起こり，この時点から品温が急速に低下する．圧力が0.61 kPaの場合，水の沸騰温度は0℃であり，槽内圧力を0.61 kPaにすることで，品温を速やかに0℃まで低下させることが可能となる．

ところで，水の蒸発潜熱は$600 \text{ kcal}\cdot\text{kg}^{-1}$弱であり，ここでは$585 \text{ kcal}\cdot\text{kg}^{-1}$とおくと，1 kgの野菜（比熱を0.97として）から10 g（1%）の水が蒸発するとき，野菜の品温は6℃低下することになる．したがって，この野菜の初期品温が30℃のときに5℃まで冷却するためには，42 gの水の蒸発が必要で，真空冷却の実施により4.2%の目減りが発生することになる．通常，水分蒸発による目減りが5%を超えると，外観的な鮮度低下が発生す

るとされており，4.2%はその8割強に相当する．したがって，水分蒸発によって萎れが発生しやすい青果物であって，初期品温が高い場合には，真空冷却の適用には慎重を要する．

なお，真空冷却槽内で冷水を散布する機構を備えた真空加水冷却（hydro-vacuum）は，水分蒸発の起こりにくい青果物の冷却に効果があるが，わが国では利用されていない．

真空冷却のための装置：真空冷却装置は，真空槽，真空ポンプ，コールドトラップ，冷凍機などから構成される．

真空槽は産物を入れる密閉槽であって，円筒形と角形のものがある．冷却処理量が2t以下の小型には円筒形のものが用いられるが，大型の場合は角形のものが多く，真空槽の外壁を骨材で補強する必要がある．わが国における真空槽の大きさは最大50 m^3 程度で，それに収容できる青果物の質量は6t程度である．通常1～2系列で構成される．

真空ポンプは，真空槽内の空気を排除し，真空槽内を減圧状態にする装置である．ポンプの能力は，真空槽の内容積と所要圧力までの到達時間とにより決定される．ポンプの毎分の排気容量は，槽内容量の0.5～1倍が適当である．多くの真空冷却装置には，3～5台の真空ポンプが設置され，負荷に応じて真空ポンプを全部同時に運転したり，1～2台で運転したりする．

コールドトラップは，真空槽内で蒸発した水蒸気を凝縮させ，水として除去する装置である．水は気化すると体積が膨張するが，特に低圧力下ではさらに膨張し，圧力が低下するにつれてその体積は急激に増大する．0.93 kPa（7 mmHg）の下では，水は6℃で沸騰し，その際，1 cm^3 の水は135000 cm^3 まで膨張する．青果物から蒸発した水蒸気を真空ポンプで排除するためには真空ポンプに膨大な能力が必要であり，事実上不可能である．そこで，水蒸気を凝縮して除去する，コールドトラップという冷却管が用いられる．コールドトラップは，熱伝導度のよい金属の裸管で，その内部には冷却されたブラインが流れている．

冷水冷却（water cooling）　冷水を冷却媒体として冷却する方法で，産物を冷水に浸したり，冷水を産物に散布したりして冷却する方法である．冷却速度が大きいという特徴があるが，産物や容器が濡れることが問題とされている．冷水冷却は，産物と冷水の接触形態から浸漬式，散水式，スプレー式，バルク式，および，送風冷水式に分けられる．日本では，農協などの集出荷団体の冷水予冷施設としては，エダマメ用に1か所あるのみである．

氷冷（ice cooling）　青果物を冷却，保冷するために，氷を使用するのが氷冷である．

日本国内では，青果物を発泡ポリスチレン容器（通称，発泡スチロール容器）に入れ，ブロッコリーなどの青果物の上からフレーク状の氷を充塡する方法がとられる．氷のもつ冷熱により，青果物の冷却・保冷効果，水分蒸発抑制などが期待できるため，常温輸送の際の簡易冷却方式として採用される．

アメリカなどでは，耐水段ボール箱に開口部を設け，スラリーアイス（氷と水が共存する流体）を容器内に充塡した後，水抜きして氷だけを残存させる方法がとられている．アメリカからのブロッコリーの輸入においては，低温輸送における呼吸熱の除去，温度変動の緩和，水分蒸発の抑制などの目的で使用されている．

● 予冷の動向

予冷施設の保有状況　2006年における予冷施設（真空，差圧，強制の合計）の保有状況は，野菜で3053（室/基），果実で639

表1　2006年の予冷施設設置数

	真空式 （基数）	差圧通風式 （室数）	強制通風式 （室数）
野菜用	668	625	1760
果実用	60	147	432

(室/基) となっている（表1）[5]．

予冷処理量　予冷出荷量（1998年）は，183万tに達しており，これは1984年の予冷出荷量の2.4倍に相当する．予冷処理の割合が高いのは，主に品質低下の急激な野菜で，レタス，ニラ，セルリー，アスパラガスなどで処理率が60%以上となっている．また，予冷処理量の多い品目は，レタス，キャベツ，ハクサイ，ダイコン，ニンジンなどで，上位3野菜で全体の46%を占めている．

最近の技術動向

空気冷却：農協の合併などを契機として，集出荷施設の大型化，省力化，自動化が進んでいる．予冷に関連しては，立体自動倉庫内で通風式予冷を実施したり，真空冷却で予冷した青果物を立体自動倉庫に保管したりといった，自動集出荷施設の整備が進んでいる．

真空冷却：一般に，真空冷却装置は，稼働期間が短く，年間を通じた効率的な運用が困難である．また，他の予冷施設に比べて比較的小型にできることから，コールドチェーン研究の黎明期から，移動式真空冷却装置の開発が試みられた．アメリカではかなり一般的であるものの，わが国では実用化された事例はほとんど報告されていない．最近，移動式真空冷却装置を産地のリレー出荷に合わせて移動させて使用するニーズが生じており，対応製品が開発されている．据え置き式としての導入事例が報告されているが，今後，車載型の移動式装置の導入による，小規模産地などにおける青果物の品質向上への貢献が期待される．

〔椎名武夫〕

◆　**参考文献**

1) 椎名武夫，2003．光琳選書⑤食品の劣化．光琳，205-257．
2) 内野敏剛，2013．日本冷凍空調学会編，第6版冷凍空調便覧 IV 食品・生物編．367-368．
3) 椎名武夫ほか，2002．球状農産物の空気および冷水冷却特性の解析．2002年度日本冷凍空調学会年次大会．B216．
4) 椎名武夫，2013．日本冷凍空調学会編，第6版冷凍空調便覧 IV 食品・生物編．372-375．
5) 農林水産省，平成18年青果物・花き集出荷機構調査報告（2006年6月5日確報）．http://www.e-stat.go.jp/SG1/estat/List.do?lid=000001062459

8.23 リーファコンテナ

長期輸送，高精度温度制御，船舶輸送

● リーファコンテナとは

リーファコンテナとは，青果物や冷凍・冷蔵食品など，低温での定温輸送において，船舶での海上輸送のためのコンテナであり冷凍コンテナとも呼ばれ，一般貨物用のドライコンテナに次ぎ数の多いコンテナである．

● リーファコンテナの構造

コンテナは，船舶への荷役作業の効率化を主目的に，外寸は ISO で規格化されている．

冷凍機ユニットは，ボデーの前面に取りつけられ，ドアは後面に設けられているのが標準的な構造である．

コンテナは船舶上で数段に積み上げられるため，外板は強度・耐食面からステンレス鋼板が用いられ，内板との間に発泡ウレタンを用い断熱性能を確保している．

荷室内部は冷気を適切に循環させるために，吹き出しダクトと床面に T 型レールを設けている．冷凍機ユニットからダクトを通じて下向きに吹き出された冷気は，床前面で T 型レール間に吹き込まれ，後部のドアに向かって流れ，ドアに達した冷気は上昇し積荷を包み込むように荷室の上部を流れ，ユニットに戻る構造となっている．

● リーファコンテナの特徴

リーファコンテナは，世界中の海上輸送で用いられるため陸上輸送の冷凍車とは異なる

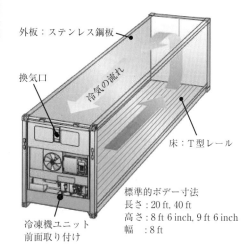

図2 リーファコンテナ構造例

外板：ステンレス鋼板
換気口
冷気の流れ
床：T型レール
冷凍機ユニット前面取り付け
標準的ボデー寸法
長さ：20 ft, 40 ft
高さ：8 ft 6 inch, 9 ft 6 inch
幅：8 ft

表1 リーファコンテナの特徴

	リーファコンテナ	冷凍車
用途	海上輸送	陸上輸送
庫内温度設定範囲	30℃〜−30℃	← （フローズン用の場合）
温度制御	高精度制御（±0.2℃程度）	一般的 ON-OFF 制御（±2℃程度）
輸送時間	平均 25 日/航海	10時間/日程度
ボデー	主流：ステンレス鋼板 重視：強度，耐食性	主流：アルミ 重視：軽量化
冷凍機駆動源	電動式 3 相交流，400 V	主流：車両 E/G 直結式 DC12, 24V
冷凍機付加機能	加温	電気ヒータ方式	温水方式 電気ヒータ方式他
	自己点検	自動点検機能保有	—
	フェイルセーフ	機能保有	—
	換気	機能保有	—
	除湿	機能保有	—

図1 リーファコンテナ外観

表2 青果物輸送時設定例

品物	設定温度 [℃]	設定湿度 [%RH]	換気量 [$m^3 \cdot h^{-1}$]	貯蔵期間
バナナ	13～15	90～95	25～50	1～4週
パイナップル	7～12	85～90	15～25	2～4週
トマト	8～12	85～95	15～25	1～3週
ジャガイモ	4～10	90～95	15～25	5～8か月
リンゴ	−1～4	90～95	25～75	3～6か月
カキ	0	90～95	15～25	1～3か月
ニンニク	0	65～70	10～25	5～6か月

表中数値はあくまで目安であり，積み込み時の予冷や梱包状態などに影響される．

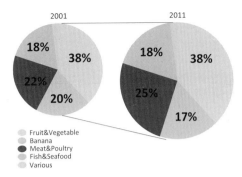

図3 世界の輸送品目（Drewry より）

特徴があり，主だった項目を表1に示す．

リーファコンテナは，構造に加え冷凍機の駆動源や設定温度範囲も標準化され，幅広い積荷に対応できるようになっている．

また，いったん海上輸送に出れば長期間連続運転されることから，積荷の品質維持のために，高精度な温度制御機能，船舶への積み込み前に冷凍機を自動的に点検する機能，運行中に万一機器の異常が発生しても継続運転できるフェイルセーフ機能を保有している．

また，特に積荷が青果物の場合，荷室内の空気質を調整するために換気機能や除湿機能も保有している．

表2は，長期輸送時の青果物ごとの設定温度，湿度および換気量の例であり，船舶輸送会社などで積荷に応じて設定し，運行されている．

青果物は，収穫後も呼吸をし続け二酸化炭素やエチレンガスを放出している．長期間輸送時はこのガスを取り除くための換気が必要で，リーファコンテナには0～250 $m^3 \cdot h^{-1}$ の換気量が調整できるようになっている．

また，65～95%RHほどの範囲で湿度調整もできる．

● リーファコンテナ輸送品目

図3は，グローバルでのリーファコンテナでの輸送品目を表しており，バナナも含む青果物は，全体の50%以上を占めており，輸

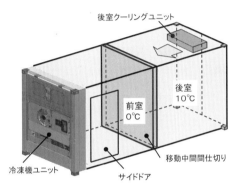

図4 多室式コンテナ事例

送量は世界の人口増加とともに，年々増加している．

● 特殊コンテナ

日本から青果物などを海外へ輸出する場合，荷量の確保や積載の効率化を図る必要がある．そのようなニーズから，特殊コンテナの研究も進められている．

図4は研究の事例で，荷室内を2室に分離し，後室側にもクーリングユニットを設けた方式で，各室を積荷に応じて異なる温度帯とし，混載による積載効率の向上を図るものである．

国内からの農産物の輸出量拡大に向け，船舶輸送は輸送費の低減につながるため，今後のさらなる効率化，輸送品質の向上が期待されている．

〔池本　徹〕

8.24 冷凍車・保冷車

定温輸送，シャーシ，ボデー，冷凍機

● 冷凍車とは

青果物や冷凍・冷蔵食品は，鉄道・船・自動車などさまざまな輸送機関で運ばれるが，国内ではその90%をトラックが担っている．

そのトラックにおいて，低温での定温輸送を可能にするため，シャーシ（車台）に断熱構造をもったボデー（荷室）と，その庫内（荷室内）を一定温度に保つための冷凍装置（冷凍機）を装着したものが冷凍車である．

冷凍車の目的は，積荷を一定の温度に保って輸送することであり，輸送中に積荷を冷却することではない．そのため冷凍車の庫内温度を積荷の最適温度まで予冷しておくことが必要である．

● 冷凍車の使用温度

使用温度帯は，図2に示すようにフローズン帯，チルド帯，クーリング帯の3つに大別される．冷凍機は，使用温度を少なくとも1℃刻みで設定できるようになっており，ポストハーベストにおいては積荷に応じて，0℃，5℃，15℃などに設定し使用することが可能である．

● 冷凍車の構造例

シャーシ 冷凍車のシャーシは，ボデーや冷凍機を搭載し駆動するために，バッテリーやオルタネータの容量を増加するなど一部専用仕様となっている．

ボデーの構造 構造例を図3に示す．

積荷を入れる場所がボデーであり，低温に保つため断熱性と気密性が重要である．

内壁，外壁には，アルミパネルやFRPパネルが多く使用され，内壁と外壁の間には，スチロフォームなどの断熱材が挟み込まれ，ボデーの断熱性を高めている．また，ドア開口部は，しっかりとしたシール構造となっている．

その他，内壁には冷気の通りをよくするためエアリブを設けたものや，ドア開時の冷気逃げを少なくするため，保冷カーテンを取りつけたものもある．

フロアは，一般的に頑丈な亜鉛鋼板が使用されるが顧客要望によりステンレス鋼板，ア

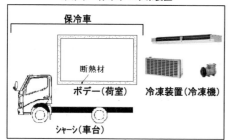

図1 冷凍車，保冷車の概要

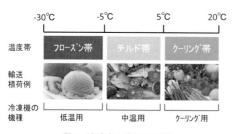

図2 冷凍車の使用温度帯

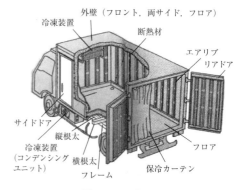

図3 ボデー構造例

ルミT型材が使用されることもある．

冷凍機機種事例　冷凍車用冷凍機は，大きくはメインエンジン直結方式とサブエンジン方式に分けられる（図4）．直結方式は，車両エンジンを動力としてコンプレッサを駆動させ，冷媒ガスを圧縮，液化し，さらに気化させ，その際に生ずる気化熱を利用して荷室内を冷却する．最も多く採用されている方式である．

一方，サブエンジン方式は，車両エンジンとは別に冷凍機専用の汎用エンジンでコンプレッサを駆動させる．冷却原理は直結方式と同じである．主に大型トラックに搭載されている．

その他，図5に示すような，配送効率の向上を目的に，適温が異なる積荷をそれぞれの温度で管理・混載するための多室式冷凍機や，図6に示すような，車両エンジンを駆動しないときでも外部電源（3相交流200V）により交流モータでコンプレッサを駆動させ，庫内予冷を可能とするスタンバイ付き冷凍機もある．

● **温度管理上の注意事項**

冷凍機や断熱ボデーは，使用温度帯に加え，輸送時の積荷の量やドアの開閉頻度など，使い勝手に適した機種選定をすることが重要である．

また，図7に示すように，積荷の温度維持には，荷室内での冷気循環を確保し，温度むらがないように積み込むことも重要である．

〔池本　徹〕

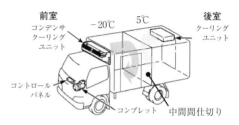

図5　多室式冷凍機

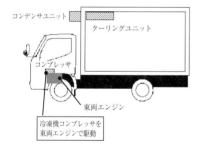

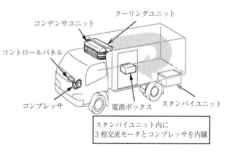

図6　スタンバイ付き冷凍機

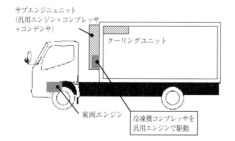

図4　冷凍機の各方式

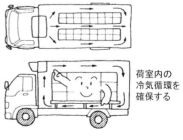

図7　積み込み方

8.25 ロジスティクス

サプライチェーン，3PL，農産物流通

ロス率を考えない経営は破綻リスクが大きい．むしろ，ロス率を管理できないところに経営の存続はないといってもよい．わが国の農業はまさに，この問題に直面していたのだが解決できなかった．いくら大規模化を推奨しても，卸売市場で安値販売されて再生産価格からの値引きロスが発生したり，大手量販店に値切られて売っていては，大規模化のスケールメリットすら吹き飛んでしまう．市場経済下の農業では，値引きロス，廃棄ロスなどが起きないように経営することが肝要である．しかし，一方，わが国でもすでにそれらのロスを徹底的に低減した農業がある．それは，売り先との間で取引量と価格を契約してから，種まきをする農業である．ここでは，生産もポストハーベストも一貫して考えている．この方式で確実に利益を出す農業が着実に増えている．その農業にとって重要なキーを握るロジスティクスについて先の拙稿[1]をもとにしつつ簡単に述べてみたい．

● 需要起点の供給体制

太平洋戦争以前のアメリカで農産物などの物流合理化をはじめ，材料調達から生産，流通，販売に至る各段階の合理化が進められた．モノ不足時代には，スケールメリットを追求して，大量生産，大量流通，大量販売が主流となって，大消費時代を形づくっていった．この頃は，市場調査などにより売れる見込みを立てて大量に生産・販売しようとするプッシュ型による供給が主流で，生産，流通，販売が各々ベストを尽くし，合理化を推進して利益をあげてきた．しかし，徐々に社会にはモノが溢れるようになり，作っても売れない時代を迎えるようになると，生産から販売に至る各段階に，不良在庫の山ができるようになった．この問題を解決するには，売れる量だけを生産・供給する仕組みにしなくてはならない．言い換えると，プッシュ型から，需要が生産を引っ張るようなプル型方式に転換するのである．そのために，販売最前線の情報を，流通，生産側が共有して，必要量を生産し供給するという方式をとり，調達，生産，流通，販売が余分な在庫をもたず，全体最適を図るのである．このサプライチェーンを機能させようとすれば，必要なところに必要なモノを必要な量だけ，必要なときに丁度，供給しなければならない．これを実行する仕組みがロジスティクスである．

● ロジスティクスの定義

全米ロジスティクス管理協会（CLM：Council of Logistics Management）の定義では，「ロジスティクスとは，サプライチェーンプロセスの一部であり，顧客の要求に適合することを目的としてモノ，サービスとそれに関連する情報の産出地点から消費地点に至るまでの流れや保管を効率的かつ費用対効果を最大になるように計画，実施，統制することをいう」とされている．ここで，重要なことは，調達ー生産ー販売を1つの線として，モノの流れを高度に情報化して統合的に管理するサプライチェーンマネージメント（SCM：Supply Chain Management）を形成することである．同様に，日本工業規格での定義では「物資流通の活動目標を最終需要の必要条件や環境保全などの社会的課題への対応に求め，包装，輸送，保管，荷役，流通加工およびそれらに関連する情報の諸機能を高度化し，統合化を進めるとともに，調達，生産，販売，回収などの分野との一体化，一元化を図る経営活動」と定められている．

● サプライチェーンロジスティクス

「兵站（へいたん）」という軍隊用語がlogisticsであり，前線に対する後方支援である．兵員，武器，弾薬，食料などの供給とそのための基地設営，前線での補給体制整備，

兵士の休養準備など総合的戦略を包含する，人，モノ，情報を戦略的に供給するシステムであるが，前線との距離が長く遠ければ，ロジスティクスの戦略的役割も大きくなる．需要地点と供給地点が離れ，分散化すればするほど，互いの状況はすれ違いやすく，不確実性が高まって互いの状況に一致性が薄くなるため，ロジスティクスによる需要と供給の合致が重要となるのである．産業の場でも，輸送に時間がかかり円滑でない時代のモノづくりの場では，原材料の確保から加工・生産して完成品にするまですべてを自前で実施しようとするが，交通の発達とコンテナなどの物流機器が出現し，戸口から戸口までの輸送もシームレスに実施できる環境が整ってくると，原材料や部品は他社から必要に応じて届けてもらえばよい．トヨタ自動車は余分な在庫を持たないモノづくりとして，生産工程の流れに応じてちょうどピタリと部品メーカーが必要量を納める仕組みを創り出し，在庫を極小にした生産を可能とした．この方式は，ジャストインタイム（Just in Time：JIT）として知られ，1984年，トヨタがGMと合弁でカリフォルニア州に展開したのを機に，またたく間に世界中の企業の見習うところとなって，JITを確実に実行する生産・在庫・輸送管理が普及し，製造業，卸売業，小売業がそれぞれチャネルキャプテンとして機能する自らのサプライチェーンを構築した．その実行システムにはリードタイムの短縮と安定が不可欠となり，それゆえ，従来の輸配送システムでは対応できず，遅延ペナルティのある定時性の高い輸配送システムとして新たに構築しなければならなかった．この仕組みがロジスティクスとして認識されるようになった．こうしたロジスティクスの普及によって，食品業界でも国内・地域内調達だけでなく，複数の国を結んで調達・生産・販売することが多くなった．オランダ産の数の子，タイの海産物，中国の農産物を中国や日本で商品に加工するモデル，ノルウェー産のサバを中国で缶詰加工し日本で販売するモデルなどのように，国際分業によるサプライチェーンが過不足なく実行されるのには，ロジスティクスが大きな役割を果たすようになる．そして競争が激しくなると，アウトソーシング型のサードパーティロジスティクス（3PL：Third Party Logistics）がさらに効果をあげることになる．

● ロジスティクスの活用

コンビニエンスストアではJITを支える多頻度少量配送を低コストで実現するなど，ロジスティクスの役割は大きく，リードタイムの短縮化とともに需要の変動に効果的に対応している．また，イオン29％，IY26％前後などといわれるのに対し，世界最大の小売業であるウォルマートの販売管理費比率は17％程度であるが，これを支える重要なツールはITを駆使したリテールリンクである．これを，若手従業員の提案でいとも簡単に導入した例が東海北陸自動車道ひるがの高原サービスエリアの物販にある．路線もまだ決まっていない自動車道路構想のとき，当時の高鷲村の村長は地域活性化のため，村の特産物販売に向けて，ひるがのダイコン，ひるがの牛乳，スキーの3つの白を高鷲の三白産業と位置づけて，いち早く村直営の高速道路サービスエリアの出店に奔走した．開業当初から経営は快調だったが，ここの在庫管理はウォルマートばりに，POSデータをもとに在庫をインターネットで確認し，納入業者が品切れのないように補充するというロジスティクスの応用である．全国に展開する農産物直売所の中には類似の取り組みを行っているところが多い．このようにロジスティクスを活用して成功する事例は増えている．収穫後のみの合理化や最適化ではなく，生産から流通にいたる全体の最適化を推進することである．

〔秋元浩一〕

◆ 参考文献
1) 秋元浩一, 2009. 農産物技術研究会報, (277), 19-24.

第 9 章　食品・栄養

9.1 栄養

5大栄養素，代謝，栄養過剰，食事摂取基準

体外から食物の形で摂取した種々の物質を消化吸収して，化学的に変化させることを代謝という．代謝を通じて活動のためのエネルギーを得る「異化」，体組成の素材を合成する「同化」および不要となった物質を体外へ出す「排泄」を合わせて栄養という．また体内に入って栄養に関係する物質を栄養素と呼ぶ．ヒトが生命を健康的に維持しながら活動を続けたり，子孫を残したりするためには，炭水化物，タンパク質，脂質，ビタミン，無機質の5大栄養素を適切に摂取することが必要不可欠である．

炭水化物にはエネルギーになる糖質とほとんどエネルギーにならない食物繊維がある．糖質はグルコース（ブドウ糖）やフルクトース（果糖），ガラクトース（脳糖）といった単糖類，スクロース（ショ糖），マルトース（麦芽糖），ラクトース（乳糖）といった二糖類，スターチ（デンプン）やグリコーゲン（糖源）といった多糖類に分類される．スターチは，α-グルコースが直線状に重合したアミロースと枝分かれの多いアミロペクチンの混合物である．コメはアミロース含量の低いものに粘りがあり炊飯米として美味とされる．もち米にはアミロースは含まれない．糖類はいずれも分子式 $C_n(H_2O)_m$ で示される．

食物繊維もフラクト・ガラクトオリゴ糖やラフィノースといった少糖類とセルロースやヘミセルロース，アルギン酸，ペクチン，グルコマンナンなどの多糖類に分類される．食物繊維は水溶性，不溶性のいずれもヒトの消化酵素で消化されにくい難消化性物質であるが，前者は血糖値の上昇抑制に，後者は発がん物質の滞留抑制に効果があるとされ，保健機能食品などに利用されている．

アミノ基とカルボキシル基が同一の炭素分子に結合している α-アミノ酸が，多数ペプチド結合して構成される物質をタンパク質という．食品中のタンパク質は，体内の消化作用によっていったんアミノ酸にまで分解され，その後筋肉や皮膚，血液，酵素などのタンパク質に再構築される．ヒトのタンパク質を構成する20種類のアミノ酸は，極性や荷電の有無，電荷の正負により3グループに分類される．グルタミン酸（L体）は化学調味料としてよく知られているアミノ酸である．20種類のアミノ酸のうち，ロイシン，イソロイシン，リシン，メチオニン，フェニルアラニン，スレオニン，トリプトファン，バリン，ヒスチジンの9種類は必須アミノ酸と呼ばれ，体内で合成できないため食品から摂取しなければならない．

脂質はヒトの生体膜などの細胞構成成分や生理活性物質の素材となるほか，貯蔵脂肪として皮下に蓄えられる．水に溶けにくく有機溶媒によく溶ける性質があり，カルボキシル基を1個もつ鎖状のカルボン酸である脂肪酸にアルコールがエステル結合した単純脂質，リンや窒素などを含む複合脂質，単純脂質や複合脂質が加水分解して生じる誘導脂質に分類できる．中性脂肪として知られるトリアシルグリセロールは単純脂質であり，脂肪酸の種類によって常温でラードやヤシ油などの固体のものやイワシ油や大豆油のような液体のものがある．すなわち不飽和結合の少ない飽和脂肪酸の多い脂質は固体であり，不飽和結合の多い不飽和脂肪酸の多い脂質は液体となる．卵黄や大豆から得られるレシチンは，グリセロール，脂肪酸，リン酸からなるホスファチジン酸に窒素化合物が結合したリン脂質である．

ビタミンは体内で合成されないので，食品として摂取する必要があるが，微量で上記栄養素の代謝を助け，水溶性と不溶性のものがある．

無機質（ミネラル）の主なものには，骨や歯の成分となるほか細胞の働きや神経系の調節をつかさどるカルシウム，骨の代謝やエネルギー代謝を促進するリンやマグネシウム，細胞の浸透圧調節や栄養素の輸送に有効なナトリウムやカリウム，酸素の運搬と代謝を促進する鉄，浸透圧調節と消化促進，胃液の生成に資する塩素，造血作用や電子伝達系におけるATP産生に関与する銅，甲状腺ホルモンの成分となるヨウ素，フッ素，コバルトなどがある．

その栄養素を除くと栄養が保てず，他の栄養素では代用できないものを保全素といい，他の栄養素で代用できるものを熱量素という．熱量素は熱量（エネルギー）を供給するのに主として役立つ．例えばタンパク質は保全素であると同時に熱量素でもあるが，タンパク質の栄養価は保全素としてのタンパク質について論ぜられるのが一般的である．

日常健康的な生活を営むのに，摂取することが望ましい栄養素の量を示したのが，栄養所要量である．日本人平均1人1日当たりの栄養所要量は年齢，性別，労作別によってそれぞれ異なる数値をとる．栄養が不足すると発育不良や体重の減少，組織や臓器の機能低下や各種の欠乏症を引き起こす．一方，栄養過剰であっても肝臓や腎臓といった臓器への負担増加，脂肪組織の過剰な蓄積状態（肥満）とそれによる動脈硬化や高血圧，脂肪肝などの各種疾患の発生が懸念される．

食事摂取基準とは，健康増進法（2002年）に基づき，国民の健康の保持・増進を図るうえで摂取することが望ましいエネルギーおよび栄養素の量の基準を厚生労働大臣が定めたもの（5年ごとに改定）である．2015年度から採用された基準では，エネルギー摂取量の指標について，身長と体重から算出する体格指数（BMI）で目標を示し，それを維持できる摂取量を定めるとしている．栄養素の指標については，従前の通り，3つの目的すなわち，①栄養摂取不足の回避を目的とした「推定平均必要量」，②過剰摂取による健康障害の回避を目的とした「耐容上限量」，③生活習慣病の予防を目的とした「目標量」を設定している．表1に厚生労働省が「日本人の食事摂取基準（2015年版）」で生活習慣病を予防するために定めたエネルギー摂取の目安を示した．

なお食品の栄養値は「日本食品標準成分表（五訂）」に可食部100g当たりの数値で示されている．食品成分表は食品を18食品群に分類し，大きく植物性食品（9食品群：穀類，いも類及びでん粉類，砂糖及び甘味料，豆類，種実類，野菜類，果実類，きのこ類，藻類），動物性食品（4食品群：魚介類，肉類，卵類，乳類），加工食品（5食品群：油脂類，菓子類，し好飲料類，調味料及び香辛料類，調理加工食品類）の順に配列している．〔北村　豊〕

表1　エネルギー摂取の目安（厚生労働省『日本人の食事摂取基準（2015年版）』より）

栄養素	目標量の範囲（%）
タンパク質	13～20
脂質	20～30
炭水化物	50～65

9.2 ビタミン

脂溶性，水溶性，欠乏症，過剰症

生物の行う栄養素の代謝に必要不可欠な微量要素であり，しかも動物体内では生成されず，日常の食物からあるいはサプリメントなど補助的な食品として外部から摂取しなければならない有機化合物をビタミンという．現在ではビタミンの作用機構も詳細が知られつつあり，例えばビタミンB群に属するビタミンの多くは体内でタンパク分子と結合して酵素として働くことが知られている．

歴史的には，19世紀後半からの麦飯食による脚気予防法の発見，米糠からの多発性神経炎有効物質（オリザニン）の抽出，同様の有効物質の酵母抽出物に対するビタアミンとの命名などと続き，1920年，これらの微量栄養素に統一名を与えることが提唱され，これらがビタミンと呼ばれるようになった．その後，新しくビタミンの発見分離が行われるとともに，天然ビタミンと同じものが人工的に作り出せるようになった．現在13種類のビタミンが判明している．これらの命名法は統一されておらず，発見の順序によってA, B, Cと名づけられ，あるいは化学構造や生理作用に基づき命名されている．ビタミン類は水溶性の有無から水溶性と脂溶性のものに大きく分類される．

● 水溶性ビタミン

ビタミンB_1　チアミンとも呼ばれ，かつてはオリザニンと命名されていた．このビタミンの発見は，白米で飼育したニワトリが人の脚気に似た多発性神経炎を起こし，米糠給餌により回復したことがきっかけとなっている．生体内でチアミン二リン酸に変換され，炭水化物の代謝に必要となる酵素群の補酵素として働く．またチアミン三リン酸は神経の働きも調節するといわれている．欠乏症として脚気や多発性神経炎がよく知られている．コメの胚芽，種実，豆類，豚肉に多く含まれるが，熱に弱いものが多く，加熱加工・調理によりその1/2から1/3が失われるとされる．またアルカリ性で不安定化するので食べ合わせにも工夫が必要である．過剰摂取に関する問題は指摘されていないが，欠乏時は脚気や肥満，疲労の原因となるため，これらを豊富に含むとされる肉，卵，魚介，豆類などの摂取が望ましい．

ビタミンB_2　3大栄養素の中でも特に脂質の代謝には欠かせないフラビン酵素群の補酵素として働く．またアミノ酸の代謝を助け細胞の増殖を促進することから，発育ビタミンとの呼び名もある．不足すると口唇炎や口角炎，慢性疲労，発育障害などが現れる一方，過剰摂取による発病・発症はなく，余剰は排尿を黄色く変色させる原因物質として体外に排出される．また熱や酸に強い反面，光によって容易に分解する．

ビタミンB_6　アミノ酸の代謝に関与する酵素の補酵素として働く．神経伝達物質であるドーパミンやGABAなどの整合性にも関与している．欠乏すると血色素の減少，貧血，腎結石の増加，免疫不全などが起きる．また長期にわたる過剰摂取が神経や知覚障害を引き起こす可能性が指摘されている．

ナイアシン　多数の脱水素，酸化還元酵素の補酵素として作用する．欠乏症には紅潮，皮膚の発赤（ペラグラ症），胃のむかつきなどが知られている．ナイアシンは体内では必須アミノ酸であるトリプトファンからも合成されるが，その収率はきわめて低いため，ナイアシン当量を食品標準成分表から求め，食品摂取量を算出できる．

パントテン酸　食品中に広く存在することから，通常の食生活で欠乏する懸念のないビタミンである．炭水化物，アミノ酸，脂肪酸の分解系あるいは脂肪酸の合成系に関与する140以上の酵素群の補酵素として働く．さ

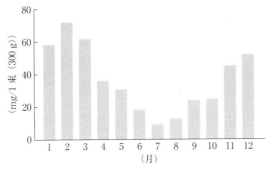

図1 ホウレンソウのビタミンC含有量
（女子栄養大学出版部『野菜のビタミンとミネラル』より）

まざまな代謝やホルモン合成などを正常に維持するのに役立つ．

ビタミンC 別名アスコルビン酸．毛細血管の脆弱化により出血が容易となる壊血病に関連するヒスタミンの生成抑制と分解排出を促進する．強力な還元力による生理機能を有し，抗酸化作用がその代表である．肌の健康を保つコラーゲンの合成促進とメラニン合成抑制，活性酸素の消去，免疫力の強化，ストレス緩和に効果的な副腎皮質ホルモンの合成促成などにも関与している．イモ類や野菜，果実に含まれているが，熱や光に弱いため，短期間での消費や加工調理における工夫が必要である．また図1に示す通り，農産物のなかには収穫時期によってビタミンCの含有量が大きく変化するものもあるので，給食等の献立作成時には注意するべきである．

● **脂溶性ビタミン**

ビタミンA 肝臓や他の組織に吸収・蓄積される．皮膚や粘膜を健全に保つ働きのほか，暗所での視力を調整する．欠乏すると夜盲症，発育障害，皮膚の角質化などが現れる．レバー，ウナギといった動物性食品にはレチニルエステルとして，緑黄色野菜にはカロテノイドとして含有されている．

ビタミンD 別名カルシフェロール．動植物由来の前駆体から，日射（紫外線）を受けることで体内合成される．骨や歯の発育を助けるが，欠乏すると小児のくる病（骨格異常）・成長障害や成人の骨軟化症・骨粗鬆症を引き起こす．一方，過剰摂取では高カルシウム血症や腎障害がある．食品中には魚介類に多く含まれる．

ビタミンE 生体内では脂質の過酸化を抑制して，生体膜の安定化，デヒドロゲナーゼの保護，ニトロソアミンの生成抑制などの作用がある．トコフェロールとトコトリエノールに大別され，生体内には主にα-トコフェノールが分布している．欠乏すると貧血や筋肉壊死，不妊症，筋萎縮症などを引き起こす．骨細胞を巨大化して骨粗鬆症を引き起こす可能性もあり過剰摂取には注意が必要である．

ビタミンK K_1（フィロキノン）は葉緑体で合成されるので緑黄色野菜，植物油，豆類，海藻に多く含まれる．K_2（メナキノン類）は特に納豆に多く含まれることからも，ある種の腸内細菌により合成されることも知られている．生体内では血液凝固に関する一連の酵素前駆体を活性化し，止血に効果がある．しかしワルファリンなどの抗血液凝固薬の服用者はその薬効が失われるため，納豆やカリフラワー，ホウレンソウなどビタミンK_2を多量に含む食品の摂取は禁忌となっている．欠乏症としては出血傾向の増加や血液凝固の遅延，過剰症としては溶血性の貧血などが知られている．

〔北村　豊〕

9.3 DHA, EPA

ω-3系高度不飽和脂肪酸，炭素間二重結合，自動酸化

DHA（ドコサヘキサエン酸），EPA（エイコサペンタエン酸）は，多くの健康機能を有することから注目され，健康食品やサプリメント，医薬品の原料として広く利用されている（表1）．DHAおよびEPAは主に海産物に含まれ，その望ましい摂取量は1日1gとされているが，化学合成による量産は難しく，安定な供給源の確保，効率的な分離・精製，保存・加工工程での酸化防止が重要な点と考えられる．本項では利用の視点から基礎物性と酸化特性について説明する．

● 基礎物性

DHAの分子は6つの炭素間二重結合を含む22個の炭素鎖のカルボン酸であり，その構成はC22:6と表記される．炭素間二重結合をもつ脂肪酸を不飽和脂肪酸（unsaturated fatty acid）と呼び，魚介類では二重結合が4つ以上の場合，高度不飽和脂肪酸（HUFA）と呼ぶ．また，二重結合を2つ以上含むものを多価不飽和脂肪酸（PUFA）と称する．

脂肪酸分子のメチル基末端から3番目の炭素鎖が二重結合である不飽和脂肪酸をω-3系不飽和脂肪酸と呼ぶ．EPAの構成はC20:5と表記され，DHAと同様にω-3系高度不飽和脂肪酸に分類される．

表1　DHAおよびEPAの健康機能[1]

DHAの健康機能
発がん予防作用，抗アレルギー・抗炎症作用，抗動脈硬化作用，血圧降下作用，記憶学習能力の向上など
EPAの健康機能
抗がん作用，抗高血圧作用，抗動脈硬化作用，抗高脂血症作用，抗血栓作用，抗炎症作用など

通常のcis型二重結合（C=C）部の場合，分子は二重結合の部位で屈曲し，DHAの場合は6か所で屈曲する．DHA分子は環境に応じて環状（図1）ほかの多様な形態を呈する．屈曲分子は直鎖分子に比べ，分子同士が接近しにくく結晶化しにくい．そのため，二重結合が多い，すなわち，不飽和度が高い脂肪酸ほど融点が低くなる．例えば，直鎖の飽和脂肪酸のアラキジン酸（C20:0）の融点75.6℃に対して，EPA，DHAの融点はそれぞれ-53℃，-44℃であり，-20℃の低温でも流動性を有する．そのため，カツオなどでは-50℃での冷凍が推奨されている．

脂肪酸は遊離状態では不安定なため，通常，脂肪酸3分子とグリセリンのエステル化合物（中性脂質，トリグリセリド，TG）の形で存在することが多い．DHAの主な供給源であるマグロやカツオの眼窩脂肪にDHAは30～40％の高濃度で含まれるが，TG中の脂肪酸3分子すべてがDHAとなることはない．一方，EPAは青背魚の可食部に多く含まれ，魚油から精製されるが，微細藻類による生産技術も水産飼料用に開発されている．

● 酸化特性

DHAおよびEPAは多数の二重結合を有するため非常に酸化されやすいという問題がある．酸化は健康機能性の喪失に加え，酸敗

図1　DHAの分子モデル

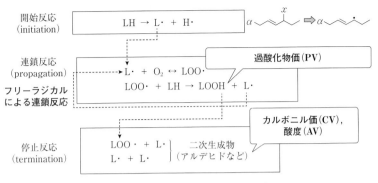

図2 脂質の自動酸化メカニズムの概略
L：不飽和脂肪酸，L・：不飽和脂肪酸ラジカル，LOO・：脂質ヒドロペルオキシドラジカル，
H・：水素ラジカル．

臭の発生やアルデヒドなどの毒性のある酸化生成物を生じる．それゆえ，DHA, EPA を含む油脂の貯蔵や加工，流通では，酸化の検出と防止が重要となる．

油脂を空気に曝露した状態で長期間保持すると，油脂中の不飽和脂肪酸が酸化し，過酸化物，酸化生成物の生成へと進行する．これを自動酸化と呼ぶ．油脂の酸化過程は図3に示す開始反応（脂質ラジカルの生成），連鎖反応（過酸化物の生成），停止反応（二次酸化物の生成）が進行する．開始反応では，活性酸素の作用により，脂質（LH）は水素原子を失い，脂質ラジカル（L・）となる．続く連鎖反応では，脂質ラジカル（L・）が酸素（O_2）と反応し，脂質ヒドロペルオキシドラジカル（LOO・）となる．さらに，脂質ヒドロペルオキシドラジカルは脂質と反応し，過酸化脂質（LOOH）と脂質ラジカル（L・）を生成する．生成された脂質ラジカルが酸素分子と再び反応することで，過酸化脂質の生成が連鎖的に生じ，過酸化脂質が急激に蓄積される．停止反応では生成された過酸化脂質が他のラジカルとの反応により，アルデヒドなどの二次酸化生成物を生じ，過酸化脂質は減少する．このような酸化の標準的な検出法として，一次酸化生成物の過酸化物価（PV），二次生成物のアルデヒドの定量（カルボニル価，またはアニシジン価），カルボン酸の定量（酸価，AV）が測定されており，これら複数の指標測定が必要とされている[2]．より迅速簡便な非破壊測定法として，フーリエ変換赤外分光法（FTIR），蛍光分光法などの応用による方法が開発されている．また，不飽和度の非破壊測定には，炭素二重結合，単結合を定量可能なラマン分光法が期待されている．

脂質の酸価防止には，α-トコフェロール（ビタミンE），ビタミンCなどの抗酸化剤，酸化しにくいコメ油やゴマ油の添加が有効とされる．トコフェロールでは脂質酸化反応において，自身がラジカル化することにより，脂質ラジカルを減らし，ビタミンCはトコフェロールを再生する働きがある．

〔豊田淨彦〕

◆ **参考文献**

1) 高橋是太郎編，2004．水産機能性脂質．恒星社厚生閣．
2) 日本油化学会規格試験法委員会編，2013．基準油脂分析試験法．日本油化学会．

9.4 コメ

ジャポニカ，インディカ，ネリカ，うるち米，もち米，新形質米，食味

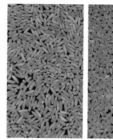

図1 インディカ（左）ジャポニカ（中）ネリカ（右）の玄米

● イネの分類

世界で栽培するイネには，アジアイネ（*Oryza sativa*）とアフリカイネ（*Oryza glaberrima*）がある[1]。

アジアイネには大きく分けてジャポニカ（日本型，*Oryza sativa* subsp. *Japonica*）とインディカ（インド型，*Oryza sativa* subsp. *indica*）がある。ジャポニカをさらに温帯ジャポニカと熱帯ジャポニカ（ジャワ型，*Oryza sativa* subsp. *javanica*）の2つに分けることもある[2]。ジャポニカとインディカはともにアジアイネであるが，これらの起源は異なっており，ジャポニカは中国の長江流域を起源とし，インディカは東南アジアから南アジアを起源とする，との説が有力となっている[3]。アジアイネは，紀元前からアジアを中心に栽培され，近世になってヨーロッパ，南北アメリカ，オーストラリアおよびアフリカに伝播し，現在では全世界で広く栽培されている。世界のイネ（アジアイネ）の栽培面積は1億6100万 ha であり，生産量は4億7109万 t（精米）である[4]。

アフリカイネの起源は西アフリカのニジェール川流域であり，現在の栽培も起源地域近辺に限られており，生産量も少ない。

1994年にアジアイネとアフリカイネとを交配したネリカ（New rice for Africa：NERICA）が育成され，アフリカのサハラ砂漠以南地域（サブサハラ）で普及が進んでいる。ネリカは病害虫や乾燥に強いアフリカイネと高収量のアジアイネの特徴を引き継ぎ，栽培期間が短くコメのタンパク質含量が高いなどの特徴をもっている[5]。

わが国では，亜熱帯（沖縄），温帯（九州，四国，本州），亜寒帯（北海道）でイネを栽培しており，ほぼすべてがジャポニカ（温帯ジャポニカ）である（図1）。2015年の水稲作付面積は162万3000 ha であり，収穫量は777万 t（玄米）である[6]。

● コメの成分

コメの主成分は糖質（炭水化物，デンプン）である。糖質には，グルコース（ブドウ糖）が直鎖状に連なったアミロースと，樹状に枝分かれした状態で連なったアミロペクチンの2種類がある[7]。もち（糯）米の糖質はアミロペクチンがほぼ100%である。うるち（粳）米の糖質は国産米ではアミロースが15〜23%程度であり，残りがアミロペクチンである。国産うるち米（精米）の平均的な成分は糖質が77.6%，水分が14.9%，タンパク質が6.1%，脂質が0.9%であり，エネルギーは 358 kcal・100 g^{-1}（1498 kJ・100 g^{-1}）である[8]。

● 品種

現在，わが国で育成登録されているうるち米は250品種程度であり，もち米は50品種程度である。他に酒造好適米が100品種程度である。従来の一般の品種とは異なる，新たな特質（形質）をもつコメとして新形質米と呼ばれる品種群が多数育成されている。新形質米には，低アミロース米，高アミロース米，低グルテリン米，巨大胚米，有色素米，香り米などがある。

低アミロース米（ゆめぴりか，ミルキー

イーン，夢ごこちなど）は一般うるち米よりアミロース含量が低い品種であり，米飯が適度に軟らかく粘りが強くなる特性をもち，白飯としての需要が高まっている．また，米飯が冷めても硬くなりにくい（老化しにくい）ため，おにぎりや弁当，冷凍米飯にも適している．

高アミロース米（ホシニシキ，夢十色など）は一般うるち米よりアミロース含量が高い品種であり，米飯はパサパサした食感で冷めると硬くなるため白飯には不向きであるが，ピラフやリゾット，おかゆやドライカレーには適しており，米粉麺の原料にもよい．

低グルテリン米（LGCソフト，春陽など）は易消化性のタンパク質であるグルテリンの含量が少ない品種で，腎臓病患者の食事に適している．

巨大胚米（恋あずさ，はいいぶきなど）は胚芽が大きく，血圧上昇抑制作用をもつγ-アミノ酪酸（GABA, ギャバ）の含量が多く，発芽玄米米飯に適している．

有色素米（おくのむらさき，紅衣など）は抗酸化成分であるポリフェノールや鉄，カルシウム，ビタミンなどの含量が多い．糠層にタンニンやアントシアニンなどの色素が含まれ，玄米の外観から赤米，紫米，黒米と呼ばれる．

香り米（さわかおり，ヒエリなど）は香り成分であるアセチルピロリンなどを含み，独特の香りをもつ．

● 食　味

わが国では飯用米（白飯）として，光沢があり粒立ちがよい外観で，ほのかな香りがあり，適度に軟らかくて粘りのある米飯が好まれる．品種としては一般消費者にコシヒカリの人気が高く，1979年に全国の水稲作付面積で1位となり2015年で約35%の面積で栽培されており，1位を維持している．

毎年，コメの食味ランキングを公表する日本穀物検定協会では，複数産地のコシヒカリのブレンド米をコメの食味試験の基準米に使っている．2015年産米の139産地品種の食味試験の結果，基準米より食味が特に良好なもの（特A）が46点，良好なもの（A）が60点であった[9]．現在では，コシヒカリを上回る品質食味のコメ（品種）が数多く育成されている．

米飯（白飯）のおいしさの約6割は食感（硬さや粘りなどのテクスチャー）で決まるといわれる．コメのタンパク質含量とアミロース含量のバランスが米飯の食感に大きく影響する．わが国で飯用米（白飯）として一般に好まれる（食味評価の高い）コメは，タンパク質含量が6〜9%（精米，乾物）程度，アミロース含量が13〜20%（精米）程度の範囲であると考えられる． 〔川村周三〕

◆ 参考文献
1) 森島啓子，2001．野生イネへの旅．裳華房．
2) 佐藤洋一郎，1996．DNAが語る稲作文明．日本放送出版協会．
3) 佐藤洋一郎，2008．イネの歴史．京都大学学術出版会．
4) United States Department of Agriculture (USDA), World Rice Production, Consumption, and Stocks.
http://apps.fas.usda.gov/psdonline/. Accessed Apr. 9, 2016.
5) 国連開発計画（UNDP），アフリカの飢餓を救うネリカ米．
http://www.undp.or.jp/publications/pdf/Nerica.pdf. Accessed Apr. 9, 2016.
6) 農林水産省，作物統計．
http://www.maff.go.jp/j/tokei/kouhyou/sakumotu/index.html. Accessed Apr. 9, 2016.
7) 貝沼やす子，2012．お米とご飯の科学．建帛社．
8) 文部科学省，2015．日本食品標準成分表2015年版（七訂）．
http://www.mext.go.jp/a_menu/syokuhinseibun/1365297.htm. Accessed Apr. 8, 2016.
9) 日本穀物検定協会，米の食味ランキング．
http://www.kokken.or.jp/ranking_area.html. Accessed Apr. 8, 2016.

9.5 小麦

硬質小麦，軟質小麦，セモリナ，強力粉，
薄力粉，パン，麺，菓子

小麦は世界中で作付けされており，トウモロコシ，コメに次いで生産量の多い主要穀物である．粒のまま，または挽き割りして湯通しした食品（ブルグル）もあるが，ほとんどは製粉され，調理用に用いるほか，麺，パン，菓子などにさまざまな加工を行って消費されている．

小麦の日本国内生産量は国内需要量の10%に満たず，90%以上が輸入されている．国内生産の約65%が北海道で生産されている．輸出元はアメリカ，カナダ，オーストラリアなどで，輸入総量の約半数がアメリカで，カナダ，オーストラリアが各々20%程度である（農林水産省2013年）．

● 小麦粒の構造

小麦粒は硬い外皮に覆われた胚乳と，胚芽からなる．質量割合は胚乳が約84%，外皮が13.5%，胚芽が2.5%ほどである．製粉して小麦粉とするのは胚乳であり，外皮や胚芽部分（ふすま）も食用とするが，一般的に小麦粉に使用することはない．ふすま部分を取り除かずそのまま粉にしたものが全粒粉である．

小麦の胚乳中ではタンパク質がデンプン粒の間隙を満たすように存在している．タンパク質が増加すると間隙が相対的に少なくなり，粒質が半透明の硝子質となる．逆にタンパク質が少なく，間隙が多いと白く見えて粉状質となる．小麦粒断面の硝子質の面積比率で粒質を判断し，硝子質粒の粒数歩合で硝子率を表す．硝子質粒は穀粒切断器によって切断した小麦粒の切断面を観察し，硝子質の面積が70%以上の粒をいう．粉状質粒は30%未満，この中間を半硝子質粒という．

● 硬質小麦と軟質小麦

小麦は粒質によって硬質小麦，軟質小麦に分けられる．一般に粒が硬く，製パンに適する粉の得られるものを硬質小麦，そうでないものを軟質小麦，両者の中間を中間質小麦と呼ぶ．

硬質小麦はアメリカからDNS（ダーク・ノーザン・スプリング），HRW（ハード・レッド・ウィンター），カナダからはCW（ウェスタンレッドスプリング）とDRM（デュラム），オーストラリアからはPH（プライムハード）が輸入され，CWは強力粉としてパン用に，DNSとHRWは強力粉としてパンおよび中華麺用に，DRMはパスタ用にセモリナ粉として利用される．PHは準強力粉として中華麺に用いられる．オーストラリアから輸入されるASW（オーストラリア・スタンダード・ホワイト）は中間質小麦で，中力粉として日本麺用に用いられる．WW（ウェスタンホワイト）はアメリカから輸入される軟質小麦で，薄力粉として菓子用に用いられる．国内産小麦のほとんどは中間質小麦で，ASWと同様に用いられる．近年は国産のパン用の春まき硬質小麦や超強力秋まき小麦，中華麺用の秋まき小麦品種が開発され，徐々にではあるが，利用が伸びつつある．また，菓子用品種の開発も開始されている．

● 加工までの工程

輸入小麦は輸入に用いた船舶が接岸した時点で輸入植物検疫が行われ，検疫有害植物の付着の有無が確認される．付着のないものが輸入され，穀物サイロでバラ貯蔵後，製粉工場に供給される．付着のあったものは燻蒸消毒などを経て初めて輸入される．合格とならないものは廃棄または積み戻しされる．国産小麦は乾燥調製を経て，カントリーエレベータのサイロやフレキシブルコンテナで貯蔵，保管された後，供給される．

供給された小麦はさまざまな夾雑物などを含んでいるため，製粉工程前に分離精選が行われる．ふるいによる粒径選別によって大小

の夾雑物を分離し，アスピレータによる風選で軽い夾雑物が除去される．シリンダまたはディスクセパレータ，スパイラルセパレータによる形状選別の後，磁気選別機で鉄片が除去される．比重選別では小麦と比重の異なる石片などが除去される．小麦表面に付着する塵埃はスカブラやブラシマシンによって研磨し，分離される．分離された塵埃はアスピレータで回収される．色彩選別では変色粒や異種穀粒，比重選別で除去できなかった石やガラス片などの異物が除去される．

● 製粉工程

小麦は粉砕前に胚乳とふすまの分離を良好に行うためにテンパリングやコンディショニングによる調質が行われる．テンパリングでは粉砕に適した水分に達しない小麦を，加温せずに加水とねかし時間のコントロールによって水分調製を行う．コンディショニングは粉砕最適水分を超える粒を加熱乾燥または加水後，コンディショナで加熱することによって製粉性の向上と同時に製パン性，製菓性の改良を行うことをいう．

小麦の粉砕は一般的にはロール式製粉機を用いて行う．基本操作は破砕（挽砕），分別，純化，粉砕，ふるい分けである．破砕工程ではまず，小麦粒を細かく砕かず，粒が持つ層状構造を利用して内部から胚乳を取り出すように割り開く．この操作によってさまざまな粒度の破砕片が得られる．破砕片をセモリナという．

分別工程では各々の大きさのセモリナをシフタでふるい分けし，外皮と分離するが，完全には外皮を除去できないので，純化工程でピュリファイヤによって外皮を空気層に浮遊させて除去する．

粉砕工程では各々のセモリナを複数段階の粉砕ロールによって粉砕する．

粉砕ロールによって粉化する際，胚乳部は細かくなるが，外皮は圧片されて大きくなるので，ふるいで分離される．ふるい目の大きさは直接小麦粉の粒度を決定する．

破砕工程で得られた小麦粉はブレーキ粉，粉砕工程で得られた小麦粉はリダクション粉として区別され，それぞれの小麦粉の純度，タンパク質の量や質に応じて組み合わせることで，目的とする小麦粉に調製され，銘柄をつけて販売される．

● 成分比率

小麦の成分比率は品種によって大きく異なるが，主成分は炭水化物で全質量の67～75%に相当する．次いでタンパク質が6～14%程度含まれ，硬質であるほど多い．小麦の全タンパク質の約85%をグルテン（麩）が占め，グルテンの量と質が小麦粉の加工特性を特徴づけている．脂質は1～2%とわずかである．このほか，微量であるがB_1, B_2, E，パントテン酸，ナイアシンなどのビタミン，リン，カルシウム，鉄，カリウム，ナトリウム，マグネシウムなどのミネラル類を含む．

部位別にみると，小麦粒の質量の8割強を占める胚乳はデンプンなどの炭水化物が70%を超える．タンパク質が次に多く，胚乳中でも中心部が少なく，周辺ほど多い．脂質はほとんどない．これに対し，約3%を占める胚芽のデンプン含量は50%程度で，タンパク質が25%程度含まれる．脂質は10%前後含まれ，リノール酸，リノレン酸などの必須脂肪酸やビタミンEが豊富であり，小麦胚芽油として利用される．粒の4%程度を占める外皮には食物繊維を多く含む． 〔竹中秀行〕

◆ 参考文献

1) 日本麦類研究会，2007．小麦粉-その原料と加工品（改訂第4版）．

9.6 豆類

ダイズ，アズキ，インゲン，ソラマメ，ラッカセイ

豆はマメ科植物の子実の総称である．用途が多様であり，ビタミン B_1, B_2, B_6 などのビタミンやカリウム，カルシウム，マグネシウム，鉄，亜鉛などのミネラルを豊富に含むほか，種類によって脂質，タンパク質，炭水化物の含有比率に特徴をもつ．

ダイズはダイズ属に属する1年生草本である．気象や土壌への適応性が高く，日本国内それぞれの地域に適する品種が奨励品種として指定され，広範に作付けされている．栽培は機械化が進んでおり，コンバイン収穫では，青立ち株や雑草などの混入により脱穀部や搬送部でこれらの液汁などが種皮に付着し，汚粒を生じ問題となる．汚粒の程度は汚粒クリーナによって低減可能であるが皆無にはできないので，茎水分低下など収穫時の作物条件の把握が必要となる．

乾燥豆重量の約20%程度が脂質で，世界的には搾油原料として広く利用されている．国産ダイズは外国産よりも脂質が少なく，タンパク質が30%以上と他の豆類に比べて非常に多い．温暖な条件では脂質およびオレイン酸含量が高くなり，リノレン酸含量は低くなる．大粒種は煮豆や菓子，中粒種は味噌や納豆，小粒種は納豆に用いられる．ダイズはダイズペプチド，ダイズオリゴ糖，サポニン，リノール酸，リノレン酸，フィチン酸，レシチン，ビタミンK，イソフラボンなどの生理活性物質を含む．

イソフラボンはダイズの胚芽に多く，味噌や納豆などの発酵食品では糖が分離し，アグリコンという人体に吸収されやすい形になっている．

アズキはササゲ属に属する1年生草本である．日本の主産地は北海道で，国内生産量の8割強を占める．アズキの中でも，特に大粒で煮ても皮が破れにくい特定の品種群を「大納言」と呼び，流通・加工上，普通のアズキと区別して扱う．アズキの種皮色は通常は赤で，ほかに白小豆（シロアズキ）と呼ばれる品種がごくわずか生産される．

栽培はダイズと同様に機械化が進んでおり，コンバイン収穫が可能である．

アズキのほとんどは餡や菓子の原料になり，和菓子，冷菓，菓子パン，汁粉，ゆでアズキなどに用いられる．白小豆は白餡となり，生菓子，羊羹，最中などに用いる．

アズキは乾燥豆重量の50%以上が炭水化物で，タンパク質を約20%含むが，脂質をほとんど含まない．タンニンとその構成物質であるカテキン類などのポリフェノール類を含み，ポリフェノール含量は抗酸化活性と高い相関がある．アズキポリフェノールを主体としたアズキエタノール抽出液およびアズキ煮汁加工飲料には食後血糖値上昇抑制をはじめとする生理調整機能のあることが，人体における確認試験で明らかにされている．

アズキはポリフェノール含量の近赤外線分析装置などによる仕分け出荷が可能となっており，高ポリフェノールアズキとしての差別化も可能となっている．

インゲンはインゲンマメ属の1年生草本で，サヤインゲンとして野菜用に全国で栽培される一方，良質な乾燥豆としてのインゲンの栽培には冷涼な気候が適し，北海道が90%を生産している．種としては手亡，金時豆，大福豆，虎豆などのインゲンマメと白花豆，紫花豆などのベニバナインゲンがある．

北海道では野菜用と区別して菜豆（さいとう）と呼び，手竹に蔓を巻きつかせて栽培する大福，虎豆，白花豆，紫花豆を高級菜豆とも呼称する．用途の多くは煮豆や甘納豆で，手亡は餡用に利用されることが多い．

菜豆はコンバインやピックアップハーベスタによる機械収穫が可能であるが，種皮が裂

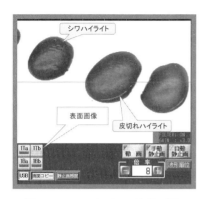
図1 CCDセンサによる不良粒の検知

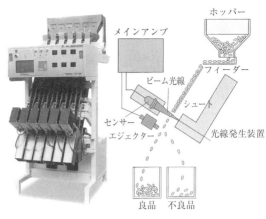
図2 市販のアフラトキシン選別機（Q-Sorter）（株式会社安西製作所）

けやすく，脱穀，乾燥条件に留意が必要である．乾燥豆は調製の最終工程で手選別するが，目視確認が困難な皮切れ粒やしわ粒をCCDカメラセンサで検知する選別装置が市販されている（図1）．

炭水化物含量が58％と高く，食物繊維含量もアズキ同様に高い．

ソラマメはソラマメ属の越年生草本である．冬季温暖で，保水性と排水性の良好な土壌を好み，主産地は鹿児島県で，千葉県，茨城県，愛媛県，長崎県などが続く．

ソラマメは未熟なうちに豆を青莢から取り出してゆでて食べる．出荷のピークは4月から5月である．豆が完熟したものは乾燥させ，おたふく豆や煮豆とするか，油で揚げて「フライビーンズ」に加工する．ゆで豆にはカリウム，食物繊維，葉酸，鉄などのほか，レシチンを含む．

ラッカセイはラッカセイ属ラッカセイ節の1年生草本である．花托の脇から子房柄という蔓を土中に伸ばし，先端部に殻付き子実を結ぶ．生育に高温を要し，低温や霜に弱い．全国各地で栽培されるが，国内生産の中心は関東地方で，主産地は千葉県と茨城県である．大粒種と小粒種があり，日本の栽培種は大粒種である．

脂質含有率が約50％ときわめて高く，タンパク質も25％含む．製油，嗜好品，製菓材料，ピーナッツバターなどに利用され，日本産はほとんどが煎り莢，バターピーナッツなどの嗜好品である．オレイン酸やリノール酸を多く含み，カリウム，マグネシウム，リン，鉄などのミネラル，ビタミンE，ナイアシンも豊富である．

乾燥豆にかび毒の一種であるアフラトキシンを含むことがある．アフラトキシンは毒性が強く，日本の規制では最も発がん性の高いアフラトキシンB_1をはじめ，B_2，G_1およびG_2の検出量の総和がすべての食品について $10\,\mu g \cdot kg^{-1}$（ppb）以上であってはならない．アフラトキシンの汚染確率は表皮損傷粒，変色粒，しわ粒などで健全粒よりも高く，比重選別機や色彩選別機によって製品汚染濃度の低下が可能である．この方法では外観が正常であっても粒の内部にかびが発生したものは除去困難であるが，近赤外領域の光を照射し，透過光の解析によってかびによる内部被害を判断し，除去する選別装置が開発され，市販されている（図2）．

〔竹中秀行〕

9.7 発芽玄米

加温処理, 湿熱処理, 食物繊維, ビタミン, ミネラル, γ-アミノ酪酸

玄米は水に浸漬すれば, 胚芽が活性化され, 発芽作用に入ると自然にγ-アミノ酪酸（GABA）が生成され発芽玄米になる. GABAは, 生活習慣病, 更年期障害, 高血圧などの改善効果, ストレス負荷軽減効果などがあることが知られている. また, 発芽玄米は玄米食と同様に, 胚芽, 糠層が残存しており食物繊維やミネラル, ビタミンも豊富に含有している. 発芽玄米の加工方法には, 大きく分けて水浸漬法, 微量加水法, 湿り空気加温・加湿法の3製法がある.

● 水浸漬法

水浸漬法のフローを図1に示す. 玄米は水に浸漬すれば, 米粒の水分が上昇し, 一定温度の環境下に置けば, GABAが生成され, 発芽玄米になる. 生成操作は, 玄米を12〜24h程度30℃程度の水に浸漬して種子としての飽和水分である32%w.b.程度にまで吸水させると, この過程で胚芽内のグルタミン酸脱炭酸酵素（GAD）が活性化して胚芽中のグルタミン酸からGABAが生成される. その後, 浸漬玄米を排出し, 菌増殖の防止, 発芽酵素の失活, 砕米防止のためのα化を目的に蒸煮を行い, 乾燥すれば一般的なドライタイプの発芽玄米ができる. 発芽玄米は硬い糠層の部分が軟化し, 通常の玄米に比べ, 炊きやすく食べやすくなる. 乾燥せず高水分（水分約32%w.b.）のまま包装するウェットタイプの発芽玄米は, 炊飯前の浸漬が不要となる. ただし, 水浸漬法は, 浸漬水の排水や食味・食感に改良の余地が残されている.

● 微量加水法

微量加水法のフローを図2に示す. この製法は玄米を徐々に水分25%程度まで加水（0.5〜1.0%・h^{-1}）し, テンパリングタンクで約12時間テンパリングを行う. その後, 水浸漬法と同様に蒸煮を行い, 最終的に乾燥機で水分15%以下まで乾燥する. 水浸漬法に比べ排水問題が改善され, また胴割れ発生が少

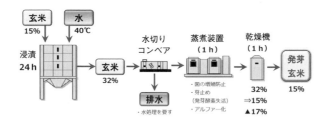

図1 水浸漬法のフロー[2]

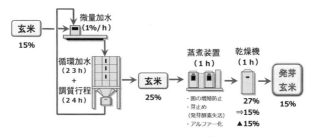

図2 微量加水法のフロー[2]

ないので分搗き精米が可能となり，炊飯性の向上と大幅な食味改善につながった．しかし加工工程が長く，酵素失活と殺菌工程が必要であり，なおいっそう胴割れ発生を抑制するための改良が残されている．

● 湿り空気加温・加湿法

湿り空気加温・加湿法は，食味・食感に優れ，しかも機能性成分 GABA を多く含ませることができる．同時に従来法（水浸漬法，微量加水法）の弱点である，生成（加工）処理に時間がかかること，吸水が速いために生じる玄米胴割れの多発と，それに伴う搗精歩留りの低下，生成工程での排水処理が不可欠であること，菌の増殖防止や α 化（発芽酵素の失活）のための乾燥前蒸煮処理が必要であることなどが解消された．湿り空気加温・加湿法を取り入れた GABA 生成装置 1 t タイプの外観と構成要素のフローを図 3 と図 4 に示す．本機は，加温部，タンク部，駆動部，搬送機で構成されており，加温・加湿空気は，飽和水蒸気とスチームエアヒーター（蒸気熱交換器）からの熱風とを混合させ，温度・湿度センサおよび自動水分計などで自動制御される．原料は籾であり，湿り空気加温・加湿を行い，胚芽部に加水および熱が加わり，GABA が生成される．GABA は水溶性のため，水分移行とともに GABA が胚乳部へ移行する．その時点で発芽酵素の失活と減菌が併せて行われる．その後，18〜19%w.b. まで加水された籾を 15%w.b. 以下まで乾燥させる．この GABA 摺を籾摺し，玄米にすれば GABA 玄米（発芽玄米）となり，その後，精米，無洗米加工をすれば GABA を豊富に含有した無洗米 GABA ライスができる．

〔水野英則〕

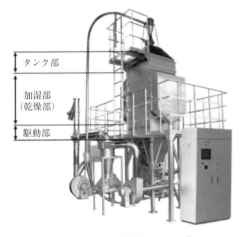

図 3　GABA 生成装置 1 t タイプ[2]

◆ 参考文献
1) 水野英則ほか，2012．農業機械学会誌，74(3)，226-233．
2) 株式会社サタケ．http://www.satake-japane.co.jp/

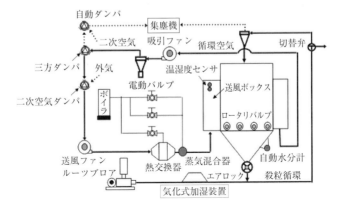

図 4　GABA 生成装置 1 t タイプのフロー[2]

9.8 発酵食品

乳酸発酵, アルコール発酵, アミノ酸発酵, 酢酸発酵

発酵食品とは, 原材料である食品素材を加工するプロセスにおいて発酵工程を含む食品の総称であり, 原材料の種類, 発酵に関与する微生物, 発酵条件などにより作られる製品は非常に多岐にわたる. そのため各発酵食品にそれぞれの個性があるが, 発酵法による加工の全般に共通する特徴として, ①保存性が高まる, ②栄養・吸収性が高まる, ③味と香りの多様性が高まる, があげられる.

● 発酵とは

発酵の歴史は非常に古く, 人類が最初に発酵という現象を発見したのは紀元前数千年前と考えられている. 特にミルクの利用が始まった中央アジアにおいて, ヤギなどの偶蹄反芻動物の乳首周辺には乳酸菌が常在するため, 容器に保存したミルクが自然に発酵して現在のヨーグルト様なものができたと考えられている. その後, なぜ発酵により原材料が変化するのかわからないまま, 経験則としてこの発酵工程を人為的に制御することで, 各種発酵食品が製造されるようになった. 特にわが国では麹を使う製造法を醸造と呼び, 清酒, 味噌, 醤油, 酢などの製法が確立された. その後19世紀に入り微生物学の発展に伴い, 発酵の生化学および生理学的解析が進み,「発酵」という言葉の概念が定義された.

発酵について, 微生物の生理学的側面からの定義を提唱したのはパスツール (Louis Pasteur) であり, 原義的には好気的な呼吸に対して嫌気的に糖質を分解してエネルギーを獲得する反応とされる. その後徐々に「発酵」という言葉は広義となり現在では, ①糖質や有機化合物を嫌気的あるいは好気的に代謝し特定の代謝生産物を蓄積するもの (アルコール発酵, 乳酸発酵など), ②微生物が特定の有機化合物を分解, 資化する場合, その化合物名を冠したもの (炭化水素発酵など), ③収穫した植物体などが微生物によって分解, 資化されるもの (サイレージ発酵など), ④あらかじめ培養した微生物の菌体を触媒として化合物の変換に利用したもの (ドーパ発酵など), ⑤微生物が関与せず植物の内在的な酵素による化学的変化だけのもの (紅茶・烏龍茶の発酵など), に大別される. 特に茶において紅茶や烏龍茶など微生物が関与していないものを「発酵茶 (fermented tea)」あるいは「酸化発酵茶 (oxidized tea)」と呼び, 普洱茶 (プーアル茶) のように微生物が関与したものは「後発酵茶 (post-fermented tea)」と呼んで区別される.

● 乳酸発酵

古くから乳製品や漬物, 醤油などの生産と密接に関連しているものに乳酸発酵 (lactic acid fermentation) があり, 乳酸発酵を行う細菌を乳酸菌と総称する. 代表的な乳酸菌として *Lactobacillus* 属の桿菌と, 球菌では *Lactococcus* 属, *Leuconostoc* 属, *Pediococcus* 属, *Streptococcus* 属などがある. 乳酸菌は発酵生産物の違いからホモ乳酸菌とヘテロ乳酸菌に分類されるが, 発酵形式は培養条件によっても変化する (図1). 一方, 生産される乳酸は菌種によってD体, L体, DL体が生産され, *Leuconostoc* 属のようにすべてD体を生産するものもあるが, 一般的には属と生産される乳酸の立体異性には相関がない. また, 一部の菌を除いてほとんどの乳酸

$C_6H_{12}O_6 \longrightarrow 2CH_3CH(OH)COOH$ (ホモ乳酸発酵)
グルコース　　　　乳酸

$C_6H_{12}O_6 \longrightarrow CH_3CH(OH)COOH +$
グルコース　　　　乳酸
　　　　　　　$C_2H_5OH + CO_2$ (ヘテロ乳酸発酵)
　　　　　　　エタノール

$C_5H_{10}O_5 \longrightarrow CH_3CH(OH)COOH + CH_3COOH$
ペントース　　　　乳酸　　　　　　　酢酸

図1 乳酸菌の発酵形式

$$C_6H_{12}O_6 \longrightarrow 2C_2H_5OH + 2CO_2$$

グルコース　エタノール　二酸化炭素
180.16 g　92.14 g　88.02 g

図2　アルコール発酵の発酵式

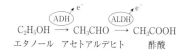

菌がペントースを発酵可能で，ヘテロ乳酸発酵の結果，乳酸と酢酸が生産される．多くの発酵食品に乳酸菌は関与するが，工業的にも乳酸発酵が行われ，生産された乳酸は食品添加物，医薬品，生分解性プラスチック原料などに利用される．

● アルコール発酵

乳酸発酵に次いで歴史が古いのがアルコール発酵（alcoholic fermentation, ethanol fermentation）であり，紀元前3000年頃にはメソポタミヤやエジプトでワインやビールの原型が作られていた．アルコール発酵ではグルコース，フルクトース，スクロースなどの糖質が嫌気的に *Saccharomyces cerevisiae* に代表される酵母により解糖系（EMP経路）を経て代謝されエタノールを生成する．酒類を含む工業的アルコール生産にはほとんど *S. cerevisiae* が使用されているが，ラクトースなど特殊な糖質原料では *Kluyveromyces fragilis* や *K. lactis* などの酵母が使用される．また，メキシコのリュウゼツランの搾汁はグラム陰性桿菌 *Zymomonas mobilis* で発酵されるが，代謝系は Entner-Doudoroff 経路である．

● アミノ酸発酵

日本で菌が発見され工業的進歩を遂げたものとしてアミノ酸発酵があげられる．現在アミノ酸は多くの用途に活用されているが，世界で初めて商品化されたアミノ酸はコンブのうま味成分であるグルタミン酸ナトリウムである．1956年に協和発酵によってグルタミン酸発酵が開発されたことは，発酵工業においては革命的でありアミノ酸発酵は急速に発展した．グルタミン酸生産菌として単離されたのは *Corynebacterium glutamicum* であり，その後，同菌株のアミノ酸要求変異株やアミノ酸アナログ耐性株が誘導され，現在までに15種類以上のアミノ酸製造法が開発されている．

$$C_2H_5OH \xrightarrow{\text{ADH} \;(e^-)} CH_3CHO \xrightarrow{\text{ALDH} \;(e^-)} CH_3COOH$$

エタノール　アセトアルデヒト　酢酸

図3　酢酸発酵の直接酸化

● 酢酸発酵

酢酸菌によってエタノールが酸化され酢酸が生成するのが酢酸発酵（acetic acid fermentation）である．この反応はまず酢酸の細胞膜に局在するアルコールデヒドロゲナーゼ（ADH）によってエタノールがアセトアルデヒドに酸化され，次いでアルデヒドデヒドロゲナーゼ（ALDH）により酢酸に酸化される．代表的な酢酸菌として *Acetobacter* 属の *A. aceti*, *A. rancens*, *A. polyoxogenes* などと *Gluconobacter* 属があげられる．一般的な微生物工業では目的に適合した純水菌を用いるのに対し，食酢製造では発酵の終了したもろみを次の種菌として使用することが多い．また，食酢製造においてしばしば *A. xylinum* や *A. pasteurianus* などの酢酸菌が汚染菌として現れ，弾力性のある高純度のセルロース膜を生産する．この膜は食品工業でナタデココとして利用されているほか，複合新素材原料として期待されている．

〔**吉田滋樹**〕

◆ 参考文献

1）小泉武夫，1999．発酵食品礼讃．文芸春秋，12-28．
2）一島英治，2002．発酵食品への招待―食文明から新展開まで―(新版)．裳華房，2-128．
3）バイオインダストリー協会　発酵と代謝研究会編，2001．発酵ハンドブック．共立出版，437-447．
4）中森茂，2008．アミノ酸発酵技術の系統化調査，国立科学博物館技術の系統化調査報告 第11集．53-92．

9.9 マイクロカプセル化

噴霧乾燥，凍結乾燥，ハイドロゲルビーズ，徐放

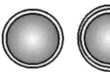

図1 一般的なマイクロカプセルの構造

● マイクロカプセル化

マイクロカプセル化とは，特定の物質を含むミクロン単位の球状体を作成することである．すなわち，気体，液体，固体のいずれかをコア（芯）物質として中心に据え，合成・天然のポリマー（高分子）からなる球状のシェル（殻）で被覆する操作である．図1に一般的なマイクロカプセルの構造を示す．シングルコア＆シェルまたはマルチシェル，シングルコア・イレギュラー，マトリックス，コア物質が2種類以上のマルチコア・シングルシェルなどが知られている．シェルの特性によってコア物質の放出が早くなったり，遅くなったりする．カプセル化されたコア物質が外に放出されることを徐放と呼ぶ．

マイクロカプセル化のための単位操作には，噴霧乾燥，凍結乾燥，ハイドロゲルビーズ化などがあげられる．畜肉や魚介のエキス，醤油やブイヨンといった調味料，各種の果実や野菜のジュース類，牛乳・コーヒー・紅茶・緑茶・麦茶などの飲料，乳酸菌や酵素といった機能性成分，医薬品などがその対象となっている．

● 噴霧乾燥

噴霧乾燥とは，タワー型の熱交換容器すなわち乾燥塔の内部において，高温の気流に対して，微粒子化した液状原料を向流または並流に接触させ，ごく短時間に水分を蒸発させて得られる粉末を，連続的かつ多量に生産する操作である．噴霧乾燥機は，乾燥塔，空気加熱機を付設した送風機，原液の供給器，噴霧ノズル，サイクロンセパレータ，バグフィルタ付きの送風機などから構成される．

原料の微粒子化には，細く絞った開口部から高圧で原料を噴射するノズルタイプのものと高速回転する円板から遠心力により原料を分散させる回転円板タイプのものが利用される．さらにノズルには原料の圧力のみで噴霧する一流体のものと，原料に高圧の気体を混合して噴霧する二流体のものがある．

微粒子化によって原料の比表面積はきわめて大きくなるため，熱交換がすばやく行われる一方，そのときに要する気化熱のため噴霧された粒子の温度は過度に上昇しない．そのため食品や医薬品など熱感受性の強い成分を含んだ材料でも，過熱や酸化による品質変化を防ぐことが可能となる．

噴霧乾燥では液状原料から粉末製品を直接回収できるので，粉砕およびふるい分けなどの工程を必要としないが，気流式造粒機などを併設して，粉末を空気含有した塊状にすることにより溶解性を高める操作がしばしば行われている．これを造粒と呼ぶ．

材料の水分や添加する賦形剤の種類や量，送液圧力や供給量といった噴霧条件，熱風の温度や送風量などの乾燥条件を変化させることにより，得られる粉末の粒度分布やかさ密度，水分活性，ガラス転移温度などを任意に調整できる．賦形剤とは，粉末の成形性を向上させる食品添加物であり，デキストリンなどの多糖類がよく用いられている．賦形剤は特に高温下における粉末をラバー化するガラ

ス転移温度の上昇のためにも不可欠な副原料である。

● 凍結乾燥

凍結乾燥とは，液状原料あるいは固体原料を凍結させた状態で加熱し，昇華によって水分を蒸発させる乾燥方式である．固体・液体・気体が平衡状態で共存する三重点以下にある水が，固体から直接気体に変化できることを原理としている．凍結乾燥では，-40～-30℃といったきわめて低温で乾燥が進行することから，ビタミンの分解やタンパク質といった化学的変化がほとんど起こらない，組織や構造上の変化もない，熱劣化による風味や芳香成分の散逸が少ない，酵素を失活させない，乾燥品が多孔質であるため加水による材料の復元性が良好である，などの利点が知られている．

一方欠点としては，低温での乾燥であるがゆえに乾燥速度が小さく乾燥に時間を要する，設備費・運転費が他の乾燥法と比べて高く，その結果，製品価格が割高になる，吸湿性が高く貯蔵に注意を要するといったことがあげられる．

凍結乾燥機は一般に乾燥室，真空排気系，コールドトラップ，真空計，計測機器，バッチ式原料搬出入機などにより構成される．

コーヒーやカップ麺・汁物の具材などインスタント食品の加工に広く利用されている．なお図2は，筆者が開発中の減圧噴霧乾燥の概要図である．乾燥塔内を減圧することにより材料への熱的ダメージを低減させることを狙った，噴霧乾燥と凍結乾燥の両者の利点を併せ持つように設計された乾燥方式である．

● ハイドロゲルビーズ

ハイドロゲルビーズは，親水性のゲルで特定のコア物質をコーティングまたは埋め込む技術により作成されるマイクロカプセルの1つである．この技術は，薬効成分のデリバリーシステムを構築するため製薬産業で長年使用されてきた．近年では，食品業界で健康機能

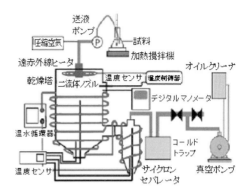

図2　減圧噴霧乾燥装置の概要図

成分を保護するのに用いられている．一般にハイドロゲルビーズはコア物質とシェル外界環境因子との反応性を減少させるために使用される．またコア物質の徐放を制御するようシェルを作成する必要がある．シェルにはコア物質に悪味が含まれている場合，それをマスクする役割も担う．

人工イクラのように液体をコアとするハイドロゲルビーズは，膜の薄層に囲まれた液滴により形成されている．このタイプのビーズ開発における最も困難な課題は，コアを保護し，その放出を制御する適切なシェル材料を選択することである．アルギン酸塩は，リキッドコアビーズの官能性化合物の放出制御のための担体として，食品やバイオ医薬品の製造現場において広く使用されている．

アルギン酸塩の最も重要な特性は，カルシウムイオンなどの2価の陽イオンとカルボキシル基との反応により比較的強固なゲルを形成する能力である．アルギン酸ナトリウムのカルシウム反応は，液中硬化皮膜法により行われる．これはコア物質を含んだアルギン酸塩を，オリフィスを用いて塩化カルシウム水溶液中に滴下することにより行われるので，本法はオリフィス法とも呼ばれている．

〔北村　豊〕

9.10 機能性食品

特定保健用食品，栄養機能食品，健康食品，
特別用途食品，生活習慣病

炭水化物やタンパク質，脂質といった栄養素を補給するほかに，人体の健康状態を維持・増強できるような効果の期待できる食品を機能性食品と呼ぶ．機能性食品は，高脂血症や高血圧，糖尿病，肥満など，アンバランスな食事や運動不足，喫煙などによって引き起こされるこれら生活習慣病の予防・改善に有効であるといわれている．

機能性食品に関する栄養表示や特別用途表示については，食品の広告分類やその表示方法について詳細を定めた健康増進法（2003年施行）により規定されている．現在国内で機能性食品と呼べるものは，特定保健用食品，機能性表示食品，栄養機能食品，特別用途食品の4つになる．

特定保健用食品（トクホ）とは，例えば「おなかの調子を整える」といった健康維持・増進のための用途や，「血圧や血糖値が気になる方に適する」といった疾病リスクの低減を，消費者庁による科学的根拠に基づいた効果・安全性の審査・許可のうえ，その認定マークとともに表示できる食品である．生鮮物から加工食品までの食品全般を認定の対象としており，医薬品と同様に実験室での試験，動物試験，ヒト試験の3段階を経て，食品中の有効成分の安全性や保健効果を科学的に検証されたもののみがその認可を受けられる．

なお特定保健用食品が許可される程度の科学的根拠のレベルには届かない食品であっても，一定の有効性が認められる場合は，その根拠が限定的であることを表示することを条件に特定保健用食品としての許可を受けられる．このような条件付き特定保健用食品には「条件付き特定保健用食品」の許可マークがつけられる．

また特定保健用食品のうち，個別審査の不要なもの，すなわちすでにこれまでの許可件数が多く科学的根拠が蓄積してきているものについては，定められた規格基準に適合しているかどうかのみを審査するので，許可手続きが迅速化されている．この規格基準によって許可などを受けたものが，「規格基準型の特定保健用食品」である．

さらには「疾病リスクの低減に資する旨の表示」が認められた特定保健用食品もある．この制度によって許可される表示の内容は，関与する成分の摂取によって疾病リスクが低減することが，医学的・栄養学的に認められ確立されているもののみに限られている．

機能性表示食品は，科学的根拠に基づいた食品の機能性を事業者の責任で表示する食品である．膨大な費用と時間のかかる科学的検証作業に代えて，成分に関するシステマ

表1 生鮮物の機能性表示食品（消費者庁HPに掲載されている届出情報（平成27年度）による）

商品名	機能性関与成分名	表示しようとする機能性
三ヶ日みかん	β-クリプトキサンチン	本品には，β-クリプトキサンチンが含まれています．β-クリプトキサンチンは骨代謝のはたらきを助けることにより，骨の健康に役立つことが報告されています．
大豆イソフラボン子大豆もやし	大豆イソフラボン	本品には大豆イソフラボンが含まれます．大豆イソフラボンは骨の成分を維持する働きによって，骨の健康に役立つことが報告されています．
ベジフラボン	大豆イソフラボン	本品には大豆イソフラボンが含まれます．大豆イソフラボンは骨の成分を維持する働きによって，骨の健康に役立つことが報告されています．

ティックレビュー（総合的に研究論文などを評価して分析する手法）や商品の臨床試験によって，その結果が消費者庁の定めるガイドラインに沿った基準に達していれば，届け出のみにより機能性表示が可能となる．表1は，消費者庁 HP に掲載されている届出情報をもとに作成した生鮮物の機能性表示食品である．サプリメントや加工品に比べてその数はきわめて少ない．

栄養機能食品は，栄養成分の補給を主目的とする消費者に対して，ある限られた栄養成分（ミネラル5成分，ビタミン類12成分）を一定成分含むものであれば，消費者庁への届け出なしに「国が定める表現」により機能性を製造者の責任において表示できる．

特別用途食品とは，乳児，幼児，妊産婦，病者などの発育，健康の保持・回復などに適するという特別の用途について表示した食品である．具体的には病者用食品，妊産婦・授乳婦用粉乳，乳児用調製粉乳および嚥下困難者用食品がある．その表示について国の許可を受ける必要があり，許可基準があるものについてはその適合性を審査し，許可基準のないものについては個別に評価が行われる．

これらに該当しない食品で健康機能性を謳っているものが，いわゆる健康食品である．健康効果の不明瞭さや曖昧な表示が問題となっている食品もいくつか指摘されている．

機能性を有する成分は，大きく植物由来と動物由来に分けることができる．

植物系の代表例として，LDL を低下させ，心臓病のリスクを低減するとされるオオムギのベータグルカン，骨の強化に顕著な効果が認められるダイズのイソフラボン，強い抗酸化作用が有名なトマトのリコピン，抗がん作用や抗菌作用が期待されるニンニクのアリシン，同じく抗がん作用や免疫力の強化が期待されるブロッコリーのイソチオシアネート，柑橘類のグルコシノレート，サルフェイト，ビタミンC，リモノイド，抗菌作用や血圧上昇抑制作用，血中コレステロール調節作用の強い緑茶の苦味・渋味成分ともなっているカテキン類，抗酸化作用のフレンチパラドックスで有名な赤ワインやブドウのアントシアニンなどがある．

一方，動物性資源からの機能性を有する生理活性物質として，魚油から得られるω-3脂肪酸すなわち多価不飽和脂肪酸（PUFAs），乳由来のものとして最大のカルシウム供給源であるほかプロバイオティクスとしても知られる発酵乳製品，発酵炭水化物である非消化性のオリゴ糖，ある種のデンプン，食物繊維，糖アルコールなどもあげられる．なおこれらはバナナ，ニンニク，タマネギ，ハチミツ，チョウセンアザミなどの野菜や果実にもみられる．牛肉にも抗がん作用のある脂肪酸 CLA（共役リノール酸）が含まれている．

健康に敏感な消費者はますます自分自身の健康と幸福を制御する目的で，機能性食品を求めている．機能性食品の商品化における重要課題は安全性の確保である．生理活性物質の最適摂取量は，いまだ研究途上のものが多く，ある種の抗がん性植物化合物も過剰に摂取すると発がん性を生じることが報告されている．機能性食品は富裕層の人々の健康習慣の特効薬ではないし，ユニバーサルな万能薬でもない．当然これらの効果を左右する要因には，喫煙，身体活動，ストレスなどがあげられる．

その健康利益が十分な科学的実証によってサポートされている真の機能性食品は，健康的なライフスタイルにとってますます重要な要素であり，公共および食品産業の発展に有益となる可能性が秘められている．

〔北村　豊〕

9.11 食品廃棄物

フードロス，廃棄物系バイオマス，再生利用

　生産，製造・加工，流通そして消費にわたるフードチェーンにおいて，品質保持，製品の安全性確保とともに重要なことは環境負荷低減である．このフードチェーンから排出される廃棄物すなわち食品廃棄物は，特に削減が求められている．食品廃棄物は，食品の製造，流通，消費の各段階で生じる動植物性残渣などであり，具体的には加工食品の製造過程や流通過程で生ずる売れ残り食品，消費段階での食べ残し・調理くずなどを指す[1]．

　食品廃棄物は，廃棄物系バイオマスの１つとして位置づけられる．わが国において，廃棄物系バイオマスの厳密な定義は定まっていないが，われわれの生活や産業活動から発生する有機系廃棄物を指すことが多い．通常では，法的に廃棄物として取り扱うものを指す．具体的には，家畜排泄物，下水汚泥，紙，食品廃棄物，黒液（パルプ工場廃液），農作物非食用部などがあげられる．

　フードチェーンにおいて，食用可能な状態であるにもかかわらず廃棄される食品をフードロス（食品ロス）という．2012年度の食料需給表によると，食品関連事業者および一般家庭から排出される食品由来の廃棄物は2801万tであり，その中でも可食部であるフードロスは23%に相当する642万tであると推定[2]されている．事業系から排出されるフードロスとして，規格外品，返品，売れ残り，食べ残しがあげられ，家庭系からのフードロスは，食べ残し，過剰除去，直接廃棄がある．

　この膨大な食品廃棄物は，主として飼料化，肥料化，エネルギー化などに分類される再生利用，熱回収，そして焼却・埋め立て処理されている．2012年において，食品廃棄物の再生利用は約49%，熱回収は約2%と，資源利用は約半分にとどまっている[2]．

　上述の再生利用において飼料化は最も優先的に取り組むことが望ましいとされている．これは，含有する成分や熱量を有効に利用可能にするだけでなく，飼料自給率の向上にも寄与するためである．飼料化の具体的な手法として，高温蒸気や油温減圧脱水などによる乾燥方式，原料を密封し乳酸発酵させるサイレージ方式，原料を液状加工するリキッド方式がある．サイレージ飼料はウシに，リキッド飼料はブタに給餌されることが一般的である．

　肥料化は，堆肥化が主たる方法であり確立された技術である．利用の際には他の肥料と競合しやすく，季節性や地域性に需給が左右される場合がある．

　エネルギー化の中で主たる方法はメタン化（メタン発酵）である．飼料化や肥料化と比較すると，紙やプラスチックといった包装材料の混入のような食品廃棄物の分別が粗い場合でも対応可能である．なおメタン発酵で排出される残渣（消化液）は，肥料として活用もできる．

　食品廃棄物の中には，茶殻やコーヒー粕のように単一で多量に排出されるにもかかわらず飼料化・肥料化が現状では困難なものも存在する．これらについては性質を生かした工業製品化が検討されている．

　その他の再生利用方法として，炭化，エタノール変換があるが，割合は小さい．

〔井原一高〕

◆ 参考文献
1) 環境省，2015．平成27年版環境・循環型社会・生物多様性白書．198．
2) 環境省，2015．食品廃棄物等の利用状況等 平成24年度推計値．
http://www.env.go.jp/recycle/food/h24_flow.pdf

9.12 メタン発酵

バイオガス，嫌気発酵

有機性の廃棄物をメタン発酵させる技術は，下水処理をはじめ多くの産業排水に応用され，水処理技術として広く用いられている．メタン発酵は，熱，電気といった再生可能エネルギーが抽出できるという点で優れた技術であり，処理後の消化液は有機物の分解，有機体窒素の無機化，COD，BOD，さらに悪臭が減少するなどの利点がある．

以下，ポストハーベストに関わるメタン発酵の基礎について述べる．

● メタン発酵の原理

メタン発酵は，嫌気発酵とも呼ばれ嫌気条件で進行する有機物の分解反応であり，メタン菌群に属する微生物に有機物が分解されメタンガスを生成する反応と，水素と二酸化炭素からメタンを生成する2つの反応の総称である．生成するガスはバイオガスと呼ばれ，メタンが約60%，二酸化炭素が約40%，微量の硫化水素，窒素の混合気体である．有機物は加水分解細菌により加水分解過程で加水分解され，単糖類やアミノ酸，脂肪酸・グリセリンなどに分解される．分解された有機物は酸生成細菌による酸発酵過程で，酢酸，プロピオン酸，酪酸などの揮発性有機酸や，アルコール，水素ガス，大量の二酸化炭素に分解される．可溶化過程での中間生成物は絶対嫌気性菌であるメタン菌群がメタン生成を行う．このように，メタン発酵はいくつかの細菌が関与するプロセスの総称である．

● 嫌気条件

メタン発酵は，嫌気発酵とも呼ばれ嫌気条件で進行する有機物の分解反応であり，発酵槽内が嫌気状態であることが絶対条件となり発酵槽は十分な気密を確保する密閉構造である必要がある．ガス漏れは致命的な欠陥となり，空気の混入は安全上も好ましくない．

● 発酵温度

メタン発酵は発生したメタンガスなどを熱源として発酵槽内を最適温度に維持する必要がある．発酵温度が高くなるに従いガス生成速度と有機物分解速度は上昇する．メタン発酵の適温領域は低温領域（20℃以下），中温領域（35～45℃），高温領域（55～65℃）に大別される．一般には中温発酵と高温発酵に分かれ，現行のメタン発酵施設は下水や屎尿処理施設も含めると中温発酵法が主流である．

● 投入方法

通常運転の場合，原料の投入は，1日1回投入あるいは1日3～4回の分割投入が一般的である．分割で投入することにより，発酵槽の温度変化が少なく，1日1回投入と比べガス生成とメタン濃度が一定することが知られている．発酵槽への原料投入は発酵槽に投入される有機物量の単位である有機物負荷 [kg 有機物・m^{-3} 発酵槽・day^{-1}] で表される．

● 発酵槽の形式

メタン発酵槽は，最低条件として嫌気状態が保たれる必要があり，さまざまな形式のものがある．発酵槽の数から1槽式，2槽式，多槽式に分けられる．代表的な発酵槽の形式は，円筒縦型，円筒横型，箱型の3種類に分類できる．発酵槽のコストはその材質と施工法に起因し，発酵槽の材質は鉄およびコンクリートが一般的である．発酵槽の加温は温水循環方式が多い．

発酵槽内の攪拌は菌体と投入原料の接触，槽内温度の均一化，スカム形成の防止，ガス抜きの目的で行われる．攪拌方法は以下の4種類に分類される．

①機械攪拌：プロペラ式などの攪拌機を連続または間欠で運転する．
②ポンプ攪拌：ポンプで発酵槽内の液を循環させる．
③ガス攪拌：生成されたバイオガスを発酵槽

内に吹き込み攪拌する．
④無動力攪拌：発酵槽内のガス圧を利用して液を動かす．

● 投 入 原 料

投入原料に含まれる炭水化物，タンパク質，脂肪を構成する元素量が既知であれば有機酸類のメタン分解に関する標準式よりメタンの生成量は予測できる．

投入有機物のC/N比とC/P比はメタン発酵を効率よく行うために重要な要素である．炭素は微生物へのエネルギー源として，窒素やリンは微生物のアミノ酸，タンパク質，核酸などの形成要素として最も重要な栄養源になっている．C/N比の最適範囲は12～16でC/N比の低い原料の場合，過剰な窒素がアンモニアに変わり発酵阻害をきたす．リンはアセチル酸やATPなど生命現象に不可欠な元素でC/P比の最適範囲は100～500である．

● ガ ス 精 製

生成したガス中には1000～3000 ppmの硫化水素が含まれており，この硫化水素は発酵物質に含まれるタンパク質やアミノ酸を構成する硫黄や硫酸塩が硫黄還元細菌などによって生成される気体である．この硫化水素が燃焼すると亜硫酸ガスや硫酸となってボイラ壁やシリンダ内を腐食させるなどの問題が生じる．また，排気ガスは硫化酸化物を多く含み大気汚染の原因ともなるため，脱硫と呼ばれる硫化水素の除去が必要となる．脱硫法には湿式法，乾式法，生物法がある．

乾式脱硫　水酸化第二鉄を成型した成型脱硫材を充塡したガス吸収塔に生成ガスを通し，硫化水素を硫化鉄として脱硫材に吸収させる．装置は比較的簡易であるが，脱硫材の交換が必要でランニングコストがかかる．

湿式脱硫　水やアルカリ水溶液に硫化水素を溶解させる方法であり，大量のガスを処理する場合に経済的であるといわれているが，装置は大型でイニシャルコストは高い．

生物脱硫　生物法はエアードージング法とも呼ばれ，硫黄酸化細菌の働きにより硫化水素を除去する方法である．生物脱硫には発酵槽外で脱硫する方法と発酵槽内で脱硫する方法に大別され，前者は脱硫塔による高い脱硫効率を得ることができ，後者は発酵槽のヘッドスペースに直接微量の空気を注入する簡便な方法である．

バイオガスの貯留設備はガスバックによるバック式（乾式）と水面あるいは消化液面上にタンクを浮かす水封式に大別される．近年の導入例ではガスバック式が主流となっている．原料・発酵槽加温や発電に消費されるバイオガス量を想定し，容量を決定する必要がある．

● メタンガスの利用

メタンガスの利用方法としてはボイラなどで熱として用いるのが最も効率的であるが，電力の固定買取制度への移行後，発電し売電を行う施設が多い．メタンガスによる発電方法はガスエンジンによるものが主でエンジンからの廃熱も回収するコジェネレーション方式の採用が多い．最新のメタンガス・コジェネレーションシステムはメタンガス濃度変動に追随し，頻繁に始動・停止を繰り返しても性能が安定しており信頼性が高まっている．

〔梅津一孝〕

9.13 堆肥化

戻し堆肥，切り返し，臭気，副資材，水分調整

● 堆肥化とは

堆肥化とは一般に「生物由来の廃棄物をあるコントロールされた条件下で，取り扱いやすく，貯蔵性がよくそして環境に害を及ぼすことなく安全に土壌還元可能な状態まで微生物分解すること」[1]とされ，その分解産物が堆肥である．かつての堆肥化原料は作物収穫残渣，林産廃棄物や家畜排泄物などが主であったが，現在では種々のリサイクル関連法制定の影響もあり，農林業系由来の有機廃棄物資源のみならず，生活系由来の屎尿，下水汚泥，生ごみ，そして工業系由来の食品産業廃棄物なども積極的に堆肥化し，有機肥料として活用されている．

● 堆肥化の目的

堆肥化の目的は，肥料として利用可能な養分が豊富な有機廃棄物を有機肥料として活用するために行うものであり，いくつかの条件を満たす必要がある．日本では糞尿そのものを地域で農業利用をしていた歴史があるが近年は堆肥を製品として国内外へ流通させており，十分に有機物分解され，臭気や汚物感がなく，雑草種子や病原微生物が不活性化・死滅化された良質な堆肥を製造することが求められる．

堆肥製造には堆肥化微生物により有酸素環境下で有機物分解反応を十分に促す必要がある．有機廃棄物には，微生物により容易に分解される有機物，すなわち易分解性有機物が多量に含まれており，土壌に施用した場合は土壌中で急激な酸化分解が生じる．これが土壌中の酸素欠乏を引き起こしてしまい作物の根の呼吸を妨げることになる．事前に有機物分解反応を十分進行させ，土壌環境に有害でなく養分供給源として適切に作用する堆肥である必要がある．

● 堆肥化の効果

臭気や汚物感は易分解性有機物由来である場合が多く，堆肥化によって著しく減少する．原料は分解作用を受けるため原形をとどめず，さらには後述する堆肥化熱によって乾燥が進むため，茶褐色で軟らかく軽い土壌のような外観になる．汚物感の解消は単なる見かけの問題ではあるが，取り扱いやすさなど作業性の向上に大きく貢献する．

病原微生物，害虫卵，雑草種子などの死滅や不活性化も堆肥に求められる．特に家畜用乾草飼料の多くは国外からの輸入に依存しているため，外国産の雑草種子が家畜糞に混入し，堆肥化が不十分な場合はその種子が散布され国内の植物生態系を攪乱している．堆肥化熱は，糞に混入している種子を不活性化する効果がある．堆肥温度を60℃以上で数日間継続してさらすことによって死滅や不活性化の条件を満たすことができるが，堆肥化において熱放出を抑える配慮をすれば堆肥化施設でこれを達成することはそれほど困難ではない．

堆肥に求められる条件は種々存在するが，堆肥の最も重要な役割は元来土壌中に存在していた窒素，リン酸，カリウムなどをはじめとした養分を再び土壌へ戻し，物質循環を形成させることである．

● 堆肥化を促進する温度

堆肥化には微生物によって有機物分解が行われることが不可欠であり，単に加熱装置などにより乾燥しただけの有機物は堆肥と見た目が同じように見えても堆肥とは呼ばれない．堆肥化に関わる微生物叢は，自然環境中に存在している野生の微生物叢を活用できることが最大の長所である．この微生物叢は活性化される温度範囲によって大きく2つの菌叢に分かれており，中温菌（mesophile）と高温菌（thermophile）と呼ばれている．それぞれ約40℃と約60℃を最適な温度環境と

する微生物叢による有機物分解とそれに伴う発熱反応によって堆肥化が進行する．まず中温菌によって常温から約50℃まで，次に高温菌によってさらに70℃へと昇温し，やがて有機物量が分解により減少し，温度も低下する．

堆肥化を促進させるには初期の温度上昇が重要であり，高温菌が活性化する60℃以上に到達させることが有機物分解を加速させ，かつ前述の良質な堆肥製造には理想的である．このような温度変化を生じさせるには，堆肥化原料の水分調整，切り返しによる撹拌や酸素供給などが重要になる．

● 水分と通排気の管理

例えば乳牛糞を主原料とした堆肥化については適正な水分が約60%であり，他の堆肥化原料についてもそれぞれ反応速度が最も進む水分がある．適正な水分状態とは，堆肥層内の間隙である気相が確保され外気から酸素を取り込みやすい物理的構造になり，かつ堆肥化微生物の呼吸活性を維持しうる水分状態である．乳牛糞の場合では約60%がその状態に相当する．水分は反応速度を左右する重要な因子であるが，厳密な管理を施さなければ反応が停止してしまうわけではなく，下限は約30%，上限は約80%である．下限水分近傍では微生物代謝が阻害され，一方上限水分近傍では堆肥層の気相が確保されにくく，外部から堆肥層内部への酸素供給が困難になるため阻害が生じやすくなる．

水分調整は副資材と呼ばれる比較的低水分の資材を混合することによってなされ，稲わら，麦わら，籾殻，木質チップ，おが粉，落葉などの未利用バイオマスが用いられる．近年は未利用バイオマスの再生可能エネルギー資源化が進み，入手困難な地域が多くなっているため，乾燥が進んだ仕上がり堆肥を再び副資材として混合する事例も多い．このように一度仕上がった堆肥で，再度副資材として堆肥化原料に混合利用する堆肥を戻し堆肥と呼んでいる．戻し堆肥には堆肥化微生物が高濃度で存在しており，単なる水分調整材としての活用にとどまらず，堆肥化の初期分解速度を早める種菌として利用されることもある．

堆肥化は前述のように副資材利用するなどの水分調整によって，可能な限り物理的に酸素が供給されやすい構造にすることが重要である．ただし気相が大きく確保された構造であっても堆肥層内部深くまで十分な酸素を拡散浸透させることは不可能である．堆肥層を切り返しと称する撹拌作業を適宜行う必要がある．切り返しは堆肥化原料の破砕効果があり，同時に堆肥層内部に蓄積した二酸化炭素などの排気のガス交換を促し，酸素不足の状態になっている原料への酸素供給を行う役割もある．切り返し作業に加えて，送風機を利用して堆肥層へ通気を行う施設も多い．この酸素を利用して自己発熱が生じ，約70℃への昇温が生じることから微生物叢の呼吸量に応じた通気量は必要であり，高い温度は有機物分解速度や堆肥の質などに好影響を及ぼすことからできるだけ低下させないような工夫が必要である．送風機を使用する際には，過大な通気によって冷却しすぎないよう配慮が必要である．

堆肥化が終了し，温度が低下した仕上がり堆肥から臭気は発生しないが，堆肥化反応の初期1週間ほどはアンモニアが発生するため，住宅地近郊などでは対策が必要である．この対応にも堆肥に存在するアンモニア酸化菌を活用してアンモニアを吸着するなど，低コストで脱臭する方法が開発されている．

〔岩渕和則〕

◆ 参考文献

1) Goluke, G. C., 1977. *Biological Reclamation of Solid Wastes*. Rodale Press, 2.

9.14 バイオリアクタ

固定化, 流動層 (流動床), 充填層 (固定床), UASB

● バイオリアクタとは

バイオリアクタは, 酵素が触媒として作用する酵素反応プロセス用と, 微生物の増殖を利用した微生物反応プロセス用に大別される. 後者においては, アミノ酸, アルコール, 有機酸といった生成物 (代謝物) の生産を目的とした微生物反応プロセスと, 活性汚泥法やメタン発酵法に代表される生物的廃水廃棄物処理プロセスに分類することができる. いずれのバイオプロセスにおいても, 経済性を向上させるためには反応速度を大きくすることが求められる. さらに反応に応じて, 所要エネルギーの低減や, コンタミネーション (汚染) の回避といった条件が設計項目に加わることになる.

● バイオリアクタの操作方法

バイオリアクタにおける反応溶液 (培養液) の操作方法として, 回分式, 連続式, 流加式の3種類が代表的である. 回分式は, 反応開始前に微生物や酵素といった生体触媒や基質をリアクタに入れ, 反応が終了するまで基質や生成物の出し入れをしない方法である. 連続式は, リアクタに基質や生体触媒を投入しながら, 同量の培養液を引き抜く方法である. 流加式は, 反応開始前に生体触媒や基質をリアクタに投入する点は回分式と同じであるが, 反応中に基質を供給し反応が終了するまで, 培養液を引き抜かない方法である.

● 反応速度

微生物反応を目的としたバイオリアクタの設計において, リアクタ内の微生物濃度は重要な因子である. 微生物反応による代謝物生成が目的の場合, 代謝物生成速度 r_p を向上させることが求められる. 一般には次式のようになる.

$$r_p = \frac{dC_p}{dt} = \pi_p C_x \quad (1)$$

ここで C_p はリアクタ内の代謝物濃度, π_p は乾燥菌体重量当たりの代謝物生成速度, C_x は微生物濃度である. 代謝物生成速度は, その種類によって菌体内の生合成経路や代謝調節機構が異なるため, 統一的に表現することは困難である[1]. 一方, 微生物反応による廃水廃棄物処理プロセスでは, 処理対象の有機汚濁物は基質に相当する. 反応速度として基質消費速度に着目すればよい.

$$-r_s = \frac{dC_s}{dt} = v C_x \quad (2)$$

ここで, C_s は基質濃度, v は比基質消費速度である. (1)(2)式よりいずれの微生物プロセスの場合でも反応速度は微生物濃度が大きく影響することがわかる.

● 固 定 化 法

反応速度向上や, 基質との分離を目的として, リアクタ内で酵素や微生物を固定化する方法が広く用いられている. 固定化法として, 担体結合法, 架橋法, 包括法があげられる[2]. 担体結合法は, 不溶性の担体に酵素もしくは微生物を結合させる手法で, イオン結合, 共有結合, 物理的吸着によって担体と結合させる. 架橋法は不溶性の担体の代わりに, グルタルアルデヒドのような試薬を用いて複数の酵素もしくは微生物を架橋させる方法である. 包括法として, 酵素や微生物を高分子材料で格子型のゲルマトリックスに包み込む方法と, 半透膜の高分子薄膜のマイクロカプセルに包み込む方法がある. 固定化法の選択にあたっては, 固定化担体や試薬の費用, 生体触媒への毒性, 結合性, 機械的な強度, 再利用性などを考慮する必要がある.

● 固定化微生物用バイオリアクタ

固定化微生物用バイオリアクタは, 攪拌型, 流動層 (流動床) 型そして充填層 (固定床) 型に大別[3]できる (図1). 攪拌型リアクタは, 微生物が固定された場合だけではなく懸濁状

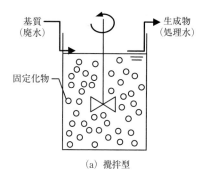

(a) 撹拌型

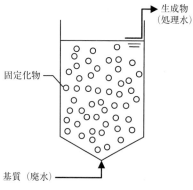

(b) 流動層(流動床)型

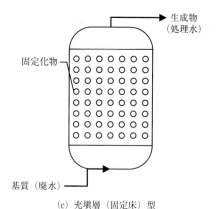

(c) 充填層(固定床)型

図1 固定化微生物用バイオリアクタ[2]

態でも使用され，一般的な手法である．温度やpHの制御や固定化物の交換が容易なことから，リアクタの操作性がよい．撹拌羽根を用いて培養液と固定化物を混合するが，撹拌によるせん断応力が大きい場合，固定化物が破損することがある．流動層(流動床)型は，撹拌ではなく上向きの流動によって固定化物を浮遊させ，リアクタ内に保持させる方法である．気体と液体の接触効率が高いことから物質移動性に優れている．また，粒子径が小さい固定化物にも対応が可能である．一方で，培養液の流速が固定化物の保持に影響し，操作性はよくない．嫌気性消化におけるUASB (upflow anaerobic sludge blanket)法は，嫌気性微生物が凝集したグラニュールを上向流で浮遊させ，リアクタ上部に備えたセパレータでグラニュールを保持させる方法で，流動床型の一種とみなすことができる．充填層(固定床)型は，固定化物をリアクタ内に充填し，培養液と接触させる方法である．機械的強度が十分ではない固定化物に対しても適用可能である．リアクタ内の構造が簡単であることから，スケールアップも容易である．一方，リアクタ内での基質や生成物の濃度勾配が大きくなること，固定化物の交換が容易ではないこと，条件によっては圧力損失が大きくなることが短所としてあげられる．

〔井原一高〕

◆ 参考文献
1) 山根恒夫, 2002. 生物反応工学(第3版). 産業図書, 197.
2) 川瀬義矩, 1993. 生物反応工学の基礎. 化学工業社, 185.
3) 松本道明ほか, 2006. 標準化学工学. 化学同人, 309.

第 10 章　安全・衛生

10.1 HACCPとGMP

危害要因分析，重要管理点，適正製造規範，
Codex食品衛生の一般原則

安全な食品を消費者に提供することは食品取扱者全員の共通責務である．そのためには，原材料の一次生産から消費に至るすべての過程を通して手抜きのない衛生管理を行う必要がある．現実には多くの課題があり，開放系である農場などではリスク低減を目標として立地環境の選定や改善などに取り組まれている．フードチェーン（食品供給行程）の各段階において重視すべきことは，清潔な原材料を，適切な環境で，食品衛生のトレーニングを受けた人が取り扱うことである．国連食品規格委員会（Codex委員会）では「食品衛生の一般原則」として遵守すべき基本的事項を取りまとめている．わが国では，厚生労働省から「食品等事業者が実施すべき管理運営基準」として，その内容が通知されている．これらを理解したうえで生産農場では健康な食用動植物の確保と病原微生物などの汚染防止，工場では微生物汚染と増殖防止，排除，販売店では製品の微生物汚染と増殖防止，消費者は購入した製品の微生物の汚染と増殖防止および適切な調理による病原微生物の排除などが要点となる．

HACCP（Hazard Analysis and Critical Control Point）は，危害分析重要管理点方式と訳されてきたが，現在では危害要因分析・必須管理点監視方式と訳されている食品の安全性確保手段である．国際的にもその有効性が認められ，Codex委員会は「HACCPシステムとその適用のためのガイドライン」を，「食品衛生の一般原則」の付属文書として活用することを勧告している．

わが国では食品衛生法に基づく総合的衛生管理製造過程による承認制度の中でもHACCPは採用されてきた．また，自主的にHACCPを導入して衛生管理を合理的に行ってきた食品関係者もあり，輸出国との2ヶ国間協定に基づいてHACCPを導入してきた企業もあった．現在，国際的整合性を確保する必要性もあり，HACCPを導入した食品の取扱いを義務化する食品衛生法の改正案が国会で審議されている．

HACCPは単独で機能するものではなく，HACCPシステムと呼ばれるように，原材料の一次生産から食品の最終消費まで，バトンタッチ方式でリスク管理を行うことが前提条件となる．農場での作業を適正に行うために目標を設定し，問題解消に努め，よい仕事が継続的に行えるように自主的に計画し，実行するものが適正農業規範（Good Agricultural Practice：GAP）である．農林水産省は，GAPを農業生産工程管理と訳している．農産物の加工場を含めた食品の製造加工における衛生的環境整備や作業のための規範として適正製造規範（Good Manufacturing Practice：GMP）がある．アメリカのように食品の製造にGMPの遵守を義務化している場合もある．GAPとGMPを合わせてGMP（Good Management Practice）と呼ぶこともある．

HACCPシステムは，GAPとGMPではどうしても解消できない衛生上の問題を科学的根拠に基づいて確実に管理することを目的として開発されたシステムである．わが国では，これらの規範に示された内容を「一般的衛生管理プログラム」と称しており，従来から都道府県で定めている施設基準ならびに管理運営基準がこれに相当し，衛生規範に記載されている事項もこれに該当する．一般的衛生管理プログラムが不適切であれば，消費者に安全な食品を提供できない結果を招いてしまう．すべての食品は多かれ少なかれリスクをもつため，許容範囲へのリスクの低減が目標となる．特に，腸管出血性大腸菌O157のように微量で感染が成立する危害要因は，生

産農場から食卓まで，常にリスクを低減化する努力を続けるべきである．現実には，原材料などの安全性については，その供給者が保証し，原材料の受け入れにあたって品質保証書を提出することになる．

食品としての安全性確保の概念は，原材料，作業環境，衛生的な取り扱いの3条件がピラミッド状に組み合わさった状態でもある．一般的衛生管理プログラムの事項を実行するための手順を文書化したものをSSOP（Sanitation Standard Operating Procedure：衛生標準作業手順書）と呼び，作業担当者，作業内容，実施頻度，実施状況の点検および記録の方法などを具体的に文書化したマニュアルが作成される．

危害要因分析（Hazard Analysis：HA）において，工程ごとに食品の安全性に問題となる可能性のある微生物，化学物質，異物などを分析し，その対処方法を検討する．危害の発生防止上きわめて重要な管理点（Critical Control Point：CCP）について管理基準を設定する．さらに，どのように監視するのか，基準を外れたときの対処方法などをあらかじめ決めておき，各工程の作業は文書化し，監視などの結果も記録してHACCPプラン通りに製造されている証拠として残す方式である．

HACCPプランは，Codexのガイドラインに示された7つの基本原則を組み込んだ12の手順（表1）により作成しなければ国際的にも通用しない．HACCPは自主衛生管理手法であるが，Codexの7原則12手順に従っていなければ，他者への説明が受け入れられない結果を招く．第三者によるHACCP認証も実施されているが，認証の有無にかかわらず7原則12手順に従った，科学的合理性

表1 Codexが示したHACCPプラン作成の7原則12手順

手順1：HACCPチームを編成
手順2：製品（含原材料）の記述
手順3：使用用途の記述
手順4：製造加工フロー図の作成
手順5：フロー図の現場確認
手順6：［原則1］危害要因分析－危害要因リストの作成
手順7：［原則2］重要管理点（CCP）の決定
手順8：［原則3］管理基準（CL）の設定
手順9：［原則4］モニタリング方法の設定
手順10：［原則5］改善措置の設定
手順11：［原則6］検証手順の設定
手順12：［原則7］記録の文書化と保持規定の設定

をもつ説明が必要である．

7原則のうちの1つでも欠けた場合はリスクの低減化が保障できない．特に原則1の危害要因分析は最も重要であり，危害分析の際に収集された情報やデータおよび分析結果が基礎になって原則2のCCP，原則3の管理基準，原則5の改善措置および原則6の検証方法が設定される．また，原則4のモニタリング方法は原則3の管理基準に対応して設定される．

忘れてはならないことは，国民全員の食品衛生思想の向上である．一部の人間だけでは食品の安全性は確保できない．HACCPシステムは食品の衛生管理の概念そのものであり，少しでも不注意や確認不足などの人為的原因による食品事故の発生を減少させて，食品の安全性を高めていこうとするシステムである．われわれは，生物であり，食品の原材料も生物である．いずれも変化するものであり，特に各食品の危害要因は変化することから，HACCPは常に見直しが必要で，継続的改善をはかって行かねばならない．

〔一色賢司〕

10.2 食品安全基本法と食品安全委員会

リスク分析, フードチェーン, 国民健康保護

1980～90年代に腸管出血性大腸菌O157食中毒事件, 牛海綿状脳症（BSE）問題や残留農薬・無登録農薬問題など, 食品安全に関する事件が続発し, 食品の安全性に対する不信感が高まり, 従前からの縦割り行政の限界が認識された. 地球環境や気候の変動, 諸外国からの食材の調達, 新たな技術開発など, 国民の食生活を取り巻く状況も大きく変化していた. 食品の原材料の確保から食生活に至る変化にも的確に対応するために, 国民の健康保護が最も重要であるという基本的認識を明示した食品安全基本法が2003年5月に制定された.

2003年7月に内閣府食品安全委員会が設置され, 本法を所管していたが, 2009年に内閣府に消費者庁が設置され本法は両者の共管となった. 本法の目的は, 関係者の責務および役割を明らかにするとともに, 施策の策定に係る基本的な方針を定めることにより, 食品の安全性の確保に関する施策を総合的に推進することである. 基本理念として, 食品の安全性確保のために必要な行政措置が講じられること, 食品供給行程（フードチェーン）の各段階において必要な措置が適切に講じられること, 国際的動向および国民の意見に配慮しつつ科学的知見に基づき, 必要な措置が講じられることが謳われている.

関係者の責務・役割も明記されている. 国の責務は, 食品の安全性確保に関する施策を総合的に策定・実施すること, 地方公共団体の責務は国との適切な役割分担を踏まえ, 施策を策定・実施することとされている. 食品関連事業者の責務は, 食品の安全性確保について第一義的な責任を有することを認識し, 必要な措置を適切に講ずるとともに, 正確かつ適切な情報の提供に努め, 国などが実施する施策に協力することとされ, 消費者の役割は, 食品の安全性確保に関し知識と理解を深めるとともに, 施策について意見を表明するように努めることによって, 食品の安全性確保に積極的な役割を果たすとされている.

本法により食品安全委員会は, 食品健康影響評価（リスク評価）を実施することが定められている. リスク評価に基づいて, 厚生労働省, 農林水産省, 消費者庁などの行政機関が, 国民の食生活の状況などを考慮するとともに, 評価結果に基づいた施策を策定し実施すること（リスク管理）が規定されている. 関係者相互間の情報および意見の交換の促進（リスクコミュニケーション）も必須とされている. 緊急の事態への対処なども定められている.

7名の委員から構成される食品安全委員会は, 専門の事項を調査審議させるため専門委員会も設置されている. 現在は12の専門調査会と5つのワーキンググループにおいて, 本委員会の運営計画や添加物, 農薬や微生物などの危害要因ごとのリスク評価などについて調査審議が行われている.

食品安全委員会の最も重要な役割として, リスク評価がある. 厚生労働省などのリスク管理機関からの評価依頼に応ずるとともに, 委員会自ら評価すべき事案を選定してリスク評価を行っている. 食品安全委員会は, リスク評価の結果に基づいて行われるべき施策について, 内閣総理大臣を通じて, リスク管理機関の大臣に勧告を行うことができる. リスクコミュニケーションならびに緊急の事態への対応も重要な任務である.

〔**一色賢司**〕

10.3 食品表示法・食品表示基準

食品表示法, JAS法, 品質表示, 生鮮食品, 遺伝子組換え食品, 産地表示, 消費期限・賞味期限

食品の安全性の確保や消費者の自主的,合理的な食品選択には,食品表示の果たす役割が大きいことから,食品表示法が2013年に制定され,2015年4月に施行された.それ以前は,食品衛生法,JAS法および健康増進法という目的の異なる3つの法律において食品表示がそれぞれ定められていたが,表示制度を一本化し,包括的かつ一元的な食品表示制度が創設された[1]).

従来の関係三法と食品表示法の関係を図1に示す.食品表示法では,従来の三法の表示制度に基づき,食品表示項目が衛生事項,品質事項,保健事項に整理された.対象食品は,生鮮食品および加工食品であり,それぞれ横断的に表示する事項および特定の食品のみに個別的に表示する事項が定められている.

生鮮食品では「兵庫県産たまねぎ」のように名称と原産地の表示義務があるが,個別的に表示する事項が定められている.生シイタケでは,栽培方法(原木・菌床)の別途の表示が必要である.玄米および精米では,名称,原料玄米(産地,品種,産年),内容量,精米年月日,販売業者とその住所および電話番号の表示義務がある.加工食品では,名称,原材料名,添加物,内容量,消費期限または賞味期限,保存方法,製造者などの表示義務がある.

食品表示法の制定に際して,従前の関係三法で異なっていた加工食品と生鮮食品との区分基準が統一され,ドライマンゴーのように簡単な加工処理によるものも加工食品とみなし,アレルゲン,製造所の所在地などの表示義務が課された.遺伝子組換え食品では,分別生産流通管理が行われた組換え農産物を材料とする場合,「大豆(遺伝子組換えのものを分別)」などの表示義務がある.遺伝子組換え表示の対象はダイズ,トウモロコシなどの8作物とその加工食品33種および特有の形質を有するダイズ,トウモロコシとその加工食品である.〔豊田淨彦〕

表1 精米の食品表示例[2])

名 称	精 米		
原料玄米	産 地	品 種	産 年
	単一原料米 ××県	××ヒカリ	××年産
内 容 量	×kg		
精米年月日	××.××.××		
販 売 者	×米穀株式会社 ××県××市××町××.×-× 電話番号 ××(×××)××××		

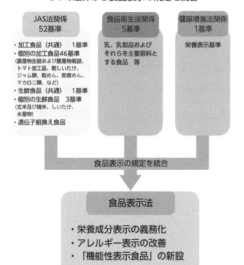

図1 食品表示の一元化[2])

参考文献
1) 消費者庁ホームページ,食品表示法等. http://www.caa.go.jp/foods/index18.html#qa
2) 消費者庁・農林水産省,2014. JAS法に基づく食品品質表示の早わかり. http://www.maff.go.jp/j/jas/hyoji/pamph.html

10.4 農業生産における認証制度

GAP, 第三者認証, GFSI

食品の原材料の一次生産から消費までのフードチェーンにおける安全性に関わる管理は，各段階をつなぐバトンタッチ方式で行われており，最終バトンを受け取った消費者にも重要な役割がある．農業においては食品安全のみならず，環境保全，労働安全等の持続可能性を維持し，発展させることも必要である．農業生産に関する地域食品認証などの制度もあるが，ここでは食品安全に関係する認証制度を紹介する．

食品取扱者には，自主的に食品の安全性を確保する不断の努力が必要であるが，環境変化に伴う危害要因をはじめとして各種条件も変動する．人間は勘違いやミスをし，機械設備も故障することがある．食品の安全性を確保する取り組みなどを自主的に実施していることを自ら点検し宣言する場合を第一者認証と呼んでいる．第二者認証は，食品などの購入者が査察を行い，購入先の取り組みの評価を行う．売り手と買い手以外の中立の第三者が評価する方式は第三者認証と呼ばれている．この方式は外部認証とも呼ばれ，信頼を得やすいなどの特徴がある．

農業生産に関しては，農林水産省の示したGAP（農業生産工程管理）ガイドラインに準拠していることを都道府県が認証する制度も運用されている．この場合は，食品安全，環境保全，労働安全についてガイドラインが示されている．民間認証機関による農業生産に関する認証としてJGAPや生産者GAPなどがあり，先の3項目に加え，人権保護，農場経営管理等の要求事項も審査されている．

国際標準化機構ISOの発行した食品の安全性確保を目的とした規格ISO 22000sを用いる例がある．規格名は，「食品安全マネジメントシステム：フードチェーンのあらゆる組織に対する要求事項」である．Codexの食品衛生の一般的原則およびHACCP適用の7原則・12手順を基礎とし，フードチェーンのすべての業種での食品の安全性を確保することを目的としている．次の4つの要素を含む要求事項を備えている．①相互コミュニケーション，②システムマネジメント，③前提条件プログラム（PRPs），④HACCP原則．この規格は国の内外での食品や原材料の取引に影響しており，第三者認証も行われている．第三者認証を取得しようとする場合には認定機関（わが国の場合，日本適合性認定協会）が認定した認証機関による審査を受けることになる．

国際的な小売業者の発案で始まったGFSI（Global Food Safety Initiative）が主導する第三者評価システムも広がりをみせている．GFSIでは，民間の認証スキーム（手法）を審査し，GFSIが承認すれば，そのスキームによる認証を得た食品取扱者からのGFSI加盟組織への納品を認める制度を展開している．農業生産に関係してGFSIが承認した認証スキームにはCANADA GAP，GLOBAL G.A.P.などがあるが，わが国に本拠を置くものはない．国内の農業者が日本語で認証を受けられるように，GFSIに対して日本GAP協会がASIA GAPスキームの認証申請を行っている．食品加工・製造関係では，食品安全マネージメント協会が発足しGFSIにJFS-Cスキームの承認を申請している．2018年現在わが国でGAP認証を受けている農業者は少ないが，2020年の東京オリンピック・パラリンピックで公式に食材として納品される農産物の採用条件として，認証の取得が奨励されている．GAPに取り組む意義は以下のように考えられる．①食品安全の強化，②経営改善（輸出にも必要），③農作業の安全性向上，④信頼性向上，⑤農業従事者の意識の変化．

〔一色賢司〕

10.5 リスクとハザード

危害要因，健康影響，確率的要素，リスク分析

人類は従属栄養生物であり，食物を食べなければ命を失う．食物を口にした場合でも，食後に健康被害が発生する可能性がある．また，食べすぎという量の問題もあるが，少量でも食後に健康被害をもたらす可能性をもつ要因やその存在状態を，危害要因（ハザード）と呼ぶ．ハザードを含む食品を食べても何の症状も出ない場合もある．未知のハザードの場合は，症状が出てから原因を究明されて気づくことになる．ハザードは，食中毒菌などの生物学的要因，重金属や残留農薬などの化学的要因，硬質異物や放射性物質などの物理的要因に分類される．国連食品規格委員会（Codex委員会）は要因（Agents）のみならず高温多湿などの劣悪な状態（Conditions）もハザードとしている．ISO（国際標準化機構）やFDA（米国食品医薬品庁）などのHACCPにおけるハザード分析では，状態をハザードとして取り扱ってはいない．

食品を食べると食欲が満たされ，栄養素などを得ることができ，おいしさや楽しさを得られるといった喜びをベネフィットと呼んでいる．その一方で，食後に体調不良となり不都合が生じることもある．この不都合が生じる可能性をリスクと呼んでいる．この可能性には，悪影響の起こる頻度と，その被害の深刻さの両者を含む．リスクは日本語に訳すのが難しい言葉である．正確には，リスクは「危害要因が引き起こす有害作用の起こる確率と，有害作用の程度の関数として与えられる概念」である．この概念はCodexにも採用されている食品安全分野におけるリスクの概念であるが，ISOは品質マネジメントシステムにおけるリスクの定義を2015年に「目的に対する不確かさの影響」と変更している．Codex委員会は政府間組織であり，ISOは非政府間組織ではあるが，リスクの定義が異なることに留意する必要がある．

リスクは小さいとか大きいとかで表現され，確率的要素を含むことから，ゼロはない．生の豆類を食べると腹痛や消化不良を起こすが，人類は水さらしや加熱調理により安全性を高め，リスクを小さくして食べている．加熱調理された豆類であっても，不潔な環境に放置されると食中毒菌などの侵入や増殖による食中毒の原因になる可能性が大きくなる．このように食品のもつリスクは変動するものでもある．さらに，食べる人間の体質，体調などによって食後の体調は影響を受ける．

ボツリヌス中毒は，通常の食生活では滅多に発生しないが，発生すると死亡率が高い．このような食品のリスクもあれば，食べすぎによる腹痛のように発生しやすいが症状は軽くてすむリスクもある．リスクの特性に応じて，適切なリスクの管理が行われることが望まれる．フグ中毒のように放置した場合，中毒事故が発生しやすくその症状も深刻な場合は，フグ処理師制度の導入といったリスク管理が行われている．一方，科学的根拠もなくリスクを過大に評価して，食べられるものまで廃棄することはあってはならない．

科学的根拠をもって合理的な食品のリスクを管理するために，リスク分析とフードチェーンアプローチが各国に導入されている．リスク分析は，科学者によるリスク評価と行政担当者によるリスク管理，国民全員によるリスクコミュニケーションによって構成される．フードチェーンアプローチは，リスク分析と不可分な概念で，食品の原材料の生育・増産から最終消費までの食品安全の実行可能性を担保する手法である．危害要因（ハザード）を食生活で許容できないリスクとしないためには，リスク分析とフードチェーンアプローチを両立させ続けることが必要である．

〔一色賢司〕

10.6 かび毒

アフラトキシン，デオキシニバレノール，ゼアラレノン

かびが作り出す代謝産物で，ヒトや動物に対して有害な作用を示す化学物質の総称．かび毒は，熱に強く，通常の調理や加工温度（100～200℃）や時間（60分）では，完全に分解することはできない．したがって，ゆでたり，油で炒めたり，炊飯程度ではかび毒を減らすことはできない．

発がん性のあるかび毒であるアフラトキシンは，熱帯や亜熱帯地方に多く存在しており，これらの地域からの輸入農産物が汚染されている可能性がある．アフラトキシンには，アフラトキシン B_1 をはじめ B_2, G_1, G_2, M_1 などが知られている．中でもアフラトキシン B_1 は天然物で最も強力な発がん物質である（図1）．

日本におけるアフラトキシンの規制値は，従来は，アフラトキシン B_1 が 10 ppb（ppb $= \mu g \cdot L^{-1}$）以下とされていたが，2011年10月より，国際的な動向に合わせて，総アフラトキシン（アフラトキシン B_1, B_2, G_1 および G_2 の総和）において 10 ppb 以下に変更されている．

一方，温帯から寒帯にかけては，赤かびによる汚染が問題になっており，国内でもコムギなどにおいて，年度や気候条件によっては，発生がみられる．具体的には，トリコテセン系かび毒であるデオキシニバレノール，ニバレノールおよびゼアラレノンであり，中毒症状としては，悪心，嘔吐，腹痛，下痢が主であるが，造血機能障害，免疫機能抑制作用なども生じることがある．

かび毒の検知には，これまでは主に分析化学的手法が多く使われてきたが，簡易・迅速化が期待されており，多くのかび毒は蛍光現象を有することから，光学的手法も数多く試みられている（図2）．特に近年，センサの高感度化と情報技術の進展により，1点計測から多点（イメージング）計測，さらに多重計測によるビッグデータの解析が可能になり，蛍光指紋などによる新しい試みもなされ，新たな展開がなされつつある．　〔杉山純一〕

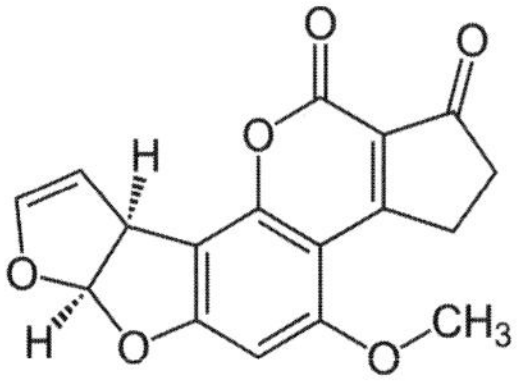

図1　アフラトキシン B_1 の構造式

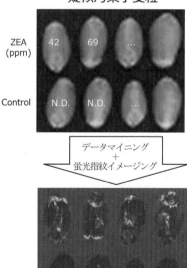

図2　かび毒ゼアラレノン（ZEA）可視化の試み

10.7 微生物活性と予測モデル

増殖曲線，増殖速度，平方根モデル

時間経過に対する微生物の増殖あるいは死滅を記述する数学モデルは，一般的に経験論モデルを用いて記述される．ここでは，増殖挙動を記述する代表的な経験論モデルについて述べる．微生物の増殖がシグモイド曲線として表現されることは広く知られており，このシグモイド曲線を記述するための関数として，代表的なものにロジスティック曲線とゴンペルツ（Gompertz）曲線とがある．微生物の増殖に焦点を絞ったことから，これら両モデルは対象とする変数を細菌数 N ではなく，細菌数の常用対数値 $\log_{10} N$ へと改変された．改変したロジスティックモデルとゴンペルツモデルは，それぞれ（1）（2）式で表される．

$$\log N(t) = A + \frac{C}{1 + \exp[-B(t-M)]} \quad (1)$$

$$\log N(t) = A + C \exp\{-\exp[-B(t-M)]\} \quad (2)$$

ここで，A は初期菌数の対数値，C は定常期における菌数の増加量（対数値），B は時間 M における増殖速度，および M は増殖速度が最大になるまでに要する時間を示す．これらのパラメータから増殖率（growth rate），誘導時間（lag time）および世代時間（generation time）が計算によって求められる．

1994年にBaranyiらによって発表された微生物増殖を記述する微分方程式モデルによって，予測微生物学研究は大きな発展を遂げた[1]．Baranyiらが考案したモデル（3）式はロジスティックモデルを基本として，そこに酵素反応で用いられる Michaelis-Menten の式を導入することでシグモイド曲線を記述した．

$$\frac{dq}{dt} = \mu_{\max} q, \quad q(0) = q_0$$

$$\frac{dN}{dt} = \mu_{\max} \frac{q}{1+q}\left(1 - \frac{N}{N_{\max}}\right) \cdot N, \quad N(0) = N_0 \quad (3)$$

ここで，N は細菌数，$N_{\max}$ は最大菌数，N_0 は初期菌数をそれぞれ表す．$\mu_{\max}$ は最大増殖速度である．関数 q は誘導時間（ラグタイム）を記述する関数である．この連立の微分方程式を数値計算によって解くことによって，増殖曲線を得ることができる．また，ここで重要なのは $\mu_{\max}$（最大増殖速度）を式中に組み込んでいる点である．シグモイド形状の増殖曲線を記述するモデルの開発よりも以前から，細菌増殖の最大増殖速度と温度や水分活性，pHといった環境要因との関係を数式化する試みがなされてきていた．温度と増殖速度との関係を表すモデルとして Ratkowsky によって示された，最大増殖速度の平方根と温度との関係は平方根モデルとして，最も知られているモデルの1つである[6]．

$$\sqrt{\mu_{\max}} = b(T - T_{\min}) \quad (4)$$

ここで，b は定数，T は温度を，$T_{\min}$ は増殖の最低温度（理論値）を示す．このような環境要因モデルを（3）の微分方程式に代入し，数値計算によって解析することで，時間変化に伴って環境要因（例えば温度）が変化しても，変化に対応した増殖予測を可能とする．

以上のように，今後は時間経過に伴う微生物増殖挙動を記述する予測モデルは，微分方程式に各種の環境要因関数を導入して数値計算によって解析する手法が主流となり，さまざまな環境変動にも対応可能な予測モデルが開発されていくことが予想される．

〔小関成樹〕

◆ 参考文献

1) Baranyi, J. *et al.*, 1994. *Int. J. Food Microbiol.*, **23**, 277-294.
2) Ratkowsky, D. A. *et al.*, 1982. *J. Bacteriol.*, **149**, 1-5.

10.8 細菌検査（公定法）

一般生菌，大腸菌群，培地

● **細菌検査の意義**

　細菌検査とは，農産物や食品において，対象物がどのような種類の細菌により，どの程度汚染されているかを検査する方法である．厚生労働省所管の食品衛生法には，多くの食品においてその規格基準が定められている．特に農畜水産物やそれらの加工品および大規模調理施設における衛生管理に関して，その根拠となる生菌数などは公定法によって得られた結果を用いることが必要である．公定法による評価方法は，使用する試薬（培地）や機器の種類，作業者の練度の違いなどによって結果に影響を受けず，客観性・再現性が保証されることが重要である．公定法における細菌検査では，寒天平板培地を用いた培養法が採用されている．近年では発光や蛍光特性などを利用して短時間での判定を可能とするなど，学術論文や特許などにおいて発表された比較的新しい手法を取り入れることで，事業者が自主的に検査評価する方法（自主検査法）や，遺伝子情報や酵素免疫による判定を利用した迅速法も利用される場合もある．しかしながら，客観性・再現性保証の面から，慣例的に利用される培養法による評価を実施することが重要である．

● **一般的な細菌検査の手順・方法**

　公定法における食品の細菌検査では，一般的に下記に示す試験手順を基本として実施する．まず，適量の対象品サンプルをストマッカー（あるいはホモジナイザ）と呼ばれる破砕装置にて滅菌水とともに破砕し，この乳液を細菌検査原液として用いる．これを試験管やボトルを用いて滅菌水で適宜に希釈し，それぞれの希釈液1mLを滅菌ペトリディッシュに分注する．このペトリディッシュに，溶解後に50℃程度に保温した寒天培地を適量流し込み，固結させた後に適温のインキュベーター内で一定時間培養して出現したコロニーを計数するとともに，対象品1g当たりの生菌数を算出する．生菌数の単位はCFU（colony forming unit）・g^{-1}で表す．対象食品によっては大腸菌，サルモネラ属菌，黄色ブドウ球菌，腸炎ビブリオ菌，クロストリジウム属菌ほか，目的となる細菌に応じて最適な試薬，培地および培養条件によって検査を実施しなければならない．一般生菌数は標準寒天培地や普通寒天培地を用いて測定されるが，他の重要な細菌検査項目として，大腸菌群数を得る必要がある．大腸菌群とはグラム陰性無芽胞桿菌であり，48時間以内にラクトース（乳糖）を分解して酸とガスを産生する好気性あるいは嫌気性の細菌群のことを指している．大腸菌群の汚染度は，加工，調理など，製造工程における環境の汚染度を反映させる指標として用いられている．大腸菌群数の測定では，推定試験，確定試験，完全試験として実施する．推定試験では，デソキシコレート寒天培地を用いた上記手順による生菌数の測定と，発酵管内におけるBGLB（ブリリアントグリーン乳糖ブイヨン）培地を用いたガス発生の有無を確認する．確定試験ではコロニー特徴の違いや，MPN（most probable number；最確値）法によって大腸菌群の陰陽性を確定する．完全試験ではグラム染色および検鏡によって陰陽性を確認する．

　この一連の操作を実施するにあたっては，クリーンベンチやピペットを必要とするほか，食性病原細菌を対象とする場合にはレベル2のバイオハザード対応環境の整備も必須となる．用いる寒天培地，破砕時間，培養温度などは対象となる食品および細菌の種類によってさまざまであるため，他の成書も含めて確認していただきたい．　〔濱中大介〕

10.9 残留農薬分析

抽出，クロマトグラフィー，信頼性

　農産物などの食品の安全性確保には，残留農薬分析が不可欠である．2003年にわが国でポジティブリスト制度が施行され，残留農薬分析の必要性が著しく高まった．残留農薬分析は，①分析対象試料の採取，対象農薬などの抽出ならびに食品などの試料由来の分析妨害成分の除去，②クロマトグラフィーによる測定，解析の2つの段階で構成される．後者②では多成分の農薬などの同時測定および未知成分の同定が可能な質量分析計（MS）を検出器に搭載したガスクロマトグラフィー（GC-MS）または高速液体クロマトグラフィー（LC-MS/MS）などが活用されている．これらの分析機器は，それぞれの農薬などを高精度，高感度かつ高選択的に測定できるパフォーマンスをもつ．しかし，前者①の段階，いわゆる試料調製過程において，分析妨害成分の除去が不十分であると，そのパフォーマンスを十分に活かすことができない．これは主に，分析妨害成分によって生じる質量分析計内部での農薬などのイオン化阻害に起因する現象であることが知られている．

　試料調製過程は残留農薬分析データの信頼性を左右する重要な段階であるが，時間，労力の観点で残留農薬分析のボトルネックとなっている．2003年には，QuEChERS（Quick, Easy, Cheap, Effective, Rugged and Safe）法と呼ばれる簡易な試料調製法が提唱され，食品や環境試料など多様な分析妨害物質を含む媒体中の農薬など微量分析に適用されるようになった．QuEChERS法を適用することで，試料調製過程に要する時間および労力が格段に改善され，操作に必要とする有機溶媒使用量も減量されるなど，残留農薬分析に飛躍的な効率化をもたらした．しかし，QuEChERS法が分析妨害物質の除去能に格段に優れた方法であるとはいえず，先述したイオン化への影響を補正することが必要である．

　残留農薬分析は原則として各国政府などが定める公定分析法などに準じて実施し，その分析データをもって，当該食品などの安全性が確保されることとなる．しかし，公定分析法があらゆる試料に対応できる万能な方法ではないことを分析担当者は知っておくことが重要である．先述したように，分析妨害物質による影響は分析対象試料ごとに，その程度が異なる可能性がある．そのため，公定分析法をはじめ既存の残留農薬分析法を日常分析に活用する場合，分析対象試料を用いて，高い信頼性が確保できる分析データが得られるか否かを事前に確認することが欠かせない．また，分析対象試料は，①出荷前の農産物など，②流通食品など，③その他に大別できる．それぞれに分類された試料ごとに，分析法，特に分析機器を柔軟に使い分けることも必要である．例えば，①出荷前の農産物などは栽培期間に散布された農薬などの使用履歴が明らかである場合があるため，必ずしも未知成分の同定能力を有するGC-MSなどに固執する必要はない．一方，②流通食品などでは質量分析計の同定能力が要求される．

　ポストハーベスト農薬を含む残留農薬分析は，分析機器の技術革新に伴い，ここ数年で高精度化，高感度化が飛躍的に進んだ．しかし，多様な食品の安全性を確保するうえで不可欠な残留農薬分析データが一人歩きしないためにも，目的物質，分析対象試料および分析機器の特性を見極めたうえで，妥当性が確保された残留農薬分析法を日常分析に採用することには何ら変わりはない． 〔渡辺栄喜〕

10.10 異物検出

金属検出，X線検査，画像処理

表1 機種別の対応異物と一般的な感度

異物の材質	金属検出機	X線検査装置
鉄	☆	◎
ステンレス	○	◎
石	×	○
ガラス	×	○
骨（硬骨）	×	○
樹脂	×	△
虫，毛髪	×	×

☆：粉状〜，◎：0.5 mm 程度以上，○：1〜3 mm 程度以上，△：3〜5 mm 程度以上，×：検出不可．

　食品の異物検査は，食品衛生法や製造物責任法への対応義務だけでなく，製造者自身のブランド価値保護の観点でも重要である．最も普及しているのは，食品をコンベアで搬送しながら，コイルで発生した磁界中を通過させ，別のコイルで磁界の変化を解析して異物検出する原理の金属検出機である．鉄などの磁性体異物が混入していれば，磁力線が異物に吸収されることで磁界が変化する．アルミやステンレスなど非磁性金属に対しては，数百kHzの交流磁場を用いる．これが金属内部に渦電流を誘導し，金属から磁力線を排除するように磁界を変化させるので検出が可能である．検出性能は，磁性金属で0.5 mm以下，非磁性金属で2〜3 mm程度が一般的であるが，食品自体も磁場を変化させる．水分や塩分が多いほど，また温度が高いほど渦電流が発生しやすいのでノイズとなり，異物検出性能を低下させる．

　1990年代後半以降は，X線検査装置が普及し始めた．コンベアで搬送する食品にX線を照射して透過画像を撮影し，コンピュータによる画像処理で自動的に異物を検出する原理である．X線の波長は0.01 nm以上と，比較的低エネルギー領域が用いられる．無論，装置はX線漏洩防止構造であり，作業者や食品への安全性を確保している．鉄とステンレスは同等の検出性能が得られ，他の硬質異物も検出できることが最大の特徴である．異物は，X線を多く吸収する物質であるほど検出しやすい．X線は，物質の原子番号と密度（単位体積当たりの質量）が大きいほどよく吸収される．食品の主成分は水やタンパク質など低原子番号の物質である．一方，石やガラスはケイ素，骨はリン酸カルシウムが主成分であるので，食品よりX線をよく吸収し透過画像に暗く映る．この画像を画像処理して局所的に暗い領域を解析すれば異物を発見できる．検出感度は，鉄やステンレスは1 mmでも同様に検出ができ，石，ガラス，骨では2〜3 mm程度から検出が可能であるが，金属検出機と同様に，食品自体の厚さや凹凸によって画像処理が困難になり検出性能が制限される．

　X線検査装置は，金属検出機に比べて検出できる異物の種類（材質）は多様だが，薄い箔状の金属や，粉状などの細かい鉄錆に対しては金属検出機が高感度であるので，食品加工の現場では併用することが多い．両方式の対応異物と感度の概要を表1に示す．最も苦情が多い虫や毛髪については，現在も有効な手段が存在せず開発が期待されている．また，前述の通り両方式とも実運用での検出性能は食品の性状によってさまざまであるので，事前に両方式の性能を実際の状況で検証し，把握することが肝要である．最後に，異物を検出した製品を生産ラインから自動的に排除する仕組みの構築が必要である．確実な排除のためには，検査物の形態に適した排出装置の選択や，排除した製品の取り扱いルール（廃棄や再検査など）を定めておくことなどが重要である．

〔廣瀬　修〕

10.11 温湯処理・蒸熱処理

害虫防除, 成熟抑制, 品質維持, 低温障害抑制, かび類, 輸入農産物

青果物・種子などの簡易的な殺菌法として, 温湯の中に浸漬する方法（温湯処理）や水蒸気に短時間曝露する方法（蒸熱処理）がある. ここでは, 温湯・蒸熱処理法の代表的な効果について説明する.

● 水稲種子の温湯消毒

水稲種子の温湯消毒法は, 水稲種子伝染性病害虫の防除を目的として行われている. 薬品を使用しないために化学合成農薬使用量を低減できる利点がある. 通常は処理温度60℃, 処理時間10分で処理され[1], これよりも高温で処理すると発芽率が低下するので注意が必要である. 温湯処理後は発芽率の低下を防ぐため, 水温10℃以上で籾の冷却および浸漬処理が行われる. 防除できるかび類, 病害虫として, ばか苗病, いもち病, もみ枯れ細菌病, 苗立枯細菌病, イネシンガレセンチュウなどがある.

● 温湯処理と野菜の品質維持

多くの野菜類ではクロロフィルの分解により黄化がみられるが, 黄化を抑制し緑色を保持することは, その商品性を維持するうえで重要なポイントとなる. 黄化抑制の手段として, ブロッコリーなど一部の野菜で温湯処理が行われている. 例えば, ブロッコリーを20℃で貯蔵すると緑色から黄色に変化して品質が劣化するが, 45℃の温水に14分浸漬後20℃で貯蔵すると, 黄化が3日程度遅れる. これは, 高温処理によりクロロフィルを分解する酵素であるペルオキシダーゼ活性の増大を抑制することに起因している[2]. また, エチレン精製系に関与する1-アミノシクロプロパン-1-カルボン酸（ACC）酸化酵素活性の抑制によりエチレンの生成が抑制され, それがブロッコリーの成熟抑制, すなわち, 黄化の抑制に関与しているという報告もある[3]. 一方, ミニトマトでは, 温湯処理に伴うヒートショックタンパク質（HSPs）の生成を誘導することにより, 低温障害の抑制が期待できるという報告もある[4].

● 温湯処理と輸入農産物[5]

害虫防除や炭素病発生抑制を目的として, マンゴー, パパイヤ, マンゴスチンなどの輸入農産物に対して温湯・蒸熱処理が施された後, わが国に輸入されている. 処理条件は, マンゴーは52℃・20分（温湯処理）, パパイヤは50℃・20分の温湯処理後, 中心部が47℃になるまで蒸熱処理をする. マンゴスチンは, 中心温度が47℃以上で蒸熱処理を行い, 58分以上保持する, などのように, 対象農産物ごとに異なる条件が定められている.

〔折笠貴寛〕

◆ 参考文献

1) 上川農業改良普及センター士別支所, 2013. 水稲温湯消毒種子取り扱いマニュアル.
2) 風見大司ほか. 1991. 日本農芸化学会誌, **65**, 19-26.
3) Terai, H. *et al.*, 1999. *Food Preservation Science*, **25**, 221-227.
4) 前澤重禮ほか, 2004. 農業機械学会誌, **66**, 191-192.
5) 内野敏剛, 2013. 農業機械学会誌, **75**, 56-61.

10.12 加熱殺菌

レトルト殺菌,D値,Z値

● 殺菌の定義

医療分野では,病原菌を含めた有害微生物を死滅させる度合いによって,滅菌(sterilization)と消毒(disinfection)という用語を使い分けてきた.前者の滅菌は物質中のすべての微生物を死滅または除去することをいい,後者の消毒は病原微生物を死滅させ,感染症を防止することと定義されている.食品関係では「乳及び乳製品の成分規格等に関する省令」や「食品,添加物の規格基準」で,有害微生物を短時間で殺滅する働きを総括して殺菌といっている.缶詰食品やレトルト食品では,耐熱性芽胞形成細菌で食中毒菌でもあるボツリヌスA型菌芽胞の完全殺滅を目標にした加圧・加熱殺菌を行っている.

● 微生物殺菌のための加熱方法

熱水・蒸気加熱 包装前または包装後の一般食品の殺菌に用いられ,その場合の加熱温度は100℃以下である.

レトルト殺菌 レトルトパウチ詰食品や魚肉ソーセージの殺菌に用いられており,*Clostridium botulinum* などの耐熱性菌を殺菌するため,高圧下120℃・4分以上の加熱処理が行われている.

HTST (high temperature short time) 殺菌 牛乳の殺菌に主に用いられており,従来の低温殺菌(牛乳62~65℃・30分)に対して高温殺菌ということで,加熱温度も100~120℃の範囲を指す場合が多い.一般牛乳の殺菌,果汁の無菌充填用殺菌に,このHTST方式が使われている.

UHT (ultra high temperature) 殺菌 超高温短時間殺菌といわれており,135~150℃・2~6秒間の殺菌で牛乳やケチャップに生育している微生物を完全に死滅させることができる.

● 加熱殺菌の評価方法

加熱殺菌速度は,一種の化学反応と考えられるので,温度と反応速度との関係はArrheniusの式に従うものと考えられる.これを実用的に取り扱うために,Biglowの古典的な手法が現在でも便宜的に用いられている.すなわち,片対数グラフ上で,菌数が直線的に減少し,菌数が1/10に減少するのに要する時間をD値と呼ぶ.また,D値を1/10に短縮するための温度上昇をZ値と呼び,対象とする細菌の耐熱性を表す指標の1つとして用いられている.これら,D値およびZ値を活用して,種々の加熱殺菌行程が設計される. 〔小関成樹〕

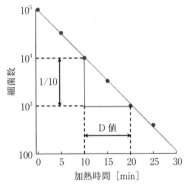

図1 加熱殺菌におけるD値

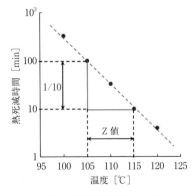

図2 加熱殺菌におけるZ値

10.13 非加熱殺菌

超高圧，高電圧パルス，交流高電界

● 非加熱（非熱的）殺菌技術

野菜，果実，魚介類，畜肉などの生鮮物や通常の加熱処理では熱劣化が生じるような食品については，殺菌処理の必要がある場合には，古くからガスや液体・固体薬剤を用いた殺菌が行われてきた．また，物理的な処理として静水圧を利用した超高圧処理が注目を集めてきた．ほかにも，電気や光などの物理的エネルギーを熱変換しないで利用する方法での殺菌や加工処理が，従来の加熱加工や薬剤などの化学的な処理とは異なる技術として，食品の高品質化と環境保全の観点から注目を集めてきている．しかしながら，いずれの非加熱（非熱的）殺菌技術も執筆時点において，完全に加熱殺菌技術の代替法とは成りえていない．

● 各種の非加熱（非熱的）殺菌技術の特徴

超高圧処理 圧力容器内に対象食品を入れて，超高圧下で所定の時間の処理を行うことで，微生物を不活化する．ここでの超高圧とは，400〜700 MPa のことを意味し，きわめて高い圧力を必要としている．殺菌機構としては，圧力下での生体膜（脂質二重層）の流動性低下などによる機能不全，高分子成分の変性，加圧・除圧時の構造破壊などが考えられている．ただし，芽胞を殺菌することはできないことから，滅菌はできない．低分子成分の分解や蒸散などが少ないことから，果実などの食材に向いている．装置コストが高く連続化が困難である点が課題である．

高電圧パルス（液体） 電極間に液体試料を充填して，高電界（$10\,kV\cdot cm^{-1}$ 程度）を極短時間のパルス的に印加することで，細胞膜の緊縮さらには穿孔を生じさせることによって殺菌する．パルス処理での電気分解を抑制すれば品質劣化は少ない．

高電圧パルス（固体試料） 穀類や香辛料などの粒体表面に高電圧を印加することによりパルスストリーマ放電を生じさせ，対象素材表面の微生物に対して放電による電気ショックや放電によって発生するラジカルの酸化作用により殺菌する．

交流高電界 電極間に液体試料を充填して，交流の高電圧を極短時間通電させることで，高電界での生体膜などの機能不全，熱や圧力と電界強度の相互作用によって殺菌する．

閃光パルス 対象試料表面に高エネルギー（数 $J\cdot cm^{-2}$）の光パルスを照射することで，固体表面を殺菌する．主に紫外線（UV-C）による殺菌効果を効率化したものであるが，実際には長波長域での熱的な効果も示唆されている．処理時間は短く，連続的な処理もベルトコンベアで可能となる．表面での酸化反応によって品質劣化や素材への着香の懸念がある．

ソフトエレクトロン 30万 eV 以下の電子線を，固体表面に照射することで殺菌する．従来の電子線殺菌に比べて，遮蔽装置などの周辺機器を含めて安価に導入できるだけでなく，通常の電子線と比較して固体内部の変性が少ないといわれている．

電解水・オゾン水 水の電気分解によって強酸性電解水あるいはオゾン水を生成する．野菜・果実などの洗浄殺菌剤に適している．しかし，汚れの影響を強く受けることから，予備洗浄などのシステム化が不可欠である．

〔小関成樹〕

10.14 高圧殺菌

静水圧，栄養細胞，細菌芽胞

● 高圧殺菌とは

微生物を密閉容器において高圧条件に一定時間さらすことによって死滅あるいは不活性化する方法あるいはその操作を指す．一般的に数百 MPa 程度（数千気圧）の静水圧条件にて実施する．微生物の生体膜機能障害，生体高分子の変性，細胞膜の破壊などが殺菌メカニズムであるとされる．高圧蒸気加熱滅菌（オートクレーブ，レトルト）は，クロストリジウム属やバチルス属細菌が形成する芽胞を不活性化させうる条件である 121℃・15～20 分間（レトルトは 4 分間）程度にて殺菌する操作であり，およそ処理圧力は 2 気圧程度であるが，一般的には高温処理を主体とした加熱殺菌法と考えるため，ここでは除外する．高圧殺菌は等方性の加圧であることから，密閉容器内部全体を均一に処理できるため，微生物が内部に混入した食品においても殺菌が可能となる．熱エネルギーによらない殺菌プロセスであるため，風味や色調のほか，ビタミンなどにも影響を及ぼすことがない．多種の食品加工における殺菌プロセスに導入されており，高品質ジャムやアボカド加工品，無菌包装米飯のほか，応用事例は多い．また，タンパクやデンプンの改質による食感変化にも応用可能であり，ロブスターやカキの剥き身処理，乳幼児の離乳食や介護食などへの利用の期待も大きい．一方，容器や包装の開封後での空気への曝露や，保存中の光条件によっては品質低下が著しくなる場合もあるため，消費期限や賞味期限の設定には注意が必要である．

● 栄養細胞の高圧殺菌

およそ 400 MPa 以上の高圧条件で不活性化される．概して，グラム陰性細菌よりもグラム陽性細菌のほうが高圧に対する耐性が高い．細胞サイズが比較的大きな酵母は高圧に対する感受性が高く，より低い圧力条件で死滅させることができる．

● 細菌芽胞の高圧殺菌

きわめて高い耐性を示し，1000 MPa 以上の超高圧条件でも死滅させることが困難である場合が多い．そのため，細菌芽胞の不活性化を目的とした殺菌処理プロセスにおいては，高圧の単独での利用は不向きであるといえる．一方で，高圧処理は細菌芽胞の発芽を誘導することが明らかになっている．発芽誘導は栄養型細胞への変化を意味するものであるため，圧力の連続的処理が芽胞の不活性化処理として有効と考えられる．加熱や高電圧パルスの併用，pH 調整，塩類や有機酸の添加などによって，処理圧力の低下を目指す必要がある．

● 高圧殺菌の問題点

高圧殺菌の大きな問題点は，装置が高価であることがあげられる．所定の高圧条件を達成するために，高圧に耐えうる強度を有する使用部材の選定に加え，装置そのものが巨大となるため専用建屋が必要となる場合もある．また，目的の圧力値への到達によって殺菌効果が発揮されるという工程の特性上，回分方式（バッチ式）処理にならざるをえない．近年では，異なる加圧条件の処理槽をいくつか接続し，圧力エネルギーを順次移動させることで見かけ上の連続処理を達成するシステムが提案されている．これらの解決に加え，上述の細菌芽胞の不活性化が容易となれば，処理に必要なエネルギーや包材コストの面からもレトルト処理を代替しうる処理技術として，高圧殺菌技術は食品産業に広く利用されることが期待される． 〔濱中大介〕

◆ 参考文献

1) 五十部誠一郎ほか，2008．フレッシュ食品の高品質殺菌技術．サイエンスフォーラム．

10.15 パルス高電界殺菌・高電圧プラズマ殺菌

PEF, 電気穿孔, 有機物分解, エチレン分解

● 高電圧パルスの発生・制御

高電圧パルスはきわめて短い時間（数 μs）に 10 kV 以上の高電圧を印加すること, またはこれに伴う現象を指す．一般に導電率の大きい水溶液中の電極に直流電圧を印加すると, かなりの電流が流れるために, 電気分解が生じて発熱を伴う．ところが, 直流電圧も短い時間だけ印加すると, 水が誘電液体のような性質を示すため, 電界効果を利用することができる．この短い時間の直流電圧を直流パルスあるいは単にパルス電圧と称し, パルス幅が 1 μs 程度より短くなると, 水中の各種イオンが電極間を移動することができなくなる．これは水中でのイオンの移動速度が電子に比べて小さいためであり, よく知られている電気分解や電気泳動のような作用とはまったく異なった現象が生ずる．

図1は筆者らが主に用いているスパークギャップ型パルス発生器の回路図と, 得られる高電圧パルス電圧の波形の一例（オシロスコープ写真）を示している．AC 100 V, 50 Hz をスライダックで電圧調整し, 電流制限用抵抗を通してコンデンサを充電する．充電された電気エネルギーはスパークギャップを通して瞬間的に放電し, パルス電圧としてパルス処理槽に印加できる．これにより得られるパルス波形は, 負荷となる電極間に充塡された溶液の電気的性質によっても大きく異なるが, 本実験の場合は立ち上がりが約 50 ns, 半値幅が約 10 μs 前後, 電圧は最大で約 20 kV である．高電圧パルスは上記以外の方法でも形成することができ, 半導体式やコイル式などさまざまな方法が存在する．ただし水中を対象とした場合には最大数 100 A にも達する電流が流れることもあり, 回路設計には注意が必要である．

● 高電圧パルス殺菌（PEF 殺菌）

前述の高電圧パルス電界を水中に印加すると電界効果が期待でき, これを高電圧パルス電界（pulsed electric field：PEF）と称している．この PEF による微生物の破壊—PEF 殺菌またはパルス殺菌—は細胞膜の電気的圧縮による破壊が原理であると考えられ, この現象を電気穿孔（エレクトロポレーション）と称している．この現象に関しては優れた総説が出版されている[1]．

パルス殺菌は電界作用による細胞膜構造の

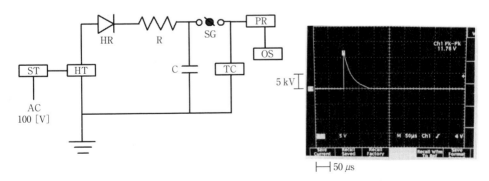

図1　スパークギャップ型パルス発生器の回路図と高電圧パルス電圧の波形
ST：スライダック, HT：高電圧トランス, HR：高電圧ダイオード, R：保護抵抗, C：コンデンサ, SG：スパークギャップ, TC：処理槽, PR：高電圧プローブ, OS：オシロスコープ．

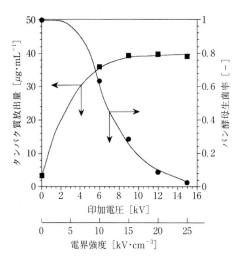

図2 パルス殺菌のピーク電圧と生菌率および細胞内タンパク質の放出

物理的破壊を主原理としている。このため通常の加熱殺菌とはまったく異なり、操作は常温、または常温より少し高い温度雰囲気で実施できる。したがってパルス殺菌は食品の変質・劣化を最小限にしながら殺菌可能な技術として期待されている。またプロセスとして考えた場合にも加熱殺菌処理は試料の加熱、冷却プロセスが必要となるのに対し、パルス殺菌ではこれらの操作は必要ないので、エネルギー効率のよい殺菌システムを構築することが可能である。

図2はパルス殺菌のピーク電圧(電界強度)と生菌率および細胞内タンパク質の放出の関係を示している[2]。パルス殺菌に関しては筆者らを含め、世界的に実用化を目指した研究開発が行われているが、まだ実用化例はないようである。

● **放電プラズマの発生と利用**

大気圧放電プラズマ(大気圧非熱平衡プラズマ)の生成のための方法として、主にパルス放電および誘電体バリアによる放電がある。パルス放電の利点としては、高電圧パルス電圧を印加するので、電子エネルギーを大きくできる、および大容量の放電を生成できる利点がある。図1で示した高電圧パルスでも電極形状を工夫することで安定した放電プラズマを利用することができる。これを利用した有害微生物の殺菌や有機物分解を含めた水質改善方法が提案されている。

放電プラズマは酸素ラジカルなどの活性種が発生するため、非常に幅広い有機物の分解が可能である。筆者らは水中で放電プラズマを発生させるための装置開発、およびこれを利用した食品排水の浄化に関する基礎実験を行っており、タンパク質、脂質、界面活性剤などの分解を確認している。また同時にさまざまなバクテリアやウイルスの殺菌も可能であることから、高度水処理への適用が期待される。

空気中で放電プラズマを生成した場合、プラズマの有する高エネルギー電子により、窒素や酸素分子の乖離による化学的活性粒子や電離によるイオンの生成などが引き起こされる。これらの一部は、強い酸化力を有するため、空中浮遊菌の不活性化が期待できる。また培地に溶け込んだ硝酸態窒素は、一般に植物の栄養分として根から吸収されるため、植物の生育を促進することも報告されている[3]。

ユニークな取り組みとしては農産物の混載輸送時に問題となるエチレンのプラズマ除去が提案されている。エチレンは、植物ホルモンの一種で、青果物の成熟を促進するが、過度な成熟は腐敗を進行させる。輸送中に発生するエチレンを放電プラズマ分解し、腐敗防止を図る試みが提案され、20ftコンテナを用いた実証試験も行われている[4]。

〔大嶋孝之〕

◆ **参考文献**

1) 葛西道生ほか,1986. 蛋白質核酸酵素,**31**,1591.
2) Ohshima, T. *et al.*, 1995. *J. Electrostatics*, **35**, 103.
3) 高木浩一,2013. ケミカルエンジニアリング,**58**,897.
4) 高木浩一ほか,2015. 電気学会技術報告書 パルスパワーおよび放電の農水系利用. 電気学会.

10.16 電解水

強酸性電解水，塩素濃度，弱酸性電解水，アルカリイオン水，電解次亜塩素酸水

● 電解次亜塩素酸水

水に食塩・塩酸などにより塩素イオンを溶解させた被電解液を電気分解により塩素ガスを発生・溶解させて生成する殺菌力を有する水である．殺菌助剤（食品添加物法）として登録され，食品関連分野での衛生管理に使用されている．生成水は，酸性を呈し，次亜塩酸を含む．塩素イオンの形態が酸性領域で殺菌活性の高い次亜塩素酸になることから，次亜塩素酸ナトリウムと比較して，低濃度，短時間で殺菌可能である．また，手指用洗浄消毒剤の生成装置として医療機器にも登録されている．製法，pHによりその呼称が異なり，pH3.0未満を強酸性電解水，3.0～5.0を弱酸性電解水，5.0～6.5を微酸性電解水とされている．

● 強酸性電解水

電解次亜塩素酸水の中の1つであり，水に少量の食塩（0.1%程度）を加えた希薄食塩水を膜により隔てた対向する電極に電圧を印加し，電気分解することで得られる．pHが3.0未満の水（電解次亜塩素酸水参照）．

● 弱酸性電解水

電解次亜塩素酸水の中の1つであり，塩酸，塩酸と食塩を混合した電解補助剤を添加して対向した電極に電圧を印加し，電気分解することで得られる．pHが0.3～5.0で次亜塩酸を含んだ水．

● 塩素濃度

一般的には有効塩素濃度（available chlorine concentration）が便宜的に用いられる．次亜塩素酸ナトリウムなどの薬品を希釈して用いる場合の指標として使われる．大規模調理施設衛生管理マニュアル（通称，大量調理マニュアル）では，生食用野菜の殺菌洗浄時間 100 mg·L^{-1}・10分，200 mg·L^{-1}・5分浸漬後に，水道水など飲料に適した水で十分すすぐことが明記されている．

● アルカリイオン水

電気分解して得られた陰極側の生成水．飲用することで，「胃腸疾病の改善」効果があることから医療機器として承認されている．製法は水道水に乳酸カルシウムなどカルシウムを添加し電気分解して得られる．無色・無臭の水である．

〔紙谷喜則〕

10.17 光学的殺菌法

紫外光殺菌，赤外光殺菌，ピリミジン，光回復，
チミンダイマー，酵素失活，熱変性

農薬を使わない物理的殺菌方法の1つとして光学的殺菌が利用されている．光学的殺菌で使われる光は，紫外光，赤外光であるが，微生物に与える作用は異なり，紫外光は化学的，赤外光は熱の作用によって殺菌を行っている．紫外光は冷殺菌とも呼ばれる．また，最近では殺菌ではないが，植物体に特定の波長の光を照射し光ストレスを与えることによって，病気に対する抵抗性を誘発し，病気を防除する方法も実用化されている．

ちなみに，電磁波を区分する名称を，波長の短い方から"ray"，"radiation"，"wave"と区別し，「線」，「放射」，「波」の和訳を対応させてきたが，近年CIE（国際照明学委員会）の見直しにより，光の波長領域については，線から放射に変更されている．たとえば紫外線では，紫外放射の表記が専門用語では多くなっている．

● 紫外光殺菌

紫外光は10〜400 nm程度の波長帯電磁波で，可視光より短く，軟X線より長い電磁波である．長波長側から，UV-A（315〜400 nm），UV-B（280〜315 nm），UV-C（200〜280 nm）と分類され，波長によって著しく性質が異なる．これらのうち，殺菌にはUV-Cが適する．紫外光ランプ（殺菌灯）は蛍光灯と同じ構造の低圧水銀蒸気放電ランプを用いており，中心波長は254 nmで，200 nm以下の紫外光を吸収する特殊ガラスを使用し，鋭いピークを有している．

紫外光は放射線に比べると，そのエネルギーは4.9 eVと少なく，殺菌の作用は分子の電離ではなく，励起によるもので，分子が不平衡な状態あるいは反応性の増大した状態を誘発する．微生物の殺菌のメカニズムでは，UV-Cの照射により微生物細胞の核酸に不平衡状態をもたらし，複製機能が失われることによる．具体的には，微生物の核酸は，260 nm付近にピークの光吸収帯をもち，UV-Cの波長帯と一致するため，同一鎖に隣接して存在するピリミジン塩基（チミン，シトシン，ウラシル）にUV-Cが照射されたとき，この塩基のチミンが一量体から二量体に変化する，いわゆるチミンダイマーが形成されることで，核酸の複製機能が失われ，微生物が死滅する．

このように，紫外光は微生物の核酸に直接作用するため，殺菌レンジが広いとされているが，一方で，生体にはUV-Aや可視光領域の光を吸収することによって，損傷したDNAを修復する光回復と呼ばれる機能を有している．光回復は光回復酵素が光の吸収により電子的励起状態となり，電子移動によって二量体のシクロブタン環の開裂を行い，一量体に戻すと考えられている．また，微生物にも紫外光感受性が存在し，一般的にグラム陽性菌が最も大きく，かびは最も抵抗性が大きい．

紫外光殺菌の長所としては，化学薬剤のような残留性がないことのほかに，微生物に抵抗性を作らない，取り扱い容易で自動運転に適する，処理時間が短い，安価などである．短所は，表面殺菌に限られ，遮蔽物があると効果がないなどがあげられる．

● 赤外光殺菌

赤外光殺菌は殺菌メカニズムからは加熱殺菌に分類され，乾熱殺菌の一種ともされる．手法としてはハロゲンランプやセラミックヒーターを使用し，高温の発熱体から放射される光を利用する．波長は発光体の温度に依存し，0.75〜1000 μmの波長の電磁波の放射を用いる．

加熱殺菌のメカニズムは，温度上昇により微生物のタンパク質や酵素の立体構造が不可逆的に大きく変化し，その性質が変化する熱

変性や酵素の作用がなくなる失活を引き起こし殺菌に至る．また，生体分子が熱により酸化・分解され，微生物の生体維持活動ができなくなり殺菌に至る作用もある．このうち熱変性のほうが，殺菌効果が高いと考えられており，これは十分な水分の存在下の加熱（湿熱）で起こりやすく，水分が少ない場合（乾熱）は酸化がメカニズムとして支配的になるとされる．微生物の熱耐性は，一般にグラム陽性菌が高く，また，芽胞は耐熱性が高い．

熱殺菌は加熱媒体を殺菌対象物に接触させ，伝導伝熱・対流伝熱により微生物への熱移動を行い，微生物体を致死温度に至らせる．これに対し，赤外光は放射伝熱により直接微生物体の温度を致死温度まで上昇させ，空気や温水，水蒸気などの加熱媒体を必要としない．このため，赤外光殺菌は一般的な加熱殺菌と比べ，エネルギー損失の小さい効率的な殺菌処理が可能で，殺菌対象物表面温度を短時間で高温にでき，表在微生物の短時間殺菌が可能となる．これにより，殺菌対象物内部の温度が上がりにくく，農産物・食品の内部品質を維持するのに有利である．

● **赤外光・紫外光併用処理**

赤外光，紫外光は単独でも殺菌効果をもつが，両者を併用することにより合計の照射時間が単独照射と同じでも，単独照射と同等か，より高い殺菌効果が得られる．この効果は食品加害微生物抑制の分野では，ハードルテクノロジーと呼ばれており，微生物の増殖を制御するいくつかの操作を組み合わせ，総合的に増殖制御効果を高めることである．一つ一つの殺菌操作をハードルに見立てている．例えば，紫外光耐性のあるかび胞子に赤外光・紫外光を併用照射した場合，それぞれの照射時間が半分で済み，赤外光照射時間の短縮により，温度上昇に起因する対象物品質の低下を軽減できる．逆に赤外光耐性のある微生物

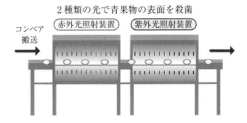

図1　赤外光・紫外光併用殺菌装置「アグリクリーン」の概要図

の場合にも同様に照射時間短縮により，変色の軽減などが期待できる．温州ミカン，モモ，イチゴ，イチジクでの殺菌実績があり，特にイチジクの殺菌効果は高く，赤外光，紫外光を30秒ずつ併用照射することで，付着する一般生菌数が4桁以上，真菌数が3桁以上減少した結果がある[1]．この赤外光・紫外光併用光殺菌装置は「アグリクリーン」（雑賀技術研究所）（図1）として実用化され，生食用イチジクの生産施設に導入されている．

● **その他の光利用**

このほか，微生物の直接殺菌ではないが，農産物や作物体に光ストレスを与えて，植物体の病害抵抗性誘導を促し，病害防除を行う光防除法についても実用化されている．抵抗性誘導とは，植物に適度なストレス刺激を与え，これにより植物が本来もっている生体防御反応を高めることで，予防的に病害が低減できる．「タフナレイ」（パナソニック）は，紫外光のUV-Bを利用した光源で，イチゴのうどんこ病を抑制する．「みどりきくぞう」（四国総合研究所）は緑色蛍光灯で，キュウリ・イチゴの炭疽病，トマト・キュウリの灰色かび病を抑制する効果がある．　　　　[日髙靖之]

◆ **参考文献**

1) 内野敏剛ほか，2012．農林水産研究ジャーナル，**35**(6)，26-31．

10.18 薬剤耐性菌

抗生物質，抗菌性物質，耐性遺伝子

● **薬剤耐性菌と抗菌性物質**

薬剤耐性菌とは，特定の薬剤に対して抵抗性を示す細菌のことである．薬剤の中でも特に抗菌性物質に対しては，細菌が抵抗性を獲得しやすいことが広く知られている．抗菌性物質とは，細胞の増殖や機能を阻害する薬剤を指し，特に細菌由来の感染症の治療に使用されている．代表的な抗菌性物質として抗生物質と合成抗菌薬がある．抗生物質は微生物から産生される抗菌薬であり，合成抗菌薬は化学的に合成された抗菌性物質を指す．世界で最初の抗生物質は，イギリスのフレミングが1928年に発見した青かびを由来とするペニシリンである．なお，現在の抗生物質のほとんどは化学合成によって製造されている．

● **抗菌性物質の使用**

抗生物質や合成抗菌薬といった抗菌性物質（以下，抗菌性物質）は医療だけではなく，畜産業や水産業においても広く使用されている．2003年の農林水産省の資料[1]によると，ヒト用として230 t，動物用医薬品として830 t，飼料添加物として230 t，農薬として400 t，水産業において230 t使用されており，ヒトの約2.5倍の抗菌性物質が家畜に使用されている実態がある．畜産業において，抗菌性物質を使用する目的として，家畜の疾病の予防や治療だけではなく，飼料に添加することによる成長促進もあげられる．畜種別では，ウシに比べブタへの投与量が多い．

● **耐性獲得の機構**

抗菌性物質の長期間の使用や不適切な投与によって，それまでは感受性を示していた細菌は耐性を獲得し，薬剤耐性菌となる．細菌が耐性を獲得する機構として，突然変異，水平伝播，誘導があげられる．突然変異は自然発生的であり，変異を起こした遺伝子は耐性情報をコードしている．水平伝播とは他の細菌から耐性遺伝子が流入して耐性を獲得することを指し，形質転換，ファージによる導入，接合伝達がある．

● **耐性菌の社会的影響**

動物が薬剤耐性菌由来の疾病に罹患すると，抗菌性物質の有効性が低下し，感染症などの治療が困難になる．最近，家畜に使用される抗菌性物質により出現する耐性菌が，食物連鎖を通じてヒト治療に影響することが懸念されている[2]．このような耐性菌関連リスク低減のためには，耐性菌および耐性遺伝子の伝播を断ち切ることが求められる．

薬剤耐性菌および耐性遺伝子のヒトへの伝播経路は複雑である[3]．家畜体内で出現した耐性菌は畜産物を通じてヒトへ伝播する以外に，家畜糞尿から水環境や土壌を通じて伝播することもある．家畜糞尿や堆肥の中には薬剤耐性菌数が多いケースが報告され，対策が急務である．

これらの薬剤耐性菌に対応するため，わが国では，動物医薬品検査所を核として家畜衛生分野における薬剤耐性菌モニタリング体制が整備されるとともに，内閣府の食品安全委員会において，家畜などに投与された抗菌性物質に対する食品媒介性耐性菌の健康影響評価が行われている．

〔井原一高〕

◆ **参考文献**

1) 農林水産省消費・安全局，2003．抗生物質の使用と薬剤耐性菌の発生について．
http://www.maff.go.jp/j/syouan/johokan/risk_comm/r_kekka_iyaku/h151110/pdf/031110_giji.pdf
2) 田村豊，2015．モダンメディア，**61**(6)，161-168．
3) Witte, W., 1998. Science, **279**, 996-997.

10.19 品種・産地偽装検査

食品表示法, 同位体元素, DNA解析

「新潟県産コシヒカリ」のようにコメの原料玄米の産地と品種は, 消費者の購入選択基準の1つであり, 精米の価格形成にも大きく影響する. そのため, 精米の品種や産地を偽装する例が過去にみられる. 同様な品種・産地の偽装は, 農林水産物, 畜産物の生鮮食品や加工食品においても多くみられる. それらは, 食品表示法に規定される「不適正な表示」に該当し, 食品表示法違反となる. そのため, 市場に流通する食品の品種・原産地表示の確認が必要であり, 各種の検査・分析法が開発, 実用化されている.

● **窒素安定同位体比による鳴門産乾ワカメの産地判別**[1]

無機態炭素や無機態窒素の濃度やそれらの炭素・窒素同位体比などは, 生物の生育環境を反映し, 地域により変動することから, 生鮮や食品原材料の生育された環境の違いを示し, 炭素・窒素・酸素などの軽元素の安定同位体比分析により産地判別することが可能である. 鳴門産乾ワカメでは, 中国・韓国産や国産他産地のものを「鳴門わかめ」と偽装した事例がある. 産地判別検査では, まず, 鳴門地区のワカメ養殖池で生産されたワカメの窒素安定同位体自然存在比 ($\delta^{15}N$) を安定同位体比質量分析装置により測定し, その分布を明らかにする. 次いで, 中国産, 韓国産について同様の測定を行い, 得られた $\delta^{15}N$ の分布を鳴門産のものと比較した結果, 比較的高い $\delta^{15}N$ 値を鳴門産が示すことから, 鳴門産と中国・韓国産の判別が可能となった. また, 窒素の $\delta^{15}N$ と酸素の $\delta^{18}O$ の両者による判別方法も開発されている.

● **DNA解析によるタマネギの品種判別**[2]

中国産による淡路産タマネギの産地偽装に関する疑義情報を受け, 無機元素組成解析・ストロンチウム同位体比分析による産地判別とDNA解析による品種判別技術が開発された. タマネギは産地ごとに適した品種が栽培されており, それら品種のDNAマーカーのパターンを調べることにより, 淡路産, 中国産の判別法が開発された.

● **無機元素組成解析・ストロンチウム同位体比分析による冷凍ホウレンソウの産地判別**[3]

冷凍ホウレンソウは食品表示法に基づき国内産では原産地, 輸入品では原産国の表示が義務づけられているが, 輸入品と国産品との価格差が大きく, 原料原産地の偽装の懸念が生じたことから, 原産地判別技術が開発された. 産地判別には元素分析, 軽元素安定同位体比分析が有効なことを前述したが, これらの方法は生育環境の土壌や水質などの違いが農産物に反映することによるものである. 国産と中国産の冷凍ホウレンソウについて, ナトリウム, カリウム, ルビジウム (Rb), 鉛元素の濃度とストロンチウム (Sr) 安定同位体比を測定した結果, 元素分析による判別では, 国産判別率, 中国産判別率はともに100.0%, $^{87}Sr/^{86}Sr$ 比による判別では, 国産判別率100.0%, 中国産判別率91.8%の精度での判別の可能性が示された. 〔豊田淨彦〕

◆ **参考文献**

1) 農林水産消費安全技術センター, 2014. 窒素安定同位体比による鳴門産乾わかめの原料原産地の判別法の開発, 新・大きな目小さな目, 夏号 (No. 37). http://www.famic.go.jp/public_relations_magazine/kouhoushi/back_number/201407-37.pdf

2) 兵庫県立農林水産技術総合センター, 遺伝子診断によるタマネギの品種判別技術. http://hyogo-nourinsuisangc.jp/18-panel/pdf/h18/seibutu_01.pdf

3) 元素分析及び Sr 安定同位体比分析による冷凍ほうれんそうの原料原産地判別法の検討. http://www.famic.go.jp/technical_information/investigation_research_report/pdf/3905.pdf

10.20 遺伝子組換え検査

分別生産流通管理，カルタヘナ法，PCR 法，食品表示法，混入率

除草剤耐性のダイズや害虫抵抗性のトウモロコシなど，遺伝子組換え作物の栽培は海外において年々拡大し，それら農産物の輸入に伴い，国内においても遺伝子組換え農産物・食品が流通する状況にある．安全性の確認された遺伝子組換え農産物とそれを原材料とする加工食品（以降では，両者を合わせて，「遺伝子組換え食品」と呼ぶ）を対象に，食品表示法［⇨ 10.3 食品表示法・食品表示基準］の規定により，分別生産流通管理が行われた遺伝子組換え食品については「遺伝子組換えである」こと，また，遺伝子組換え農産物と非遺伝子組換え農産物が分別管理されていないものについては「遺伝子組換え不分別である」ことの表示がそれぞれ義務づけられている．なお，遺伝子組換え農産物が主要な原材料であること，具体的には，全原材料中，重量が上位 3 品目以内であり，かつ，食品中の重量含有率が 5% 以上ある場合であることが表示義務の要件とされる．

これに対して，分別管理が行われた非遺伝子組換え食品について「遺伝子組換えでない」ことの表示は任意で可能であるが，分別管理が適切に行われ，遺伝子組換え農産物の混入などがないことが前提となる．そこで，「遺伝子組換えでない」旨が表示されている農産物・食品については，食品表示が適正に行われているかをモニタリングするために遺伝子組換え検査が必要となる．

遺伝子組換え表示が必要となる作物は，ダイズ，トウモロコシ，ジャガイモ，ナタネ，綿実，アルファルファ，テンサイ，パパイヤの 8 種類の作物とその加工食品 33 食品群，

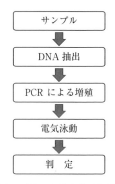

図 1　遺伝子組換え食品検査[3]

さらに高オレイン酸，高リシンやステアリドン酸産出の形質を有するダイズ，トウモロコシとその加工食品と定められている．

遺伝子組換え食品の表示制度は，食品としての安全性が「食品安全基本法」および「食品衛生法」により，また，野生動植物への影響が「カルタヘナ法」により科学的に評価され，安全性が確認されることに基づいている．

遺伝子組換え食品の検査は，前述の対象とする作物および食品について，遺伝子組換え作物に導入された特有の DNA 配列を PCR 法により，また，導入遺伝子により発現する特異的なタンパク質を ELISA 法により調べるなどして行われる．まず，スクリーニングを目的とした定性分析を行い，陽性となったものについて，原料中の遺伝子組換え作物の混入率を算定するため，定量検査を行う．定性 PCR 法の分析手順を図 1 に示す．

〔豊田淨彦〕

◆ 参考文献

1) 消費者庁食品表示企画課，2015．食品表示基準 Q&A．消食表第 660 号．
2) 消費者庁・農林水産省，2014．JAS 法に基づく食品品質表示の早わかり．
http://www.maff.go.jp/j/jas/hyoji/pamph.html
3) 農林水産消費安全技術センター，2012．遺伝子組換え食品検査・分析マニュアル（第 3 版）．

索　引

欧　文

Acetobacter　367
ADP　10
Arrhenius 型モデル　14
Arrhenius 式　11, 36
Arrhenius プロット　37
ATP　10
ATR　9

Baranyi　387
Bingham 流体　64
BOD　105
Brix　132
Brouwer 穀粒計　62
BSE　382

C 級　257
C マウント　115
CA 処理　312
CA 貯蔵　26, 192, 195
Carnot サイクル　242
CCD　114
CCP　381
CCTV カメラ　114
CFC　240
Chen-Clayton 式　271
Chung-Pfost 式　271
Clausius-Clapeyron 式　272
C/N 比　374
Codex 委員会　380, 385
COP　242, 274
CPA 計測　138

D 値　392
DAG　275
DHA　356
DNA　146
DNA 解析　401
DO　104
DON　168

EC　106
ELISA 法　402
EPA　356

F 級　257
F 値　115, 234
$FADH_2$　10, 11
Feret 長（Feret 径）　72, 117
Feret 長比　117
Fick の法則　196
Fourier 変換　116

GAB　262
GABA　364, 365
GAP　81, 380, 384
Gaudin-Schumann 分布　75
GC　123
GC-MS　389
GFSI　384
Gibbs 自由エネルギー　38
GIS　179
Gradient［空間フィルタ］　116
Gluconobacter　367
GMP　380
Gompertz 曲線　387

HA　381
HACCP　333, 380, 384
Hagen-Poiseuille 式　65
HCFC　240
Helmholtz 共鳴　63
Henry の法則　196
HFC　240
Hooke の法則　60
HPLC　122
HSI　119
HUFA　356

ICT　332, 333
IH 炊飯器　209
IoT　81
ISO 22000　332
IT　80
IUPAC　39

JAN コード　304
JAS 法　383
JIT　349
Joule 加熱　255

$L^*a^*b^*$ 表色系　119
Lactobacillus　366
Langmuir 式　196
Laplacian［空間フィルタ］　116
LC-MS/MS　389
LD2 型　309
LD3 型　309
LED　111, 114

MAP　26, 195, 334, 337
Martin 径　72
Maxwell 模型　61
Michaelis-Menten 型モデル　14
Michaelis-Menten 式　25, 35, 196
MOS　114
Munsell 記法　118

NADH　10, 11
Newton 効率　153
Newton の粘性法則　60
Newton 流体　60, 64

O157　382

PAL　219
Pasteur 効果　337
PCR 法　402
PEF　395
PEF 殺菌　395
pH　108
Pitot 管　98
Planck の関数　114
POD　256
postharvest technology　2
PPP ファクター　252
Prewitt［空間フィルタ］　116
PSA 方式［CA 貯蔵］　192
PUFA　356

Q_{10}　11
QR コード　336

Raoult の報告　226
Reynolds 数　58
RGB 画像　116

RGB 表色系　118
Roberts［空間フィルタ］　116
Rosin-Rammler 分布　75
RQ　11

Saccharomyces cerevisiae　367
SCM　348
SDS　273
Seebeck 効果　94
Si フォトダイオード　112
Sobel［空間フィルタ］　116
SQF　333
SSOP　381
SSP　39
Stokes 径　73
Stokes-Einstein の式　51
Strohman-Yoerger 式　271
SXGA　114

TDS　107
T.T.T. 概念　311

UASB　378
ULD　309
UV-A　398
UV-B　398
UV-C　398
UXGA　114

VBN　22
VGA　114
VGA クラス　154
Voigt 模型　61

X 線画像　156
X 線検査装置　390
XGA　114
XYZ 表色系　118

Z 値　392

α-アミラーゼ活性　168
α-トコフェロール　357

β-クリプトキサンチン　31

γ-アミノ酪酸　364

ω-3 系高度不飽和脂肪酸　356
ω-3 脂肪酸　371

あ 行

アイスポンド（方式）　190
アクアポリン　32
アクティブ　190
アジアイネ　358
味の物差し　139
アズキ　362
アスピレータ　158
圧搾　70, 237
圧縮機　242, 244
圧電素子　142
圧力センサ　87
圧力損失　294
穴埋め　117
アニシジン価　357
アブシジン酸　17
アフラトキシン　363, 386
油バーナー　292
アフリカイネ　358
アミノ酸発酵　367
網目選別　160
アミログラフ　168
アミログラム　168
アミロース　358
アミロ値　169
アミロペクチン　358
アメリカ冷凍トン　241
アリルカラシ油　337
アルカリイオン水　397
アルコール発酵　366
アルデヒド　28
アルレニウス型モデル　14
アルレニウス式　11, 36
アルレニウス・プロット　37
安全限界風量比　277
安全制御装置　293
暗電流　113
アントシアニン　30
アンペロメトリ　142
イオンセンサ　143
イオンチャネル　32
石臼　210
イージーオープン　236
イソチオシアン酸アリル　337
イソフラボン　362
1-MCP　27
1 次乾燥　307
1 次反応　35
萎凋　16
萎凋抑制効果　335

一括処理　308
一貫パレチゼーション　330
一般貨物用コンテナ　309
一般生菌　388
一般生菌数　22
一般的衛生管理プログラム　380
遺伝子組換え食品　383, 402
移動相　122
移動はかり　172
異物　159
イメージセンサ　114
色温度　110, 114
色抽出　116
色の三属性　118
インゲン　362
インジェクション型　338
インストアマーキング　304
インターネット　80
インディカ　358
インデントシリンダ　154, 159
インデントシリンダ型選別機　162
インパルスシーラー　335
インピーダンス　129
インフュージョン型　338
インペラ式［籾摺機］　200

宇宙食　234
うるち米　358
運動量　64
運動量保存則　58

エアブラスト　248
衛生標準作業手順書　381
栄養　352
栄養機能食品　370, 371
栄養細胞　394
栄養所要量　353
液液抽出　228
液体置換法　62, 90
液体媒体タイプ［凍結装置］　249
エクストルーダー　232
エージング　213
エステル　28, 29
枝肉　222
エチレン　21, 26, 145, 391, 396
エチレン感受性　27
エチレン吸着フィルム　197
エチレン除去剤　337
エチレン生成速度　12, 21
エチレン分解剤　337
エッジ検出処理　116

404　索　引

エネルギー収支 52
エネルギー保存則 58
エレクトロゾーン法 93
円形度 117
演色性 110, 114
遠心（式）圧縮機 244, 245
遠心ファン 294
遠心分級 152
遠心分離 70
延伸ポリプロピレン 334
遠心力選別機 159
塩漬 223
遠赤外線乾燥機 285, 286, 287, 293
塩素濃度 397
エンタルピー 38, 53, 264
円筒サイロ 307
エントロピー 38

応答特性 140
往復圧縮機 244
押し出し機 232
オゾン水 218, 393
オゾン層 185
オープニング 117
折りたたみコンテナ 323
オリーブ油 238
オルタナティブオキシダーゼ 196
卸売市場 319
卸売市場法 319
音叉式はかり 85
温水コイル 298
温度 183
温度依存性 37
温湯処理 391
温度境界層 66
温度自動膨張弁 245
温度制御機能 345

か 行

外観検査 156
階級 175
階級選別 90, 154
解硬 223
害虫防除 391
回転圧縮機 244
回転乾燥機 286
回転式米選機 158
回転式粒厚選別機 158
回転選別機 201
回転粘度計 65

回転ふるい式形状選別機 170
解凍 230, 254
解凍曲線 250
解糖系 10
回分操作 52
開放型 274
界面活性剤 336
界面動電処理 77
界面動電処理システム 77
海洋深層水 76
ガウシアンフィルタ 116
化学吸着 40
科学の根拠 385
化学の性状 150
化学の要因 385
化学ポテンシャル 38, 40, 42
拡散 51
核酸センサ 143
拡散透水係数 32, 33
角ビン 276
隔膜電極法 104
確率の要素 385
かさ密度 62
過酸化脂質 357
過酸化物価 357
菓子 360
可視光分析計 331
加湿 267
加湿装置 191
加水精米仕上方式 206
加水分解酵素 24
ガスクロマトグラフ 122
ガス検知管 145
ガススクラバ 192
ガス選択性 145
画像間演算 116, 119
画像処理 390
加速度センサ 87
硬さ 136, 137
活性化エネルギー 36, 44
活性酸素 78
カット野菜 218
褐変 219
活量 42
家庭用炊飯器 208
果肉褐変 20
加熱殺菌 235
過熱水蒸気 54
過熱度 245
かび 22
釜炒り茶 221
カメラ 114, 156

通いコンテナ 323, 329
ガラス転移温度 301
過流流量計 101
カルノーサイクル 242
ガルバニックセル方式 104
カルボニル価 357
過冷却 46, 250, 301
カロテン 31
カロリメトリ 142
皮剥ぎ機 214
簡易保冷コンテナ 309
乾球温度 264
間欠乾燥 281
乾減率 280
乾式研米仕上方式 206
乾式製粉 210
乾式分級 152
感湿性高分子膜 96
缶出液 227
干渉ガス 145
緩衝性 321
含水率 102, 183
慣性分級 152
間接法 102
乾燥 2, 260, 286, 296
乾燥剤 298, 299
乾燥貯蔵施設 290
乾燥特性 214
乾燥特性曲線 260
乾燥むら 282
乾燥籾殻 279
ガンタイプ 293
缶詰 235
感度 112
カントリーエレベータ 162, 183, 307
緩慢凍結 250
還流液 227
還流比 227
感量 172
乾量基準含水率 268
寒冷大気 190

気液平衡 226
危害要因 385
幾何学径 72
気孔 16
気孔開度 17
基質 35
希釈深層水 76
基準測定法 268
キセノン水和物 50

索 引 405

キセノンランプ　111
擬塑性流体　64
気体置換法　62, 90, 91
気体透過　195
気体透過係数　196
機能性表示食品　370
機能性包装材料　197
揮発性窒素含量　22
ギブス自由エネルギー　38
基本味　138
逆カルノーサイクル　242
逆浸透　68
キャピラリーチューブ　245
キュアリング　23, 186
吸光度　156
吸湿過程　271
吸収　8, 40
吸収器　246
吸収式冷凍機　246
急速凍結　250
吸着　40, 43
吸着材　247
吸着式冷凍機　246, 247
吸着分離［CA貯蔵］　192
吸着ポテンシャル理論　262
強アルカリ性電解水　218
共乾施設　164
凝固潜熱　300
凝固点　46
凝固点降下　253
夾雑物　150
強酸性電解水　218, 397
教師ありのパターン認識　127
教師なしのパターン認識　126
凝集性　136, 137
凝縮器　242, 244, 274
凝縮伝熱　67
共晶点　253
共振周波数　5
強制通風方式　188
強制通風冷却　312
共沸　227
業務用炊飯器　208
共融点　251
強力粉　360
局所含水率　269
切り返し　376
気流乾燥　288
気流選別　150, 160
気流選別機　158
気流式粉砕機　210
近赤外光　129

近赤外スペクトル　129
近赤外分光器　174
近赤外分光法　103, 124, 132
近赤外分析計　331
金属検出機　390
金属半導体匂いセンサ　140

空間フィルタ処理　116
空気調和機　266
空気抵抗特性　296, 297
空隙率　62
空調負荷　267
空洞果　20
クエン酸回路　10, 11
くず　165
クチクラ　16
クチクラ層　115
屈折率　8, 132
組み合わせ計量器　325
クライマクテリック　21, 337
クライマクテリック型果実　21, 26
クライマクテリックマキシマム　21
グラディエント［空間フィルタ］　116
グラビア印刷　336
クラジウス-クラペイロン式　272
クリーニング　212
クリーンルーム　339
クルクミン　31
クロージング　117
クロスフロー方式　152
クロマトグラフィー　122, 389
クロマトグラム　122
クロロフィル　31
燻煙　224
燻蒸剤　185

経過時間依存性モデル　14
蛍光　8, 145
蛍光指紋　120, 129
蛍光指紋イメージング　121, 386
蛍光スペクトル　120
蛍光灯　111
形状　155
形状選別　150
形状選別機　159
ケーシング　223, 224
結合水　41, 43, 48
結晶質シリカ　285
ケミカル式冷凍機　246, 247

ケミカルセンサ　142
ケミカルポテンシャル　46
減圧蒸留　227
減圧水蒸気解凍　255
限界含水率　261, 269
限外ろ過　68
嫌気発酵　373
原形質流動　51
健康食品　371
健康増進法　383
研削式精米　203
懸濁結晶法　251
顕熱比　264
鍵盤式　175
顕微鏡法　92
顕微分光法　9
減率乾燥期間　261
検量　127
原料精選　212
検量線　133

高圧処理　230
高アミロース米　359
高温熱源　246
光学（的）選別　151, 159
光学デバイス　142
交換膜式［CA貯蔵］　192
香気成分　28
香気成分分析　29
航空コンテナ　309
光源　114
光合成　16
混合比　96
抗酸化能　19
硬質小麦　360
高湿度　191
高周波加熱　255
高水分粒　158
抗生物質　400
酵素　24, 35
　　――の失活　256
構造水　49
高速液体クロマトグラフ　122
光束遮断式　171
酵素センサ　143
酵素反応　254
酵素反応速度式　15
高電圧パルス　393, 395
光電子増倍管　113
高度不飽和脂肪酸　356
孔辺細胞　16
高密度ポリエチレン　335

交流高電界　393
交流電極方式［電気伝導度計］
　　106
向流反転式　152
固液抽出　228
固液分離　70
氷蓄熱　190
五感　134
呼吸　10
呼吸商　11, 196
呼吸速度　21, 37, 195
呼吸熱　11
国民健康保護　382
穀物　313
穀物乾燥　278
穀物（共同）乾燥調製施設　124,
　313
穀物サイロ　212
穀物成分分析計　124
穀物風量比　284
個相マイクロ抽出　29
固体媒体タイプ［凍結装置］　249
ゴーダン-シューマン分布　75
骨格抽出　117
固定化　377
固定床［バイオリアクタ］　378
固定相　122
固定はかり　172
コプラス現象　301
個包装　321
古米化　183
五味　134
小麦製粉　212
コメ超低温貯蔵　190
コメの食味試験　134
孤立点除去　117
コールドチェーン　311, 320, 332,
　340
コールドトラップ　253
転がり抵抗　159
混合　233
混合乾燥　285
コンディショニング　361
根伐機　215
コンピュータ　80
コンベア　313
ゴンペルツ曲線　387
混練　233

さ　行

差圧通風冷却　311
差圧流量計　100

細菌　22
細菌芽胞　394
サイクロン方式　152
再循環方式［CA貯蔵］　192
再生器　246
再生用温水ヒーター　298
細線化　117
最大弦長　117
最大増殖速度　387
最大氷結晶生成帯　250
彩度　118
細胞　254
砕米　159
砕粒　165
サイロ　185, 308
錯合体理論　37
酢酸発酵　367
鎖状アルコール　28
雑穀類　158
雑草種子　159
撮像素子　114
サードパーティロジスティクス
　349
サプライチェーン　348
サプライチェーンマネジメント
　348
差分処理　116
サーミスタ　94, 95
サラダ油　237
酸価　357
酸化還元酵素　24
酸化的リン酸化　11
産業用空調　266
3軸径　72
三重点　300
酸性化食品　236
酸素　144
酸素吸収速度　12, 196
酸素ラジカル　396
産地表示　383
次亜塩素酸ナトリウム　218
仕上げ乾燥　307
色彩選別機　159, 167
色素　30
色相　118
示強的性質　38
シグモイド曲線　387
軸流ファン　294
死後硬直　223
自己組織化　138
脂質　352

脂質膜　138
脂質ラジカル　357
自主検査　331
自主検定装置　308
市場外流通　320
市場病害　22
自然解凍　254
自然対流方式　188
自然冷熱　190
自然冷媒　240
下葉取り機　215
下見検査　131, 331
失活　24
湿式製粉　210
湿式分級　152
湿量基準含水率　268
質量保存則　52, 58
自動酸化　357
自動制御　266
自動倉庫　316
自動箱詰め装置　317
シトクロム c オキシダーゼ　196
脂肪酸エステル　28
脂肪酸度　163, 183, 184, 207
死米　165
湿り空気　264
ジャイロセンサ　88
ジャガイモの萌芽伸長抑制　27
弱酸性電解水　397
ジャケット方式　189
遮光法　93
ジャストインタイム　349
シャッタースピード　114
ジャポニカ　358
斜流ファン　294
収穫　2
臭気　375, 376
収縮　117
自由水　41, 42, 48, 272
重錘式　172
修正 Dubinin-Astakhov 式　262
縦線米選機　158
収着　40
　　──のエンタルピー　40
収着水　41
充填性　182
充填層［バイオリアクタ］　378
充填率　62
揉捻機　220
終末速度差　166
重量　154
重量選別　154

索　引　　407

重量損失 186
重量頻度分布曲線 153
重力分級 152
熟成 222, 223
縮退 117
酒造用精米 202
出荷 213
出力パターン 140
ジュール加熱 255
循環型乾燥機 278, 281, 284
準低温貯蔵 183
常圧蒸留 227
昇華 253
昇華潜熱 253, 300
蒸気線図 54
衝撃式［籾摺機］ 200
蒸散 16
脂溶性ビタミン 355
状態 385
衝突噴流式フリーザー 248
衝突理論 36
蒸熱工程 220
蒸熱処理 391
蒸発器 242, 244, 274
蒸発式冷却器 298
蒸発潜熱 272, 300
消費期限 383
情報量 80
賞味期限 383
蒸留 226
蒸留塔 227
食事摂取基準 353
食品安全基本法 402
食品衛生の一般的原則 380
食品衛生法 383, 388, 402
食品供給行程 382
食品トレーサビリティシステム 81
食品廃棄物 372
植物性食品 252
植物ホルモン 26
食味 206, 359
食味分析計 131
食物繊維 352, 364, 371
徐放 368
試料調製過程 389
シリンダセパレータ 159
ジルコニア式湿度センサ 97
シロッコファン 294
真空凍結乾燥 288, 289
真空冷却 311, 341
新形質米 358

針状比 117
深層水 76, 77
振動式はかり 85
浸透透水係数 32, 33
浸透深さ 57
振動ふるい式形状選別機 170
真の精白率 202
真密度 62
信頼性 389

水産物 254
水蒸気 255
水蒸気圧 96
水蒸気蒸留 227
水蒸気分圧 264
水晶振動子匂いセンサ 141
水素イオン活量 108
水素吸蔵合金 247
水素結合 40, 44, 50
炊飯 208
炊飯器 208
水分 102, 124
水分活性 40, 42, 271
水分収着等温線 41, 268
水分調整 376
水分むら 291
水溶性ビタミン 354
水和 44, 254
数学モデル 196
数値シミュレーション 182
数値流体力学 58
スカルパ 160
スカルパスクリーン 161
スクリューコンベア 313
スクリュープレス 70
スケールメリット 348
スタッカークレーン 316
スタンプミル 210
ストークス-アインシュタインの式 51
ストークス径 73
ストック 212
ストレッチ包装 330
ストロンチウム同位体 401
スパイラルセパレータ 159
スパイラルロール式 170
スパン校正 109
寸法選別 154

ゼアラレノン 386
静圧 294
静圧特性 296

生活習慣病 370
青果物 324
——の流通 314
青果物卸売市場 319
青果物鮮度保持包装 195
青果用プラスチック容器 321
製函機 322
成形 233
精揉機 221
成熟 26
成熟抑制 391
清浄 216
静水圧 394
精製 237
成績係数 242, 246, 274
精選（精選別） 150, 158
生鮮食品 383
生鮮食料品 319
生体高分子 394
生体膜センサ 143
静置式乾燥機 284, 290
静電容量式湿度センサ 97
静電容量式体積計 91
静電容量式はかり 85
正の水和 44
精白率 202
生物化学的酸素要求量 105
生物学的要因 385
生物的性状 150
製粉 212
成分富化 231
成分物質収支 52
精米 202
精米加工 204
精米機 204
精米状態 202
精密ろ過 68
精粒歩合 308
生理活性効果 78
整粒 165
精留 226
赤外線乾燥 263
赤外線水分計 102
赤外線センサ 89
積層現象 159, 166
ゼータ電位 78
接触凍結 255
絶対湿度 96, 264
雪氷 190
雪氷熱利用 189
ゼーベック効果 94
セモリナ 213, 361

セル定数　106
ゼロ校正　109
全圧　294
遷移状態　37
選果　324
選果機　172, 174, 305
選果システム　315
選果ロボット　176
閃光パルス　393
洗浄　216
前進凍結法　251
煎茶　220
鮮度保持　311, 325
鮮度保持フィルム　26
潜熱帯　249
全物質収支　52
選別　201, 204

相移転説　19
総合分離効率　153
走査型プローブ顕微鏡　142
相対湿度　96, 264
霜点　96
相当径　72
増幅　146
層流　58
阻害物質　25
測温抵抗体　95
束縛水　49
組織化　232
組織化植物タンパク質　232
粗揉機　220
疎水性水和　50
疎水性相互作用　44, 45
粗選（粗選別）　150, 158
粗選別機　160
外葉除去機　215
ソフトエレクトロン　393
ソベル［空間フィルタ］　116
ソラマメ　363
損失弾性率　5
損傷デンプン　211

た 行

ダイアフラムゲージ　87
対角幅　117
第三者認証　384
代謝　352
ダイズ　362
耐水（性）段ボール　197, 327
耐性遺伝子　400
大腸菌群　388

ダイラタント流体　64
対流　66
対流熱伝達　66
打音　128
多価不飽和脂肪酸　356
多重吸着　41
多重相対比較法　134
脱塩深層水　76
脱水　71
脱着過程　271
脱稃米　159
脱稃率　200
縦型回転式［米選機］　158
縦ブラシ式　216
縦目ふるい　165
タービン流量計　100
多変量解析　127, 156
ターボファン　294
多用途利用　290
単位操作　182
炭酸ガス障害　20
単蒸留　226
炭水化物　352
弾性率　4
弾性　60
炭素間二重結合　356
担体　377
断熱保冷コンテナ　309
タンパク質　124, 254, 352
タンパク仕分　124
単分子吸着　41
暖房負荷　267
段ボール　326
段ボール箱　322, 328

チェーンコンベア　313
チキソトロピー　65
地球温暖化係数　240
蓄積速度　52
窒素安定同位体比　401
地方卸売市場　320
着色粒　159, 167
中央卸売市場　320
中温熱源　246
中間質小麦　360
抽出　228
中揉機　221
宙吊りトレイ　197
中性脂質　356
超音波センサ　89
超音波流速計　98
腸管出血性大腸菌　382

長期輸送　345
超高圧処理　393
調質　212, 283
調製機　214
調製気相包装　195
超低温　257
超低温貯蔵　184
長粒種精米　203
調理（済み）冷凍食品　252, 254
超臨界流体抽出　228, 229
直接法　102
貯蔵　2, 183, 213
貯蔵害虫　185
貯蔵性　207
貯蔵弾性率　5
貯蔵病害　22
直交ニコル　115
貯留　183
地理情報システム
チルド　257
沈降分離　70
沈降法　93

追熟　21, 26, 27
通気法　12
通電加熱　66
通風　296
通風乾湿計　96
通風抵抗　294, 295
通風冷却　341
吊り下げ型緩衝容器　321

低アミロ小麦　168
低アミロース米　358
低温　191
定温　257
低温障害　18
　——の軽減化，抑制　19, 391
低温地熱　190
低温貯蔵　183, 188
低温熱源　246
低温保存　190
定温輸送　344, 346
低酸性食品　236
定常状態　52
定数詰め　317
ディスクセパレータ　159
テイストマップ　139
ディストリビューター　153
低密度ポリエチレン　196, 335
定率乾燥　260
デオキシニバレノール　168, 386

索引　409

適正製造規範　333, 380
適正農業規範　333, 380
テクスチャー　136, 253
テクスチャー特徴量　117
テクスチャープロファイル　136
テクスチャープロファイル分析　136
デシカント　298
データベース　179
デパレタイザ　330
デパレタイジング　174
テープ式　322
デフロスト　188
テルペン　28, 29
電位　138
電解次亜塩素酸水　397
電解水　218, 393
電気浸透法　71
電気抵抗式湿度センサ　96
電気抵抗式水分計　102
電気抵抗線式はかり　84
電気伝導度　106
電子式はかり　84
電子伝達系　10, 11
電磁波　255
電磁波干渉法　93
電磁平衡式はかり　84
電子膨張弁　245
電磁誘導方式［電気伝導度計］　106
電磁流量計　101
伝導電熱　66
テンパリング　212, 281, 361
テンパリング乾燥機　283
テンパリング効果　282
テンパリング操作　282

投影径　72
投影面積円相当径　72
透過　8
等階級選別　156
等価円直径　117
等級　175
等級選別　156, 157
等級評価　177
凍結　230
凍結開始点　250
凍結乾燥　300, 368, 369
凍結曲線　250
凍結点　253
凍結濃縮　251, 254
凍結融解法　251

動作係数　242
糖酸度センサ　156
同時生起行列　117
搗精　202, 204
胴搗き粉砕機　210
導電性高分子匂いセンサ　140
動粘度　64
動物性食品　252
唐箕　158, 201
胴割れ　200, 282
特殊加工仕上方式　206
特性曲線　295
特定保健用食品　370
特別用途食品　370, 371
凸版印刷技術　336
ドライストア　276, 307
トランスデューサ　142
トリグリセリド　356
ドリップ　252, 254
トレーサビリティ　177, 179, 291, 333, 336
トンネル乾燥機　286

な　行

ナイアシン　354
内部エネルギー　38
内部品質　156
内部品質センサ　132, 174
流れ角　164, 166
菜種置換法　91
ナノバブル　78, 105
ナノミスト発生装置　191
ナノろ過　69
軟質小麦　360
軟弱果実　321
軟包装袋　195

荷受　174
荷受コンテナ　308
匂い強度　140
匂いセンサ　140, 143
匂いの質　140
二元調湿庫　191
二酸化炭素　145
二酸化炭素放出速度　12, 196
2軸エクストルーダー　232
二重巻き締め　235
二値画像　117
日本冷凍トン　241
荷役　330
乳酸発酵　366
ニュートン効率　153

ニュートンの粘性法則　60, 64
ニュートン流体　60, 64
ニラ腐敗病　22

糠層　202

ねかし　283
熱運搬装置　266
熱拡散率　6
熱機関　242
熱起電力　94
熱源　266
熱収支　52
熱水分比　264
熱線流速計　98
熱伝達率　250, 254
熱電対　94
熱伝導　66
熱伝導率　6, 249
熱伝導率推算モデル　6
ネットワーク　80
熱媒　254
熱風乾燥機　284
ネリカ　358
粘性　60
——に関するニュートンの法則　60, 64
粘弾性体　4
粘弾性　60
粘度　50, 64

農業協同組合　314
農産物規格規程　331
農産物検査　130
農産物検査法　270
濃度値画像　116

は　行

バイオイメージング　142
バイオガス　373
バイオケミカルセンサ　142
バイオセンサ　142
バイオフィルム　218
バイオリアクタ　377
胚芽精米　203
廃棄物系バイオマス　372
廃棄物処理　70
排他的論理和　117
培地　388
ハイドロゲルビーズ　368, 369
培養液　107
パーオキシダーゼ　256

410　索引

破壊物質　25
白熱ランプ　110
薄力粉　360
バケット　313
バケットコンベア　313
バケット式　305
ハーゲン-ポアズイユ式　65
箱詰め　175
バーコード　336
ハザード　385
パスツール効果　337
肌ずれ　184, 200
パターン認識　126, 127
白金　95
白金抵抗　94
発酵　195, 337
発光ダイオード　111
パッシブ　190
撥水段ボール　327
バッチ式　394
発泡スチロール　335
発泡スチロール容器　329
パディクリーナ　160
ハードルテクノロジー　399
バナナ　26
ばね式　172
パネル　134
はめあい選別　150
はめあい選別機　159
バラ貯蔵用大型コンテナ　329
バラ詰め　317
バルク　213
パルス殺菌　395
ハレーション　115
パレタイザ　330
パレタイジングロボット　175
パレット包装　330
ハロゲンサイクル　110
ハロゲンランプ　110, 114
パン　360
半回分（流加）操作　52
ハンカチ包装　335
半乾貯留　307
半乾貯留二段乾燥　285
挽砕　212
反射　8
搬送　248
バンド乾燥機　286
パントテン酸　354
ハンドリング　182
反応速度　377
反応速度論　34

ハンマーミル　210
ピアノ鍵盤式　306
光呼吸　16
光選別　3
微細孔　196, 337
被写界深度　115
比重選別　151
比重選別機　159, 162, 163, 166, 168
ヒステリシス　40, 272
ひずみゲージ　86
微生物　22
微生物制御　22
微生物センサ　143
ビタミン　352, 364
ビタミンA　355
ビタミンB_1　354
ビタミンB_2　354
ビタミンB_6　354
ビタミンC　355, 357
ビタミンD　355
ビタミンE　355
ビタミンK　355
非定常状態　52
ピトー管　98
ヒートポンプ　242, 275, 299
ヒートポンプ効果　244
非ニュートン流体　60, 64
比熱　6, 7
非破壊分析　124
比表面積　75
ピュリフィケーション　212
標準ギブス自由エネルギー変化　10
標準状態　39
標準状態圧力　39
表面プラズモン共鳴　142
氷冷　342
平型静置式乾燥機　280
ビール　138
品位規格　130
ビンガム流体　64
品質維持　391
品質検査　331
瓶詰　236
頻度因子　36
ピンミル　210
ピンローラー　175

ファイトケミカル　30
ファインバブル　78

フィックの法則　196
フィルタプレス　70
封函　175
封函機　323
風量　296, 297
風量比　281, 296
風力選別機　162
フェレ長（フェレ径）　72, 117
フェレ長比　117
フォークト模型　61
フォーリングナンバー　168
賦活剤　25
不感帯　172
複雑度　117
副資材　376
輻射伝熱　67
複素弾性率　5
不純物総溶解度　106
付着性　136, 137
普通精米　206
フックの法則　60
物質収支　52
物質循環　375
ブッシュ型　348
沸点　253
物理吸着　40
物理的性状　150
物理的要因　385
不凍水　48
フードシステム　332
フードチェーン　332, 382
フードチェーンアプローチ　385
フードバリューチェーン　333
フードロス　372
負の水和　44
腐敗　22
部分分離効率　153
部分分離効率曲線　153
不飽和脂肪酸　19, 356
プライベートコード　304
プライマー　146
ブライン　240
ブラウエル穀粒計　62
ブラジルナッツ現象　153
プラスチック包装材料　334
プラズマ分解　396
フラッシュ蒸留　227
フラッシュ方式［CA貯蔵］　192
フラボノイド　31
プランクの関数　114
ブランチング　24, 54, 252
フーリエ変換　116

索引　411

フリートレイ（式）　175, 305
ふるい　150, 152
ふるい目幅　165
ふるい分け　152
ふるい分け選別　150
ふるい分け選別機　158
ふるい分け法　92
ブル型　348
フルート　327
フレキシブル容器　328
ブレーキング　212
プレクライマクテリック　21
プレビット［空間フィルタ］　116
プロトンNMR緩和時間　50
プロトンポンプ　32
プロバイオティクス　371
分圧の法則　226
分級　2
分光スペクトル　126
粉砕　210
分析妨害成分　389
分布関数　74
噴霧乾燥　288, 368

平均化処理　116
平均粒子径　74
平衡含水率　40, 268
平衡水分　40, 42
閉循型　274
米選機　165
兵站　348
平方根モデル　387
併用式精米　203
ベルトコンベア　313
ベルト選別機　159
ベルトプレス　70
ヘルムホルツ共鳴　63
変位センサ　88
偏光フィルタ　115
変性　231, 254
偏析現象　150, 159, 164
偏析作用　153
ヘンリーの法則　196

膨化　232
放射　67
放射線　129
放射伝熱　67
防水段ボール　327
包装　2, 204, 336
包装設計　195
膨張　117

膨張弁　242, 244
放電　111
放電ランプ　111
防曇（性）　197, 334, 336
防曇延伸ポリプロピレン　196, 337
防曇剤　334
飽和溶存酸素濃度　104
保健用空調　266
ポストクライマクテリック　21
ポストハーベスト技術　2
ポストハーベスト病害　22
保存性　252
ホットメルト式　322
ボツリヌス菌　236
ポテンショメータ（ポテンショメトリ）　88, 142
穂発芽　168
ポーラログラフ方式　104
ポリエチレン　335
ポリ塩化ビニリデン　335, 337
ポリオレフィン系プラスチックフィルム　196
ポリスチレン　335
ホールド性　321
保冷車　346

ま 行

マイクロナノバブル　105
マイクロ波　56
マイクロ波加熱　56, 66, 67, 255
マイクロ波水分計　103
マイクロバブル　78, 105
膜脂質　19
膜の健全性　19
膜分離技術　68
摩擦式精米　203
摩擦特性　182
マシンビジョン　176
マーチン径　72
マックスウェル模型　61
丸ビン　276
万石　154, 158, 201
マンセル記法　118

ミカエリス-メンテン型モデル　14
ミカエリス-メンテン式　25, 35, 196
味覚センサ　138, 143
見かけの精白率　202

未熟粒　165
水伝導係数　32, 33
水の構造化　45, 50
水の三重点　253
密閉法　12, 13
ミトコンドリア　11
緑の香り　28
ミネラル　364

無機元素組成解析　401
無気呼吸　11
無機質　352, 353
無菌充填包装　338
無洗化処理装置　206
無洗米　184, 205, 206

明度　118
メジアン径　74
メタボローム解析　29
メタンガス　373, 374
メチルブロマイド　185
目減り　17
麺　360
免疫センサ　143
面積流量計　100

毛細管粘度計　65
もち米　358
モード径　74
戻し堆肥　376
モニタリング　381
籾殻熱風乾燥機　285
籾殻炉　293
籾玄米分級　164
籾摺　200
籾摺機　164, 200
籾貯蔵　162, 183
モールドパック　325
モル濃度　107
モントリオール議定書　185

や 行

薬剤耐性菌　400
ヤケ症状　20
ヤング率　4

融解潜熱　300
有機物センサ　143
有機物分解　396
有効移動係数　263
有効拡散係数　262
有効径　73

誘電加熱　56, 255
誘電損失　56
誘電率式水分計　103
誘導加熱　67
雪室（方式）　190
輸送　2
輸入農産物　391
ユビキタス　80

溶質　46, 47
容積式［圧縮機］　244
溶存酸素　104
揺動選別　150
揺動選別機　159, 164, 201
溶媒　46
溶媒抽出　237
葉緑体　16
横型回転式［米選機］　158
横ブラシ式　217
予措乾燥　186
予冷　190, 340
予冷処理　311

ら　行

ライスセンター　307
ライナ　326
ラウールの法則　226
ラッカセイ　363
ラック乾燥機　286
ラックビルシステム　316
ラッピング　335
ラップフィルム　337
ラップ用　337
ラプラシアン［空間フィルタ］　116
ラミネートフィルム　334
ランダムトリガ機能　114
ランダムトレイ式　306
乱流　58

リコピン　31
リスク　385
リスク管理　382

リスクコミュニケーション　382
リスク評価　382
リスク分析　385
理想気体　38
離層形成促進　26
理想養液　39
リダクション　212
リードタイム　349
リーファコンテナ　344
粒径　164
粒径選別　165
粒厚選別機　165
粒子密度　62, 164
留出液　226
流出速度　52
流水解凍　254
流動床［バイオリアクタ］　378
流動性　182
流動層［バイオリアクタ］　378
流動モザイクモデル　32
粒度分布　211
流入速度　52
量子型光センサ　112
量子効率　112
両面　327
輪郭線抽出　117
リン脂質二重層　32

冷温高湿貯蔵庫　191
励起蛍光マトリクス　120
励起波長　120
冷却式露点計　97
冷却装置付き保冷コンテナ　310
冷却媒体　248
0次反応　35
冷水冷却　342
冷蔵　2, 257
冷蔵庫解凍　254
冷蔵倉庫　257
冷凍　257
冷凍機　347
冷凍効果　244
冷凍サイクル　243

冷凍車　346
冷凍トン　241
冷凍能力　241
レイノルズ数　58
冷房負荷　267
レオペクシー　65
レーザー式体積計　91
レーザードップラー流速計　99
レーザー変位計　89
レスベラトロール　31
レトルト　234
レトルト殺菌　392
レンズ　115
連続操作　52
連続流下式乾燥機　280

老化　21, 26
老化ホルモン　337
ろ過　68, 70
ろ過ケーク　70
六次産業化　333
ロジスティクス　348
ロジスティック曲線　387
ロジン-ラムラー分布　75
ロス率　348
ロータリーエンコーダ　88
ローテーション　277
露点　96
露点温度　264
ロードセル　87
ロードセル式　172
ロバーツ［空間フィルタ］　116
ロール間隙　200
ロール間隙通過式　170
ロール機　212
ロール式［籾摺機］　200
ロール粉砕機　210
ロングライフ牛乳　338
論理積　117
論理和　117

わ　行

ワックス　217

資　料　編

―掲載企業一覧―

(五十音順)

株式会社安西製作所 …………………………………………………… 1
井関農機株式会社 ……………………………………………………… 2
株式会社ケツト科学研究所 …………………………………………… 3
株式会社サタケ ………………………………………………………… 4
静岡製機株式会社 ……………………………………………………… 5
株式会社前川製作所 …………………………………………………… 6

小さな異物・微妙な差・・・見逃しません！！

レオソーター

1,677万色を見分けるフルカラーカメラにより、変色や異物を除去。乾豆・茹で豆・カットレタス・加工食品に最適。
キズ・シワ・凹みも検出。
水洗い可能な色彩選別機。

NEOハイパーソーター

玄米・白米用色彩異物選別機。
1粒1粒の着色・シラタ・高温障害米を最大毎時18ton、カラーカメラで選別。

小麦グレードアップ選別機

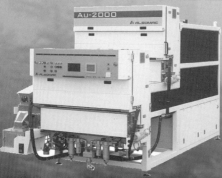

近赤外線透過光と高精度カメラにより赤カビ・穂発芽粒・低アミロ粒・開溝未熟粒・緑色粒などを除去。蕎麦・石などの異物も除去。

カビ豆選別機 Qソーター

ピーナッツ内部のカビを割らずに見つけ、除去する。
世界の人々の健康を守ります。

マグネットストーナー

世界最強の永久磁石が、穀物中の石・土塊を引き寄せ分離。

そのほか160種類のラインナップ、きっとお役に立てる選別機が見つかります。

【選別】を通じて豊かな社会作りに貢献します

株式会社 安西製作所

本　社　〒264-0007　千葉市若葉区小倉町1305-1
　　　　TEL (043)232-2222　FAX (043)231-7633
　　　　URL http://anzai-mfg.com/
北海道支店　〒082-0004　河西郡芽室町東芽室北1線10番29号
　　　　TEL (0155)62-6111　FAX (0155)62-1155

使う身になって造る
創業からの変わらぬ思い

「井関農機」の創業者、井関邦三郎は、明治32年愛媛県北宇和郡三間町（現字和島市）で代々続く農家に生まれました。成人を間近に控えた邦三郎に、父親は二つの選択の道を与えました。

「わしは生涯農民だった。わしの父も、祖父も農民だった。だが、農民の仕事は苦しく辛い。お前が農民になるか、田を売ってほかの仕事に生き甲斐をみつけるか、それは自由だ」。

しばらく悩んだ邦三郎の選択は、「農家のための機械づくり」の道。農作業の大変さを幼少から見て育ち、その苦労や重労働を骨身にしみて知る故の決断でした。

しかし、志はすぐにはカタチになりません。苦難の年月が続くなか、大正15年松山市内に「井関農具商會」を構え本格的な農作業機械の販売を始めます。時に邦三郎27歳。当時としては画期的な「全自動籾摺り機」を世に問い、これが技術的な井関のスタートとなり、日本の農業の機械化の黎明を告げるものとなりました。

「使うひとの身になって造る」。この変わらぬ信念のもと、昭和30年代にはディーゼルエンジンを搭載したトラクタの開発。40年代に入ると、世界にも例のない自脱型、さらに歩行型のコンバインを開発。同年後半には二輪後傾タンク式の田植機「さなえ」を発売。日本の農機具の近代化の道を、常に先頭に立って切り開いていきました。そして今日、時代が求める「低コスト農業」を応援する数々の農機を開発して、農家のみなさまの声にお応えしています。

全自動籾摺り機（複製）

創業者 井関邦三郎（小磯良平 画）

農作業現場を知る「技術屋」のDNA
いま、省エネ・低コスト農業を目指します。

乾燥機（GML450H）

計量選別機（LTB35）

揺動式籾摺り機（MG33）

 井関農機株式会社
〒116-8541 東京都荒川区西日暮里5丁目3番14号

安心の継承。ケツトの水分計。

私たちケツトは、わが国で初めて米麦水分計を実用化し、以来長年にわたり技術力を磨き継承してまいりました。おかげさまで「ケツト」といえば水分計の代名詞となっております。今日も信頼性と使い勝手の向上を主眼に研究を重ねています。

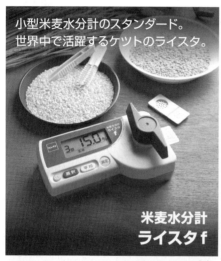

小型米麦水分計のスタンダード。
世界中で活躍するケツトのライスタ。

米麦水分計
ライスタf

さまざまな試料の水分と容積重を
非破壊で測定。

穀類水分計
PM-650

もみ・玄米・精米を効率よく測定。
乾燥施設等でのプロ仕様。

米麦水分計
PB-1D3

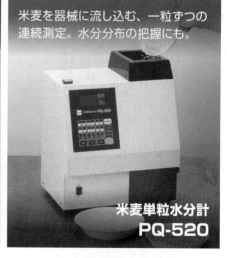

米麦を器械に流し込む、一粒ずつの
連続測定。水分分布の把握にも。

米麦単粒水分計
PQ-520

株式会社ケツト科学研究所

東京本社　〒143-8507 東京都大田区南馬込1-8-1
☎03-3776-1111　✉sales@kett.co.jp
　http://www.kett.co.jp/

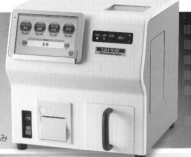

MAYEKAWA

見えてきた未来の米づくり

［初期生育を良好にしたい方へ］

簡単な散布で元気なイネを育てます。

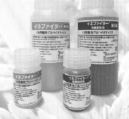

本資材は農薬としての使用はできません

植物プロバイオティクスによりイネ本来の免疫機能を高める

［イネファイター］

「イネファイター」はイネの体内に共生する微生物で、イネ本来の免疫機能を高め、元気なイネを育てます。しかも天然由来の共生細菌なので、環境に優しく安全です。

田植えの2～10日前に、水で薄めて育苗箱に散布するだけで **お米の増収** が期待できます。

イネファイター施用地域と総面積

JAびばい「雪蔵米」

「雪蔵工房」とは、北海道ならではの環境にも優しい雪エネルギーを活用し、5℃前後の温度と湿度70%の最適な環境で玄米を貯蔵する施設です。
新米の味をそのままお届けできる雪蔵工房で生まれた「雪蔵米」は、JAびばいの中でも選抜されたお米を年間通して変わらぬ美味しさでお届けできるお米です。

1道2府41県で使用されています

普及面積：1,500ha
※ ▓ が施用地域です

信州八重原 謙太郎米

美味しい八重原米の中でも柳澤謙太郎が田んぼから有機肥料、乾燥方法まですべてにこだわり農薬の使用を極力控えて栽培しました。
とびっきりのお米を「謙太郎米」としてお届けします。

農村回帰宣言都市 大分県竹田市

竹田市は、豊かな水と恵まれた自然環境の下、「竹田のうまい米づくり」を推進し、今年も（財）日本穀物検定協会の食味官能試験で「特A」評価を受ける生産者を輩出するなど、竹田米の高い評価が証明されています。

http:/www.mayekawa.co.jp

株式会社 前川製作所 　●本　社　〒135-8482 東京都江東区牡丹 3-14-15　Tel 03-3642-8561
〈お問い合わせ〉食品部門　Tel. 03-3642-8561

ポストハーベスト工学事典　　　定価はカバーに表示

2019 年 1 月 25 日　初版第 1 刷

編集者　農 業 食 料 工 学 会

発行者　朝　倉　誠　造

発行所　株式会社　朝 倉 書 店

東京都新宿区新小川町 6-29
郵 便 番 号　162-8707
電　話　03（3260）0141
F A X　03（3260）0180
http://www.asakura.co.jp

〈検印省略〉

© 2019〈無断複写・転載を禁ず〉　　　印刷・製本　東国文化

ISBN 978-4-254-41039-6　C 3561　　　Printed in Korea

JCOPY　〈(社)出版者著作権管理機構 委託出版物〉

本書の無断複写は著作権法上での例外を除き禁じられています。複写される場合は，そのつど事前に，(社) 出版者著作権管理機構 (電話 03-3513-6969, FAX 03-3513-6979, e-mail: info@jcopy.or.jp) の許諾を得てください。

前東大 北本勝ひこ・首都大 春田 伸・東大 丸山潤一・
東海大 後藤慶一・筑波大 尾花 望・信州大 齋藤勝晴編

食と微生物の事典

43121-6 C3561　　　A5判 512頁 本体10000円

生き物として認識する遥か有史以前から，食材の加工や保存を通してヒトと関わってきた「微生物」について，近年の解析技術の大きな進展を踏まえ，最新の科学的知見を集めて「食」をテーマに解説した事典。発酵食品製造，機能性を付加する食品加工，食品の腐敗，ヒトの健康，食糧の生産などの視点から，200余のトピックについて読切形式で紹介する。〔内容〕日本と世界の発酵食品／微生物の利用／腐敗と制御／食と口腔・腸内微生物／農産・畜産・水産と微生物

日本微生物生態学会編

環境と微生物の事典

17158-7 C3545　　　A5判 448頁 本体9500円

生命の進化の歴史の中で最も古い生命体であり，人間活動にとって欠かせない存在でありながら，微小ゆえに一般の人々からは気にかけられることの少ない存在「微生物」について，近年の分析技術の急激な進歩をふまえ，最新の科学的知見を集めて「環境」をテーマに解説した事典。水圏，土壌，極限環境，動植物，食品，医療など8つの大テーマにそって，1項目2〜4頁程度の読みやすい長さで微生物のユニークな生き様と，環境とのダイナミックなかかわりを語る。

食品総合研究所編

食品技術総合事典

43098-1 C3561　　　B5判 616頁 本体23000円

生活習慣病，食品の安全性，食料自給率など山積する食に関する問題への解決を示唆。〔内容〕I. 健康の維持・増進のための技術(食品の機能性の評価手法), II. 安全な食品を確保するための技術(有害生物の制御／有害物質の分析と制御／食品表示を保証する判別・検知技術), III. 食品産業を支える加工技術(先端加工技術／流通技術／分析・評価技術), IV. 食品産業を支えるバイオテクノロジー(食品微生物の改良／酵素利用・食品素材開発／代謝機能利用・制御技術／先進的基盤技術)

食品総合研究所編

食品大百科事典

43078-3 C3561　　　B5判 1080頁 本体42000円

食品素材から食文化まで，食品にかかわる知識を総合的に集大成し解説。〔内容〕食品素材(農産物，畜産物，林産物，水産物他)／一般成分(糖質，タンパク質，核酸，脂質，ビタミン，ミネラル他)／加工食品(麺類，パン類，酒類他)／分析，評価(非破壊評価，官能評価他)／生理機能(整腸機能，抗アレルギー機能他)／食品衛生(経口伝染病他)／食品保全技術(食品添加物他)／流通技術／バイオテクノロジー／加工・調理(濃縮，抽出他)／食生活(歴史，地域差他)／規格(国内制度，国際規格)

筑波大 渡邉 信・前千葉大 西村和子・筑波大 内山裕夫・
玉川大 奥田 徹・前農研 加来久敏・環境研 広木幹也編

微生物の事典

17136-5 C3545　　　B5判 752頁 本体25000円

微生物学全般を概観することができる総合事典。微生物学は，発酵，農業，健康，食品，環境など応用にも幅広いフィールドをもっている。本書は，微生物そのもの，あるいは微生物が関わるさまざまな現象，そして微生物の応用などについて，丁寧にわかりやすく説明する。〔内容〕概説―地球・人間・微生物／発酵と微生物／農業と微生物／健康と微生物／食品(貯蔵・保存)と微生物／病気と微生物／環境と微生物／生活・文化と微生物／新しい微生物の利用と課題

日本伝統食品研究会編

日本の伝統食品事典

43099-8 C3577　　　　A5判 648頁 本体19000円

わが国の長い歴史のなかで育まれてきた伝統的な食品について、その由来と産地、また製造原理や製法、製品の特徴などを、科学的視点から解説。〔内容〕総論／農産：穀類（うどん、そばなど）、豆類（豆腐、納豆など）、野菜類（漬物）、茶類、酒類、調味料類（味噌、醤油、食酢など）／水産：乾製品（干物）、塩蔵品（明太子、数の子など）、調味加工品（つくだ煮）、練り製品（かまぼこ、ちくわ）、くん製品、水産発酵食品（水産漬物、塩辛など）、節類（カツオ節など）、海藻製品（寒天など）

前京大 杉浦　明・前近畿大 宇都宮直樹・香川大 片岡郁雄・岡山理科大 久保田尚浩・龍谷大 米森敬三編

果実の事典

43095-0 C3561　　　　A5判 636頁 本体20000円

果実（フルーツ、ナッツ）は、太古より生命の糧として人類の文明を支え、現代においても食生活に潤いを与える嗜好食品、あるいは機能性栄養成分の宝庫としてその役割を広げている。本書は、そうした果実について来歴、形態、栽培から利用加工、栄養まで、総合的に解説した事典である。〔内容〕総論（果実の植物学／歴史／美味しさと栄養成分／利用加工／生産と消費）各論（リンゴ／カンキツ類／ブドウ／ナシ／モモ／イチゴ／メロン／バナナ／マンゴー／クリ／クルミ／他）

前大妻女大大 大森正司・日本茶業学会 阿南豊正・静岡県大 伊勢村護・前香川大 加藤みゆき・大東文化大 滝口明子・前静産大 中村羊一郎編

茶の事典

43120-9 C3561　　　　A5判 608頁 本体10000円

中国では4000年、日本では800年といわれる茶の歴史。茶は米とともに日本人の身体・健康を育み、かつ茶の文化も創造して、生活に必需の飲料となった。茶の歴史から、世界的な流通・消費、文化、茶の生産技術、科学と医学・健康、茶の審査・評価・おいしい淹れ方、茶の料理への利用や生活への応用まで幅広くとりあげる。読者はお茶の製造から流通にかかわる実務者から、インストラクター、農学・家政学の学生・研究者、茶に興味のある一般読者まで。

前日大 酒井健夫・前日大 上野川修一編

日本の食を科学する

43101-8 C3561　　　　A5判 168頁 本体2600円

健康で充実した生活には、食べ物が大きく関与する。本書は、日本の食の現状や、食と健康、食の安全、各種食品の特長等について易しく解説する。〔内容〕食と骨粗しょう症の予防／食とがんの予防／化学物質の安全対策／フルーツの魅力／他

東京農業大学「現代農学概論」編集委員会編
シリーズ〈農学リテラシー〉

現代農学概論
—農のこころで社会をデザインする—

40561-3 C3361　　　　A5判 248頁 本体3600円

食料問題・環境問題・エネルギー問題・人口問題といった、複雑にからみあう現実の課題を解決し、持続的な社会を構築するために、現代の農学は何ができるか、どう拡大・進化を続けているかを概説したテキスト。農学全体を俯瞰し枠組を解説。

東北大 北柴大泰・東北大 西尾　剛編著
見てわかる農学シリーズ 1

遺伝学の基礎（第2版）

40549-1 C3361　　　　B5判 192頁 本体3700円

農学系学生向き「見やすく」「わかりやすい」遺伝学の教科書、改訂版。〔内容〕遺伝子の伝達／遺伝子操作・単離・発現解析・導入法・同定／ゲノム／量的形質／細胞遺伝学／細胞質遺伝／エピジェネティクス／集団遺伝学・進化系統学／他

龍谷大 大門弘幸編著
見てわかる農学シリーズ 3

作物学概論（第2版）

40548-4 C3361　　　　B5判 208頁 本体3800円

作物学の平易なテキストの改訂版。図や写真を多数カラーで収録し、コラムや用語解説も含め「見やすく」「わかりやすい」構成とした。〔内容〕総論（作物の起源／成長と生理／栽培管理と環境保全）、各論（イネ／ムギ／雑穀／マメ／イモ）／他

前鹿児島大 伊藤三郎編 食物と健康の科学シリーズ **果実の機能と科学** 43541-2 C3361　　A5判 244頁 本体4500円	高い機能性と嗜好性をあわせもつすぐれた食品である果実について、生理・生化学、栄養機能といった様々な側面から解説した最新の書。〔内容〕果実の植物学／成熟生理と生化学／栄養・食品化学／健康科学／各種果実の機能特性／他
前岩手大 小野伴忠・宮城大 下山田真・東北大 村本光二編 食物と健康の科学シリーズ **大豆の機能と科学** 43542-9 C3361　　A5判 224頁 本体4300円	高タンパク・高栄養で「畑の肉」として知られる大豆を生物学、栄養学、健康機能、食品加工といったさまざまな面から解説。〔内容〕マメ科植物と大豆の起源種／大豆のタンパク質／大豆食品の種類／大豆タンパク製品の種類と製造法／他
森田明雄・増田修一・中村順行・角川　修・ 鈴木壯幸編 食物と健康の科学シリーズ **茶の機能と科学** 43544-3 C3361　　A5判 208頁 本体4000円	世界で最も長い歴史を持つ飲料である「茶」について、歴史、栽培、加工科学、栄養学、健康機能などさまざまな側面から解説。〔内容〕茶の歴史／育種／植物栄養／荒茶の製造／仕上加工／香気成分／茶の抗酸化作用／生活習慣病予防効果／他
前宇都宮大 前田安彦・東京家政大 宮尾茂雄編 食物と健康の科学シリーズ **漬物の機能と科学** 43545-0 C3361　　A5判 180頁 本体3600円	古代から人類とともにあった発酵食品「漬物」について、歴史、栄養学、健康機能などさまざまな側面から解説。〔内容〕漬物の歴史／漬物用資材／漬物の健康科学／野菜の風味主体の漬物(新漬)／調味料の風味主体の漬物(古漬)／他
前東農大 並木満夫・東農大 福田靖子・ 前千葉大 田代　亨編 食物と健康の科学シリーズ **ゴマの機能と科学** 43546-7 C3361　　A5判 224頁 本体3700円	数多くの健康機能が解明され「活力ある長寿」の鍵とされるゴマについて、歴史、栽培、栄養学、健康機能などさまざまな側面から解説。〔内容〕ゴマの起源と歴史／ゴマの遺伝資源と形態学／ゴマリグナンの科学／ゴマのおいしさの科学／他
前日清製粉 長尾精一著 食物と健康の科学シリーズ **小麦の機能と科学** 43547-4 C3361　　A5判 192頁 本体3600円	人類にとって最も重要な穀物である小麦について、様々な角度から解説。〔内容〕小麦とその活用の歴史／植物としての小麦／小麦粒主要成分の科学／製粉の方法と工程／小麦粉と製粉製品／品質評価／生地の性状と機能／小麦粉の加工／他
共立女大 高宮和彦編 シリーズ〈食品の科学〉 **野菜の科学** 43035-6 C3061　　A5判 232頁 本体4200円	ビタミン、ミネラル、食物繊維などの成分の栄養的価値が評価され、種類もふえ、栽培技術も向上しつつある野菜について平易に解説。〔内容〕野菜の現状と将来／成分と栄養／野菜と疾病／保蔵と加工／調理／(付)各種野菜の性状と利用一覧
竹生新治郎監修　石谷孝佑・大坪研一編 シリーズ〈食品の科学〉 **米の科学** 43039-4 C3061　　A5判 216頁 本体4500円	日本人の主食である米について、最近とくに要求されている良品質・良食味の確保の観点に立ち、生産から流通・利用までを解説。〔内容〕イネと米／米の品質／生産・流通・消費と品質／米の食味／加工・利用総論／加工・利用各論／世界の米
女子栄養大 菅原龍幸編 シリーズ〈食品の科学〉 **キノコの科学** 43042-4 C3061　　A5判 212頁 本体4500円	キノコの食文化史から、分類、品種、栽培、成分、味、香り、加工、調理などのほか生理活性についても豊富なデータを示しながら解説。〔内容〕総論／キノコの分類／キノコの栽培とバイオテクノロジー／キノコの食品科学／生理活性物質／他
貝沼圭二・中久喜輝夫・大坪研一編 シリーズ〈食品の科学〉 **トウモロコシの科学** 43074-5 C3061　　A5判 212頁 本体4300円	古くから人類に利用されてきたトウモロコシについて、作物としての性質から工業・燃料用途まで幅広く解説。〔内容〕起源と伝播／特徴、種類、栽培／育種と生産／加工／利用(食品・飼料・アルコール)／コーンスターチ／将来展望と課題

上記価格（税別）は 2018 年 12 月現在